# ウレット ローン 基本有機化学

R. J. Ouellette・J. D. Rawn 著

狩野 直和 訳

東京化学同人

# Principles of Organic Chemistry

ISBN: 978-0-12-802444-7

**Robert J. Ouellette**
Professor Emeritus
Department of Chemistry
The Ohio State University

**J. David Rawn**
Professor Emeritus
Department of Chemistry
Towson University

Copyright © 2015 Elsevier Inc. All rights reserved.

This edition of "Principles of Organic Chemistry" by Robert Ouellette, J. David Rawn is published by Tokyo Kagaku Dozin Co., Ltd. by arrangement with ELSEVIER INC., a Delaware corporation having its principal place of business at 360 Park Avenue South, New York, NY 10010, USA

No part of this publication may be reproduced or transmitted in any form or by any means, electronic or mechanical, including photocopying, recording, or any information storage and retrieval system, without permission in writing from the publisher. Details on how to seek permission, further information about the Publisher's permissions policies and our arrangements with organizations such as the Copyright Clearance Center and the Copyright Licensing Agency, can be found at our website: www.elsevier.com/permissions.

This book and the individual contributions contained in it are protected under copyright by the Publisher (other than as may be noted herein).

本書は Robert Ouellette，J. David Rawn 著，"Principles of Organic Chemistry"の日本語版で，Elsevier 社との契約に基づいて㈱東京化学同人より出版された．その著作権© 2015 は Elsevier 社が所有する．本書のいかなる部分についても，フォトコピー，データバンクへの取込みを含む一切の電子的，機械的複製および送信を，書面による許可なしに行ってはならない．許可の得方，Elsevier 社の許諾方針や他の著作権代理機構との契約についての詳細はウェブサイト www.elsevier.com/permissions を参照のこと．
本書および，本書中の個々の項目は（断りのない限り）Elsevier 社の著作権により保護されている．

# 訳者序文

大学に入学して有機化学の勉強を始めようとすると，最初に教科書を購入することになるだろう．有機化学の教科書とひとくくりに言っても，基礎的な内容のものから発展的なものまであり，読者対象も理工系，医薬系，生命科学系，一般教養，生活科学系などさまざまである．多様かつ多数の教科書があるということ自体が，有機化学の対象の広さと奥行の深さを反映している．ただ，分厚い教科書はカバンに入れたときに重くてかさばるうえに，1000ページを超える教科書を最後まで読み通せない学生も多いようなので，最初の教科書としてはそこそこの分量の教科書がよいだろう．

本書の原著者 Ouellette と Rawn は，2014年に "Oganic Chemistry: Structure, Mechanism, and Synthesis" という1200ページに及ぶ有機化学の教科書を出版したが，本書の原著はそれを半分以下にまとめた要約版である．本書の原題 "Principles of Organic Chemistry" が表すように，有機化学の原理を理解するためのエッセンスが抜粋されて，基本的な考え方を修得できるように構成されている．有機化学を学習するうえで最も大切なことは，電子の配置と動きを支配する原理を理解することである．それさえ理解できれば，電子の配置に基づいて有機化合物の構造や性質がわかるようになり，電子の動きに基づいて有機反応がわかるようになる．本書では，この原理を平易に解説し，有機化合物の構造，性質，反応を自然と理解できるようになっている．

各章では化合物の例として医薬品や天然物を多く取上げ，また糖質とアミノ酸，ペプチド，タンパク質を独立した章としてまとめてあるので，医薬系の学生や生命科学系に進む学生にも適している．合成高分子の章もあるので，材料分野に興味がある学生や，工学系の学生も興味がもてるだろう．注目するべき点がカラー印刷で明示され，必要に応じて分子モデルの図も載っていて，視覚的に理解しやすい．基礎から有機化学の勉強を始めて，1学期程度の短期間で有機化学の基本的な考え方を身につけたいという学生にとって最適な一冊である．

翻訳にあたっては，原文を直訳するよりも，内容が伝わるような訳を心掛けた．お気付きの間違いをお知らせいただければ幸いである．

本書の出版にあたり，東京化学同人の井野未央子氏，池尾久美子氏，渡邉真央氏にご尽力いただいた．本書が読みやすくレイアウトされていることや，無事に出版にこぎつけられたことは，これらの方々の力によるものである．ここに深く感謝申し上げる．

2017年8月

狩 野 直 和

# 目　次

1. **有機化合物の構造** ……………………………… 1
   - 1・1　有機化合物と無機化合物 ………………… 1
   - 1・2　原 子 構 造 ……………………………… 1
   - 1・3　結合の種類 ……………………………… 3
   - 1・4　形 式 電 荷 ……………………………… 6
   - 1・5　共 鳴 構 造 ……………………………… 6
   - 1・6　単純な分子の形 ………………………… 8
   - 1・7　軌道と分子構造 ………………………… 9
   - 1・8　官 能 基 ………………………………… 12
   - 1・9　構 造 式 ………………………………… 14
   - 1・10　異 性 体 ………………………………… 17
   - 1・11　命 名 法 ………………………………… 18

2. **有機化合物の性質** ……………………………… 23
   - 2・1　構造と物理的性質 ………………………… 23
   - 2・2　化 学 反 応 ……………………………… 27
   - 2・3　酸塩基反応 ……………………………… 27
   - 2・4　酸化還元反応 …………………………… 28
   - 2・5　有機反応の分類 ………………………… 30
   - 2・6　化学平衡と平衡定数 …………………… 31
   - 2・7　酸塩基反応の平衡 ……………………… 32
   - 2・8　酸性度に対する構造の影響 …………… 34
   - 2・9　反応機構の基本 ………………………… 35
   - 2・10　反 応 速 度 ……………………………… 36

3. **アルカンとシクロアルカン** …………………… 43
   - 3・1　炭化水素の分類 ………………………… 43
   - 3・2　ア ル カ ン ……………………………… 43
   - 3・3　アルカンの命名法 ……………………… 45
   - 3・4　アルカンの配座 ………………………… 47
   - 3・5　シクロアルカン ………………………… 49
   - 3・6　シクロアルカンの配座 ………………… 51
   - 3・7　アルカンの物理的性質 ………………… 54
   - 3・8　アルカンとシクロアルカンの酸化 …… 55
   - 3・9　飽和アルカンのハロゲン化 …………… 55
   - 3・10　ハロゲン化アルキルの命名法 ………… 58

4. **アルケンとアルキン** …………………………… 63
   - 4・1　不飽和炭化水素 ………………………… 63
   - 4・2　幾何異性体（シス-トランス異性体）……… 65
   - 4・3　幾何異性体の $E,Z$ 命名法 ……………… 66
   - 4・4　アルケンとアルキンの命名法 ………… 68
   - 4・5　アルケンとアルキンの酸性度 ………… 70
   - 4・6　アルケンとアルキンの水素化 ………… 70
   - 4・7　アルケンとアルキンの酸化 …………… 72
   - 4・8　アルケンとアルキンに対する付加反応 … 73
   - 4・9　付加反応の反応機構 …………………… 74
   - 4・10　アルケンとアルキンの水和 …………… 75
   - 4・11　アルケンとアルキンの合成 …………… 76
   - 4・12　ジ　エ　ン ……………………………… 78
   - 4・13　テ ル ペ ン ……………………………… 79

5. **芳香族化合物** …………………………………… 86
   - 5・1　芳香族化合物 …………………………… 86
   - 5・2　芳 香 族 性 ……………………………… 86
   - 5・3　芳香族化合物の命名法 ………………… 89
   - 5・4　芳香族求電子置換反応 ………………… 91
   - 5・5　芳香族求電子置換反応の置換基効果 … 93
   - 5・6　反応速度に及ぼす置換基効果の解釈 … 94
   - 5・7　配向性の解釈 …………………………… 96
   - 5・8　側 鎖 の 反 応 …………………………… 99
   - 5・9　官 能 基 変 換 …………………………… 99
   - 5・10　置換芳香族化合物の合成 ……………… 101

6. **立体化学** ………………………………………… 106
   - 6・1　分子の立体配置 ………………………… 106
   - 6・2　鏡像とキラリティー …………………… 106
   - 6・3　光 学 活 性 ……………………………… 109
   - 6・4　フィッシャー投影式 …………………… 110
   - 6・5　絶対立体配置 …………………………… 111
   - 6・6　複数の立体中心をもつ分子 …………… 113
   - 6・7　立体異性体の合成 ……………………… 116
   - 6・8　立体中心が生成する反応 ……………… 117
   - 6・9　ジアステレオマーが生成する反応 …… 119

## 7. 求核置換反応と脱離反応 ……………… 123
- 7・1 反応機構とハロゲン化アルキル ………… 123
- 7・2 求核置換反応 ……………………………… 125
- 7・3 求核性と塩基性 …………………………… 126
- 7・4 求核置換反応の反応機構 ………………… 128
- 7・5 $S_N2$ 反応と $S_N1$ 反応 ………………… 131
- 7・6 脱離反応の反応機構 ……………………… 132
- 7・7 ハロゲン化アルキルの構造が競争反応に及ぼす影響 …… 133

## 8. アルコールとフェノール ………………… 137
- 8・1 ヒドロキシ基 ……………………………… 137
- 8・2 アルコールの物理的性質 ………………… 139
- 8・3 アルコールの酸塩基反応 ………………… 140
- 8・4 アルコールの置換反応 …………………… 140
- 8・5 アルコールの脱水 ………………………… 141
- 8・6 アルコールの酸化 ………………………… 143
- 8・7 アルコールの合成 ………………………… 144
- 8・8 フェノール ………………………………… 148
- 8・9 チオール …………………………………… 151

## 9. エーテルとエポキシド …………………… 156
- 9・1 エーテルの構造 …………………………… 156
- 9・2 エーテルの命名法 ………………………… 156
- 9・3 エーテルの物理的性質 …………………… 158
- 9・4 グリニャール試薬とエーテル …………… 159
- 9・5 エーテルの合成 …………………………… 159
- 9・6 エーテルの反応 …………………………… 160
- 9・7 エポキシドの合成 ………………………… 161
- 9・8 エポキシドの反応 ………………………… 161
- 9・9 人工ポリエーテルと天然ポリエーテル … 165

## 10. アルデヒドとケトン ……………………… 169
- 10・1 カルボニル基 …………………………… 169
- 10・2 アルデヒドとケトンの命名法 ………… 170
- 10・3 アルデヒドとケトンの物理的性質 …… 172
- 10・4 カルボニル化合物の酸化還元反応 …… 173
- 10・5 カルボニル化合物の付加反応 ………… 174
- 10・6 カルボニル化合物からのアルコールの合成 …… 176
- 10・7 酸素化合物の付加反応 ………………… 178
- 10・8 アセタールとケタールの生成 ………… 179
- 10・9 窒素化合物の付加反応 ………………… 180
- 10・10 α炭素の反応性 ………………………… 181
- 10・11 アルドール反応 ………………………… 183

## 11. カルボン酸とエステル …………………… 187
- 11・1 カルボン酸とアシル基 ………………… 187
- 11・2 カルボン酸とその誘導体の命名法 …… 188
- 11・3 カルボン酸とエステルの物理的性質 … 191
- 11・4 カルボン酸の酸性度 …………………… 192
- 11・5 カルボン酸の合成 ……………………… 194
- 11・6 求核アシル置換反応 …………………… 196
- 11・7 カルボン酸誘導体の還元 ……………… 199
- 11・8 リン酸のエステルと無水物 …………… 200
- 11・9 クライゼン縮合 ………………………… 201

## 12. アミンとアミド …………………………… 207
- 12・1 有機窒素化合物 ………………………… 207
- 12・2 アミンとアミドの分類と構造 ………… 208
- 12・3 アミンとアミドの命名法 ……………… 209
- 12・4 アミンの物理的性質 …………………… 211
- 12・5 窒素化合物の塩基性 …………………… 213
- 12・6 アンモニウム塩の溶解度 ……………… 215
- 12・7 アミンの求核的反応 …………………… 215
- 12・8 アミンの合成 …………………………… 217
- 12・9 アミドの加水分解 ……………………… 218
- 12・10 アミドの合成 …………………………… 219

## 13. 糖 質 ……………………………………… 224
- 13・1 糖質の分類 ……………………………… 224
- 13・2 糖質の立体化学 ………………………… 225
- 13・3 ヘミアセタールとヘミケタール ……… 228
- 13・4 単糖の配座 ……………………………… 231
- 13・5 単糖の還元 ……………………………… 232
- 13・6 単糖の酸化 ……………………………… 232
- 13・7 グリコシド ……………………………… 233
- 13・8 二 糖 類 ………………………………… 234
- 13・9 多 糖 類 ………………………………… 237

## 14. アミノ酸, ペプチド, タンパク質 ……… 243
- 14・1 タンパク質とポリペプチド …………… 243
- 14・2 アミノ酸 ………………………………… 243
- 14・3 α-アミノ酸の酸性と塩基性 …………… 245
- 14・4 等 電 点 ………………………………… 246
- 14・5 ペプチド ………………………………… 248
- 14・6 ペプチドの合成 ………………………… 250
- 14・7 タンパク質の構造決定 ………………… 251
- 14・8 タンパク質の構造 ……………………… 254

## 15. 合 成 高 分 子 …………………………… 261
- 15・1 天然高分子と合成高分子 ……………… 261

| | | |
|---|---|---|
| 15・2 | 高分子の構造と性質 | 261 |
| 15・3 | 高分子の種類 | 263 |
| 15・4 | 重合方法 | 265 |
| 15・5 | 付加重合 | 267 |
| 15・6 | アルケンの共重合 | 268 |
| 15・7 | 架橋重合体 | 269 |
| 15・8 | 付加重合の立体化学 | 269 |
| 15・9 | 縮合重合体 | 271 |
| 15・10 | ポリエステル | 272 |
| 15・11 | ポリカーボネート | 273 |
| 15・12 | ポリアミド | 273 |
| 15・13 | ポリウレタン | 274 |

## 16. 分 光 法 277

| | | |
|---|---|---|
| 16・1 | スペクトルによる構造決定 | 277 |
| 16・2 | スペクトルの原理 | 278 |
| 16・3 | 紫外分光法 | 279 |
| 16・4 | 赤外分光法 | 280 |
| 16・5 | 核磁気共鳴分光法 | 285 |
| 16・6 | スピン-スピン分裂 | 288 |
| 16・7 | $^{13}$C NMR 分光法 | 291 |

例題の解答 295
索　引 303

# 有機化合物の構造

## 1・1　有機化合物と無機化合物

　有機化学という学問は約 200 年前に始まった。18 世紀の終わり頃までは、物質は無機化合物と有機化合物の 2 種類に分類されていた。当時は、無機化合物は鉱物資源から得られるもので、有機化合物は植物や動物から得られるものだった。有機化合物は無機化合物よりも取扱いが難しく、容易に分解するものとみなされていた。無機化合物と有機化合物がこのように違うのは、有機化合物に"生命の力"があるせいだと考えられていた。"生命の力"は生物のみに宿り、有機化合物をつくるために必要不可欠だと誤解されていたため、生命の力なしに有機化合物を実験室で合成することは不可能と考えられていた。しかし、19 世紀中頃になると、化学者は有機化合物の扱い方や合成方法を理解するようになった。

　有機化合物は必ず炭素原子を含み、それ以外に水素、酸素、窒素などの他の元素も含む。さらに硫黄、リン、ハロゲンを含む化合物もあるが、有機化合物全体の中で占める割合はそれほど大きくない。ほとんどの有機化合物は無機化合物よりも単位構造あたり多くの原子を含み、複雑な構造をしている。有機化合物の例として、砂糖（スクロース、$C_{12}H_{22}O_{11}$）、ビタミン $B_2$（$C_{17}H_{20}N_4O_6$）、コレステロール（$C_{27}H_{46}O$）、トリパルミチン（$C_{51}H_{98}O_6$）などがあげられる。有機化合物の大きさは多様で、非常に大きなものもある。たとえば、遺伝情報を保存するDNAの分子量は大腸菌の場合で 300 万もあり、哺乳動物の場合には 20 億にもなる。

　化学者は溶解度、融点、沸点などの性質をもとに原子の結びつき方を考えて、イオン結合と共有結合という 2 種類の方法が原子を結びつけていると提案した。どちらの種類の結合になるかは、原子を結びつける電子の構造がどう変化するかによって決まる。つまり、原子間で形成される結合の数と種類は各原子の電子配置によって決まり、その結果として分子の形も決まる。そこで、有機化合物の構造について述べる前に、原子がもつ電子の特徴と元素の周期的な性質を概観する。

## 1・2　原子構造

　各原子は陽子と中性子からなる原子核をもつ。原子核の大きさは非常に小さく、原子の中心に陽子と中性子が密集して存在する。一方、電子は原子核の外側に位置する。陽子は +1 の電荷をもち、電子は -1 の電荷をもつ。陽子の数は **原子番号**（atomic number）とよばれ、原子番号によって元素の種類が決まる。原子がもつ陽子と電子の数は同じであるため、原子自体は電気的に中性で、原子番号を見れば原子がもつ電子の数もわかる。たとえば、水素、炭素、窒素、酸素の電子数はそれぞれ 1, 6, 7, 8 だ。

　元素の周期表では、原子番号の順に原子が並んでいる。原子は **周期**（period）とよばれる横の列と、**族**（group）とよばれる縦の列に規則的に配置されている。ここで、水素は第 1 周期の元素であり、炭素、窒素、酸素は第 2 周期の元素であることに注目しよう。それぞれの元素が示す化学的な反応性は、もとをたどれば元素の電子構造に基づいたものとなっている。

### 原子半径

　原子核の周りに位置する電子は、**原子軌道**（atomic orbital）の中に存在する。原子軌道は単に軌道とよばれることも多い。各軌道は最大で 2 個の電子を含む。軌道ごとにエネルギー、形、向きが異なり、その違いによっ

てs軌道，p軌道，d軌道，f軌道というように軌道の種類が決められている．炭素，酸素および窒素を扱う場合は，s軌道とp軌道だけを考慮すればよい．

原子軌道はエネルギーの異なる電子殻によっても分類される．電子殻のエネルギーは$n=1, 2, 3, 4, \cdots$，という整数$n$で表され，整数が大きくなるほどエネルギー準位が高くなる．この整数を**主量子数**（principal quantum number）とよぶ．有機化合物に含まれる一般的な元素では，わずかな例外を除き，はじめの三つの電子殻の軌道だけを考慮すればよい．

それぞれの電子殻に含まれる軌道の種類と数は決まっている．最初の電子殻は一つの軌道（s軌道）だけを含み，1s軌道とよぶ．2番目の電子殻は2種類の軌道を含み，s軌道一つとp軌道三つだ．

s軌道は原子核を中心とする球形の範囲の空間だ（図1・1a）．2s軌道の電子は，1s軌道の電子よりも高いエネルギーをもつ．2s軌道は1s軌道よりも大きいため，一般に2s軌道の電子は原子核からより遠くに位置する．電子殻の中の三つのp軌道は"ダンベル"のような形をしている（図1・1c）．しかし，原子核に対する向きは三つとも違う（図1・1b）．三つのp軌道が互いに直交していることを強調するために，それぞれ$p_x$軌道，$p_y$軌道，$p_z$軌道とよぶこともある．三つのp軌道の向きは違うものの，それぞれのp軌道の電子は同じエネルギーをもつ．

電子殻の中の同じ種類の軌道は，**副殻**（subshell）というグループとして扱われることも多い．s副殻には軌道が一つしかないので電子を2個しか収容できない．一方，p副殻は$p_x, p_y, p_z$の三つの軌道があり，全部合わせると6個の電子を収容できる．全電子の総エネルギーをできるだけ小さくするため，エネルギーが低い方の副殻から順番に，電子が収容されていく．原子番号が小さな元素では，副殻のエネルギーは1s＜2s＜2p＜3s＜3pという順番で高くなっていく．副殻の中に複数の軌道がある場合は，空の軌道から先に電子が一つずつ収容されていく．電子にはスピンとよばれる上向きと下向きの二つの状態があり，各軌道の電子のスピンは平行に収容される．ある軌道に電子が一つしかなければ，電子がペアになっていないことになる．同じ軌道にスピンが異なる二つの電子があれば，ペアとなって電子対を形成する．原子番号10までの元素の電子の数と位置を表1・1に示す．原子軌道の電子の位置は，原子の**電子配置**（electron configuration）とよばれる．

表1・1　第1周期元素と第2周期元素の電子配置

| 元素 | 原子番号 | 1s | 2s | $2p_x$ | $2p_y$ | $2p_z$ | 電子配置 |
|---|---|---|---|---|---|---|---|
| H | 1 | 1 | | | | | $1s^1$ |
| He | 2 | 2 | | | | | $1s^2$ |
| Li | 3 | 2 | 1 | | | | $1s^22s^1$ |
| Be | 4 | 2 | 2 | | | | $1s^22s^2$ |
| B | 5 | 2 | 2 | 1(↑) | | | $1s^22s^22p^1$ |
| C | 6 | 2 | 2 | 1(↑) | 1(↑) | | $1s^22s^22p^2$ |
| N | 7 | 2 | 2 | 1(↑) | 1(↑) | 1(↑) | $1s^22s^22p^3$ |
| O | 8 | 2 | 2 | 2(↑↓) | 1(↑) | 1(↑) | $1s^22s^22p^4$ |
| F | 9 | 2 | 2 | 2(↑↓) | 2(↑↓) | 1(↑) | $1s^22s^22p^5$ |
| Ne | 10 | 2 | 2 | 2(↑↓) | 2(↑↓) | 2(↑↓) | $1s^22s^22p^6$ |

## 価電子

エネルギーが低い電子殻に電子を2個収容しても，その電子殻は分子の形には影響せず，化学反応にも関与しない．**原子価殻**（valence shell）とよばれる最も外側にあってエネルギーが高い電子殻に収容された電子だけが，化学反応に関与する．原子価殻の電子を**価電子**（valence electron）とよぶ．たとえば，水素原子の1個の電子は価電子だ．有機化合物でよくみられる元素の価電子の数

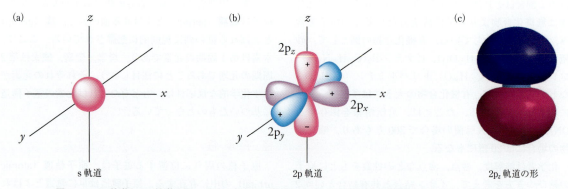

図1・1　**2s軌道と2p軌道の形**　電子の存在は，軌道とよばれる三次元的な範囲で表される．原子核は交差軸の中心に位置し，その周りを負電荷の"雲"が取囲む．(a) s軌道は球で表される．(b) p副殻の三つの軌道は互いに直交して配置される．各軌道は電子を2個ずつ収容できる．(c) $2p_z$軌道の形．

は，元素の周期表の族で決まる．たとえば，炭素，窒素，酸素の価電子はそれぞれ4個，5個，6個だ．この情報をもとに考えれば，これらの元素がどのようにつながって有機化合物の構造を形づくるかがわかるようになる．

ある元素が周期表のどこに位置するかがわかると，その元素の物理的な性質や化学的な性質をある程度は推定できる．原子半径と電気陰性度という二つの数値を知っていると，有機化合物の性質を理解しやすい．他の原子と結合していない原子は全体的に球形であり，原子の体積は電子数と被占軌道の電子のエネルギーに依存する．原子の大きさは，ピコメートル（pm, $10^{-12}$ m）を単位とする**原子半径**（atomic radius）で表される．おもな元素の原子半径を図1・2に示す．化合物が違っても，同じ元素の原子半径はそれほど大きくは変化しない．周期表で同じ族の元素であれば，上から下になるにつれて原子半径は大きくなる．一つ下の周期になるごとにエネルギー準位が段階的に高くなり，電子は原子核から遠ざかる．したがって，硫黄の原子半径は酸素の原子半径よりも大きく，ハロゲンの原子半径は F<Cl<Br<I という順に大きくなる．

周期表で同じ周期の元素であれば，左から右にいくにつれて原子半径は小さくなる．この場合，二つの元素でs軌道とp軌道にある電子のエネルギー準位は同じだが，原子核の電荷は左から右にいくにつれて増加する．原子核が電子を内側により強く引きつけることで，結果として原子半径が縮小する．実際に，有機化合物でよくみられる元素の原子半径は C>N>O の順で小さくなる．

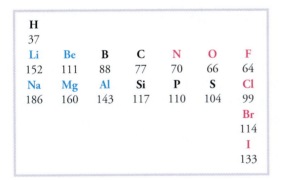

図1・2 おもな元素の原子半径(pm)

### 電気陰性度

電気陰性度は，ある原子が他の原子と比較して分子内の結合電子対をどれだけ強く引きつけるかを表す尺度となる値だ．米国の化学者ポーリング（Linus Pauling）によって考案された電気陰性度は無次元量であり，その値はアルカリ金属の場合の1より少し小さな値から，フッ素の場合の4.0までの範囲に収まる．原子の電気陰性度が大きいほど，電子を強く引きつけることを意味する．

元素の周期表で左から右にいくにつれて，電気陰性度は大きくなる（図1・3）．元素の周期表で左側にある元素は電気陰性度が小さく，陽性元素とよばれることもある．電気陰性度はフッ素が最も大きく，F>O>N>C の順に小さくなる．同じ族の元素では周期表の上から下にいくにつれて電気陰性度は小さくなる．たとえば，ハロゲンの電気陰性度は F>Cl>Br>I の順に小さくなる．このような元素の電気陰性度と周期表における位置の関係は，有機化合物の化学的性質と物理的性質を理解するうえで大切だ．

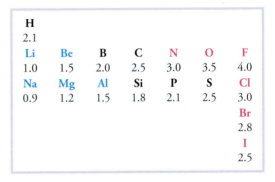

図1・3 電気陰性度

## 1・3 結合の種類

1916年，米国の化学者ルイス（Gilbert N. Lewis）は，第2周期元素が貴ガスと同じ電子配置をとろうとして，最外殻に8個の電子を収容するように反応する傾向にあるという説を提案した．この説をまとめたものが，ルイスの**オクテット則**（octet rule）だ．第2周期元素は，最もエネルギーが高い最外殻に8個の電子を収容するまで他の元素と電子を授受するか共有して，結合を形成しようとする傾向にある．ただし，水素では原子価殻を満たすのに必要な電子の数は2個だということに注意しよう．

### イオン結合

イオン結合は，原子間で電子を授受することによって形成される結合だ．電子の授受によって**陰イオン**（anion）とよばれる負電荷をもつイオンと，**陽イオン**（cation）とよばれる正電荷をもつイオンができる．

例として，塩化ナトリウムのイオン結合について見てみよう．ナトリウム原子は11個の陽子と電子をもち，3s副殻に1個の価電子をもつ．塩素原子は17個の陽子と電子をもち，主量子数が3の電子殻に7個の電子をも

つ．その電子配置は $3s^2 3p^5$ と表される．イオン結合をつくる際に，電気陽性なナトリウム原子は電子を1個失って塩素原子に与える．その結果，ナトリウムイオンはネオン（$1s^2 2s^2 2p^6$）と同じ電子配置をとる．ナトリウムイオンの原子核には11個の陽子があるが，それに対して電子が10個しかないため，ナトリウムイオンは+1の電荷をもつ．

電気陰性度が大きい塩素原子は電子を1個受取り，アルゴン（$1s^2 2s^2 2p^6 3s^2 3p^6$）と同じ電子配置の塩化物イオンになる．塩化物イオンの原子核には17個の陽子があるが，それに対して電子は18個あるため，塩化物イオンは−1の電荷をもつ．ナトリウム原子と塩素原子から塩化ナトリウムが生成する反応は，次のようなルイス構造式で表せる．

$$\text{Na}\cdot\ +\ :\!\ddot{\text{Cl}}\!:\ \longrightarrow\ \text{Na}^+\ +\ :\!\ddot{\text{Cl}}\!:^-$$

慣例として，電気陰性な元素から生成する陰イオンでは完全なオクテットを書くが，電気陽性な元素から電子を失って生成する陽イオンでは最外殻の電子は書かない．

金属は電気陽性で電子を失いやすいが，非金属は電気陰性で電子を受取りやすい．金属原子は電子を1個以上失うことで，オクテット則を満たす陽イオンになる．失われた電子と同数の電子を非金属原子が受取り，オクテット則を満たす陰イオンになる．このようにしてイオン化合物ができる．一般に，イオン化合物は周期表の左側にある金属元素と右上にある非金属元素の組合わせでできやすい．

## 共 有 結 合

**共有結合**（covalent bond）は，1対またはそれ以上の電子対を二つの原子間で互いに共有することで形成される結合だ．共有結合の電子対は，二つの原子の原子核の両方に引き寄せられる．二つの原子の電気陰性度の差が小さく，イオンを形成する電子移動が起こらない場合には，共有結合ができる．二つの原子核に共有され，その間の空間に位置する電子は，**共有電子**（covalent electron）とよばれる．二つの電子が対になることから**共有電子対**とよぶこともある．この電子対は分子内で二つの原子をつなぐ"のり"の役割を果たす．

水素分子は共有結合をもつ物質の中で最も単純なものだ．個々の水素原子は1s軌道に1個の電子をもち，2個の水素原子によって共有結合ができる．二つの水素原子は共有結合によって2個の電子を共有し，両方ともヘリウムと同じ電子配置となる．

$$\text{H}\cdot\ +\ \cdot\text{H}\ \longrightarrow\ \text{H}\!-\!\text{H}$$

同様の結合は $Cl_2$ でも形成される．塩素分子の2個の塩素原子は一組の電子対を共有することで結びついている．二つの塩素原子は主量子数が3の電子殻に7個の価電子をもつが，アルゴンと同じ電子配置をとるためには電子をもう1個受取る必要がある．二つの塩素原子で共有されて対となる2個の電子は，それぞれの塩素原子から1個ずつ提供されたものだ．各塩素原子の残りの6個の価電子は結合形成には使用されず，各原子の周りに集まっている．この価電子は習慣的に電子対で表され，**孤立電子対**（lone pair）または**非共有電子対**（unshared electron pair）とよばれる．

$$:\!\ddot{\text{Cl}}\!-\!\ddot{\text{Cl}}\!:\quad\text{孤立電子対}$$

共有電子対と孤立電子対を区別するために，**ルイス構造式**（Lewis structure）では共有結合を線で表す．ルイス構造式では元素記号の近くに2個の点を対にして書くことで，孤立電子対を表す．共有電子対と孤立電子対をどう表すかを示すために，メタン，メチルアミン，メタノール，クロロメタンという四つの簡単な有機化合物のルイス構造式を次に示す．

```
      H                    H
      |                    |
  H — C — H            H — C — N̈ — H
      |                    |   |
      H                    H   H
     メタン              メチルアミン
                       （アミノメタン）

      H                    H
      |                    |
  H — C — Ö — H        H — C — Cl̈:
      |                    |
      H                    H
    メタノール           クロロメタン
```

安定な中性分子では，水素原子もハロゲン原子も他の原子との間につくれる共有結合は1本だけだ．しかし，炭素，酸素，窒素の各原子は，同時に2個以上の原子と結合できる．このように，ある原子が何個の原子と結合するかを表す数を**原子価**（valence）とよぶ．炭素，窒素，酸素の原子価はそれぞれ4, 3, 2だ．

## 二重結合と三重結合

分子内の二つの原子間で2組以上の電子対が共有される場合がある．2組の電子対（4個の電子）または3組の電子対（6個の電子）が共有されてできる結合を，それぞれ**二重結合**および**三重結合**とよぶ．炭素同士の結合であるか，別の元素との結合であるかに関わらず，炭素原子は他の原子と単結合，二重結合，三重結合のいずれかで結合する．エタン，エチレン，アセチレンの2個の

炭素原子は，それぞれ単結合，二重結合，三重結合で結びついている．また，各化合物の炭素原子は，それぞれ1組，2組，3組の電子対をもう一方の炭素原子と共有している．炭素原子の残りの価電子は水素原子との単結合に使われる．

炭素原子同士の単結合，二重結合，三重結合は無極性だ．水素と炭素の電気陰性度の値は近いため，通常のC–H結合は極性共有結合であるとは見なされない．

酸素や窒素をはじめとする炭素以外の元素が炭素と結合すると，その結合は極性をもつ．結合の極性は結合をつくる各原子の電気陰性度によって決まる．結合する二つの原子の電気陰性度の差が大きければ，結合の電荷の偏り（分極）も大きい．有機化合物でよくみられる結合であれば，その分極の方向は簡単に予想できる．大抵の非金属元素は炭素よりも電気陰性なので，炭素が非金属元素と結合すると，炭素は部分的に正電荷を帯びる．

水素の電気陰性度も大抵の非金属元素より小さい．そのため，水素が非金属元素と結合すると，水素は部分的な正電荷を帯びる．

## 極性共有結合

電気陰性度が異なる二つの原子が共有結合を形成して，その電子が二つの電子に共有される場合，その結合は極性共有結合となる．塩化水素（HCl）分子を例に考えてみよう．HClの各原子が貴ガスと同じ電子配置をとるためには，どちらも電子1個の過不足がある．塩素は水素よりも電気陰性度が大きいが，塩素原子が電子を引きつける力は，水素原子から電子を奪えるほどには強くない．したがって，塩化水素の共有電子対は塩素原子の方にかなり偏った不均等な状態で，二つの原子に共有される．このように，共有電子対は水素原子よりも塩素原子側にかなり偏るが，分子の構造は標準的なルイス構造式で表される．共有電子対が不均等に共有されることで，塩素原子には部分的な負電荷が生じ，水素原子には部分的な正電荷が生じることになる．このような電荷の偏りを表すために，記号δ（ギリシャ文字の小文字のデルタ）が使われる．

結合の極性の大きさは，デバイ（D）を単位とする双極子モーメントで表される．一般的な結合の双極子モーメント（結合モーメント）の大きさを表1・2に示す．化合物が違っても，結合の双極子モーメントの大きさはあまり変わらない．炭素原子が他の元素と二重結合や三重結合をつくる場合，その結合は分極し，極性共有結合となる．ホルムアルデヒド（メタナール）の炭素–酸素二重結合も，アセトニトリル（シアノメタン）の炭素–窒素三重結合も，どちらも極性共有結合だ．

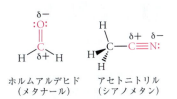

ホルムアルデヒド（メタナール）　アセトニトリル（シアノメタン）

塩化水素分子は，相反する電荷が離れた位置にある二つの極，すなわち**双極子**（dipole）をもつ．双極子の向きと大きさ，すなわち**双極子モーメント**（dipole moment）は一方の端が十字になった矢印で表す[*1]．この矢印の十字の方は分子内で部分的に正電荷を帯びた末端の近くに書き，矢印の矢じりの先は部分的に負電荷を帯びた末端の近くに書く．

表1・2　一般的な結合の双極子モーメント（D）

| 結合[†] | 結合モーメント(D) | 結合[†] | 結合モーメント(D) |
|---|---|---|---|
| H–C | 0.4 | C–C | 0.0 |
| H–N | 1.3 | C–N | 0.2 |
| H–O | 1.5 | C–O | 0.7 |
| H–F | 1.7 | C–F | 1.6 |
| H–S | 0.7 | C–Cl | 1.5 |
| H–Cl | 1.1 | C–Br | 1.4 |
| H–Br | 0.8 | C–I | 1.2 |
| H–I | 0.4 | C=O | 2.3 |
|  |  | C≡N | 3.5 |

† より電気陰性な元素が右側にある．

---

[*1] 訳注：双極子モーメントは負電荷から正電荷へ向かうベクトルであるが，有機化学では一方の端が十字になった矢印（正 → 負），つまり分極の向きと対応する矢印を書いて双極子モーメントを表すことが多い．本書では双極子モーメントと分極の両方にこの矢印を使用する．

## 1・4　形式電荷

　有機化合物はルイス構造式で表され，ほとんどの場合に結合の本数は"普通"だ．しかし，有機化合物のイオンや，さらに言えば中性の有機分子でも，結合の本数が普通よりも少ないことや多いことがある．結合の数と電荷について考えるために，まずは"無機イオン"の結合の数について見てみよう．酸素原子の原子価は2で，一般に2本の結合をつくる．しかし，ヒドロニウムイオン（$H_3O^+$）では酸素の結合の数は3本で，水酸化物イオン（$HO^-$）では結合の数は1本だ．

　イオンの電荷をどのようにして判断すればよいだろうか？　そして，どの原子が電荷をもつのだろうか？　この二つの疑問に答えるための便利な方法がある．分子内の原子がもつ電子を数えて，機械的に電子を各原子に割り当てることで形式電荷を求めるのだ．この方法は，結合の数が通常とは異なる中性分子にも適用できる．正電荷や負電荷の中心は，形式的に特定の原子に位置すると考える．

　原子の**形式電荷**（formal charge）[*2]は，その原子が他の原子と結合していない場合の価電子数を数え，そこから他の原子と結合している場合のルイス構造でその原子が"所有する"電子の数を差し引き，差として求められる価電子の数に等しい．

$$形式電荷 = \begin{matrix}結合していない原子\\が所有する価電子数\end{matrix} - \begin{matrix}結合している原子\\が所有する価電子数\end{matrix}$$

　それぞれの原子がどの価電子を"所有する"かは，次の二つの単純な規則を適用することで決められる．孤立電子対は，その原子が所有する．二つの原子の間にある共有電子対は，それぞれの原子が半分ずつ所有する．つまり電子を1個ずつ所有する．したがって，ある原子が"所有する"電子の数は，その原子の孤立電子対の電子数に共有電子対の電子数の半分を足した合計となる．原子の形式電荷は，次の式で表される．

$$形式電荷 = \begin{matrix}結合していない\\原子が所有する\\価電子数\end{matrix} - \left\{\begin{matrix}孤立電子対\\の電子数\end{matrix} + \frac{1}{2} \times \begin{matrix}共有電子対\\の電子数\end{matrix}\right\}$$

　多くの有機化合物では各原子の形式電荷は0だ．しかし，形式電荷は正になることも，負にもなることもある．中性分子を構成する原子の形式電荷をすべて合計すると

---

[*2] 訳注：形式電荷は実際の電荷分布を必ずしも反映しない．

0になるが，イオンを構成する原子の形式電荷をすべて合計するとイオンの電荷と等しくなる．イソシアン化水素（HNC）分子を例に，三重結合で結ばれた窒素原子と炭素原子の形式電荷を計算してみよう．

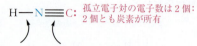

共有電子対の電子数は2個：
　1個は水素が所有
　1個は窒素が所有

共有電子対の電子数は6個：
　3個は窒素が所有
　3個は炭素が所有

　先にあげた式に代入して，各原子の形式電荷は次のように計算される．なお，代入するのは"電子対の数"ではなく，"電子の数"であることに注意する．

　　水素の形式電荷 $= 1 - (0 + \frac{1}{2} \times 2) = 0$
　　窒素の形式電荷 $= 5 - [0 + \frac{1}{2} \times (2+6)] = +1$
　　炭素の形式電荷 $= 4 - (2 + \frac{1}{2} \times 6) = -1$

　このように，イソシアン化水素の窒素の形式電荷は+1で，炭素の形式電荷は-1だ．しかし，化学種の電荷は個々の原子の形式電荷ではなくその"合計"に等しいため，この場合の分子の電荷は0だ．

　形式電荷が0ではない原子をもつ中性分子の場合，その原子は反応点になる可能性があり，化学的に重要な意味をもつ．そのような状態を認識できると，分子の化学的反応性を理解しやすい．

## 1・5　共鳴構造

　これまで見てきた分子のルイス構造式では，電子は二つの原子核の間に書かれるか，または特定の原子の周りに書かれていた．そのように書かれた電子は**局在化**（localized）しているという．一般に，分子の電子構造は分子の物理的性質とよく対応する．しかし，一つのルイス構造式だけでは電子構造を適切に表すことができない分子もある．たとえば酢酸イオンのルイス構造式は，一つの炭素-酸素二重結合と一つの炭素-酸素単結合をもつ．ここで，二重結合をつくる酸素原子の形式電荷は0だが，単結合をつくる酸素原子の形式電荷は-1だ．

　一般に，単結合と二重結合は結合長が違うことが知られており，二重結合は単結合よりも短い．先に示したルイス構造式は，酢酸イオンに長いC-O結合と短いC=O結合の2種類の炭素-酸素結合があることを意味する．しかし，酢酸イオンの二つの炭素-酸素結合は同じ長さ

## 1・5 共鳴構造

であることが，実験からわかっている．さらに，二つの酸素原子はどちらも等しく負電荷をもつ．したがって，単結合と二重結合の両方を別々に書いたルイス構造式は，酢酸イオンの構造を正確に表しているとはいえない．このような状況で，**共鳴**（resonance）という概念を使う．原子配置は同じだが，電子配置は異なるような二つ以上のルイス構造式を書くことができる場合には，その分子は**共鳴安定化**（resonance stabilized）されているという．酢酸イオンは，二つのルイス構造式の**混成**（hybrid）によって真の構造に近い構造を表現できるが，一方のルイス構造式だけでは正確に表せない．

共鳴を表す上の式の両矢印は，真の構造が左右二つのルイス構造式の中間であることを意味する．両矢印がさす先に書かれた個々のルイス構造式を，**共鳴構造**や極限構造とよぶ．真の構造が共鳴構造の重ね合わせで表されるとき，その分子を**共鳴混成体**（resonance hybrid）とよぶ．

**巻矢印**は共鳴構造で電子をどう動かすかを表すために使われる．巻矢印の矢じりの先はルイス構造式で電子対を動かす"行き先"を示し，巻矢印のもう一方の端は"動かされる"方の共有電子対ないし孤立電子対を示す．

共鳴構造1では，下の酸素原子の孤立電子対が炭素原子と二重結合をつくるように動かされる．炭素-酸素二重結合の共有電子対は，上の酸素原子の孤立電子対となるように動かされる．そのように電子を動かした結果，共鳴構造2ができる．このように，ある位置から別の位置へと電子を"動かす"手法は，あくまで紙面に構造を表記するための便宜的手法でしかない．<u>実際は電子がこのように移動するわけではない</u>．実際の酢酸イオンの電子は三つの原子に広がり，**非局在化**（delocalized）する．この現象は一つのルイス構造式で表すことができない．

電子は多数の原子上に非局在化できる．たとえば，ベンゼン（$C_6H_6$）は環を形成する6個の等価な炭素原子からできていて，炭素-炭素結合長はすべて等しい．それぞれの炭素原子は，さらに水素原子と結合する．オクテット則を満たすように単結合と二重結合が交互に配列されたルイス構造式を書けば，ベンゼンを表すことができる．

ベンゼン

しかし，単結合と二重結合は結合長が違うし，ベンゼンの炭素-炭素結合がすべて同じ長さだということもわかっている．そこで，両矢印を使って酢酸イオンの共鳴構造の寄与を表したように，両矢印の両側に二つの共鳴構造の寄与を書いてベンゼンを表す．二つの共鳴構造では，交互に配列された単結合と二重結合の位置が交替する．

ベンゼンの共鳴混成体に等しく寄与する二つの共鳴構造

ベンゼンの電子は環内の6個の炭素原子に非局在化し，その結果として独特な構造をつくる．ベンゼンには炭素-炭素単結合も炭素-炭素二重結合もない．ベンゼンの結合は一つの構造式では表せない中間型の結合なのだ．

**例題 1・1** ニトロメタンは，カーレースで自動車のエンジン出力を増すために使用された化合物だ．窒素-酸素単結合の長さは136 pmで，窒素-酸素二重結合の長さは114 pmだが，ニトロメタンの二つの窒素-酸素結合長はどちらも122 pmだ．結合長がそのようになる理由を説明せよ．

[解答] 実際の窒素-酸素結合は単結合でも二重結合でもない．ニトロメタンの構造を表すために，二つの共鳴構造を書くことができる．単結合を形成している酸素原子の孤立電子対を"動かし"て，窒素原子と二重結合を形成させる．一方，元の窒素-酸素二重結合の共有電子対は，酸素原子上に動かす．電子を動かす前後の二つの構造式を見比べると，構造の違いは単結合と二重結合が入れ替わっただけであることがわかる．

**例題 1・2** 亜硝酸イオン($NO_2^-$)の塩は加工肉の酸化防止剤として使用される。亜硝酸イオンの共鳴構造を書け。

## 1・6 単純な分子の形

これまでは共有電子対と孤立電子対を分子のどこに分配するかを考えてきたが，三次元空間での電子の位置関係は考えなかった．しかし，結合をつくる電子の空間的な配置を反映することで，分子はそれぞれ固有の形になる．たとえば，二酸化炭素，ホルムアルデヒド，メタンの形はそれぞれ直線形，平面三角形，正四面体だ．くさび形の結合は紙面に対して手前に原子があることを示し，くさび形の破線の結合は紙面に対して向こう側に原子があることを示す．

二酸化炭素　ホルムアルデヒド　メタン

**原子価殻電子対反発**(VSEPER = valence-shell electron-pair repulsion) **理論**によれば，これらの単純な分子の形を予想できる．この理論は中心原子の周りの共有電子対と孤立電子対が互いに反発するという考えに基づく．VSEPR理論では，分子内の電子対はできるだけ離れて配置されると考える．したがって，中心原子の周りにある2組の電子対は中心原子を挟んで180°の位置関係にあり，3組の電子対は同じ平面内で原子を中心として120°の位置関係にある．4組の電子対は原子を中心とする正四面体の頂点に配置され，109.5°の位置関係にある．

二酸化炭素，ホルムアルデヒド，メタンの場合に，中心炭素原子の価電子は結合に使われる．結合の種類に関係なく，結合は互いに反発する電子対を含む区域とみなされる．二酸化炭素は二重結合を2本もち，2本の結合はできるだけ離れようとする．その結果，2本のC＝O結合のなす角は180°になる．ホルムアルデヒドは中心炭素原子に二重結合1本と単結合2本があり，3本の結合が電子を含む区域となる．3本の結合はできるだけ離れようとして原子の頂点が三角形をつくるように配置され，それぞれの結合のなす角は120°になる．メタンでは中心炭素原子が四つの共有電子対をもち，正四面体構造をとる場合に電子対の反発を最も避けられる．メタンのH-C-H結合角はすべて109.5°と推定され，実験値とよく一致する．

折れ線形分子　三角錐分子

VSEPR理論は孤立電子対を含めた電子の配置について記述したものだ．しかし，分子構造は原子核の位置で表す．水とアンモニアの4組の電子対はどれも四面体構造をとろうとするが，分子構造では原子核の位置だけに注目するので，水とアンモニアはそれぞれ折れ線形構造と三角錐構造だ（図1・4）．

メタン　アンモニア　水

**図1・4 VSEPR理論を使うと分子の形を予想できる** メタン，アンモニア，水のすべての電子対は正四面体の頂点を向く．しかし，アンモニアの窒素原子の周りの原子配置は三角錐構造となる．水分子の酸素原子の周りの原子配置は折れ線形構造となる．アンモニアには1組の孤立電子対があり，水には2組の孤立電子対がある．

有機化合物中で酸素原子に結合する原子の配置は，水分子中の酸素に結合する原子の配置に似ており，窒素原子に結合する原子の配置はアンモニア分子中の窒素に結合する原子の配置と似ている．したがってアルコールやエーテル(§8・1, §9・1)において，酸素原子に結合する原子団は折れ線形分子となるように配置される．同様に，アミン(§12・2)の窒素原子に結合する原子団は，三角錐を形成するように配置される．

**例題 1・3** アリルイソチオシアナートはわさびの香り成分として知られている．その電子構造を下に示す．C-N＝C部分とN＝C＝S部分の結合角をそれぞれ示せ．

$CH_2$＝CH-$CH_2$-N＝C＝S

[解答] 窒素原子が関係する電子の配置によって，C-N＝C部分の結合角が決まる．窒素原子は単結合，二重結合，孤立電子対をそれぞれ一つずつもつ．電子を含むこの三つの区域は平面三角形となる．そのうちの二つの区域だけが結合に使われているが，C-N＝C部分の結合角は変わらずに120°だ．一方，N＝C＝S部分では，炭素原子は2本の二重結合をもち，2本の結合はできるだけ離れようとして，直線形になる．したがって，N＝C＝S部分の結合角は180°だ．

N＝C＝S
120°

**例題 1・4** 亜硝酸イオン($NO_2^-$)の共鳴構造の一つを使って，このイオンの形を推定せよ．

## 1・7 軌道と分子構造

電子は原子間で結合をつくるが，分子の形はさまざまな原子軌道の電子がどの位置に存在するかによって決まる．共有結合の2個の電子は，結合をつくる原子に共有される空間内に存在する．この空間の範囲は二つの原子軌道が重なることや，融合することで表される．たとえば，水素分子($H_2$)の共有結合は二つのs軌道が重なることでできあがり，σ（シグマ）結合となる（図1・5）．この結合は2個の原子核を結ぶ軸の周りで対称な形になる．原子間を結ぶ軸に沿って見ると，σ結合はs軌道のように見える．単結合をつくる軌道の種類にかかわらず，すべての単結合はσ結合だ．

**図1・5 水素分子のσ結合** 電子対が占める空間の範囲は二つの水素原子の原子核を結ぶ軸に対して対称だ．2個の電子は図に示す空間のどこにでも存在しうるが，二つの原子核の間に存在する確率が最も高い．

$H_2$の結合は単純な図で表せたが，炭素を含む化合物の場合にはいくらか注意が必要だ．炭素は$1s^2 2s^2 2p^2$の電子配置をとる．2p軌道の2電子しか結合形成に使用できず，共有結合が2本しかつくれないと考えると，最も単純な炭化水素は$CH_2$となり，炭素は4本の結合をもたないことになる．

しかし，メタン（$CH_4$）は4本の等価な結合をもつ．この章で扱う有機化合物中の炭素はルイスのオクテット則を満たし，各炭素原子は4本の結合をもつ．実際の構造は炭素の原子軌道から予想される構造と違うが，その原因は混成軌道の概念を学ぶと理解できる．混成軌道とは，結合をつくる原子の軌道を二つ以上"組合わせる"ことでできる軌道だ．この軌道を組合わせる操作を**軌道の混成**（orbital hybridization）とよぶ．軌道の混成はポーリングが提案した概念で，実際の分子の形をもつ軌道がどのようにつくられ，その軌道からどのように結合が生成するのかを説明するためのものだ．適切な数の原子軌道を混成することで，複数の混成軌道をつくることができる．混成軌道の数は混成に使われる軌道の数と一致する．

### 炭素のsp³混成軌道

ポーリングの提案によると，メタンが正四面体構造になる理由は軌道の混成に起因している．メタンの炭素原子の軌道を混成するために，炭素の一つの2s軌道と三つの2p軌道を組合わせる（混成する）と，四つの等価な混成軌道ができる．混成軌道はそれぞれ1個の電子をもち，電子が最も離れた配置になるように正四面体の頂点をさす配置をとる．混成軌道はそれぞれ水素原子の1s軌道と重なり，σ結合をつくる．図1・6に混成軌

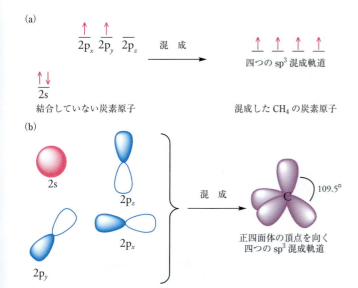

**図1・6 炭素原子のsp³混成軌道** (a) 炭素の元の四つの原子軌道を組合わせて（混成して），新たに四つのsp³混成軌道ができる．(b) 混成していない元の軌道が混成軌道に替わっていることを強調するために，新たにできた混成軌道を元の軌道とは違う色で表してある．

道のつくり方を示す．新しくできた四つの軌道は一つの 2s 軌道と三つの 2p 軌道からつくられるため，**sp³ 混成軌道**（sp³ hybrid orbital）とよばれる．四つの sp³ 混成軌道はどれも形とエネルギーが同じであり，空間での位置だけが違う．

### 炭素原子の sp² 混成軌道

次に，エチレン（エテン）を例にして，二重結合の結合性軌道について考えてみよう．エチレンでは 2 個の炭素原子がそれぞれ 3 個の原子と結合しているので，全部で 6 個の原子がある．6 個の原子核はすべて同一平面上に位置し，結合角はすべて 120° に近い値となる．エチレンの 2 個の炭素原子の軌道は，三つの **sp² 混成軌道**（sp² hybrid orbital）と，混成に使われない一つの 2p 軌道で表される．三つの sp² 混成軌道は，2s 軌道と二つの 2p 軌道を"組合わせる"ことでできる．三つの sp² 混成軌道はどれも同じ形をしており，各軌道に存在する電子は同じエネルギーをもつ（図 1・7 a）．三つの sp² 混成軌道の違いは，空間での位置だけだ．各軌道がなす角度は 120° であり，軌道内の電子が最も離れようとして正三角形の頂点をさす（図 1・7 b）．4 個の価電子は図 1・7(a) に示すように配置される．三つの sp² 混成軌道は σ 結合をつくるために使われる．二つの sp² 混成軌道はそれぞれ 1 個の電子をもち，水素と共有結合して σ 結合をつくる．三つ目の sp² 混成軌道も 1 個の電子をもち，エチレンのもう一つの炭素原子と σ 結合をつくる．この σ 結合が二重結合を構成する第一の結合だ．

エチレンの二重結合を構成する第二の結合は，各炭素原子の p 軌道が重なることでできる．各原子の 2p 軌道が 1 電子ずつ提供し合って電子対となり，結合ができる．ただし，各 p 軌道は sp² 混成軌道を含む平面に対して垂直に立ち，平行に並ぶ．sp² 混成軌道を含む平面の上下

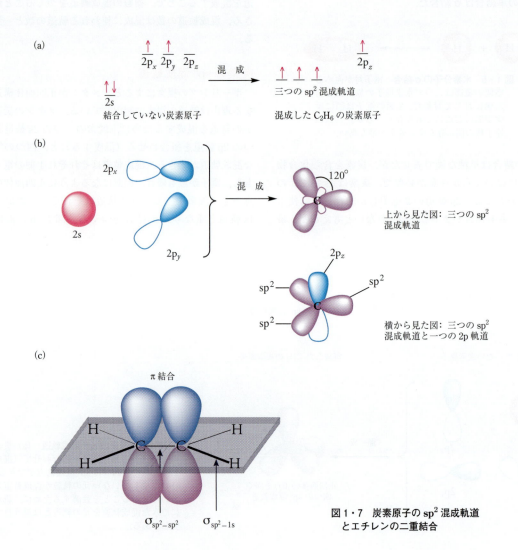

図 1・7　炭素原子の sp² 混成軌道とエチレンの二重結合

に広がる二つの p 軌道が重なることで，第二の結合ができる．このような結合を **π(パイ)結合**という（図 1・7 c）．炭素-炭素間の軸方向に沿って見ると，π 結合の形は p 軌道の形と似ている．π 結合の電子は二つの原子を結ぶ軸上にはなく，$sp^2$ 混成軌道を含む平面の上下の区域で二つの原子に共有されていることに注意しよう．σ 結合と形は違うが，π 結合も二重結合を構成する結合の一つだ．

## 炭素の sp 混成軌道

次に，アセチレン（エチン）の三重結合について考えてみよう．アセチレンでは 2 個の炭素原子に水素原子が 1 個ずつ結合している．4 個の原子核は同一直線上にあり，結合角はすべて 180°だ．アセチレンでは 2s 軌道と 2p 軌道を一つずつ組合わせて，エネルギーが等しい二つの **sp 混成軌道**（sp hybrid orbital）をつくる．あとの二つの 2p 軌道は混成せずにそのまま変化しない（図 1・8 a）．二つの sp 混成軌道は同じ形をしていて，各軌道内の電子は同じエネルギーをもつ．二つの sp 混成軌道の違いは，空間での位置だけだ．二つの軌道がなす角度は 180°であり，軌道内の電子が最も離れるように，正反対の方向をさす．アセチレンの炭素原子は 4 個の価電子をもつ．そのうちの 2 個は二つの sp 混成軌道に 1 個ずつ収容される．アセチレン分子の 2 個の炭素原子は，1 本の σ 結合と 2 本の π 結合で結ばれている（図 1・8 b）．片方の sp 混成軌道とその軌道に含まれる電子は，水素と結びついて σ 結合をつくる．残った sp 混成軌道はもう一つの炭素原子と結びつき，σ 結合をつくって三重結合の第一の結合となる．三重結合なので炭素原子同士の間に結合があと 2 本あるはずだが，第二と第三の結合は 2p 軌道の重なりによってできる．2p 軌道の一組は分子の手前と奥の区域で重なり，1 本の π 結合をつくる．もう一組は分子の上と下の区域で重なり，π 結合をもう 1 本つくる（図 1・8 c）．このようにして合計で π 結合が 2 本でき，σ 結合と合わせて三重結合となる．

## 結合長に及ぼす混成の効果

メタン，エチレン，アセチレンの炭素原子の混成状態は C−H 結合および C−C 結合の結合長に影響を与える（表 1・3）．炭素原子の混成が $sp^3 > sp^2 > sp$ という順で C−H 結合長が短くなることに注意しよう．

表 1・3 平均的な結合長 (pm)

| | |
|---|---|
| H−C ($sp^3$) | 109 |
| H−C ($sp^2$) | 107 |
| H−C (sp) | 105 |
| C−C ($sp^3$) | 154 |
| C=C ($sp^2$) | 133 |
| C≡C (sp) | 120 |

2p 軌道のエネルギーに比べて 2s 軌道のエネルギーは低く，平均すると 2s 軌道は 2p 軌道よりも原子核に近いことを反映して，結合長がこのような順番になる．原子核と混成軌道の平均距離は，s 軌道と p 軌道の寄与の割合に依存する．一つの s 軌道と三つの p 軌道によって四つの $sp^3$ 混成軌道ができているので，$sp^3$ 混成軌道での s

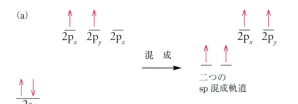

(a) 結合していない炭素原子 → 混成 → 混成した $C_2H_4$ の炭素原子

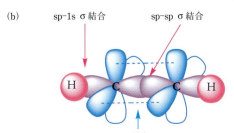

(b) アセチレンの結合：σ 結合は同一直線上にある．π 結合は炭素-炭素 σ 結合の上下および手前と奥にある

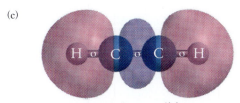

(c) アセチレンの σ 結合

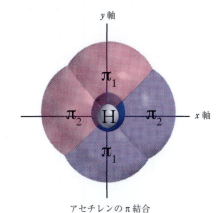

アセチレンの π 結合

図 1・8 アセチレンの構造と結合

軌道の割合（s性）は25％だ．同様に，$sp^2$混成軌道と sp混成軌道でs性はそれぞれ33％と50％だ．$sp^3$混成軌道は$sp^2$混成軌道やsp混成軌道よりもs性が低いため，$sp^3$混成軌道の電子は一般に原子核から遠い位置に存在する．結果として，$sp^3$混成軌道が関わる結合は$sp^2$混成軌道やsp混成軌道が関わる結合よりも長くなる．

炭素-炭素結合の長さも，混成状態が$sp^3 > sp^2 > sp$という順で短くなる．s性が増加するにつれてσ結合の電子がより原子核へ近くなり，その効果が結合長の傾向にも部分的に反映されている．しかし，エタン＞エチレン＞アセチレンという順で炭素-炭素結合長がかなり短くなるのは，炭素原子間をつなぐ結合の本数が増えた結果でもある．共有電子対が二組あることで二重結合は単結合よりも炭素原子同士を互いに近づけることになり，三重結合であればさらに炭素原子同士を近づけることになる．

## 1・8 官能基

有機化合物の数は膨大なので，有機化合物の物理的性質や化学的性質を逐一調べることはとても困難だ．幸いにも，有機化学者は無数の化合物を取扱う方法を見つけた．無機化学者が元素の周期表で元素を族ごとにまとめて分類したのと同様に，有機化合物は**官能基**（functional group）ごとにまとめて分類できる．官能基とは，あるグループの化合物が似たような物理的性質や化学的性質を示す場合に，そのもととなる原子や数個の原子で構成される原子団のことだ．したがって，1000万個の化合物を研究する場合でも，官能基ごとに分類すれば少数の化合物群に整理できて，物理的性質や反応性をある程度予想できる．表1・4に有機化合物でよくみられる官能基を示す．

官能基には炭素骨格から構成されるものもある．エチレンのように，炭素-炭素二重結合を含む化合物は，**アルケン**（alkene）とよばれる．アセチレンのように，炭素-炭素三重結合を含む化合物は，**アルキン**（alkyne）とよばれる．ベンゼンは芳香族炭化水素（aromatic hydrocarbon）または**アレーン**（arene）とよばれる化合物の代表例で，炭素-炭素単結合と二重結合が交替する環構造で表されるが，エチレンとは違う反応性を示す（第5章）．

表1・4 有機化合物の官能基

| 種類 | 官能基 | 構造式の例 | 種類 | 官能基 | 構造式の例 |
|---|---|---|---|---|---|
| アルケン (alkene) | 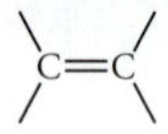 C=C | 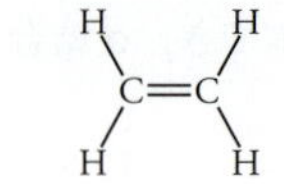 H₂C=CH₂ | エステル (ester) | 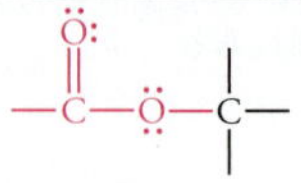 -C(=O)-O-C- | 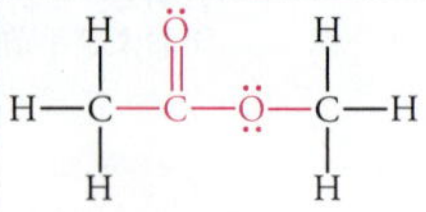 H-C(=O)-O-C-H |
| アルキン (alkyne) | -C≡C- | H-C≡C-H | アミン (amine) | 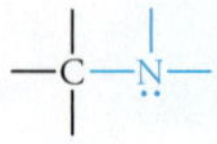 -C-N- | 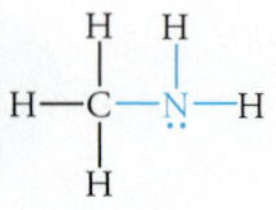 H-C-N-H |
| アルコール (alcohol) | 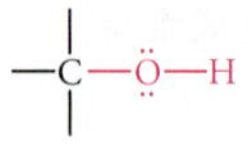 -C-O-H | 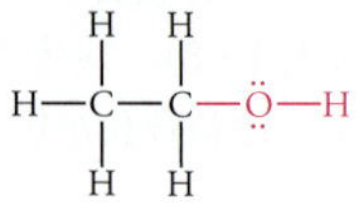 H-C-C-O-H | アミド (amide) | 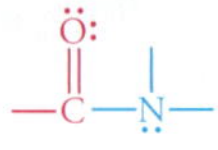 -C(=O)-N- | 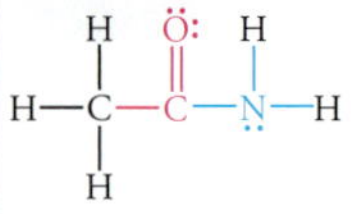 H-C(=O)-N-H |
| エーテル (ether) | 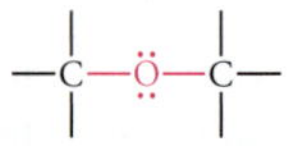 -C-O-C- | 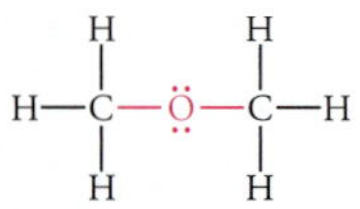 H-C-O-C-H | ハロゲン化アルキル (X=F, Cl, Br, I) | 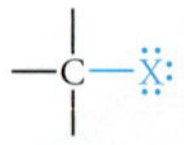 -C-X | 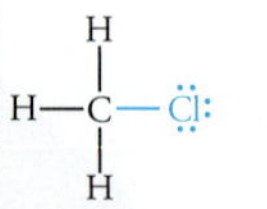 H-C-Cl |
| アルデヒド (aldehyde) | 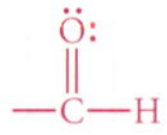 -C(=O)-H | 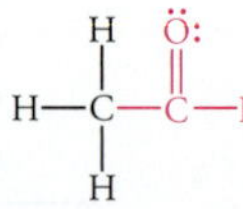 H-C(=O)-H の形 | チオール (thiol) | 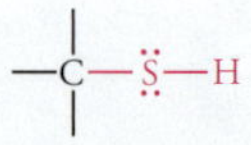 -C-S-H | 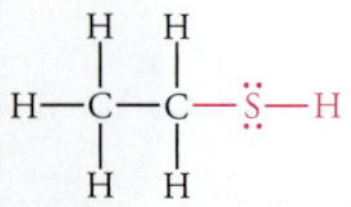 H-C-S-H |
| ケトン (ketone) |  -C(=O)- | 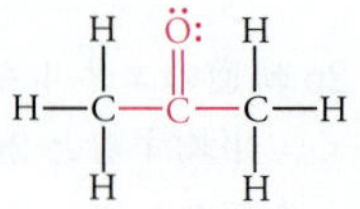 H-C-C(=O)-C-H | スルフィド (sulfide) | 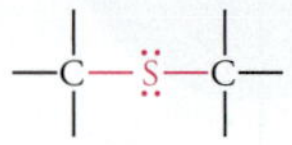 -C-S-C- | 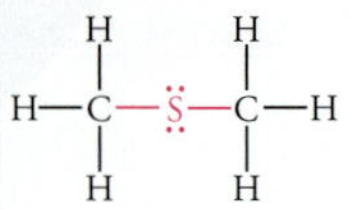 H-C-S-C-H |
| カルボン酸 (carboxylic acid) | 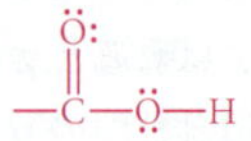 -C(=O)-O-H | 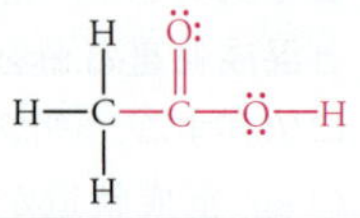 H-C-C(=O)-O-H | | | |

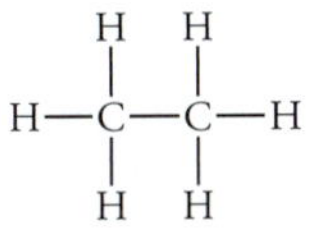

## 1·8 官 能 基

[エタン, エチレン, アセチレン, ベンゼン の構造式]

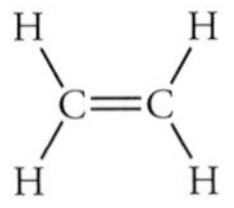

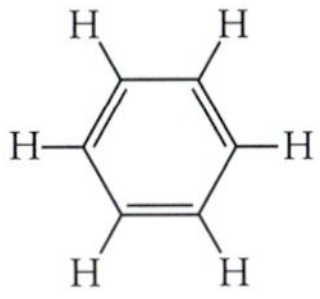

官能基にはさまざまな元素を含むものがある．硫黄やハロゲンを含む官能基もあるが，最も多いのは酸素と窒素を含む官能基だ．たとえば，酸素を含む化合物として**アルコール**（alcohol）と**エーテル**（ether）があり，どちらも炭素‐酸素単結合を含む．アルコールの -OH 部分は**ヒドロキシ基**（hydroxy group）とよばれる．

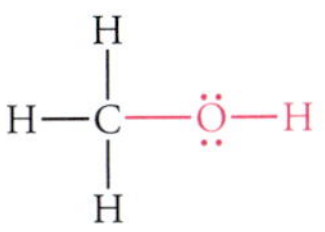

[メタノール（アルコール），ジメチルエーテル（エーテル）の構造式]

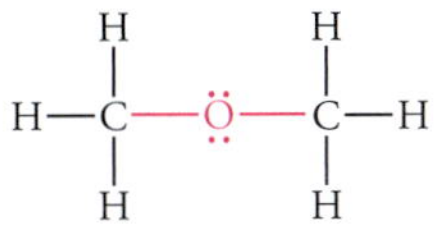

**アルデヒド**（aldehyde）と**ケトン**（ketone）はどちらも炭素と酸素の二重結合を含む．C＝O 部分は**カルボニル基**（carbonyl group）とよばれる．カルボニル基の炭素原子と酸素原子はそれぞれ**カルボニル炭素**（carbonyl carbon）と**カルボニル酸素**（carbonyl oxygen）とよばれる．アルデヒドではカルボニル炭素に少なくとも1個の水素原子が結合することに注意しよう．ケトンではカルボニル炭素は2個の炭素原子と結合する．

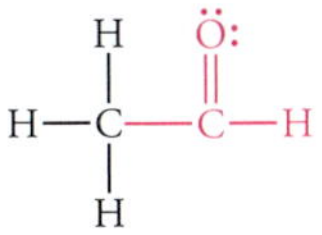

[アセトアルデヒド（アルデヒド），アセトン（ケトン）の構造式]

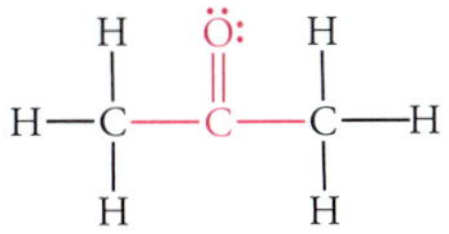

**カルボン酸**（carboxylic acid）と**エステル**（ester）はどちらも炭素と酸素の単結合と二重結合の両方を含む化合物だ．カルボン酸ではカルボニル基がヒドロキシ基と結合し，さらに水素原子または炭素原子と結合する．エステルではカルボニル基が −OR 基と結合し（Rは一つ以上の炭素原子を含む），さらに水素原子または炭素原子と結合する．

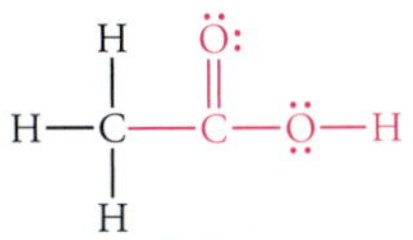

[酢酸（カルボン酸），酢酸メチル（エステル）の構造式]

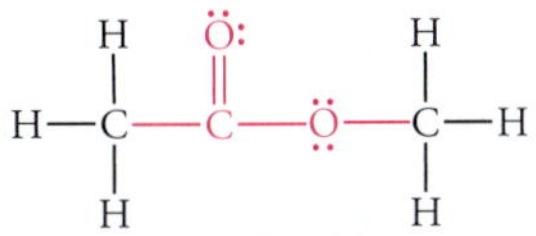

窒素原子は炭素原子と単結合，二重結合，三重結合のどれでも結合できる．炭素‐窒素単結合が一つでもある化合物は**アミン**（amine）だ．アミンの窒素原子は水素または炭素原子に結合する．炭素‐窒素二重結合と炭素‐窒素三重結合をもつ化合物は，それぞれ**イミン**（imine）と**ニトリル**（nitrile）だ．

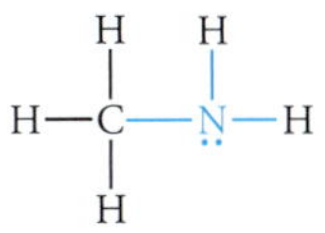

[メチルアミン（アミン）の構造式]

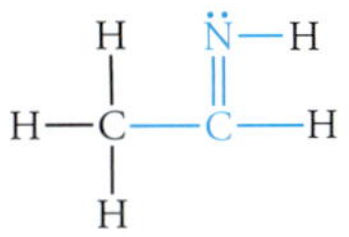

[エタンイミン（イミン），アセトニトリル（ニトリル）の構造式]

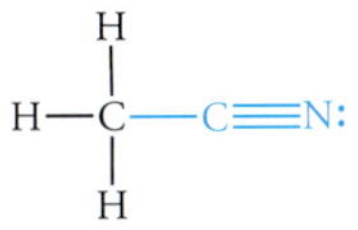

**アミド**（amide）はカルボニル炭素が窒素原子に単結合し，さらに水素または炭素原子と結合した官能基だ．アミドの窒素原子は，カルボニル炭素以外に水素または炭素原子と結合する．

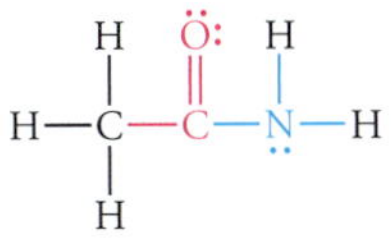

[アセトアミド（アミド）の構造式]

硫黄が炭素と単結合すると，**チオール**（thiol）（かつてメルカプタンとよばれていた）と**スルフィド**（sulfide）という2種類の化合物ができる．酸素と硫黄は元素の周期表で同じ族に位置する元素なので，チオールとスルフィドは，酸素原子を含むアルコールとエーテルにそれぞれ構造が似ている．

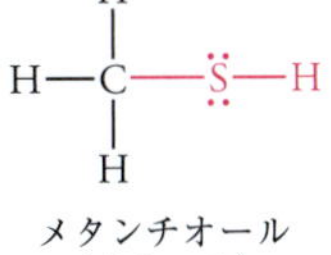

[メタンチオール（チオール），ジメチルスルフィド（スルフィド）の構造式]

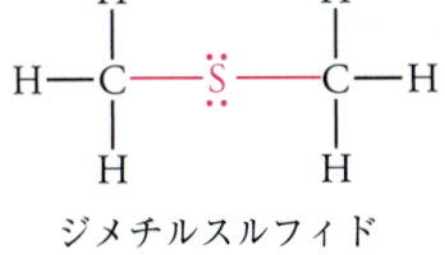

ハロゲンは炭素と単結合をつくる．塩素と臭素は有機化合物に一般的にみられるハロゲンだ．炭素または水素との単結合だけをもつ炭素原子にハロゲンが結合した化合物は，**ハロゲン化アルキル**（alkyl halide）や**ハロアルカン**（haloalkane）とよばれる．カルボニル炭素原子にハロゲンが結合した化合物は，**酸ハロゲン化物**（acyl halide）とよばれる．

ブロモメタン
(ハロゲン化アルキル)

塩化アセチル
(酸ハロゲン化物)

## 1・9 構造式

化合物の分子式は原子の組成を表す．たとえば，ブタンの分子式は $C_4H_{10}$ だ．しかし，有機化合物の構造や性質を理解するためには，分子の構造を元素記号と結合で表す**構造式**（structural formula）が必要不可欠だ．

時間と場所の節約のために構造式の一部を簡略化して書くことが多く，特に結合を省略した構造式を書くことが多い．一部を簡略化した構造式では，特定の結合だけしか書かない．他の結合は書かなくても，そこに結合があるとわかるからだ．どれだけ簡略化するかは，結合を書かなくても結合の有無を正しく判断できるかどうかによって決まる．たとえば，ブタンのような分子で水素は炭素と単結合しかつくらないとわかる．そのため，結合を省略した構造式ではC-H結合を書く必要がない．

$$CH_3-CH_2-CH_2-CH_3$$
ブタン

上の構造式でブタン分子の末端にある炭素原子と内部にある炭素原子の間には，炭素-炭素結合が書かれている．そのため，水素原子との結合が省略されていても，末端炭素原子は3個の水素原子と単結合していることがわかる．分子の内部にある炭素原子は，構造式に書かれているように2本の炭素-炭素結合をもつ．炭素と水素の結合の数はそれぞれ4本と1本であることを知っているので，2本の炭素-水素結合があることは実際に書かれていなくてもわかる．なお，慣例として，水素原子の元素記号は，結合する先の炭素原子の元素記号の右側に書かれる．構造式をさらに簡略化する場合は，炭素-炭素結合も省略する．

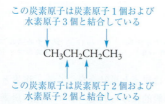

上に示した構造式では，一番左側の炭素原子は水素原子3個と結合し，さらにすぐ右側の炭素原子とも結合していることがわかる．左から2番目の炭素原子は，その右側の2個の水素原子と結合している．この炭素原子は，すぐ右と左にある炭素原子とも結合している．

大きな分子では同じ部分構造が構造式の中に繰返し見つかることがある．そのような部分構造の繰返しは括弧でくくり，繰返し回数は終わり括弧の右に下付きで書いて表す．たとえば，ブタンの構造式は，次のようにさらに短縮した構造式で表すことができる．

$$CH_3(CH_2)_2CH_3$$

括弧でくくった$-CH_2-$という部分は**メチレン基**（methylene group）だ．ブタンの構造式ではメチレン基が2回出てくる．メチレン基は主鎖の中で直接つながっているので，括弧内に入れて表す．

2個以上の同じ原子団が共通して同じ原子に結合する場合も，その原始団を括弧でくくり，個数を表す下付きの数字を添えることで表せる．簡略化した構造式では，分子の書き方しだいで括弧でくくった部分は構造式の右側に置くことも，左側に置くこともある．次の構造式では，それぞれ2個および3個のメチル基が同じ炭素原子に結合していることを表す．

$$CH_3-\underset{\underset{}{|}}{\overset{\overset{CH_3}{|}}{CH}}-CH_2-CH_2-CH_2-CH_3$$
$$= (CH_3)_2CHCH_2CH_2CH_3$$

$$CH_3-CH_2-CH_2-\underset{\underset{CH_3}{|}}{\overset{\overset{CH_3}{|}}{C}}-CH_3 = CH_3CH_2CH_2C(CH_3)_3$$

### 線結合構造式

簡略化した構造式は便利だが，それでも書くのにまだ時間がかかる．線結合構造式はさらに簡潔で，もっと速く書ける．しかし，構造を理解するためには，多くの特徴を頭の中で補わなければならない．線結合構造式を書く場合の決まりごとを次に示す．

1. 炭素と水素原子は，特に強調や明示する必要性が無い限り，元素記号を書かない．水素原子の元素記号を書かない場合は，その水素への結合も書かない．
2. 炭素と水素以外の原子はすべて元素記号を書く．
3. 各線の末端部分と分岐部分には，炭素原子があると考える．
4. 多重結合は複数の線で示す．
5. 各炭素原子は4本の結合をもつので，省略されていても炭素原子上に適切な数の水素原子があると考える．酸素や窒素をはじめ，炭素以外の原子に結合した水素原子は，省略せずに書く．

線結合構造式をうまく書くためには，まず炭素原子のジグザグ構造の配置を書くことから始め，次に頭の中で

炭素原子と水素原子の元素記号を取除く．

$CH_3 — CH_2 — CHBr — CH_3$ =

線結合構造式は，環構造を表すためにも使われる．炭素原子でできた環は正三角形，正方形，正五角形，正六角形などの多角形で表す．

多重結合の表し方は元素によって異なる．カルボニル基の酸素原子をはじめとして，炭素以外は二重結合の原子は必ず書かなければいけないが，二重結合の炭素原子は省略して書かない．

正しい線結合構造式を書くために，有機化学でよく出てくる元素の結合の数は覚えておこう．炭素，窒素，酸素の結合の数はそれぞれ 4, 3, 2 だ．

### 三次元構造と分子モデル

化学反応を理解するうえで，化合物の構造はとても重要だ．そのため，あらゆる方向から構造を眺められるように分子モデルをつくると，理解の手助けとなる．有機化合物の構造を理解するうえで分子モデルキットはとても役に立つ．大学によっては Spartan のような分子モデル計算プログラムを自由に使える学科もある．

球棒モデルや空間充塡モデルという 2 種類の分子モデルがあり，それぞれ長所と短所がある．球棒モデルは分子骨格と結合を表すのに適していて，球は原子核を表し，棒は結合を表す（図 1・9a）．ただし，球棒モデルでは原子が占める実際の体積が反映されていない．一方，空間充塡モデルは個々の原子の周りの電子を含めた全体の体積を表すのに適している（図 1・9b）．ただし，表面

を透明にすれば解決できる問題ではあるが，空間充塡モデルでは炭素骨格や結合角はよく見えない．

分子の三次元構造を紙の上に書いて表すためには，くさび形の結合と破線の結合で表記する方法を使う（図 1・9c）．くさび形の結合は，紙面から読者の方に向けて結合が伸びていることを示す．一方，破線の結合は，紙面の向こう側に向けて結合が伸びていることを示す．実線の結合は紙面上にある．くさび形と破線の結合を使って分子を三次元的に表記する方法では，実際の分子構造を透視したように構造式で表せる．

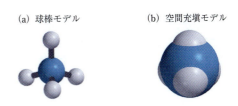

(a) 球棒モデル　　(b) 空間充塡モデル

(c) 破線-くさび形表記の構造式

**図 1・9** メタンの 3 通りの表示方法

### 構造的特徴の認識

化学者は自然界に存在する分子の構造的特徴を見るだけで，その分子の物理的性質や化学的性質をある程度予想できる．多くの場合，その構造的特徴は大きな分子の中のごく一部にすぎない．大きな分子の構造は簡略化された形で書かれるが，簡略化する方法が標準的なので理解しやすい．分子の大きさや複雑さにとらわれずに分子全体を眺め，炭素-炭素結合を無視して重要な部分に注目する．多重結合はあるだろうか？ 官能基となる酸素や窒素はあるだろうか？ 酸素や窒素はどの原子と結合し，どの原子の近くにあるだろうか？ このような点に着目して，もしカルボニル基があるとわかれば，アルデヒド，ケトン，エステル，アミドのいずれかの官能基が分子内にあるだろう．どの官能基か判断するためには，カルボニル基に結合する原子を見ればよい．

具体例として，抗生物質の一つであるノナクチンの構造を考えてみよう．ノナクチンは多数の原子でできた大きな環構造をもち，生体膜中に空孔をつくる．カリウムイオンはノナクチンの多数の酸素原子と相互作用することで，大きな環の内部に取込まれる．カリウムイオンは細菌の細胞膜を通り抜けて内部に輸送され，細胞は死に至る．この複雑な構造の中で，酸素を含む官能基は何だ

ろうか？ とりあえず破線やくさびで表した結合は気にしなくてよい．まず酸素原子から順に見てみよう．数個の酸素原子は，カルボニル基の一部となっている．ノナクチンにはカルボニル基が四つあるので，カルボニル炭素がどの原子と結合しているかを見てみよう．一つは炭素原子に結合し，残りは酸素原子に結合している．このような特徴をもつ官能基は，カルボン酸とエステルだ．カルボン酸ではカルボニル酸素ではない方の酸素原子は−OH基だが，エステルではもう一方の酸素原子は炭素原子に結合する．このようにして，ノナクチンには4個のエステルがあることが最終的にわかる．

次に，この分子についてエステル以外の酸素を含む官能基を見てみよう．五員環の一部として含まれる酸素原子が全部で4個ある．それぞれの五員環は酸素原子を1個ずつ含む．この官能基はエーテルだ．

ノナクチン

## フェロモン：昆虫の世界の化学伝達

有機化学の範囲は急速に拡大し，多くの分野に貢献している．たとえば，生物学もその一つで，有機化学についての基礎的な知識や官能基の性質の知見がなければ，現代生物学は理解できないほどだ．有機化学はすべての生命体や生命現象の基礎となる．たとえば，フェロモンの構造と，フェロモンに含まれる官能基を見てみよう．フェロモン (pheromone) とは，ギリシャ語の *pherein* (移動) と *hormon* (興奮) からつくられた造語だ．フェロモンは昆虫が情報伝達に使う化合物だが，哺乳類を含む高等動物が分泌する場合もある．フェロモンは混合物の場合もある．

フェロモンには，通った跡を残す，危険を警告する，同じ種の集合を促す，危険から防御する，異性を引き寄せるなどさまざまな役割がある．サソリモドキは捕食者を撃退するために防御フェロモンの液を噴出する．アリの一種は警告フェロモンを使い，他のアリに危険を警告する．ニレ立枯病の原因となるキクイムシは集合フェロモンを出して仲間を集め，大量のキクイムシが木に有害な菌を感染させる．性フェロモンはおもに動物の雌から分泌される異性を誘引する物質で，雌の交尾の準備が整ったという合図となる．このフェロモンは，遠くにいる雌の場所を雄が察知するのにも役立つ．

これまで研究されたガは，その種に固有の性誘引物質を例外なくもっている．たいていの場合，性誘引物質は長い炭素鎖をもつが，含まれる官能基は種によってかなり違う．マイマイガとブドウガの性誘引物質の構造を次に示す．マイマイガの性誘引物質は三員環を含み，その環内にある酸素原子を含む官能基はエーテルだ．一方，ブドウガの性誘引物質にある酸素原子を含む官能基はエステルだ．それ以外にも，炭素-炭素二重結合を含む．

性誘引物質の構造を決定できると，その化合物を罠として仕掛けて，片方の性を誘惑して除去することで繁殖周期を壊せると考える科学者が出てきた．この方法が成功すれば，殺虫剤を使わずに昆虫を駆除できるようになる．しかし，この"理想的"な方法が有効かどうかは多くの種でまだ明らかにされていない．最終的な目標はフェロモンが殺虫剤に取って代わることだが，いまだ達成されていない．

$CH_3(CH_2)_9$ ～ $(CH_2)_4CH(CH_3)_2$
マイマイガのフェロモン

$CH_3CH_2-CH=CH-(CH_2)_8-O-\overset{\overset{\displaystyle O}{\|}}{C}-CH_3$
ブドウガのフェロモン

**例題 1・5** ある種のゴキブリは同種のゴキブリを引きつける次の物質を分泌する．3通りの方法で簡略化した構造式を書け．

$$\text{H-}\overset{\overset{\displaystyle H}{|}}{\underset{\underset{\displaystyle H}{|}}{C}}-\overset{\overset{\displaystyle H}{|}}{\underset{\underset{\displaystyle H}{|}}{C}}-\overset{\overset{\displaystyle H}{|}}{\underset{\underset{\displaystyle H}{|}}{C}}-\overset{\overset{\displaystyle H}{|}}{\underset{\underset{\displaystyle H}{|}}{C}}-\overset{\overset{\displaystyle H}{|}}{\underset{\underset{\displaystyle H}{|}}{C}}-\overset{\overset{\displaystyle H}{|}}{\underset{\underset{\displaystyle H}{|}}{C}}-\overset{\overset{\displaystyle H}{|}}{\underset{\underset{\displaystyle H}{|}}{C}}-\overset{\overset{\displaystyle H}{|}}{\underset{\underset{\displaystyle H}{|}}{C}}-\overset{\overset{\displaystyle H}{|}}{\underset{\underset{\displaystyle H}{|}}{C}}-\overset{\overset{\displaystyle H}{|}}{\underset{\underset{\displaystyle H}{|}}{C}}-\overset{\overset{\displaystyle H}{|}}{\underset{\underset{\displaystyle H}{|}}{C}}-\overset{\overset{\displaystyle H}{|}}{\underset{\underset{\displaystyle H}{|}}{C}}\text{-H}$$

[解答] C−H結合があることを理解したうえで省略すると，次のようになる．

$CH_3-CH_2-CH_2-CH_2-CH_2-CH_2-CH_2-CH_2-CH_2-CH_2-CH_2-CH_3$

C−C結合があることを理解したうえでさらに省略すると，次のようになる．

$CH_3CH_2CH_2CH_2CH_2CH_2CH_2CH_2CH_2CH_2CH_2CH_3$

上の構造式をさらに短縮して，繰返し部分を短縮すると，次のようになる．

$CH_3(CH_2)_{10}CH_3$

**例題 1・6** ヘキサメチレンジアミンはナイロンの合成に使われる化合物で，次の構造式をもつ．3通りの方法で簡略化した構造式を書け．

ヘキサメチレンジアミン

**例題 1・7** キャラウェー油に含まれるカルボンの分子式を書け.

カルボン

[解答] 構造式を見ると，線の末端や分岐点に 10 個の炭素原子がある．カルボニル基の二重結合を表す二重線の一方の末端に酸素原子がある．各炭素原子から他の原子への結合の数を決めれば，水素原子の数が決まる．水素原子をもたない炭素原子が 3 個あることに注意しよう．分子式は $C_{10}H_{14}O$ だ．

H 原子 3 個
H 原子 1 個
H 原子 2 個
H 原子 2 個
H 原子 1 個
H 原子 3 個
H 原子 2 個

**例題 1・8** 植物の芽の成長を促進する植物成長ホルモンであるインドール-3-酢酸の分子式を書け．

インドール-3-酢酸

## 1・10 異 性 体

分子式が同じで構造が違う化合物を**異性体**（isomer）とよぶ．構造とは原子のつながり方をさす．有機化合物の構造について詳しく学ぶにつれて，異性体間のわずかな構造の違いが物理的性質や化学的性質に影響することがわかるだろう．異性体にはいくつか種類があり，結合の位置や順序が異なるものを**構造異性体**（constitutional isomer）とよぶ．単に異性体という場合には，構造異性体のことをさす場合が多い．構造異性体はさらに骨格異性体，官能基異性体，位置異性体に分類できる．構造異性体のなかでも，炭素鎖の骨格が異なるものを**骨格異性**

**体**（skeletal isomer）または連鎖異性体とよぶ．$C_4H_{10}$ という同じ分子式をもつ $n$-ブタンとイソブタンは骨格異性体だ．この二つの異性体の炭素鎖の骨格の違いを見てみよう．$n$-ブタンは枝分かれなしに 4 個の炭素原子が直鎖状につながっている（図 1・10a）．一方，イソブタンは 3 個の炭素原子が順につながっているが，4 番目の炭素原子は真ん中の炭素原子と結合し，途中で枝分かれしている．$n$-ブタンとイソブタンの沸点はそれぞれ $-1\,°C$ と $-12\,°C$ で，物理的性質に違いがみられる．二つの化合物の化学的性質には似たところもあるが，違うところもある．

**官能基異性体**（functional group isomer）は，官能基の種類が異なる異性体だ．エタノールとジメチルエーテルの分子式はどちらも $C_2H_6O$ で（図 1・10b），構成元素の種類と数は同じだが，含まれる官能基が異なり，結合の配列も異なる．エタノールの原子の配列は，水素を除くと C-C-O で，酸素原子はアルコールとして存在する．もう一方の異性体であるジメチルエーテルの原子の配列は，水素を除くと C-O-C で，酸素原子はエーテルとして存在する．

$CH_3-CH_2-OH$　　　$CH_3-O-CH_3$
エタノール　　　　　ジメチルエーテル
（沸点 78.5 °C）　　　（沸点 -24 °C）

沸点の違いからわかるように，この二つの官能基異性体の物理的性質は大きく違う．また，官能基の種類が違う

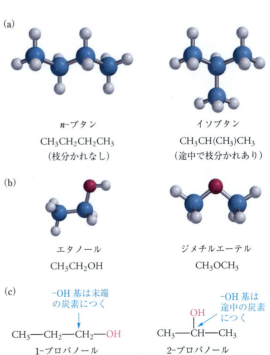

(a)
$n$-ブタン　　　　　　　イソブタン
$CH_3CH_2CH_2CH_3$　　$CH_3CH(CH_3)CH_3$
（枝分かれなし）　　　（途中で枝分かれあり）

(b)
エタノール　　　　　ジメチルエーテル
$CH_3CH_2OH$　　　　$CH_3OCH_3$

(c)
-OH 基は末端の炭素につく
$CH_3-CH_2-CH_2-OH$
1-プロパノール

-OH 基は途中の炭素につく
$CH_3-CH(OH)-CH_3$
2-プロパノール

図 1・10 異性体の構造

ので，化学的性質も異なる．

**位置異性体**（positional isomer）は，官能基の種類は同じだが，官能基がつく炭素の位置が違う化合物だ．たとえば，1-プロパノールと2-プロパノールというアルコールの位置異性体は，ヒドロキシ基がつく炭素の位置が違う（図1・10c）．この二つの化合物は同じ種類の官能基をもち，分子量も同じなので，化学的性質は似ている．

異性体は一目で判別できるとは限らない．二つの構造が異性体に見えても，実際には書き方がわずかに違うだけで同じ化合物だということもある．異性体を見分けられるようになり，同じ化合物で違う書き方をしたものと異性体とを判別できるようになろう．1,2-ジクロロエタンの書き方はいくつかあるが，どの場合も基本骨格の原子配列はCl–C–C–Clだ．

1,2-ジクロロエタン（CH$_2$ClCH$_2$Cl）

1,2-ジクロロエタンの異性体は1,1-ジクロロエタンだ．1,1-ジクロロエタンでは2個の塩素原子が同じ炭素原子に結合するが，1,2-ジクロロエタンでは，2個の塩素原子がそれぞれ別の炭素原子に結合する．結合を省略して1,1-ジクロロエタンと1,2-ジクロロエタンの構造式を書くと，CHCl$_2$CH$_3$とCH$_2$ClCH$_2$Clとなる．この書き方を見れば，前者では2個の塩素原子が同一の炭素原子に結合し，後者では2個の塩素原子が別々の炭素原子に結合することがわかる．

1,1-ジクロロエタン（CHCl$_2$CH$_3$）

**例題1・9** 麻酔薬に使用される二つの化合物の構造式を以下に示す．この二つの化合物が異性体かどうかを示し，異性体の場合は両者間で違う部分を示せ．

[解答] 二つの構造式で原子の組成は同じで，分子式はどちらも$C_3H_2F_5ClO$だ．明らかに同一の化合物ではないが，同じ分子式をもつので，この二つの化合物は異性体だ．炭素骨格は同じで，どちらの化合物もエーテル官能基を含む．

どちらの異性体もエーテル酸素の右側にCHF$_2$という部分をもつが，フッ素と水素の位置の書き方が異なる．ただし，この書き方の違いは異性体かどうかということには関係ない．エーテル酸素の左側にハロゲン原子があり，その結合の仕方が異なる．したがって，この二つの化合物は位置異性体だ．左の化合物では，酸素原子に結合した炭素原子に対して2個のフッ素原子が結合し，一番左の炭素原子に対してフッ素原子と塩素原子が1個ずつ結合している．一方，右の化合物では，酸素原子に結合した炭素原子に対して1個の塩素原子が結合し，一番左の炭素原子に対して3個のフッ素原子が結合している．

**例題1・10** グルコースの代謝における二つの中間体の構造式を次に示す．二つの化合物が異性体かどうかを示し，異性体の場合は両者間で違う部分を示せ．

## 1・11 命 名 法

化合物の**命名法**（nomenclature）は，物質の名前を系統的につける方法だ．化学では化合物の命名法は特に重要だ．この点については，異性体が存在することからも理解できるだろう．分子式が$C_4H_{10}$である化合物には$n$-ブタンとイソブタンという二つの異性体があり，この場合はどちらの名前も覚えやすい．しかし，分子式が$C_{10}H_{22}$になると75個の異性体があり，$C_{40}H_{82}$に至っては62,481,801,147,341個の異性体がある．化合物の名前を系統的につける方法がなければ，異性体を区別することもできない．そうなると，有機化学を理解しようとしても，とても難しいだろう．

1892年にスイスのジュネーブで開催された会議で，有機化合物を含むすべての化合物に対する命名法が考案された．現在では，**国際純正・応用化学連合**（IUPAC

= International Union of Pure and Applied Chemistry) によって定められた規則に基づいて, 化合物は命名される. その命名規則ができたことで, 各化合物に疑う余地のない正式な名前がつくことになった. それまでは同一の有機化合物に対して複数の名前がつけられることが何度も起こっていたため, 普遍的で体系的な命名法が必要だった. たとえば, $CH_3CH_2OH$ はアルコールとよばれるが, ほかにエチルアルコール, メチルカルビノール, そしてエタノールというように多くの呼び方がある. さらに, 世界中のそれぞれの言語でさまざまな名前が付けられた.

有機化合物の名前は, 接頭語, 母体, 接尾語の三つの部分から構成される. 母体は主鎖となる炭素骨格にいくつの炭素原子があるかを示す. 一方, 接尾語を見れば分子内にある官能基がわかる. たとえば, 接尾語が -ol であればアルコールで, -al であればアルデヒドで, -one であればケトンだ. 接尾語で示される官能基の位置や, 主鎖の炭素骨格についた他の置換基の種類と位置は, 接頭語で示す.

接頭語 — 母体 — 接尾語

どのような構造の化合物であっても, IUPAC の命名規則を適用すれば固有の名前は一つだけになるし, その逆にある名前が示す構造も一つだけになる.

例として, スカンクの臭いの成分となる次の化合物の IUPAC 名について考えてみよう. この化合物は 3-メチル-1-ブタンチオールだ.

$$CH_3-\underset{4}{CH}-\underset{3}{\underset{|}{CH_3}}-\underset{2}{CH_2}-\underset{1}{CH_2}-SH$$

3-メチル-1-ブタンチオール
(3-methyl-1-butanethiol)

ブタン (butane) は, 上の式で水平に書かれた 4 個の炭素原子からなる主鎖を表し, この化合物の母体名だ. 接頭語の 3-メチル (3-methyl) とは, 炭素原子の主鎖骨格に $-CH_3$ 基があることとその位置を表す. 接尾語のチオール (-thiol) と接頭語の 1- は, $-SH$ 基があることとその位置を表す. 炭素原子に位置番号をつけて表す方法と, IUPAC の系統的な命名法は, 以降の章であらためて学ぶこととなる.

IUPAC の系統的な命名規則があるにもかかわらず, 多くの慣用名がよく使われているため, 慣用名と IUPAC 名の両方を覚えておこう. $CH_3CH_2OH$ の IUPAC 名はエタノールだが, 慣用名のエチルアルコールも依然として使用されている. さらにいえば, 複雑な構造をもつ化合物では IUPAC 名よりも慣用名の方が扱いやすいため, 生物由来のものをはじめとして, 多くの場合に慣用名がそのまま使用されている.

## 練習問題

### 原子の性質

**1・1** 次の各元素の価電子の個数を書け.
(a) N  (b) F  (c) C  (d) O
(e) Cl (f) Br (g) S  (h) P

**1・2** 次の元素の組合わせで, 電気陰性度が高い方の元素と原子半径が大きい方の元素を示せ.
(a) Cl と Br  (b) O と S  (c) C と N
(d) N と O   (e) C と O

### 共有結合化合物のルイス構造

**1・3** 次の化合物のルイス構造式を書け.
(a) $NH_2OH$  (b) $CH_3CH_3$  (c) $CH_3OH$
(d) $CH_3NH_2$ (e) $CH_3Br$  (f) $CH_3SH$

**1・4** 次の化合物のルイス構造式を書け.
(a) HCN  (b) HNNH  (c) $CH_2NH$
(d) $CH_3NO$ (e) $CH_2NOH$ (f) $CH_2NNH_2$

**1・5** 次の構造式に孤立電子対を書き足せ.

(a) $CH_3-\overset{\overset{O}{\|}}{C}-OH$  (b) $CH_3-\overset{\overset{O}{\|}}{C}-O-CH_3$

(c) $H-\overset{\overset{O}{\|}}{C}-NH-CH_3$  (d) $CH_3-S-CH=CH_2$

**1・6** 次の構造式に孤立電子対を書き足せ.

(a) $CH_3-\overset{\overset{O}{\|}}{C}-Cl$  (b) $CH_3-O-CH=CH_2$

(c) $CH_3-\overset{\overset{O}{\|}}{C}-SH$  (d) $H_2N-\overset{\overset{O}{\|}}{C}-O-CH_3$

**1・7** 次の化合物の構成原子の配列と原子価を使って, 正しいルイス構造式を書け.

(a) $Cl-\overset{\overset{O}{\|}}{C}-Cl$  (b) $H-\overset{\overset{|}{H}}{N}-\overset{\overset{O}{\|}}{C}-\overset{\overset{|}{H}}{N}-H$

(c) $H-\overset{\overset{|}{H}}{\underset{\underset{H}{|}}{C}}-\overset{\overset{O}{\|}}{C}-S-H$

**1・8** 次の化合物の構成原子の配列と原子価を使って，正しいルイス構造式を書け．

(a) 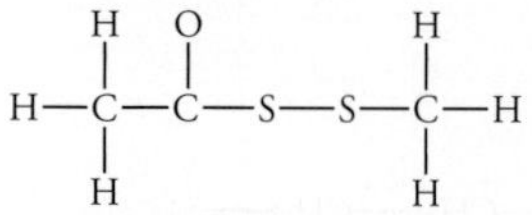 
```
    H O
    | ||       H
H—C—C—S—S—C—H
    |         |
    H         H
```

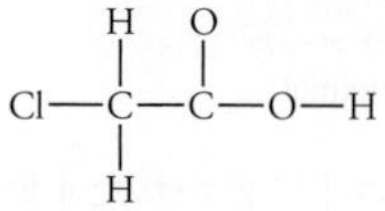

(b) 
```
    H O
    | ||
Cl—C—C—O—H
    |
    H
```

(c) 
```
    H O Cl
    | ||  |
H—C—C—N—H
    |
    H
```

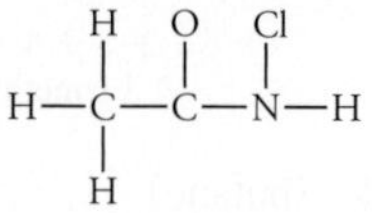

**1・9** ドライクリーニングに使用され，分子式が $C_2Cl_4$ および $C_2HCl_3$ である二つの化合物のルイス構造式を書け．

**1・10** じゅうたんの繊維を合成するために使用されるアクリロニトリルの分子構造は $CH_2CHCN$ だ．この化合物のルイス構造式を書け．

## 形式電荷

**1・11** 次の化学種について炭素と水素以外の原子の形式電荷を書け．

(a) H—Ö—C≡N:

(b) H—Ö—N≡C:

(c) $CH_3$—N̈—N=N̈:

**1・12** 次の化学種はすべて等電子的で（同じ数の電子をもち），同数の原子と結合している．各化学種について形式電荷をもつ原子を示したうえで，化学種の正味の電荷を求めよ．

(a) :C≡O:  (b) :N≡O:  (c) :C≡N:

(d) :C≡C:  (e) :N≡N:

**1・13** 神経インパルス伝達に関与するアセチルコリンの構造式を次に示す．窒素原子の形式電荷と，アセチルコリンの正味の電荷を示せ．

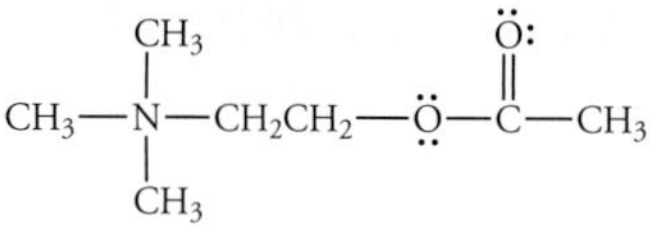

```
      CH3          :Ö:
       |           ||
CH3—N—CH2CH2—Ö—C—CH3
       |
      CH3
```
アセチルコリン

**1・14** 神経ガスのサリンの構造式を次に示す．リン原子と酸素原子の形式電荷を示せ．

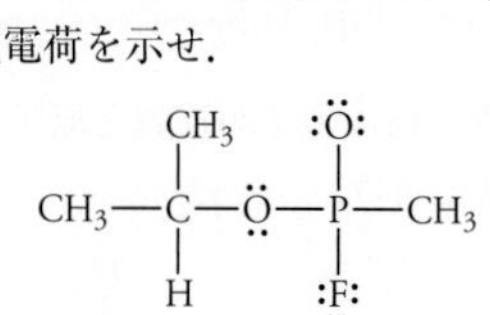

```
        CH3    :Ö:
         |      ||
   CH3—C—Ö—P—CH3
         |      |
         H     :F:
```
サリン

## 共鳴

**1・15** 果物の種に含まれている少量のシアン化物イオンは，$SCN^-$ として体外に排出される．このイオンがとりうる共鳴構造を二つ書け．それぞれの共鳴構造で負の形式電荷をもつ元素を示せ．

**1・16** 次の組合わせが単一化学種の共鳴構造であるか判定せよ．形式電荷は書かれていないので，図に書き足せ．

(a) :N=N=N:  と  :N̈—N≡N:

(b) H—C≡N—Ö:  と  H—C̈=N=Ö:

**1・17** 次に示すアミドで，電子が巻矢印の示す方向に移動してできる共鳴構造を書き，形式電荷がどう変化するかを示せ．

```
      CH3    :Ö:
          \  ↗↑
           C
          /  ↖
         :NH2
```

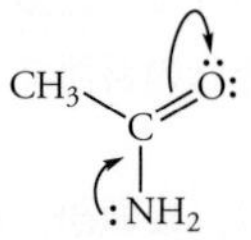

**1・18** 次に示すオゾンで，電子が巻矢印の示す方向に移動してできる共鳴構造を書き，形式電荷がどう変化するかを示せ．

:Ö̈=Ö—Ö:

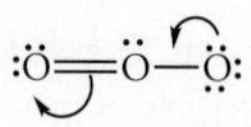

## 分子の形

**1・19** VSEPR 理論に基づいて，次の化合物の指定された結合角を推定せよ．

(a) $CH_3$—C≡N  の  C—C—N 結合角

(b) $CH_3$—O—$CH_3$  の  C—O—C 結合角

(c) $CH_3$—NH—$CH_3$  の  C—N—C 結合角

(d) $CH_3$—C≡C—H  の  C—C—C 結合角

**1・20** VSEPR 理論に基づいて，次の化合物の指定された結合角を推定せよ．

(a) $CH_3$—$OH_2^+$  の  C—O—H 結合角

(b) $CH_3$—$NH_3^+$  の  C—N—H 結合角

(c) $CH_3CO_2^-$  の  O—C—O 結合角

(d) $(CH_3)_2OH^+$  の  C—O—C 結合角

**1・21** VSEPR 理論に基づいて，次の化合物の C—N=N 結合角を推定せよ．

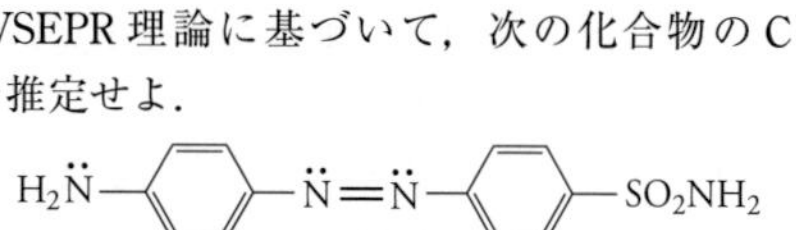

```
H2N̈—⟨  ⟩—N̈=N—⟨  ⟩—SO2NH2
         |
        NH2
```

**1・22** VSEPR 理論に基づいて，ゴムの加硫に使われる触媒である 2,2'-ジベンゾチアゾリルジスルフィドの S—C—S 結合角と C—S—S 結合角を推定せよ．

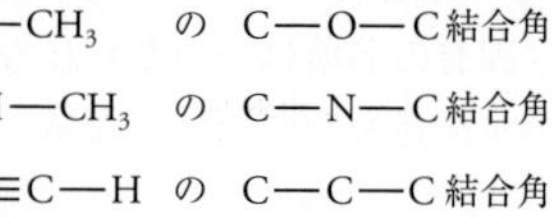

## 混成

**1・23** 次の化合物で各炭素原子の混成状態を書け．

(a) 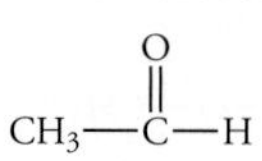 
```
       O
       ||
CH3—C—H
```
(b) $CH_3$—O—$CH=CH_2$

(c) 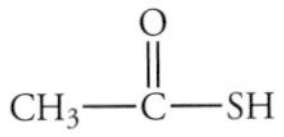 CH₃—C(=O)—SH

**1·24** 次の化合物で各炭素原子の混成状態を書け．

(a) 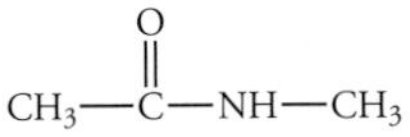 CH₃—C(=O)—NH—CH₃　(b) CH₃—S—CH=CH₂

(c) 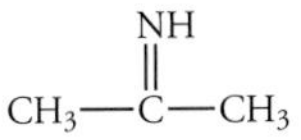 CH₃—C(=NH)—CH₃

**1·25** アスピリンには 2 個の酸素原子に結合する炭素原子が二つある．それぞれの混成状態を書け．

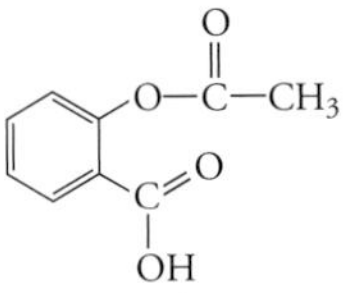

アスピリン
(アセチルサリチル酸)

**1·26** パーキンソン病の治療に使用されるレボドパの窒素原子に結合する炭素原子の混成状態と，2 個の酸素原子に結合する炭素原子の混成状態を書け．

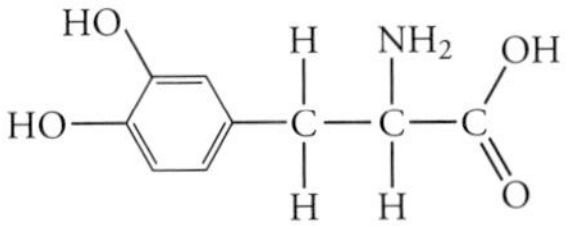

レボドパ

## 分子式

**1·27** 次の化合物の分子式を書け．

(a) CH₃—CH₂—CH₂—CH₂—CH₃
(b) CH₃—CH₂—CH₂—CH₃
(c) CH₂=CH—CH₂—CH₃
(d) CH₃—CH₂—C≡C—H

**1·28** 次の化合物の分子式を書け．

(a) CH₃CH₂CH₂CH₂CH₂CH₃
(b) CH₃CH=CHCH₃
(c) CH₃CH₂C≡CCH₃
(d) CH₃C≡CCH₂CH=CHCH₃

**1·29** 次の化合物の分子式を書け．

(a) CH₃CH₂CHCl₂
(b) CH₃CCl₂CH₃
(c) BrCH₂CH₂Br

**1·30** 次の化合物の分子式を書け．

(a) CH₃CH₂CH₂OH
(b) CH₃CH₂SH
(c) CH₃CH₂CH₂NH₂

## 構造式

**1·31** 次の各化合物の C−C 結合と C−S 結合だけを書き，他の結合はすべて省略して，簡略化した構造式を書け．

(a) 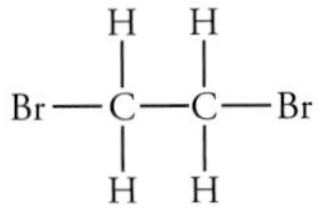 Br—CH₂—CH₂—Br　(b) 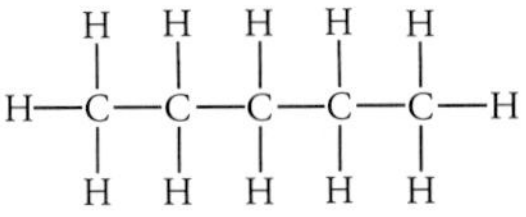 H—CH₂—CH₂—CH₂—CH₂—H

(c) 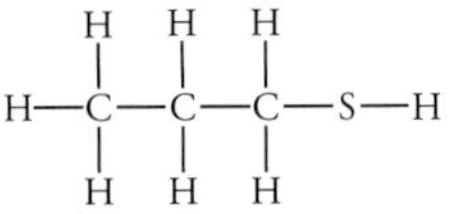 H—CH₂—CH₂—CH₂—S—H

**1·32** 次の各化合物の水素への結合と塩素への結合だけは書かずに省略して，簡略化した構造式を書け．

(a) 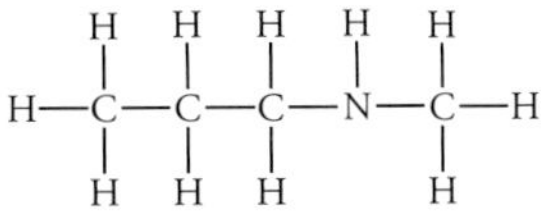 H—CH₂—CH₂—CH₂—N(H)—CH₂—H

(b) 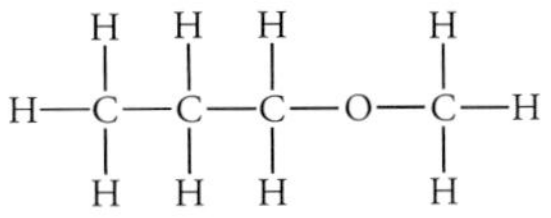 H—CH₂—CH₂—CH₂—O—CH₂—H

(c) 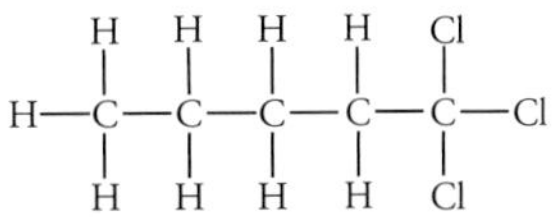 H—CH₂—CH₂—CH₂—CCl₂—Cl

**1·33** 結合をすべて省略して，練習問題 1·31 の化合物の簡略化した構造式を書け．

**1·34** 結合をすべて省略して，練習問題 1·32 の化合物の簡略化した構造式を書け．

**1·35** 次の簡略化した構造式について，すべての結合が書かれた完全な構造式を書け．

(a) CH₃CH₂CH₂CH₃　(b) CH₃CH₂CH₂Cl
(c) CH₃CHClCH₂CH₃　(d) CH₃CH₂CHBrCH₃
(e) CH₃CH₂CHBr₂　(f) CH₃CBr₂CH₂CH₃

**1·36** 次の簡略化した構造式について，すべての結合が書かれた完全な構造式を書け．

(a) CH₃CH₂CH₃　(b) CH₃CH₂CHCl₂
(c) CH₃CH₂CH₂CH₂SH　(d) CH₃CH₂C≡CCH₃
(e) CH₃CH₂OCH₂CH₃　(f) CH₃CH₂CH₂C≡CH

**1·37** 次の線結合構造式の分子式を書け．

(a) 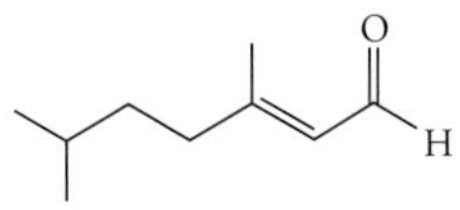　　(b)

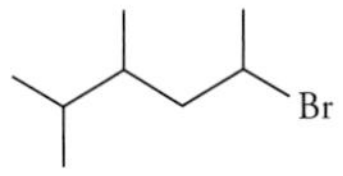

(c)

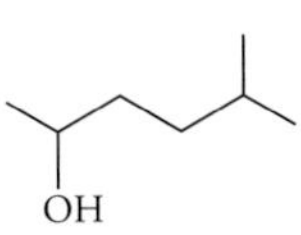

**1・38** 次の線結合構造式の分子式を書け．

(a)　(b)　(c)
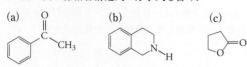

**1・39** 次の線結合構造式の分子式を書け．

(a) 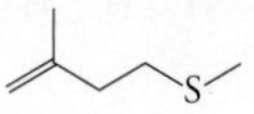　　　　　　　(b)
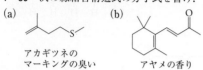
アカギツネの　　　アヤメの香り
マーキングの臭い

**1・40** 次の線結合構造式の分子式を書け．

(a)　　　　(b)
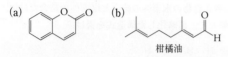
　　　　　柑橘油

## 官能基

**1・41** 次の各化合物中の官能基の種類を示せ．

(a)　　　　(b)
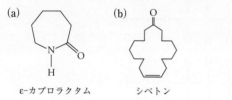
ε-カプロラクタム　　シベトン

**1・42** 次の各化合物中の酸素を含む官能基の種類を示せ．

(a)　　　　(b)
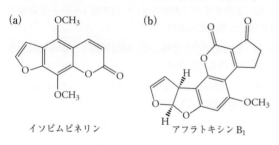
イソピムピネリン　　アフラトキシン $B_1$

## 異性体

**1・43** 次の各組の構造式は構造異性体か，それとも同一の化合物であるかを示せ．

(a) 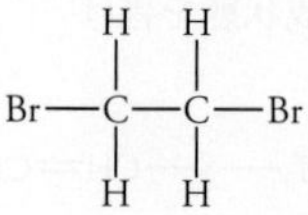 Br–CH$_2$–CH$_2$–Br と H–CHBr–CH$_2$–Br

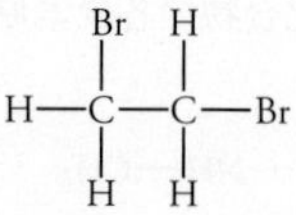

(b) 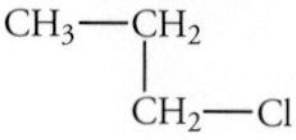 CH$_3$–CH(CH$_2$Cl)– と CH$_3$–CH$_2$–CH$_2$–Cl

(c) 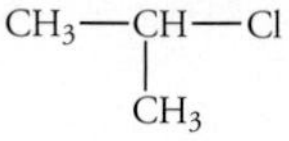 CH$_3$–CHCl–CH$_3$ と CH$_3$–CH$_2$–CH$_2$–Cl

**1・44** 次の各組の構造式は構造異性体か，それとも同一の化合物であるかを示せ．

(a) 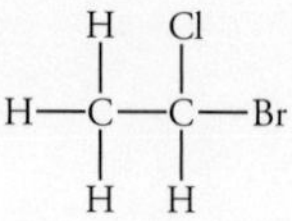 H–CHCl–CH$_2$Br と H–CCl(H)–CH$_2$Br

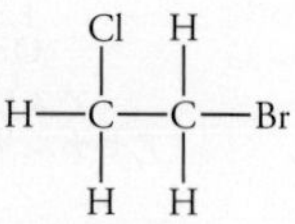

(b) 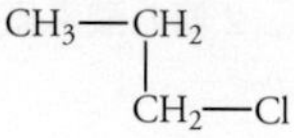 CH$_3$–CH(CH$_2$Cl)– と CH$_3$–CHCl–CH$_3$

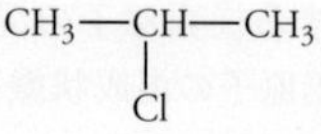

(c) 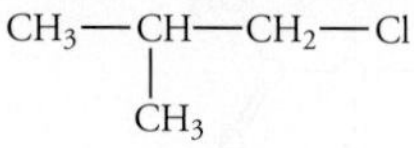 CH$_3$–CH(CH$_3$)–CH$_2$–Cl と CH$_3$–CH(CH$_3$)–CH$_2$–Cl

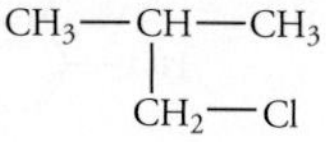

**1・45** 次の分子式で表される化合物には2個の異性体が存在する．その構造式を両方とも書け．

(a) $C_2H_4Br_2$　(b) $C_2H_6O$　(c) $C_2H_4BrCl$

(d) $C_3H_7Cl$　(e) $C_3H_9N$

**1・46** 次の分子式で表される化合物には3個の異性体が存在する．その構造式をすべて書け．

(a) $C_2H_3Br_2Cl$　(b) $C_3H_8O$　(c) $C_3H_8S$

# 有機化合物の性質

コレステロール

## 2・1 構造と物理的性質

世の中には数千万にも及ぶ数の有機化合物が存在し，それぞれ固有の物理的性質および化学的性質を示す．そう聞くと，化合物の物理的性質（融点，沸点，溶解度など）と構造の関係を理解することは難しそうに思えるだろう．しかし，分子の特徴的な官能基に注目すると，有機化合物は比較的少数の化合物群に分類できる．官能基という基本構造は分子の性質に大きな影響を及ぼすので，有機化合物の物理的性質は分子構造に基づいてある程度予想できる．官能基があることで生じる分子間引力が，分子の性質に反映されるからだ．分子間力には**双極子-双極子相互作用**（dipole-dipole force），**ロンドン力**（London force），**水素結合**（hydrogen bond）の3種類がある．

### 双極子-双極子相互作用

極性共有結合の電子対は二つの原子間で均等には共有されないため，結合モーメントが生じる．しかし，分子が極性であるか無極性であるかは，分子の形で決まる．たとえば，四塩化炭素（テトラクロロメタン，$CCl_4$）は分極した C–Cl 結合をもつが，4本の結合が中心の炭素原子から正四面体の頂点をさすように配置されているため，それぞれの結合モーメントが打ち消しあい，無極性分子となる．それに対して，ジクロロメタン（塩化メチレン，$CH_2Cl_2$）では結合モーメントが打ち消されず，正に帯電した炭素原子から負に帯電した塩素原子の方へと正味の分極が残るため，ジクロロメタンは極性分子となる．

極性分子には陰性な"末端"と陽性な"末端"がある．ある分子の陽性な末端は別の分子の陰性な末端を引き寄せるので，分子は会合しようとする．極性分子の物理的性質は，この会合しようとする性質を反映している．会合した分子を気化するにはより多くのエネルギーが必要であるため，会合の程度が増加するにつれて蒸気圧が低下し，反対に沸点が上昇する．アセトンとイソブタンの分子量と分子の形は似ているが（図2・1），アセトンの沸点はイソブタンよりもかなり高い．二つの分子の形を見比べると，アセトンには分極したカルボニル基があるが，イソブタンは無極性分子で極性官能基をもたない．アセトンの方がイソブタンよりも沸点が高いのは，分極したカルボニル基のせいで分子間に強い双極子-双極子相互作用が働くからだ．結合モーメントを足し合わせたものが，分子全体の双極子モーメントになる．

四塩化炭素

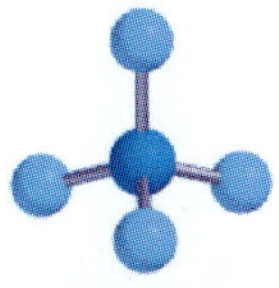

分極した C–Cl 結合の結合モーメントは打ち消される．無極性分子

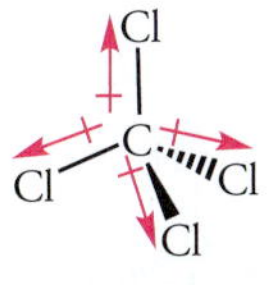

正味の分極の方向

分極した C–Cl 結合の結合モーメントは打ち消されず，正味の分極が残る．極性分子

ジクロロメタン

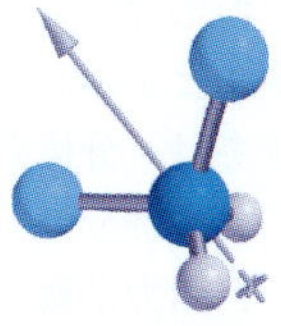

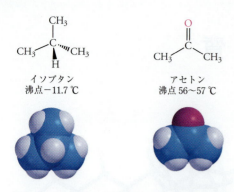

**図 2・1 イソブタンとアセトンの物理的性質**
イソブタンとアセトンという二つの分子の物理的性質の違いは, 双極子モーメントの違いを反映する. イソブタンの正味の双極子モーメントはほぼゼロで, 沸点は −11.7 ℃ と低いが, アセトンの双極子モーメントは 2.91 D と大きく, 沸点は 56〜57 ℃ と高い.

## ロンドン力

無極性分子では, 平均すると電子は分子内に一様に分布している. しかし, ある原子の近くや分子の末端に電子が瞬間的に偏って分布することもある. その瞬間は, 一時的ではあるものの双極子が存在する. 一時的に発生した双極子は近くの分子に影響し, 近傍の分子の分極をひき起こす. その結果, **誘起双極子**(induced dipole)が発生する (図 2・2).

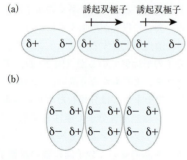

**図 2・2 ロンドン力** (a) 無極性分子同士が近づくと, 両方の分子の末端に一時的な双極子が発生する. (b) ロンドン力によって複数の無極性分子が並んで相互作用する.

このように一時的な双極子と誘起双極子の間に生じる引力を**ロンドン力**とよぶ. 近くの電荷や双極子による電子雲の偏りやすさは, **分極率**(polarizability)とよばれる. 無極性分子のどの部分でも, 一時的な双極子の間に働く引力は小さく, 引力が働く時間も短い. しかし, このような引力が蓄積すると, 凝集状態で分子同士を結びつける効果がある.

ロンドン力の強さは, 分子内の電子の数と電子を含む原子の種類によって決まる. 原子核から離れた電子は, 原子核の近くにある電子よりも変形しやすく, 分極しやすい. たとえば, ハロゲンの分極率は F<Cl<Br<I の順に大きくなる. ロンドン力の強さは分子の大きさや形によっても変わるので, ハロゲンの違いによっても変化する. 実際, 臭化エチルの沸点は塩化エチルよりも高い. 二つの化合物の大きさはかなり違い, 臭素原子の方が塩素原子よりも電子が分極しやすい. そのため, 臭化エチルのロンドン力の方が強い. 二つの化合物の沸点は, 各分子の分極率とロンドン力を反映した結果, このような順になる. もし結合の極性だけに着目すると C−Cl 結合は C−Br 結合よりも分極しているため, より大きく分極した塩化エチルの沸点の方が高いだろうと思うかもしれない. しかし, 分子の性質を決める要素は結合の極性だけではない. この場合は分極率が沸点に大きく影響する.

|  | $CH_3CH_2Cl$ | $CH_3CH_2Br$ |
|---|---|---|
|  | 塩化エチル | 臭化エチル |
| 沸 点 | 12.3 ℃ | 38.4 ℃ |
| 分子量 | 64.5 | 109 |

同じ種類の原子でできていても, 分子の大きさが違えばロンドン力の強さは異なる. たとえば, ペンタンとヘキサンの沸点はそれぞれ 36 ℃ と 69 ℃ だ. 原子の種類はどちらも同じだが, この二つの無極性分子では原子の数が異なる. ヘキサンの方が大きな分子で, 近くの分子と相互作用する表面積はペンタンよりも大きい. そのため, ペンタンよりもヘキサンの方がロンドン力は強い. このように分子間の引力が増加することで, ヘキサンの蒸気圧は低くなり, ヘキサンの沸点はペンタンよりも高くなる.

$CH_3CH_2CH_2CH_2CH_3$　　$CH_3CH_2CH_2CH_2CH_2CH_3$
ペンタン　　　　　　　　　ヘキサン
沸点 36 ℃　　　　　　　　沸点 69 ℃

ロンドン力は分子の形によっても異なる. たとえば, 2,2-ジメチルプロパンの沸点は n-ペンタンの沸点よりも低い. 2,2-ジメチルプロパンの方が球に近い形をしているため, 楕円球の形の n-ペンタン分子よりも表面積が小さい (図 2・3). その結果, n-ペンタンと比較して, 2,2-ジメチルプロパン分子間では効果的な接触が起こらず, ロンドン力が弱くなる.

2,2-ジメチルプロパン　　　n-ペンタン
沸点 10 ℃　　　　　　　　沸点 36 ℃

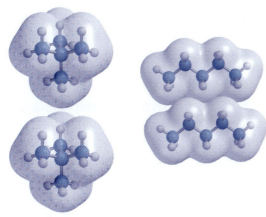

2,2-ジメチルプロパン
（ネオペンタン）
接触できる表面積が小さい

*n*-ペンタン
接触できる表面積が大きい

図2・3　ロンドン力　分子の形の違いによる分子間の接触面積の違い．

## 水素結合

水やアンモニアのように，酸素や窒素に結合する水素をもつ化合物は，非常に強い分子間力で相互作用する．この相互作用は**水素結合**とよばれる．

電気陰性な原子と共有結合する水素原子は，分極によりある程度の正電荷を帯びる．そのため，近くの分子の孤立電子対との間に引力が働く．有機化合物の $-OH$ 基や $-NH_2$ 基は，水素結合をつくることができる．

アルコールやアミンの物理的性質は，水素結合に大きな影響を受ける．たとえば，アルコールの一種のエタノールの沸点は，同じ分子量をもつジメチルエーテルの沸点よりもかなり高い．

$CH_3-CH_2-OH$　エタノール，沸点 78.5 ℃
$CH_3-O-CH_3$　ジメチルエーテル，沸点 −24 ℃

この二つの分子では原子の数が同じで，分子の形も似ているので，沸点の違いはロンドン力の強さが違うせいではない．どちらの分子も極性結合をもち，双極子-双極子相互作用の強さも同程度だ．エタノールの沸点が高い原因は，近くのエタノール分子の $-OH$ 基との間に働く水素結合だ．図2・4にメタノールの水素結合の様子を示す．水素結合はロンドン力よりもずっと強い相互作用だ．

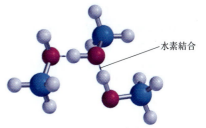

図2・4　メタノールの水素結合

---

**例題 2・1**　ペンタンの沸点 (36 ℃) とヘキサンの沸点 (69 ℃) の差をもとに，ヘプタン $CH_3(CH_2)_5CH_3$ の沸点を推定せよ．

[解　答]　ペンタンとヘキサンの沸点はそれぞれ 36 ℃ と 69 ℃ で，その差は 33 ℃ である．ヘプタンの沸点はヘキサンの沸点よりも高いはずだ．分子量と沸点が線形関係にあると仮定すると，メチレン基 ($-CH_2-$) が一つ余分にあることで沸点が 33 ℃ だけ高くなると推定される．そうして推定したヘプタンの沸点は 102 ℃ だ．実際の沸点は 98 ℃ で，ある程度近い．

**例題 2・2**　$CCl_4$ と $CHCl_3$ の沸点はそれぞれ 77 ℃ と 62 ℃ だ．極性が高い方の化合物を書け．極性の強さと沸点の順序が矛盾するかどうか，理由とともに示せ．

**例題 2・3**　不凍液として使われる 1,2-エタンジオール（エチレングリコール）の沸点は 190 ℃ だ．1-プロパノールの沸点 (97 ℃) よりも高い理由を示せ．

$HO-CH_2-CH_2-OH$　　$CH_3-CH_2-CH_2-OH$
1,2-エタンジオール　　　　　1-プロパノール
沸点 190 ℃　　　　　　　　沸点 97 ℃

[解　答]　二つの分子は分子量が同じくらいなので，ロンドン力の強さは同程度だろう．しかし 1-プロパノールには 1 分子あたりヒドロキシ基が 1 個しかないのに対して，1,2-エタンジオールには 1 分子あたりヒドロキシ基が 2 個ある．その結果，液体状態の 1,2-エタンジオールでは 1-プロパノールの 2 倍の水素結合をつくれる．水素結合の数が増加することで 1,2-エタンジオールの蒸気圧は低下し，沸点が上昇することとなる．

**例題 2・4**　エタンチオールとジメチルスルフィドの沸点が非常に近い理由を示せ．

$CH_3-CH_2-SH$　　　　$CH_3-S-CH_3$
エタンチオール　　　　　ジメチルスルフィド
沸点 35 ℃　　　　　　　沸点 37 ℃

## 溶 解 度

化学には"似たもの同士はよく溶ける"という格言がある．溶媒分子に似た溶質分子は，似た分子間引力によって相互作用するので，この格言は理にかなっている．水は極性が高いので，イオン化合物や水中でイオン化する物質に対する優れた溶媒だ．一方，四塩化炭素（$CCl_4$）は無極性液体であり，塩化ナトリウムのようなイオン化合物を溶かさない．しかし，四塩化炭素は油脂やろうなどの無極性化合物に対しては優れた溶媒であり，これらをよく溶かす．

二つの液体が任意の割合で互いに溶かしあうと，その液体は**混和性**（miscible）があるという．溶かしあわない液体は**非混和性**（immiscible）という．非混和性液体を容器内に入れると，分離して層ができる．たとえば，エタノールと水は混和性があるが，四塩化炭素と水は非混和性だ．水に対するエタノールの溶解度が高い理由は分子構造から説明できる．

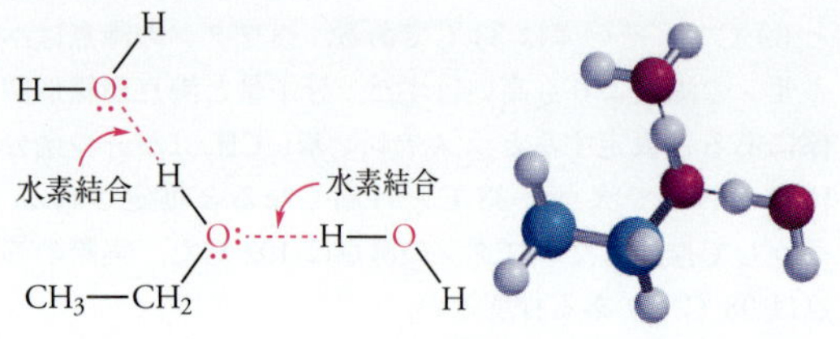

エタノールは水と同様に-OH基をもち，極性分子だ．エタノールの酸素原子の孤立電子対とヒドロキシ基の水素原子は，どちらも水分子と水素結合するため，エタノールは水に溶ける．

### 水溶性ビタミンと脂溶性ビタミン

ビタミンには水溶性のものと脂溶性のものがある．ビタミンの構造の違いによる溶解性の違いは，"似たもの同士はよく溶ける"という格言のよい例だ．水溶性のビタミンには，水と水素結合を形成できる官能基が多く含まれている．一方，水に不溶で脂溶性のビタミンは基本的に無極性で，体内の無極性な脂肪組織に溶け込める．水溶性ビタミンは体内に蓄積されないので，日々の食事で摂取するしかない．必要以上の水溶性ビタミンは排泄されるが，脂溶性ビタミンは体内に蓄積される．過度のビタミン剤を摂取すると，ビタミン過剰症として知られる病気になることもある．

代表的なビタミンの構造を図2・5に示す．水溶性のビタミンC分子は小さいわりに，水と水素結合をつくれる -OH 基が多いことに注目しよう．対照的に，脂溶性のビタミンAは水とは"似ていない"．ビタミンAには -OH 基が一つあるが，この分子の大きな無極性部分が水に溶けるようになるには，水素結合をつくる官能基が一つだけでは不十分だ．同様にビタミン$D_3$とビタミンEは水に不溶だ．ビタミン$B_6$とリボフラビンは水溶性で，-OH 基以外にも窒素を含む官能基があり，これも水と水素結合できる．

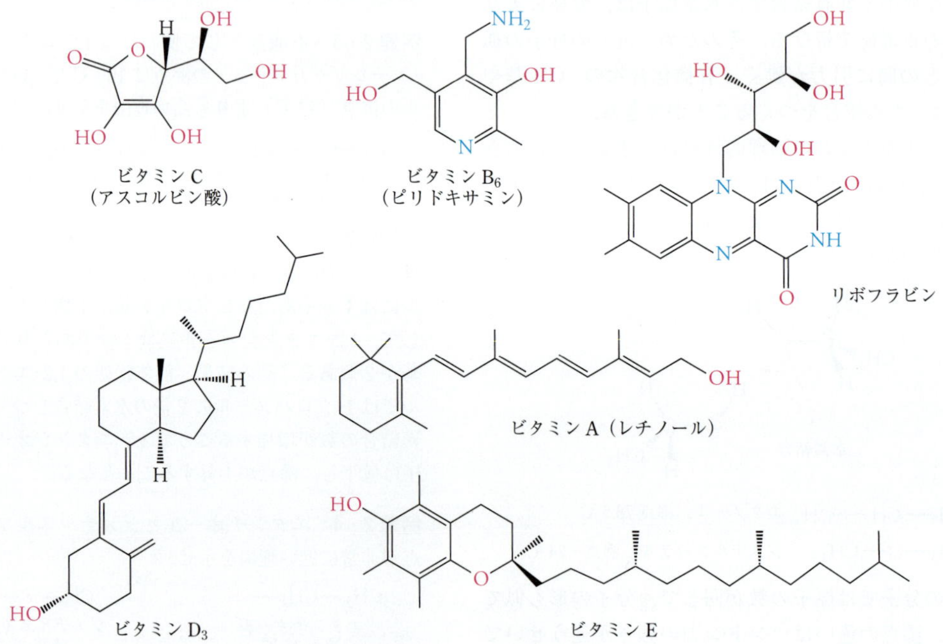

図2・5　水溶性ビタミンと脂溶性ビタミン

## 2・2 化学反応

有機化合物の数は数千万にも及び，それぞれに多数の官能基があるので，各官能基の間で起こりうる反応の数は，天文学的数字になる．しかし，すべての有機化学反応の根底をなす基本概念を学べば，無数の反応を理解できる．言い換えると，化学的挙動の様式を区別できるようになれば，化学反応を数種類に分類できるようになる．

§2・3 および §2・4 では酸塩基反応および酸化還元反応をそれぞれ概観し，この考えを有機化学反応にどのように適用するかを解説する．§2・5 では他の有機反応について手短に述べる．

すべての化学反応はある程度可逆であり，反応によっては相当量の反応物と生成物の平衡混合物になる．そのため，化学平衡を制御する反応条件を適切に設定することが重要になる．たとえば，産業プロセスでは反応物をできるだけ多く生成物に転換しなければならない．化学物質の転換が不十分だと費用がかかるだけでなく，純度の高い生成物を得るために望みの生成物以外の物質を取除かなければいけなくなる．食用の製品の場合は言うまでもなく，多くの製品で不純物の混在は許容されない．

産業界では副反応を起こさずに望みの化成品を迅速に製造する方法が重要なので，化学**反応速度論**（chemical kinetics）は産業界の関心事の一つだ．反応が遅すぎると経済的観点からは実用性がないし，逆に反応が速すぎると反応の制御が難しくなって危険だ．その点において生体系での反応は理想的で，事実上すべての反応で単一の生成物が生産されるうえに，反応はとても速い．

反応速度論を学ぶと，**反応機構**（reaction mechanism）を決定する場合に役立つ．反応機構とは，反応途中で起こる結合の切断と生成の順序を詳しく述べることだ．この情報があれば，少数の反応速度や途中の様子を観測するだけで，多くの反応の進行について推定できるような一般的な指針を確立できる．

## 2・3 酸塩基反応

### ブレンステッド-ローリーの酸塩基理論

ブレンステッド-ローリー（Brønsted-Lowry）の酸塩基理論によると，**酸**（acid）とはプロトン（$H^+$）供与体で，**塩基**（base）とはプロトン受容体だ．酸が塩基にプロトンを渡すと，別の塩基と酸が生成する．酸はプロトンを失うことで**共役塩基**（conjugate base）になる．塩基はプロトンを受取ることで**共役酸**（conjugate acid）になる．

たとえば，プロトンが HCl から水へと移動する次の反応の例について考えてみよう．塩化水素ガスは水に溶けるとほぼすべての HCl 分子が水にプロトンを渡すので HCl は酸だ．塩基である水はプロトンを受取り，共役酸であるヒドロニウムイオンになる．その結果，ヒドロニウムイオンと塩化物イオンの溶液になる．塩化物イオンは酸である HCl の共役塩基だ．水溶液中に HCl 分子はもはや存在しなくなる．

この反応は**巻矢印**を使った電子の動きで説明される．巻矢印の末端を出発点として，巻矢印の矢じりの先に向かう電子の動きとして書かれる．酸素原子の孤立電子対は HCl の水素原子と結合し，HCl の結合電子対は完全に塩素原子に移動する．

水酸化物イオンは NaOH，KOH，Ca(OH)$_2$ などの化合物に含まれる．ヒドロニウムイオンのような酸からプロトンを受取る孤立電子対をもつので，水酸化物イオンは塩基だ．アンモニアも窒素原子上に孤立電子対をもち，$H_3O^+$ の水素原子と結合してプロトンを受取ることができるので塩基だ．巻矢印は窒素原子から水素原子への電子の動きを示す．

有機酸と有機塩基も上の例の場合と同じように振舞う．カルボン酸はカルボキシ基を含み，カルボキシ基は水をはじめとする塩基にプロトンを供与する．電子の動きを表す巻矢印法を使うことで，水分子の孤立電子対がカルボン酸の水素原子とどのように結合をつくるかがわかる．

酸が塩基にプロトンを渡すと，もう一つの塩基と酸ができる．酸はプロトンを失うと共役塩基になる．たとえ

ば，酢酸の共役塩基は酢酸イオンだ．塩基がプロトンを受取ると共役酸になる．したがって，メチルアミンの共役酸はメチルアンモニウムイオンだ．

$$CH_3-\overset{..}{N}H_2 + :\overset{+}{O}H_3 \rightleftharpoons$$

メチルアミン　　ヒドロニウムイオン

$$CH_3-\overset{+}{N}H_3 + :\overset{..}{O}H_2$$

メチルアンモニウム　　水
イオン（共役酸）　　（共役塩基）

## ルイス酸とルイス塩基

プロトン移動がまったく起こらない化学反応も，酸塩基反応とみなされることがある．そのような反応は，電子対の授受に基づいて定義される**ルイス酸**（Lewis 酸）と**ルイス塩基**（Lewis 塩基）という用語を使って説明できる．ルイス酸は電子対を受取る物質で，ルイス塩基は電子対を供与する物質だ．したがって，HClはブレンステッド-ローリーの定義で酸だが，同時にルイス酸でもある．なぜなら，HClには電子対を"受容"できるプロトンがあるからだ．同様に，アンモニアはブレンステッド-ローリー塩基であると同時に，ルイス塩基でもある．なぜなら，アンモニアは電子対を供与できるからだ．しかも，ルイスの酸と塩基の分類はプロトンの有無に制限されないので，ブレンステッド-ローリーの酸と塩基よりも広範囲のものが該当する．三フッ化ホウ素（$BF_3$）や塩化アルミニウム（$AlCl_3$）は，有機化学反応でよく使われる代表的なルイス酸だ．どちらも原子価殻に電子が6個しかないので，ルイス塩基から電子対を受取ることができる．

三フッ化ホウ素　　ホウ素は電子対を受取れる

三塩化アルミニウム　　アルミニウムは電子対を受取れる

他のルイス酸としては，電子対を受取って反応する$FeBr_3$のような遷移金属化合物があげられる．たとえば，$FeBr_3$は臭素分子と反応して電子対を受取り，最終的に臭化物イオンを受取る．この反応では$FeBr_3$はルイス酸として振る舞い，臭素はルイス塩基として振る舞う．

$$:\overset{..}{\underset{..}{Br}}-\overset{..}{\underset{..}{Br}}: \quad FeBr_3 \longrightarrow :\overset{..}{\underset{..}{Br}}:^+ + :\overset{..}{\underset{..}{Br}}-\bar{F}eBr_3$$

ルイス塩基　　ルイス酸

酸素原子や窒素原子は，ルイス酸と反応できる孤立電子対をもつ．そのため，酸素原子や窒素原子を含む有機化合物はルイス塩基として働く．たとえば，ジメチルエーテルは三フッ化ホウ素と反応して，ホウ素-酸素結合をもつ生成物を与える．

$$F-\underset{F}{\overset{F}{B}} \quad :\overset{..}{\underset{CH_3}{O}}-CH_3 \longrightarrow F-\underset{F}{\overset{F}{\bar{B}}}-\overset{+}{\underset{CH_3}{O}}-CH_3$$

**例題 2・5** ある反応ではエタノールがブレンステッド-ローリーの酸として振る舞う．エタノールの共役塩基を答えよ．

$$CH_3-CH_2-OH$$

[解答] 電子的に中性な酸がプロトン（$H^+$）を失うと，負電荷をもつ共役塩基になる．O-H結合の電子対は酸素原子上にそのまま残る．

$$CH_3-CH_2-\overset{..}{\underset{..}{O}}-H \quad :B \longrightarrow$$
$$CH_3-CH_2-\overset{..}{\underset{..}{O}}:^- + H-B^+$$

**例題 2・6** $Br^+$とエチレンの反応について考えてみよう．この反応ではカルボカチオンとよばれる電荷を帯びた中間体を与える．どの試薬がルイス酸で，ルイス塩基かを示せ．

$$\underset{H}{\overset{H}{C}}=\underset{H}{\overset{H}{C}} + :\overset{..}{\underset{..}{Br}}:^+ \longrightarrow H-\underset{H}{\overset{H}{C}}-\underset{\underset{:\overset{..}{\underset{..}{Br}}:}{H}}{\overset{H}{C}}^+$$

## 2・4 酸化還元反応

**酸化**（oxidation）とはある物質によって電子を失うこと，もしくは酸化数が増加することだ．**還元**（reduction）とはある物質から電子を得ること，もしくは酸化数が減少することだ．少し違う見方をすれば，ある物質が還元される場合には，酸化される物質から電子を受取ることになる．

酸化と還元の関係は，酸化剤と還元剤という用語でさらに明確になる．酸化還元反応では，還元される物質は電子を受取ることによって他の物質を酸化するので，**酸化剤**（oxidizing agent）とよばれる．酸化される物質は電子を失うことによって他の物質を還元するので，**還元**

剤（reducing agent）とよばれる．

有機化学では，無機化学の場合ほど簡単には酸化数を決定できない．しかし，化学反応で増減した水素原子や酸素原子の数を確認すれば，化合物の酸化状態の変化を決められることが多い．水素の量が減少するか，酸素の量が増加すれば，その分子の酸化状態は増加する（酸化）．たとえば，メタノール（$CH_3OH$）からホルムアルデヒド（$CH_2O$）が生成する反応は，メタノールが水素2原子を失い，水素原子の数が減少するので酸化反応だ．

$$\text{メタノール} \xrightarrow{[O]} \text{ホルムアルデヒド} \xrightarrow{[O]} \text{ギ酸}$$

ホルムアルデヒドがさらにギ酸（$HCO_2H$）に変換される反応は，酸素原子の数が増えるのでこれも酸化反応だ．反応式の[O]という記号は，不特定の酸化剤を表す．

有機化学では，ある有機化合物から別の有機化合物への変換に注目する．上の反応式で原子の数が合っていないことに注意しよう．酸化反応で使用される二クロム酸カリウム（$K_2Cr_2O_7$）などの酸化剤は，化学反応式を書くときに釣り合いがとれていないことが多いが，その代わりに反応式の矢印の上に書く．次の式のアルコールからカルボン酸への変換は酸化反応で，矢印の上に書かれた物質は酸化剤だ．

一方，次に示すエチレンからエタンが生成する反応は，エチレンが水素2原子を受取り，水素原子の数が増加するので還元反応だ．アセチレンからエタンが生成する反応も水素原子の数が増加するので，やはり還元反応だ．この二つの反応の還元剤は，反応の矢印の左側に書かれている水素分子だ．反応の矢印の上に書かれている白金は触媒で，反応を加速する役割を果たす．

2個の水素原子と1個の酸素原子が同時に増加または減少する反応は，酸化還元反応ではない．したがって，エチレンからエタノールへの変換は酸化還元反応ではない．

$$\text{エチレン} + H_2O \longrightarrow \text{エタノール}$$

**例題 2・7** オキシラン（エチレンオキシド）は，熱に弱いためにオートクレーブによる加熱ができない医療機器の滅菌に使用される．オキシランは次の反応式のようにエチレンから合成される．この反応の種類を示せ．この反応に必要なのは酸化剤と還元剤のどちらか．

$$\text{エチレン} \longrightarrow \text{オキシラン}$$

[解答] エチレンから酸素の量が増加しているので，この反応は酸化反応だ．この反応に必要なのは酸化剤だ．

**例題 2・8** 次の反応は酸化，還元，どちらでもない反応のうちのどれか．

$$CH_3-\underset{\underset{OH}{|}}{\overset{\overset{}{|}}{C}}-CH_2OH \longrightarrow CH_3-\underset{\underset{}{}}{\overset{\overset{O}{\|}}{C}}-CH_3$$

## 生化学の酸化還元反応

代謝反応では，代謝物質が酸化される多段階の過程を経てエネルギーを供給する．一方，生体を維持するために必要な化合物をつくる生合成反応の多くは，還元反応だ．したがって，生体には酸化剤と還元剤のどちらも必要である．さらに，酸化的分解と還元的生合成でさまざまな反応が数多く起こるので，酸化剤と還元剤には多様な反応性が求められる．これら酸化還元反応の多くは酵素で触媒され，酸化剤ないし還元剤として働く**補酵素**（coenzyme）とよばれる物質を必要とする．ニコチンアミドアデニンジヌクレオチドおよびフラビンアデニンジヌクレオチドという二つの補酵素は，それぞれ短縮して**$NAD^+$**と**FAD**という略号で表される．各補酵素は生体分子から共有結合している水素原子を2個奪い取って酸化する．反応の正味の結果として，$NAD^+$と FAD それぞれの還元型である **NADH** と **$FADH_2$** を生成する．各補酵素の還元型は還元剤として働き，酸化されることで元の酸化型が再生される．

$$\text{NAD}^+ + 2\text{H}^+ + 2e^- \longrightarrow \text{NADH} + \text{H}^+$$
酸化型　　　　　　　　　　還元型

$$\text{FAD} + 2\text{H}^+ + 2e^- \longrightarrow \text{FADH}_2$$
酸化型　　　　　　　　　　還元型

酸化型の $\text{NAD}^+$ と FAD はそれぞれ違う種類の化合物を酸化する．$\text{NAD}^+$ は C−H 結合と O−H 結合から水素原子 2 個を受取って酸化するが，FAD は 2 本の C−H 結合から水素原子 2 個を受取って酸化する．具体例として，$\text{NAD}^+$ はクエン酸回路中でリンゴ酸をオキサロ酢酸に酸化する．クエン酸回路では代謝物質が最終的に二酸化炭素と水まで酸化される．

$$\text{NAD}^+ + \text{HO}_2\text{C}-\text{CH}_2-\underset{\text{リンゴ酸}}{\overset{\overset{\text{OH}}{|}}{\underset{|}{\text{C}}}}-\text{CO}_2\text{H} \longrightarrow$$

$$\text{NADH} + \text{HO}_2\text{C}-\text{CH}_2-\underset{\text{オキサロ酢酸}}{\overset{\overset{\text{O}}{\|}}{\text{C}}}-\text{CO}_2\text{H} + \text{H}^+$$

FAD はステアリン酸のような脂肪酸を酸化する．ステアリン酸は哺乳動物にエネルギーを長期的に供給する脂肪に多く含まれている．

（ステアリン酸の構造式）

酵素 FAD → FADH$_2$ でオレイン酸へ

外因性化学物質（生体異物）と一般的な薬品の多くは，酸化反応によって体外に排出される．水溶性物質は容易に排泄されるが，多くの有機化合物は無極性で**脂溶性**（lipid soluble）だ．言い換えると，多くの有機化合物は細胞の脂質成分に可溶だ．脂質を好む**親油性**（lipophilic）の生体異物や薬品が排泄されなければ，体内に蓄積されることとなり，その生体は最終的に死に至る．通常は生体内の器官で親油性物質が極性の水溶性物質へと変換され排泄されやすくなる．肝臓は生体異物と薬品を酸化するための最も大切な器官だ．一般式 R−H で表される有機化合物を肝臓で酸化するには，分子状酸素と補酵素のニコチンアミドアデニンジヌクレオチドリン酸（NADPH）が必要だ．一方の酸素原子は反応物に取込まれ，もう一方の酸素原子は水分子へと変換される．

$$\text{R}-\text{H} + \text{NADPH} + \text{O}_2 + \text{H}^+ \xrightarrow{\text{シトクロム P450}}$$
還元型

$$\text{NADP}^+ + \text{R}-\text{OH} + \text{H}_2\text{O}$$
酸化型

この反応はシトクロム P450 という酵素が触媒する．この酵素は鉄を含み，鉄原子の周りを複雑な構造の含窒素化合物のヘムとタンパク質中のアミノ酸のリシンが取囲んでいる．基質はタンパク質の活性部位とよばれる部位で酵素と結合した後，補酵素の助けを借りて酸化される．このような肝臓での薬品代謝の一例として，経口血糖降下薬のトルブタミドのアルコールへの酸化がある．

（トルブタミドの酸化反応式：$\text{CH}_3$-C$_6$H$_4$-$\text{SO}_2\text{NHCNHC}_4\text{H}_9$ → $\text{CH}_2\text{OH}$-C$_6$H$_4$-$\text{SO}_2\text{NHCNHC}_4\text{H}_9$，シトクロム P450）
トルブタミド

## 2・5 有機反応の分類

直前の二つの節では，一般化学の授業でも取扱われる 2 種類の反応について学んだ．次に，一般的な有機反応の例をいくつか見てみよう．それらの反応について，以降の章でより詳細に説明する．

**付加反応**（addition reaction）は，二つの反応物が組合わさって一つの化合物を与える反応だ．付加反応の例として，エチレンに HBr が付加して臭化エチルを与える反応をあげる．水素原子と臭素原子は隣り合う炭素原子に付加する．このような位置関係は，付加反応でよくみられる．

（エチレン + H−Br → 臭化エチル の反応式）

**脱離反応**（elimination reaction）は，一つの化合物が分かれて二つの化合物を与える反応だ．脱離反応では，

反応物の大部分の原子を含む二重結合化合物と，$H_2O$ や HCl のような比較的小さな分子が生成する場合が多い．後者の小さな分子は，元の反応物で隣り合う原子に結合していることが多い．たとえば，2-プロパノールは濃硫酸と反応してプロペンを与えるが，この脱離反応では水が脱離する．脱離に関わる水素と-OH 基は，元の2-プロパノールでは隣り合う炭素原子に結合している．

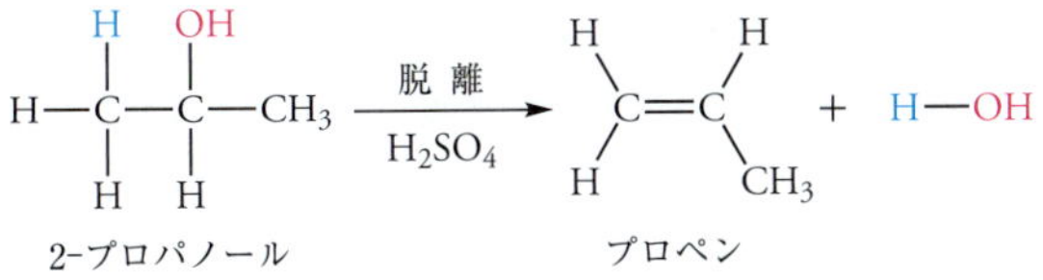

置換反応（substitution reaction）は，反応物のある原子または原子団 X が別の原子または原子団 Y によって置き換えられる反応だ．

$$R-X + Y \xrightarrow{置換} R-Y + X$$

置換反応の例として，臭化メチルのメタノールへの変換反応がある．

$$CH_3-Br + OH^- \xrightarrow{置換} CH_3-OH + Br^-$$

加水分解反応（hydrolysis，ギリシャ語の *hydro*（水）と *lysis*（分裂）を足した造語）は，ある分子を水が分割し，生成物として二つのより小さな分子を与える反応だ．片方の生成物は水分子に由来する水素原子との結合を含み，もう一方の生成物は水分子に由来する-OH 基を含む．この反応の典型例はエステルの加水分解反応で，反応後にカルボン酸とアルコールが生成する．

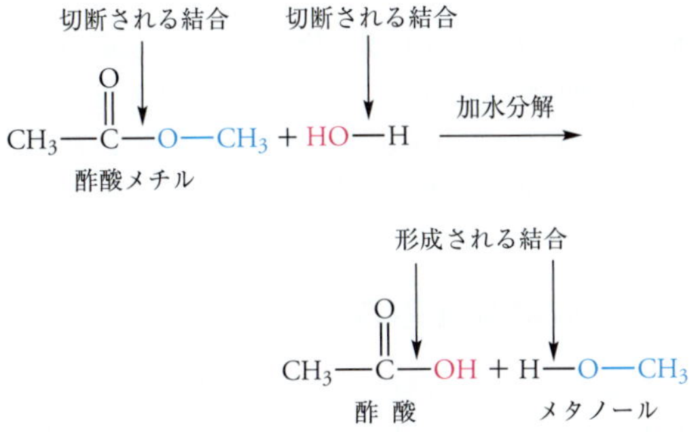

縮合反応（condensation reaction）は，二つの反応物が組合わさることで，水のような小さな分子の生成を伴いつつ，一つのより大きな生成物を与える反応だ．もし水分子が生成する場合は，その反応は加水分解反応の逆反応になる．たとえば，カルボン酸とアルコールからエステルが生成する反応は，エステルの加水分解の逆反応だ．

転位反応（rearrangement reaction）は，分子内の結合が"再構成"されて異性体を与える反応だ．転位反応の一例として，二重結合の位置が異なる異性体を与える反応があげられる．次の反応で，反応物と生成物の臭素原子の位置が違うことに注意しよう．

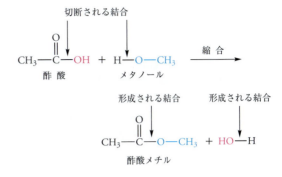

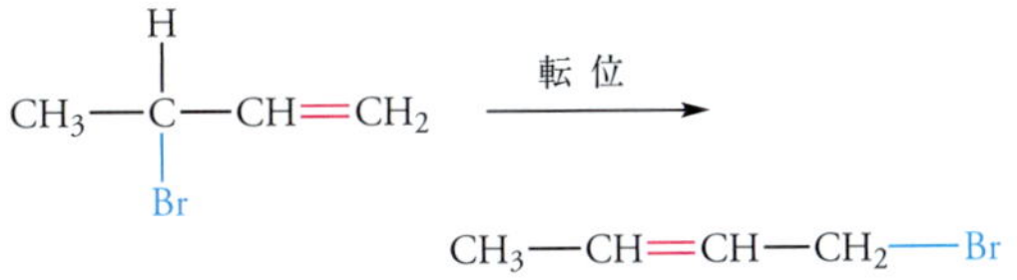

**例題 2・9** 次の反応はどのような種類の反応か．

$$CH_3-\underset{H}{\overset{Br}{C}}-CH_2Br + Zn \longrightarrow CH_3-CH=CH_2 + ZnBr_2$$

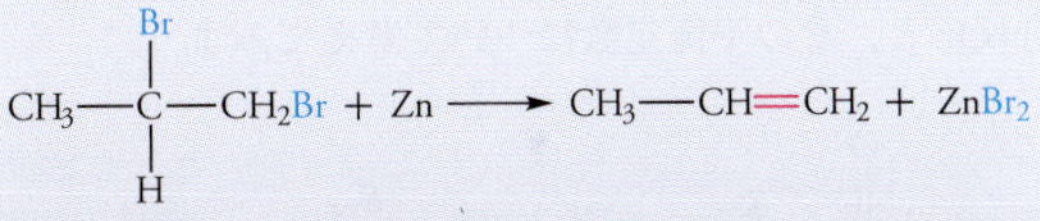

［解　答］　この反応は脱離反応だ．隣り合う炭素原子に結合した2個の臭素原子が脱離して亜鉛に移動する．反応物の大部分は生成物で有機化合物の方に含まれる．$ZnBr_2$ が副生成物だ．

**例題 2・10** 次の反応はどのような種類の反応か．

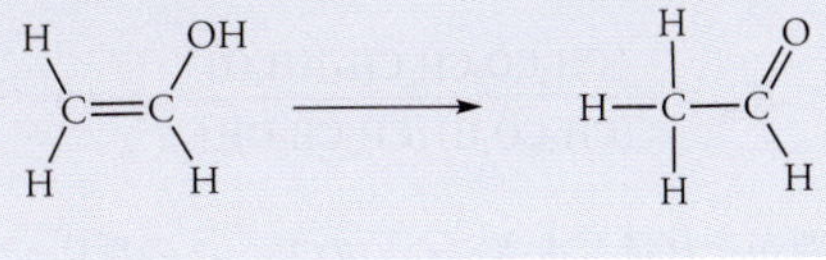

## 2・6　化学平衡と平衡定数

化学反応は必ずしも一方向に進むわけではない．反応が進むにつれて，生成物の分子が反応物の分子に戻ることもある．したがって，化学反応では二つの相反する反応が起こっている．生成物ができる反応（順反応）の速

度と，反応物に戻る反応（逆反応）の速度が等しいとき，**平衡**（equilibrium）が成り立つ．

反応が平衡に達するときの一般式を見てみよう．ここで，反応物をA, Bとし，生成物をX, Yとし，係数を$m, n, p, q$とする．

$$mA + nB \underset{逆反応}{\overset{順反応}{\rightleftharpoons}} pX + qY$$

反応が平衡に達する場合，各物質の濃度（角括弧で物質名を挟んで表す）の間に次の関係式が成り立ち，温度が決まれば一定の値となる．この値を**平衡定数**（$K_{eq}$）という．平衡が右に寄るほど平衡定数は大きくなる．

$$K_{eq} = \frac{[X]^p[Y]^q}{[A]^m[B]^n}$$

この一般式を使って，エチレンガスに対する臭化水素ガスの付加反応の平衡定数を表すと，次のようになる．

$$\underset{エチレン}{CH_2{=}CH_2} + HBr \overset{K_{eq}}{\rightleftharpoons} CH_3CH_2Br$$

$$K_{eq} = \frac{[CH_3CH_2Br]}{[CH_2{=}CH_2][HBr]} = 10^8$$

平衡定数が非常に大きな値であるため，この反応は"完結"する．すなわち，実際上は平衡に達した時点で反応物は残らない．

次に，酢酸とエタノールから酢酸エチルが生成する縮合反応と，その平衡定数について考えてみよう．

$$\underset{酢酸}{CH_3\text{-}\underset{\|}{\overset{O}{C}}\text{-}OH} + \underset{エタノール}{CH_3CH_2OH} \overset{K_{eq}}{\rightleftharpoons}$$

$$\underset{酢酸エチル}{CH_3\text{-}\underset{\|}{\overset{O}{C}}\text{-}OCH_2CH_3} + H_2O$$

$$K_{eq} = \frac{[CH_3CO_2CH_2CH_3][H_2O]}{[CH_3CO_2H][CH_3CH_2OH]} = 4.0$$

平衡定数がそれほど大きくないので，この反応では平衡に達した時点で反応物がかなりの濃度で残る．したがって，この平衡式で生成物の収率は100％より低い．

平衡の位置と平衡定数の値は，触媒によって影響を受けない．触媒（§2・10参照）は順反応と逆反応を同等に加速するが，平衡定数$K$は変化しない．上で示した酢酸とエタノールの反応は，酸触媒で加速される．したがって，塩化水素のような酸を共存させた場合には，同じ温度でもより短い時間で平衡状態に達する．

## ルシャトリエの原理

これから取扱う反応は平衡定数が大きなものが多い．平衡定数が小さい反応は平衡に達しても生成物の収率が低いので，**ルシャトリエの原理**（Le Châtelier's principle）に従って生成物を与える方向に"強制的に"反応が進むように，反応条件が選ばれる．ルシャトリエの原理は，化学平衡の反応条件を変化させると反応物と生成物の濃度が変化し，新たな平衡状態になるというものだ．もし平衡状態にある化学反応系に反応物をさらに加えると，反応物と生成物の濃度は両者とも変化して新たな平衡状態に達するが，平衡定数は変わらない．反応物を加えた直後は反応物の全濃度が増加するものの，反応が進むと反応物がしだいに減少する．一方，加えた反応物のいくらかは生成物に変換される結果，生成物の濃度は増加する．そのようにして新たな平衡状態に達する．手短かに言えば，反応物を加えることで反応系に生じる変化は，反応物が生成物に変換されることで帳消しになる．平衡状態にある反応系から生成物を取除けば，順反応が起こって生成物を与える．つまり，平衡系に変化が生じるかどうかにかかわらず，平衡定数は同じ値を維持するように各化合物の濃度が変化する．例として，酢酸エチルを生成する平衡について見てみよう．

$$H\text{-}\underset{H}{\overset{H}{C}}\text{-}\underset{\|}{\overset{\ddot{O}:}{C}}\text{-}O\text{-}H + CH_3CH_2OH \rightleftharpoons$$

エタノールが増えると反応は右に寄る

$$H\text{-}\underset{H}{\overset{H}{C}}\text{-}\underset{\|}{\overset{\ddot{O}:}{C}}\text{-}OCH_2CH_3 + H_2O$$

水が減ると反応は右に寄る

何らかの方法で系から水を除去すると，反応の平衡位置は右に動いて，より多くの水と酢酸エチルを生成するだろう．アルコールの量が増えた場合も平衡は右に動き，より多くのカルボン酸が生成物へと変換されるだろう．

## 2・7 酸塩基反応の平衡

酸や塩基の強さを比較する場合に，標準溶媒として水が使われる．酸の強さは，酸から水へプロトンをどれだけ渡しやすいかによって評価される．

$$HA + H_2O \overset{K_{eq}}{\rightleftharpoons} A^- + H_3O^+$$

一般式 HA で表される酸の酸性度は，酸が解離してイオン化する酸解離平衡の式の平衡定数を使って定量的に決

定できる．

$$K_{eq} = \frac{[H_3O^+][A^-]}{[HA][H_2O]}$$

水の濃度は約 55 M になり，この濃度は平衡系の他の化学種の濃度と比較して非常に大きい．そのため，多少の酸を加えて水をプロトン化しても水の濃度はほとんど変化しない．したがって，平衡定数の代わりに平衡定数と水の濃度をかけた**酸解離定数** $K_a$ を用いる．この $K_a$ を求めるには，平衡に関わる水以外の物質の濃度がわかればよい．

$$K_a = K_{eq}[H_2O] = \frac{[H_3O^+][A^-]}{[HA]}$$

もし $K_a > 10$ となるくらい大きい場合，その酸は強酸だ．多くの有機酸は弱酸で，$K_a < 10^{-4}$ だけしかない．酸解離定数は p$K_a$ で表されることも多い．

$$pK_a = -\log K_a$$

ここで，"p$K_a$ の値が増えると $K_a$ は減る" ことに注意しよう．表 2・1 に代表的な酸の酸解離定数を示す．

**表 2・1 酸の $K_a$ と p$K_a$ の値**

| 酸 | $K_a$ | p$K_a$ |
|---|---|---|
| HBr | $10^9$ | $-9$ |
| HCl | $10^7$ | $-7$ |
| $H_2SO_4$ | $10^5$ | $-5$ |
| $HNO_3$ | $10$ | $-1$ |
| HF | $6 \times 10^{-4}$ | 3.2 |
| $CH_3CO_2H$ | $2 \times 10^{-5}$ | 4.8 |
| $(CF_3)_3COH$ | $4 \times 10^{-6}$ | 5.4 |
| $CH_3CH_2SH$ | $3 \times 10^{-11}$ | 10.6 |
| $CF_3CH_2OH$ | $4 \times 10^{-13}$ | 12.4 |
| $CH_3OH$ | $3 \times 10^{-16}$ | 15.5 |
| $(CH_3)_3COH$ | $1 \times 10^{-18}$ | 18 |
| $CHCl_3$ | $10^{-25}$ | 25 |
| $HC \equiv CH$ | $10^{-25}$ | 25 |
| $NH_3$ | $10^{-36}$ | 36 |
| $CH_2=CH_2$ | $10^{-44}$ | 44 |
| $CH_4$ | $10^{-49}$ | 49 |

弱酸は完全に解離せず，少ししか水にプロトンを渡さないので，解離したイオンはほとんど生成しない．酢酸は弱酸の代表例で，水中で酢酸イオンとヒドロニウムイオンを与える．

$$\underset{\substack{H_3O^+ \text{より}\\ \text{も弱い酸}}}{CH_3CO_2H} + H_2O \rightleftharpoons \underset{\substack{CH_3CO_2^- \text{より}\\ \text{も弱い塩基}}}{CH_3CO_2^-} + \underset{\substack{CH_3CO_2H \text{よ}\\ \text{りも強い酸}}}{H_3O^+}$$
（共役酸塩基対）

酸と塩基の平衡と共役塩基と共役酸の平衡は，プロトンを奪い合う競争のようなものだ．平衡位置はより弱い酸と塩基を含む方に動こうとする．酢酸は $H_3O^+$ よりも弱い酸で，$CH_3CO_2^-$ は $H_2O$ よりも強い塩基だ．プロトンを失おうとする傾向にある強い酸は，プロトンとの親和性が低い傾向にある弱い共役塩基と対になることに注意しよう．したがって，ある酸のプロトンを失おうとする傾向が増大するほど，共役塩基のプロトンを受取ろうとする傾向は減少する．

酸性と塩基性は密接な関係にある．酸が解離すると，プロトンを受取って逆方向に反応できる共役塩基が生成する．したがって，酸 HA の酸性か共役塩基 $A^-$ の塩基性の一方だけ議論すれば，もう一方のこともわかる．酸の場合と同様に，塩基の塩基性は定性的かつ定量的に水の性質と比較される．塩基 $A^-$ が水からプロトンを奪うと，水酸化物イオンと共役酸 HA が生成する．この反応の**塩基解離定数** $K_b$ は，次の式で表される．

$$A^- + H_2O \rightleftharpoons HA + OH^-$$

$$K_b = K_{eq}[H_2O] = \frac{[HA][OH^-]}{[A^-]}$$

塩基解離定数は，p$K_b$ で表されることもある．p$K_b$ 値は次の式で定義される．

$$pK_b = -\log K_b$$

塩基性が低下するにつれて，p$K_b$ 値は増加する．有機酸の p$K_b$ 値を表 2・2 に示す．強酸は大きな $K_b$（小さな p$K_b$ 値）を示し，酸を完全に脱プロトン化する．最も強い一般的な塩基は水酸化物イオンで，酢酸のような弱酸からもプロトンを奪い取る．

$$CH_3CO_2H + \underset{\text{強塩基}}{OH^-} \xrightleftharpoons{K_{eq}} CH_3CO_2^- + \underset{\text{弱塩基}}{H_2O}$$

**表 2・2 一般的な塩基の $K_b$ と p$K_b$ の値**

| 塩基 | $K_b$ | p$K_b$ |
|---|---|---|
| C₆H₅-NH₂ | $4 \times 10^{-10}$ | 9.4 |
| $CH_3CO_2^-$ | $5 \times 10^{-10}$ | 9.3 |
| $C \equiv N^-$ | $1.6 \times 10^{-5}$ | 4.8 |
| $NH_3$ | $1.8 \times 10^{-5}$ | 4.7 |
| $CH_3NH_2$ | $4.3 \times 10^{-4}$ | 3.4 |
| $CH_3O^-$ | $3 \times 10$ | $-1.5$ |

弱塩基が酸のプロトンを奪う力は強くない．平衡状態で弱塩基の一部はプロトン化されるが，全体のうちの少量しかプロトン化されていない．たとえば，弱塩基のメチルアミンを水に溶かすとメチルアンモニウムイオンが生成するが，その濃度は低い．

$$CH_3NH_2 + H_2O \underset{}{\overset{K_{eq}}{\rightleftharpoons}} CH_3NH_3^+ + OH^-$$
弱塩基　　　　　　　　　強塩基

共役酸塩基対

$OH^-$よりも弱い塩基　　　$H_2O$よりも強い酸

$$CH_3NH_2 + H_2O \rightleftharpoons CH_3NH_3^+ + OH^-$$

$CH_3NH_3^+$よりも弱い酸　　　$CH_3NH_2$よりも強い塩基

共役酸塩基対

## 2・8　酸性度に対する構造の影響

ある溶媒中で電気的に中性な酸 HA からプロトンを取去るには，A と水素との結合を切る必要があり，その結果として生じる共役塩基は負電荷をもつ．したがって，$K_a$ の値は溶媒中での H-A 結合の強さと A⁻ の安定性の両方で決まる．簡単な構造の無機酸の酸性度は，水素に結合する原子が元素の周期表のどこに位置するかに関係する．同じ族の元素の場合，元素の周期表で元素 A の位置が下の方であればあるほど，酸 HA の酸性度は強くなる．たとえば，水溶液中のハロゲン化水素の酸性度は HF<HCl<HBr<HI の順に増加する．同様に，同じ理由で $H_2O$ は $H_2S$ より弱い酸だ．元素の周期表の同じ周期では，左から右にいくにつれて酸性度は強くなる．酸性度は $CH_4 < NH_3 < H_2O < HF$ という順で増加する．この傾向は，共役塩基中の電気陰性な元素の負電荷がどれだけ安定であるかということを反映している．つまり，共役塩基の強さは $F^- < OH^- < NH_2^- < CH_3^-$ の順で増加する．

有機化合物は構造的に無機酸・無機塩基と関係するものが多い．そのため，適切な無機化合物と比較することで，有機化合物の酸性・塩基性を予想できる．たとえば，メタンスルホン酸は硫酸の O-H 結合と構造的によく似た O-H 結合をもっている．硫酸は強酸なので，メタンスルホン酸が強酸だろうと予想できる．実際に，メタンスルホン酸は強酸だ．

硫　酸
（強酸）

メタンスルホン酸
（強酸）

エチルアミン $CH_3CH_2NH_2$ は弱塩基であるアンモニアと似た構造をもつ．したがって，エチルアミンや他のアミンは弱塩基だ．さまざまな官能基を詳しく見てみると，構造によって化合物の酸性・塩基性が違うことがわかる．

アンモニア
$pK_b = 4.7$
（弱塩基）

エチルアミン
$pK_b = 3.3$
（弱塩基）

比較的不安定な反応物がより安定な生成物へ変換される反応の場合，平衡定数は大きい．したがって，ある酸から生成する共役塩基の負電荷が安定化されると，$K_a$ が増加する．酸の解離によって生成するアニオンで共鳴安定化の寄与があると，酸性度はかなり増加する．たとえば，メタノールと酢酸は解離してどちらも酸素上に負電荷をもつ共役塩基を与えるが，酢酸はメタノールよりも約 100 億倍（$10^{10}$ 倍）以上強い酸だ．

$$CH_3OH + H_2O \rightleftharpoons CH_3O^- + H_3O^+$$
$$K_a = 3 \times 10^{-16}$$

$$CH_3CO_2H + H_2O \rightleftharpoons CH_3CO_2^- + H_3O^+$$
$$K_a = 2 \times 10^{-5}$$

酢酸の酸性度が圧倒的に高い原因は，共役塩基である酢酸イオンの負電荷の**共鳴安定化**（resonance stabilization）にある．酢酸イオンでは二つの酸素原子上に負電荷が非局在化できるが，メトキシドイオン（$CH_3O^-$）では負電荷は一つの酸素原子上に集中するしかない．

酸性度はある原子が**誘起効果**（inductive effect）によって隣の結合を分極する能力も反映する．たとえば，クロロ酢酸は酢酸よりも強い酸だ．

$pK_a = 2.9$　　　　　$pK_a = 4.7$

C-Cl 結合の電子は電気陰性な塩素原子の方へと "引きつけられ"，炭素骨格から少し引き離される．その結果，酸素原子の電子は O-H 結合から引き離され，水素がさらにイオン化しやすくなる．このように σ 結合を介して電子が引きつけられて電子密度が低下することを，**電子求引性誘起効果**（electron-withdrawing inductive effect）とよぶ．

**例題 2・11** エタノールと 2,2,2-トリフルオロエタノールの p$K_a$ の値はそれぞれ 15.9 と 12.4 だ．この違いの原因を説明せよ．

CH$_3$—CH$_2$—OH　　　CF$_3$—CH$_2$—OH
　エタノール　　　　　2,2,2-トリフルオロエタノール
　p$K_a$ = 15.9　　　　　　p$K_a$ = 12.4

[解 答] p$K_a$ 値からわかるように，2,2,2-トリフルオロエタノールの方がエタノールよりも強い酸だ．分極した共有結合である C–F 結合による電子求引性誘起効果を受けて，3 個のフッ素原子をもつ炭素原子は部分的な正電荷をもつ．この炭素原子はもう一つの炭素原子から電子を引きつけ，さらに間接的に酸素原子から電子を引きつける．このようにして順々に電子を引きつけることで酸素–水素結合はより強く分極し，化合物の酸性がより強くなる．

**例題 2・12** メタンの C–H 結合の p$K_a$ の値は約 49 だが，ニトロメタンの C–H 結合の p$K_a$ の値は 10.2 だ．ニトロメタンの方が酸性が強い理由を説明せよ．

$$CH_3-\overset{+}{N}\underset{:\overset{..}{O}:^-}{\overset{:\overset{..}{O}:}{\|}}$$ ニトロメタン

## 2・9　反応機構の基本

**反応機構** (reaction mechanism) とは，反応物での結合の切断と生成物での結合の形成の順番を示して，化学反応を段階ごとに示したものである．結合の切断と形成が同時に起こる一段階の反応もあり，そのような反応は**協奏反応** (concerted reaction) とよばれる．協奏反応の場合，反応機構は一般的な化学反応式と似たものになる．

A ⟶ P
反応物　生成物

多くの場合，反応は複数の段階を経て起こる．たとえば，反応物 A を生成物 B へ変換する反応が二段階反応のこともあるだろう．その場合は，中間体 M が生成してから反応する．

A —段階1→ M
反応物　　　中間体

M —段階2→ P
中間体　　　生成物

一連の反応で最も遅い段階のことを，**律速段階** (rate-determining step) とよぶ．反応物を生成物へ変換する全体の反応速度は，この遅い過程よりも速くは進まないので，この段階が反応全体の速度を決めることになる．

### 結合の切断と形成の種類

結合が切れてできる二つの生成物に電子が一つずつ残るように結合が切れることを，結合の**均一開裂** (homolysis) またはホモリシスとよぶ．ここで，構造式が R–Y という分子について考えてみよう．一般に R は有機分子の大部分を表し，この場合の Y はもう一方の原子や原子団を表す．原子団 Y は炭素原子を含んでも含まなくてもよい．結合が均一開裂すると**炭素ラジカル** (carbon radical) が生成する．

R–Y ⟶ R· + Y·
結合の均一開裂の一般的な反応式

炭素への結合が均一開裂して生成する炭素ラジカルは，原子価殻に電子を 7 個しかもたないので，反応性がとても高い．

結合が切れてできる二つの生成物の一方が結合電子対の二つの電子を両方とも得るように結合が切れることを，結合の**不均一開裂** (heterolysis) またはヘテロリシスとよぶ．不均一開裂の生成物で電子を得た方は負電荷をもつ．もう一つの生成物は電子不足となり，正電荷をもつ．もしも炭素原子との結合が切れて炭素原子上に電子対が残る場合は，負電荷を帯びた化学種である**カルボアニオン** (carbanion) が生成する．カルボアニオンでは炭素原子の価電子が 8 個（オクテット）になる．反対に，炭素原子との結合が切れて炭素原子上に電子対が残らない場合は，正電荷を帯びた化学種である**カルボカチオン** (carbocation) が生成する．カルボカチオンでは炭素原子の価電子が 6 個であり，電子不足になる．

X–Y ⟶ X$^+$ + :Y$^-$
結合の不均一開裂の一般式

R–Y ⟶ R:$^-$ + Y$^+$
カルボアニオン

R–Y ⟶ R$^+$ + :Y$^-$
カルボカチオン

C–Y 結合の不均一開裂がどのように開裂するかは，Y の電気陰性度によって決まる．Y がハロゲンのように炭素よりも電気陰性な元素の場合は，炭素原子はやや正電荷を帯びる．さらに，炭素原子との結合は不均一開裂してカルボカチオンが生成する傾向にある．逆に，Y が金属のように炭素よりも電気陽性な元素の場合は，その結合の分極が反対になり，不均一開裂してカルボアニオンが生成する傾向にある．

$$\overset{\delta-}{R}\!\!-\!\!\overset{\delta+}{Li} \longrightarrow R\!:^- + Li^+$$
カルボアニオン

$$\overset{\delta+}{R}\!\!-\!\!\overset{\delta-}{Br} \longrightarrow R^+ + :Br^-$$
カルボカチオン

有機化学では，2種類の化合物から電子が均一に提供されて結合形成が起こる反応よりも，電子が不均一に提供されて結合形成が起こる反応の方が多くみられる．カルボカチオンは電子との反応を好む**求電子剤**（electrophile）として働く．求電子剤は正電荷を中和して安定なオクテットを形成するために負電荷の中心と結合しようとする．一方，カルボアニオンは孤立電子対をもつので，原子核との反応を好む**求核剤**（nucleophile）として反応する．求核剤の負電荷を中和するために正電荷の中心と結合しようとする．

多くの有機反応は次の式で表すことができる．この式で $E^+$ は求電子剤を表し，$Nu^-$ は求核剤を表す．

$$Nu^- \quad E^+ \longrightarrow Nu\!-\!E$$
求核剤　求電子剤

巻矢印は求核剤から求電子剤への電子対の動きを示す．この方法はルイス塩基とルイス酸の反応を示すのに使われていた方法ととてもよく似ている．

### ラジカル置換反応

メタンは高温または紫外光をエネルギー源として塩素ガスと反応する．この反応では水素原子が塩素原子と置き換わる．

$$CH_3\!-\!H + Cl\!-\!Cl \longrightarrow CH_3\!-\!Cl + H\!-\!Cl$$

この反応の機構は，結合の均一開裂と結合の均一形成で進行する．反応の第1段階では塩素分子が熱や光エネルギーを吸収し，Cl-Cl 結合が切れて2個の塩素原子が生成する．塩素原子は電子不足なラジカルで，反応性が高い．反応が開始するので，この段階は**開始段階**（initiation step）とよばれる．

段階1　　$:\!\ddot{C}l\!-\!\ddot{C}l\!: \longrightarrow :\!\ddot{C}l\!\cdot + \cdot\ddot{C}l\!:$

ラジカルが反応物にも生成物にも含まれる次の二つの段階は**成長段階**（propagation step）と総称される．

段階2　　$CH_3\!-\!H + \cdot\ddot{C}l\!: \longrightarrow CH_3\!\cdot + H\!-\!\ddot{C}l\!:$
段階3　　$CH_3\!\cdot + :\!\ddot{C}l\!-\!\ddot{C}l\!: \longrightarrow CH_3\!-\!Cl + \cdot\ddot{C}l\!:$

段階2では C-H 結合が切れて H-Cl 結合ができる．段階3では Cl-Cl 結合が切れて C-Cl 結合ができる．さらに，各段階でラジカルが反応するが，生成物としてラジカルができる．この連鎖反応の成長段階では，ラジカルが新たなラジカルをつくる．ラジカルと反応物が供給される限り，この段階はずっと続く．

### 求核置換反応

求核剤が炭素原子に"攻撃"して，炭素原子上の原子や原子団を別の原子団に置き換える反応は一般的だ．この反応のことを**求核置換反応**（nucleophilic substitution）とよぶ．炭素中心から脱離して置換される"脱離基"は L で表される．必ずと言っていいほど，脱離基は安定なアニオンとして存在できる電気陰性な原子や原子団だ．

$$Nu^- \quad R\!-\!L \xrightarrow{\text{求核置換}} Nu\!-\!R + :L^-$$
求核剤　　　　　　　　　　　　　　　脱離基

求核剤は孤立電子対をもつので，脱離基が脱離した後の炭素原子と結合できることに注意しよう．したがって，求核剤から不均一に電子が提供されて結合形成が起こる．脱離基は電子対を伴って炭素原子から脱離するので，脱離基と炭素原子との間の結合は不均一開裂だ．この種の求核置換反応の一例として，臭化メチルに対するヨウ化物イオンの反応がある．

$$:\!\ddot{I}\!:^- \quad H\!-\!\overset{H}{\underset{H}{C}}\!-\!\ddot{Br}\!: \longrightarrow :\!\ddot{I}\!-\!\overset{H}{\underset{H}{C}}\!-\!H + :\!\ddot{Br}\!:^-$$

この反応では，電気陰性な臭素原子と結合することで正電荷をやや帯びた炭素原子に対して，求核剤のヨウ化物イオンが近づく．求核剤は孤立電子対をもち，炭素原子と結合を形成し始める．求核剤が炭素原子に近づくにつれて，炭素原子と脱離基である臭素原子間の結合は弱くなる．結合の切断と形成の過程は同時に起こる．求核置換反応の機構は多くの要素に左右され，詳しくは第7章で学ぶ．

## 2・10 反応速度

### 反応速度に影響する要素

化学反応では反応物の分子が互いに衝突し，ある結合は切断され，ある結合は生成する．反応速度に影響を及ぼす要素として次のものがある．

1. 反応物の性質
2. 反応物の濃度
3. 温　度
4. 触媒の存在

化学反応を制御する最も重要な要素は，反応物の性質

だ. たとえば, エチレン($C_2H_4$) に対する HBr の付加反応が起こるためには, HBr の水素原子と臭素原子の間の結合の切断が起こらないといけない. エチレンの炭素原子と水素原子の間および炭素原子と臭素原子の間の結合形成が起こる必要がある.

$$\underset{\text{この結合が切れる}}{\overset{H}{\underset{H}{C}}=\overset{H}{\underset{H}{C}}} + H-Br \longrightarrow \underset{\text{新しい C–H 結合と C–Br 結合ができる}}{H-\overset{H}{\underset{H}{C}}-\overset{Br}{\underset{H}{C}}-H}$$

エチレンに対する HCl の付加反応は, 類似の HBr の付加反応の場合とは異なる反応速度で進行する. この反応には炭素原子と塩素原子の結合形成が関与し, さらに水素原子と塩素原子の間の結合切断も関与する. これらの原子と結合の組み替えに必要なエネルギーは, HBr の場合とは違うはずだ.

一般に, 反応物の濃度が増加するにつれて反応物がより多く衝突するようになるので, 反応速度は速くなる. また, 反応温度が上昇するにつれて反応物の分子は大きなエネルギーをもち, より頻繁に衝突するようになるため, 反応速度は速くなる. 経験的にいうと, 温度が 10 ℃ 上昇すると反応速度が約 2 倍速くなる.

**触媒** (catalyst) は反応速度を速くする物質で, その反応過程のことを触媒作用とよぶ. 触媒は少量だけ加えればよいことが多い. 反応が起こる前後で触媒の量は変わらず, 反応物と違って消失しない. 触媒は反応速度を速くするが, 反応の平衡定数はまったく変化しない.

### 反応速度論

反応をひき起こしうる分子の衝突を**有効衝突** (effective collision) とよび, 有効衝突に必要な最小のエネルギーを**活性化エネルギー** (activation energy) とよぶ. 任意の反応の活性化エネルギーは, 反応で切断ないし形成する結合の種類で決まる. 反応途中では分子の形がひずんで結合が伸び, 最終的に結合が切れる. その一方で別の結合の生成も起こるので, 原子配置が変化する. この過程で, 反応物の原子同士が近づくと反発が生じることがある. この反発が起こるのは, 各原子を取囲む電子が近接することが原因だ. 反応の間, それぞれの原子配置に応じてエネルギーも変化し, 反応物の始めのエネルギー値よりも高いエネルギーをもつ. 反応物から生成物へと至る反応経路は何通りもあるが, そのうち最もエネルギーが低い反応経路の途中で, 最も高いエネルギーをもつ構造となる原子配置を**遷移状態** (transition state) とよぶ.

臭化物イオンによるヨウ化メチルの求核置換反応の遷移状態を考えてみよう.

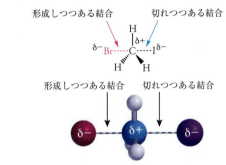

臭化物イオンとヨウ化メチルの反応の遷移状態において, 臭化物イオンとヨウ化物イオンの両方とも, 炭素原子に対してある程度結合している. 一方では炭素-ヨウ素結合が切れつつあり, もう一方では炭素-臭素結合が形成しつつある. 遷移状態は反応途中の数フェムト秒 ($10^{-15}$ 秒) という非常に短い時間しか存在しない. し

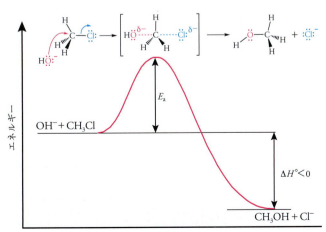

図 2・6 **置換反応の反応座標図** 水酸化物イオンと塩化メチルの反応は一段階で進行する. 遷移状態の安定性は基質, 求核剤, 脱離基の構造に依存し, 活性化エネルギー $E_a$ に反映される.

かし, 反応の遷移状態の構造はあらゆる種類の実験データから推量されている.

## 反応座標図

反応座標図は反応のエネルギー図やエネルギーダイアグラムともよばれ, 反応が進行するにつれて反応途中に起こるエネルギー変化をグラフ化したものである. 縦軸は反応系の全エネルギーを表し, 横軸は反応座標で, 反応物 (左側) から生成物 (右側) に至るまでの反応の進行を定性的に表す. 発熱反応 ($\Delta H° < 0$) のエネルギー変化を図2・6に示す. 反応物と遷移状態の間のエネルギー差は活性化エネルギー $E_a$ で, $E_a > 0$ だ. 水酸化物イオンによる塩化メチルの求核置換反応の遷移状態では, 水酸化物イオンと塩化物イオンの両方とも炭素原子に対して部分的に結合している.

活性化エネルギーが大きい場合, 遷移状態を超えられるほどのエネルギーをもって衝突するのは反応系内の一部の分子だけになるので, 結果として反応が遅くなる. この活性化状態を超えると, 反応が進行するにつれてエネルギーが放出される. 発熱反応に特徴的なエネルギー ($\Delta H°$) が放出されるだけでなく, 最初に加えられた活性化エネルギーの量も合わせて放出される.

分子の運動エネルギーは温度が上昇するにつれて増加する. 運動エネルギーが増加するにつれて, 活性化エネルギーと同じだけのエネルギーをもちながら分子が衝突する回数も増え, 反応速度も増加する.

化学反応には複数の段階からなるものがある. 先に述べたエチレンに対する HBr の付加反応は2段階反応で, 1段階目ではプロトンが求電子剤として働く. 二重結合の電子を使うことで, 炭素と結合を形成する. その結果, 中間体のカルボカチオンが生成する. その後の第2段階で, 求核剤となる臭化物イオンがカルボカチオンと反応する. 各段階のエネルギー変化を図2・7に示す.

最初の遷移状態では水素イオンが炭素原子と結合し始め, それとともに二重結合のπ電子が動く. それからカルボカチオン中間体が生成するまでの間は, 反応系全体のエネルギーは減少する. 第2段階ではカルボカチオンが求核剤の臭化物イオンと結合し始め, 第1段階とは異なる活性化エネルギーの二番目の遷移状態に至る. カルボカチオンのエネルギーは, 二つの遷移状態よりも低いことに注意しよう. 二番目の遷移状態を経た後, 最終的に炭素–臭素結合が完全に形成されると, 生成物のエネルギーが反応物のエネルギーよりも低いことが反応座標図から見てとれる. つまり, この反応は発熱反応だ.

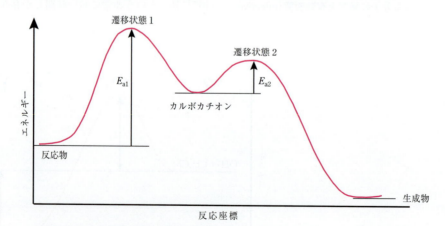

## 触媒の働き

触媒を使う反応では, 触媒がない場合の反応経路とは違い, より近道となる反応経路を通って反応が進行する. 同じ反応物から出発して同じ生成物を与える反応経路ではあっても, 触媒反応の反応経路の活性化エネルギーは通常の経路の場合よりも低い (図2・8).

**図2・7 エチレンに対する HBr の付加反応のエネルギー図** エチレンに対する HBr の付加の最初の遷移状態は, 二重結合の電子がプロトンに対して求核的に攻撃してカルボカチオンを与える途中段階だ. 第1段階の活性化エネルギーよりも, 第2段階の活性化エネルギーの方が低いので, 第2段階の方が速く進行する.

触媒が反応経路に与える影響を図示するために，仮にAとBの協奏反応を考えてみよう．

$$A + B \longrightarrow A—B$$

この反応に必要な活性化エネルギーは，高エネルギーをもつわずかな分子の衝突で得られる．しかし，Cで表される触媒があれば，次の反応も起こりうる．

段階1  A + C $\longrightarrow$ A—C
段階2  B + A—C $\longrightarrow$ A—B + C

段階1で触媒がAと結びつき，その反応の活性化エネルギーは無触媒反応の場合より低い可能性がある．同様に，A-CとBの反応の活性化エネルギーも，無触媒反応の場合より低い可能性がある．もしも各段階の活性化エネルギーが低ければ，触媒反応ではより多くの分子が触媒された反応経路を通って反応することで，同じ温度条件でも無触媒反応の場合よりも速く反応できるだろう．

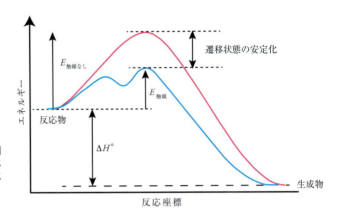

**図2・8 触媒反応と無触媒反応のエネルギー図**
触媒反応の活性化エネルギーは，無触媒反応の活性化エネルギーよりも小さい．触媒反応で必要な反応段階数は，無触媒反応の場合とは違うかもしれない．

# 練 習 問 題

## 物理的性質

**2・1** 次の異性体の組で，沸点が違う理由を示せ．構造的特徴が違うことに注意せよ．

(a) CH₃—CH₂—CH₂—O—CH₂—CH₂—CH₃
沸点 90.5 ℃

$$\text{CH}_3-\underset{\underset{\text{CH}_3}{|}}{\overset{\overset{\text{H}}{|}}{\text{C}}}-\text{O}-\underset{\underset{\text{CH}_3}{|}}{\overset{\overset{\text{H}}{|}}{\text{C}}}-\text{CH}_3$$
沸点 68 ℃

(b) CH₃—CH₂—CH₂—NH₂
沸点 49 ℃

$$\text{CH}_3-\underset{\underset{\text{CH}_3}{|}}{\overset{\overset{\text{CH}_3}{|}}{\text{N}}}$$
沸点 3 ℃

(c) $\text{CH}_3-\underset{\underset{\text{CH}_3}{|}}{\overset{\overset{\text{CH}_3}{|}}{\text{C}}}-\text{CH}_2-\text{OH}$
沸点 113 ℃

$\text{CH}_3-\underset{\underset{\text{CH}_3}{|}}{\overset{\overset{\text{CH}_3}{|}}{\text{C}}}-\text{O}-\text{CH}_3$
沸点 55 ℃

**2・2** 次の異性体の組で，沸点があまり変わらない理由を説明せよ．

(a) CH₃—CH₂—CH₂—S—CH₃
沸点 95.5 ℃

CH₃—CH₂—S—CH₂—CH₃
沸点 92.1 ℃

(b) $\text{CH}_3-\text{CH}_2-\text{CH}_2-\overset{\overset{\text{Cl}}{|}}{\text{CH}}-\text{CH}_3$
沸点 96.9 ℃

$\text{CH}_3-\text{CH}_2-\overset{\overset{\text{Cl}}{|}}{\text{CH}}-\text{CH}_2-\text{CH}_3$
沸点 97.8 ℃

(c) $\text{CH}_3-\text{CH}_2-\overset{\overset{\text{H}}{|}}{\text{N}}-\text{CH}_2-\text{CH}_3$
沸点 56 ℃

$\text{CH}_3-\text{CH}_2-\text{CH}_2-\overset{\overset{\text{H}}{|}}{\text{N}}-\text{CH}_3$
沸点 61 ℃

**2・3** エチレン分子の形は平面で，すべての結合角は120°に近い．ジクロロエチレンには三つの異性体があり，二つの異性体の双極子モーメントは大体同じだが，もう一つの異性体の双極子モーメントは異なる．次の三つの異性体のうち無極性な異性体を示し，そうなる理由を説明せよ．

$$\underset{\text{H}}{\overset{\text{H}}{\text{C}}}=\underset{\text{Cl}}{\overset{\text{Cl}}{\text{C}}} \qquad \underset{\text{Cl}}{\overset{\text{H}}{\text{C}}}=\underset{\text{Cl}}{\overset{\text{H}}{\text{C}}} \qquad \underset{\text{Cl}}{\overset{\text{H}}{\text{C}}}=\underset{\text{H}}{\overset{\text{Cl}}{\text{C}}}$$

**2・4** 次の化合物で一方だけが双極子モーメントをもつ．極性な化合物はどちらか，もう一方の化合物が双極子モーメントをもたない理由を説明せよ．

**2・5** プロピレングリコールは水とよく混ざるが，1-ブタノールは水 100 mL に 7.9 g しか溶けない．この溶解度の違いの理由を説明せよ．

$$CH_3-\underset{\underset{プロピレングリコール}{}}{\overset{OH}{CH}}-CH_2-OH$$

$$CH_3-CH_2-CH_2-CH_2-OH$$
1-ブタノール

**2・6** 酪酸は水とよく混ざるが，酢酸エチルは水と混ざらない理由を説明せよ．

$$\underset{酪酸}{CH_3-CH_2-CH_2-\overset{O}{\overset{\|}{C}}-OH} \qquad \underset{酢酸エチル}{CH_3-\overset{O}{\overset{\|}{C}}-O-CH_2-CH_3}$$

## 酸塩基反応

**2・7** 次の各化合物の共役酸の構造を書け．
(a) $CH_3-S-CH_3$ (b) $CH_3-O-CH_3$
(c) $CH_3-NH_2$ (d) $CH_3-OH$

**2・8** 次の各化合物の共役塩基の構造を書け．
(a) $CH_3-SH$ (b) $CH_3-NH_2$
(c) $CH_3-SO_3H$ (d) $CH\equiv CH$

**2・9** ヒドロキシルアミン（$NH_2OH$）の二つの共役酸の構造を両方とも書け．より強い酸はどちらか．

**2・10** ヒドロキシルアミン（$NH_2OH$）の二つの共役塩基の構造を両方とも書け．より強い塩基はどちらか．

**2・11** 次の各反応において，ルイス酸とルイス塩基を示せ．
(a) $CH_3-CH_2-Cl + AlCl_3 \longrightarrow$
$\qquad CH_3-CH_2^+ + AlCl_4^-$
(b) $CH_3-CH_2-SH + CH_3-O^- \longrightarrow$
$\qquad CH_3-CH_2-S^- + CH_3-OH$
(c) $CH_3-CH_2-OH + NH_2^- \longrightarrow$
$\qquad CH_3-CH_2-O^- + NH_3$

**2・12** 次の各反応において，ルイス酸とルイス塩基を示せ．
(a) $CH_3-\ddot{O}-CH_3 + H-\ddot{I}: \longrightarrow CH_3-\overset{H}{\overset{|}{\overset{+}{O}}}-CH_3 + :\ddot{I}:^-$

(b) $CH_3-CH_2^+ + H_2\ddot{O} \longrightarrow CH_3-CH_2-\overset{H}{\overset{|}{\overset{+}{O}}}-H$

(c) $CH_3-CH=CH_2 + H-\ddot{B}r: \longrightarrow (CH_3)_2CH^+ + :\ddot{B}r:^-$

## p$K_a$ 値と酸の強さ

**2・13** $CH_4$ と $CH_3OH$ の p$K_a$ のおおよその値はそれぞれ 49 と 16 だ．どちらが強い酸か．次の反応の平衡位置は左と右のどちらに寄るか．

$$CH_4 + CH_3-O^- \underset{}{\overset{K_{eq}}{\rightleftharpoons}} CH_3^- + CH_3-OH$$

**2・14** $NH_3$ と $CH_3OH$ の p$K_a$ のおおよその値はそれぞれ 36 と 16 だ．どちらが強い酸か．次の反応の平衡位置は左と右のどちらに寄るか．

$$CH_3-OH + NH_2^- \underset{}{\overset{K_{eq}}{\rightleftharpoons}} CH_3-O^- + NH_3$$

**2・15** 酢酸（$CH_3CO_2H$）の p$K_a$ の値は 4.8 だ．ペニシリン系抗生物質であるアモキシシリン（p$K_a$=2.4）のカルボン酸部位が，酢酸よりも強い酸である理由を説明せよ．関節リウマチに使われる消炎鎮痛剤であるインドメタシン（p$K_a$=4.5）のカルボン酸部位が，酢酸と同じくらいの強さの酸である理由を説明せよ．

**2・16** フェノバルビタールの $-OH$ 基の p$K_a$ の値は 7.5 だが，メタノールの p$K_a$ の値は約 16 だ．フェノバルビタールの方が強い酸である理由を説明せよ．

## 酸化還元反応

**2・17** 次の各反応は酸化，還元，どちらでもない反応のどれか．
(a) $CH_3-C\equiv N \longrightarrow CH_3-CH_2-NH_2$
(b) $2\,CH_3-SH \longrightarrow CH_3-S-S-CH_3$
(c) $CH_3-S-CH_3 \longrightarrow CH_3-\underset{\underset{O}{\|}}{S}-CH_3$

**2・18** 次の反応は酸化や還元のように見えるが，実際はどちらでもない．酸化や還元にあてはまらない理由を説明

(a)  CH₃—CH=CH₂ ⟶ CH₃—CH(OH)—CH₃

(b) 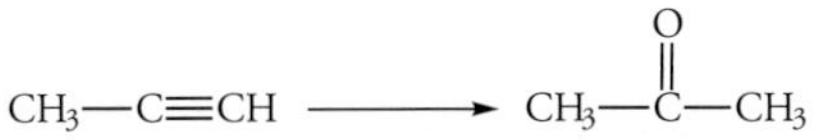 CH₃—C≡CH ⟶ CH₃—CO—CH₃

**2・19** 次の薬物代謝の各反応について，反応の種類を示せ．

(a) 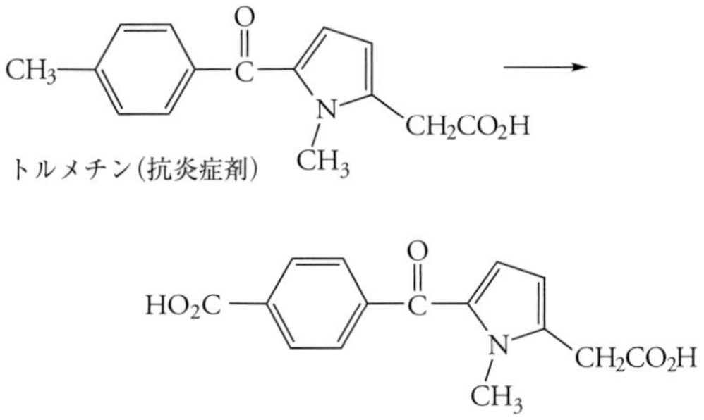 トルメチン(抗炎症剤) ⟶ 

(b) 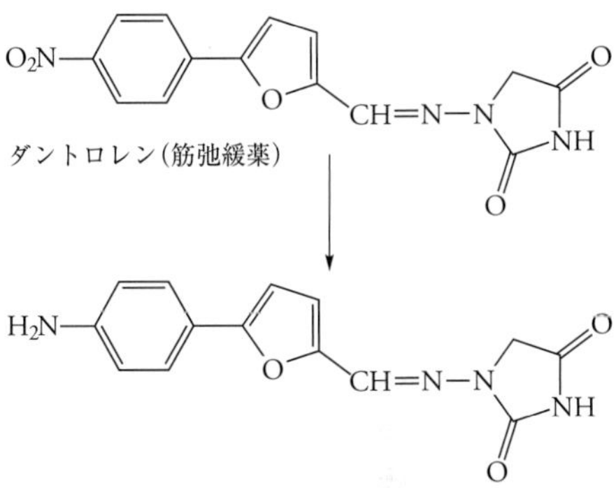 ダントロレン(筋弛緩薬) ⟶

**2・20** 次の薬物代謝の各反応について，反応の種類を示せ．

(a) 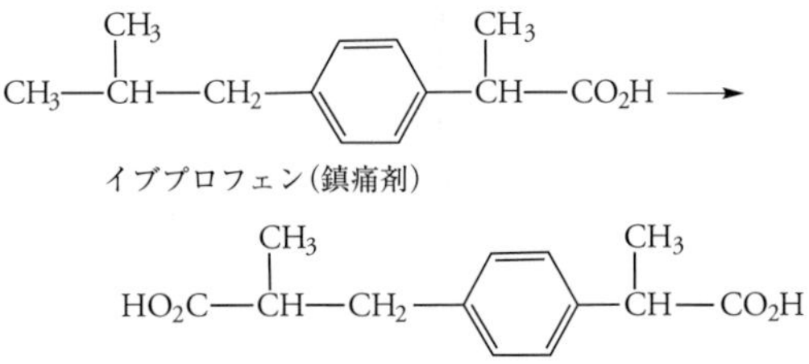 イブプロフェン(鎮痛剤) ⟶

(b) 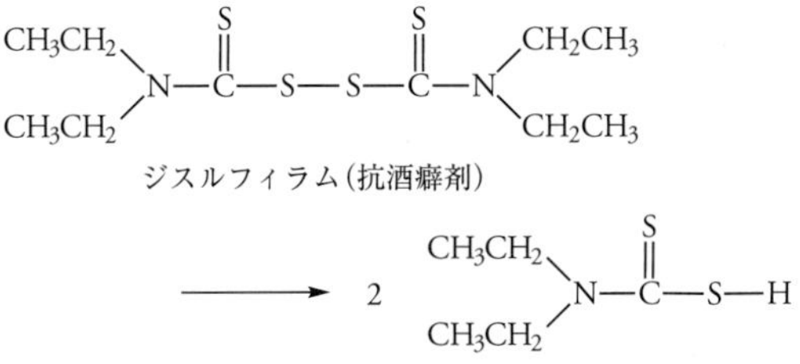 ジスルフィラム(抗酒癖剤) ⟶ 2 (CH₃CH₂)₂N—C(=S)—S—H

## 有機反応の種類

**2・21** 次の各反応は反応前後の釣り合いがとれていないが，各反応の種類を示せ．各反応を完結するために必要な反応物の種類も示せ．

(a) 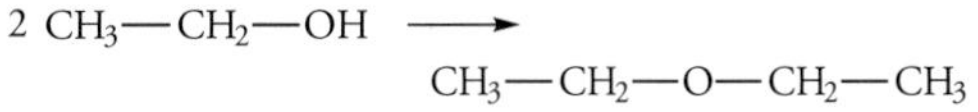 2 CH₃—CH₂—OH ⟶ CH₃—CH₂—O—CH₂—CH₃

(b) 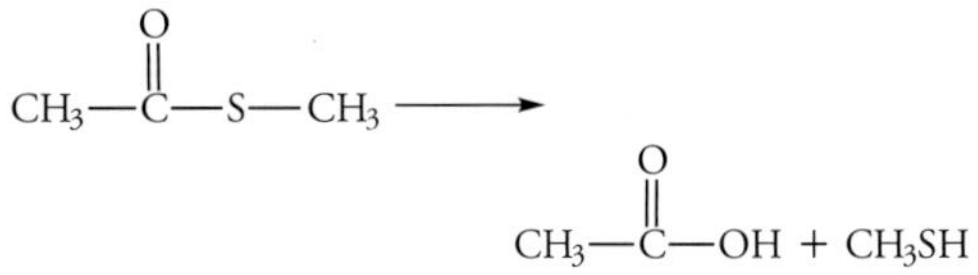 CH₃—CO—S—CH₃ ⟶ CH₃—CO—OH + CH₃SH

(c) 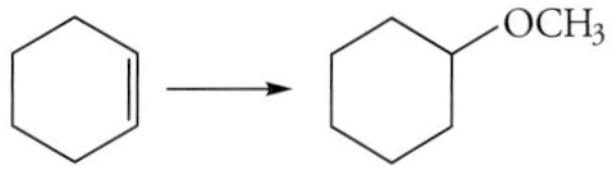 シクロヘキセン ⟶ シクロヘキシル-OCH₃

**2・22** 脂肪酸（長鎖の炭化水素をもつカルボン酸）の代謝は，次の反応経路で起こる．各段階の反応の種類を示せ．（Rは炭化水素の鎖を表し，CoA は補酵素 A を示す）

(a) 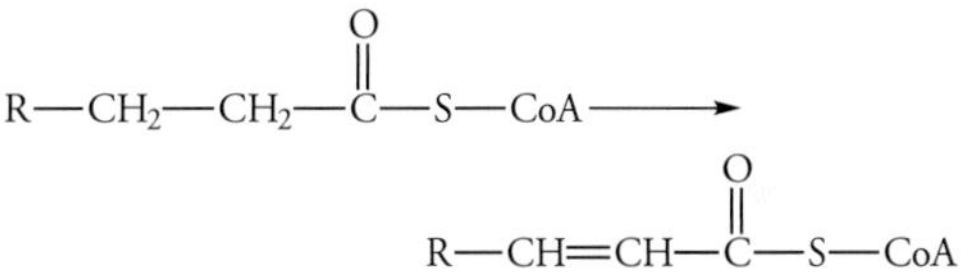 R—CH₂—CH₂—CO—S—CoA ⟶ R—CH=CH—CO—S—CoA

(b) 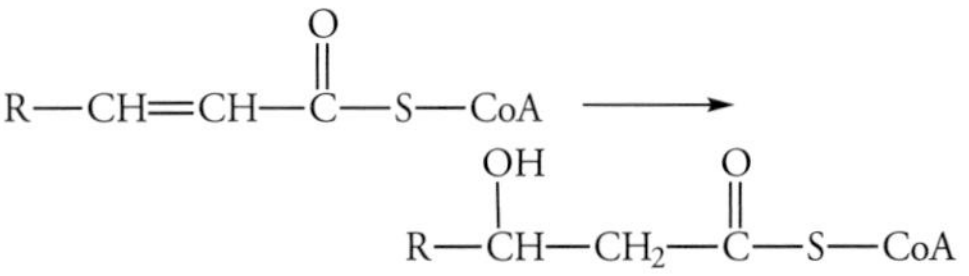 R—CH=CH—CO—S—CoA ⟶ R—CH(OH)—CH₂—CO—S—CoA

(c) 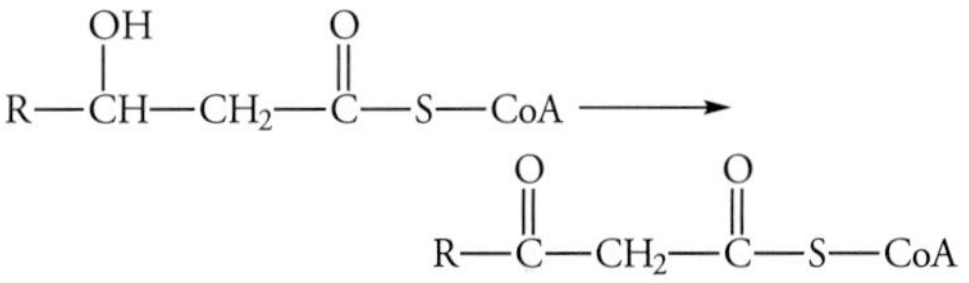 R—CH(OH)—CH₂—CO—S—CoA ⟶ R—CO—CH₂—CO—S—CoA

**2・23** グルコースの分解（異化）は，次の反応を含む解糖系とよばれる反応経路で起こる．次の各段階の反応の種類を示せ．

ジヒドロキシアセトンリン酸 ⟶ D-グリセルアルデヒド 3-リン酸

D-3-ホスホグリセリン酸 ⟶ D-2-ホスホグリセリン酸

(D-2-ホスホグリセリン酸) ⟶ ホスホエノールピルビン酸

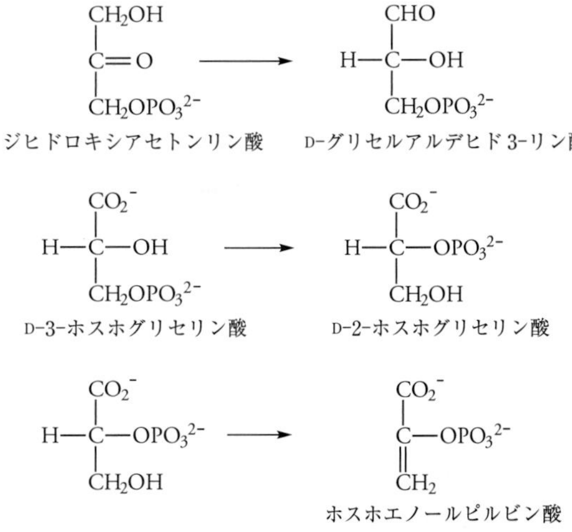

**2・24** クロロホルムが代謝されると，肝臓障害を起こすホスゲン（COCl₂）とよばれる化合物が生成する．次に示すク

クロロホルムの代謝の各段階で起こる反応の種類を書け.

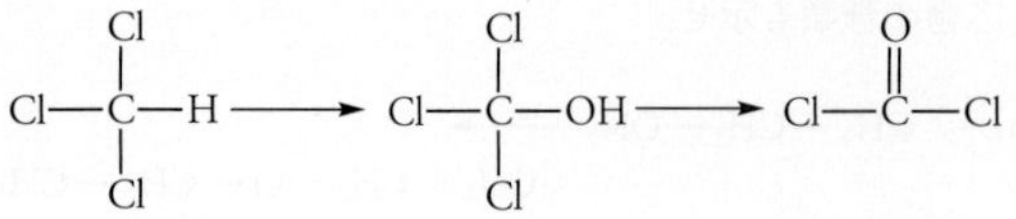

クロロホルム → → ホスゲン

**2・25** 催眠鎮静薬の抱水クロラールは，次のように代謝される．各段階で起こる反応の種類を書け.

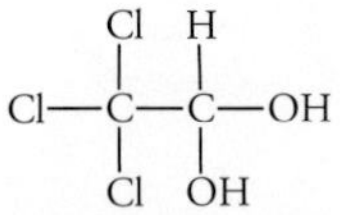

抱水クロラール 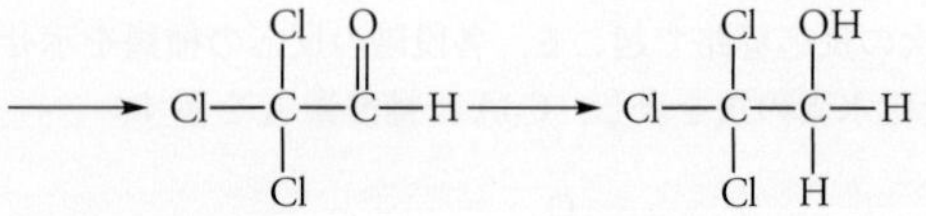 → クロラール → 2,2,2-トリクロロエタノール

### 平衡と反応速度

**2・26** ある反応の平衡定数は $10^{-5}$ だ．生成物は反応物より安定か不安定かを答えよ.

**2・27** $K=1$ という反応は存在するか．もし存在するならば，反応座標図で示す場合に，反応物と生成物のエネルギーはどのような関係にあるかを書け.

**2・28** 二つの反応に関する次の情報がわかっている．同じ温度ではどちらの反応の反応速度が速いか.

| 反応 | $\Delta H°$ | $E_a$ |
|---|---|---|
| A → X | $-125$ kJ/mol | $+104.6$ kJ/mol |
| A → Y | $-104.6$ kJ/mol | $+125$ kJ/mol |

**2・29** 練習問題 2・28 の二つの反応のうち，発熱量が多い方の発熱反応がどちらであるかを示せ.

**2・30** 次の各反応の結合開裂と結合形成のそれぞれが起こる過程を示せ.

(a) H–C–H + ·Br: → H–C· + H–Br:

(b) H–C· + :Br–Br: → H–C–Br: + ·Br:

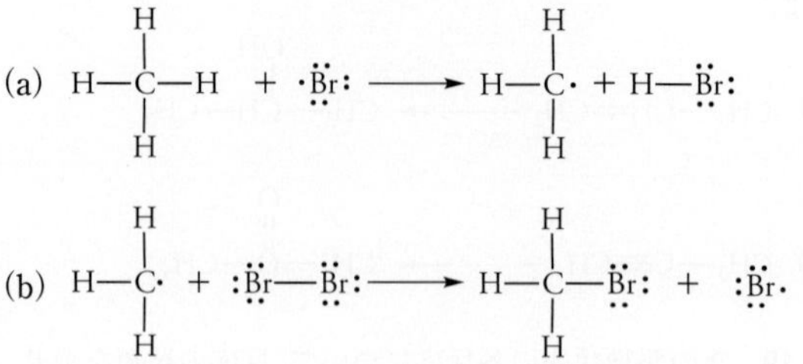

**2・31** 次の各反応の結合開裂と結合形成のそれぞれが起こる過程を示せ.

(a) $CH_3-C^+(CH_3)_2$ + $OH^-$ → $CH_3-C(CH_3)_2-OH$

(b) $CH_3-C(CH_3)_2-Cl$ → $CH_3-C^+(CH_3)_2$ + $Cl^-$

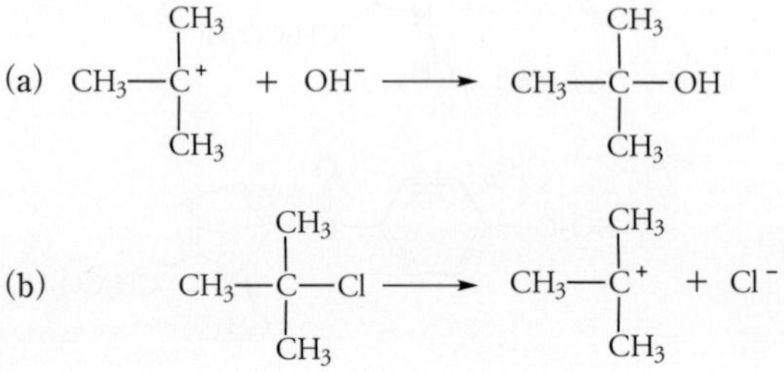

**2・32** 過酸化ベンゾイルはニキビの治療クリームとして使われており，上皮細胞の増殖を起こす刺激物だ．過酸化ベンゾイルの酸素-酸素結合は，均一開裂する．生成物の構造を書き，酸素原子がもつすべての電子を示せ.

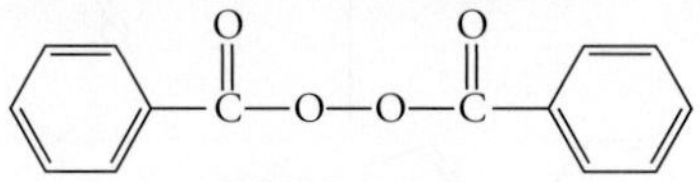

過酸化ベンゾイル

**2・33** 次亜塩素酸メチル($CH_3-O-Cl$)の酸素-塩素結合は，不均一開裂する．塩素と酸素の電気陰性度を考慮して，結合開裂後の二つの生成物の電荷を書け.

**2・34** 過酸化水素($HO-OH$)がプロトンと反応すると，共役酸が生成し，ひき続く酸素-酸素結合の不均一開裂によって水を与える．もう一つの反応生成物を書け.

**2・35** クロロメタン($CH_3-Cl$)はルイス酸の $AlCl_3$ と反応して，炭素を含む中間体と $AlCl_4^-$ を与える．炭素を含む中間体を書け.

# 3 アルカンとシクロアルカン

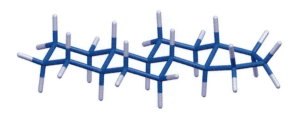

ステロイドの環構造の分子モデル

炭化水素は，その名前が示すように炭素と水素だけから構成される．炭化水素は，化石燃料と総称される天然ガス，石油，石炭に含まれている．化石燃料は植物，動物，微生物といった古代の生物の死骸（化石）が，酸素のない地中に何百万年も高温高圧で埋められてつくられたものである．

## 3・1 炭化水素の分類

炭素-炭素結合の種類から，炭化水素は大まかに2種類に分類できる．単結合だけしかもたないものを**飽和炭化水素**（saturated hydrocarbon）とよび，多重結合を含むものを**不飽和炭化水素**（unsaturated hydrocarbon）とよぶ．飽和炭化水素はさらにアルカンとシクロアルカンの2種類に分類できる．**アルカン**（alkane）は鎖状につながった炭化水素で，**シクロアルカン**（cycloalkane）は炭素原子が環状につながった炭化水素だ．たとえばブタンはアルカンで，シクロブタンはシクロアルカンだ．

$$\text{CH}_3-\text{CH}_2-\text{CH}_2-\text{CH}_3 \qquad \begin{array}{c}\text{H}_2\text{C}-\text{CH}_2\\|\quad\;\;|\\\text{H}_2\text{C}-\text{CH}_2\end{array}$$
　　　　　ブタン　　　　　　　　シクロブタン

鎖状の炭素原子をもつ化合物を**非環式**（acyclic）**化合物**とよぶ．非環式化合物のなかには官能基と結合したものもある．炭素原子の環を含む化合物は**炭素環**（carbocyclic）**化合物**とよばれる．炭化水素に官能基が結合した化合物もある．

環式化合物のなかには，環内に炭素以外の元素を含むものがある．有機化学では炭素以外の元素の原子を**ヘテロ原子**（heteroatom）とよび，ヘテロ原子を含む環式化合物を**複素環**（heterocyclic）**化合物**とよぶ．非環式化合物の2-ヘプタノン，炭素環化合物のカルボン，複素環化合物のニコチン酸の構造を次に示す．

非環式化合物　　　炭素環化合物　　　複素環化合物

2-ヘプタノン　　　　カルボン　　　　ニコチン酸
（丁子油に含まれる）　（スペアミント油の主成分）　（ビタミン $B_3$）

第1章で軽く紹介した芳香環化合物も"炭化水素"の一種だが，特殊な化合物であり，詳しくは第5章で扱う．

## 3・2 アルカン

炭素-炭素二重結合や三重結合を含まない炭化水素を**飽和炭化水素**とよぶ．炭素原子が連続してつながり，"枝分かれ"がないものを**直鎖アルカン**（normal alkane）とよび，炭素鎖の直線を水平につないだだけの構造式で表される．

$$\text{CH}_3-\text{CH}_2-\text{CH}_2-\text{CH}_2-\text{CH}_2-\text{CH}_2-\text{CH}_2-\text{CH}_3$$
オクタン（直鎖アルカン）

直鎖アルカン20個の名前と分子式を表3・1に示す．炭素数が1から4の化合物の IUPAC 名は慣用名と同じだが，炭素数が5以上のアルカンの名前は，直鎖に含まれる炭素原子の数を表すギリシャ語の数詞に -ane をつけたものになっている．

枝分かれのある飽和炭化水素は**分枝アルカン**（branched alkane）とよばれる．3個または4個の炭素原子と結合する炭素原子は**分枝点**（branching point）になる．分

表 3・1 直鎖アルカンの名前

| 炭素原子数 | 名前 | 分子式 |
|---|---|---|
| 1 | メタン (methane) | $CH_4$ |
| 2 | エタン (ethane) | $C_2H_6$ |
| 3 | プロパン (propane) | $C_3H_8$ |
| 4 | ブタン (butane) | $C_4H_{10}$ |
| 5 | ペンタン (pentane) | $C_5H_{12}$ |
| 6 | ヘキサン (hexane) | $C_6H_{14}$ |
| 7 | ヘプタン (heptane) | $C_7H_{16}$ |
| 8 | オクタン (octane) | $C_8H_{18}$ |
| 9 | ノナン (nonane) | $C_9H_{20}$ |
| 10 | デカン (decane) | $C_{10}H_{22}$ |
| 11 | ウンデカン (undecane) | $C_{11}H_{24}$ |
| 12 | ドデカン (dodecane) | $C_{12}H_{26}$ |
| 13 | トリデカン (tridecane) | $C_{13}H_{28}$ |
| 14 | テトラデカン (tetradecane) | $C_{14}H_{30}$ |
| 15 | ペンタデカン (pentadecane) | $C_{15}H_{32}$ |
| 16 | ヘキサデカン (hexadecane) | $C_{16}H_{34}$ |
| 17 | ヘプタデカン (heptadecane) | $C_{17}H_{36}$ |
| 18 | オクタデカン (octadecane) | $C_{18}H_{38}$ |
| 19 | ノナデカン (nonadecane) | $C_{19}H_{40}$ |
| 20 | エイコサン (eicosane) | $C_{20}H_{42}$ |

う分子式で表される。たとえば，ヘキサンの分子式は$C_6H_{14}$で，一般式の$n=6$の場合に相当する．

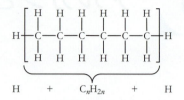

直鎖アルカンの各炭素原子はそれぞれ少なくとも2個の水素原子と結合するので，分子式の水素の数のうちの$2n$個はその分を表す．末端の2個の炭素原子はさらに1個ずつ余計に水素原子と結合するので，分子式の水素の残りの2個はその分を表す．

## 炭素原子の分類

炭化水素中の炭素原子を，いくつの炭素原子が結合しているかにより簡便に分類する呼び名がある．以降の章では，炭素原子に結合した官能基の反応性を説明するために，その分類方法を使用する．

ある炭素原子が結合する相手となる炭素原子の個数が一つだけしかない場合，その炭素原子を**第一級炭素** (primary carbon) とよび，1°という記号で表す．炭素鎖の末端にある炭素原子は第一級炭素原子だ．たとえば，ブタンは2個の第一級炭素原子をもつ．2個の炭素原子に結合する炭素原子は**第二級炭素** (secondary carbon) であり，2°という記号で表す．たとえば，ブタンの真ん中の2個の炭素原子は第二級炭素原子だ（図3・1a）．

枝点で炭素鎖に結合する炭素原子は，**アルキル基** (alkyl group) の一部だ．たとえば，イソブタンは分枝アルカンの最も簡単な例で，3個の炭素原子からなる直鎖と1個の-$CH_3$基の枝分かれがある．

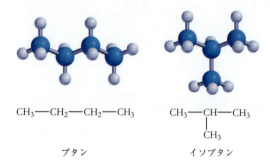

ブタン　　　　イソブタン

イソペンタンとネオペンタンはペンタンの異性体だ．イソペンタンは4個の炭素原子からなる直鎖と，1個の-$CH_3$基の枝分かれがある分枝アルカンだ．ネオペンタンは3個の炭素原子からなる直鎖があり，中心の炭素原子に2個の-$CH_3$基が結合した分枝アルカンだ．

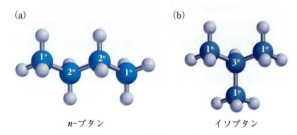

図3・1 炭素原子の分類 (a) ブタンの末端炭素原子は第一級 (1°) で，炭素原子1個と結合する．内部にある炭素原子は第二級 (2°) で，2個の炭素原子と結合する．(b) イソブタンの末端炭素原子は第一級で，炭素原子1個と結合する．内部にある炭素原子は第三級 (3°) で，3個の炭素原子と結合する．

炭素原子3個と結合する炭素原子は**第三級炭素** (tertiary carbon) で，3°という記号で表す．たとえば，イソブタンの構造では，4個の炭素原子のうちの1個は第三級で，残りの3個は第一級だ（図3・1b）．結合する炭素原子の数がさらに増えて4個の炭素原子と結合する場合は，**第四級炭素** (quaternary carbon) となる．

$CH_3-CH_2-CH_2-CH_2-CH_3$
ペンタン

$CH_3-CH-CH_2-CH_3$
　　　|
　　$CH_3$
イソペンタン

　　　　$CH_3$
　　　　|
$CH_3-C-CH_3$
　　　　|
　　　　$CH_3$
ネオペンタン

直鎖アルカンも分枝アルカンも一般に$C_nH_{2n+2}$とい

**例題 3・1** 次の化合物はヒトリガの雌が放出する性誘引物質だ。この化合物の炭素原子を第一級，第二級，第三級に分類せよ。

$$\text{CH}_3\text{CHCH}_2\text{CH}_2\text{CH}_2\text{CH}_2\text{CH}_2\text{CH}_2\text{CH}_2\text{CH}_2\text{CH}_2\text{CH}_2\text{CH}_2\text{CH}_3$$
$$\quad\;\;|$$
$$\quad\text{CH}_3$$

[解答] 末端の炭素原子と分枝した-CH₃基は1個の炭素原子としか結合していないので，第一級炭素原子だ。左から2番目の炭素原子は直鎖の2個の炭素原子と結合したうえ，分枝した-CH₃基の炭素原子と結合しているので，第三級炭素原子だ。残りの13個の炭素原子はそれぞれ2個の炭素原子と結合しているので，第二級炭素原子だ。

**例題 3・2** 狭心症の発作を緩和するための薬品のペンスリットの炭素原子は，それぞれ第何級であるか分類せよ。

$$\text{CH}_2\text{O—NO}_2$$
$$\quad\;\;|$$
$$\text{O}_2\text{N—O—CH}_2\text{—C—CH}_2\text{O—NO}_2$$
$$\quad\;\;|$$
$$\text{CH}_2\text{O—NO}_2$$

## 3・3 アルカンの命名法

アルカンには数多くの異性体が存在する。$C_4H_{10}$ にはブタンとイソブタンという2種類の異性体があり，$C_5H_{12}$ にはペンタン，イソペンタン，ネオペンタンという3種類の異性体がある。各化合物の名前を覚えることは難しくはないが，アルカンの炭素原子数が増えていくと，異性体の数が等比級数的に増えていく（表3・2）。異性体一つずつであれば実験室で合成できるかもしれないが，考えうる異性体の数が多すぎるために，その大半は石油から見つかってもいなければ，実験室で合成されてもいない。多くのアルカン異性体を区別するためにも，化合物を系統的に命名する方法が必要だ。

### 命名法の IUPAC 規則

アルカンをはじめとする有機化合物は，**国際純正・応用化学連合**（International Union of Pure and Applied Chemistry，略称 **IUPAC**）で決められた規則に従って命名される。この規則に従って命名すれば，すべての化学物質の名前は一義的に決まる。IUPAC 名は接頭語，母体，接尾語の三つの部分で構成されている。

$$\boxed{\text{接頭語}}\text{—}\boxed{\text{母 体}}\text{—}\boxed{\text{接尾語}}$$

**母体**は，官能基を含む分子内の最も長い炭素鎖のことだ。置換基をもたないアルカンの場合，母体の名前の語尾は -ane で終わる。母体の後ろにつける**接尾語**は，多くの場合に有機化合物の官能基の種類を示す。ただし，ハロゲンなどのように，母体名の前につける**接頭語**で官能基を示す場合もある。たとえば，クロロ（chloro-）やブロモ（bromo-）という接頭語は，それぞれ塩素と臭素を表す。接頭語は直鎖から分枝するアルキル基の種類や結合位置を表す。**アルキル基**（alkyl group）とは，アルカンから水素原子を1個取除いてできる置換基のことだ。アルキル基の名前は，同じ炭素数のアルカンの名前の語尾 -ane を -yl に替えたものとなる。たとえば，$CH_4$ はメタン（methane）という名前なので，水素原子を1個取除いた-CH₃基の名前はメチル（methyl）だ。また，$C_2H_6$ の母体名はエタン（ethane）なので，-CH₂CH₃基の名前はエチルだ。

表3・2 アルカンの異性体の数

| 分子式 | 異性体の数 |
|---|---|
| $CH_4$ | 1 |
| $C_2H_6$ | 1 |
| $C_3H_8$ | 1 |
| $C_4H_{10}$ | 2 |
| $C_5H_{12}$ | 3 |
| $C_6H_{14}$ | 5 |
| $C_7H_{16}$ | 9 |
| $C_8H_{18}$ | 18 |
| $C_9H_{20}$ | 35 |
| $C_{10}H_{22}$ | 75 |
| $C_{20}H_{42}$ | 336,319 |
| $C_{30}H_{62}$ | 4,111,846,763 |
| $C_{40}H_{82}$ | 62,491,178,805,831 |

メタン から水素を取除くと メチル または —CH₃

エタン から水素を取除くと エチル または —CH₂CH₃

構造式中でアルキル基全般を示す場合は，-R と表記する。R は分子の"残りの部分（remainder）"を表す。

アルカンの名前は炭素鎖の長さを示すとともに，位置番号によってアルキル基が結合する炭素原子の位置を示す。

アルカンの IUPAC 命名規則は次のようになる．

1. 炭素原子が連続して結合する最も長い直鎖部分を母体とする．

$$CH_3-CH_2-CH_2-\underset{\underset{H}{|}}{\overset{\overset{CH_3}{|}}{C}}-CH_3$$

連続する 5 個の炭素原子の直鎖が母体だ

母体となりうる直鎖が二つ以上あり，その炭素原子の数がどちらも同じ場合は，分枝点の数が多い方を母体の直鎖とする．

$$CH_3-\underset{}{\overset{\overset{CH_3}{|}}{CH}}-\underset{\underset{CH_2CH_3}{|}}{CH}-CH_2-CH_2-CH_3$$

母体の直鎖の炭素原子の数は 6 個で，メチル基とエチル基の二つの分枝点がある

$$CH_3-\overset{\overset{CH_3}{|}}{CH}-\underset{\underset{CH_2CH_3}{|}}{CH}-CH_2-CH_2-CH_3$$

直鎖の炭素原子の数は 6 個で上と同じだが，分枝点が一つしかないので母体とならない

2. 最初の分枝点に近い方の末端炭素原子から始めて，母体の直鎖の炭素原子に位置番号をつける．

$$\overset{1}{CH_3}-\overset{2}{\underset{\underset{CH_3}{|}}{\overset{\overset{H}{|}}{C}}}-\overset{3}{CH_2}-\overset{4}{\underset{\underset{H}{|}}{\overset{\overset{CH_2-CH_3}{|}}{C}}}-\overset{5}{CH_2}-\overset{6}{CH_3}$$

母体の直鎖には炭素原子が 6 個あるので母体名はヘキサンで，C2 位のメチル基と C4 位のエチル基という二つの置換基がある

最初の分枝位置が母体直鎖の両末端のどちらからつけ始めても同じ位置番号になる場合は，2 番目の分枝点に近い方の末端から番号をつける．つまり，置換基の位置番号ができるだけ小さくなるように番号をつける．

$$\overset{8}{CH_3}-\overset{7}{\underset{\underset{CH_3}{|}}{\overset{\overset{H}{|}}{C}}}-\overset{6}{CH_2}-\overset{5}{CH_2}-\overset{4}{\underset{\underset{H}{|}}{\overset{\overset{CH_2CH_3}{|}}{C}}}-\overset{3}{CH_2}-\overset{2}{\underset{}{\overset{\overset{CH_3}{|}}{CH}}}-\overset{1}{CH_3}$$

母体の直鎖には炭素原子が 8 個あるので母体名はオクタンで，C2 位と C7 位にメチル基があり，C4 位にエチル基がある

3. アルキル基をはじめとする置換基の名前は，母体の直鎖における置換基の位置を示す位置番号とともにつける．母体の直鎖の同一炭素原子に 2 個の置換基が結合する場合は，それぞれの置換基の位置番号は同じになる．

$$\overset{8}{CH_3}-\overset{7}{CH_2}-\overset{6}{\underset{\underset{CH_3}{|}}{\overset{\overset{H}{|}}{C}}}-\overset{5}{CH_2}-\overset{4}{\underset{\underset{CH_3}{|}}{\overset{\overset{CH_2CH_3}{|}}{C}}}-\overset{3}{CH_2}-\overset{2}{\underset{\underset{CH_3}{|}}{\overset{\overset{CH_3}{|}}{C}}}-\overset{1}{CH_3}$$

オクタンが母体となるこの分子には C2 位と C4 位と C6 位にメチル基があり，C4 位にエチル基がある

4. 各アルキル基の位置番号と置換基名をハイフンでつなぎ，母体名の前に置く．アルキル基とハロゲン原子はアルファベット順に並べる．

$$\overset{1}{CH_3}-\overset{2}{\underset{\underset{CH_3}{|}}{\overset{\overset{H}{|}}{C}}}-\overset{3}{CH_2}-\overset{4}{\underset{\underset{H}{|}}{\overset{\overset{CH_2-CH_3}{|}}{C}}}-\overset{5}{CH_2}-\overset{6}{CH_3}$$

この化合物は 4-エチル-2-メチルヘキサン (4-ethyl-2-methylhexane) で，2-メチル-4-エチルヘキサンではない

母体の直鎖に同じ置換基が 2 個以上結合する場合は，置換基名の前に数詞をつける．2，3，4 という数を表す数詞は，それぞれジ(di-)，トリ(tri-)，テトラ(tetra-)となる．同じ種類の置換基の位置を示す位置番号の間にはカンマを入れ，数詞をつけた置換基名とハイフンで結ぶ．

$$\overset{1}{CH_3}-\overset{2}{\underset{\underset{CH_3}{|}}{\overset{\overset{H}{|}}{C}}}-\overset{3}{CH_2}-\overset{4}{\underset{\underset{H}{|}}{\overset{\overset{CH_3}{|}}{C}}}-\overset{5}{CH_2}-\overset{6}{CH_3}$$

2,4-ジメチルヘキサン
(2,4-dimethylhexane)

5. ジ，トリ，テトラなどの数詞がついても，アルキル基のアルファベット順は変更しない．

$$\overset{1}{CH_3}-\overset{2}{\underset{\underset{CH_3}{|}}{\overset{\overset{H}{|}}{C}}}-\overset{3}{CH_2}-\overset{4}{CH_2}-\overset{5}{\underset{\underset{CH_3}{|}}{\overset{\overset{CH_2CH_3}{|}}{C}}}-\overset{6}{CH_2}-\overset{7}{CH_2}-\overset{8}{CH_3}$$

この化合物は，5-エチル-2,5-ジメチルオクタン (5-ethyl-2,5-dimethyloctane) で，2,5-ジメチル-5-エチルオクタンではない

## アルキル基の名前

メタンとエタンから誘導されるアルキル基はそれぞれ一つしかない．しかし，長鎖アルカンからアルキル基をつくる場合には，どの炭素原子から水素原子を取除くかによって複数のアルキル基の異性体ができる．たとえば，プロパンには 2 個の第一級炭素原子と 1 個の第二級炭素原子があるが，第一級炭素原子から水素を取除くと，第一級アルキル基であるプロピル基となる．このような直

鎖アルカンから誘導される第一級アルキル基を**直鎖アルキル基**（normal alkyl group）とよぶ．プロパンの第二級炭素原子から水素を取除くと，イソプロピル基という慣用名でよばれる第二級アルキル基となる．プロピル基とイソプロピル基はそれぞれ *n*-Pr と *i*-Pr と略して書くことも多い．*n*-は，直鎖という意味の normal の頭文字で，*i*- は isopropyl の頭文字だ．

$$CH_3-CH_2-\overset{1°}{CH_2}-\qquad CH_3-\overset{\overset{H}{|}}{\underset{|}{C}}-CH_3$$
　　*n*-プロピル　　　　　　イソプロピル

ブタン $C_4H_{10}$ の2種類の異性体から誘導されるアルキル基は全部で4種類あり，どれも $C_4H_9$ という化学式で表せる．ブタンから誘導されるアルキル基は2種類で，イソブタンから誘導されるものも2種類だ．したがって，$C_4H_9$ で表されるアルキル基の異性体は全部で4種類ある．ブタンの第一級炭素原子から水素を取除けば *n*-ブチル基になり，第二級炭素原子から水素を取除けば第二級アルキル基である *sec*-ブチル基になる．*sec*-は第二級という意味の secondary の略だ．

$$CH_3-CH_2-CH_2-\overset{1°}{CH_2}-\qquad CH_3-CH_2-\overset{\overset{CH_3}{|}}{\underset{}{\overset{2°}{C}H}}-$$
　　*n*-ブチル　　　　　　　　*sec*-ブチル

イソブタンの第一級炭素原子から水素を取除けば，イソブチル基という第一級アルキル基になる．イソブタンの第三級炭素原子から水素を取除けば，第三級アルキル基の *tert*-ブチル（*t*-ブチル）基になる．*tert*-は第三級という意味の tertiary の略だ．炭素原子の数が3個や4個の短いアルキル基の場合は，慣用名としてこのような系統的ではない名前が一般に使われており，IUPAC の規則でもその使用が認められている．

$$\overset{\overset{1°}{CH_2-}}{CH_3-\underset{\underset{CH_3}{|}}{C}-H}\qquad \overset{\overset{CH_3}{|}}{CH_3-\underset{\underset{CH_3}{|}}{\overset{3°}{C}}-CH_3}$$
　　イソブチル　　　　　　　*tert*-ブチル

アルキル基も IUPAC 規則に従って命名できる．アルカンを命名した場合と同様に，母体から数え始めて最も長い炭素原子の直鎖をもとに命名すればよい．たとえば，イソプロピル基の IUPAC 名は 1-メチルエチル基で，イソブチル基は 2-メチルプロピル基だ．そのアルキル基の位置番号は母体の直鎖に結合する炭素原子を1として位置番号をつける．

$$\overset{\overset{CH_3}{|}}{CH_3-\underset{\underset{H}{|}}{C}-}\qquad \overset{\overset{CH_2-}{|}}{CH_3-\underset{\underset{CH_3}{|}}{C}-H}$$
　1-メチルエチル　　　　2-メチルプロピル
　（イソプロピル）　　　　（イソブチル）

炭化水素を命名する際に，多少複雑な構造のアルキル基は括弧でくくって表す．よって，4-イソプロピルヘプタンは 4-(1-メチルエチル)ヘプタンとも表せる．このように括弧でくくることで，メチル基が結合するのはエチル基であって，ヘプタンではないということを表す．

**例題 3・3** 藻類のアオミドロが生産する次の化合物を命名せよ．

$$\underset{\underset{CH_3}{|}}{CH_3CHCH_2CH_2CH_2}\underset{\underset{CH_3}{|}}{CHCH_2CH_2CH_2}\underset{\underset{CH_3}{|}}{CHCH_2CH_2CH_2}\underset{\underset{CH_3}{|}}{CHCH_2CH_2CH_3}$$

［解　答］最も長い直鎖は炭素原子を16個含むので，母体名はヘキサデカンだ．四つのメチル基の位置を表すために，左から右へと位置番号をつけると，置換位置は 2, 6, 10, 14 となる．したがって，この化合物は 2,6,10,14-テトラメチルヘキサデカンだ．

**例題 3・4** 次の化合物を命名せよ．

$$\overset{\overset{CH_3}{|}}{CH_3-\underset{\underset{CH_3}{|}}{C}-CH_2-}\overset{\overset{CH_2CH_3}{|}}{\underset{\underset{H}{|}}{C}H-CH_3}$$

**例題 3・5** 鎮痛剤のイブプロフェンの構造式を次に示す．ベンゼン環の左側にあるアルキル基の名前を答えよ．

$$\overset{\overset{CH_3}{|}}{CH_3-\underset{\underset{H}{|}}{C}-CH_2-}\left\langle\text{ベンゼン環}\right\rangle\overset{\overset{CH_3}{|}}{-\underset{\underset{}{}}{C}H-CO_2H}$$

［解　答］このアルキル基には炭素原子が4個あるが，元のアルカンはブタンではなくイソブタンだ．ベンゼン環はイソブタンの内部の炭素原子に結合せずに，末端の炭素原子に結合している．このアルキル基はイソブチル基（2-メチルプロピル基）だ．

$$\overset{\overset{CH_3}{|}}{CH_3-\underset{\underset{H}{|}}{C}-CH_2-}\text{ベンゼン環}$$

## 3・4　アルカンの配座

第1章では，エタンのC–C結合はσ結合であり，結合の軸が回ることで –$CH_3$ 基が回転し，さまざまな空間的配置をとることを学んだ．この空間的配置を**配座**

(conformation)とよぶ．-CH₃基が回転すると水素原子の相対的な位置関係は変化するが，どの結合も切れるわけではないので，結合の配列自体は変わらない．したがって，分子がさまざまな配座をとることで分子の形に違いは生じるが，構造異性体になるわけではない．

有機化合物の化学的性質および物理的性質と配座の関係を調べることを，**配座解析**（conformational analysis）とよぶ．構造と物理的性質の関係を理解するためには，構造の違いによって生じる分子の配座変化に加えて，平衡状態で最も多く存在する配座を知る必要がある．化合物の構造と化学的性質の関係を理解するためには，平衡状態で最も安定な配座と，反応が起こるように原子同士が近づきやすい配座でのエネルギー差を知る必要がある．反応が起こるように分子の配座が最安定状態から大きく変化する必要があると，反応の"準備"のための配座変化に必要なエネルギーが反応速度に影響する．

この節では，エタン，プロパン，ブタン，シクロヘキサンなどの分子量が小さい分子の配座について学ぶ．一見，つまらない内容に思えるかもしれないが，小さな分子の配座に関する考え方を理解できれば，糖質や複雑な医薬品などの大きな分子の配座にも応用できる．さらに，分子の配座がわかると，その分子の特異的な生物学的機能を説明できる．

## エタンの配座

エタンを二つの炭素原子間の結合軸に沿って回転すると，配座異性体へと変換される．図3・2にエタンの二つの配座を示す．二つの構造を比較すると，水素原子の空間的配置が異なる．このような配座が異なる異性体

を**配座異性体**（conformer）とよぶ．配座異性体は結合の回転で相互に変換できるので，**回転異性体**（rotamer）とよばれることもある．

エタンの配座は無限にある．その中で水素原子と結合電子対が最も離れた配座のエネルギーが最も低く，これを**ねじれ形**（staggered）**配座**とよぶ．水素原子同士が互いに最も近くにある配座のエネルギーが最も高く，これを**重なり形**（eclipsed）**配座**とよぶ．月と太陽が重なることがあるように，重なり形配座では一方の炭素原子のC−H結合がもう一方の炭素原子のC−H結合とちょうど重なる．図3・2にエタンの配座を破線-くさび形表記で表した図を示す．これは炭素-炭素結合と炭素-水素結合を立体的に表す方法だ．

## ニューマン投影式

**ニューマン投影式**（Newman projection formula）は，C−C結合の回転による配座変換を説明するために，二つの炭素原子に注目した分子構造の表示法だ．エタンのねじれ形配座のニューマン投影式（下図左）を見てみよう．二つの炭素原子をC−C結合の延長線上から見て，手前の炭素原子は点で表し，その炭素原子から伸びた3本の結合を線で表す．奥の炭素原子は中心位置が先程の点と重なる円で表し，奥の炭素原子への結合は三つの原子から円周の位置までの線分で表す．結合軸の方向から見るので，二つの炭素原子間の結合は隠れていて見えない．

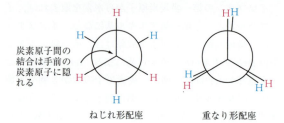

ねじれ形配座　　　　　重なり形配座

重なり形配座のエタンのニューマン投影式（上図右）は，手前の炭素原子の3本のC−H結合しか見えない．奥の水素原子とその結合は，手前で重なっている水素原子や結合に隠れて見えない．しかし，すべての結合が見えるように視点を結合軸から少しずらすと，奥の炭素原子に結合した水素原子が見えるようになる．

重なり形配座がねじれ形配座よりも高いエネルギーをもつのは，なぜだろうか？　分子構造を考える場合，ある原子に結合している別の原子は，他の電子対からできるだけ遠くへ離れようとするというVSEPR理論を思い出そう．そして，ニューマン投影式の手前と奥にあるC−H結合について，結合電子対の位置関係を考えよう．手前と奥にあるC−H結合がなす角度はねじれ角や二面角とよばれ，重なり形配座ではねじれ角は0°だが，ね

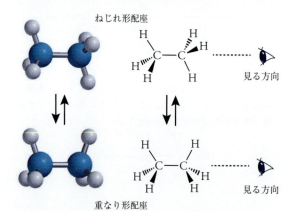

**図3・2　エタンの配座**　ねじれ形配座をとるエタン分子のメチル基を60°回転すると，重なり形配座になる．重なり形配座をC−C結合の軸方向から見ると，右側にある炭素原子とその炭素原子に結合した3個の水素原子だけが見える．もう一方の炭素原子とその炭素原子に結合した水素原子は重なっていて見えない．

じれ形配座ではねじれ角は 60°だ．C-H 結合の結合電子対の反発によるねじれひずみによって，重なり形配座のエネルギーの方が高くなる[*1]．水素原子同士が重なることによる相互作用の大きさは，一つの重なりにつき 4 kJ/mol だ．ねじれ形配座と重なり形配座の全エネルギー差（12 kJ/mol）は小さいので，二つの配座の相互変換がとても速く起こる．したがって，エタンの C-C 結合は事実上，制限なしに自由回転する．エタンの配座の違いは化合物の違いというわけではなく，同一の化合物の形の違いを意味する．エタンはさまざまな配座が混ざって存在し，違う配座を分離することは不可能だ．しかし，室温ではおもにねじれ形配座として存在する．エタンに限らず，他の分子でもねじれ形配座として存在する時間が圧倒的に長い．

この二つの配座ではどちらも結合間のねじれ角が 60°なので，両方ともねじれひずみがない．しかし，ゴーシュ配座の方がアンチ配座よりもメチル基同士が近い位置にある．二つのメチル基に含まれる原子の電子雲が互いに干渉することによる反発は，立体ひずみとよばれる．ブタンではアンチ配座の方がゴーシュ配座よりも 3.8 kJ/mol だけ安定だ．アンチ配座とゴーシュ配座は速やかに相互変換するが，アンチ配座とゴーシュ配座の比率は約 2：1 だ．より大きなアルカンでも同様の相互作用が起こる．

## 3・5 シクロアルカン

鎖状アルカンの一般式は $C_nH_{2n+2}$ だが，環構造を一つもつ**シクロアルカン**（cycloalkane）の一般式は $C_nH_{2n}$ となる．シクロアルカンでは環をつくるため，炭素原子が同数の鎖状アルカンよりも C-C 結合が一つ余計に必要となり，水素原子 2 個だけ少ない．シクロアルカンの構造式は単純な多角形で表され，多角形の辺が C-C 結合を表す．多角形の各頂点には炭素原子があり，2 個の水素原子と結合している．

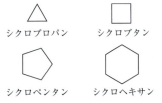

## ブタンの配座

鎖状アルカンは，どの単結合でも結合軸の周りの回転が起こるため，さまざまな配座が混合して存在する．ブタンの場合，ねじれ形配座は重なり形配座よりも安定だ．ブタンや他の分子量が大きいアルカンでは，複数のねじれ形配座が存在する．ブタンの場合に最も安定なねじれ形配座は，炭素-炭素結合がジグザグになった配座だ．

C2-C3 結合方向から見たブタンのニューマン投影式を次に示す．左のねじれ形配座では二つのメチル基が最も遠い位置に離れており，**アンチ**（anti）**配座**とよばれる．ブタンのねじれ形配座には，右に示す**ゴーシュ**（gauche）**配座**とよばれるもう一つの配座がある．

分子内に複数の環がある場合，環が一つまたは複数の原子を共有することもある．**スピロ環**（spirocyclic）化合物では二つの環が一つの炭素原子を共有する．自然界ではスピロ環化合物は比較的珍しい．一方，**縮環**（fused ring）化合物では二つの環が一本の結合を共有し，その結合をつくる 2 個の原子を共有する．縮環化合物はステロイドに多くみられ，ステロイドは四つの環が縮合している．また，**架橋**（bridged）化合物でも二つの環で 2 個の原子を共有するが，その 2 個の原子は結合しない．この場合に共有される炭素原子を橋頭位炭素原子と

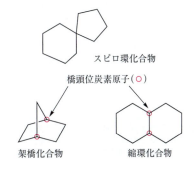

---

[*1] 訳注：エタンのねじれ形配座の原因は C-H 結合の電子対の反発ではなく，超共役の安定化が原因であるという報告がある．

よぶ．自然界では架橋化合物は縮環化合物ほど多くないが，スピロ化合物よりは多く存在する．

これらの環系にはいずれも環が二つあるので，**二環式**(bicyclic) 化合物とよばれる．スピロ環化合物と縮環化合物に環構造が二つあることは自明だろう．架橋化合物には環構造が三つあるように見えるかもしれないが，環は二つしかない．環式化合物の結合を最少で何回"切断"すれば鎖状構造に変換できるかを考えると，環系に含まれる環の数を決定できる．次に示すように，架橋化合物を鎖状にするためには切断が2回必要だ．1回目の切断で単環式化合物になり，2回目の切断で非環式化合物になる．したがって環の数は二つだ．

### 幾何異性（シス-トランス異性）[*2]

異性体には炭素骨格が違うもの，官能基が違うもの，官能基の位置が違うものなど，さまざまなものがある．そのような異性体では原子の配列の順番が異なるが，その分類にあてはまらない異性体を見てみよう．原子の配列の順番が同じだが，空間的配置が異なる化合物のことを**幾何異性体**（geometric isomer）または**シス-トランス異性体**（cis-trans isomer）とよぶ．

はじめにシクロプロパンについて見てみよう．シクロプロパンの3個の炭素原子によって平面が規定されるので，環を構成する炭素原子に結合した置換基は，環平面の上または下に位置することになる．隣り合う二つの炭素原子にメチル基をそれぞれ一つずつ付けると，二つのメチル基が環平面の同じ側に位置する場合と，反対側に位置する場合がある．二つのメチル基が同じ側にある場合を**シス**(*cis*)**体**とよび，化合物の名前は *cis*-1,2-ジメチルシクロプロパンとなる．一方，二つのメチル基が反対側にくる場合を**トランス**(*trans*)**体**とよび，化合物の名前は *trans*-1,2-ジメチルシクロプロパンとなる．つまり，1,2-ジメチルシクロプロパンにはシス体とトランス体の2種類の異性体があり，二つの化合物はシス-トランス異性体の関係にある．シス体とトランス体は同一化合物の配座の違いというのではなく，物理的性質が違う異性体であることに注意しよう．結合を切断しない限り，シ

ス体からトランス体への変換および逆方向への変換は不可能だ．図3・3の下に示す分子モデルの図は，シクロプロパン環を紙面にほぼ垂直に立てて手前から見たもので，メチレン(-CH$_2$-)基は紙面の向こう側へ突き出ている．

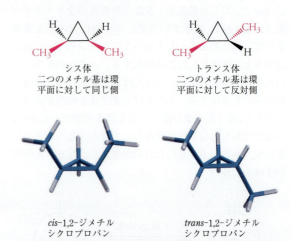

**図3・3　1,2-ジメチルシクロプロパンのシス-トランス異性体**　上の二つの構造式では，環をつくる3個の炭素原子は紙面上にある．くさび形の太線は結合が環平面の手前側にあることを表し，くさび形の破線は結合が環平面の向こう側にあることを表す．下の分子モデルの図を見ると，二つの異性体における置換基の配置がよりはっきりとわかるだろう．

### シクロアルカンの命名法

IUPAC の規則に従ってシクロアルカンを命名するには，シクロ (cyclo-) という接頭語を使う．シクロアルカンの1箇所だけにアルキル基または他の置換基が結合する場合は，化合物は1種類しかできない．次に示す構造式からわかるように，エチルシクロペンタンやイソプロピルシクロブタンの場合も，考えうる化合物は1種類だけで，その他の可能性は存在しない．

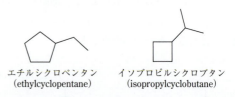

シクロアルカンの環に複数の置換基が結合する場合は，環の構成原子に位置番号をつけて命名する．ある置換基が位置番号1に結合しているとすると，環に結合する次の置換基の位置番号がなるべく小さくなるように，時計回りまたは反時計回りで順番に位置番号をつける．次の1,1,4-トリクロロシクロデカンと *trans*-1-ブロモ-3-エチルシクロヘキサンの名前がそうなっているかどうか，確かめてみよう．

---

[*2] 訳注：原著では geometric isomerism すなわち"幾何異性"だが，IUPAC はこの用語を推奨しておらず，"シス-トランス異性"という用語を推奨している．

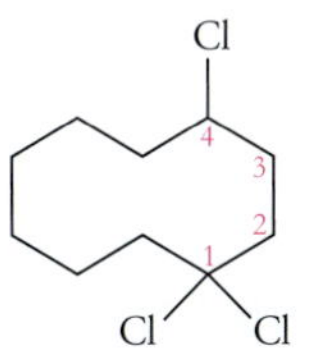

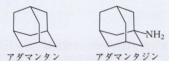

1,1,4-トリクロロ
シクロデカン

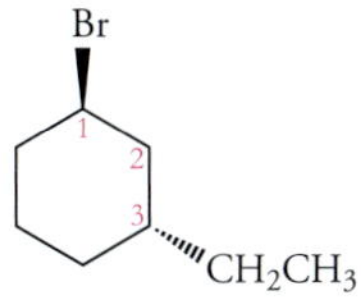

*trans*-1-ブロモ-3-
エチルシクロヘキサン

**例題 3・6** アダマンタンの炭素骨格はダイヤモンドの炭素骨格と同じ構造だ. アダマンタジンはアダマンタンにアミノ基が結合した構造をもち, A型インフルエンザウイルスの予防に役立つ. アダマンタンとアダマンタジンの分子式を書け. それぞれの構造に含まれる環の数を答えよ.

アダマンタン　　アダマンタジン

[解 答] アダマンタンは炭素原子10個を含む化合物だ. そのうち4個は第三級炭素原子で, それぞれ三つの炭素原子と一つの水素原子に結合する. 残りの6個は第二級炭素原子で, それぞれ二つの炭素原子と二つの水素原子に結合する. 計算式 $1 \times 4 + 2 \times 6 = 16$ から, 水素原子の数は16個だ. よって, アダマンタンの分子式は $C_{10}H_{16}$ だ. アダマンタンでは第三級炭素原子に対して水素原子が結合しているが, アダマンタジンでは1箇所だけ水素の代わりにアミノ基($-NH_2$)が結合している. したがって, アダマンタジンの分子式はアダマンタンの分子式に窒素1個と水素1個を足したものになるので, 分子式は $C_{10}H_{17}N$ だ. アダマンタンを鎖状構造にするためには結合を3回切断する必要があるので, アダマンタンに含まれる環の数は三つだ. アダマンタジンに含まれる環の数も同じく三つだ.

**例題 3・7** メントールの分子式を書け.

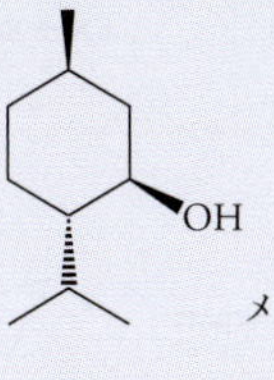

メントール

**例題 3・8** マイマイガの雌が出す性誘引フェロモンのディスパーリュアは, 次の構造式で表される. この分子のシス-トランス異性体が存在しうるかどうかを示し, その理由とともに答えよ.

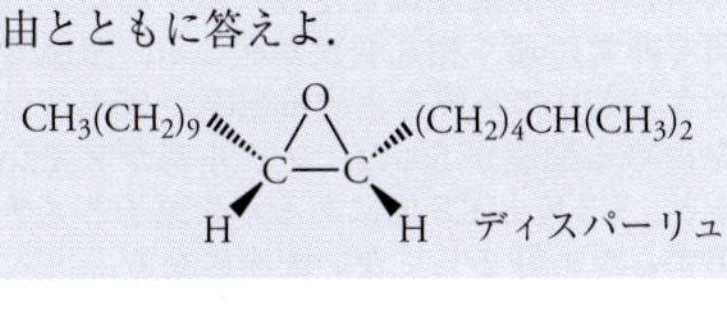

$CH_3(CH_2)_9$　　$(CH_2)_4CH(CH_3)_2$
ディスパーリュア

[解 答] この複素三員環は炭素原子2個と酸素原子1個を含み, 環内の各炭素原子には水素原子1個と長いアルキル基1個が結合している. アルキル基は環平面に対してシス, トランス両方の配置が可能なので, シス-トランス異性体が存在しうる. なお, シス体は生物活性化合物だ.

**例題 3・9** キクイムシの性誘引物質のブレビコミンの構造式を次に示す. 幾何異性体の構造式を書け.

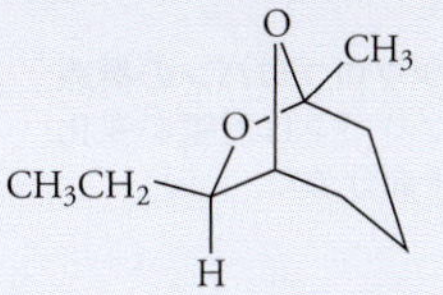

ブレビコミン

**例題 3・10** 次の化合物の名前を答えよ.

[解 答] 塩素原子が結合した炭素原子を出発点として, もう一つの塩素原子が結合する炭素原子の位置番号が小さくなるように環内の炭素原子に順番に位置番号をつける. 次の構造式で時計の "4時" の位置にある炭素原子から位置番号をつけ始めると, "8時" の位置にある炭素原子の番号が3になる.

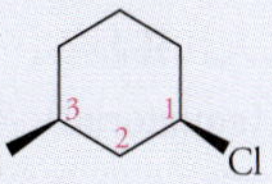

二つの塩素原子は環の同じ側にあるので, 化合物の名前は *cis*-1,3-ジクロロシクロヘキサンだ.

**例題 3・11** 次の化合物の名前を答えよ.
(a)　　(b) 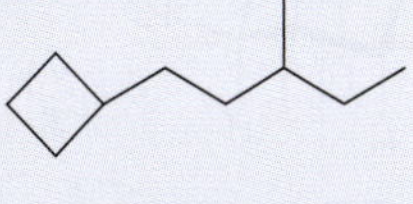
(c)

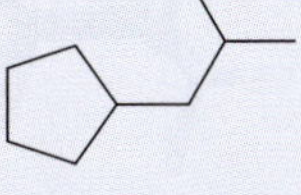

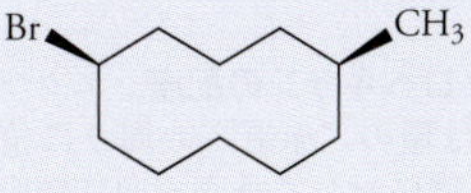

## 3・6　シクロアルカンの配座

シクロプロパンは炭素原子を3個しかもたない平面分子だ(図3・4). シクロプロパンの水素原子は3個の炭素原子からなる平面の上下に位置し, 隣り合う炭素原子に結合する水素原子は重なり形配座をとる. 3個の炭素原子は正三角形をつくるため, C-C-C結合角はすべて60°だ. シクロブタンとシクロペンタンは平面分子ではなく, やや "折れ曲がった" 配座をとり, 隣接する炭

素原子に結合する水素原子同士の重なりによるひずみを低減する．この二つの化合物の配座について，これ以上は議論しないが，理解しやすいように本書では便宜的にこれらの炭素原子の環を平面として扱う．

**図 3・4　シクロプロパンの構造**
シクロプロパンは配座が変化しない平面分子だ．

## シクロヘキサン

シクロヘキサンの六員環は平面ではない．折れ曲がった配座をとり，隣接する炭素原子上のすべてのC−H結合がねじれ形配座をとる．図3・5にシクロヘキサンのいす形配座を線結合構造で表した図を示す．この配座の水素原子は2種類に分類できることに注意しよう．環に対して上向きまたは下向きに結合している6個の水素原子は，**アキシアル**（axial）水素とよばれる．

アキシアル水素原子のうち3個は上を向き，残りの3個は下を向く．アキシアル位の水素原子の上下の向きは炭素原子一つおきに入れ替わる．残りの6個の水素原子は**エクアトリアル**（equatorial）水素とよばれ，環に対して横向きに結合している．各炭素原子にはアキシアル

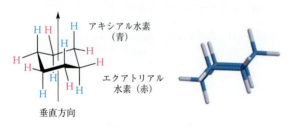

**図 3・5　シクロヘキサンの配座**　エクアトリアル位のC−H結合は環の"赤道"の周りに位置する．各炭素原子は，環に対して垂直方向に結合するアキシアル水素原子を1個もつ．隣り合う炭素原子では，アキシアル水素原子の上下が入れ替わる．

水素とエクアトリアル水素が一つずつ結合する．シクロヘキサンの配座は自由に動かせて，二つの異なるいす形配座の間で相互変換しやすい．その結果，アキシアル水素はエクアトリアル水素と入れ替わり，エクアトリアル水素はアキシアル水素と入れ替わる（図3・6）．

分子モデルを使うと，水素の位置関係が互いに入れ替わる過程がさらにはっきりとわかる．シクロヘキサン環を反転させるためには，真ん中の4個の炭素原子の位置

が動かないように固定し，一方の端の炭素原子を上に動かしつつ，もう一方の端の炭素原子を下に動かす．このような環の配座の反転によって，端にある二つの炭素原子ではエクアトリアル位の水素原子がアキシアル位にきて，その代わりにアキシアル位の水素原子がエクアトリアル位にくる．わかりにくいかもしれないが，他の原子でも同じことが起こる．

**図 3・6　シクロヘキサンの環反転**　シクロヘキサン二つのいす形配座の間の相互変換によって，エクアトリアル位の水素原子はすべてアキシアル位になり，反対にアキシアル位の水素原子はすべてエクアトリアル位になる．

次に，メチルシクロヘキサンのいす形配座を見てみよう．環反転が起こると，アキシアル位のメチル基はエクアトリアル位に動く（図3・7）．この二つの構造は配座が違うだけで，異性体ではない．いす形配座の間での相互変換はとても速く起こる．メチル基がエクアトリアル

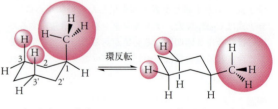

**図 3・7　メチルシクロヘキサンの配座**　メチルシクロヘキサンの二つのいす形配座は安定性に差があるが，二つの配座の間で非常に速く相互変換が起こる．室温ではメチル基がエクアトリアル位を占める配座が95%で，アキシアル位を占める配座が5%だ．メチル基がアキシアル位を占めると，C3位とC5位にある水素原子とメチル基が相互作用するため好ましくない配座になる．

位を占める配座の方がアキシアル位を占める配座よりも安定で，平衡混合物の95%はこの配座をとる．メチル基がアキシアル位を占める配座では，3位と5位のアキシアル水素と1位のメチル基の間で立体ひずみが生じる．この相互作用は **1,3-ジアキシアル相互作用**（1,3-diaxial interaction）とよばれ，そのせいでメチル基がアキシアル位を占める配座が不安定になる．これは置換基がメチル基以外でも，置換シクロヘキサン化合物すべてにみられる．この二つの配座の相対的な比率は置換基によって変わるが，置換基がエクアトリアル位を占める配座はアキシアル位を占める配座よりも常に安定になる．

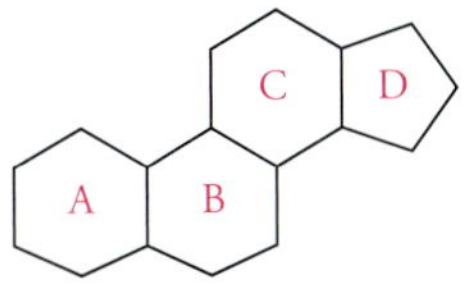

ステロイド環骨格

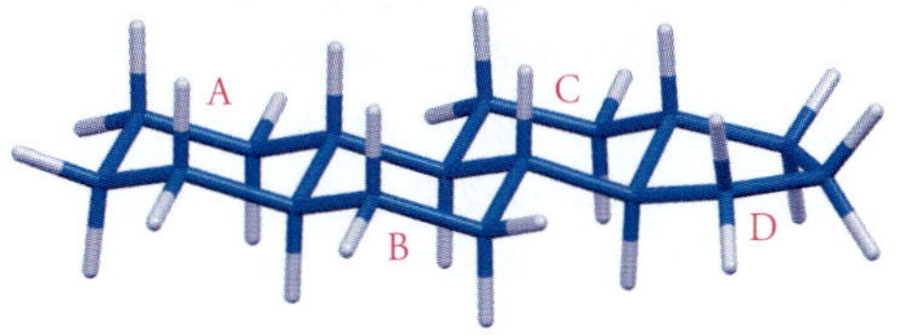

ステロイド環骨格の配座

## ステロイド

ステロイドは三つの六員環と一つの五員環を含む四環式化合物だ．各環はA,B,C,Dというアルファベットで表され，各炭素原子は標準的な方法で番号がつけられる．ステロイドはヒドロキシ基，カルボニル基，炭素-炭素二重結合などの多くの官能基をもつことが多い．

ステロイドには二つの環が縮環した部分がいくつかあり，シスまたはトランスのどちらかで縮環するが，トランスの方が一般的だ．トランスで縮環すると，シクロヘキサン環は反転できない．ステロイドホルモンの生理活性は，官能基の種類と環内での位置，そしてアキシアルかエクアトリアルかという配座の種類で決まる．たとえば，アンドロステロン（男性ホルモン）のヒドロキシ基はアキシアル位にある（α体とよぶ）．ヒドロキシ基の立体配置が違う異性体のエピアンドロステロン（β体とよぶ）や，A環とB環がシスで縮環した5β-アンドロステロンは生理活性がずっと低い．ステロイドが特定の受容体に結合する活性は，A環のヒドロキシ基とD環の

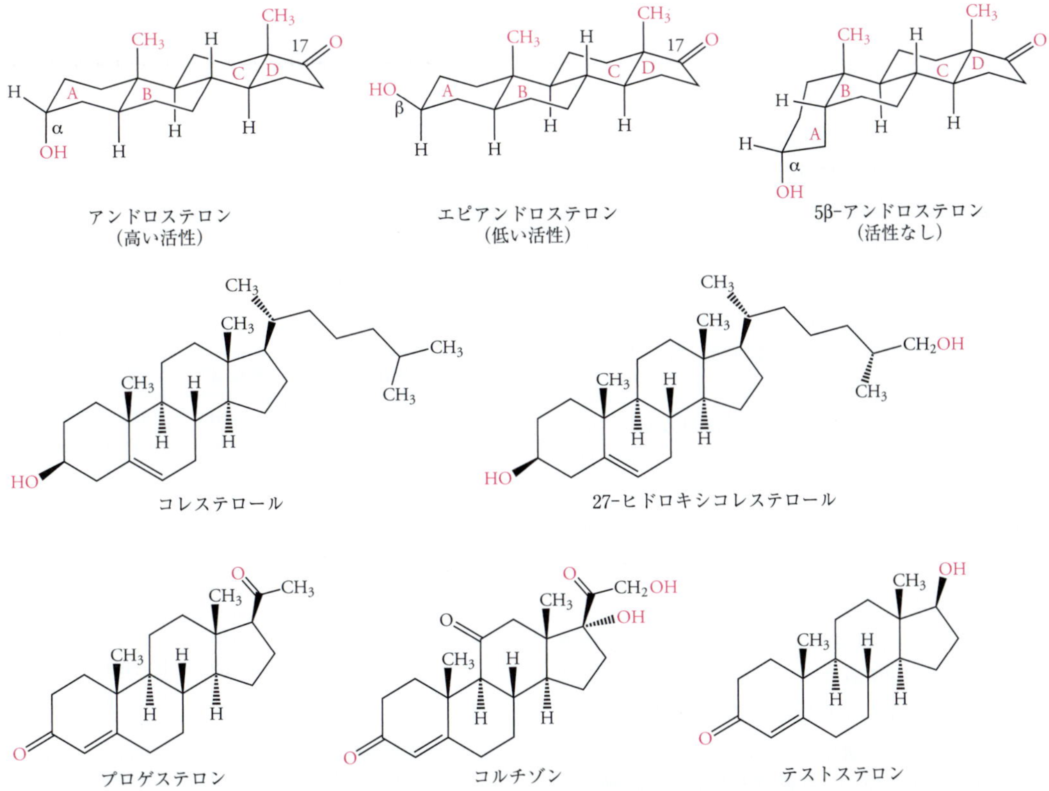

アンドロステロン
（高い活性）

エピアンドロステロン
（低い活性）

5β-アンドロステロン
（活性なし）

コレステロール

27-ヒドロキシコレステロール

プロゲステロン

コルチゾン

テストステロン

**図3・8 ステロイドホルモンの配座**

カルボニル基の立体配置によって決まる（図3・8）.

よく知られているステロイドはいくつかあるが，そのなかでもコレステロールは最も重要なものの一つだ．食物に含まれるコレステロールは血中コレステロール濃度に影響し，健康障害をもたらす．その一方で，たいていの動物は体内でコレステロールを生合成しているし，脳の細胞膜をはじめとする多くの細胞膜にコレステロールは必要なものでもある．27-ヒドロキシコレステロールとよばれるコレステロールの代謝産物は，多くのがんで重要な役割を果たす．このように，コレステロールの代謝は広い範囲で生理作用をもたらす．

コレステロールは，他のステロイドホルモンの生成においても生物学的に重要な役割を果たす．D環の17位の炭素鎖の短縮過程を含む数段階の反応を経て，コレステロールはプロゲステロン（女性ホルモン）に変換される．プロゲステロンはコルチゾンやテストステロン（男性ホルモン）に変換される．このことからも，ヒトの生理作用においてコレステロールが重要であることは明らかだ．

## 3・7　アルカンの物理的性質

アルカンの密度は0.6～0.8 g/cm$^3$であり，水よりもずっと軽い．ガソリンは主としてアルカンの混合物なので，水よりも軽く，水に浮く．純粋なアルカンは無色かつ無味で，臭いもほとんどない．しかし，精油業者がガソリンの入手先や成分を示す目的で着色するため，ガソリンには色も臭いもある．特徴的な臭いがある芳香族化合物（第5章）もガソリンには含まれている．

アルカンは炭素-炭素結合と炭素-水素結合だけからなる．炭素と水素の電気陰性度はよく似ているため，C−H結合は基本的に無極性だ．したがって，アルカンは無極性で，弱いロンドン力だけで相互作用する．溶解度や沸点といったアルカンの物理的性質は，ロンドン力によって決まる．

アルカンは極性化合物である水には溶けない．“似たもの同士はよく溶ける”といわれるが，アルカンと水はそもそも似ていない．水分子は水素結合によって互いに強く引き合うため，無極性分子のアルカンがそのすき間に入り込む余地はなく，結果としてまったく溶けない．

直鎖アルカンの沸点は分子量の増加とともに上昇する（表3・3）．分子量が増加するにつれて，より多くの原子が分子の表面に存在するようになり，ロンドン力が増す．簡単にいうと，隣の分子と接触する部分が増えることで，ロンドン力がより強くなるのだ．

直鎖アルカンは隣の分子と直鎖同士が十分に接触することで，互いに近づきやすくなる．その結果，気体にする際に断ち切らなければならないロンドン力も強くなり，沸点が高くなる．一方，アルカンに枝分かれがあると分子間の距離が増し，炭素原子の鎖は互いに近づきにくくなる．分枝アルカンは直鎖アルカンよりも小さくまとまり，炭素鎖が接触できる表面積が小さい．このようなアルカンの構造の違いに由来する物理的性質の違いは，分子式$C_5H_{12}$の異性体の沸点の順番に見てとれる．鎖状アルカンの異性体では，最も分枝が多い異性体の沸点が最も低く，直鎖アルカンの沸点が最も高い．

$CH_3CH_2CH_2CH_2CH_3$
ペンタン
沸点 36 ℃

ネオペンタン
沸点 10 ℃

イソペンタン
沸点 28 ℃

ネオペンタン

*n*-ペンタン

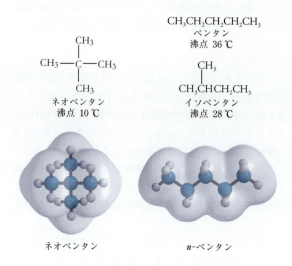

一連のシクロアルカンの沸点と分子量の関係についても，鎖状アルカンの場合と同様のことがいえる．シクロアルカンでは密度が増加するにつれて，沸点も上昇する（表3・3）．シクロアルカンの沸点は，炭素原子数が同じ鎖状アルカンの沸点よりも高い．

**表3・3　アルカンとシクロアルカンの物理的性質**

| 炭化水素 | 沸点（℃） | 密度（g/mL） |
|---|---|---|
| メタン | −164.0 | (20 ℃で気体) |
| エタン | −88.6 | (20 ℃で気体) |
| プロパン | −42.1 | (20 ℃で気体) |
| ブタン | −0.5 | (20 ℃で気体) |
| ペンタン | 36.1 | 0.6262 |
| ヘキサン | 68.9 | 0.6603 |
| ヘプタン | 98.4 | 0.6837 |
| オクタン | 125.7 | 0.7025 |
| デカン | 150.8 | 0.7176 |
| シクロプロパン | −32.7 | (20 ℃で気体) |
| シクロブタン | 12 | (20 ℃で気体) |
| シクロペンタン | 49.3 | 0.7457 |
| シクロヘキサン | 80.7 | 0.7786 |
| シクロヘプタン | 110.5 | 0.8098 |
| シクロオクタン | 148.5 | 0.8349 |

## 3・8 アルカンとシクロアルカンの酸化

アルカンとシクロアルカンの炭素-炭素結合および炭素-水素結合は，反応性が低い．アルカンはパラフィン (paraffin) ともよばれる．語源はラテン語 *parum affinis* で"反応性が低い"ことを表す．アルカンの炭素-炭素結合は σ 結合で，結合性電子は二つの炭素原子に強く保持されている．炭素-水素結合は炭素骨格の周りに位置し，炭素-炭素結合よりは反応しやすい．そうはいっても，炭素-水素結合は通常は激しい条件でしか反応しない．その一つが酸化反応だ．天然ガスの主成分であるメタンが燃焼すると，891 kJ/mol のエネルギーを放出する．

$$CH_4 + 2\,O_2 \longrightarrow CO_2 + 2\,H_2O$$
$$\Delta H° = -891 \text{ kJ/mol}$$

この反応は自然には起こらず，反応の活性化エネルギーを与えるには火花や炎が必要だ．つまり，天然ガスが漏れても蓄積するだけで爆発しない．しかし，メタンガスと酸素の混合物は爆発的に燃焼する可能性があるのでとても危険だ．

### ガソリンのオクタン価

自動車のエンジンは，ピストンが下向きに動くときに燃料と空気をシリンダーに導入し，ピストンが上向きに動くときに燃料と空気の混合物を圧縮する．爆発するとピストンが押し下げられるので，混合物に点火するタイミングは，ピストンが一番上に来たときが理想的だ．直鎖アルカンは早く点火しがちで制御が難しいため，自動車エンジンの燃料には適していない．直鎖アルカンを使うとガタガタと音が鳴り，ノッキングが起こってピストンに上向きの動きの力がかかっていることがわかる．直鎖アルカンと比べて，分枝アルカンは燃焼が円滑に起こるので，燃焼に適している．

ガソリンの燃焼効率はオクタン価で評価される（表 3・4）．優れた燃料である 2,2,4-トリメチルペンタン（慣用名イソオクタン）のオクタン価を 100 とする．ヘプタンは燃料としては全然だめで，オクタン価は 0 だ．あるガソリンのオクタン価が 90 ならば，そのガソリンの燃焼効率は 2,2,4-トリメチルペンタン 90% とヘプタン 10% の混合物と同じだ．2,2,4-トリメチルペンタンよりも高効率で燃焼する化合物のオクタン価は 100 より大きい．ヘプタンよりも燃焼効率が低い化合物のオクタン価は負の値になる．オクタン価は分子量が大きくなるとともに小さくなる．炭素原子数が同じ異性体では，分枝が多いほどオクタン価は大きくなる．

## 3・9 飽和アルカンのハロゲン化

アルカンは高温または光照射条件下でハロゲンと反応して，水素をハロゲンで置換した化合物を与える．たとえばメタンを塩素とともに高温で加熱するか，または紫外線にさらすと，次の式の反応が起こる．

$$CH_3\text{—}H + Cl\text{—}Cl \longrightarrow CH_3\text{—}Cl + H\text{—}Cl$$

生成物にも炭素-水素結合が含まれていて，生成物が塩素とさらに反応して多置換化合物が生成しうるため，反応の制御が難しい．

$$CH_3Cl + Cl_2 \longrightarrow CH_2Cl_2 + HCl$$
塩化メチレン（ジクロロメタン）

$$CH_2Cl_2 + Cl_2 \longrightarrow CHCl_3 + HCl$$
クロロホルム（トリクロロメタン）

$$CH_3Cl + Cl_2 \longrightarrow CCl_4 + HCl$$
四塩化炭素（テトラクロロメタン）

高分子量のアルカンを塩素化すると，一置換化合物が多く生成する．塩素原子は反応性がとても高いため，水素原子の置換反応の選択性は高くない．たとえば，2-メチルプロパンの塩素化では，1-クロロ-2-メチルプロパン（63%）および 2-クロロ-2-メチルプロパン（37%）が生成する．また，複数の多置換化合物ができることもある．

$$\begin{array}{c} CH_3 \\ | \\ CH_3\text{—}C\text{—}CH_3 + Cl_2 \longrightarrow \\ | \\ H \end{array}$$

$$\begin{array}{c} CH_3 \\ | \\ CH_3\text{—}C\text{—}CH_2\text{—}Cl \\ | \\ H \end{array} + \begin{array}{c} CH_3 \\ | \\ CH_3\text{—}C\text{—}CH_3 \\ | \\ Cl \end{array}$$

1-クロロ-2-メチルプロパン（63%）　　2-クロロ-2-メチルプロパン（37%）

表 3・4 アルカンのオクタン価

| 化学式 | 化合物 | オクタン価 |
|---|---|---|
| $C_4H_{10}$ | ブタン | 94 |
| $C_5H_{12}$ | ペンタン | 62 |
| | 2-メチルブタン | 94 |
| $C_6H_{14}$ | ヘキサン | 25 |
| | 2-メチルペンタン | 73 |
| | 2,2-ジメチルブタン | 92 |
| $C_7H_{16}$ | ヘプタン | 0 |
| | 2-メチルヘキサン | 42 |
| | 2,2-ジメチルペンタン | 90 |
| $C_8H_{18}$ | オクタン | −19 |
| | 2-メチルヘプタン | 22 |
| | 2,2,4-トリメチルペンタン | 100 |

それに比べて，アルカンの臭素化は塩素化よりも高温が必要だが，ずっと選択的に反応が進行する．臭素化におけるC–H結合の反応性は3°＞2°＞1°という順で低下する．2-メチルプロパンの臭素化では2-ブロモ-2-メチルプロパンが99％の選択性で生成する．

$$CH_3-\underset{H}{\underset{|}{\overset{CH_3}{\overset{|}{C}}}}-CH_3 + Br_2 \longrightarrow$$

$$CH_3-\underset{H}{\underset{|}{\overset{CH_3}{\overset{|}{C}}}}-CH_2-Br + CH_3-\underset{Br}{\underset{|}{\overset{CH_3}{\overset{|}{C}}}}-CH_3$$

1-ブロモ-2-メチルプロパン (1%) 　　2-ブロモ-2-メチルプロパン (99%)

ハロゲン化炭化水素は多くの工業用途に使用されるが，その多くは残念ながら肝臓障害やがんをひき起こす．クロロホルムはかつて麻酔剤として使用され，四塩化炭素はドライクリーニングの溶剤として使用されたこともあった．しかし，今日ではそのような用途には使用されなくなった．

### アルカンの塩素化の反応機構

アルカンの塩素化では，結合の均一開裂と形成がつぎつぎに起こる．塩素化の第一段階（段階1）では，塩素分子は熱エネルギーまたは光エネルギーを吸収し，結合が切れて2個の塩素原子がラジカルとして生成する．

段階1．**開始**：紫外線照射または高温加熱条件で反応を行うことで，塩素分子は光または熱エネルギーを吸収する．Cl–Cl結合の均一開裂が起こり，2個の塩素原子が生成し，電子不足で反応性が高いラジカルとなる．反応が始まるこの段階は，**開始段階**とよばれる．

$$:\ddot{Cl}-\ddot{Cl}: \longrightarrow :\ddot{Cl}\cdot + \cdot\ddot{Cl}:$$

段階2．**成長**：塩素ラジカルがメタンから水素ラジカルを引き抜くことでC–H結合が切れ，新たにH–Cl結合ができる．新しいラジカルを生成して反応が続くこの段階は，**成長段階**とよばれる．

$$CH_3-H + \cdot\ddot{Cl}: \longrightarrow CH_3\cdot + H-\ddot{Cl}:$$

段階3．**成長**：Cl–Cl結合が切れ，新たにC–Cl結合ができる．この段階も成長段階だ．

$$CH_3\cdot + :\ddot{Cl}-\ddot{Cl}: \longrightarrow CH_3-Cl + \cdot\ddot{Cl}:$$

一連の反応においてあるラジカルが別のラジカルを生成するので，成長段階である段階2と段階3が繰返される．両方の反応試剤とラジカルがなくなるまで，この反応は続く．したがって，反応を開始するための塩素原子は少量あればよい．

2個のラジカルが再結合すると，連鎖反応が停止する．この段階は，**停止段階**とよばれる．ラジカルの濃度はメタンや$Cl_2$の濃度よりもずっと低いので，停止段階はめったに起こらない．そうではあるが，停止段階は反応機構を調べるうえで重要だ．たとえば，反応混合物は常に少量のエタンを含むが，反応系中でメチルラジカルが生成しないとエタンはできない．したがって，反応途中でメチルラジカルの生成が示唆される．

$$CH_3\cdot + \cdot CH_3 \xrightarrow{\text{ラジカル連鎖反応の停止}} CH_3-CH_3$$

### ハロゲン化アルキルの物理的性質

ハロゲン化アルキルの物理的性質は炭素–ハロゲン結合の長さと強さによって決まる．ハロゲンの原子半径は周期表の上から下にいくにつれて増加し，炭素–ハロゲン結合の結合長に反映される（表3・5）．ハロゲンの電気陰性度は大きいので，炭素–ハロゲン結合の炭素原子は部分的な正電荷をもつ．逆に，ハロゲン原子は部分的な負電荷をもつ．

$$\overset{\delta+}{C}-\overset{\delta-}{X} \quad X = F, Cl, Br, I$$

ハロゲン原子の分極率は，他の原子や分子と接触した場合に電子密度がどれだけ変化しやすいかを表し，元素

**表3・5　ハロゲン化アルキルの物理的性質**

| | 結合長(pm) | 沸点(℃) |
|---|---|---|
| $CH_3-F$ | 139 | −78.47 |
| $CH_3-Cl$ | 178 | −24.2 |
| $CH_3-Br$ | 193 | 3.6 |
| $CH_3-I$ | 214 | 42.4 |

の周期表で上から下にいくにつれて増加する．したがって，ハロゲン原子の分極率は，F<Cl<Br<I の順で増加する．原子が分極しやすいほど大きなロンドン力が働き，分子間で強く相互作用する．そのため，ハロゲン化アルキルの分子間力は，R-F<R-Cl<R-Br<R-I の順で増加する．分子間力はハロゲン化アルキルの沸点に影響するため，ハロゲン化アルキルの沸点の順番はハロゲン原子の分極率の順番と同じになる（表 3・5）．

### フロン，ラジカル，オゾン層

これまでに多数のポリハロアルカンが工業的に製造されてきた．ポリハロアルカンはさまざまな商業用途があり，個々の物理的性質に合わせて，溶媒，ドライクリーニング溶剤，麻酔薬，冷媒といった用途に役立つように設計されてきた．ハロアルカンは安定性が非常に高いので，商業面で他の製品と差別化するアピールポイントとなる．たとえば，ハロアルカンはもともと一般的なアルカンよりも燃えにくいが，ハロゲン化の度合いがさらに進めば，四塩化炭素のように難燃性になる．その性質を利用して，炎に酸素が届かないような不活性状態をつくり出す消火剤として，四塩化炭素が使用されたこともあった．今日では，大型コンピューター施設などの水が使用できない場所で環境に配慮した消火システムとして，臭素を含むハロアルカン（ハロン）の一つである $CF_3Br$ が使用されている．火災発生時にスプリンクラーから自動的に水が出るのと同じように，$CF_3Br$ が大量に放出されて消火する．

ハロアルカンの難燃性はいろいろなことに役立つ．たとえば，これまでに冷媒やエアロゾル噴射剤の用途に炭化水素が使用されてきたが，爆発の危険性があることが重大な欠点だった．そこで，爆発の危険性を避けるためのハロアルカンが開発された．**フロン**（Freon）という商標で製造されているフルオロアルカンは，さまざまな面で有用な物理的性質を示す．

フロンにはフッ素と塩素を両方とも含むものもあり，炭素，フッ素，塩素からなるものはクロロフルオロカーボンまたは **CFC** として知られている．一般に，フロンは不燃性で，無臭，非腐食性，無毒という性質を示す．冷蔵庫やエアコン用の冷媒に使用するためにつくられたフロンもある．フロンは気体なので，スプレー缶の高圧ガスにも使用された．クーラーボックスの断熱材に使用される硬質フォームや，枕やクッションに使用される軟質フォームといった材料を製造するための発泡剤としても使用されている．フロンはコンピューターのプリント基板の洗浄液に最適なので，フロンの種類によっては現在でも使用されている．

CFC はあまりにも大量に使用されてきたので，これまでに何百万トンもの CFC が大気中に放出された．放出された CFC は，太陽より降り注ぐ紫外線から地球上の生物を守るオゾン層に甚大な被害をもたらした．トリクロロフルオロメタン（CFC-11）とジクロロジフルオロメタン（CFC-12）の二つは，フロンのなかでも特に多く使用された．

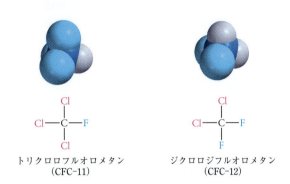

トリクロロフルオロメタン　　ジクロロジフルオロメタン
　　　（CFC-11）　　　　　　　　　（CFC-12）

フロンは下層大気中で分解されないので，かつては環境破壊を起こさないと考えられていた．しかし，フロンは地球表面では安定であったが，残念なことに成層圏では安定ではなかった．フロンは最終的に成層圏に達し，そこで太陽から届く紫外線を吸収する．すると，C-Cl 結合開裂が起こり，フロンが分解してラジカルを生じる．そのラジカルがオゾンと反応するのだ．

$$CF_2Cl_2 \xrightarrow{紫外線} \cdot CF_2Cl + :\ddot{C}l\cdot$$

このフロンの分解過程は，地表から 10～50 km 上空の成層圏に存在するオゾン層破壊の原因の一つとなる．成層圏にあるオゾンは，太陽光の紫外線からわれわれを守っている．大量の紫外線を浴びることは生命に有害であり，皮膚がんの発生率の増加の原因となる．オゾン分子に紫外線があたると酸素分子と酸素原子に分解する．この二つの生成物は再構成してオゾンを再生し，熱エネルギーを放出する．

$$:\ddot{O}=\ddot{O}-\ddot{O}: \xrightarrow{紫外線} \cdot\ddot{O}\cdot + :\ddot{O}=\ddot{O}:$$

$$\cdot\ddot{O}\cdot + :\ddot{O}=\ddot{O}: \longrightarrow :\ddot{O}=\ddot{O}-\ddot{O}: + 熱$$

上の二つの反応が組合わさることで，地球は大量の紫外線の曝露から守られている．紫外線が増加すると，植物や海洋表面に生息する生物にも悪影響を与える．CFC-12 から生じる塩素ラジカルは成層圏でオゾンと反応して，次亜塩素酸ラジカル（Cl-O・）を与える．次亜塩素酸ラジカルは酸素原子と反応し，次の連鎖反応が起こるが，オゾンは再生されずに消費され続ける．

$:\ddot{\text{O}}=\ddot{\text{O}}-\ddot{\text{O}}: + :\ddot{\text{C}}\text{l}\cdot \longrightarrow :\ddot{\text{O}}=\ddot{\text{O}}: + :\ddot{\text{C}}\text{l}-\ddot{\text{O}}\cdot$

$\cdot\ddot{\text{O}}\cdot + :\ddot{\text{C}}\text{l}-\ddot{\text{O}}\cdot \longrightarrow :\ddot{\text{O}}=\ddot{\text{O}}: + :\ddot{\text{C}}\text{l}\cdot$

Cl—O·

国際条約でフロンの生産は禁止されたが，まだ多くの国でフロンが生産されている．南極のオゾン層破壊は減少してはいるものの，上層大気から CFC が完全になくなるのは 2050 年以降だろう．

**例題 3・12** エタンの塩素化で生成しうるモノクロロ体，ジクロロ体，トリクロロ体はそれぞれ何種類か．

[解答] モノクロロ体: 1 種類．ジクロロ体: 2 種類．トリクロロ体: 2 種類．

エタンの 2 個の炭素原子は等価であり，生成するモノクロロ体は $CH_3CH_2Cl$ の 1 種類だけだ．この化合物の 2 個の炭素原子は等価ではないので，塩素原子による 2 度目の置換が起こると，ジクロロ体の 2 種類の異性体が生成する．

$CH_3CHCl_2$  　　　$ClCH_2CH_2Cl$
1,1-ジクロロエタン　　1,2-ジクロロエタン

この二つの化合物に対してひき続き起こる塩素化反応では，一方の炭素原子には 2 個の塩素原子が結合し，もう一方の炭素原子には 1 個の塩素原子が結合したトリクロロ体が得られる．そのほかに，1 個の炭素原子に 3 個の塩素原子が結合したトリクロロ体が得られる．

$ClCH_2CHCl_2$ 　　　$CH_3CCl_3$
1,1,2-トリクロロエタン　　1,1,1-トリクロロエタン

**例題 3・13** シクロブタンの塩素化で生成しうるモノクロロ体とジクロロ体はそれぞれ何種類か．

## 3・10 ハロゲン化アルキルの命名法

低分子量のハロゲン化アルキルは，アルキル基の名前の前に "フッ化"，"塩化"，"臭化"，"ヨウ化" とつけて命名することも多い．なお，英語では語順が逆になる．

$CH_3-CH_2-Br$
臭化エチル
(ethyl bromide)

$CH_3-\underset{\underset{H}{|}}{\overset{\overset{CH_3}{|}}{C}}-I$
ヨウ化イソプロピル
(isopropyl iodide)

$CH_3-\underset{\underset{CH_3}{|}}{\overset{\overset{CH_3}{|}}{C}}-Cl$
塩化 *tert*-ブチル
(*tert*-butyl chloride)

§3・3 に示したアルカンの命名規則を少し拡張することで，ハロゲン化アルキルにも IUPAC の系統的な名前をつけることができる．適切な接頭語を使えば，ハロゲン原子の種類と位置を表せる．IUPAC 規則を次に示す．

1. ハロゲン置換基が結合する炭素鎖のうち，最も長い炭素原子の直鎖部分を母体とする．

$\overset{4}{CH_3}-\overset{\overset{H}{|}}{\underset{\underset{H}{|}}{\overset{3}{C}}}-\overset{\overset{H}{|}}{\underset{\underset{Cl}{|}}{\overset{2}{C}}}-\overset{1}{CH_3}$

2-クロロブタン (2-chlorobutane)

2. 母体の直鎖の炭素原子に位置番号をつける．母体の直鎖にアルキル基の分枝がある場合は，最初の分枝点に近い方の末端炭素原子から始めて，母体の直鎖の炭素原子に位置番号をつける．この場合，分枝点に結合する置換基はアルキル基でもハロゲン原子でもどちらでもよい．

$\overset{1}{CH_3}-\overset{\overset{CH_3}{|}}{\underset{\underset{H}{|}}{\overset{2}{C}}}-\overset{\overset{H}{|}}{\underset{\underset{Cl}{|}}{\overset{3}{C}}}-\overset{4}{CH_2}-\overset{5}{CH_3}$

3-クロロ-2-メチルペンタン
(3-chloro-2-methylpentane)

$\overset{5}{CH_3}-\overset{4}{CH_2}-\overset{\overset{CH_3}{|}}{\underset{\underset{H}{|}}{\overset{3}{C}}}-\overset{\overset{H}{|}}{\underset{\underset{Br}{|}}{\overset{2}{C}}}-\overset{1}{CH_3}$

2-ブロモ-3-メチルペンタン
(2-bromo-3-methylpentane)

3. 同じ種類のハロゲン原子が 2 個以上ある化合物の場合は，ジ (di-)，トリ (tri-)，テトラ (tetra-)，… という数詞をハロゲン置換基の名前の前につけて個数を示す．各ハロゲン原子の置換基名の前に位置番号をつけてハイフンで結び，続けて母体名を書く．

$\overset{1}{CH_3}-\overset{\overset{Cl}{|}}{\underset{\underset{H}{|}}{\overset{2}{C}}}-\overset{\overset{H}{|}}{\underset{\underset{Cl}{|}}{\overset{3}{C}}}-\overset{4}{CH_2}-\overset{5}{CH_3}$

2,3-ジクロロペンタン
(2,3-dichloropentane)

$\overset{6}{CH_3}-\overset{5}{CH_2}-\overset{\overset{Br}{|}}{\underset{\underset{H}{|}}{\overset{4}{C}}}-\overset{\overset{Br}{|}}{\underset{\underset{Br}{|}}{\overset{3}{C}}}-\overset{2}{CH_2}-\overset{1}{CH_3}$

3,3,4-トリブロモヘキサン
(3,3,4-tribromohexane)

4. 2 種類以上の異なるハロゲン原子がある場合は，各ハロゲン原子が結合する直鎖の位置を示す位置番号をつけたうえで，アルファベット順に並べる．

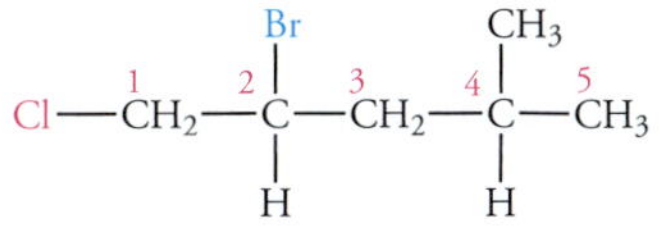

2-ブロモ-1-クロロ-4-メチルペンタン
(2-bromo-1-chloro-4-methylpentane)

5. 置換基の位置をもとに位置番号をつける方法で，どちらの末端からでも番号がつけられる場合は，アルファベット順で先にくる置換基に近い方の末端から始めて位置番号をつける．この場合，その置換基はアルキル基でもハロゲン原子でもどちらでもよい．

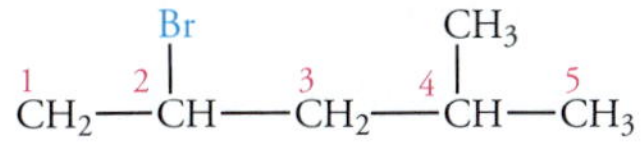

6. ハロゲン化シクロアルキルの位置番号をつける場合は，他に二重結合などの優先するべき置換基がなければ，ハロゲンが結合する炭素原子から始める．環内の炭素原子のつけ方は2通り考えられるが，置換基の位置番号がより小さくなるように番号をつける．

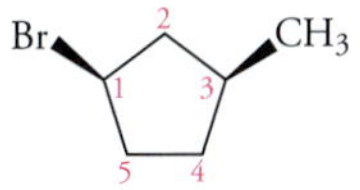

2-ブロモ-4-メチルペンタン
(2-bromo-4-methylpentane)

*cis*-1-ブロモ-3-メチルシクロペンタン
(*cis*-1-bromo-3-methylcyclopentane)

---

## 反応のまとめ

**1. ラジカル塩素化 (§3·9)**

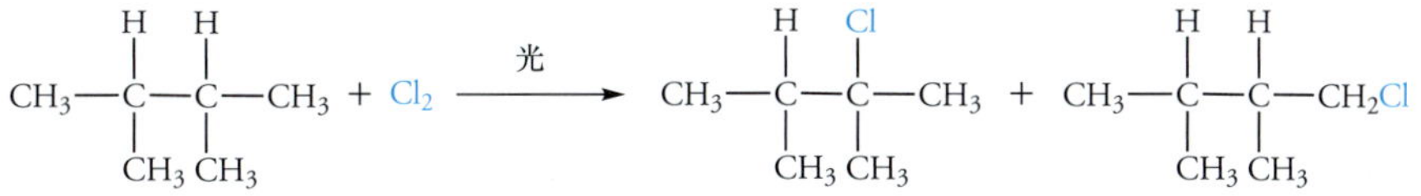

**2. ラジカル臭素化 (§3·9)**

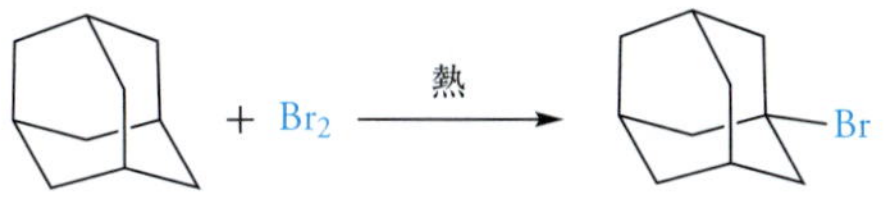

---

## 練 習 問 題

### 分子式

**3·1** ミツロウには炭素原子数31の直鎖アルカンであるヘントリアコンタンが約10%含まれる．ヘントリアコンタンの分子式と，徹底的に簡略化した構造式を書け．

**3·2** 炭素原子数390という非常に大きな直鎖アルカンの分子式と，徹底的に簡略化した構造式を書け．

### 構 造 式

**3·3** 次の構造式を，最も長い直鎖が水平になるように書き直せ．

(a) 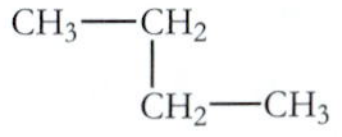 CH₃—CH₂
     |
     CH₂—CH₃

(b) 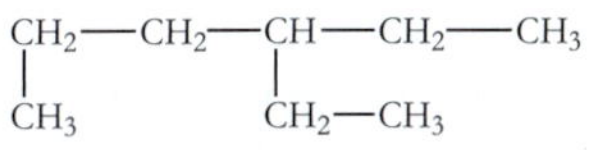 CH₂—CH₂—CH—CH₂—CH₃
    |           |
    CH₃         CH₂—CH₃

(c) 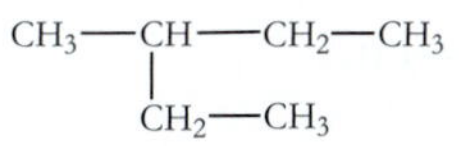 CH₃—CH—CH₂—CH₃
         |
         CH₂—CH₃

**3·4** 次の構造式を，最も長い直鎖が水平になるように書き直せ．

(a) 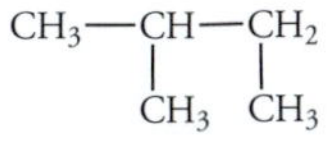 CH₃—CH—CH₂
         |    |
         CH₃  CH₃

(b) 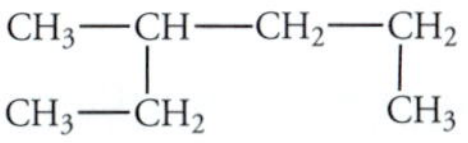 CH₃—CH—CH₂—CH₂
         |         |
         CH₂—CH₃   CH₃

(c) 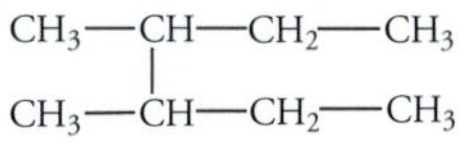 CH₃—CH—CH₂—CH₃
         |
    CH₃—CH—CH₂—CH₃

### アルキル基

**3·5** 次のアルキル基の慣用名を答えよ．

(a) CH₃—CH₂—CH₂—

(b) 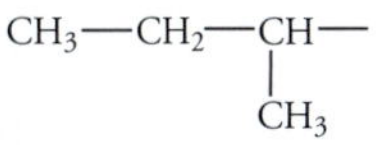 CH₃—CH₂—CH—
              |
              CH₃

(c) 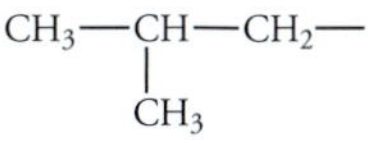 CH₃—CH—CH₂—
         |
         CH₃

**3·6** 次のアルキル基の慣用名を答えよ．

(a) 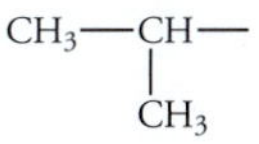 CH₃—CH—
         |
         CH₃

(b) CH₃—CH₂—CH₂—CH₂—

(c) CH₃—C(CH₃)₂—CH₃ （中央Cに上CH₃）

**3・7** 次のアルキル基の慣用名を答えよ．

(a) CH₃—CH₂—CH₂—CH₂—CH₂—

(b) CH₃—C(CH₃)₂—CH₂—CH₃

**3・8** 殺精子剤であるオクトキシノール-9 はさまざまな避妊薬に使用されている．オクトキシノール-9 の構造式で，ベンゼン環の左側にあるアルキル基を命名せよ．

CH₃—C(CH₃)₂—CH₂—C(CH₃)₂—（C₆H₄）—O—(CH₂CH₂O)₈—CH₂CH₂OH

オクトキシノール-9

**3・9** ビタミンEは単一の化合物をさすわけではなく，構造がよく似たトコフェロールとよばれる一連の化合物の総称だ．α-トコフェロールの構造式の右側にある複雑なアルキル基を命名せよ．

α-トコフェロール

### アルカンの命名法

**3・10** 次の化合物の IUPAC 名を答えよ．

(a) CH₃—CH(CH₂—CH₃)—CH₃

(b) CH₃—CH₂—CH(CH₃)—CH(CH₃)—CH₂—CH₃ 
  (構造: CH₂—CH₂—CH—CH₂—CH₃ 下側に CH₃, CH₃)

(c) CH₃—CH(CH₃)—CH₂—CH₂— （下に CH₃）

(d) CH₃—CH₂—CH(CH₂—CH₃)—CH(CH₂—CH₃)—... 

**3・11** 次の化合物の IUPAC 名を答えよ．

(a) CH₃—CH—CH₂
       |      |
       CH₃   CH₂—CH₃

(b) CH₃—CH—CH₂—CH₂—CH₃
       |       |
       CH₃    CH—CH₃
               |
               CH₃

(c) CH₃—CH—CH₂—CH₃
       |       |
       CH₃    CH₂—CH₃
          CH₃—CH—CH₂—CH₂—CH₂—CH₃

(d) CH₃—CH—CH₂—CH₂—CH—CH₃
       |                    |
       CH₂—CH₃          CH₂—CH₃

**3・12** 次の化合物の IUPAC 名を答えよ．

CH₃—CH₂—CH₂—CH₂—CH—CH₂—CH₂—CH₂—CH₂—CH₃
                   |
                   CH₃—CH₂—CH—CH₂—CH₃

**3・13** 次の化合物の IUPAC 名を答えよ．

CH₃—CH₂—CH₂—CH—CH₂—CH₂—CH₂—CH₃
                |
                CH₃—C—CH₃
                     |
                     CH₂—CH₃

**3・14** 次の化合物の構造式を書け．
(a) 3,4-ジメチルヘキサン
(b) 2,2,3-トリメチルペンタン
(c) 2,3,4,5-テトラメチルヘキサン

**3・15** 次の化合物の構造式を書け．
(a) 3-エチルヘキサン
(b) 2,2,4-トリメチルヘキサン
(c) 2,2,3,3-テトラメチルペンタン

**3・16** 次の化合物の構造式を書け．
(a) 4-(1-メチルエチル)ヘプタン
(b) 4-(1,1-ジメチルエチル)オクタン

**3・17** 次の化合物の構造式を書け．
(a) 2-メチル-4-プロピルオクタン
(b) 5-(2,2-ジメチルプロピル)ノナン

### 異性体

**3・18** 化合物 $C_7H_{16}$ は 9 個の異性体がある．直鎖に対する分枝がメチル基 1 個だけである異性体の名前をすべて答えよ．

**3・19** 化合物 $C_7H_{16}$ は 9 個の異性体がある．直鎖に対する分枝がメチル基 2 個だけで，ジメチルペンタンと表される異性体の名前をすべて答えよ．

### 炭素原子の分類

**3・20** 分子式 $C_5H_{12}$ で表され，第四級炭素原子 1 個と第一級炭素原子 4 個をもつ化合物の構造を書け．

**3・21** 分子式 $C_6H_{14}$ で表され，第三級炭素原子 2 個と第一級炭素原子 4 個をもつ化合物の構造を書け．

**3・22** 次の化合物について，第一級，第二級，第三級，第四級炭素原子の個数をそれぞれ答えよ．

(a) CH₃—C(CH₃)₂—CH₃ （上下にCH₃）

(b) CH₃—CH(CH₃)—CH₂—CH₃

(c) CH₃—CH(CH₃)—CH₂—CH₂—CH₃

(d) 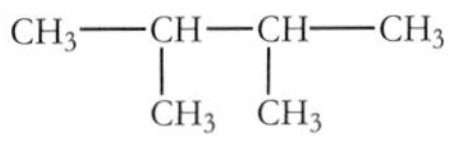 CH₃—CH—CH—CH₃
         |    |
         CH₃ CH₃

**3・23** 次の化合物について，第一級，第二級，第三級，第四級炭素原子の個数をそれぞれ答えよ．

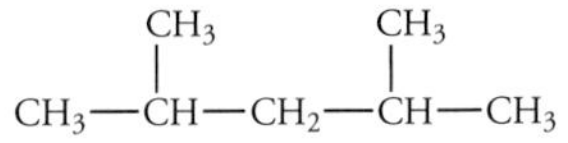

(a) 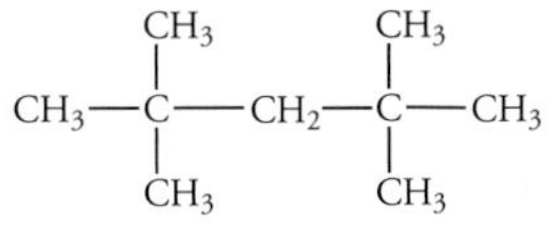 CH₃—C(CH₃)₂—CH₂—C(CH₃)₂—CH₃

(b) CH₃—CH(CH₃)—CH₂—CH(CH₃)—CH₃

(c) CH₃—CH₂—CH(CH₃)—CH₂—CH₃

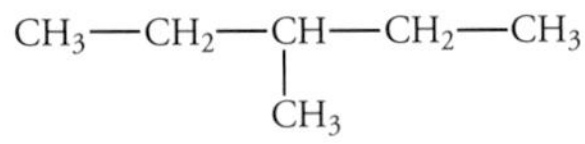

(d) 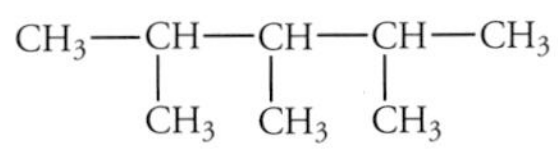 CH₃—CH(CH₃)—CH(CH₃)—CH(CH₃)—CH₃

### アルカンの配座

**3・24** 2,2-ジメチルプロパンの重なり形配座をC1-C2結合に沿って眺めたニューマン投影式を書け．

**3・25** 2,3-ジメチルブタンの2種類の重なり形配座をC2-C3結合に沿って眺めたニューマン投影式をそれぞれ書け．

**3・26** 2,2-ジメチルペンタンの2種類の重なり形配座をC3-C4結合に沿って眺めたニューマン投影式をそれぞれ書け．どちらが安定な配座か．

### シクロアルカン

**3・27** 次の化合物の炭素原子と水素原子を省略して，平面的な線結合構造式を書け．
(a) クロロシクロプロパン
(b) 1,1-ジクロロシクロブタン
(c) シクロオクタン

**3・28** 次の化合物の炭素原子と水素原子を省略して，平面的な線結合構造式を書け．
(a) ブロモシクロペンタン
(b) 1,1-ジクロロシクロプロパン
(c) シクロペンタン

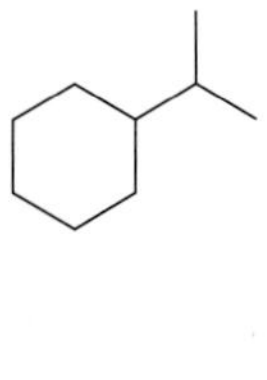

**3・29** 次の化合物を命名せよ．

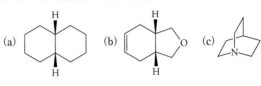

**3・30** 次の化合物を命名せよ．

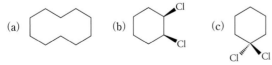

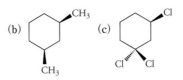

**3・31** 次の化合物の分子式を書け．

(d)

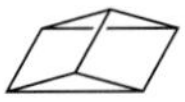

**3・32** 次の化合物の分子式を書け．

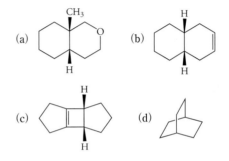

### シクロヘキサンの配座

**3・33** フルオロシクロヘキサンの2種類のいす形配座を書け．この分子の二つの配座のエネルギー差は，メチルシクロヘキサンの場合と比較して大きいか，小さいかを予想し，理由とともに示せ．

**3・34** *tert*-ブチルシクロヘキサンの2種類のいす形配座を書け．この分子の二つの配座のエネルギー差は，メチルシクロヘキサンの場合と比較して大きいか，小さいかを予想し，理由とともに示せ．

**3・35** 次の化合物の最も安定な配座を書け．
(a) *trans*-1,4-ジメチルシクロヘキサン
(b) *cis*-1,3-ジメチルシクロヘキサン

**3・36** 次の化合物の最も安定な配座を書け．
(a) 1,1,4-トリメチルシクロヘキサン
(b) 1,1,3-トリメチルシクロヘキサン

### 炭化水素の性質

**3・37** シクロプロパンは麻酔薬だが，電気メスで組織を焼き切る手術では使用できない．その理由を書け．

**3・38** シクロヘキサンとメチルシクロペンタンのうち，オクタン価が高い方を示せ．

**3・39** $C_8H_{18}$ の異性体のうち，沸点が最も高い異性体と，最も低い異性体をそれぞれ書け．

**3・40** メチルシクロペンタンの沸点は，シクロヘキサンの沸点より低い．その理由を示せ．

## アルカンのハロゲン化

**3・41** 次の化合物の水素原子1個を塩素原子に置き換えると，何種類の異性体ができる可能性があるか．
(a) プロパン　　　　　(b) ブタン
(c) 2-メチルプロパン　(d) シクロヘキサン

**3・42** 次の化合物の水素原子1個を塩素原子に置き換えると，何種類の異性体ができる可能性があるか．
(a) 2-メチルブタン　　　(b) 2,2-ジメチルブタン
(c) 2,3-ジメチルブタン　(d) シクロペンタン

**3・43** ペンタンから水素が引き抜かれて生成するラジカルの構造式をすべて書け．

**3・44** エタンのラジカル塩素化反応の停止段階で生成する炭化水素の構造式を書け．

**3・45** 麻酔薬のハロタンの分子式は $C_2HBrClF_3$ だ．この化合物の4種類の構造異性体の構造式を書け．

**3・46** ある冷媒は多重結合をもたず，その分子式は $C_4F_8$ だ．この化合物の2種類の構造異性体の構造式を書け．

## ハロゲン化アルキルの性質

**3・47** 塩化メチレンと四塩化炭素では，どちらの方が極性が高いか．

**3・48** トリブロモメタンはテトラブロモメタンよりも極性が高いが，それぞれの沸点は 150 ℃ と 189 ℃ だ．この場合に極性が高い化合物の沸点の方が低くなる理由を説明せよ．

**3・49** クロロヨードメタンとジブロモメタンの密度はそれぞれ 2.42 g/mL と 2.49 g/mL だ．密度がほぼ等しい理由を説明せよ．

**3・50** 1,2-ジクロロエタンの密度は 1.26 g/mL だ．1,1-ジクロロエタンの密度を予想せよ．

# 4 アルケンとアルキン

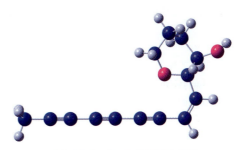

イクチオテレオール（抗てんかん薬）

## 4・1 不飽和炭化水素

炭素-炭素多重結合を含む有機化合物は，構造が似たアルカンやシクロアルカンよりも水素の数が少ない．これを**不飽和**（unsaturated）であるといい，そのような炭化水素を不飽和炭化水素とよぶ．この章では**アルケン**（alkene）と**アルキン**（alkyne）という2種類の不飽和炭化水素に注目する．アルケンは炭素-炭素二重結合を含み，アルキンは炭素-炭素三重結合を含む．芳香族炭化水素も不飽和炭化水素の一つだ．**芳香族**（aromatic）炭化水素はベンゼン環をもつ化合物や，ベンゼンに似た環構造をもつ化合物をさし，次の章で扱う．

炭素-炭素二重結合のπ結合と炭素-炭素三重結合の二つのπ結合は，多くの反応で反応点になる．隣接する炭素原子の2p軌道が並んで重なり合ってπ結合ができることを思い出そう．§1・7では，アルケンの一種であるエチレンと，アルキンの一種であるアセチレンについて，炭素原子の混成状態，σ結合，π結合を扱った．

この章では，アルケン，アルキンのほかに分子内に二重結合を二つもつ**ジエン**（diene）も扱う．二つの二重結合が一つの単結合を介してつながった化合物を特に**共役ジエン**（conjugated diene）とよぶ．共役ジエンは，単独のアルケンや共役していない二重結合とは違う反応性を示す．共役した二重結合は多くの天然物由来の化合物に含まれている．たとえば，天然ゴムは共役ジエンであるイソプレンを構成単位とする高分子だ．ネオプレンとよばれる合成ゴムはクロロプレンを材料として製造さ

れ，工業用ホースなどに使われる．

多重結合が共役した化合物のもう一つの例として，上に示したイクチオテレオールでは，三つの三重結合が一列に並び，さらに二重結合を介してヒドロキシ基をもつ六員環とつながっている（p.65）．

### アルケン

最も単純なアルケン（$C_2H_4$）は一般にエチレン（ethylene）という慣用名でよばれているが，IUPAC名はエテン（ethene）だ．アルケンのIUPAC名は接尾語として-eneをつける．図4・1左上に示すエテンの分子モデルを見てわかるように，炭素原子2個と水素原子4個の合計で6個の原子がすべて同一平面上に位置している．分子モデルの横にエテン分子の平面を紙面上に置いた状態を表す構造式と，紙面に対してほぼ垂直に立てた状態を表す構造式を示す．エテン分子の平面が紙面に対して垂直な場合は，C–H結合は紙面の手前と奥に突き出ている．以前にも出てきたように，くさび形の太線は

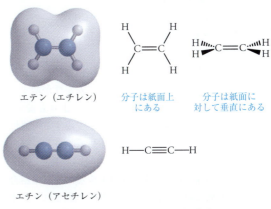

エテン（エチレン）

分子は紙面上にある　　分子は紙面に対して垂直にある

エチン（アセチレン）

図4・1　エテンとエチンの構造

CH$_2$=C(CH$_3$)–CH=CH$_2$
イソプレン

CH$_2$=C(Cl)–CH=CH$_2$
クロロプレン

紙面の手前を表し，くさび形の破線は紙面の奥側を表す．
　炭化水素に二重結合が一つあると，分子内の水素原子の数がアルカンの場合よりも2個少ない．したがって，アルケンの一般式は $C_nH_{2n}$ になる．アルケンの二重結合の数が増えるたびに水素原子の数は2個ずつ減る．

## アルキン

　最も単純なアルキン（$C_2H_2$）は一般に慣用名であるアセチレン（acetylene）とよばれているが，IUPAC 名はエチン（ethyne）だ．アセチレンという慣用名の語尾は -ene で終わるため，二重結合を含むように思えるかもしれないが，三重結合が含まれる．このように慣用名では混乱することがあるので，化学において化合物のことを正確に伝えるには IUPAC 名が重要だ．図4・1下に示すエチンの分子モデルを見てわかるように，エチンの4個の原子は一直線上に位置していて H−C≡C の結合角は 180°だ．他のアルキンの場合でも，三重結合の炭素原子2個と炭素に結合する2個の原子は同一直線上に位置する．炭化水素に三重結合が一つあると，水素原子の数がアルカンの場合よりも4個少ない．したがってアルキンの一般式は $C_nH_{2n-2}$ になる．

## アルケンとアルキンの分類

　アルケンとアルキンを分類するのに，二重結合や三重結合に結合するアルキル基の数を使うことがある．アルケンの場合は，二重結合の二つの炭素原子に結合する置換基の個数で分類する．**一置換**アルケンは $sp^2$ 混成をとる二重結合の炭素原子に対してアルキル基が一つだけ結合したものだ．二重結合が炭素鎖の末端にあるので**末端アルケン**とよばれることもある．二重結合の2個の炭素原子に対して置換したアルキル基の個数が二つ，三つ，四つのアルケンを，それぞれ**二置換**アルケン，**三置換**アルケン，**四置換**アルケンとよぶ．

- 一置換：$RCH=CH_2$
- 二置換：$RCH=CHR$ または $R_2C=CH_2$
- 三置換：$R_2C=CHR$
- 四置換：$R_2C=CR_2$

　アルケンの異性体では，一般に二重結合に対して結合するアルキル基の数が増えるにつれて安定性が増す．つまり，二置換アルケンは一置換アルケンよりも安定だ．したがって，この2種類のアルケンが生成する可能性がある反応では，二置換アルケンが主生成物として得られることが多い．
　アルキンの種類はアルケンよりも少ない．三重結合の炭素原子2個に対して，アルキル基がそれぞれ一つずつしか結合できないからだ．三重結合の sp 混成をとる炭素原子に対してアルキル基が一つだけ結合した化合物は**一置換**アルキン（R−C≡C−H）だ．炭素鎖の末端に三重結合があるので，**末端アルキン**とよばれることもある．アルキンの炭素原子に対してアルキル基が一つずつ結合した化合物は，**二置換**アルキン（R−C≡C−R）または**内部**アルキンとよばれる．

## アルケンとアルキンの物理的性質

　アルケン（$C_nH_{2n}$）とアルキン（$C_nH_{2n-2}$）の物理的性質はアルカン（$C_nH_{2n+2}$）と似ていて，炭素原子の数に応じた性質の違いもアルカンの場合と同様の傾向がみられる．アルケンもアルキンも無極性だ．炭素原子数が4個以下のアルケンとアルキンは，どれも室温で気体だ．アルカンの場合と同様に，分子内の炭素原子数が増えると，ロンドン力が増すことでアルケンとアルキンの沸点も上昇する（表4・1）．

表4・1　アルカン，アルケン，アルキンの沸点（℃）

| アルカン | 沸点 | アルケン | 沸点 | アルキン | 沸点 |
|---|---|---|---|---|---|
| ペンタン | 36 | 1-ペンテン | 30 | 1-ペンチン | 40 |
| ヘキサン | 69 | 1-ヘキセン | 63 | 1-ヘキシン | 71 |
| ヘプタン | 98 | 1-ヘプテン | 94 | 1-ヘプチン | 100 |
| オクタン | 128 | 1-オクテン | 121 | 1-オクチン | 125 |

**例題 4・1**　丁子油（ちょうじ）の香りの主成分であるカリオフィレンは炭素原子 15 個からなる炭化水素だ．この化合物には環が2個と二重結合が2本ある．カリオフィレンの分子式を答えよ．

［解答］　炭素原子数が 15 なので $n=15$．飽和化合物であれば水素原子数は 32 だ．しかし，環と二重結合それぞれ一つにつき水素原子の数が2個減る．水素原子の数の合計は次の式により求められる．

$$\text{水素原子数} = 32 - 2 \times (\text{環の数}) - 2 \times (\text{二重結合の数})$$
$$= 24$$

分子式は $C_{15}H_{24}$ だ．

**例題 4・2**　ニンジンに含まれる β-カロテンは炭素原子 40 個からなる炭化水素だ．この化合物には環が2個と二重結合が 11 本ある．β-カロテンの分子式を答えよ．

**例題 4・3**　アカギツネの尿にはマーキングの臭いの成分として下記のアルケンが含まれている．この目印成分の二重結合は何置換か．

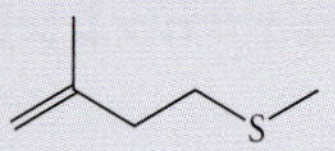

［解答］　末端二重結合があり，その末端炭素原子には水素原子2個が結合している．二重結合のもう一方の

炭素原子はメチル基とメチレン基の二つの炭素原子に結合している．よって，この二重結合は二置換だ．

**例題4・4** トレモリンはパーキンソン病の治療薬として使用される．このアルキンの種類を示せ．

トレモリン

### 天然に存在するアルケンとアルキン

アルケンとその類縁体であるシクロアルケンは両者とも自然界に非常に多く存在する．たとえば，イエバエは23個の炭素原子からなる直鎖アルケンのムスカルーレを含む．ムスカルーレは雄をひき寄せるために雌が放出するフェロモンだ．ムスカルーレは化学実験室でも合成されており，雄のハエをおびき出して捕まえる目的に使用できる．

ムスカルーレ

アルキンは自然界でありふれているわけではないが，天然に存在するアルキンのほとんどが生理活性を示す．たとえば，先に述べたイクチオテレオールは，アマゾン川下流に生息するカエルの皮膚から分泌される防御用の毒で，ヒトや爬虫類の粘膜組織を刺激して撃退する．現地の人々はこの分泌物を矢じりに塗った矢で獲物を射貫き，痙攣を起こさせて仕留める．

イクチオテレオール

多重結合をいくつか含むアルケンを**多不飽和**（polyunsaturated）な化合物とよぶ．たとえば，多不飽和脂肪酸であるリノール酸は複数の二重結合を含む．

リノール酸

多不飽和化合物は自然界に数多く存在する．たとえばビタミンAには二重結合が五つある．

ビタミンA（レチノール）

## 4・2　幾何異性体（シス-トランス異性体）

炭素–炭素単結合はほぼ自由に回転できる．エタンのσ結合が回転するには，12 kJ/mol のエネルギーさえあれば十分だ．しかし，アルケンの炭素–炭素二重結合は，その電子構造のせいで自由に回転できない．結果として，二重結合の炭素原子に結合した置換基は異なる空間的配置または幾何学的配置をとる．このような異性体は原子のつながり方が同じであるものの，二重結合に対する位置関係が違う．そのため，このような化合物を**幾何異性体**（geometric isomer）または**シス-トランス異性体**（*cis-trans* isomer）とよぶ（p.50）．CXY=CXYという式で表されるアルケン全般について考えてみよう．2種類の構造式が書けることに気づくだろう．

この二つの構造は違う分子を表している（図4・2）．左の構造では二つのXは分子の"同じ側"にあり，シス（*cis*）体とよぶ．右の構造ではXは分子の"反対側"にあり，トランス（*trans*）体とよぶ．

すべての原子が同一平面上．二重結合は回転しない

シス体　　　　　　　　　トランス体

**図4・2　アルケンの幾何異性体**　6個の原子が同一平面上に位置する．シス体では2種類の置換基XとYがそれぞれ二重結合の同じ側に位置する．トランス体では置換基XとYがそれぞれ二重結合の反対側に位置する．π結合が回転しないので，この二つの異性体の相互変換は起こらない．

アルケンの二重結合の炭素原子の両方に異なる2種類の置換基や原子が結合する場合に限り，シス体とトランス体ができる．たとえば，1,2-ジクロロエチレンでは二つの不飽和炭素原子の両方とも塩素原子1個と水素原子1個に結合する．どちらの炭素原子でも結合する二つの置換基が違うので，シス体とトランス体ができる．

もし不飽和な炭素原子の一方が同じ置換基と結合すると，シス-トランス異性は起こらない．たとえば，1,1-ジクロロエチレンやクロロエチレンではシス体とトランス体の区別は存在しない．

他の異性体の場合と同様に，シス-トランス異性体は異なる性質を示す．たとえば，1,2-ジクロロエチレンのシス体とトランス体の沸点はそれぞれ 60 ℃と 47 ℃で異なる（図 4・3）．トランス体には 2 本の分極した C–Cl 結合があり，結合モーメントを打ち消し合うため，分子全体では双極子モーメントをもたない．一方，シス体では 2 本の C–Cl 結合の分極は打ち消されず，結合モーメントが強め合うことで双極子モーメントが残る．その結果，シス体は極性化合物となり，沸点が高くなる．

図 4・3　cis-および trans-1,2-ジクロロエチレン　cis-および trans-1,2-ジクロロエチレンは異なる物理的性質をもつ．シス体では正味の双極子モーメントをもつが，トランス体では分極を打ち消し合い，分子全体では双極子モーメントをもたない．

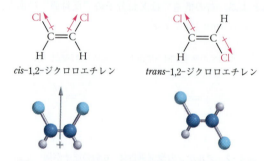

**例題 4・5**　天然の植物油であるゲラニオールの二つの二重結合に，それぞれシス-トランス異性体が存在しうるかどうかを示せ．

ゲラニオール

[解答]　まず，左側の二重結合について考えてみよう．二重結合の左の炭素原子には二つの -CH₃ 基が結合している．一方の二重結合炭素に同じ置換基が二つ結合しているので，二重結合の右の炭素原子の置換基が何であるかにかかわらず，この二重結合のシス-トランス異性体は存在しえない．次に，右側の二重結合について考えてみよう．二重結合の炭素原子はメチル基と直鎖のメチレン基および水素原子と結合していて，置換基はすべて違う．よって，この二重結合に関する異性体は存在しうる．なお，天然に存在する異性体は水素とメチル基がトランスの位置関係にある．

**例題 4・6**　カイコガの雌が分泌するフェロモンであるボンビコールの二つの二重結合について，シス-トランス異性体が存在しうるかどうかを示せ．

ボンビコール

## 4・3　幾何異性体の $E, Z$ 命名法

前の節では，二置換アルケンである 1,2-ジクロロエチレンの二つの置換基の位置関係を表すために，シスとトランスという用語を使った．この用語はどんな 1,2-二置換アルケンにも使える．例として cis-2-ブテンと trans-2-ブテンの構造式を次に示す．

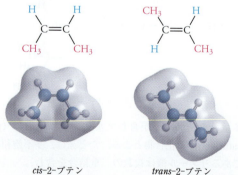

しかし，三置換アルケンや四置換アルケンでは置換基の相対的な位置関係を表す基準が明確ではないので，シスとトランスという用語では異性体を表すことができない．たとえば，次に示す比較的単純な化合物であっても，どの置換基を基準にするかが決められないので，どちらがシス体でどちらがトランス体か決定できない．

**E,Z命名法**という体系的な方法を使うと，どのような三置換アルケンや四置換アルケンの異性体でも相対的な位置関係を表すことができる．E,Z命名法では，アルケンの二重結合の炭素原子に結合する原子団の"優先順位"を**順位則**（priority rule）を使って決定する．まず，片方の炭素原子に結合する二つの原子団について相対的な順位づけを行い，どちらの優先順位が高いかを決める．もう一方の炭素原子に結合する原子団でも同じことを行う．優先順位の高い原子団が二重結合の同じ側にある場合，その異性体を Z 体とよぶ（ドイツ語で"一緒に"を表す zusammen の頭文字）．逆に，優先順位の高い原子団が二重結合の反対側にある場合は，その異性体を E 体とよぶ（ドイツ語で"逆に"を表す entgegen の頭文字）．

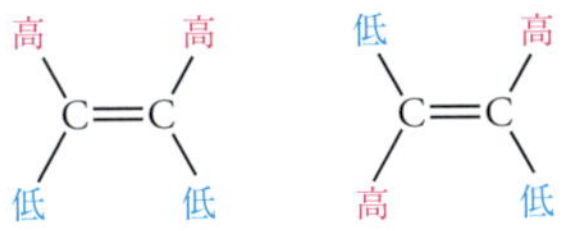

## 順 位 則

> **順位則1** 二重結合の一方の炭素原子に直接結合する二つの原子の原子番号が異なる場合は，原子番号が大きい方の優先順位が高い．

有機化学でよく出てくる元素の優先順位は，Br>Cl>F>O>N>C>$^2$H>H となる．この順番をあてはめれば，次に示す複数のハロゲン原子を含むアルケンが E 体，Z 体のどちらであるかを決定できる．$^2$H>H という順番が示すように，同位体がある場合は，原子量が大きい方の優先順位が高くなる．

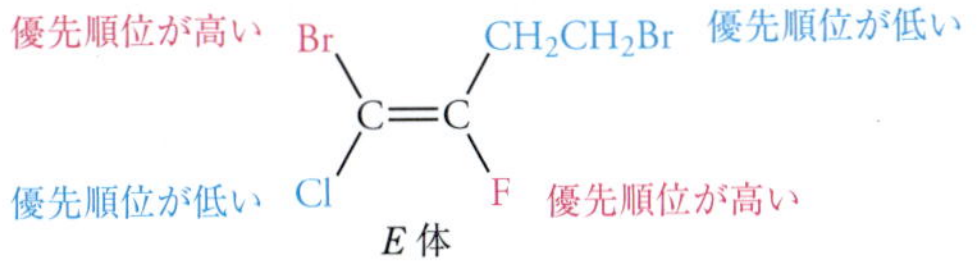

臭素の原子番号は塩素の原子番号よりも大きいので，臭素は塩素よりも優先順位が高い．また，フッ素原子は-CH$_2$CH$_2$Br 基よりも優先順位が高い．置換基の優先順位は二重結合に直接結合する原子の優先順位で決まるからだ．-CH$_2$CH$_2$Br 基には臭素が含まれているので一見逆に思えるかもしれないが，この場合はフッ素と炭素の優先順位を比較することになるので，炭素よりも原子番号が大きいフッ素の優先順位が高くなる．

> **順位則2** 二重結合に直接結合する原子の原子番号が同じ場合は，2番目，3番目，4番目という具合に，結合する原子の優先順位に差が出るまで順に比較していき，順位則1を適用して優先順位を決める．

エチル基とメチル基の優先順位の違いにもこの規則の特徴が表れている．直接結合する原子はどちらも炭素なので同等だが，メチル基の炭素原子は水素原子3個と結合する．一方，エチル基の炭素原子はもう一つの炭素原子と，2個の水素原子と結合する．炭素の方が水素よりも優先順位が高いので，エチル基の方がメチル基よりも優先順位が高い．

アルケンの二重結合炭素原子からかなり離れた位置で初めて違いが現れることもある．たとえば-CH$_2$CH$_2$OH 基と n-プロピル基（-CH$_2$CH$_2$CH$_3$）の優先順位も規則2を適用することで決まる．この二つの置換基は二重結合炭素に直接結合した原子や二重結合から2番目の原子でも同等で，3番目の原子になって初めて違いが現れる．酸素の方が炭素よりも優先順位が高いので，-CH$_2$CH$_2$OH 基の方が n-プロピル基よりも優先順位が高い．

もし違いが出てくる最初の箇所で結合する原子の種類に違いがなくても，原子の数に差がある場合は，優先順位の高い原子の数がより多い置換基の方の優先順位が高い．このような考えのもとで，以下のアルキル基の優先順位は次の順になる：tert-ブチル＞イソプロピル＞エチル＞メチル．

置換基の優先順位を決める3番目の規則は，多重結合する原子とも関係する．

> **順位則3** 多重結合の場合は，C-C 単結合がその本数分あることと同等だと考える．よって，C=C 二重結合は2本の C-C 単結合があるものと考える．三重結合の場合も同様である．

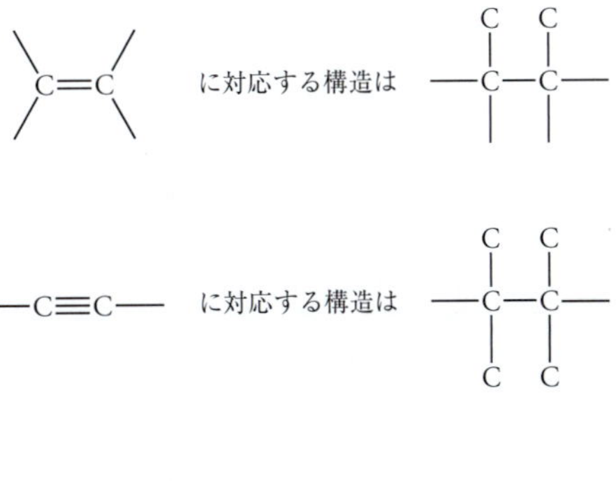

炭素以外の元素への多重結合も，2本ないし3本の単結合があると考える．たとえば，カルボニル基（−C=O）の炭素原子は2本のC−O単結合をもつと考える．それと同時に，酸素原子は2本のO−C単結合をもつと考える．シアノ基の炭素原子は3本のC−N結合をもち，同時に窒素原子は3本のN−C結合をもつと考える．

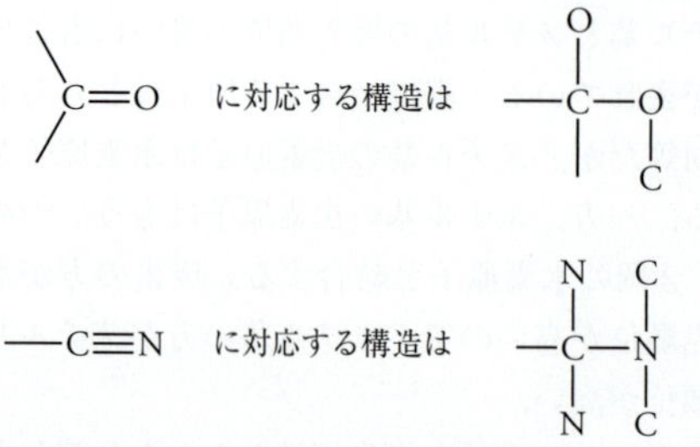

$\diagdown$C=O に対応する構造は —C(−O)(−O)

—C≡N に対応する構造は —C(−N)(−N)(−N)，N(−C)(−C)(−C)

## 4・4 アルケンとアルキンの命名法

アルケンとアルキンの命名に関するIUPAC規則はアルカンの場合と同様だが，主鎖における二重結合や三重結合の位置と，二重結合に対する置換基の立体配置を示す必要がある．アルカン由来の置換基の場合と同様に，アルケン由来の置換基にも慣用名をもつものは多い．よく使われるものは，ビニル（vinyl）基，アリル（allyl）基，イソプロペニル（isopropenyl）基の三つだ．

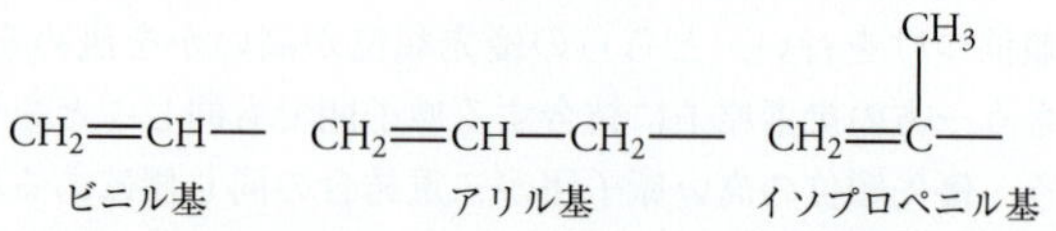

$CH_2=CH-$  $CH_2=CH-CH_2-$  $CH_2=C(CH_3)-$
ビニル基　　　アリル基　　　イソプロペニル基

### アルケンのIUPAC名

アルケンおよびシクロアルケンの命名に関するIUPAC規則は，次のようになる．

1. 二重結合を含んだ最も長い炭素鎖を母体とする．

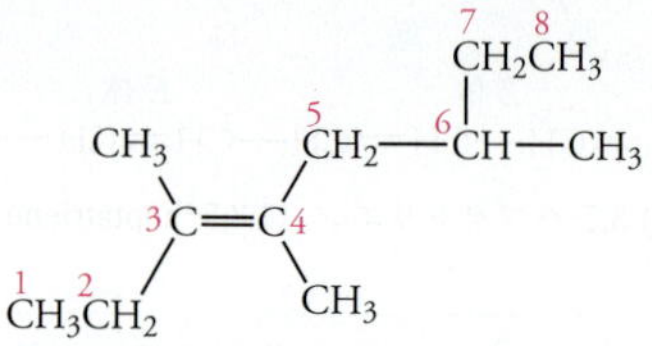

この直鎖には炭素原子が8個あるので母体はオクテン（octene）だ

2. 最も長い炭素鎖はアルカンと同じ名前をつけるが，語尾の-aneを接尾語-eneに変える．規則1に示す構造式の母体はオクテン（octene）だ．

3. 母体の炭素鎖のうち，二重結合に近い方の末端から位置番号をつける．二重結合炭素の位置を示すために，二重結合炭素の位置番号の小さい方の数字を母体の名前の前につけてハイフンで結ぶ．この位置番号は接尾語-eneの直前につけることもある．

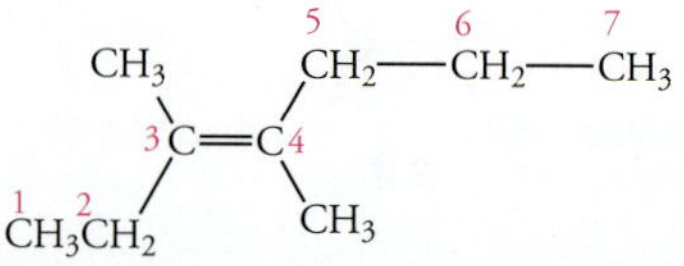

この構造の母体名は3-ヘプテン（3-heptene）で，4-ヘプテンではない（この母体名はヘプタ-3-エン（hept-3-ene）とすることもある）

4. アルキル基や他の置換基に名前をつけ，規則3に従ってつけた置換基の位置番号と置換基の名前をハイフンで結び，さらにその後に母体名を書いてハイフンで結ぶ．

**例題 4・7** 二重結合の左側と右側それぞれについて，順位則に従って置換基の優先順位を決めよ．

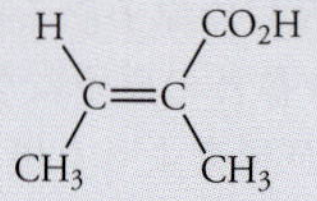

チグリン酸

［解　答］　左の二重結合炭素は水素原子とメチル基（−CH₃）に結合している．水素の優先順位よりもメチル基の優先順位の方が高い．右の二重結合炭素はメチル基とカルボキシ基（−CO₂H）に結合している．カルボキシ基には酸素原子があるので，C−H結合しかないメチル基よりも優先順位が高い．なお，優先順位が高い置換基が二重結合の反対側にあるので，この異性体は*E*体だ．

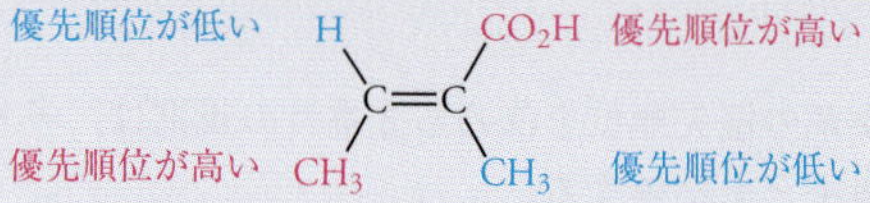

優先順位が低い　H　　　CO₂H　優先順位が高い
優先順位が高い　CH₃　　CH₃　優先順位が低い

もしメチル基の位置だけしか考えないと，この化合物はシス体に見える．そのため，*Z*体だと思ってしまうかもしれないが，実際は間違いだ．この例が示すように，*E*,*Z*命名法は誤解の余地のない有用な方法だ．

**例題 4・8** 乳がんの治療薬であるタモキシフェンの*E*,*Z*配置を決定せよ．

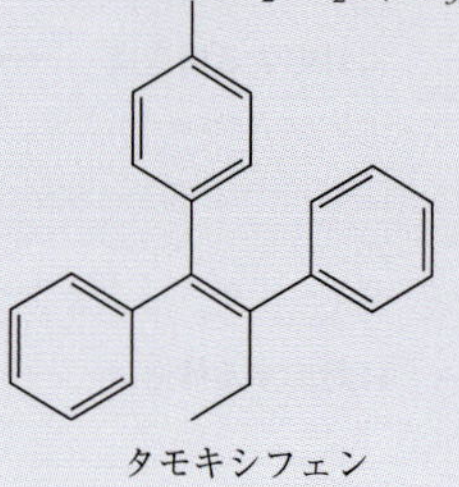

タモキシフェン

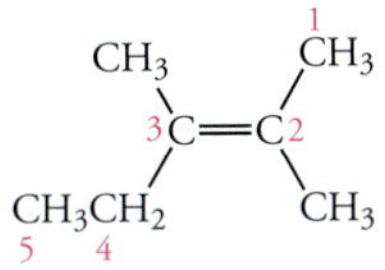

2,3-ジメチル-2-ペンテン(2,3-dimethyl-2-pentene) または 2,3-ジメチルペンタ-2-エン(2,3-dimethylpent-2-ene)で，3,4-ジメチル-3-ペンテンではない

5. 化合物が $E$ 体および $Z$ 体のどちらも存在しうる場合は，立体配置を示すために $E$ または $Z$ を括弧に入れて母体名の前に書き，ハイフンで結ぶ．

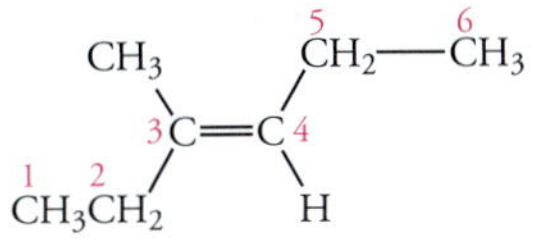

($E$)-3-メチル-3-ヘキセン

6. 二重結合を二つ以上もつ化合物の場合は，各二重結合の位置を表す位置番号を順番に並べてカンマで区切り，母体名とハイフンで結び，さらに二重結合の数を表す接頭語を -ene の前につける．

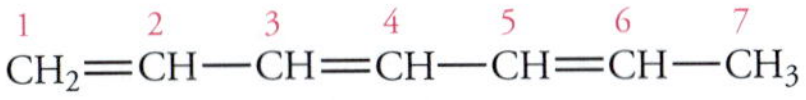

1,3,5-ヘプタトリエン (1,3,5-heptatriene)

7. シクロアルケンの場合は，二重結合炭素原子の位置番号が 1 と 2 になるように環の位置番号をつける．最初の置換基の位置番号が最も小さくなるように，時計回りまたは半時計回りに順番に番号をつける．C1 および C2 の間に二重結合があるということはわかっているので，二重結合の位置は特に示さない．

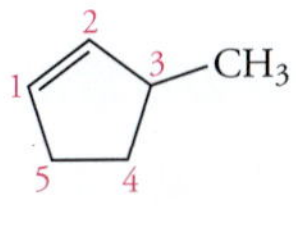

3-メチルシクロペンテン 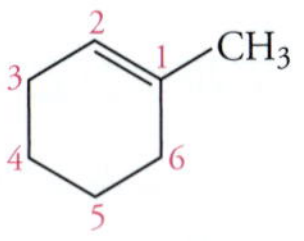　1-メチルシクロヘキセン

## アルキンの IUPAC 名

アルキンの IUPAC 命名規則はアルケンの命名規則とほぼ同様で，違いは三重結合を表すために語尾を -yne に変えるくらいだ．三重結合の位置番号は母体の名前の前につけてハイフンで結ぶが，接尾語 -yne の直前につけることもある．

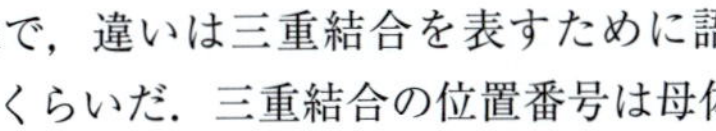

2-ヘキシン (2-hexyne)

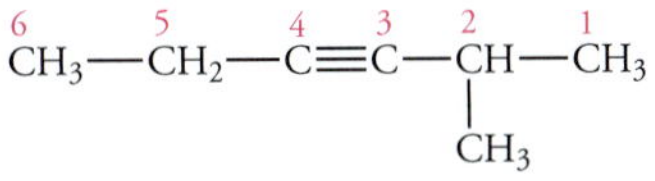

2-メチル-3-ヘキシン (2-methyl-3-hexyne) または
2-メチルヘキサ-3-イン (2-methylhex-3-yne)

複数の三重結合をもつ化合物はジイン(diyne)，トリイン(triyne)という具合になる．二重結合と三重結合をもつ化合物はエンイン(enyne)であり，インエン(ynene)ではない．イクチオテレオール(p.65 参照)はエントリイン化合物だ．二重結合と三重結合をもつ化合物の位置番号は，多重結合がより近くにある末端からつける．いくつかの可能性がありうる場合は，二重結合の番号が小さくなるように位置番号をつける．

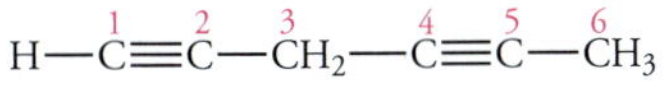

1,4-ヘキサジイン (1,4-hexadiyne)

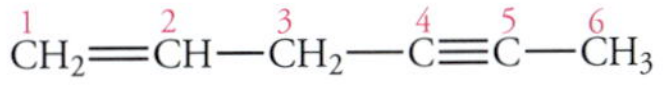

1-ヘキセン-4-イン (1-hexene-4-yne)

---

**例題 4・9** 次の化合物を命名せよ．

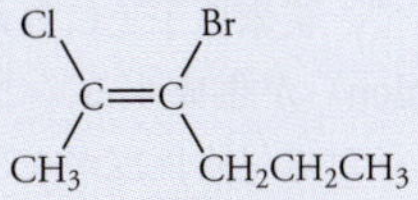

[解答] 最も長い炭素鎖には炭素原子が 6 個ある．最初の二重結合炭素の番号が末端から数えて小さくなるように，左から右へ位置番号をつける．すると二重結合炭素の位置番号は 2 となるので，母体名は 2-ヘキセンとなる．塩素原子と臭素原子は 2 位と 3 位にそれぞれ結合している．二重結合炭素原子それぞれに二つの異なる原子団があるため，幾何異性体が存在しうる．炭素よりも優先順位が高い臭素と塩素が二重結合の同じ側にあるため，この化合物は $Z$ 体だ．化合物の名前は ($Z$)-3-ブロモ-2-クロロ-2-ヘキセンだ．

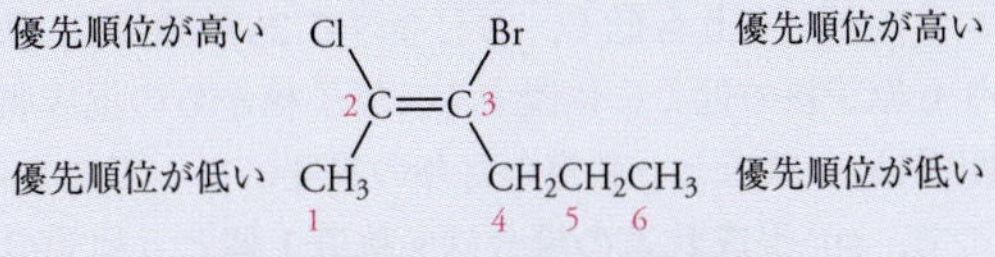

($Z$)-3-ブロモ-2-クロロ-2-ヘキセン
($Z$)-3-bromo-2-chloro-2-hexene

**例題 4・10** 異性体の関係にある次の各化合物の構造式を書け．
(a) 5-メチル-1,3-シクロヘキサジエン
(b) 3-メチル-1,4-シクロヘキサジエン

**例題 4・11** 次の化合物に 2-ブロモ-4-ヘキシンと名づけると誤りとなる理由を説明せよ．

$$CH_3-CH(Br)-CH_2-C\equiv C-CH_3$$

[解答] 最も長い炭素鎖には炭素原子が 6 個ある．三重結合炭素の番号が末端から数えて小さくなるように，右から左へ位置番号をつける．すると三重結合炭素の位置番号は 2 となるので，母体名は 2-ヘキシンとなる．臭素原子は 5 位に結合している．化合物の名前は 5-ブロモ-2-ヘキシンだ．

$$\overset{6}{C}H_3-\overset{5}{C}H(Br)-\overset{4}{C}H_2-\overset{3}{C}\equiv \overset{2}{C}-\overset{1}{C}H_3$$

5-ブロモ-2-ヘキシン  5-bromo-2-hexyne

**例題 4・12** (3$E$,11$E$)-1,3,11-トリデカトリエン-5,7,9-トリインはベニバナに含まれる化合物で，線虫の侵入に対する化学防御に使用される．この化合物の構造式を書け．

## 4・5 アルケンとアルキンの酸性度

炭化水素はきわめて弱い酸であり，通常はプロトンを放出しない．しかし，非常に強い塩基を使うとプロトンを奪うことができて，炭素原子上に負電荷をもつ**カルボアニオン**（carbanion）が生成する．これまでに出てきた酸では，水素原子は電気陰性度が大きな原子に結合している．一方，炭素は電気陰性度がそれほど大きくないので，カルボアニオンは無機酸の共役塩基ほど安定ではない．そのため，炭化水素はこれまで出てきた酸よりもずっと弱い酸だ．

炭化水素の酸性度は炭素原子の混成状態と関係している．酸解離定数 $K_a$ は，炭素原子の混成状態に応じて $sp^3 < sp^2 < sp$ という順に増加する．炭化水素の酸性度には，σ 結合を形成する炭素原子の混成状態に対して 2s 軌道の低いエネルギーがどれだけ寄与しているかが関係している．というのも，2s 軌道のエネルギーは 2p 軌道のエネルギーよりも低く，おしなべて 2s 軌道は 2p 軌道よりも原子核の近くに位置する．原子核からの混成軌道の距離は，s 軌道と p 軌道の寄与の程度によって決まる．ここで，$sp^3$ 混成軌道の場合は s 軌道 1 個と p 軌道 3 個が合わさって混成軌道 4 個をつくるため，軌道の s 性は 25% だ．同様に，$sp^2$ 混成軌道と sp 混成軌道の s 性はそれぞれ 33% と 50% だ．sp 混成軌道は $sp^2$ 混成軌道や $sp^3$ 混成軌道よりも軌道の s 性が高いため，相対的に電子が原子核の近くに位置する．その結果，sp 混成軌道からなるアルキンの C−H 結合ではプロトンを比較的容易に取除くことができるようになり，電子対が炭素原子上に残ってカルボアニオンが生成する．

| 混成 | $sp^3$ | $sp^2$ | $sp$ |
|---|---|---|---|
| s 性(%) | 25 | 33 | 50 |
| $K_a$ | $10^{-49}$ | $10^{-44}$ | $10^{-25}$ |

実用的な意味では，一般的な塩基で脱プロトン化できるだけの強い酸性度をもつ炭化水素はアセチレンと末端アルキンだけだ．しかし，末端アルキンから脱プロトン化するには水酸化物イオンでさえ塩基性が弱い．実際に，末端アルキンの共役塩基（アセチリドイオン）に対して水などのヒドロキシ基をもつ化合物と反応させると，速やかにすべてアルキンへと変換される．

$$R-C\equiv C:^- + H_2O \rightleftarrows R-C\equiv C-H + OH^-$$
アセチリドイオン

第 2 章で周期表における酸性度の傾向について述べたときに，N−H 結合は O−H 結合よりも弱い酸であることを学んだ．したがって，アンモニアがとても弱い酸であることとは逆に，その共役塩基であるアミドイオン $NH_2^-$ は強い塩基であり，水の共役塩基である $OH^-$ よりも強い塩基となる．アンモニアの酸解離定数 $K_a$ は $10^{-36}$ で，末端アルキンの酸解離定数 $K_a$ は $10^{-24}$ だ．よって，アミドイオンは末端アルキンの水素を事実上完全に脱プロトン化する．

$$R-C\equiv C-H + :NH_2^- \longrightarrow R-C\equiv C:^- + NH_3$$
アミドイオン　　　アセチリドイオン　アンモニア

## 4・6 アルケンとアルキンの水素化

アルケンとアルキンはどちらも π 結合をもつので似たような化学的性質を示すと予想され，実際にその予想は多くの場合にあてはまる．アルケンには π 結合が一つしかないが，アルキンは二つの π 結合をもつので，アルケンの反応で使用した試薬の 2 倍の量の試薬と反応することも多い．アルケンもアルキンも不飽和化合物だが，水素ガスと反応することで飽和度の高い化合物に変換できる．

### アルケンの水素化

アルケン（またはシクロアルケン）と水素ガスの反応では飽和炭化水素化合物が得られる．この反応は還元の一つだが，特に**水素化**（hydrogenation）とよばれる．

1-オクテンの水素化を行えば1-オクタンが生成する．水素化するためには触媒が必要だ．通常，この反応には粉末状の活性炭に白金を含ませた触媒（Pt/Cと表す）を使う．パラジウム（Pd/C）やニッケルも，この反応の触媒として使える．水素化は不均一系反応で，固体触媒の表面で反応が起こる．

$$CH_2=CH(CH_2)_5CH_3 \xrightarrow{H_2/Pt/C} CH_3-CH_2(CH_2)_5CH_3$$

二重結合は単結合へ変換される

ケトンやエステルなどの官能基も二重結合をもつが，炭素-炭素二重結合に水素を付加させるための温和な反応条件では通常は還元されない．

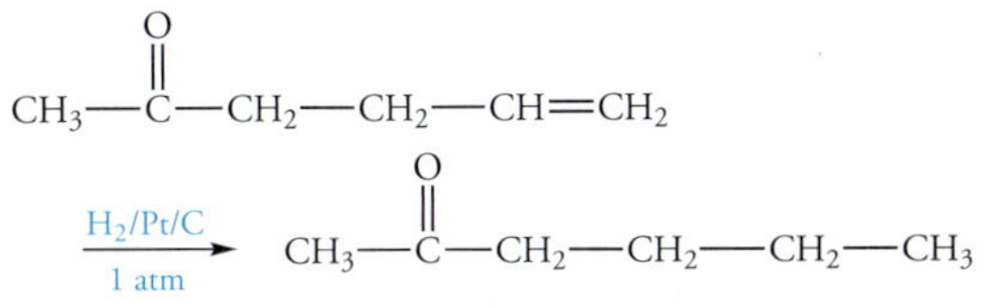

$$CH_3-\underset{O}{\overset{\|}{C}}-CH_2-CH_2-CH=CH_2 \xrightarrow[1\ atm]{H_2/Pt/C} CH_3-\underset{O}{\overset{\|}{C}}-CH_2-CH_2-CH_2-CH_3$$

触媒的水素化反応は，液体の植物油を半固体の脂肪に変換するために商業利用されている．液体の油と半固体の脂肪はともにエステルで構造的によく似ているが，エステルのカルボニル炭素に結合しているアルキル基の不飽和度が違う．半固体の脂肪では完全に飽和している．

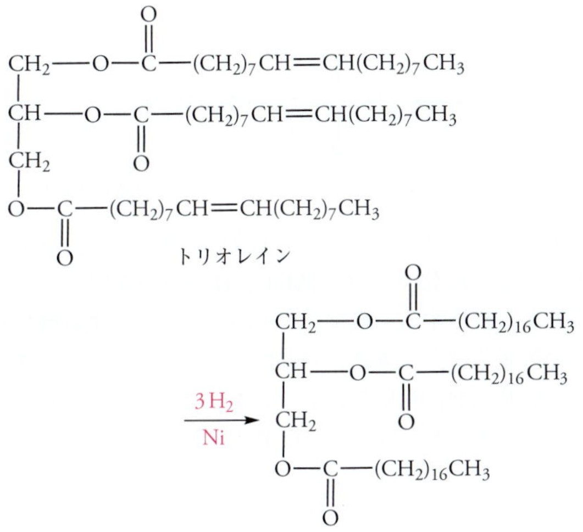

トリオレイン → (3 H₂, Ni) → トリステアリン

アルケンの水素化は，二重結合の同じ側から水素原子が付加することで起こる．たとえば，1,2-ジメチルシクロペンテンの水素化では cis-1,2-ジメチルシクロペンタンが得られる．細かな粉末の金属触媒の表面に水素ガスが吸着されて，水素-水素結合が切断される．アルケンが触媒の表面に近づくと，水素原子が二重結合の同じ側から付加することになる．

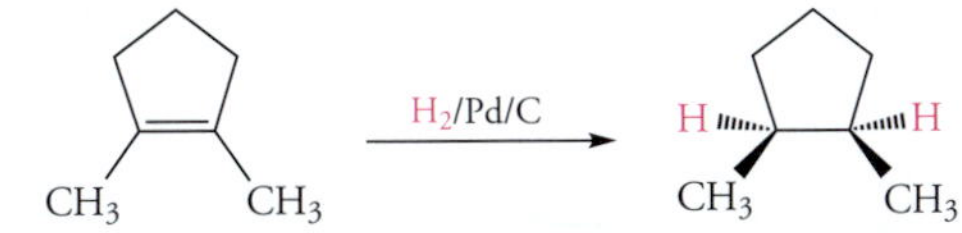

1,2-ジメチルシクロペンテン → (H₂/Pd/C) → cis-1,2-ジメチルシクロペンタン

## アルキンの水素化

白金触媒やパラジウム触媒の存在下でアルキンを2当量の水素ガスと反応させると，完全に還元が進み，アルカンができる．

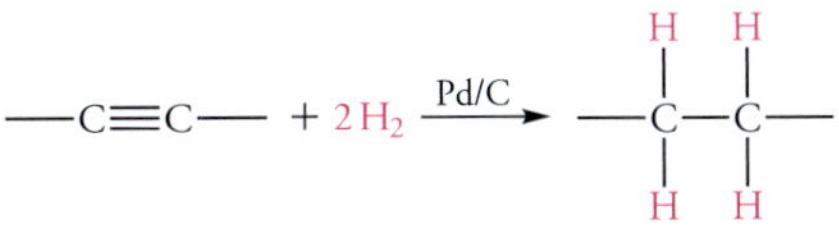

$$-C\equiv C- + 2H_2 \xrightarrow{Pd/C} -\underset{H}{\overset{H}{C}}-\underset{H}{\overset{H}{C}}-$$

$$CH_3(CH_2)_3-C\equiv C-H \quad \text{1-ヘキシン}$$

$$\xrightarrow[2H_2]{Pd/C} CH_3(CH_2)_3-CH_2-CH_3 \quad \text{ヘキサン}$$

リンドラー触媒という特殊なパラジウム触媒を使用すると，アルキンに1当量の水素ガスを付加させてアルケンに変換した後に，水素化反応を途中で停止することができる．リンドラー触媒は少量の酢酸鉛(II)を含む炭酸カルシウムの上にパラジウムを担持したものだ．リンドラー触媒を使用したアルキンの水素化では，cis-アルケンが生成する．リンドラー触媒のパラジウムは活性が低いため，アルケンを還元しない．

$$CH_3(CH_2)_3-C\equiv C-(CH_2)_3CH_3 \quad \text{5-デシン}$$

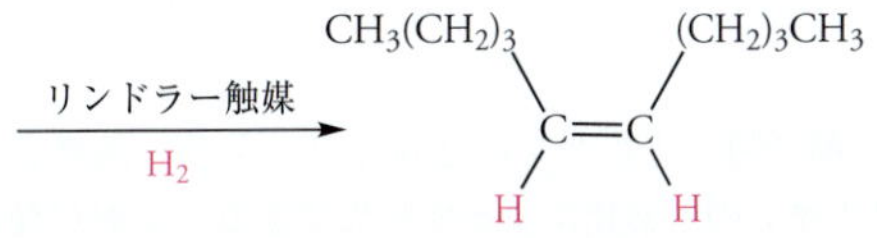

→ (リンドラー触媒, H₂) → (Z)-5-デセン

それとは対照的に，液体アンモニア中でアルキンに金属リチウムや金属ナトリウムを還元剤として反応させると，trans-アルケンが生成する．余分にある試薬は反応混合物に水を加えることで消費される．

$$CH_3(CH_2)_3-C\equiv C-(CH_2)_3CH_3 \quad \text{5-デシン}$$

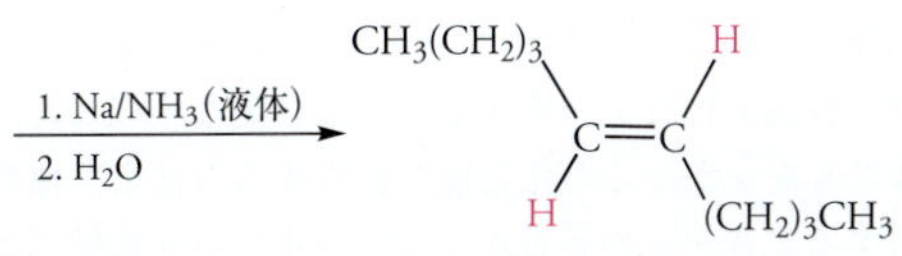

→ (1. Na/NH₃(液体), 2. H₂O) → (E)-5-デセン

**例題 4・13**　パインオイルに含まれるセンブレンの構造式を次に示す．1 mol のセンブレンを水素化する際に反応する水素分子の物質量（mol）と，生成物の分子式を答えよ．

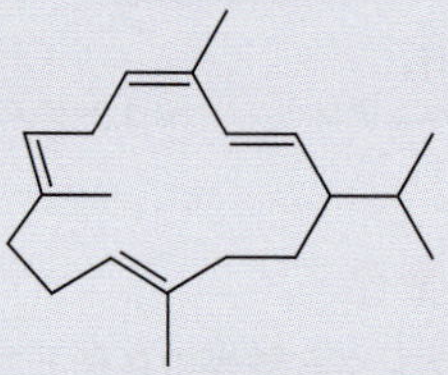

センブレン

［解 答］　この化合物には二重結合が 4 本あるので，1 mol のセンブレンは 4 mol の水素ガスと反応する．生成物はシクロアルカンだ．環を構成する炭素原子の数は 14 で，三つのメチル基と一つのイソプロピル基があるので，炭素原子の数は 20 個だ．一般的なシクロアルカンの分子式は $C_nH_{2n}$ なので，生成物の分子式は $C_{20}H_{40}$ だ．

**例題 4・14**　マツキクイムシのフェロモンであるイプスジエノールを完全に水素化して得られる生成物を書け．

HO

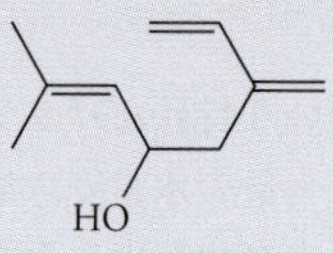

イプスジエノール

**例題 4・15**　イエバエの性誘引物質であるムスカルーレの IUPAC 名は (*Z*)-9-トリコセン（(*Z*)-9-tricosene）だ．適切なアルキンを原料としてこの化合物を実験室で合成する方法と，原料に使用するアルキンの名称を示せ．

H
H
C=C
$CH_3(CH_2)_7$
$(CH_2)_{12}CH_3$

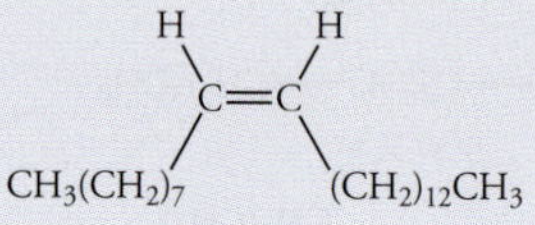

ムスカルーレ

［解 答］　アルケンの *Z* 体はリンドラー触媒を使ったアルキンの水素化によって合成できる．原料に使用するアルキンは，9 番目の結合位置に三重結合をもたなければならないので，9-トリコシンだ．

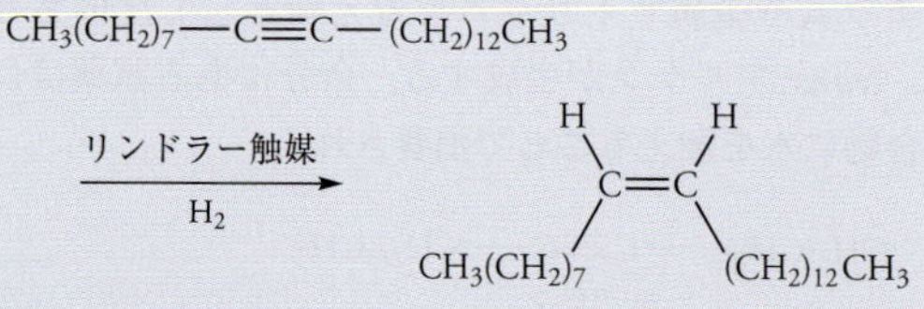

$CH_3(CH_2)_7—C≡C—(CH_2)_{12}CH_3$
リンドラー触媒
$H_2$
H
H
C=C
$CH_3(CH_2)_7$
$(CH_2)_{12}CH_3$

**例題 4・16**　(*E*)-11-テトラデセン-1-オールは，ハマキガの性誘引物質を合成するために必要な中間体だ．適切なアルキンからこの化合物を合成する方法と，原料に使用するアルキンの名称を示せ．（-ol という接尾語はヒドロキシ基を示すが，答えのアルキンもヒドロキシ基をもつため，その名前に -ol が含まれる）

H
$(CH_2)_{10}OH$
C=C
$CH_3CH_2$
H

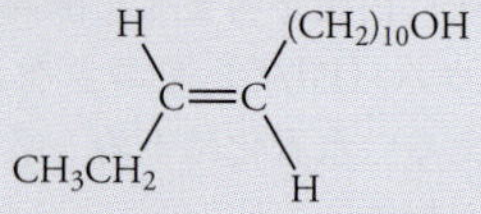

(*E*)-11-テトラデセン-1-オール

## 4・7　アルケンとアルキンの酸化

酸化剤が炭素-炭素結合や炭素-水素結合の σ 電子と反応するのは難しいが，アルケンの二重結合やアルキンの三重結合の π 電子とは比較的容易に反応する．よって，アルケンやアルキンの酸化反応はアルカンの酸化反応よりも容易に進行し，しかも炭素鎖は切断されずに残る．

### アルケンのジヒドロキシ化

塩基性溶液中でのアルケンと過マンガン酸カリウム（$KMnO_4$）の反応では，二重結合が単結合になり，その二つの炭素原子それぞれにヒドロキシ基が結合した生成物が得られる．つまり，この反応でアルケンは酸化される．過マンガン酸イオンは $MnO_2$ に還元される．

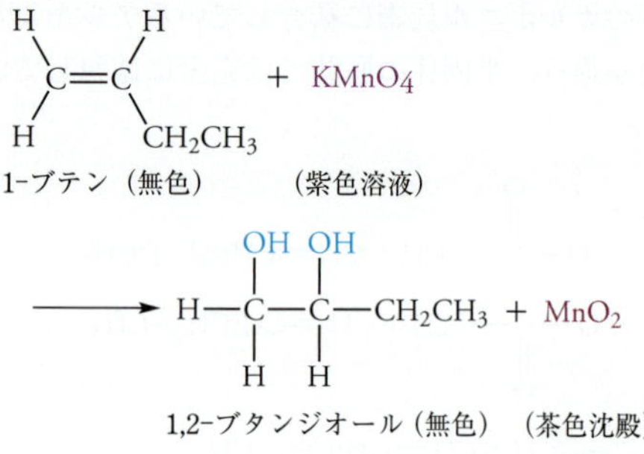

H
H
C=C
H
$CH_2CH_3$
+ $KMnO_4$
1-ブテン（無色）
（紫色溶液）
OH OH
H—C—C—$CH_2CH_3$ + $MnO_2$
H H
1,2-ブタンジオール（無色）
（茶色沈殿）

過マンガン酸カリウムは水溶液中で紫色だが，反応で生成する二酸化マンガン（$MnO_2$）は茶色の沈殿として水溶液から析出する．過マンガン酸カリウムによる酸化反応の色変化は，二重結合の有無を迅速かつ化学的に調べる官能基試験に利用される．アルカンとシクロアルカンは過マンガン酸カリウムでは酸化されず，紫色のまま変化しない．アルケンであれば過マンガン酸カリウムで酸化され，紫色が退色して茶色沈殿が析出する．

### アルケンとアルキンのオゾン分解

アルケンとアルキンはオゾン（$O_3$）と速やかに反応する．反応はジクロロメタンのようなオゾンに対して不活性な溶媒中で行う．アルケンの酸化反応は 2 段階で起こる．最初の段階では，オゾニドとよばれる不安定な中間体が生成するが通常は単離しない．次の段階で中間体を

亜鉛および酢酸と処理すると溶液中で余分の酸素原子が取除かれ，二つのカルボニル化合物が生成する．二つの反応の正味の結果として，炭素-炭素二重結合が切断されて二つのカルボニル化合物が生成することとなる．反応全体をまとめて**オゾン分解**（ozonolysis）とよぶ．オゾン分解はアルケンの二重結合の位置を決定する目的に使用できる．

$$\text{\Large \textbackslash C=C/} \xrightarrow[\text{2. Zn/H}_3\text{O}^+]{\text{1. O}_3} \text{\Large \textbackslash C=O} + \text{\Large C=O/}$$

カルボニル化合物

もし二重結合の炭素原子の片方が2個の水素原子と結合している場合は，オゾン分解の生成物としてホルムアルデヒド（メタナール）が得られる．二重結合の一方の炭素原子にアルキル基と水素原子が結合している場合は，生成物としてアルデヒドが得られる．二重結合の炭素原子の一方に二つのアルキル基が結合している場合は，生成物としてケトンが得られる．

ホルムアルデヒド（メタナール）　アルデヒド　ケトン

あまり使われないが，アルキンのオゾン分解では結合開裂した生成物ができる．内部アルキンからはカルボン酸のみが得られ，末端アルキンからはカルボン酸と二酸化炭素が1当量ずつ生成する．

$$R-C\equiv C-R' \xrightarrow[\text{2. Zn/H}_3\text{O}^+]{\text{1. O}_3} R-CO_2H + R'-CO_2H$$

$$R-C\equiv C-H \xrightarrow[\text{2. Zn/H}_3\text{O}^+]{\text{1. O}_3} R-CO_2H + CO_2$$

## 4・8　アルケンとアルキンに対する付加反応

§2・5で，二つの試薬が合わさって単一の化合物をつくる反応を付加反応とよぶことを学んだ．付加反応の前後で原子の過不足は生じない．エチレン（$C_2H_4$）と一般的な試薬の付加反応の例を次に示す．

$$CH_2=CH_2 + Br-Br \longrightarrow Br-CH_2-CH_2-Br$$
$$CH_2=CH_2 + H-Cl \longrightarrow H-CH_2-CH_2-Cl$$
$$CH_2=CH_2 + H-OH \longrightarrow H-CH_2-CH_2-OH$$

アルケンに付加する試薬が対称か非対称かで反応を分類できる．**対称な試薬**（symmetrical reagent）は$Br_2$のように二つの同一の原子または原子団からできているが，**非対称な試薬**（unsymmetrical reagent）は，HClや$H_2O$のように異なる原子団から構成される．

### ハロゲンの付加

エチレンと臭素の付加反応では1,2-ジブロモエタンが生成する．二重結合に付加する原子は，生成物で隣り合う炭素原子上に位置することになる．これがアルケンの付加反応の一般的な特徴だ．

アルケンに臭素が付加した証拠を示すのは簡単で，臭素は赤橙色だが，臭素がアルケンと反応すると無色の生成物になる．ある有機化合物に$Br_2$を加えて臭素の色が消えたら，その化合物は不飽和化合物だ．

1-ブテン（無色）　（赤橙色）　1,2-ジブロモブタン（無色）

臭素と同様に，塩素もアルケンの炭素-炭素二重結合に容易に付加する．しかし，ヨウ素は反応性が高くないので，アルケンと反応させても付加体は高収率で生成しない．逆に，アルケンとフッ素の反応は反応性が高すぎて制御が難しいうえに，フッ素を使うと他の競合する反応も起こる．

アルキンは塩素や臭素と反応して，テトラハロアルカンを与える．このテトラハロアルカンは，もとは三重結合だった二つの炭素原子それぞれにハロゲン原子2個が結合したものだ．したがって反応には2当量のハロゲンが消費される．アルケンの場合と同様に，塩素と臭素のどちらを用いてもハロゲン化物が生成する．

$$CH_3CH_2-C\equiv C-H + 2Cl_2 \longrightarrow CH_3CH_2-\underset{\underset{Cl}{|}}{\overset{\overset{Cl}{|}}{C}}-\underset{\underset{Cl}{|}}{\overset{\overset{Cl}{|}}{C}}-H$$

1-ブチン　1,1,2,2-テトラクロロブタン

ただし，アルキンと反応させるハロゲンを1当量だけにすると，二重結合の反対側にハロゲン原子が付加したアルケンが生成する．

$$CH_3CH_2-C\equiv C-H + Cl_2 \longrightarrow \text{(E)-1,2-ジクロロブテン}$$

1-ブチン　（E）-1,2-ジクロロブテン

## ハロゲン化水素の付加

アルケンに対称な試薬を付加させて得られる生成物は一つに決まる．臭素分子を付加させる場合に，二つの臭素原子がどちらの炭素に結合しても違いはない．しかし，ハロゲン化水素(HX)のような非対称な試薬を付加させる場合には(通常はHXとしてHClまたはHBrが使われる)，複数の可能性が出てくる．エチレンのように対称なアルケンとの反応では二重結合の二つの炭素原子は等価なので，単一の化合物しか生成しない．

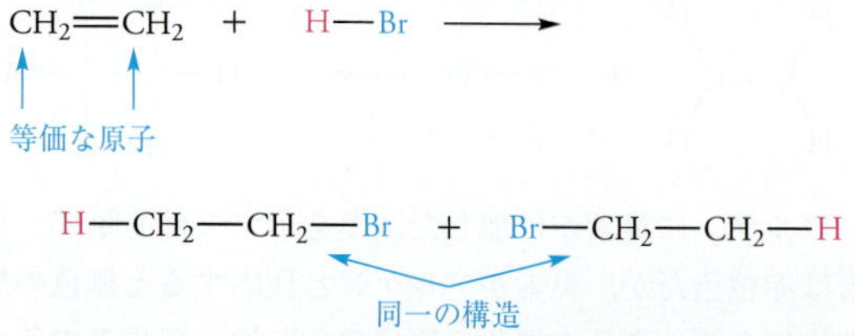

$$CH_2=CH_2 + H-Br \longrightarrow$$

等価な原子

$$H-CH_2-CH_2-Br + Br-CH_2-CH_2-H$$

同一の構造

非対称なアルケンに対するHBrの付加反応では二つの生成物ができる可能性があるが，実際には単一の生成物しか得られないことも多い．プロペンに対するHBrの付加では1-ブロモプロパンと2-ブロモプロパンのどちらも生成物として考えられるが，実際は2-ブロモプロパンしか生成しない．なお，下の反応式で反応の矢印に×印が書かれている場合は，その反応が起こらないことを意味する．このように，アルケンに対する臭化水素の付加反応は単一の生成物が得られる選択性が高い反応だ．似たような選択性はアルキンとハロゲン化水素との反応でもみられる．

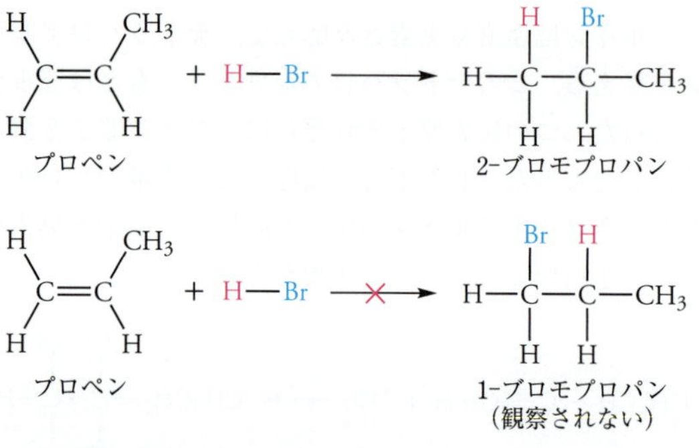

プロペン + H—Br → 2-ブロモプロパン

プロペン + H—Br —✗→ 1-ブロモプロパン（観察されない）

## マルコフニコフ則

1870年にロシアの化学者ウラジミール・マルコフニコフは，非対称アルケンに対して試薬が選択的に付加することを見いだした．HXという一般式で表される分子がアルケンの二重結合に付加する場合に，<u>直接結合する水素原子の数が多い不飽和炭素原子にHXの水素原子が結合する</u>．アルケンの付加に関するこの経験則を**マルコフニコフ則**(Markovnikov's rule)とよぶ．つまり，HXの水素は置換基の数が少ない方の二重結合炭素原子に結合する．2-メチルプロペンに対するHClの付加反応や，1-メチルシクロヘキセンに対するHBrの付加反応はマルコフニコフ則に従う結果となる．

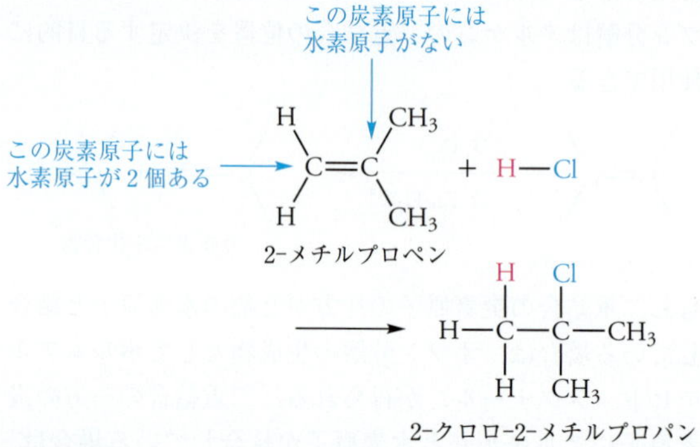

2-メチルプロペン + H—Cl → 2-クロロ-2-メチルプロパン

**例題 4・17** 2-メチル-2-ブテンに対するHBrの付加反応の生成物を予想せよ．

[解答] 不飽和炭素原子の一方には水素原子が1個結合している．もう一方の不飽和炭素原子は水素原子と結合していない．HBrの水素原子は，直接結合する水素原子の数が多い方の炭素原子と結合する．臭素原子はもう一方の炭素原子と結合する．予想される生成物は，2-ブロモ-2-メチルブタンだ．

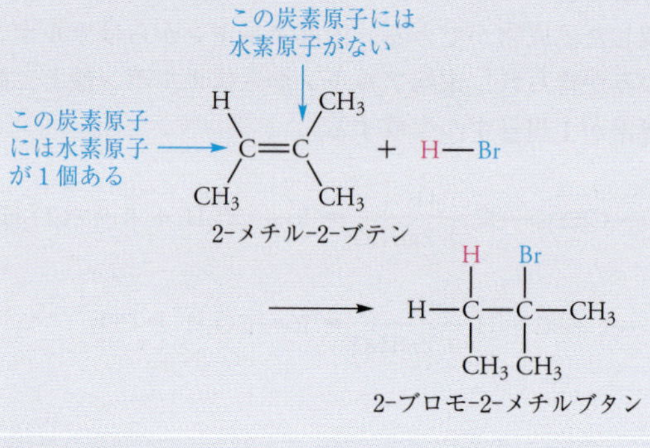

2-メチル-2-ブテン + H—Br → 2-ブロモ-2-メチルブタン

**例題 4・18** 1-メチルシクロヘキセンに対するHClの付加反応の生成物を予想せよ．

## 4・9 付加反応の反応機構

マルコフニコフによって発見された付加反応における位置選択性は，今やゆるぎないものとなっている．完全にあるいは部分的に正電荷を帯びた原子に対して高い親和性をもつ化学種を**求核剤**(nucleophile)とよぶ．付加反応においてアルケンは求核剤として機能し，π結合が反応する．求核性のπ結合は**求電子剤**(electrophile)とよばれる親電子性の化学種と反応する．アルケンに対

するHXの付加反応での求電子剤はH⁺だ.

プロペンとHBrの反応について考えてみよう.巻矢印を使って反応の第一段階(段階1)におけるπ結合の2電子の動きを表すと,正電荷を帯びた水素原子へπ結合の電子が動くことで新たに水素原子とのσ結合ができることがわかる.この段階ではイソプロピルカチオンとよばれる正電荷を帯びた化学種が生成する.イソプロピルカチオンもまた求電子剤となる.

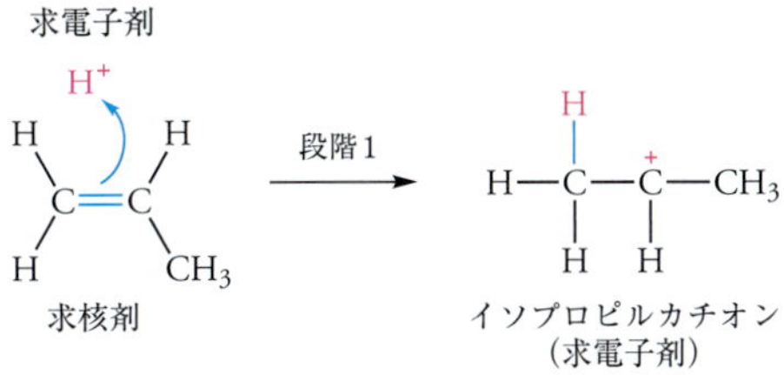

付加反応の第二段階(段階2)では,イソプロピルカチオンが求電子剤として働き,求核剤である臭化物イオンから電子対を受取る.

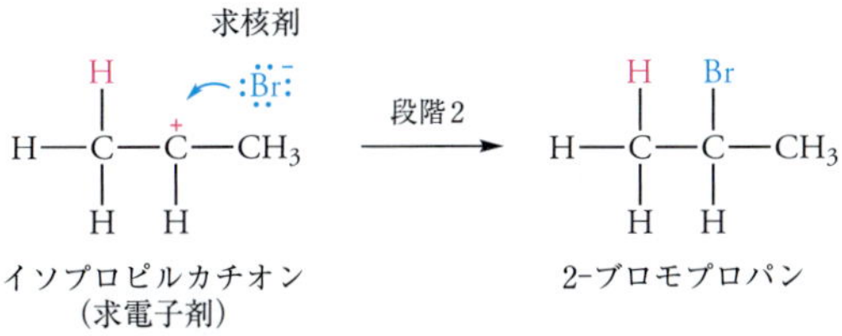

この反応の第一段階で,もとはπ結合していた二つの炭素原子のうちの一方に水素原子が結合する.この段階の原子配置こそが,マルコフニコフ則で予想される生成物が実際に生成する要因となる.二重結合のもう一方の炭素原子にはメチル基と水素原子1個が結合しているが,もし水素原子がそちらの炭素原子に結合すると,イソプロピルカチオンの代わりに$n$-プロピルカチオンが生成することになる.

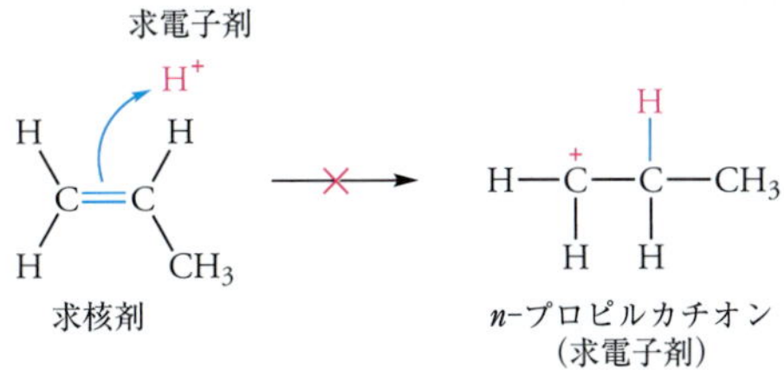

上で出てきた二つのカルボカチオンはどちらも不安定な中間体だが,イソプロピルカチオンの方が$n$-プロピルカチオンよりも優先的に生成する.二重結合に対してプロトンが付加する第一段階で,最終生成物の構造が決まることに注意しよう.第二段階では,第一段階で生じたカルボカチオンが求核的なハロゲン化物イオンと結合す

るだけで,生成物の原子配置には影響しない.

それでは,なぜイソプロピルカチオンが$n$-プロピルカチオンよりも優先して生成するのだろうか? 正電荷をもつ炭素原子に電子供与性のアルキル基が結合すると,炭素-炭素結合の電子が正電荷中心に分極するため,正電荷を安定化するのに役立つ.イソプロピルカチオンでは正電荷が第二級炭素原子にあり,カチオン炭素は二つのアルキル基と結合している.一方,$n$-プロピルカチオンでは正電荷が第一級炭素原子にあり,カチオン炭素が結合するアルキル基は一つしかないので,あまり安定化されない.そのため,イソプロピルカチオンの方が$n$-プロピルカチオンよりも安定になる.同じ理屈で,第三級カルボカチオンでは三つのアルキル基と結合しているため,第二級カルボカチオンよりも安定になる.

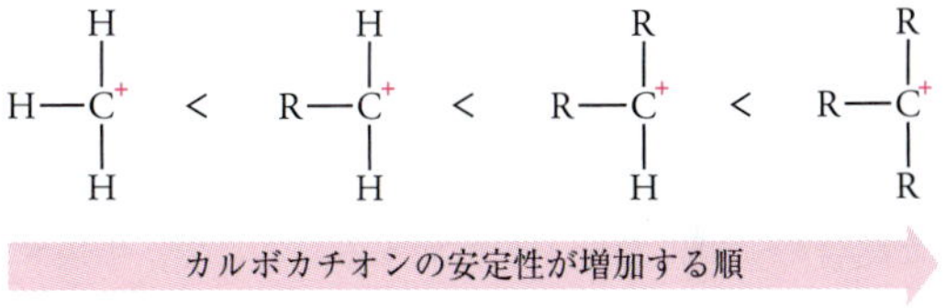

この安定性の序列に基づいて,マルコフニコフ則を説明できる.アルケンに対する求電子剤の付加は,どのような場合でも最も安定なカルボカチオンを生成するように起こり,そのカルボカチオンによって生成物の構造が決まる.

## 4・10 アルケンとアルキンの水和

§4・8で,水はπ結合に対して非対称に付加する試薬だということを学んだ.水はH–OHとも表されるので,一般式H–Xで表される化合物群に含まれる.よって,水がプロペンの二重結合に対して付加すると,マルコフニコフ則に従った化合物である2-プロパノールが生成し,その異性体である1-プロパノールは生成しない.水が付加する反応を**水和**(hydration)とよぶ.

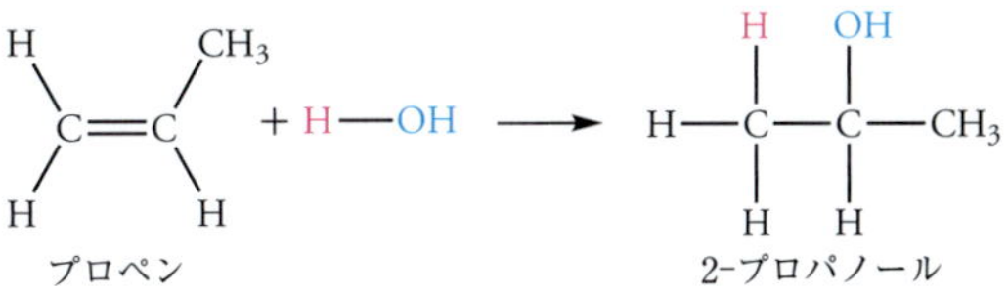

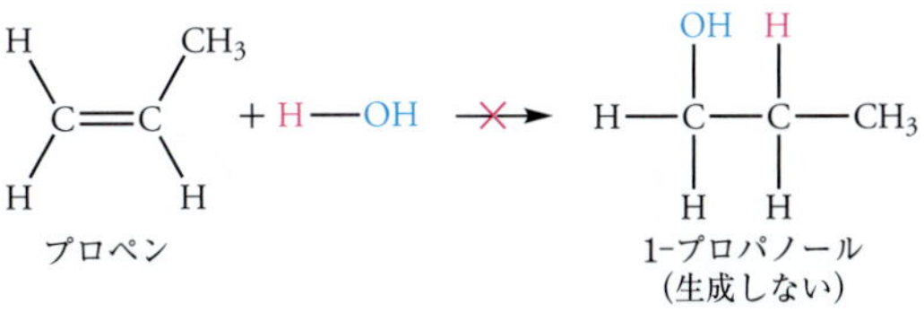

水和反応の逆反応は**脱水**（dehydration）で，§2・5で脱離反応の例としてあげた．アルコールの脱水反応ではアルケンが生成する．

$$\text{H}-\underset{|}{\overset{|}{\text{C}}}-\underset{|}{\overset{|}{\text{C}}}-\text{OH} \xrightarrow{\text{H}_3\text{O}^+} \text{C}=\text{C} + \text{H}-\text{OH}$$

水和反応が進行するか，それとも脱水反応が進行するかは，ル・シャトリエの原理に基づいて反応条件を調節することで決められる．アルケンをアルコールに変換するためには過剰量の水が必要だ．約98% $H_2SO_4$ という濃硫酸中での反応のように，水の濃度がとても低い反応条件では脱水反応が起こる．

### アルキンの水和によるカルボニル化合物の生成

硫酸水銀(II)($HgSO_4$)を触媒として共存させてアルキンと水を希硫酸中で反応させると，アルキンの三重結合のπ結合の一つに水分子が付加する．ここで，生成するアルコールの-OH基はアルケンの二重結合炭素原子と結合することになる．この種の化合物は**エノール**（enol）とよばれる．エノールという名前は，二重結合を表す接尾語の -ene と，アルコールを表す接尾語の -ol の両方を含んでいる．

$$\text{R}-\text{C}\equiv\text{C}-\text{H} + \text{H}_2\text{O} \xrightarrow[\text{HgSO}_4]{\text{H}_2\text{SO}_4} \left[\underset{\text{エノール}}{\overset{\text{HO}\quad\text{H}}{\underset{\text{R}\quad\text{H}}{\text{C}=\text{C}}}}\right]$$

エノールは不安定な化合物で，転位反応によって速やかにカルボニル化合物に変換される．この反応に関しては第10章でさらに詳しく述べる．

$$\left[\underset{\text{エノール}}{\overset{\text{HO}\quad\text{H}}{\underset{\text{R}\quad\text{H}}{\text{C}=\text{C}}}}\right] \longrightarrow \underset{\text{ケトン}}{\overset{\text{O}}{\underset{\text{R}}{\text{C}}}-\overset{\text{H}}{\underset{\text{H}}{\text{C}}}-\text{H}}$$

アルキンの水和の最終生成物はケトンだ．アルキンの三重結合の2個の炭素原子のうち，置換基と結合している方がカルボニル炭素原子へと変換される．

（置換基と結合している炭素原子）

$$\text{cyclopentyl}-\text{C}\equiv\text{C}-\text{H} \xrightarrow[\text{HgSO}_4]{\text{H}_2\text{O, H}_2\text{SO}_4} \text{cyclopentyl}-\overset{\text{O}}{\text{C}}-\text{CH}_3$$

（水素と結合している炭素原子）　ケトン

**例題4・19** 2-デシンの水和で生成する化合物を示せ．
[解答] アルキンの水和の第一段階では，置換基と結合している不飽和炭素原子の方に-OH基が結合することを学んだ．-OH基が結合する部位は，カルボニル基に変換される．2-デシンではC2位とC3位はどちらも置換基と結合している．

（どちらの炭素原子もアルキル基と結合している）

$$\text{CH}_3(\text{CH}_2)_6-\text{C}\equiv\text{C}-\text{CH}_3$$
2-デシン

したがって，2通りの方法で水和が起こり，2-デカノンと3-デカノンの二つの異性体が生成する．

$$\text{CH}_3(\text{CH}_2)_6-\text{CH}_2-\overset{\overset{\text{O}}{\|}}{\text{C}}-\text{CH}_3$$
2-デカノン

$$\text{CH}_3(\text{CH}_2)_6-\overset{\overset{\text{O}}{\|}}{\text{C}}-\text{CH}_2-\text{CH}_3$$
3-デカノン

**例題4・20** 1-メチルシクロペンテンを水和して得られる生成物を示せ．

## 4・11 アルケンとアルキンの合成

アルケンはアルコールやハロアルカン（ハロゲン化アルキル）の脱離反応によって合成できる．§2・5で扱ったように，脱離反応によって一つの化合物が二つの生成物に分裂したことを思い出そう．反応物の大半の原子は一方の生成物に含まれる．もう一方の生成物には残りのわずかな原子しか含まれず，結果として小分子が脱離する．通常は，反応物で隣り合う原子上に位置する原子または原子団が脱離することで，その小分子が形成される．脱離反応の機構については第7章で扱う．

### アルコールの脱水

2-プロパノールを脱水するとプロペンが生成する．この反応には濃硫酸や濃リン酸が必要だ．反応で生成する水は酸によって溶媒和されて，反応が完結する．

（脱離する原子）

$$\text{H}-\underset{\underset{\text{H}}{|}}{\overset{\overset{\text{H}}{|}}{\text{C}}}-\underset{\underset{\text{H}}{|}}{\overset{\overset{\text{OH}}{|}}{\text{C}}}-\underset{\underset{\text{H}}{|}}{\overset{\overset{\text{H}}{|}}{\text{C}}}-\text{H} \xrightarrow{\text{H}_2\text{SO}_4} \underset{\text{CH}_3}{\overset{\text{H}}{\text{C}}}=\underset{\text{H}}{\overset{\text{H}}{\text{C}}}$$

（単結合は二重結合になる）

脱離反応では，隣接する炭素原子上にある炭素-酸素

結合と炭素-水素結合をともに切断する必要がある．2-ブタノールのようなアルコールでは，-OH 基と結合する炭素原子に対して2種類のアルキル基が結合している．-OH 基とともに脱離させる水素原子をどちらのアルキル基の炭素から選んでも水分子が生じる．

*cis*-2-ペンテン　　　　　　*trans*-2-ペンテン

**図 4・4　*cis*-2-ペンテンと *trans*-2-ペンテンの構造**　シス体では-CH$_2$CH$_3$ 基と-CH$_3$ 基が反発する．トランス体では置換基が二重結合の反対側に位置するため，反発することはない．したがって，トランス体の方がより安定で，主生成物となる．

よって，脱離反応の生成物は混合物となる．生成する二重結合に結合するアルキル基が多い異性体，つまり多く置換されたアルケンの方が混合物の主成分となる．

脱離反応において置換基の多いアルケンが主生成物になるという経験則を**ザイツェフ則**（Zaitsev's rule）とよぶ．この通則は，19世紀のロシアの化学者アレキサンダー・ザイツェフによって発見された．§4・1で学んだように，アルケンの不飽和炭素原子に結合するアルキル基の数が増えるほど，アルケンの安定性が増すことを思い出そう．つまるところ，ザイツェフは脱離反応の主生成物がより安定な方の異性体であることを見いだしたのだ．このことは，シス-トランス異性体の混合物が生成する場合にもあてはまる．たとえば，3-ペンタノールは脱水反応によって *cis*-2-ペンテンと *trans*-2-ペンテンの混合物を与えるが，トランス体が主生成物になる．

トランス体ではアルキル基が十分離れているが，シス体ではアルキル基が近くに位置する．アルキル基が近接すると，空間を介して働く相互作用の**立体障害**（steric hindrance）が生じて，アルキル基同士が反発する．その結果，トランス体の方がより安定であり，主生成物となる（図 4・4）．

## ハロゲン化アルキルの脱ハロゲン化水素

ハロゲン化アルキルの隣接する炭素原子から HCl や HBr のように水素とハロゲンが脱離する反応を**脱ハロゲン化水素**（dehydrohalogenation）とよぶ．反応生成物はアルケンで，反応には塩基が必要だ．

水酸化物イオンは十分な塩基性をもつが，一般的にこの反応にはアルコールの共役塩基であるアルコキシドを塩基として使用する．エタノール溶媒中でナトリウムエトキシドを塩基として使用する組合わせがよく使われる．反応機構は第7章で議論する．

脱水反応と同様に，複数の生成物がありうる脱ハロゲン化水素の場合は，より多く置換された二重結合をもつアルケンが主生成物となる．シス-トランス異性体がありうる場合は，シス体よりもトランス体の方が多く生成する．

## 二ハロゲン化物の脱離反応

アルケンを合成する場合と同様に，アルキンは脱離反応によって合成できる．アルキンは二つのπ結合をもつので，2当量のHXが脱離する必要がある．この反応に必要な反応物は**ビシナル**（vicinal）**二ハロゲン化物**だ．つまり，隣接する二つの炭素原子上にそれぞれハロゲン原子が結合した化合物だ．この反応ではアルコキシドよりも強い塩基が必要だ．一般的には，液体アンモニア溶媒中でナトリウムアミド（NaNH$_2$）を塩基として使う．

$$CH_3(CH_2)_3-\underset{\underset{H}{|}}{\overset{\overset{Cl}{|}}{C}}-\underset{\underset{Cl}{|}}{\overset{\overset{H}{|}}{C}}-H \xrightarrow{NH_2^-/NH_3(液体)}$$
1,2-ジクロロヘキサン

$$CH_3(CH_2)_3-C\equiv C-H$$
1-ヘキシン

## 4・12 ジエン

分子内に2本の二重結合がある化合物は一般に**ジエン**（diene）とよばれる．2本の二重結合部分が1本の単結合で結ばれているジエンは特に**共役**（conjugated）**ジエン**とよばれ，他の単純なアルケンとは化学的な性質が異なる．一方，ジエンの2本の二重結合部分が2本以上の単結合を介して結ばれている場合は，一般的なアルケンと同じ性質を示す．そのような二重結合部分をもつジエン化合物は，**非共役**（nonconjugated）**ジエン**とよばれる．

$$\overset{1}{CH_2}=CH-\overset{3}{CH}=CH-CH_3$$
1,3-ペンタジエン（共役ジエン）

$$\overset{1}{CH_2}=CH-CH_2-\overset{4}{CH}=CH_2$$
1,4-ペンタジエン（非共役ジエン）

2本の二重結合が1個の炭素原子を共有する化合物は，**累積二重結合化合物**とよばれる．このような化合物は比較的珍しく，本書ではこれ以上は扱わない．

$$\overset{1}{CH_2}=\overset{2}{C}=CH-CH_2-CH_3$$
1,2-ペンタジエン（累積ジエン）

## 求電子的共役付加反応

非共役ジエンに対する求電子剤の付加反応は，一方ないし両方の二重結合で起こりうる．生成物の位置選択性はマルコフニコフ則に従う．

$$CH_2=CH-CH_2-CH=CH_2 \xrightarrow{HBr}$$
1,4-ペンタジエン

$$CH_3-\underset{\overset{|}{Br}}{CH}-CH_2-CH=CH_2$$
4-ブロモ-1-ペンテン

$$CH_3-\underset{\overset{|}{Br}}{CH}-CH_2-CH=CH_2 \xrightarrow{HBr}$$

$$CH_3-\underset{\overset{|}{Br}}{CH}-CH_2-\underset{\overset{|}{Br}}{CH}-CH_3$$
2,4-ジブロモペンタン

共役ジエンに対するHBrの付加の反応形式は，上の反応形式とは著しく違う．共役ジエンに1当量のHBrを反応させると2種類の生成物が得られる．

$$CH_2=CH-CH=CH_2 \xrightarrow{HBr}$$
1,3-ブタジエン

$$\overset{\overset{H}{|}}{CH_2}-\underset{\overset{|}{Br}}{CH}-CH=CH_2 + \overset{\overset{H}{|}}{CH_2}-CH=CH-\underset{\overset{|}{Br}}{CH_2}$$
3-ブロモ-1-ブテン　　　　　1-ブロモ-2-ブテン
（1,2-付加, 70%）　　　　（1,4-付加, 30%）

3-ブロモ-1-ブテンは二重結合に対してHBrが直接付加した生成物であり，付加の位置選択性はマルコフニコフ則に従う．一方，1-ブロモ-2-ブテンはHBrがC1位とC4位の炭素原子に付加した生成物で，これまでにない形式の反応が起こっている．生成物ではC2位とC3位の炭素原子間に二重結合があることに注意しよう．この生成物は**1,4-付加反応**（1,4-addition reaction）により生じたものだ．

共役ジエンから1,4-付加体ができる理由を理解するために，反応の第一段階で生成する中間体の構造を考えてみよう．中間体はメチル基で置換した**アリルカチオン**（allyl cation）だ．アリルカチオンは二つの共鳴構造の寄与によって共鳴安定化される．

$$\left[ \overset{+}{CH_2}-CH=CH_2 \longleftrightarrow CH_2=CH-\overset{+}{CH_2} \right]$$
共鳴安定化されたアリルカチオン

アリルカチオンの正電荷は末端の炭素原子に等しく分配される．末端炭素原子はどちらも求核剤と反応できるが，生成物は同じものになる．

ここで，アリルカチオンを生成する方法として，共役ジエンに対するプロトンの求電子付加について考えてみよう．共役ジエンに対する付加反応のカルボカチオン中間体は，二つの共鳴構造I,IIで表されるアリルカチオ

ンだ．付加反応の次の段階では，正電荷をもつ二つの炭素原子のどちらか一方と求核剤の臭化物イオンが結合を形成する．臭化物イオンが共鳴構造Ⅰの第二級炭素原子と結合すると 1,2-付加体が生成する．臭化物イオンが共鳴構造Ⅱの第一級炭素原子と結合すると 1,4-付加体が生成する．このようにして 1,2-付加体と 1,4-付加体が両方とも生成する．

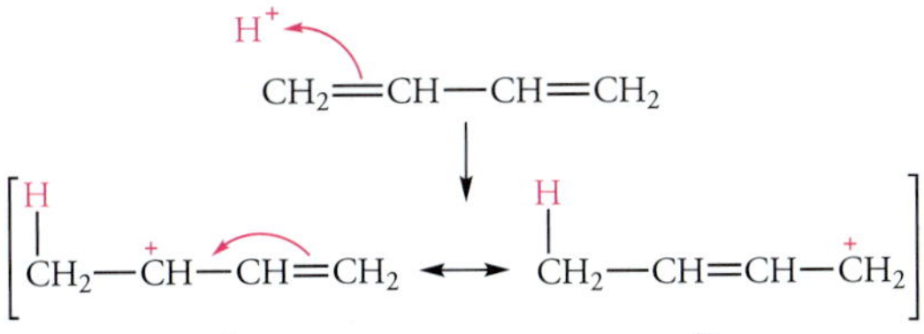


## 4・13 テルペン

**テルペン**（terpene）は植物油や花油に豊富に含まれている．テルペンは独特のにおいがあり，松の木のにおいのもとでもある．また，ニンジンやトマトの色の原因でもある．テルペンは 2 個以上の**イソプレン単位**（isoprene unit）すなわち 2-メチル-1,3-ブタジエンを基本部分として構成され，通常は分子間で head-to-tail 型とよばれる C1 と C4 の位置での結合が形成される．

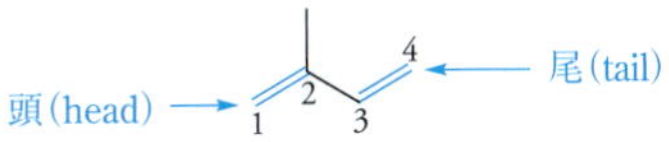


イソプレン
(2-メチル-1,3-ブタジエン)

テルペンは化合物によって不飽和度が違い，さまざまな官能基を含むことがある．環式構造のものもあれば，非環式構造のものもある．それでも通常はイソプレン単位を簡単に確認できる．

ファルネソールは，head-to-tail 型で結合した三つのイソプレン単位をもつ非環式テルペンだ．カルボンは二つのイソプレン単位をもつ環式テルペンだ．イソプレン単位がつながった部分を点線で示す．

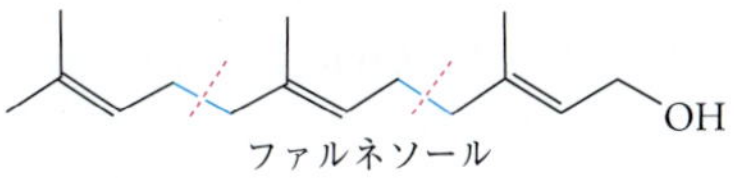


ファルネソール

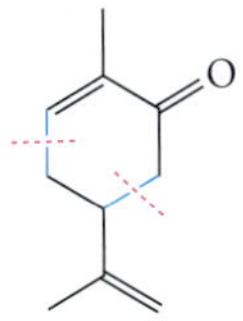


カルボン

テルペンは分子内に含まれるイソプレン単位の数で分類される．**モノテルペン**（monoterpene）は最も単純なテルペンで，二つのイソプレン単位をもつ．**セスキテルペン**（sesquiterpene）は三つのイソプレン単位をもつ．**ジテルペン**（diterpene），**トリテルペン**（triterpene），**テトラテルペン**（tetraterpene）はイソプレン単位をそれぞれ 4, 6, 8 個もつ．テルペンの構造の例を図 4・5 に示す．

### 代謝におけるアリル酸化

肝臓の酵素のシトクロム P450 は，多くの有毒代謝物や薬品をアリル位で酸化する．たとえば，マリファナに含まれる精神活性成分を肝臓で分解する第一段階でアリル酸化が起こる．この段階ではアリルラジカルが中間体としておそらく関与している．

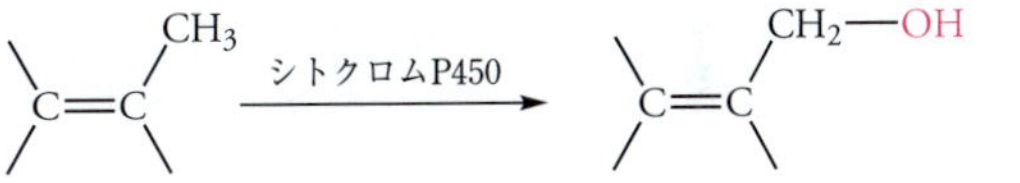


アリルアルコール

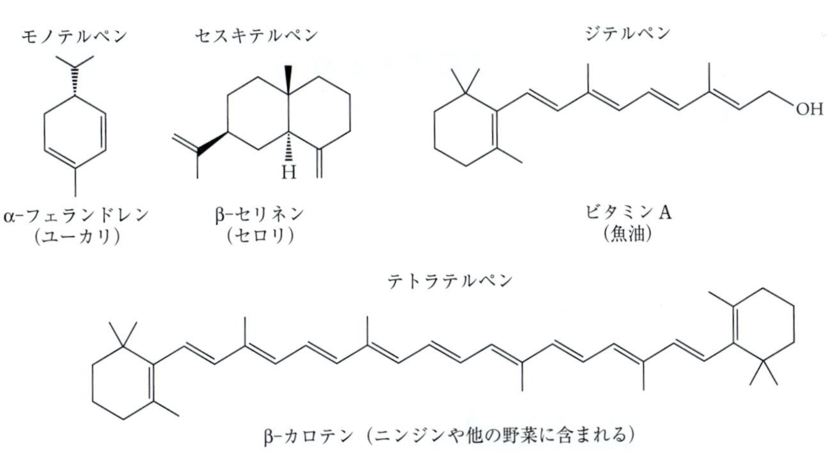


**図 4・5　テルペンの構造と分類**

マリファナのおもな有効成分はΔ¹-テトラヒドロカンナビノール（Δ¹-THC）で，三つのアリル中心がある．C3位は第三級炭素原子で，C6位は第二級炭素原子で，C7位は第一級炭素原子だ．近くにある二つのメチル基の立体障害のせいで，C3位ではアリル酸化が起こらない．他の2箇所のうち，C6位よりもC7位がアリル酸化された生成物の方が多くできる．C7位は第一級炭素でラジカルが生成しにくいはずだが，炭素原子の種類によるラジカルの安定性の違いはカルボカチオンの場合ほど大きくない．よって，この反応の位置選択性にはラジカルの安定性のほかに立体障害などの要因が影響する余地がある．C7位のメチル基の方が第二級炭素のC6位よりも立体的な理由で試薬が近づきやすく，C7位が主として酸化される．興味深いことに，C7位が酸化された生成物はΔ¹-THCよりも活性が高い．

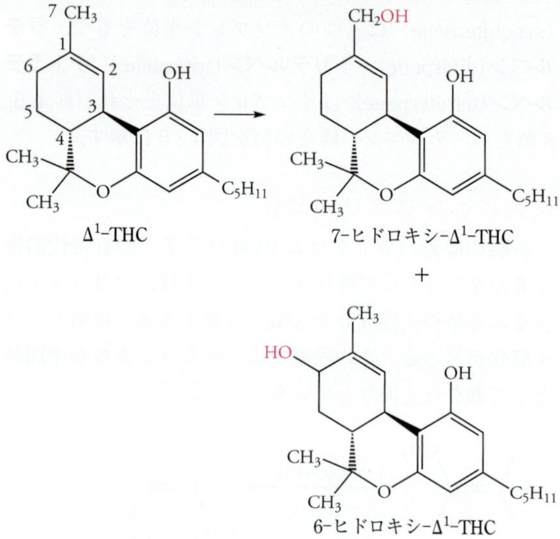

THCとその代謝産物の生理活性は，Gタンパク質共役受容体（GPCR）とよばれる膜結合タンパク質の作用の影響を受ける．これには複雑で非常に重要な細胞のシグナル伝達機構が関与している．この調節は複雑で非常に重要な細胞のシグナル伝達機構によって生じる．

有機化合物は通常は肝臓で水溶性の酸化物に変換され，排出されやすくなる．しかし，薬品設計で懸念すべきことの一つは，代謝での酸化反応によって生産された代謝産物の反応性である．当たり前だが，代謝産物によって細胞が損傷したり，他の生命過程が妨害されたりすることは容認できない．言い換えれば，薬品を投与することで病気の状態よりも悪くなってはいけない．たとえば，催眠鎮痛薬であるヘキソバルビタールの場合は，シクロヘキセン環のメチレン基のアリル酸化によって代謝が起こる．それに続くこの代謝産物の反応で，その薬品が体内から消失しやすくなる．

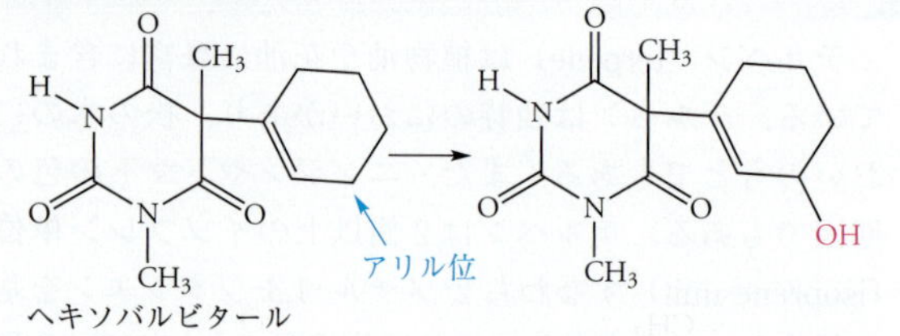

抗不整脈薬のキニジンは矢印で示されたアリル位が酸化されることで代謝され，アリルアルコール誘導体が生成する．この場合は，代謝産物も抗不整脈薬活性を示す．

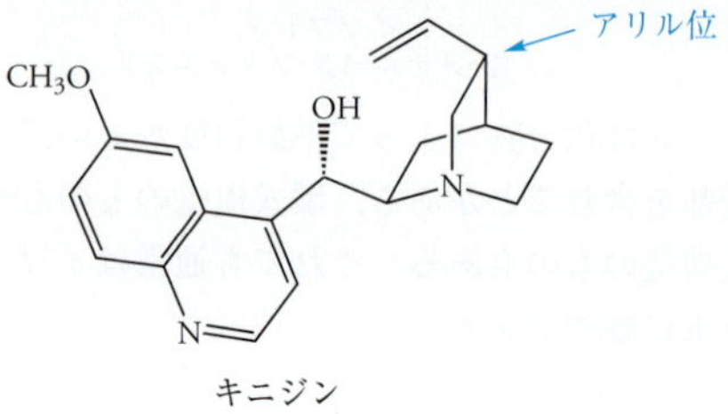

---

## 反応のまとめ

**1. アルケンの水素化（§4・6）**

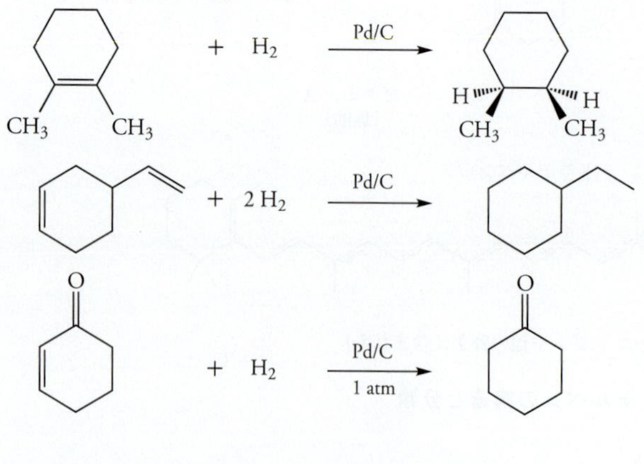

反応のまとめ

**2. アルキンの水素化（§4・6）**

$$CH_3(CH_2)_3-C{\equiv}C-H + 2H_2 \xrightarrow{Pd/C} CH_3(CH_2)_3-CH_2-CH_3$$

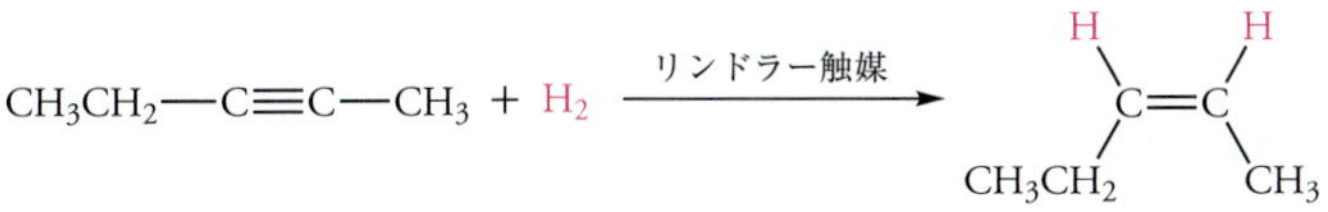

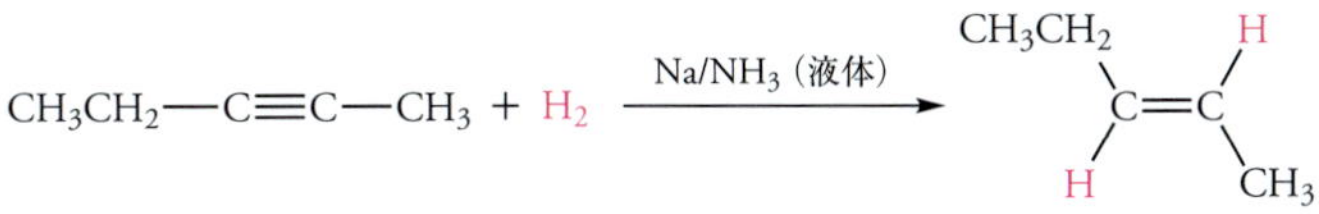

$$CH_3CH_2-C{\equiv}C-CH_3 + H_2 \xrightarrow{\text{リンドラー触媒}} \underset{CH_3CH_2\ \ \ \ \ \ CH_3}{\overset{H\ \ \ \ \ \ \ \ \ H}{\text{C}=\text{C}}}$$

$$CH_3CH_2-C{\equiv}C-CH_3 + H_2 \xrightarrow{Na/NH_3(\text{液体})} \underset{H\ \ \ \ \ \ \ \ CH_3}{\overset{CH_3CH_2\ \ \ \ H}{\text{C}=\text{C}}}$$

**3. アルケンの酸化（§4・7）**

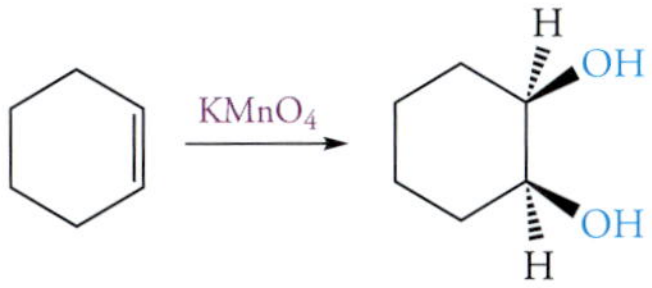

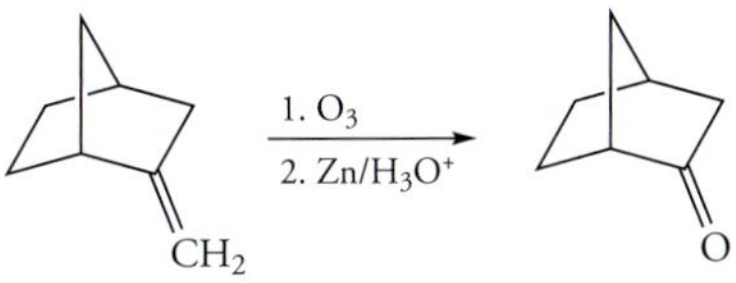

シクロヘキセン $\xrightarrow{KMnO_4}$ trans-1,2-シクロヘキサンジオール（H, OH がトランス配置）

メチレンノルボルナン $\xrightarrow[2.\ Zn/H_3O^+]{1.\ O_3}$ ノルボルナノン

**4. アルケンのハロゲン化（§4・8）**

$$CH_3(CH_2)_2CH=CH_2 + Cl_2 \longrightarrow CH_3(CH_2)_2\underset{}{\overset{Cl}{C}}H-CH_2Cl$$

**5. アルケンに対するハロゲン化水素の付加（§4・8）**

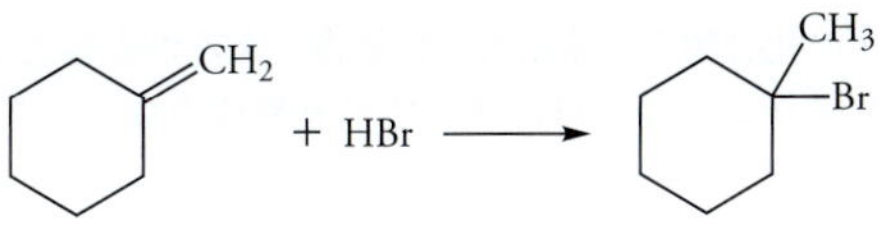

メチレンシクロヘキサン + HBr ⟶ 1-ブロモ-1-メチルシクロヘキサン

**6. アルケンの水和（§4・10）**

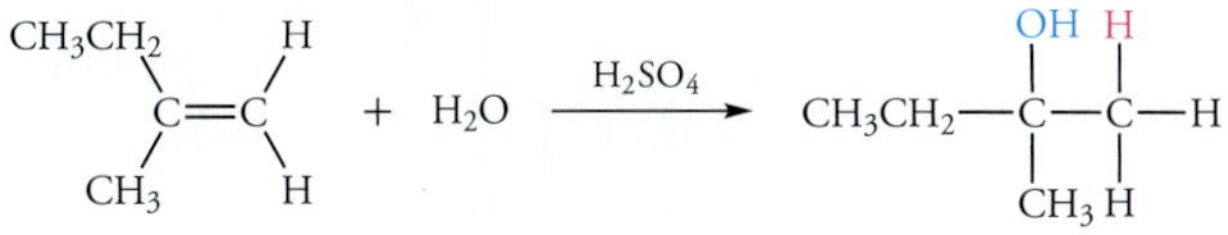

$$\underset{CH_3\ \ \ \ \ \ \ H}{\overset{CH_3CH_2\ \ \ \ H}{\text{C}=\text{C}}} + H_2O \xrightarrow{H_2SO_4} CH_3CH_2-\underset{CH_3}{\overset{OH}{C}}-\underset{H}{\overset{H}{C}}-H$$

**7. アルキンに対するハロゲンの付加（§4・8）**

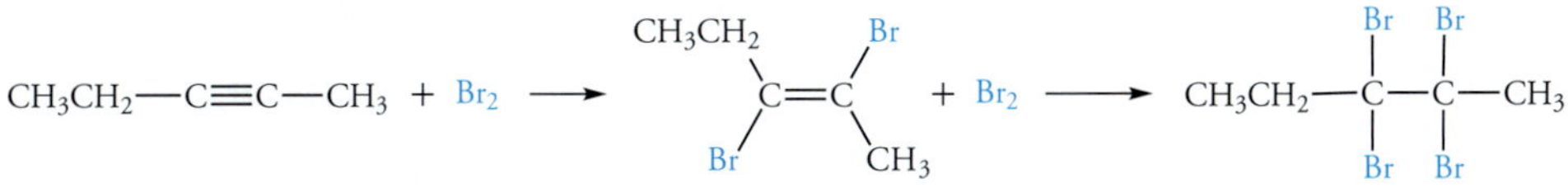

$$CH_3CH_2-C{\equiv}C-CH_3 + Br_2 \longrightarrow \underset{Br\ \ \ \ \ \ \ CH_3}{\overset{CH_3CH_2\ \ \ \ Br}{\text{C}=\text{C}}} + Br_2 \longrightarrow CH_3CH_2-\underset{Br\ \ \ Br}{\overset{Br\ \ \ Br}{C-C}}-CH_3$$

**8. アルキンの水和（§4・10）**

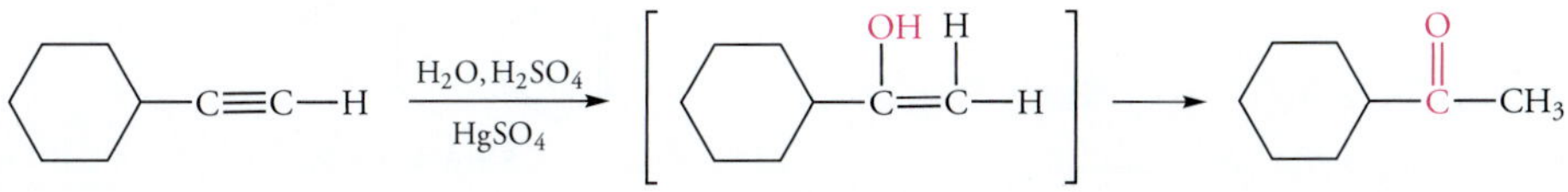

$$\text{シクロヘキシル}-C{\equiv}C-H \xrightarrow[HgSO_4]{H_2O, H_2SO_4} \left[\text{シクロヘキシル}-\underset{}{\overset{OH}{C}}=\underset{H}{\overset{H}{C}}-H\right] \longrightarrow \text{シクロヘキシル}-\underset{}{\overset{O}{C}}-CH_3$$

## 4. アルケンとアルキン

**9.** アルコールの脱水によるアルケンの合成 (§4・11)

CH₃CH₂-C(OH)(CH₃)-CH₂CH₃ →(H₂SO₄) (CH₃CH₂)(CH₃)C=C(H)(CH₃)

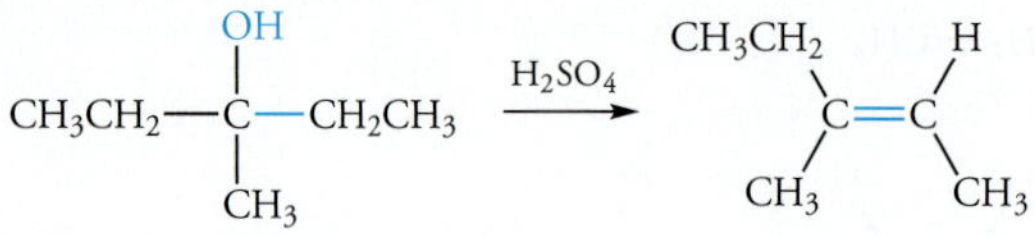

**10.** 脱ハロゲン化水素によるアルケンの合成 (§4・11)

シクロデカン-Br →(CH₃CH₂O⁻Na⁺ / CH₃CH₂OH) シクロデセン

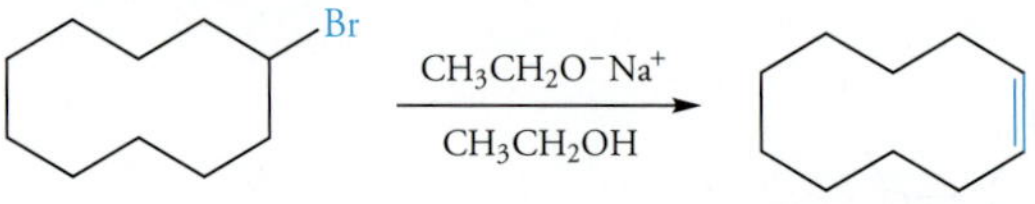

**11.** 脱ハロゲン化水素によるアルキンの合成 (§4・11)

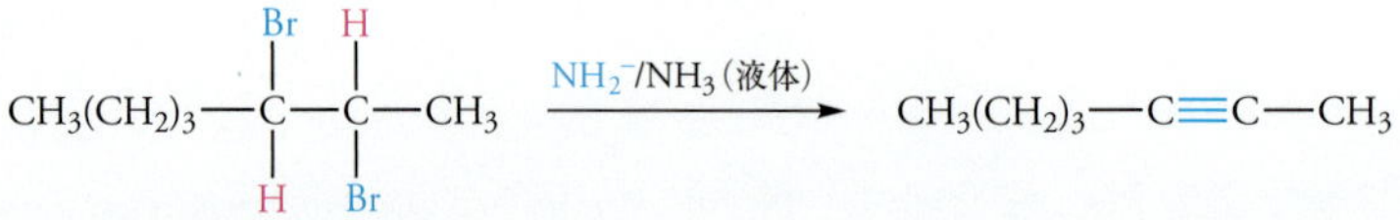

CH₃(CH₂)₃-C(Br)(H)-C(H)(Br)-CH₃ →(NH₂⁻/NH₃(液体)) CH₃(CH₂)₃-C≡C-CH₃

**12.** ジエンの共役付加反応 (§4・12)

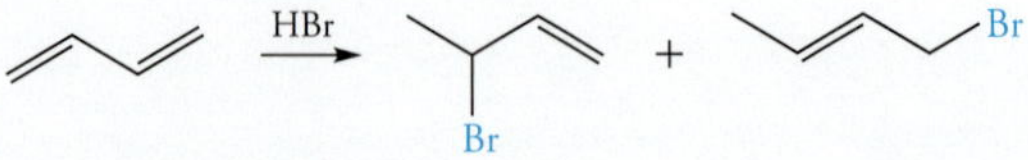

CH₂=CH-CH=CH₂ →(HBr) CH₂=CH-CH(Br)-CH₃ + CH₃-CH=CH-CH₂Br

---

## 練習問題

### 分子式

**4・1** 次の構造的特徴をもつ各炭化水素の分子式を書け.
(a) 炭素原子が6個, 二重結合が1本
(b) 炭素原子が5個, 二重結合が2本
(c) 炭素原子が7個, 環が1個, 二重結合が1本

**4・2** 次の構造的特徴をもつ各炭化水素の分子式を書け.
(a) 炭素原子が4個, 三重結合が2本
(b) 炭素原子が4個, 二重結合が1本, 三重結合が1本
(c) 炭素原子が10個, 環が2個

**4・3** 次の各化合物の分子式を書け.

(a) 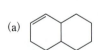　(b)

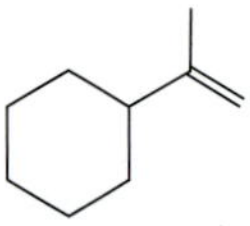

(c)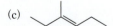

**4・4** 次の各化合物の分子式を書け.

(a) 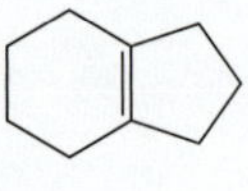 　(b)

(c) 

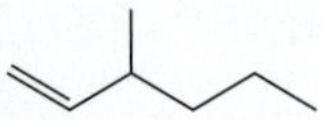

### アルケンとアルキンの分類

**4・5** 練習問題4・3のアルケンの各二重結合を置換様式で分類せよ.

**4・6** 練習問題4・4のアルケンの各二重結合を置換様式で分類せよ.

**4・7** 次の化合物の二重結合が何置換であるかを答えよ.
(a) コレステロール: ほぼすべての有機体の成長に必要なステロイド

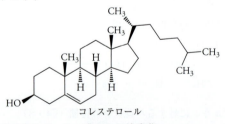

(b) タモキシフェン: 乳がんの治療薬

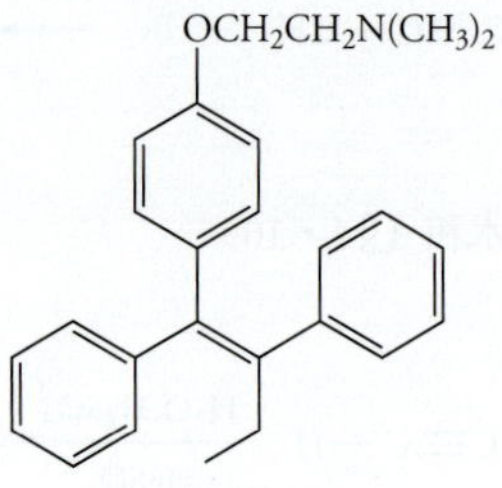

**4・8** 次の各化合物の三重結合が何置換であるかを答えよ．
(a) 乳がんの治療薬

(b) 妊娠中絶薬

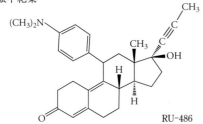

**幾何異性体（シス-トランス異性体）**

**4・9** 次の化合物のうちでシス-トランス異性体が存在しうるものを選べ．
(a) $CH_3CH=CHBr$
(b) $CH_2=CHCH_2Br$
(c) $CH_3CH=CHCH_2Cl$

**4・10** 次の化合物のうちでシス-トランス異性体が存在しうるものを選べ．
(a) $CH_3CH=CBr_2$
(b) $CH_2=CHCHBr_2$
(c) $CH_3CH=CHCHCl_2$

**4・11** 次の化合物のうちでシス-トランス異性体が存在しうるものを選べ．
(a) 1-ヘキセン　　(b) 3-ヘプテン
(c) 4-メチル-2-ペンテン　(d) 2-メチル-2-ブテン

**4・12** 次の化合物のうちで幾何異性体が存在するものを選べ．
(a) 3-メチル-1-ヘキセン　(b) 3-エチル-3-ヘプテン
(c) 2-メチル-2-ペンテン　(d) 3-メチル-2-ペンテン

**$E,Z$-命名法**

**4・13** 次の各組のうち最も優先順位が高い置換基を選べ．
(a) $-CH(CH_3)_2$　　$-CHClCH_3$　　$-CH_2CH_2Br$
(b) $-CH_2CH=CH_2$　$-CH_2CH(CH_3)_2$　$-CH_2C\equiv CH$
(c) $-OCH_3$　　$-N(CH_3)_2$　　$-C(CH_3)_3$

**4・14** 次の各組のうち最も優先順位が高い置換基を選べ．
(a) $-\overset{O}{\underset{\parallel}{C}}-CH_3$　$-\overset{O}{\underset{\parallel}{C}}-OH$　$-\overset{O}{\underset{\parallel}{C}}-F$
(b) $-\overset{O}{\underset{\parallel}{C}}-NH_2$　$-\overset{O}{\underset{\parallel}{C}}-OCH_3$　$-\overset{O}{\underset{\parallel}{C}}-N(CH_3)_2$
(c) $-\overset{O}{\underset{\parallel}{C}}-S-CH_3$　$-\overset{O}{\underset{\parallel}{C}}-O-CH_3$　$-\overset{O}{\underset{\parallel}{C}}-Cl$

**4・15** 次の抗ヒスタミン薬の $E,Z$ 配置を決定せよ．
(a) ピロブタミン

(b) トリプロリジン

**4・16** がんの増殖を抑制する次のホルモン拮抗薬それぞれの $E,Z$ 配置を決定せよ．
(a) クロミフェン

(b) ニトロミフェン

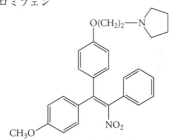

**4・17** 次の指定された配置をもつ各ホルモンの構造式を書け．
(a) チチュウカイミバエの性ホルモン，$E$ 体
$CH_3CH_2CH=CH(CH_2)_5OH$
(b) シロアリの防御ホルモン，$E$ 体
$CH_3(CH_2)_{12}CH=CHNO_2$

**4・18** 次の性ホルモンそれぞれについて，シス-トランス異性体が存在しうるすべての二重結合の $E,Z$ 配置を決定せよ．
(a) ヨーロッパのブドウガ

(b) ワタアカミムシガ

## アルケンの命名法

4・19 次の各化合物を命名せよ．
(a), (b), (c) [構造式]

4・20 次の各化合物を命名せよ．
(a), (b), (c) [構造式]

4・21 次の各化合物を命名せよ．
(a), (b), (c) [構造式]

4・22 次の各化合物を命名せよ．
(a), (b), (c) [構造式]

4・23 次の各化合物の構造式を書け．
(a) 2-メチル-2-ペンテン
(b) *cis*-2-メチル-3-ヘキセン
(c) *trans*-5-メチル-2-ヘキセン

4・24 次の各化合物の構造式を書け．
(a) *trans*-1-クロロプロペン
(b) *cis*-2,3-ジクロロ-2-ブテン
(c) 2,4-ジメチル-2-ヘキセン

4・25 次の各化合物の構造式を書け．
(a) 1-メチルシクロペンテン
(b) 1,2-ジブロモシクロヘキセン
(c) 4,4-ジメチルシクロヘキセン

4・26 次の各化合物の構造式を書け．
(a) 3-メチルシクロヘキセン
(b) 1,3-ジブロモシクロペンテン
(c) 3,3-ジクロロシクロペンテン

## アルキンの命名法

4・27 次の各化合物を命名せよ．
(a) $CH_3CH_2CH_2C\equiv CH$
(b) $(CH_3)_3CC\equiv CCH_2CH_3$
(c) $CH_3-C\equiv C-CH-CH_3$ / $CH_2CH_3$

4・28 次の各化合物を命名せよ．
(a) $CH_3CHBrCHBrC\equiv CCH_3$
(b) $Cl(CH_2)_2C\equiv C(CH_2)_3CH_3$
(c)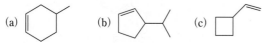

4・29 次の各化合物の構造式を書け．
(a) 2-ヘキシン  (b) 3-メチル-1-ペンチン
(c) 5-エチル-3-オクチン

4・30 次の各化合物の構造式を書け．
(a) 3-ヘプチン  (b) 4-メチル-1-ペンチン
(c) 5-メチル-3-ヘプチン

## アルケンとアルキンの水素化

4・31 適切な触媒が存在する条件で，次の各化合物 1 mol と大気圧で反応する水素ガスの物質量を示せ．
(a) $CH_3-CH=CH-C\equiv CH$
(b) $HC\equiv C-C\equiv C-H$
(c) $CH_2=CH-C\equiv C-CH=CH_2$

4・32 適切な触媒が存在する条件で，次の各化合物 1 mol と大気圧で反応する水素ガスの物質量を示せ．
(a) イクチオテレオール: 抗てんかん薬

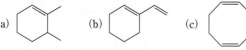

(b) ミコマイシン: 抗生物質
$H-C\equiv C-C\equiv C-CH=C=CH-CH=CH-CH=CH-CH_2-CO_2H$

4・33 次の不飽和カルボン酸を構造が似ているアルキンから合成する方法と，使用する試薬を示せ．

[構造式: $CH_3(CH_2)_7$ と $(CH_2)_7CO_2H$ が cis 二重結合]

4・34 次の化合物はナシヒメシンクイの雄が分泌する性ホルモンの成分だ．この化合物を構造が似ているアルキンから合成する方法と，使用する試薬を示せ．

[構造式: 桂皮酸エチル]

## アルケンの酸化

4・35 *cis*-2-ペンテンを塩基性溶液中で過マンガン酸カリ

ウムと反応させたときに観察される変化を書け．この試薬を使って cis-2-ペンテンとシクロペンタンをどう区別するかを示せ．

**4・36** 塩基性溶液中で，ビニルシクロヘキサンと過マンガン酸カリウムの反応の生成物と，アリルシクロペンタンと過マンガン酸カリウムの反応の生成物を書け．

**4・37** 次の各化合物のオゾン分解の生成物を書け．

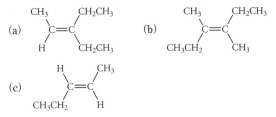

**4・38** 次の各化合物のオゾン分解の生成物を書け．

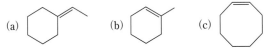

## 付加反応

**4・39** 練習問題 4・37 の化合物のうち，HBr との反応で単一の生成物を与える化合物を選び，その理由を説明せよ．

**4・40** 練習問題 4・38 の各化合物と HBr の反応における生成物を書け．

**4・41** アルキンに HBr を反応させると，水素と臭素がトランス付加する．次の各アルキンと 1 モル当量の HBr の反応における生成物を書け．
(a) $CH_3CH_2C\equiv CH$
(b) $CH_3CH_2C\equiv CCH_3$
(c) $CH_3CH_2C\equiv CCH_2CH_3$

**4・42** 練習問題 4・41 の各化合物と 2 モル当量の HBr の反応における生成物を書け．

**4・43** 練習問題 4・38 の各化合物の水和反応における生成物を書け．

**4・44** 次の二つの化合物のうちの一方は，水和反応の生成物としてケトンを一つだけ与える．もう一方の化合物は 2 種類のケトンの混合物を与える．ケトンを一つだけ与える方を選び，理由とともに記せ．

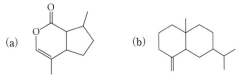

## アルケンとアルキンの合成

**4・45** 次の臭化アルキルから臭化水素を脱離させることで生成するアルケンの数を書け．主生成物となる異性体を示せ．

(a) $CH_3CH_2CHBrCH_2CH_3$
(b) $(CH_3)_3CCHBrCH_3$
(c) $CH_3(CH_2)_3CHBrCH_3$

**4・46** 臭化水素の脱離反応を行うと次の各アルケンだけを与える臭化アルキルの構造式を書け．

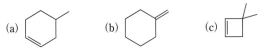

**4・47** ハロゲン化水素を脱離させると次のアルキンだけを与える化合物の構造式を書け．

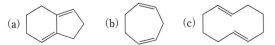

**4・48** 2 個のハロゲン原子が同一の炭素原子に結合した化合物（ジェミナル二ハロゲン化物）の脱離反応によって，アルキンが合成できる．次の反応では書かれている生成物が収率よく合成できるかどうか，理由とともに示せ．

$$CH_3CH_2CH_2CBr_2CH_3 \xrightarrow[NH_3]{NaNH_2} CH_3CH_2C\equiv CCH_3$$

## ジエン

**4・49** 次の化合物のうち，共役二重結合をもつものを示せ．

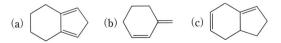

**4・50** 次の化合物のうち，共役二重結合をもつものを示せ．

(a)　　　(b)　　　(c)

## テルペン

**4・51** 次のテルペンをイソプレン単位の数をもとに分類し，イソプレン単位に分割せよ．

(a)　　　(b)

**4・52** 次のテルペンをイソプレン単位の数をもとに分類し，イソプレン単位に分割せよ．

(a)　　　(b)

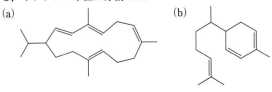

# 5 芳香族化合物

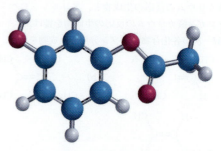

レソルシノールモノアセタート

## 5·1 芳香族化合物

　芳香族（aromatic）という用語は古代ギリシャ語の"aroma"に由来する用語で，"芳香（よい香り）"を意味する．よい香りのする物質は"芳香族化合物"であるものが多く，その大半は置換基がついたベンゼン環を含む化合物だ（§1·5）．たとえば，香料として知られているササフラス油，冬緑油，バニラはいずれも芳香族化合物を主成分として含む．

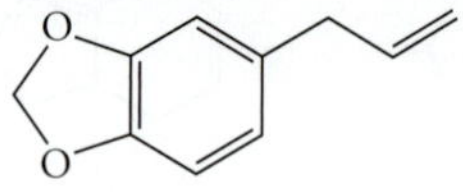

サフロール
（ササフラス油）

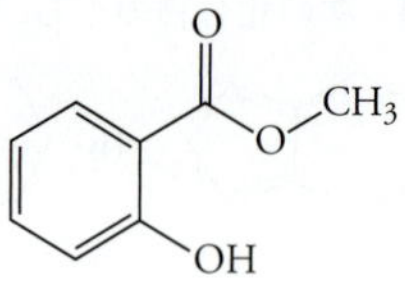

サリチル酸メチル
（冬緑油）

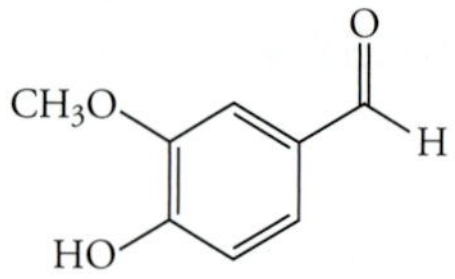

バニリン
（バニラ）

　今日では，ベンゼン環を含んでいてもよい香りがしない化合物も多いことがわかってきたので，芳香族化合物の定義としてにおいは関係なくなった．においがほとんどしないものや，全然におわない固体の芳香族化合物もたくさんある．固体の芳香族化合物としては，抗生物質

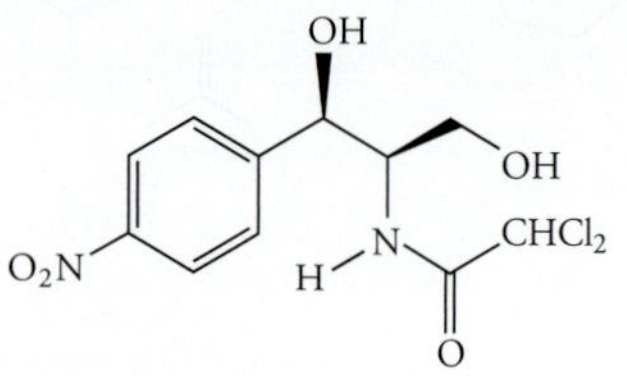

クロラムフェニコール

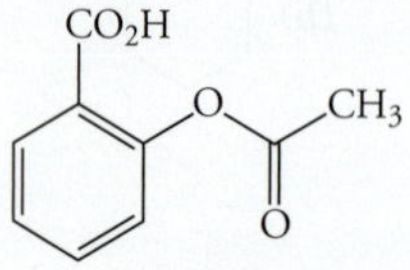

アスピリン

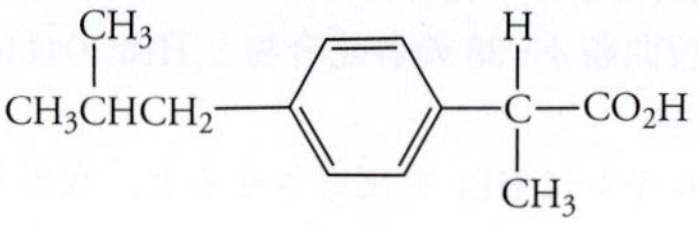

イブプロフェン

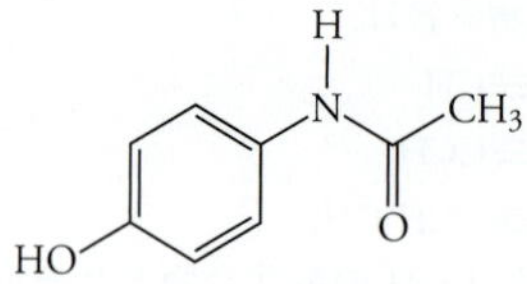

アセトアミノフェン

のクロラムフェニコールや，鎮痛薬のアスピリン，イブプロフェン，アセトアミノフェンなどがある．
　芳香族化合物に共通する特徴はにおいではなく，ベンゼン環をはじめとする芳香環をもつことだ．芳香族化合物にみられる際立った特徴の一つは，ベンゼン環自体の反応性がきわめて低いことだ．さまざまな試薬を作用させてベンゼン環以外の部分の構造を変化させても，6個の炭素原子部分はほとんどの場合に変化しない．

## 5·2 芳香族性

　ベンゼンの分子式は $C_6H_6$ で不飽和度が高い．環式飽和化合物であるシクロヘキサンの分子式は $C_6H_{12}$ なので，ベンゼンの水素原子の数はシクロヘキサンより6個も少ない．ベンゼンは三つの二重結合をもつ正六角形で表される．ベンゼンの反応性はアルケンとは大きく異な

る．アルケンは臭素，HBr，水といった試薬と付加反応を起こすが，ベンゼンはこれらの試薬とは反応しない．不飽和化合物であるベンゼンの反応性がきわめて低いことは，これまでに学んだ不飽和化合物の性質と矛盾する．つまり，ベンゼンのルイス構造は"1,3,5-シクロヘキサトリエン"として書けるが，ベンゼンはトリエンとしての挙動を示さず，反応性が大きく違う．そのほかにも，アルケンでは置換反応が起こらないが，ベンゼンでは概して置換反応が起こる．たとえば，ベンゼンは臭化鉄(Ⅲ)が触媒として存在すると臭素と反応するが，臭素原子2個が二重結合に付加した生成物ではなく，ブロモベンゼン（$C_6H_5Br$）という一置換生成物を与える．

この結果からも，ベンゼンの6個の水素原子が化学的に等価であることがわかる．一方，ジブロモベンゼン（$C_6H_4Br_2$）には三つの異性体の可能性がある．このことを説明するために，ベンゼンの電子構造について調べてみよう．

## ベンゼンのケクレ構造

1865年にドイツの化学者ケクレ（Friedrich August Kekulé von Stradonitz）は，ベンゼンの構造が6個の炭素原子でできた環であり，単結合と二重結合が交互に並んでいると提唱した．ベンゼンは単結合と二重結合の並び方だけが異なる2種類の構造として存在し，その2種類の構造を素早く変換して存在するという説である．

この説では，単結合と二重結合の間の素早い変換が起こることで，どうにかしてベンゼンの付加反応が起こることを免れる．この考えによって，ベンゼンと臭素との反応で，臭化鉄(Ⅲ)触媒が存在してもなぜブロモベンゼン（$C_6H_5Br$）だけしか生成しないのかを一応は説明できた．彼は，環内の単結合と二重結合の間の素早い変換によって6個の炭素原子と6個の水素原子がすべて等価となると推論した．しかし実際には，ベンゼンはそのような平衡混合物としては存在しない．ベンゼンは単一構造の分子として存在するのだ．

## 共鳴理論とベンゼン

ベンゼンの二つのケクレ構造は電子対の配置だけが異なるので，共鳴構造と考えることができる．ベンゼンは二つの共鳴構造の寄与で説明される共鳴混成体で，二つの共鳴構造の関係は両矢印で示される．

ベンゼンの共鳴混成体を表す等価な共鳴構造

ベンゼンは平面分子であり，炭素-炭素結合長はすべて同じで，環の内側の結合角はすべて120°だ．よって，ベンゼンのσ結合は$sp^2$混成の炭素原子でつくられる．各炭素原子には3本のσ結合があり，それぞれのσ結合に対して炭素から1個の電子を提供し，他の原子と共有する．3本のσ結合のうちの2本は隣の炭素原子との結合であり，3本目のσ結合は水素原子との結合だ．ベンゼン環の平面に垂直に立った2p軌道に，4個目の電子がある．ベンゼン環の6個の炭素原子それぞれに一つずつ2p軌道があり，6組の2p軌道が重なり合うことで炭素原子の環全体に広がるπ電子系がつくられ，そこで6個の電子が共有される（図5・1）．このように，電子が多くの原子上に広がり共有されることを，**非局在化**（delocalization）とよぶ．電子の非局在化によってベンゼンの特異な化学的安定性が説明できる．

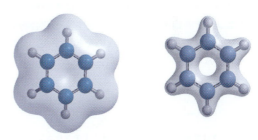

**図5・1　ベンゼンの構造**　ベンゼンは平面分子だ．(a) ベンゼンの6個のπ電子は環全体で共有され，環平面の上下に位置する．(b) σ結合の電子は環平面に位置する．

ベンゼンの構造は，通常は2種類のケクレ構造の一方の化学構造式で表す．正六角形の各頂点は水素原子と結合した炭素原子を表すが，水素原子はふつう省略される．

## ヒュッケル則

芳香族化合物はベンゼン環や類似の環構造を含む．では，ベンゼンに特徴的な安定性と反応性の原因は何だろうか？まず，分子やイオンが芳香族化合物であるためには，次に示す一般的基準を満たす必要がある．

1. 芳香族化合物は，環式化合物でなければならない．
2. 芳香族化合物は，環部分が平面でなければならない．
3. 芳香族化合物は，環部分が $sp^2$ 混成軌道をとる原子だけで構成されなければならず，非局在化した $\pi$ 電子系をつくらなければならない．
4. 非局在化した $\pi$ 電子系にある $\pi$ 電子の数は，$n$ を整数として $(4n+2)$ でなければならない．

最後の $(4n+2)$ 則はヒュッケル (Erich Armand Arthur Joseph Hückel) によって提唱され，**ヒュッケル則**として知られる．この規則の理論的な根拠を説明しようとすると本書の範囲を超えてしまう．重要なことは，ヒュッケル則によれば，$\pi$ 電子の数が 6 個 ($n=1$)，10 個 ($n=2$)，14 個 ($n=3$) の環状 $\pi$ 電子系は芳香族になるということだ．ベンゼンは $n=1$ の場合であり，ヒュッケル則で芳香族となる基準を満たすことがわかる．例題では $6\pi$ 電子系以外に，$10\pi$ 電子系や $14\pi$ 電子系の例についても学ぶ．なお，芳香族化合物には炭素以外の元素を環内に含むものもある（§12・3）．

単結合と二重結合が交互に並ぶ環状ポリエンには，芳香族ではないものもある．そのような化合物はヒュッケル則を満たさない．シクロブタジエン（$4\pi$ 電子系）とシクロオクタテトラエン（$8\pi$ 電子系）はその例で，どちらもヒュッケル則を満たさない．どちらの化合物も一般的なアルケンにみられる付加反応を起こすが，反対にベンゼンにみられる特徴は何も示さない．

シクロブタジエン　シクロオクタテトラエン

**例題 5・1**　アントラセンとフェナントレンについて，分子構造と電子構造で似ている点を示せ．

アントラセン　フェナントレン

[解答]　どちらの化合物も炭素原子 14 個と水素原子 10 個をもつ．両者は異性体の関係にある．どちらの分子も三つの環が縮合し，環内に単結合と二重結合が交互に並んでいる．どちらも $14\pi$ 電子系化合物であり，ヒュッケル則で $n=3$ の場合になる．したがって，どちらも芳香族化合物だ．

**例題 5・2**　1,2-ベンズアントラセンは，タバコの不完全燃焼で出る煙に含まれる発がん性物質だ．1,2-ベンズアントラセンの分子式を示せ．ヒュッケル則に基づいて芳香族かどうかを答えよ．

1,2-ベンズアントラセン

**例題 5・3**　ヒスタミンは，花粉症などのアレルギー症状がある人の体内で分泌される．ヒスタミンの複素環にある 2 個の窒素原子の価電子はどの軌道に分布しているか．

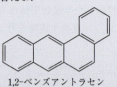

ヒスタミン

[解答]　環内の窒素原子のうち水素と結合している方は，ピロールの窒素原子と似た環境にある．この窒素原子から 3 本の $\sigma$ 結合に対して，それぞれ 1 個ずつ価電子が提供されている．窒素の残りの価電子 2 個は $2p$ 軌道にある．この 2 個と，環を構成する残りの原子間の二つの $\pi$ 結合の電子 4 個を合わせると，$\pi$ 電子の数は合計で 6 個となり，芳香族の基準を満たす．環内にあるもう 1 個の窒素原子はピリジンの窒素原子と似た環境にある．この窒素原子には単結合と二重結合が一つずつあり，炭素原子との間の二つの $\sigma$ 結合に電子が 1 個ずつ使われ，さらにもう 1 個の電子が $\pi$ 結合に使われる．残りの価電子 2 個は $sp^2$ 混成軌道にあり，環平面上で環の外側に突き出ている．

**例題 5・4**　アデニンは DNA や RNA の核酸中に含まれている．アデニンの環内の窒素原子で孤立電子対が $sp^2$ 混成軌道にあるものを示せ．それぞれの窒素原子が芳香族 $\pi$ 電子系に提供する電子の数を示せ．

アデニン（6-アミノプリン）

## 5・3 芳香族化合物の命名法

"ベンゼン"は多くの芳香族化合物の母体名だ．芳香族化合物にも慣用名と IUPAC 名の両方の名前がある．置換ベンゼンの慣用名は，その化合物が採取された物に由来することが多い．たとえば，トルエンはかつて南アメリカのゴムの木 *Toluifera balsamum* から採れたことに由来する．置換ベンゼンの構造式と名前をいくつか次に示す．これらの慣用名は長い間使われてきたので，IUPAC もその慣用名の使用を受入れている．

メチルベンゼン
(methylbenzene)
慣用名: トルエン(toluene)

ビニルベンゼン
(vinylbenzene)
慣用名: スチレン(styrene)

イソプロピルベンゼン（isopropylbenzene)
慣用名: クメン(cumene)

ベンゼノール
(benzenol)
慣用名: フェノール(phenol)

メトキシベンゼン
(methoxybenzene)
慣用名: アニソール(anisole)

ベンゼンカルボアルデヒド（benzenecarbaldehyde)
慣用名: ベンズアルデヒド(benzaldehyde)

ベンゼンカルボン酸
(benzenecarboxylic acid)
慣用名: 安息香酸
(benzoic acid)

1-フェニルエタノン
(1-phenylethanone)
慣用名: アセトフェノン
(acetophenone)

ベンゼンアミン（benzenamine)
慣用名: アニリン(aniline)

置換芳香族炭化水素の系統的な IUPAC 命名法では，置換基の名前を接頭語として使用し，母体であるベンゼンの前につける．次に例を示す．

ニトロベンゼン
(nitrobenzene)

エチルベンゼン
(ethylbenzene)

ブロモベンゼン
(bromobenzene)

二置換ベンゼン化合物は，ベンゼン環に対して 3 通りの方法で二つの置換基を配置できるため，三つの異性体ができる．三つの異性体をオルト(ortho)，メタ(meta)，パラ(para) とよび，それぞれ *o*-, *m*-, *p*- というように頭文字を接頭語として使う．

*o*-ジクロロベンゼン
(*o*-dichlorobenzene)
1,2-ジクロロベンゼン
(1,2-dichlorobenzene)

*m*-ジクロロベンゼン
(*m*-dichlorobenzene)
1,3-ジクロロベンゼン
(1,3-dichlorobenzene)

*p*-ジクロロベンゼン
(*p*-dichlorobenzene)
1,4-ジクロロベンゼン
(1,4-dichlorobenzene)

オルト体は隣り合った炭素原子上に二つの置換基がある異性体だ．つまり，ベンゼン環の 1 位と 2 位に置換基がある 1,2-二置換体だ．一方，メタ体は 1,3-二置換体，パラ体は 1,4-二置換体だ．IUPAC 命名法では，二置換ベンゼンに位置番号をつけるときに置換基がついたベンゼン環の炭素原子の番号がなるべく小さくなるように番号をつける．置換基が三つ以上ある場合は，*o*-, *m*-, *p*-

では表せないので，ベンゼン環の炭素原子に番号をつけて表す必要がある．

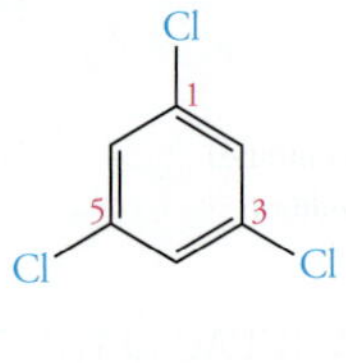

1,3,5-トリクロロベンゼン
（1,3,5-trichlorobenzene）

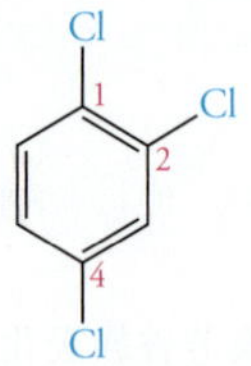

1,2,4-トリクロロベンゼン
（1,2,4-trichlorobenzene）

一置換ベンゼンの慣用名を母体名として使っているベンゼン誘導体も多い．その場合は，母体の置換基の位置番号が自動的に1となる．残りの置換基の名前を接頭語としてアルファベット順に並べ，それぞれの置換基の位置番号とともに母体名の前につける．

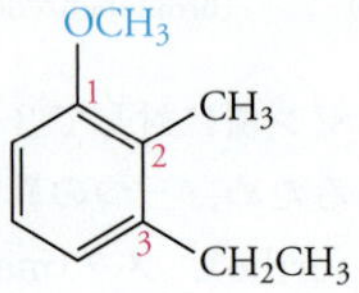

3-エチル-2-メチルアニソール
（3-ethyl-2-methylanisole）

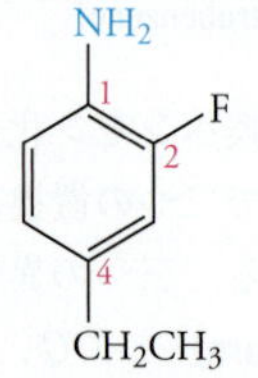

4-エチル-2-フルオロアニリン
（4-ethyl-2-fluoroaniline）

芳香族炭化水素は**アレーン**(arene)という化合物群に分類される．より大きな構造の母体に芳香環が置換基として結合する場合は，芳香環部分を**アリール**(aryl)基とよぶ．アルキル基をRで表したの同様に，アリール基をArで表す．アルゴンの元素記号Arと混同しないように注意が必要だ．フェニル基とベンジル基という二つの置換基は，その名前から想像される置換基とは少し違う．ベンゼン(benzene)から誘導される置換基の名前はベンジル(benzyl)基になると思うかもしれないが，残念なことにそうではなく，**フェニル**(phenyl)基とよばれる．ベンジル基はトルエンから誘導される置換基で，$C_6H_5CH_2-$という化学式の置換基のことだ．

$C_6H_5-$ または 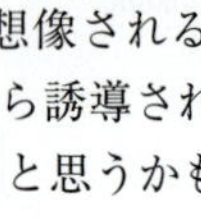　　　　　　
フェニル基

$C_6H_5CH_2-$ または　　　　　$-CH_2-$
ベンジル基

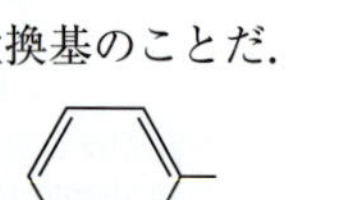

**例題5・5** 次の三置換ベンゼンは食品の酸化防止剤BHAとして知られる．この化合物がどのように命名されたか説明せよ．

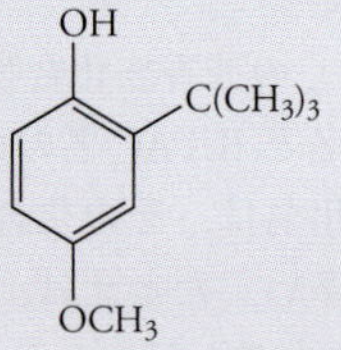

［解 答］ベンゼンの置換基として-OH基または-OCH$_3$基がついた化合物の慣用名はそれぞれフェノールとアニソールだ．そのどちらかが母体名となりうるが，化合物の母体名がアニソールだと仮定して，名前をつけてみよう．時計でいうと6時の位置にある-OCH$_3$基がついた炭素原子に位置番号1をつける．すると，番号を小さくするために，反時計回りで番号をつけることになる．*tert*-ブチル(*tert*-butyl)基の位置番号が3で，ヒドロキシ基の位置番号が4になる．したがって，化合物名は3-*tert*-butyl-4-hydroxyanisoleになる．ブチル，ヒドロキシ，アニソールのそれぞれの頭文字をとってつなげると，BHAとなる．

**例題5・6** 局所麻酔薬に使用される次の化合物を命名せよ．

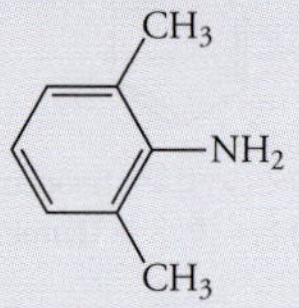

**例題5・7** 次の化合物の名前を書け．

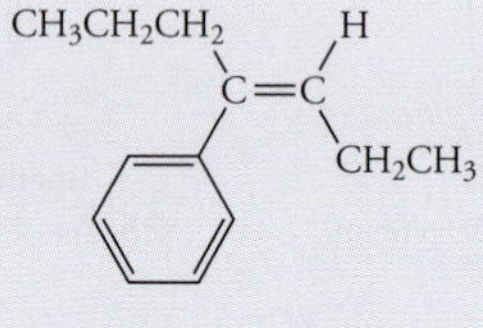

［解 答］この化合物は芳香族置換基をもつアルケンで，主鎖には7個の炭素原子がある．二重結合の位置番号が小さくなるように，主鎖の右から左へと位置番号をつけると，二重結合の位置がC3位になる．フェニル基の位置はC4位になる．C4位のフェニル基はプロピル基よりも優先順位が高い．一方，C3位のエチル基は水素よりも優先順位が高い．優先順位が高いフェニル基とエチル基が同じ側にあるので，この化合物はZ体だ．以上をまとめて，この化合物の名前は(*Z*)-4-フェニル-3-ヘプテンとなる．

**例題5・8** 次の化合物を置換ピリジンとして命名せよ．

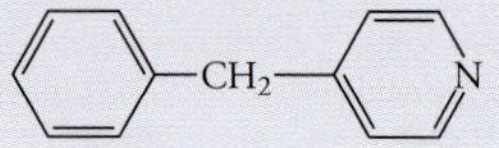

## 5・4 芳香族求電子置換反応

第4章で学んだような二重結合に対する求電子付加反応は，芳香環では起こらない．その代わりに，触媒存在下という限られた条件の場合だが，芳香環は求電子剤と反応して，求電子剤($E^+$)が芳香環の水素($H^+$)を置換する．この反応を**芳香族求電子置換反応**（electrophilic aromatic substitution）とよぶ．一般的な反応式は次のようになる．

### 芳香族求電子置換反応の反応機構

芳香族求電子置換反応の第一段階は，アルケンに求電子剤が付加する反応の第一段階と似ている．まず，求電子剤が芳香環から電子対を受取ってσ結合ができる．

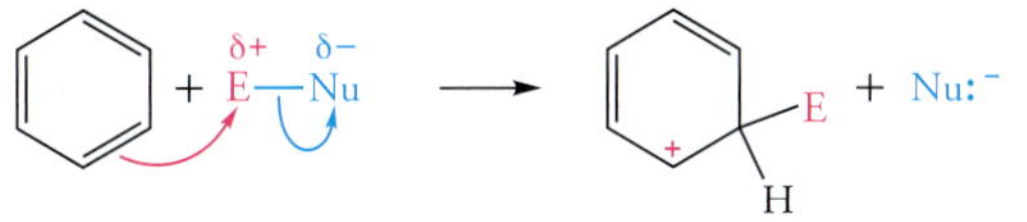

この段階でカルボカチオンが生成し，共鳴安定化される．しかし，このカルボカチオンはπ電子を4個しかもたないうえに，環内に$sp^3$混成の炭素原子があるので芳香族ではない．したがって元の6π電子系の芳香環よりも不安定になる．この中間体はシクロヘキサジエニルカチオンだ．

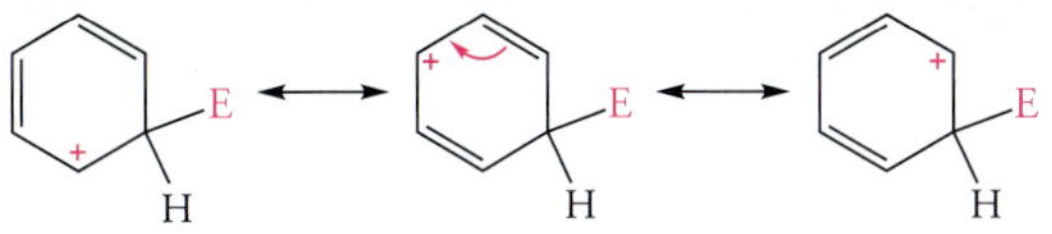

シクロヘキサジエニルカチオンの共鳴構造

芳香族求電子置換反応の第二段階では，新たに求電子剤が結合した炭素原子にもともと結合していたプロトンがシクロヘキサジエニルカチオンから脱離し，芳香族6π電子系が再生する．求核剤はプロトンを引き抜く塩基として働く．

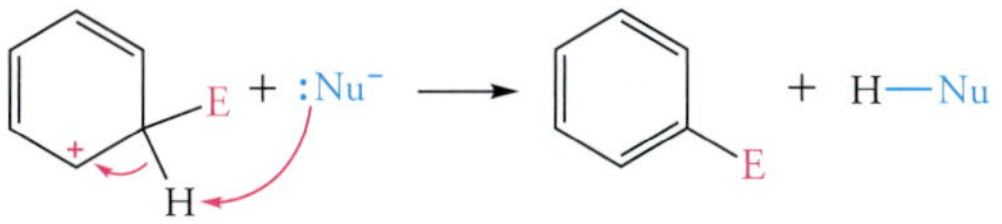

### 代表的な芳香族求電子置換反応

ここまでは求電子剤をまとめて$E^+$と書いて議論した．この節では，芳香環と個々の求電子剤の反応について考える．最初に，**臭素化**（bromination）と**塩素化**（chlorination）について見てみよう．臭素化では$Br_2$のほかにルイス酸触媒の$FeBr_3$が必要となる．同様に芳香環の塩素化も行えるが，触媒には$FeCl_3$を使う．臭素化反応では，触媒が臭素分子と反応して分極したBr–Br結合をもつルイス酸–ルイス塩基錯体が生成する．

ルイス酸–ルイス塩基錯体

この錯体が求電子剤になるが，不均一開裂して生成する$Br^+$を求電子剤として表記する方が，置換反応の反応機構を書くうえでは便利だ．

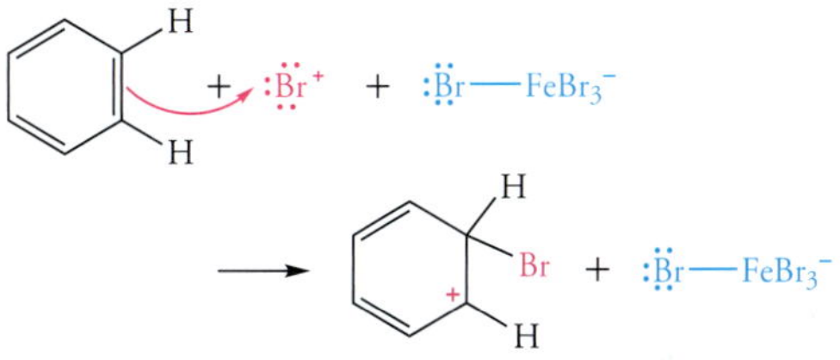

続いて$FeBr_4^-$によるシクロヘキサジエニルカチオンの脱プロトン化が起こるとブロモベンゼンが生成し，触媒の$FeBr_3$が再生する．

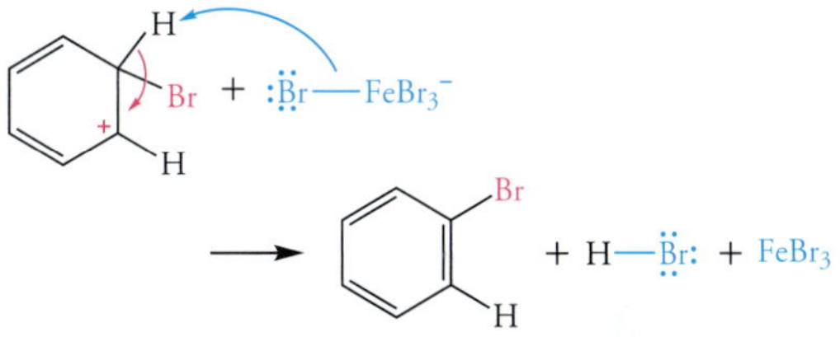

硝酸を硫酸触媒とともに使う**ニトロ化**（nitration）反応では，芳香環にニトロ($-NO_2$)基が導入される．求電子剤はニトロニウムイオン($NO_2^+$)で，硝酸と濃硫酸の反応により生成する．

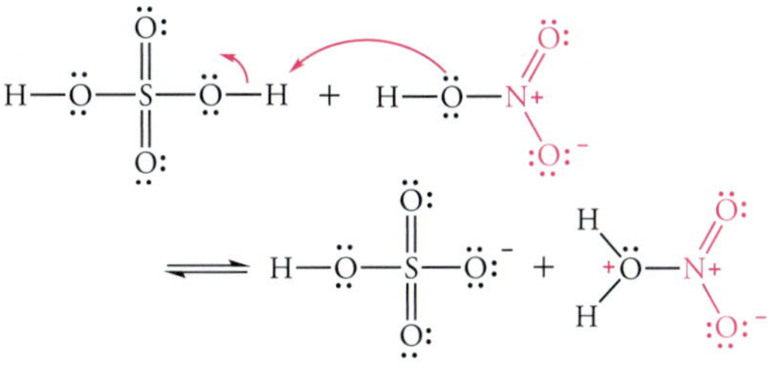

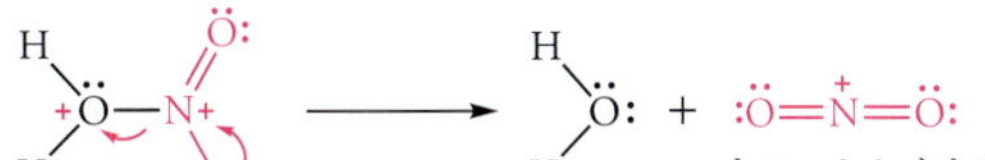

ニトロニウムイオン

ベンゼンのニトロ化は，はじめにニトロニウムイオンの芳香環への求電子攻撃が起こる．臭素化や塩素化でも

同じだが，続いて脱プロトン化が起こって反応が完結する．

$$\text{C}_6\text{H}_5\text{H} + \text{HNO}_3 \longrightarrow \text{C}_6\text{H}_5\text{NO}_2 + \text{H}_2\text{O}$$
ニトロベンゼン

求電子置換反応でスルホ($-SO_3H$)基（スルホン酸基ともいう）も芳香環に導入できる．この反応を**スルホン化**(sulfonation)とよぶ．スルホン化が起こるためには，$SO_3$と硫酸の混合物である発煙硫酸によって，$SO_3H^+$が生成する必要がある．

$$SO_3 + H_2SO_4 \rightleftharpoons SO_3H^+ + HSO_4^-$$

$SO_3H^+$による求電子攻撃の後に脱プロトン化が起こった結果，ベンゼンがスルホン化される．

$$\text{C}_6\text{H}_5\text{H} + SO_3 \xrightarrow{H_2SO_4} \text{C}_6\text{H}_5\text{SO}_3\text{H}$$
ベンゼンスルホン酸

**フリーデル–クラフツアルキル化**(Friedel–Crafts alkylation)とよばれる置換反応で，芳香環の水素をアルキル基に置換できる．この反応ではハロゲン化アルキルを触媒のハロゲン化アルミニウムとともに使用する．触媒によってアルキルカチオンが生成し，この反応の求電子剤となる．

$$(CH_3)_2CHCl + AlCl_3 \longrightarrow (CH_3)_2CH^+ + AlCl_4^-$$

ハロゲン化アルキルと触媒のハロゲン元素の種類は同じものが使われるが，一般に塩素または臭素が使われる．具体例として，2-クロロプロパンによるベンゼンのアルキル化反応は次のようになる．

$$\text{C}_6\text{H}_6 + (CH_3)_2CH-Cl \xrightarrow{AlCl_3} \text{C}_6\text{H}_5\text{CH(CH}_3)_2 + HCl$$
イソプロピルベンゼン

芳香環に$-NO_2$基，$-SO_3H$基，$-C\equiv N$基，またはカルボニル基を含む官能基（アルデヒド，ケトン，カルボン酸，エステル）のいずれかが直接結合していると，フリーデル–クラフツアルキル化反応は進行しない．これらの置換基はベンゼン環の反応性を低下させる．これについては次の節で述べる．

フリーデル–クラフツアルキル化反応では，ハロゲン化アルキルから生成するカルボカチオンの転位が起こることがあるので，合成できる化合物が限られる．たとえば，1-クロロプロパンを塩化アルミニウムとともにベンゼンと反応させると，$n$-プロピルベンゼンは少量しか得られず，その異性体であるイソプロピルベンゼンが主生成物として得られる．

$$\text{C}_6\text{H}_6 + CH_3CH_2CH_2-Cl \xrightarrow{AlCl_3} \text{C}_6\text{H}_5\text{CH(CH}_3)_2 + \text{C}_6\text{H}_5\text{CH}_2\text{CH}_2\text{CH}_3$$
イソプロピルベンゼン（主生成物） $n$-プロピルベンゼン（副生成物）

このように，フリーデル–クラフツアルキル化反応ではカルボカチオンの異性化が起こることがある．多くの場合，不安定なカルボカチオンで水素が転位して，より安定なカルボカチオンが生成するという異性化が起こる．§4·9で述べたように，カルボカチオンの安定性は第三級＞第二級＞第一級の順に低下する．したがって，1-クロロプロパンを使ったフリーデル–クラフツアルキル化反応では，相対的に不安定なプロピルカチオンがはじめに生成するものの，水素の転位反応が起こってイソプロピルカチオンが生成する．もう少し詳しく言うと，水素原子が結合電子対を伴い，$H^-$としてC2位からC1位へと移動する．イソプロピルベンゼンが主生成物になることは，この転位の後にベンゼンとの反応が起こることで説明できる．

$$CH_3-\overset{H}{\underset{}{CH}}-\overset{+}{CH_2} \longrightarrow CH_3-\overset{+}{CH}-\overset{H}{\underset{}{CH_2}}$$

**フリーデル–クラフツアシル化**(Friedel–Crafts acylation)とよばれる置換反応で，芳香環の水素をアシル基に置換することもできる．この反応では，酸ハロゲン化物とハロゲン化アルミニウムのハロゲン元素の種類は同じものが使用されるが，塩素が使用されることが多い．生成物としてケトンが得られる．

$$\text{C}_6\text{H}_6 + CH_3-CH_2-\overset{:\ddot{O}:}{C}-Cl \xrightarrow{AlCl_3} \text{C}_6\text{H}_5-\overset{O}{C}-CH_2CH_3$$
塩化プロピオニル
プロピオフェノン

はじめにルイス塩基である酸塩化物とルイス酸である塩化アルミニウムの反応によってアシリウムイオンが生成し，この反応の求電子剤となる．

$$CH_3-CH_2-\overset{:\ddot{O}:}{C}-\ddot{\underset{..}{Cl}}: \curvearrowright AlCl_3$$
酸塩化物

$$\longrightarrow CH_3-CH_2-\overset{:\ddot{O}:}{C}-\overset{+}{\underset{..}{Cl}}\;\bar{AlCl_3}$$

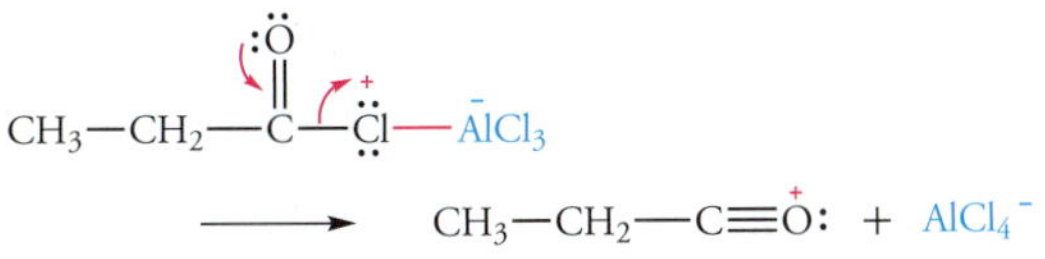

フリーデル-クラフツアルキル化反応の場合と同様に，芳香環に $-NO_2$ 基，$-SO_3H$ 基，$-C\equiv N$ 基，またはカルボニル基を含む官能基（アルデヒド，ケトン，カルボン酸，エステル）のいずれかが直接結合していると，フリーデル-クラフツアシル化反応は進行しない．ただ，フリーデル-クラフツアシル化反応で生成するアシリウムイオンは転位を起こさない．生成物のケトンは亜鉛アマルガムと塩酸を用いて還元され，アルキルベンゼンが得られる．この還元反応は**クレメンゼン還元**（Clemmensen reduction）とよばれる．この一連の反応を使用すれば，フリーデル-クラフツアルキル化反応でみられたような転位を起こさずに，芳香環を第一級アルキル基で置換できる．たとえば，ベンゼンと塩化プロピオニルとの反応で生成するプロピオフェノンを還元することで，$n$-プロピルベンゼンを合成できる．

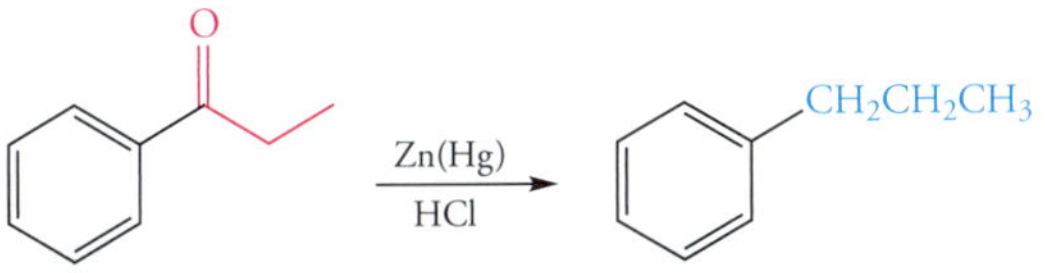

## 5・5 芳香族求電子置換反応の置換基効果

ここまでベンゼンそのものの芳香族求電子置換反応について述べてきた．次に，置換基が結合している芳香族化合物の場合に，その置換基が芳香族求電子置換反応の反応性にどう影響するかを見てみよう．置換基がある場合の反応速度は，ベンゼンの場合とは大きく違う．また，生成物としてオルト，メタ，パラの三つの異性体ができる可能性がある．

### 反応速度に及ぼす芳香環の置換基効果

ベンゼンのニトロ化反応の反応速度を基準にして，置換ベンゼンの相対的な反応速度を下図に示す．ニトロ基とヒドロキシ基では，反応速度が $10^{10}$ 倍という驚くほどの違いがある．ちなみに，$10^{10}$ 倍という反応速度の違いは，光速と歩く速さの違いに匹敵する．

ヒドロキシ基とメチル基は，芳香環をベンゼンよりも反応活性にする置換基で，**活性化基**（activating group）とよばれる．クロロ基とニトロ基は，芳香環をベンゼンよりも反応不活性にする置換基で，**不活性化基**（deactivating group）とよばれる．表5・1に一般的な置換基の芳香族求電子置換反応における効果を載せてある．

表5・1 芳香族置換反応の置換基効果

| | |
|---|---|
| 強い活性化 | $-NH_2$, $-NHR$, $-NR_2$, $-OH$, $-OCH_3$ |
| 弱い活性化 | $-CH_3$, $-CH_2CH_3$, $-R$ |
| 弱い不活性化 | $-F$, $-Cl$, $-Br$ |
| 強い不活性化 | $-CO-R$, $-CO_2H$, $-CN$, $-NO_2$, $-CF_3$, $-CCl_3$ |

### 芳香環の置換基の配向性

ベンゼン環にメチル基がついたトルエンのニトロ化反応で，生成物の異性体の割合を見てみよう．オルト体とパラ体がおもな生成物で，メタ体はほとんど生成しない．つまり，ベンゼン環にメチル基があることで，次に導入される置換基はメチル基のオルト位かパラ位に導入されるようになる．このような置換基をオルト-パラ配向基といい，**オルト-パラ配向性**（ortho-para orientation）を示すという．調べてみると，活性化基はすべてオルト-パラ配向基であることがわかった．また，弱い不活性化基であるハロゲンもオルト-パラ配向基だ．

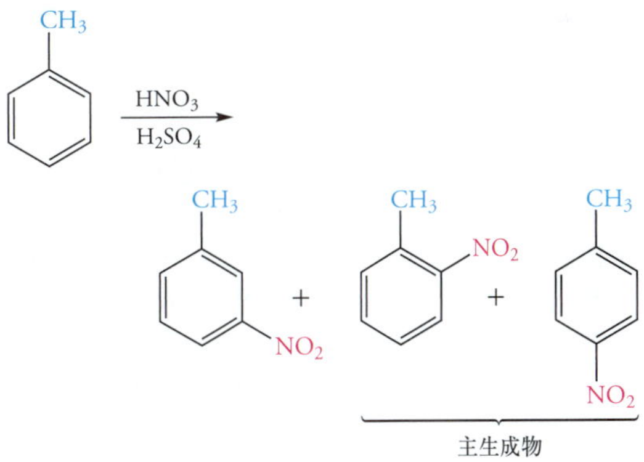

ベンゼンとその誘導体のニトロ化反応の相対反応速度

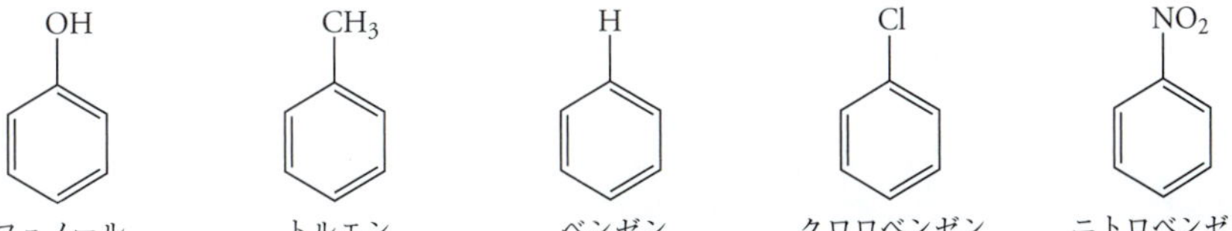

| | フェノール | トルエン | ベンゼン | クロロベンゼン | ニトロベンゼン |
|---|---|---|---|---|---|
| | OH | $CH_3$ | H | Cl | $NO_2$ |
| 相対反応速度 | $10^3$ | 25 | 1 | $3\times10^{-2}$ | $10^{-7}$ |

芳香環の置換基に不活性化基があると、次の置換基はおもにメタ位に導入されるようになる。ニトロ基、トリフルオロメチル基、シアノ基、スルホ基、カルボニル基を含むすべての置換基は**メタ配向性**（meta orientation）を示し、このような置換基をメタ配向基という。実際に、オルト体とパラ体はわずかしか生成しない。一般に、ハロゲンを除く不活性化基はすべてメタ配向基だ。

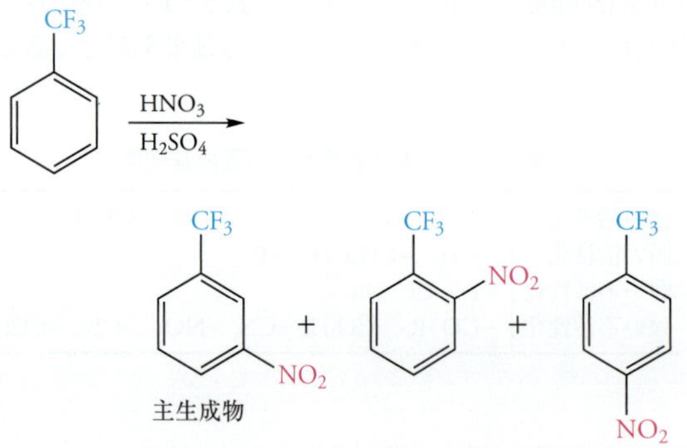

**例題 5・9** 次の化合物を反応物として用いる場合に、臭素および $FeBr_3$ との反応はベンゼンの場合と比べて速いか遅いか。

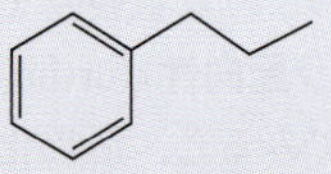

*n*-プロピルベンゼン

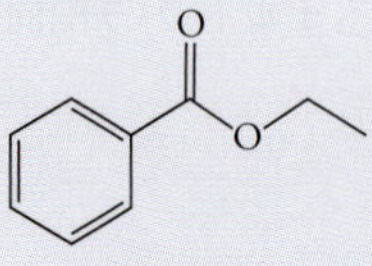

安息香酸エチル

[解答] *n*-プロピルベンゼンはアルキル基をもつ。メチル基と同様に、*n*-プロピル基はベンゼン環を弱く活性化する。よって、*n*-プロピルベンゼンの反応はベンゼンの場合よりも速い。安息香酸エチルはカルボニル炭素原子が芳香環に直接結合している。その結果、臭素化反応の速度はベンゼンの場合よりもかなり遅くなる。

**例題 5・10** 次の各化合物を反応物として用いる場合に、臭素および $FeBr_3$ との反応はベンゼンの場合と比べて速いか遅いか。

(a)　　　(b)

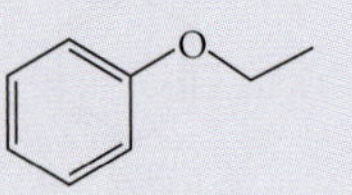

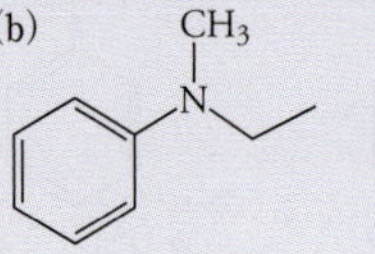

**例題 5・11** 次の各化合物の臭素化反応のおもな生成物の構造を予想せよ。（主生成物が複数の場合もある）

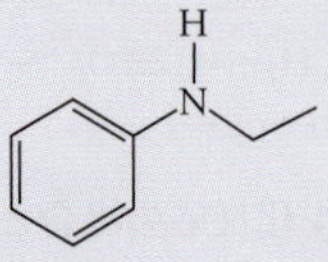

*N*-エチルアニリン 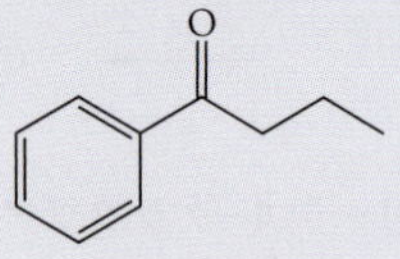　　　ブチロフェノン

[解答] アニリンと同様に、*N*-エチルアニリンには孤立電子対をもつ窒素原子がある。この窒素原子の置換基があることで、臭素の置換はオルト位およびパラ位に起こる。よって、主生成物はオルト位とパラ位がそれぞれ置換された化合物の混合物になる。一方、ブチロフェノンはカルボニル基がベンゼン環に直接結合している。したがって、カルボニル基があることで、臭素の置換はメタ位に起こる。

**例題 5・12** 次の化合物の臭素化反応のおもな生成物の構造を予想せよ。（主生成物が複数の場合もある）

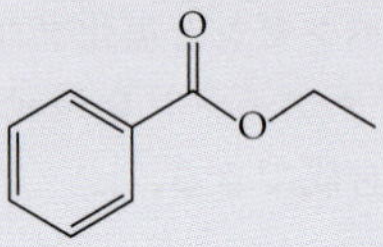

## 5・6　反応速度に及ぼす置換基効果の解釈

芳香族求電子置換反応において、置換基は反応速度と配向性の両方に対して影響を及ぼす。置換基と芳香環のどちらが電子を受取り、どちらが電子を与えるかという能力の優劣について、モデルを立てて考えれば、置換基の効果を理解できる。**電子供与基**（electron donating group）と**電子求引基**（electron withdrawing group）がベンゼン環の電子密度に及ぼす効果を考えよう。

電子供与基（EDG）は、ベンゼン環の電子密度を増加させる

電子求引基（EWG）は、ベンゼン環の電子密度を低下させる

表 5・1 の活性化基はすべて電子供与基で、不活性化基は電子求引基だ。置換基は誘起効果と共鳴効果のいずれかまたは両方によって電子を供与または求引する。

### 置換基の誘起効果

誘起効果は電気陰性度の考え方と関係しているので、

共鳴効果よりも視覚的に表現しやすい．第4章で述べたように，水素と比べるとアルキル基は相対的に電子供与基であり，二重結合やカルボカチオンを安定化する．アルキル基からσ結合を介してsp²混成の炭素原子に電子密度が移動するため，誘起効果によってベンゼン環の電子密度は増えることになる．トリフルオロメチル基はフッ素が結合した炭素原子が電子を引っ張る（求引する）ので，誘起効果によってベンゼン環の電子密度は低下する．

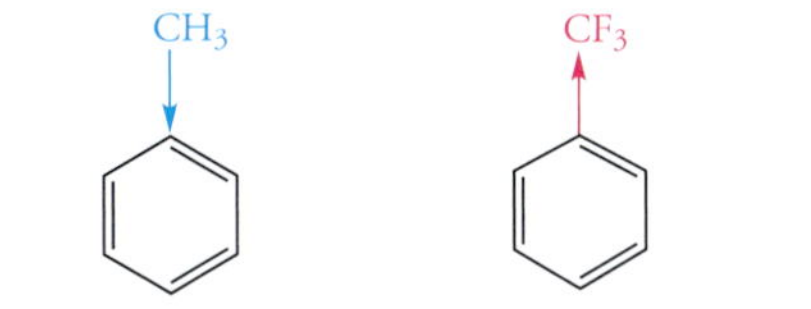

メチル基は芳香環を活性化する

トリフルオロメチル基は芳香環を不活性化する

ハロゲンが芳香環に直接結合するとベンゼン環の電子密度が求引され，芳香族求電子置換反応の反応性が低下する．つまり，ベンゼン環が不活性化される．ニトロ基をはじめとして，芳香環に直接結合した原子が正の形式電荷をもつ置換基はすべて，芳香環から電子を求引する．カルボニル基やニトリル基の場合は，芳香環に結合する原子が部分的な正電荷をもつので，置換基が芳香環から電子を求引する．

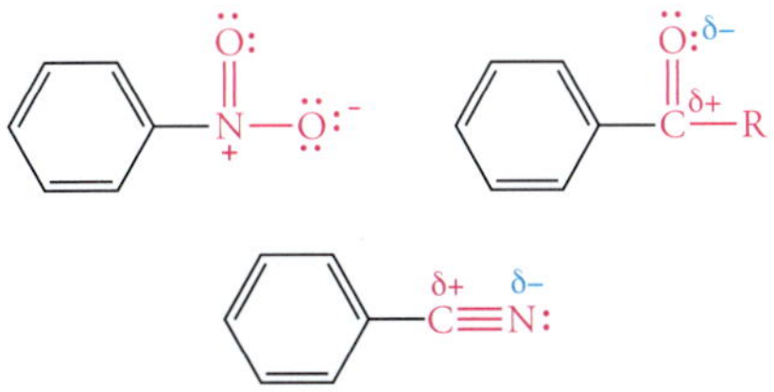

## 置換基の共鳴効果

置換基の共鳴効果によってベンゼン環の電子密度がどのように変化するかを見てみよう．電子密度の変化を表すために電子を"移動"させる．そして，電子が移動した後の共鳴構造を書く．まず，カルボニルを含む置換基やニトロ基で考えてみよう．これらの置換基には，芳香環と共役するsp²混成状態の原子がある．ニトロ基の酸素原子は窒素原子よりも電気陰性なので，窒素-酸素二重結合の電子対を酸素原子に移動させた共鳴構造を書く．続いて，ベンゼン環から炭素-窒素結合へと電子対を移動させて，炭素-窒素二重結合を書く．このときにベンゼン環の正電荷はそのまま残す．正電荷が生じたので，ベンゼン環の求電子剤に対する反応性は低くなる．アシル基の場合も，同様の効果によってベンゼン環の求電子剤に対する反応性は低くなる．

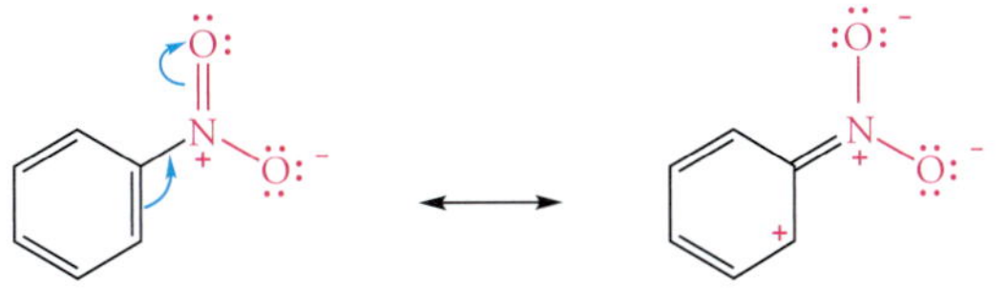

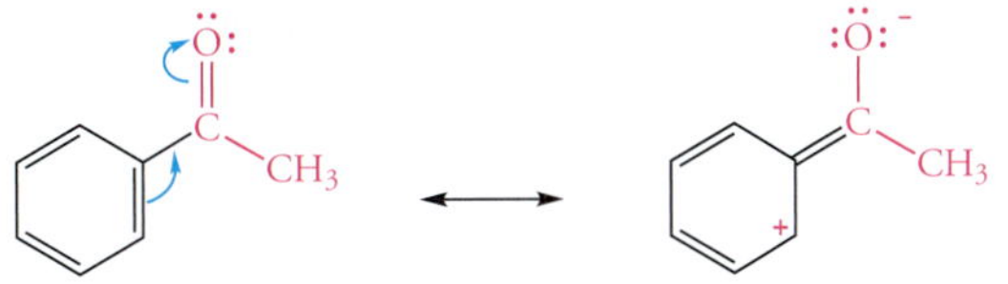

次に，共鳴効果によってベンゼン環に電子対を供与する原子をもつ置換基が反応性に及ぼす影響について考えてみよう．置換基から電子が供与される場合に，ベンゼン環には負電荷が生じる．そのため，求電子剤に対するベンゼン環の反応性は高くなる．ベンゼン環に結合する原子が孤立電子対をもつ置換基には，ヒドロキシ(-OH)基，メトキシ(-OCH₃)基をはじめとするアルコキシ基，アミノ(-NH₂)基，そして窒素上が置換されたアミノ(-NHR, -NR₂)基があり，これらの置換基はすべて共鳴効果によってベンゼン環に対して電子を供与する．

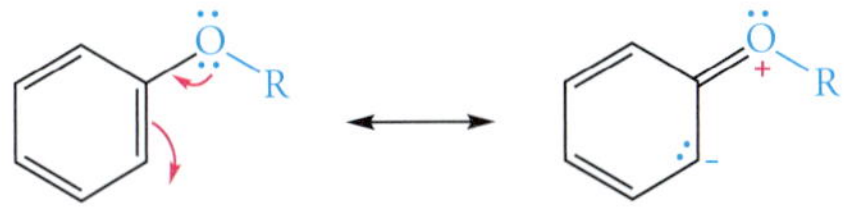

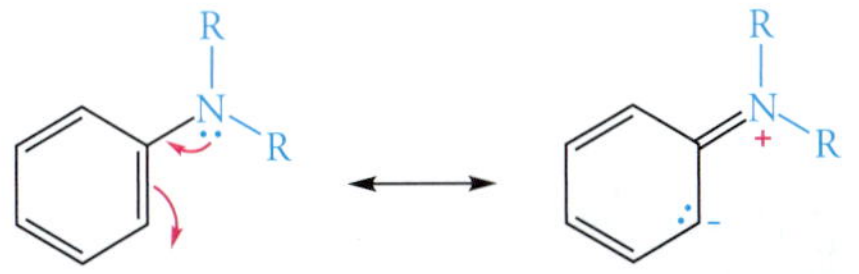

これらの電子供与基は電気陰性なので，誘起効果によってベンゼン環の電子密度の求引もする．つまり，これらの置換基は誘起効果によってベンゼン環の電子密度を低下させる一方で，共鳴効果によってベンゼン環の電子密度が増加するように戻している．アミノ基やヒドロキシ基のように共鳴効果によって電子を供与する置換基は，酸素や窒素の2p軌道を介してベンゼン環と相互作用する．酸素や窒素の2p軌道は，ベンゼン環の炭素原子の2p軌道と効果的に重なる．よって，共鳴による電子供与が有効に働き，誘起効果の電子求引を上回る効果を発揮する．その結果，これらの置換基は芳香環を活性化する．

このようなことは塩素や臭素にはあてはまらない．塩素も臭素も電子求引性なので，誘起効果によって芳香環から電子密度を求引する点は同じだが，塩素の3p軌道や臭素の4p軌道は炭素の2p軌道と効果的に重ならない．そのため，共鳴による電子供与は効果的に働かず，

誘起効果による電子求引を上回れない．その結果，ハロゲンの正味の置換基効果は，芳香環の不活性化となる．

### ベンゼン誘導体の代謝に関する置換基効果

　ベンゼンはきわめて不活性で，厳しい条件でも反応しないということを学んだ．したがって，pH 7 で 37 ℃という生きた細胞中でもベンゼンは不活性であると思うだろう．実際に，ヒトのほとんどの細胞内ではベンゼンは代謝されない．むしろベンゼンは肝臓に蓄積し，害を及ぼす．ベンゼンは発がん性で，きわめて有毒な化合物だ．酵素のシトクロム P450 がベンゼンや芳香族化合物と反応して，しばしばフェノールに変換する．この過程は芳香族化合物の酸化にみえるが，実際の反応はエポキシドとよばれる三員環を経由して起こる（第9章）．アレーンオキシドとよばれるエポキシド中間体が転位して，フェノールが生成する．

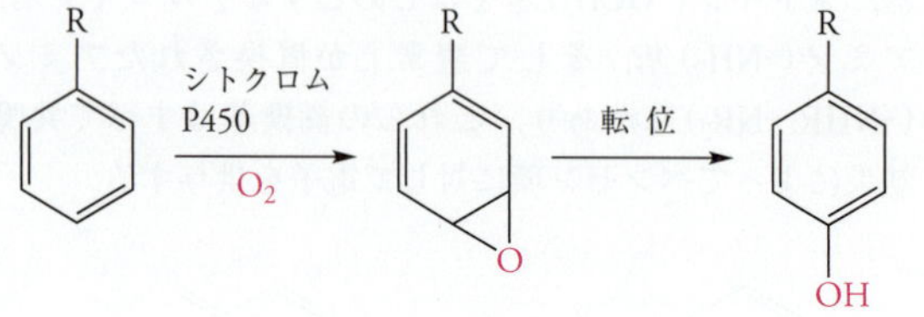

　アレーンオキシド中間体は反応性がとても高く，フェノールを生成する転位反応以外にもさまざまな反応を起こす．アレーンオキシドはタンパク質，RNA, DNA とも反応し，深刻な細胞破壊をひき起こす．この過程はエポキシドについて扱う第9章で述べる．

　芳香環を含む薬品は，代謝されるときにパラ位がヒドロキシ化されてフェノール性化合物になる．フェノール性化合物はさらに反応して水溶性化合物へと変換される．抗てんかん薬のフェニトインの代謝でもそのような変換が起こる．

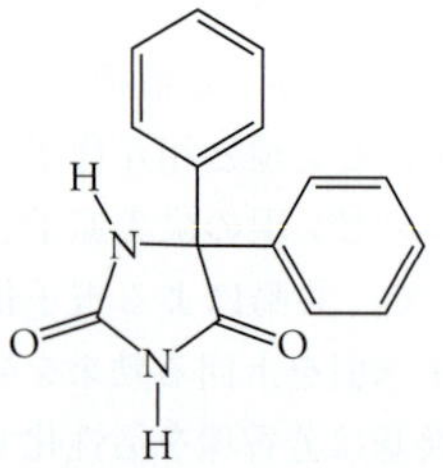

フェニトイン 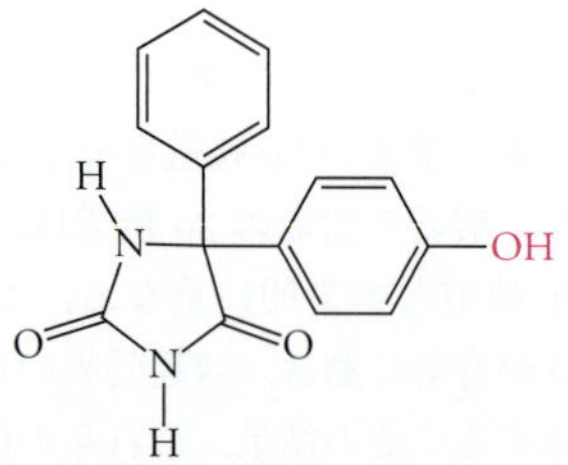　　　　$p$-ヒドロキシフェニトイン

　肝臓でヒドロキシ化される薬品には薬理活性がある．たとえば，抗炎症薬のフェニルブタゾンはパラ位でヒドロキシ化されるが，そのヒドロキシ化生成物は実験室でも合成されて，タンデリールという商品名で市販されていた．

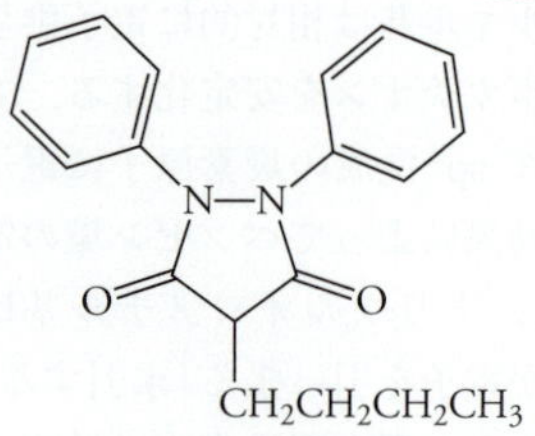

フェニルブタゾン　　　　タンデリール
（抗炎症薬）

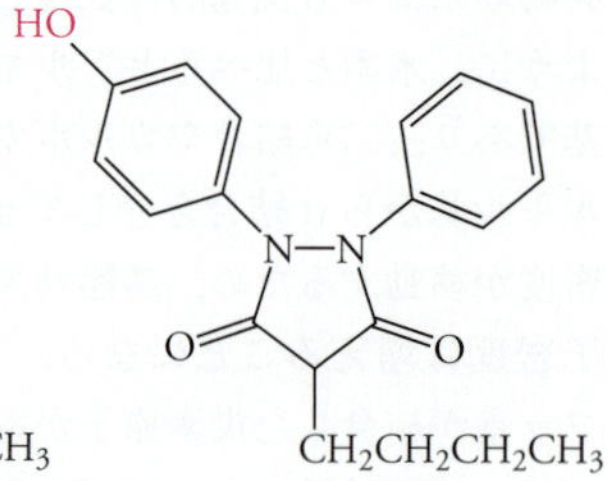

　芳香族求電子置換反応で芳香環を不活性化する置換基は代謝反応にも影響し，代謝が遅くなる．除草剤の 2,4,5-トリクロロフェノキシ酢酸を生産するときに不純物として生成するダイオキシン（ポリクロロジベンゾ-$p$-ジオキシン）や，PCB（ポリクロロビフェニル）は多数のクロロ基をもち，不活性化の度合いが大きい．これまでに何百万トンもの PCB が生産され，変圧器をはじめとする製品の絶縁油や，熱交換媒体として使用された．しかし，強い生体毒性があるとわかり，現在は生産されていない．

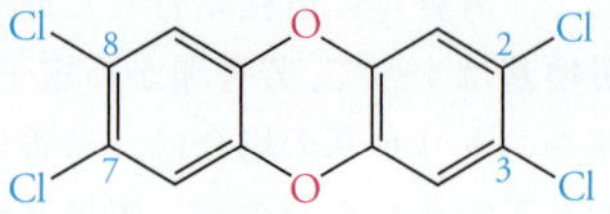

2,3,7,8-テトラクロロジベンゾ-$p$-ジオキシン
（ダイオキシン）

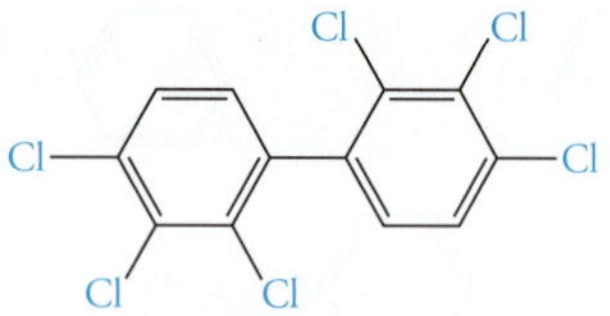

PCB の一つ
（ポリクロロビフェニル）

　酸化反応で芳香環は電子を失うので，電子求引基は生体酸化の速度を遅くする．上に示したハロゲン化物は平面分子ではなく，脂質によく溶けるので，うっかり生物の体内に取込まれると体の中にずっと残ることになる．その結果，食物連鎖で別の生物の体内でも蓄積される．たとえば，PCB で汚染された水中に住む魚は，体の組織の中に PCB を取込んで蓄積する．悪いことに，魚を食べる鳥や人間の体内の組織の中での PCB の量はさらに多くなる．

## 5・7　配向性の解釈

　ハロゲンは例外だが，オルト-パラ配向基は芳香環に電子を供与するので，芳香族求電子置換反応で芳香環を活性化する．なぜ，オルト位とパラ位は求電子剤の攻撃

を受けやすいのだろうか？ この疑問に答えるために，オルト位とパラ位に求電子剤が反応して生成するカルボカチオン中間体の共鳴構造を調べてみよう．そして，メタ位に求電子剤が反応して生成するカルボカチオン中間体の共鳴構造と比べてみよう．まず，トルエンのオルト位とパラ位にニトロ化試薬が反応することで生成する中間体の共鳴構造を考える．

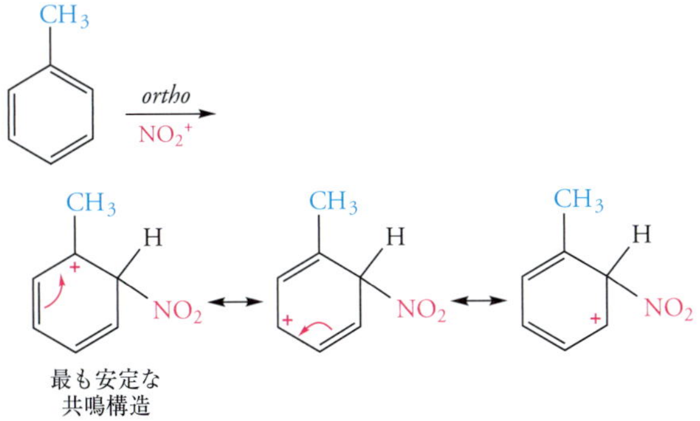

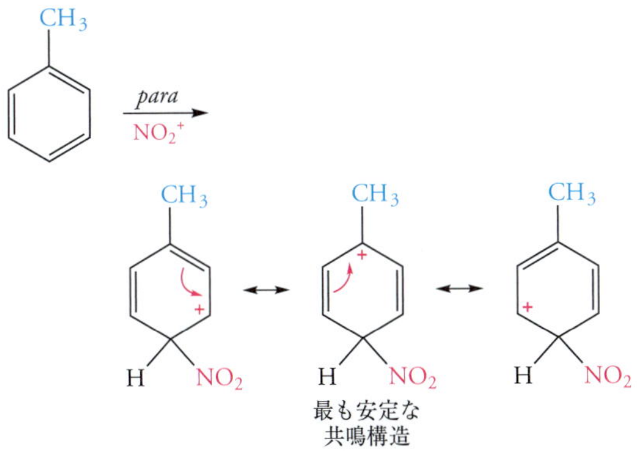

正電荷を帯びた共鳴構造を含む中間体が生成する．反応中間体である共鳴混成体の安定性は，この第三級カルボカチオンの寄与によるところが大きい．

次に，メタ位にニトロニウムイオンが反応する場合を考えてみよう．正電荷を帯びた共鳴構造を含む中間体が生成するが，いずれの共鳴構造でもメチル基が結合する芳香環の炭素原子は正電荷を帯びていない．

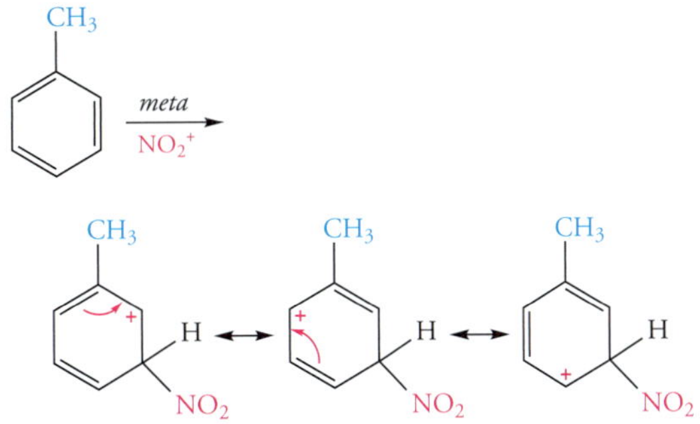

この場合，共鳴構造はすべて第二級カルボカチオンだ．したがって，オルト位またはパラ位に求電子剤が攻撃して生じる中間体と比べると，この中間体は相対的に不安定になる．したがって，トルエンのニトロ化では，オルト位またはパラ位の反応がメタ位の反応よりも起こりやすくなる．

次に，ヒドロキシ基の効果について考えてみよう．ヒドロキシ基は共鳴によって芳香環に対して孤立電子対を供与できて，オルト–パラ配向基だ．ヒドロキシ基のオルト位またはパラ位に$Br^+$などの求電子剤が攻撃すると，酸素原子から供与される孤立電子対によって，生成する中間体が共鳴安定化される（下図）．最も安定な共鳴構造は酸素原子上に正電荷をもつ構造で，すべての原子の電子配置がオクテットになる．

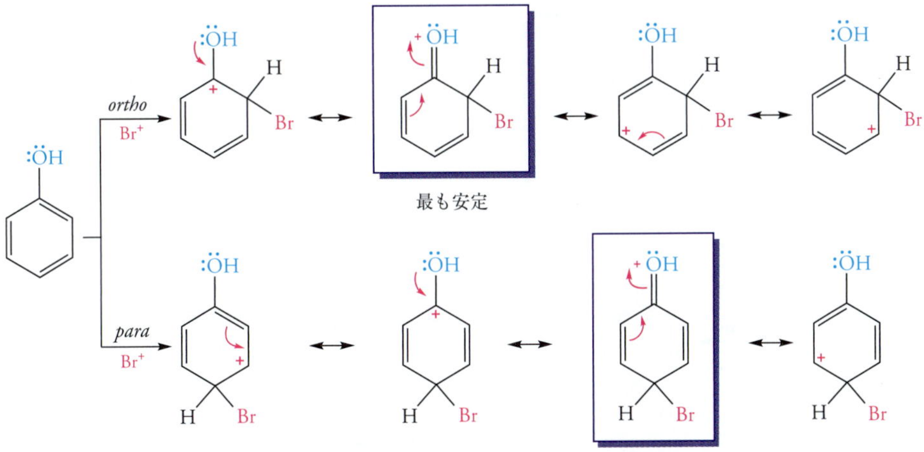

オルト位またはパラ位にニトロニウムイオン（$NO_2^+$）が攻撃すると，メチル基が結合する芳香環の炭素原子が

ヒドロキシ基のメタ位に臭素が求電子攻撃しても，そのような安定化は不可能だ．したがって，メタ位での求電子置換反応よりも，オルト位とパラ位での求電子置換反応が優先する．

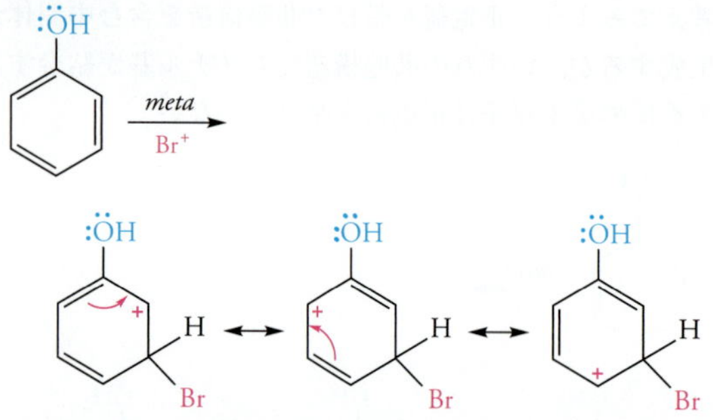

芳香族求電子置換反応において，ある置換基が芳香環を強く不活性化する場合，その置換基はメタ配向基になる．この関係性を説明するために，ニトロベンゼンのニトロ化がオルト位とパラ位で起こる可能性について考えてみよう（下図）．オルト置換の中間体とパラ置換の中間体のどちらの場合も，共鳴構造ではもとのニトロ基が結合する炭素原子が正電荷を帯びる寄与がある．そのニトロ基の窒素原子も形式的に正電荷をもつので，隣り合う原子の両方に正電荷が位置するような共鳴構造は不安定になる．その結果，オルト位またはパラ位に$NO_2^+$が攻撃して生じる中間体は，ベンゼンに対して$NO_2^+$が攻撃して生じる中間体よりも不安定になる．

次にメタ位に$NO_2^+$が攻撃する場合を考えてみよう．生成する中間体のいずれの共鳴構造でも，ニトロ基が結合する炭素原子は正電荷を帯びていない．前述したように，ニトロ基の窒素原子は$+1$の形式電荷をもつ．メタ位に$NO_2^+$が攻撃する場合に生じる中間体では，正電荷が隣り合うことによる不安定化が起こらないので，オルト位またはパラ位に攻撃して生じる中間体よりも相対的に安定になる．つまり，オルト位とパラ位に対する求電子置換反応よりも，メタ位に対する求電子置換反応が優先する．

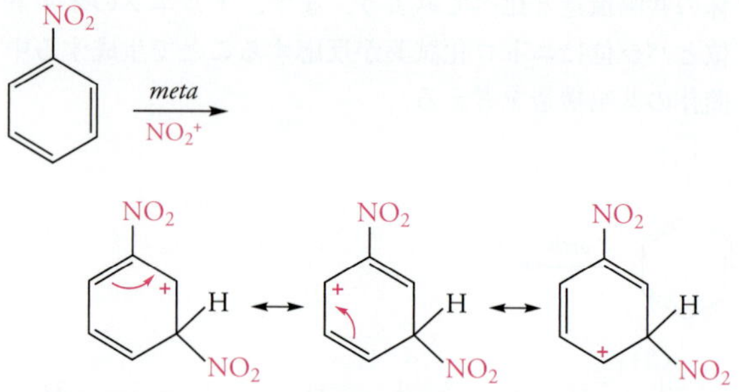

最後に，ハロゲンが置換した場合について考えてみよう．ハロゲンはベンゼン環を弱く不活性化するオルト-パラ配向基だ．ハロゲンはベンゼン環よりも電気陰性なので，誘起効果によってベンゼン環から電子を求引する．その一方で，ハロゲンは孤立電子対をもつのでカルボカチオン中間体に電子を供与できる．ただし，ベンゼン環に電子供与する共鳴効果は，求電子剤がハロゲンのオルト位またはパラ位に攻撃したときだけ機能する．そのため，ハロゲンはオルト-パラ配向基となる．

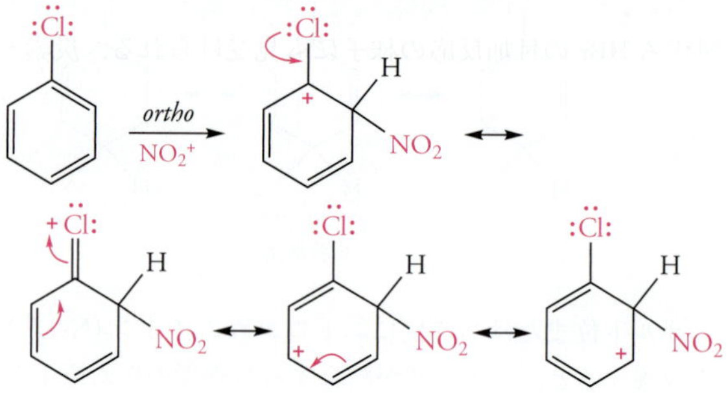

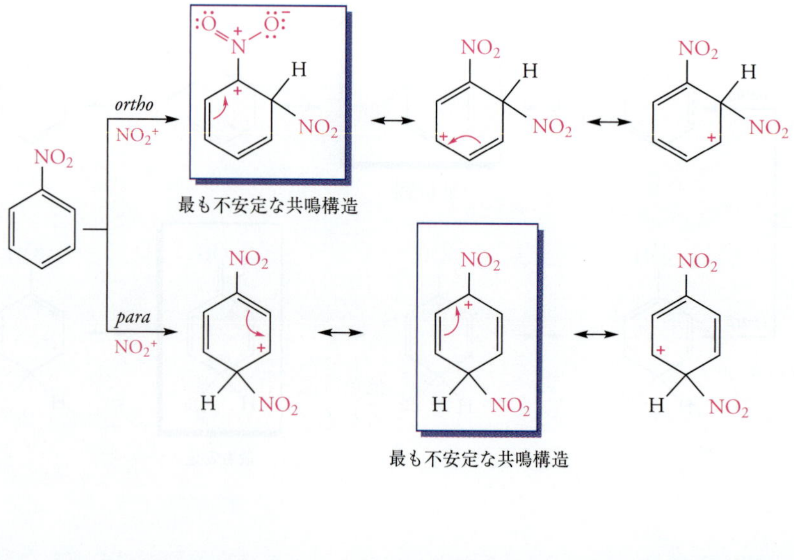

最も不安定な共鳴構造

最も不安定な共鳴構造

## 5・8 側鎖の反応

芳香環に結合する炭素原子団は側鎖とよばれる．芳香環から2本以上のσ結合を介して離れている側鎖の炭素原子は，芳香環とは無関係な挙動を示す．しかし，芳香環に直接結合する炭素原子は，芳香環の影響を受けて性質が変化する．たとえば，ベンゼン環に直接結合する炭素原子が正に帯電したベンジルカチオンは第一級カルボカチオンや第二級カルボカチオンよりも安定で，第三級カルボカチオンと同程度の安定性を示す．第4章でアリルカチオンが共鳴によって安定化されることを述べたが，ベンジルカチオンも共鳴によって安定化される．つまり，ベンジルカチオン炭素の正電荷はベンゼン環の炭素原子上に非局在化する．

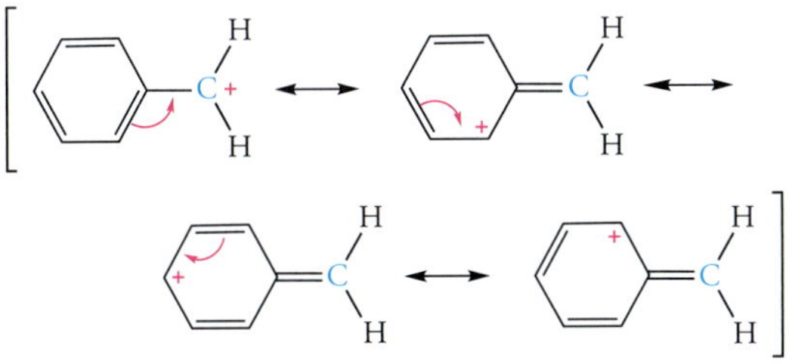

ベンジルカチオンの共鳴安定化の効果は，インデンに対する HBr の付加反応の様子にも見受けられる．炭素-炭素二重結合の炭素原子に $H^+$ が求電子攻撃する際に，ベンゼン環から近い方の炭素原子にプロトンが付加すれば第二級カルボカチオンが生成する．一方，二重結合のもう一方の炭素原子にプロトンが付加すると，相対的にはるかに安定な第二級ベンジルカチオンが生成する．

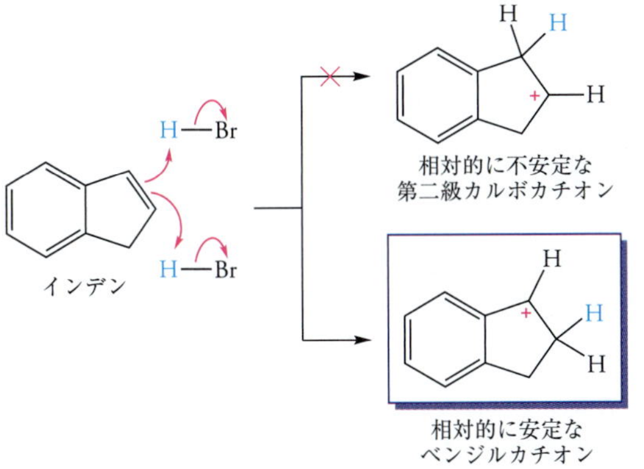

この反応では相対的に安定なベンジルカチオンと臭化物イオンが反応して，ベンジル位に臭素が結合した異性体のみが生成する．

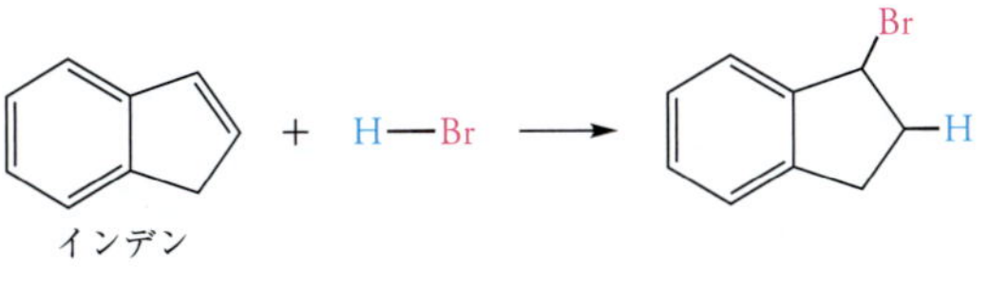

芳香環の側鎖が特殊な反応性を示しても，芳香環自体は不活性なままであり，ほとんどの試薬と反応しない．§4・7で学んだように，アルケンのπ結合が過マンガン酸カリウムと反応するのに対して，同じ分子内の飽和炭化水素部分のσ結合は反応しない．一方，芳香族化合物では側鎖のアルキル基部分をカルボン酸まで完全に酸化してしまうような激しい反応条件で過マンガン酸カリウムと反応させても，不飽和なベンゼン環部分は酸化されない．

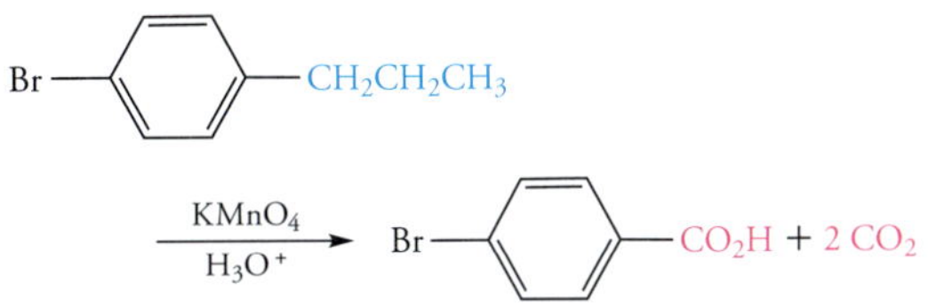

**例題 5・13** 次の化合物を過マンガン酸カリウムで徹底的に酸化して得られる生成物の構造式を書け．

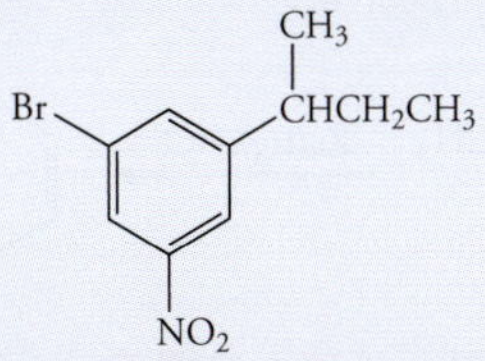

[解 答] アルキル置換芳香族化合物の側鎖のアルキル基部分は，過マンガン酸カリウムによって徹底的に酸化されて，カルボン酸になる．sec-ブチル基は酸化され，-CO₂H 基が残る．この反応の生成物は3-ブロモ-5-ニトロ安息香酸だ．

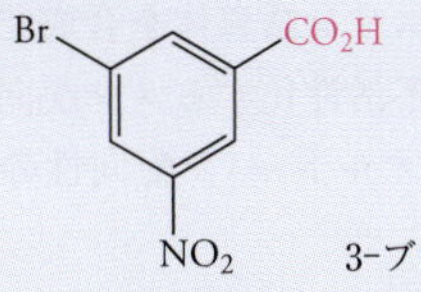

3-ブロモ-5-ニトロ安息香酸

**例題 5・14** 分子式が $C_{10}H_{14}$ である化合物を酸化して，次に示すジカルボン酸（フタル酸）を合成した．このジカルボン酸を与えるもとの化合物の構造式を三つ書け．

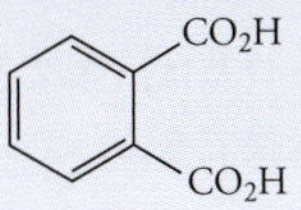

フタル酸

## 5・9 官能基変換

芳香族求電子置換反応で芳香環に導入できる官能基の種類は限られているため，多様な芳香族化合物を合成するためには，官能基を導入した後の変換反応が重要である．芳香環に結合している置換基を変換すれば，置換反

応では導入できない官能基へ変えることもできる．官能基変換の例としては，§5・8 でも示したアルキル基からカルボン酸への変換があげられる．

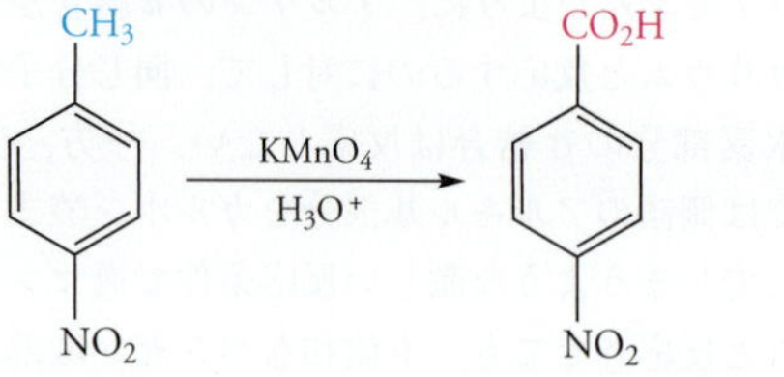

p-ニトロベンゼン → p-ニトロ安息香酸 (KMnO₄, H₃O⁺)

### アシル基からアルキル基への変換

ベンゼン環の側鎖のアシル基は，塩酸中で亜鉛アマルガムを用いた還元を行うことで，アルキル基に変換できる．アシル基のカルボニル炭素原子はベンゼン環に直接結合するため，アシル基は不活性化基であり，同時にメタ配向基でもある．しかし，還元後のアルキル基は活性化基であり，オルト-パラ配向基だ．

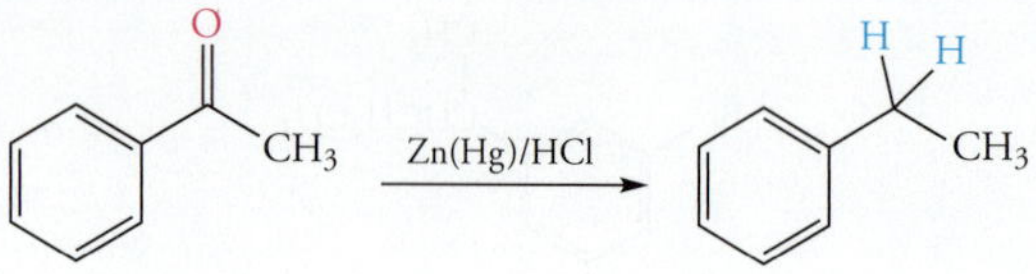

アセトフェノン → エチルベンゼン (Zn(Hg)/HCl)

### ニトロ基からアミノ基への還元

芳香族求電子置換反応を行うことで，ベンゼン環にニトロ基を直接導入できるが，アミノ基は一段階では導入できない．しかし，ニトロ基を導入すれば，その後にパラジウム触媒と水素を使ってニトロ基をアミノ基へと簡単に還元できるので，アニリン誘導体を合成できる．この一連の反応では，強く不活性化するメタ配向性のニトロ基が，強く活性化するオルト-パラ配向性のアミノ基に変換される．

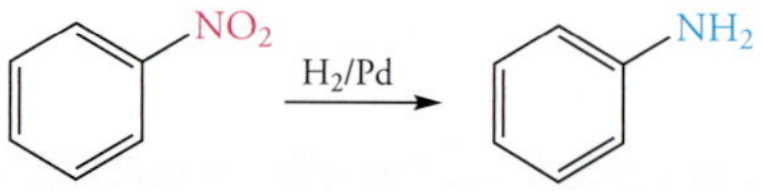

ニトロベンゼン → アニリン (H₂/Pd)

ベンゼン環に結合したニトロ基は，スズと塩酸を作用させることでもアミノ基に変換できる．

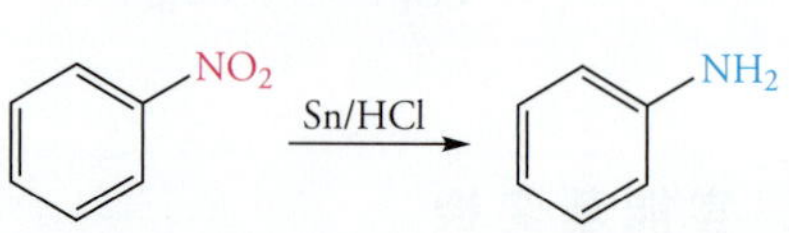

ニトロベンゼン → アニリン (Sn/HCl)

### アミノ基からジアゾニウム塩への変換：ザンドマイヤー反応

芳香環にアミノ基があると，官能基変換の可能性が飛躍的に高まる．アニリンのアミノ基は多くの官能基に変換できる．アミノ基を芳香族ジアゾニウムイオン（Ar-N₂⁺）にいったん変換することで，他の官能基への扉が開かれる．亜硝酸ナトリウムと硫酸や塩酸との反応で亜硝酸を生成した後，アニリンを反応させると，ジアゾニウムイオンが生成する．この過程を**ジアゾ化**（diazotization）とよぶ．

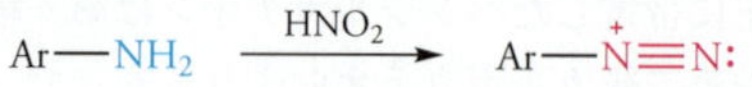

$$Ar-NH_2 \xrightarrow{HNO_2} Ar-\overset{+}{N}\equiv N:$$
ジアゾニウムイオン

1884 年，スイスの化学者ザンドマイヤー（Traugott Sandmeyer）は，さまざまな銅(I)塩が求核剤としてジアゾニウムイオンと反応することを発見した．求核剤がジアゾニウム塩と反応すると窒素が放出されて置換反応が起こり，官能基が芳香環に導入される．このような反応をまとめて**ザンドマイヤー反応**とよぶ．

$$Ar-\overset{+}{N}\equiv N: + Nu:^- \longrightarrow Ar-Nu + N_2$$
ジアゾニウムイオン

たとえば，芳香族ジアゾニウム塩が CuCl と反応するとクロロベンゼンが生成し，CuBr と反応するとブロモベンゼンが生成する．

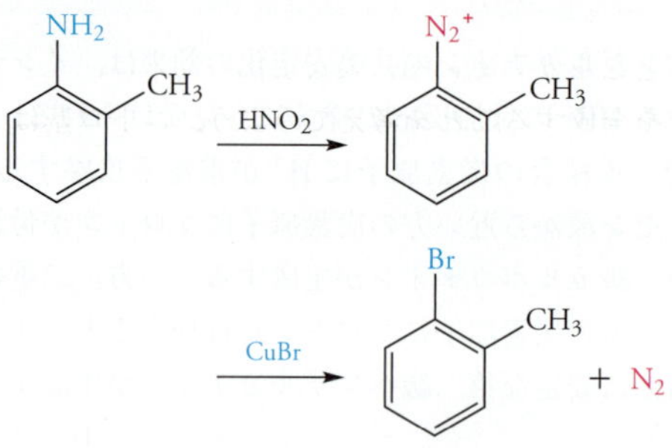

o-トルイジン → ジアゾニウム塩 (HNO₂) → o-ブロモトルエン + N₂ (CuBr)

芳香族ジアゾニウム塩がシアン化銅(I)と反応すると，芳香族ニトリルが生成する．

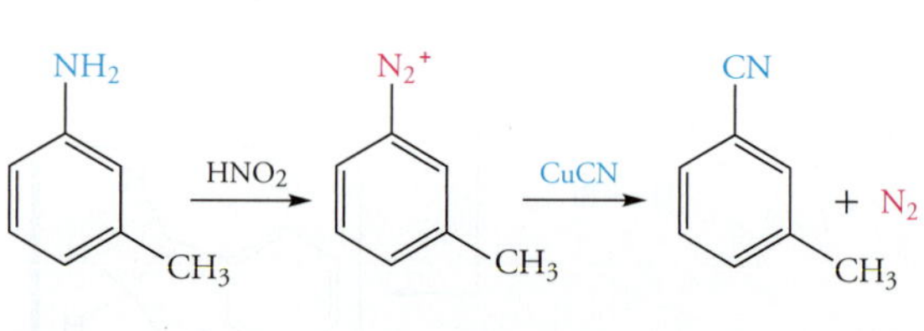

m-トルイジン → ジアゾニウム塩 (HNO₂) → m-メチルベンゾニトリル + N₂ (CuCN)

芳香族ジアゾニウム化合物が熱水と反応するとフェノールが生成する．この方法は芳香環にヒドロキシ基を導入する最良の方法でもある．

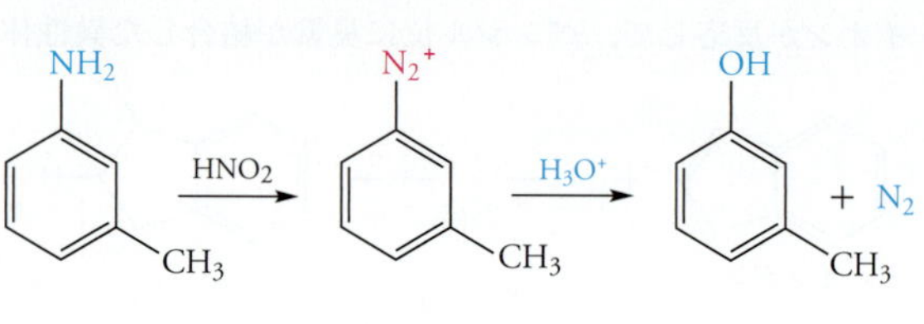

m-トルイジン → ジアゾニウム塩 (HNO₂) → m-クレゾール + N₂ (H₃O⁺)

芳香族ジアゾニウム化合物と次亜リン酸($H_3PO_2$)を反応させると，ジアゾニウム部分をプロトンで置き換えることができる．合成反応における置換基導入の配向基としてアミノ基を使用して，その目的がすんだ後に芳香環からアミノ基を取除く場合，この反応が役立つ．

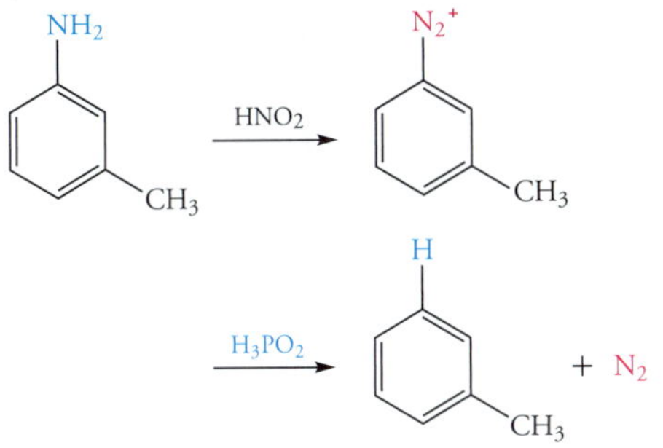

## 5・10 置換芳香族化合物の合成

化学者は，ベンゼン環の周りに2個以上の置換基を戦略的に配置した分子設計をして，さまざまなベンゼン誘導体を合成することがよくある．この種の合成計画を立てるときは，各置換基のオルト，メタ，パラ配向性を調べるところから始める．たとえば m-クロロニトロベンゼンを合成することを考えてみよう．ニトロ基はメタ配向基で，クロロ基はオルト-パラ配向基だ．この場合，ベンゼン環に置換基を導入する順序は特に重要となる．もしニトロ化よりも先にクロロ化を行うと，クロロ化に続いて行うニトロ化反応の主生成物は o-クロロニトロベンゼンと p-クロロニトロベンゼンになってしまい，目的のメタ置換体はほとんど生成しない．

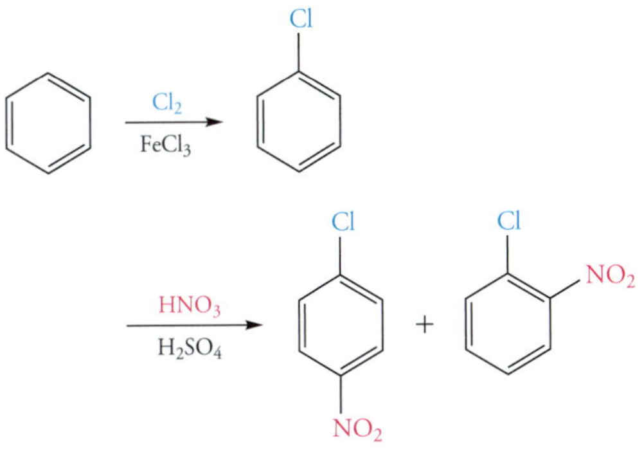

しかし，ニトロ基の導入を先に行って，続いてクロロ基を導入すれば，目的化合物が得られる．ニトロ基はメタ配向基なので，ニトロ基の後に導入するクロロ基はメタ位に導入されることになる．

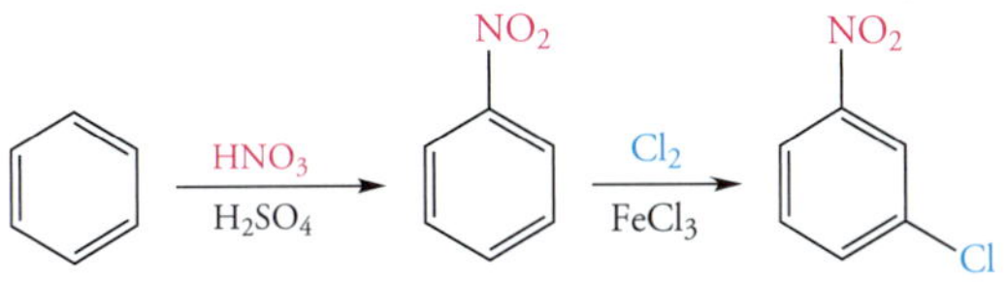

芳香族化合物を合成するうえで，芳香環を置換する反応だけでなく，その後の官能基変換も重要だ．例として，ベンゼンを出発物質として m-ジブロモベンゼンを合成することを考えてみよう．一見すると，このような合成は不可能だと思えるかもしれない．二つのブロモ基は互いにメタ位にあるが，ブロモ基はオルト-パラ配向基だ．ベンゼン環の臭素化反応によってベンゼン環にブロモ基が一つ導入されると，次のブロモ基はオルト位またはパラ位に導入され，メタ位には導入されない．

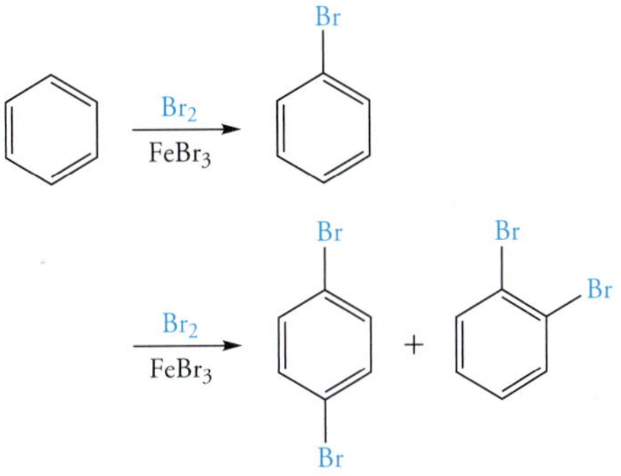

上の方法ではうまくいかないので，ニトロ基がメタ配向基であることを利用する．はじめにニトロベンゼンを合成し，続いて臭素化して m-ブロモニトロベンゼンに変換する．

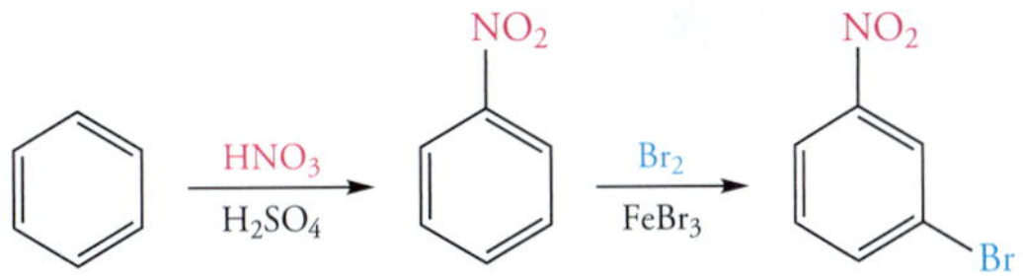

これまでに，ニトロ基をブロモ基に変換できることを学んだ．そこで，ニトロ基のアミノ基への還元，アミノ基のジアゾ化，ジアゾニウム塩の臭化銅(I)との反応，と

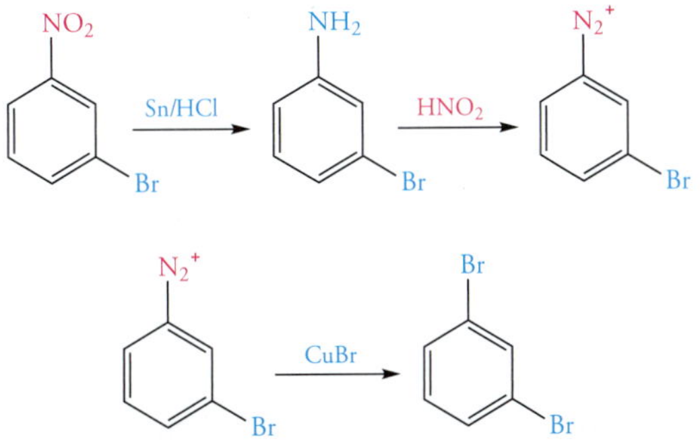

いう三つの反応を行う．この変換過程では数段階の反応が必要となるが，ベンゼンを出発物質として $m$-ジブロモベンゼンを合成するという，一見すると不可能なことを達成できる．

**例題5・15** ベンゼンを出発物質として，$m$-ブロモアニリンを合成する方法を考えよ．

［解答］ ブロモ基は臭素と臭化鉄(Ⅲ)との反応によってベンゼン環に直接導入できるが，オルトーパラ配向基だ．アミノ基($-NH_2$)もオルトーパラ配向基だ．ベンゼン環へのアミノ基の導入は，ベンゼン環をニトロ化した後に還元することで，間接的に行える．ここで，ニトロ基がメタ配向基であることを思い出そう．ベンゼンを臭素化した後にニトロ化すると，$o$-ブロモニトロベンゼンと $p$-ブロモニトロベンゼンの混合物が生成してしまい，$m$-ブロモニトロベンゼンは生成しない．一方，ベンゼンをニトロ化して得られるニトロベンゼンは，求電子置換反応でメタ置換体を与える．そこで，ニトロベンゼンを臭素化してから還元反応を行うと，$m$-ブロモニトロベンゼンが生成する．

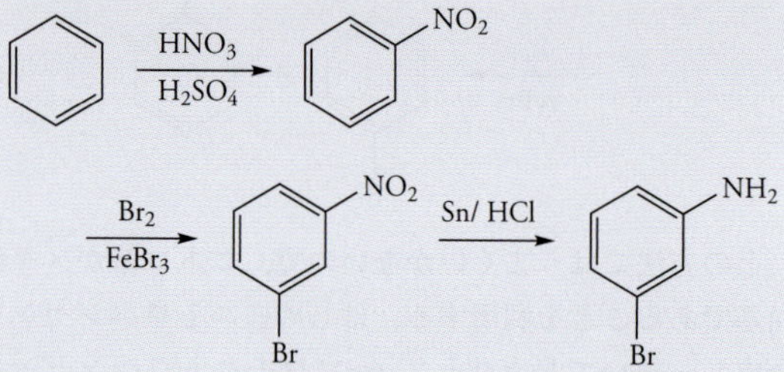

**例題5・16** ベンゼンを出発物質として，$p$-ニトロ安息香酸を合成する方法を考えよ．

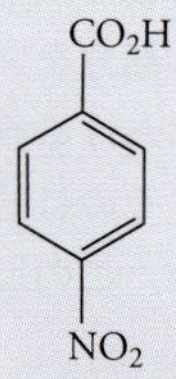

$p$-ニトロ安息香酸

**例題5・17** ベンゼンを出発物質として，$m$-ブロモフェノールを合成する方法を考えよ．

［解答］ ヒドロキシ基とブロモ基はともにオルトーパラ配向基だ．よって，ニトロ基のようなメタ配向基をもつ中間体を経由して，合成する必要がある．ベンゼンのニトロ化後に，続いて臭素化を行うと，$m$-ブロモニトロベンゼンが生成する．

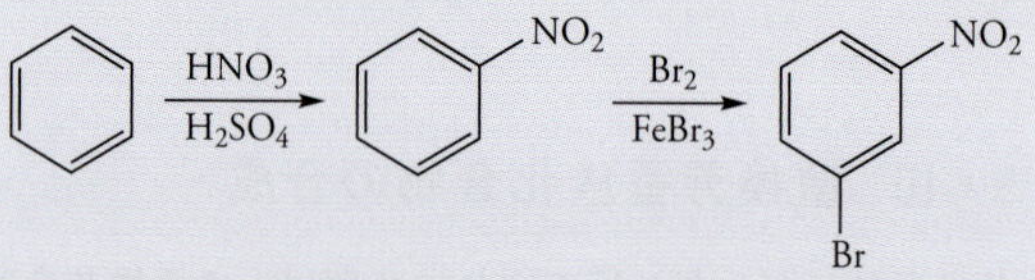

ニトロ基を還元した後に，アミノ基をジアゾ化すれば，フェノールへ誘導できる中間体が生成する．

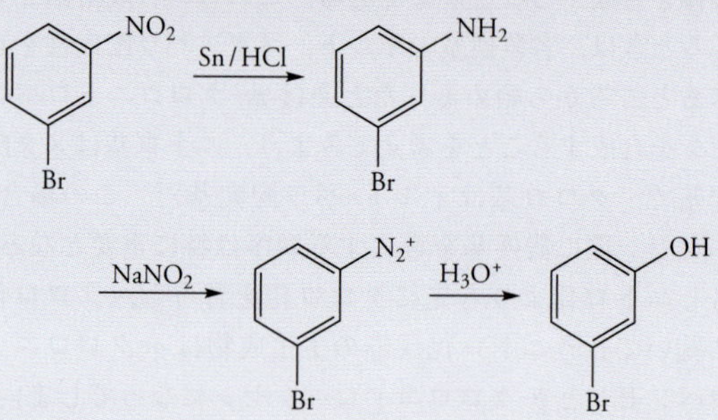

---

## 反応のまとめ

**1. ハロゲン化 (§5・4)**

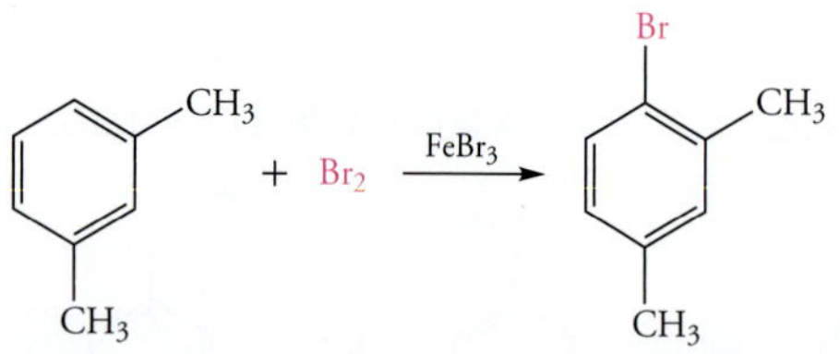

**2. ニトロ化 (§5・4)**

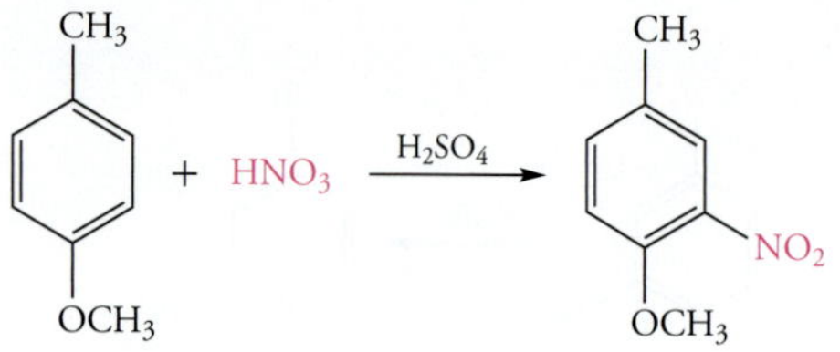

**3. スルホン化 (§5・4)**

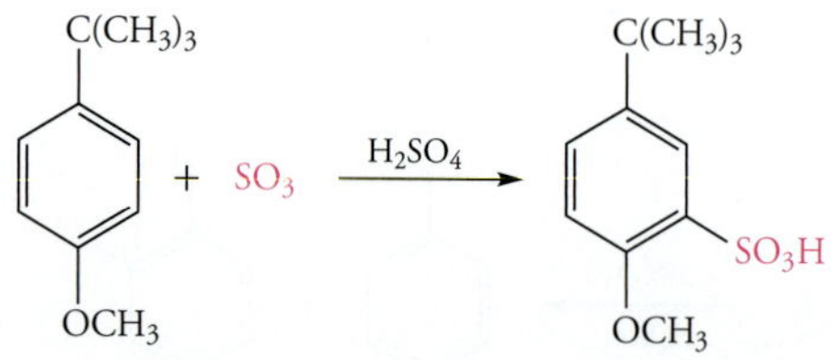

**4. フリーデル-クラフツアルキル化 (§5・4)**

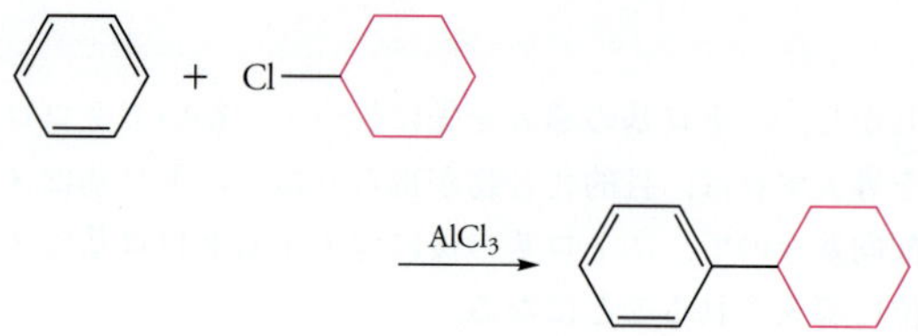

**5.** フリーデル-クラフツアシル化（§5・4）

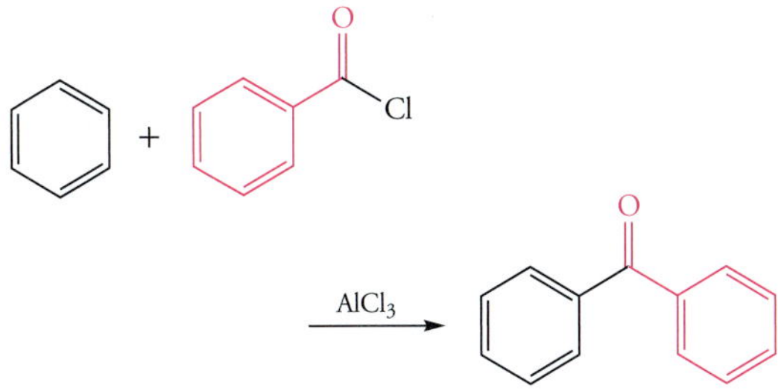

**6.** 側鎖の酸化（§5・8）

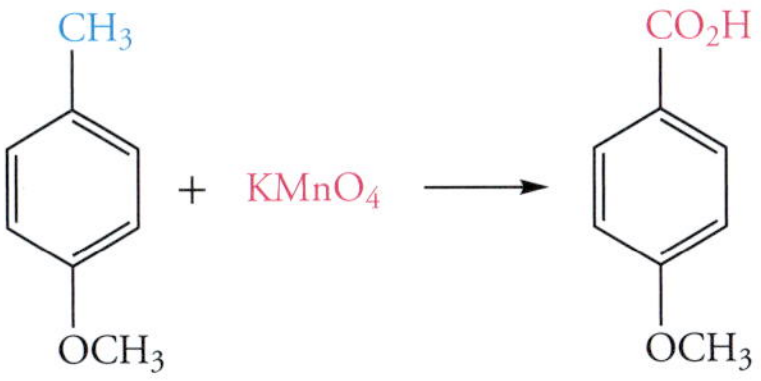

**7.** 側鎖のアシル基の還元（§5・4）

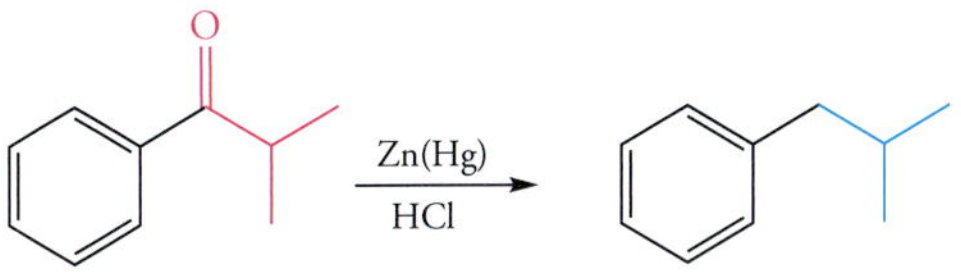

**8.** ニトロ基の還元（§5・9）

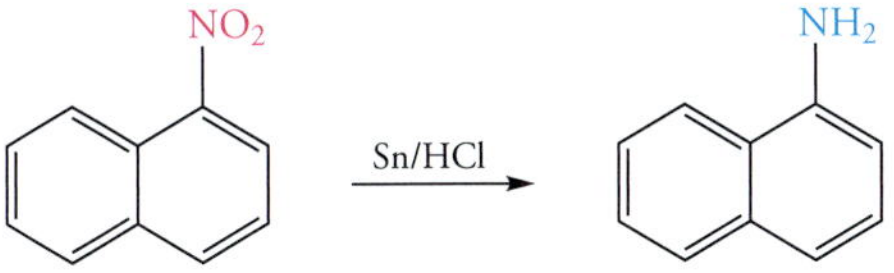

**9.** ジアゾニウムイオンを経由するアミノ基の反応（§5・9）

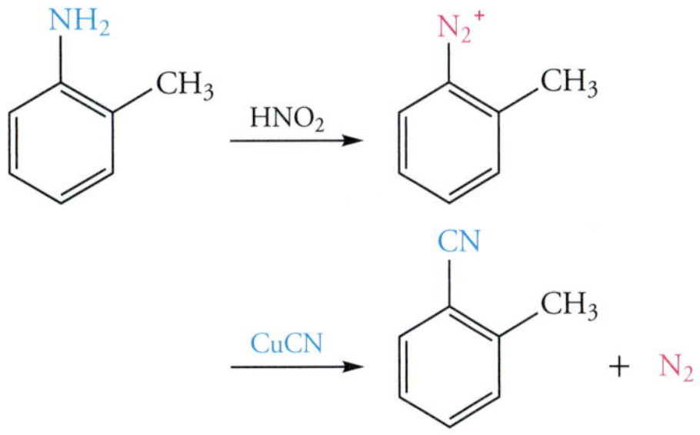

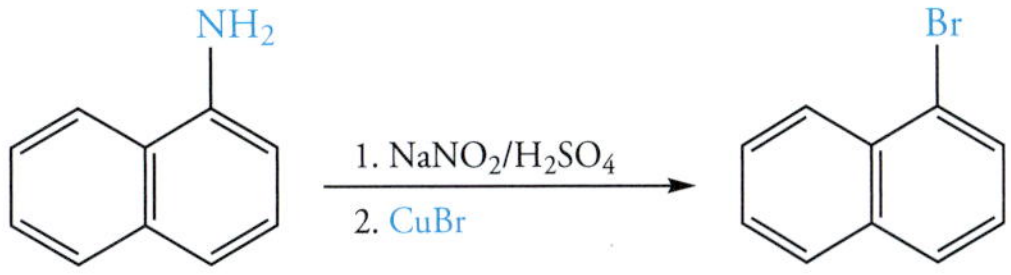

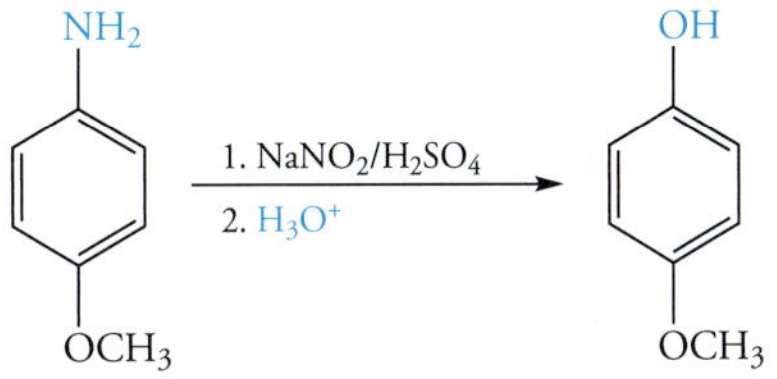

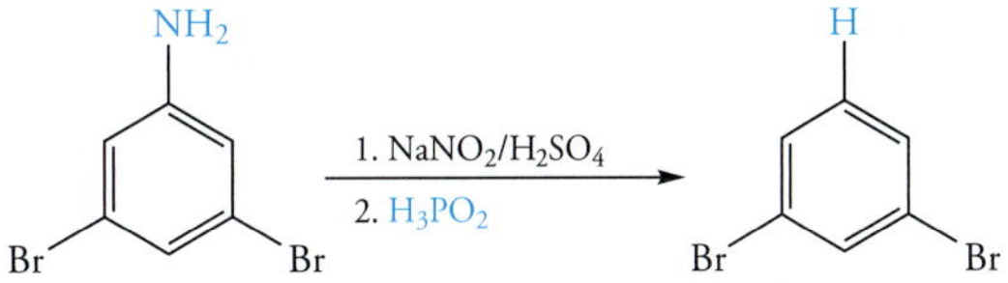

---

## 練 習 問 題

### 芳香族性

**5・1** 次の化合物が芳香族化合物かどうかを示せ．

(a)　　(b) 　　(c)

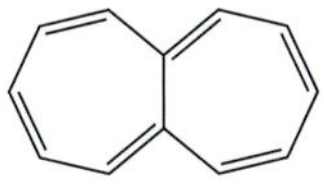

**5・2** 次の化合物が芳香族化合物かどうかを示せ．

(a)　　(b) 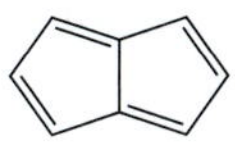　　(c)

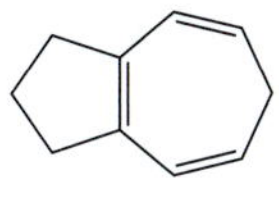

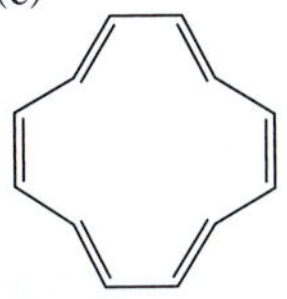

### 多環芳香族化合物と芳香族複素環化合物

**5・3** ブロモナフタレンの二つの異性体の構造式を書け．

**5・4** ブロモアントラセンの三つの異性体の構造式を書け．

**5・5** ジアジン（$C_4H_4N_2$）はベンゼンと類似した構造で，環内に二つの窒素原子を含む．ジアジンの三つの異性体の構造式を書け．三つの異性体のうち，双極子モーメントをもたない異性体を示せ．

**5・6** トリアジン（$C_3H_3N_3$）はベンゼンと類似した構造で，環内に三つの窒素原子を含む．トリアジンの三つの異性体の構造式を書け．三つの異性体のうち，双極子モーメントをもたない異性体を示せ．

**5・7** 次の各化合物で，それぞれのヘテロ原子（窒素，酸素，硫黄）がπ電子系に提供している電子の数を示せ．

(a)　　(b) 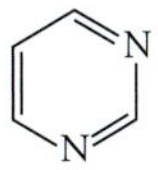　　(c)

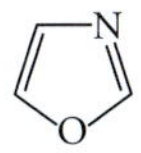

**5・8** 次の各化合物で，それぞれのヘテロ原子がπ電子系に提供している電子の数を示せ．

(a), (b), 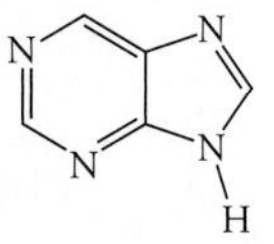 (c), 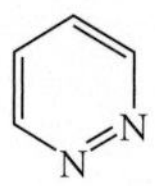 (d) エチオナミド (抗結核薬)

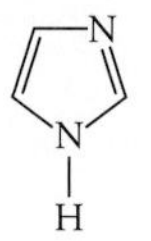

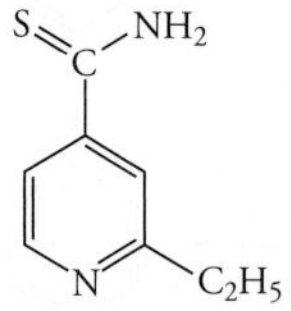

(a) レソルシノールモノアセタート (皮膚用殺菌剤)　(b) サリチルアミド (鎮痛薬)

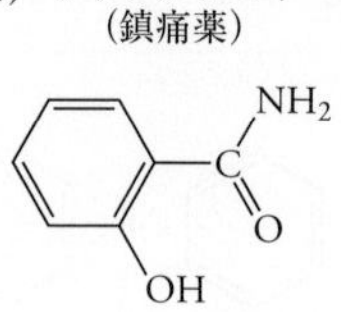

**5・9** 男性用避妊薬として研究された次の化合物に含まれる芳香族複素環の名前を書け.

(a)

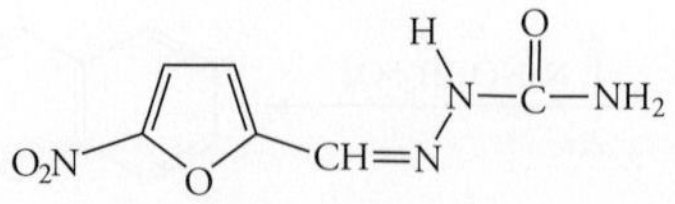

(b)

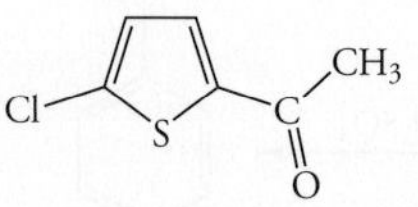

**5・10** 次の化合物の芳香族複素環の名前を書け.

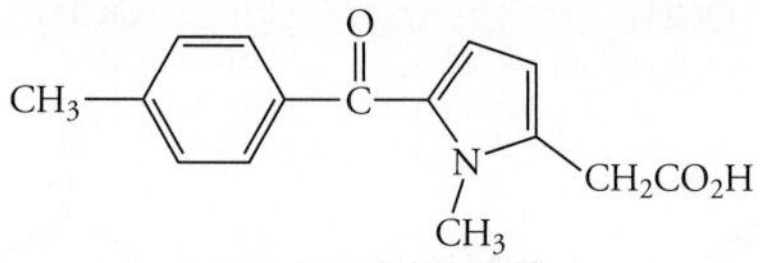

トルメチン (抗炎症薬)

## 芳香族化合物の異性体

**5・11** ジクロロベンゼンの三つの異性体のうち,無極性のものを書け.

**5・12** ベンジルアルコール($C_6H_5CH_2OH$)とアニソール($C_6H_5OCH_3$)の沸点はそれぞれ 205 ℃と 154 ℃だ.沸点の違いを説明せよ.

**5・13** 分子式が $C_8H_{10}$ である置換ベンゼンには四つの異性体がある.各異性体の名前を書け.

**5・14** 分子式が $C_6H_3Br_3$ である置換ベンゼンには三つの異性体がある.各異性体の名前を書け.

## 芳香族化合物の命名法

**5・15** 次の化合物はオルト置換体,メタ置換体,パラ置換体のいずれか.

(a) メチルパラベン (食品保存料)　(b) DEET (防虫剤)

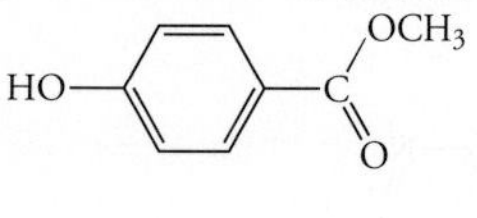

**5・16** 次の化合物はオルト置換体,メタ置換体,パラ置換体のいずれか.

**5・17** 次の化合物を命名せよ.
(a) (b) 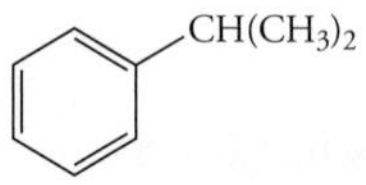 (c)

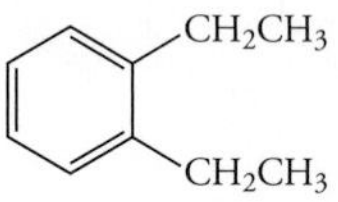

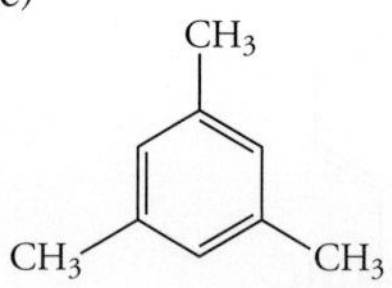

**5・18** 次の化合物を命名せよ.
(a) (b) 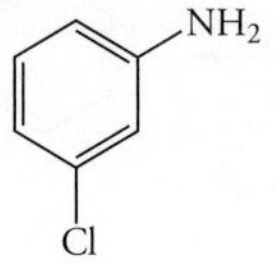 (c)

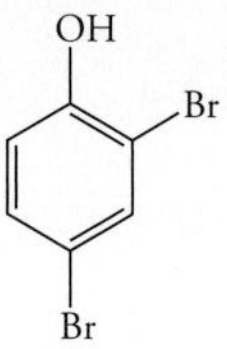

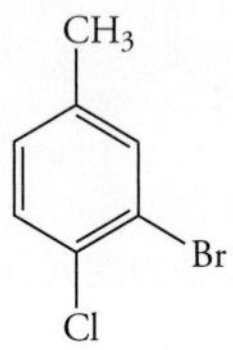

**5・19** 次の化合物を命名せよ.
(a) 水虫治療用殺菌剤　(b) 消毒薬

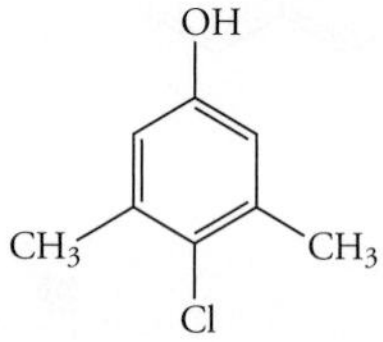

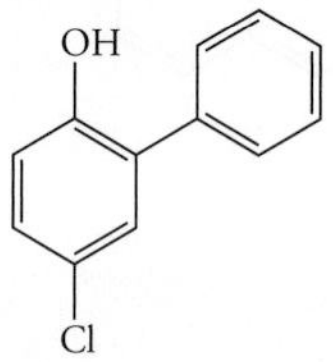

**5・20** 五大湖のヤツメウナギ駆除剤として使われた 3,4,6-トリクロロ-2-ニトロフェノールの構造式を書け.

**5・21** 次の化合物の構造式を書け.
(a) 5-イソプロピル-2-メチルフェノール (マジョラム油の成分)
(b) 2-イソプロピル-5-メチルフェノール (タイム油の成分)
(c) 2-ヒドロキシベンジルアルコール (シダレヤナギの皮の成分)

**5・22** 除草剤の Treflan の IUPAC 名は,2,6-ジニトロ-N,N-ジプロピル-4-(トリフルオロメチル)アニリンだ.Treflan の構造式を書け.なお,N は置換基が窒素原子に結合することを表す.

## 求電子剤と芳香環の置換基

**5・23** –$SCH_3$ 基は活性化基と不活性化基のどちらか.また,オルト-パラ配向基とメタ配向基のどちらか.

**5・24** サルファ剤に含まれるスルホンアミド基は活性化基

と不活性化基のどちらか．また，オルト-パラ配向基とメタ配向基のどちらか．

[構造式: -S(=O)(=O)-NH₂]

**5・25** 1-クロロ-2-メチルプロパンと塩化アルミニウムを使用するベンゼンのフリーデル-クラフツアルキル化反応の生成物の構造式を書け．

**5・26** プロペンなどのアルケンと酸触媒の組合わせを使用しても，ベンゼンをアルキル化できる．この反応における求電子剤を示せ．

**5・27** 次の化合物を臭素化すると，どちらの環のどの部分が臭素化されるか．

[構造式: C₆H₅-N(H)-C(=O)-C₆H₅]

**5・28** 次の化合物を臭素化すると，どちらの環のどの部分が臭素化されるか．

[構造式: ビフェニル-CCl₃]

## 芳香環の側鎖の反応

**5・29** 練習問題5・17の各化合物を徹底的に酸化して得られる生成物の構造式を書け．

**5・30** 次の各化合物を過マンガン酸カリウムと反応させて得られる生成物を予想し，その構造式を書け．

(a) 　(b) 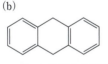　(c)

**5・31** プロピルベンゼンのラジカル臭素化では，ほぼ単一の化合物が生成する．生成物の構造式を書け．他の異性体が生成しない理由を書け．

**5・32** アリルベンゼンに希釈した酸を作用させると異性化する．生成する異性体の構造式と，反応機構を書け．

## 芳香族化合物の合成

**5・33** 次の各反応に必要な試薬をそれぞれ書け．オルト体とパラ体の混合物と，メタ体のどちらが主生成物となるかを示せ．
(a) ブロモベンゼンのニトロ化
(b) ニトロベンゼンのスルホン化
(c) エチルベンゼンの臭素化

**5・34** 次の反応に必要な試薬を書け．オルト体とパラ体の混合物と，メタ体のどちらが主生成物となるかを示せ．
(a) 安息香酸の臭素化
(b) イソプロピルベンゼンのアセチル化
(c) アセトフェノンのニトロ化
(d) フェノールのニトロ化

**5・35** ベンゼンを出発物質として，次の化合物を合成するために必要な試薬と反応を書け．
(a) *p*-ブロモニトロベンゼン
(b) *m*-ブロモニトロベンゼン
(c) *p*-ブロモエチルベンゼン
(d) *m*-ブロモエチルベンゼン

**5・36** ベンゼンを出発物質として，次の化合物を合成するために必要な試薬と反応を書け．
(a) *m*-ブロモベンゼンスルホン酸
(b) *p*-ブロモベンゼンスルホン酸
(c) *p*-ニトロトルエン
(d) *p*-ニトロ安息香酸

**5・37** ベンゼンまたはトルエンを出発物質として，次の化合物を合成するために必要な試薬と反応を書け．
(a) 1-クロロ-3,5-ジニトロベンゼン
(b) 2,4,6-トリニトロトルエン
(c) 2,6-ジブロモ-4-ニトロトルエン

**5・38** ベンゼンまたはトルエンを出発物質として，次の化合物を合成するために必要な試薬と反応を書け．
(a) 2,4,6-トリブロモ安息香酸
(b) 2-ブロモ-4-ニトロトルエン
(c) 1-ブロモ-3,5-ジニトロベンゼン

**5・39** ベンゼンまたはトルエンを出発物質として，次の化合物を合成するために必要な試薬と反応を書け．
(a) *m*-ブロモフェノール
(b) *m*-ブロモアニリン
(c) *p*-メチルフェノール

**5・40** ベンゼンまたはトルエンを出発物質として，次の化合物を合成するために必要な試薬と反応を書け．

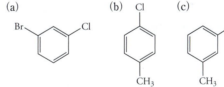

## 化合物の代謝による酸化

**5・41** 抗精神病薬であるクロルプロマジンの芳香族ヒドロキシ化が，矢印で示す位置で起こる理由を説明せよ．

[構造式: クロルプロマジン]

**5・42** 慢性痛風治療薬であるプロベネシドは，芳香族ヒドロキシ化が起こらない．その理由を説明せよ．

[構造式: プロベネシド]

# 6 立体化学

M. C. Escher, DRAWING HANDS, 1948

## 6・1 分子の立体配置

第3章と第4章では，立体異性体の一つである幾何異性体の構造を学んだ．**立体異性体**（stereoisomer）では原子をつなぐ結合の並び方は同じだが，原子の空間的な配置が異なる．三次元空間における原子の空間的な配置が異なれば，原子の**立体配置**もそれに応じて変わる．つまり，立体異性体では原子の三次元的な位置関係が異なる．分子がとる立体配置は生物学的にも重要だ．立体異性体の生物学的な性質はまったく異なり，幾何異性体に対する生物の応答にも違いがみられる．たとえば，カイコガの雄の性誘引物質であるボンビコールでは C10 位と C12 位の二重結合がそれぞれ ($E$) と ($Z$) の配置をとるが，この幾何異性体は他の三つの幾何異性体より生物活性が $10^9 \sim 10^{13}$ 倍も高い．マイマイガの雌の性誘引物質であるディスパーリュアでは，三員環に結合するアルキル基がシス配置をとる異性体だけに生物活性がある．

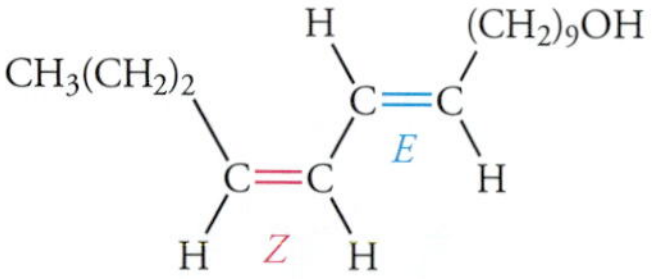

ボンビコール

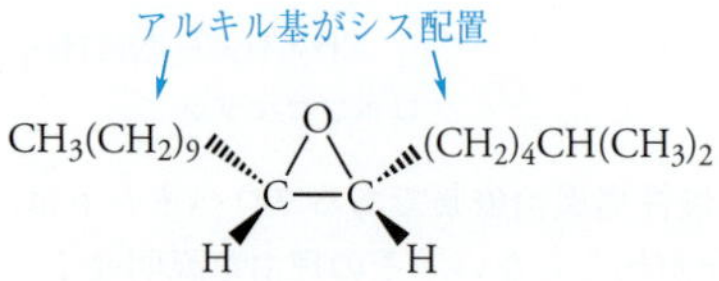

アルキル基がシス配置

ディスパーリュア

幾何異性は立体異性の一種にすぎない．この章の主題は，分子が互いに鏡像の関係にある立体異性だ．そのような分子には，**立体中心**（stereogenic center）とよばれる四つの異なる原子団をもつ炭素原子がある．**キラル中心**（chiral center）や**不斉中心**（asymmetric center）とよばれることもある．立体中心の炭素原子は $sp^3$ 混成で正四面体構造をとるが，その炭素原子の立体配置は異性体間で異なる．この立体配置の違いは幾何異性体の場合ほど簡単に図示することができないが，立体異性は生命現象に関係する重要な構造的特徴だ．

## 6・2 鏡像とキラリティー

人間は三次元世界に生きている．この紛れもない事実は重要な意味をもつ．鏡をのぞき込めば自分自身の鏡像が見えるが，その鏡像は実際には存在しない別人だ．鏡像は必ずしも現実に存在する物体と同一であるとは限らない．もちろん，実際の物体と鏡像が一致することもある．たとえば，図 6・1(a) のようなシンプルな木の椅子であれば，実際の物体と鏡像がまったく同じになる．実際の物体と鏡像が完全に一致する場合は，その物体は鏡像と**重ね合わせることができる**（superimposable）という．鏡像と重ね合わせることができる物体の場合は，ある物体とその鏡像の三次元的な特徴が一致するように，その物体を配置できる．

ここで，鏡像と一致しないような適当な物体を想像してみよう．その場合に，物体は鏡像と**重ね合わせることができない**（nonsuperimposable）という．図 6・1(b) のような左手用の肘掛けがある椅子を鏡に映すと，鏡像では右手用の肘掛けがある椅子になり，重ね合わせることができない．その椅子に座ることを想像してみるか，実際に試してみれば納得できるだろう．

## 6・2 鏡像とキラリティー

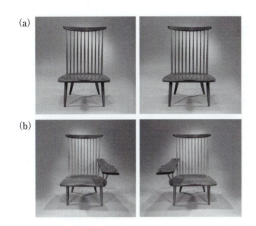

**図6・1 物体と鏡像** (a) 肘掛けなしの椅子とその鏡像は一致して，重ね合わせることができる．(b) 片肘掛け椅子とその鏡像は一致せず，重ね合わせることができない．一方の椅子には左手用の肘掛けがあり，もう一方の椅子には右手用の肘掛けがある．〔椅子のデザイン：George Nakashima〕

図6・2の巧みに描かれたエッシャーの絵が表すように，人間の両手は重ね合わせることができない．鏡像と重ね合わせることができない物体のことを**キラル**（chiral）であるという．ギリシャ語で手を意味する *chiron* という単語が chiral の語源だ．手袋や靴には右用と左用があり，いずれもキラルだ．その物体がキラルかどうかを見分けるには，その物体を鏡像と重ね合わせなくてもよい．対称面をもつならば，その物体はキラルではない．対称面で物体を二分割すれば，対称面で区切られた半分はもう片方の鏡像となる．たとえば，コップは対称面をもち，対称面で分割したコップの片側は，コップのもう片方の鏡像と重ね合わせることができる．図6・1(a)の椅子は対称面をもつので，キラルではない．キラルではない物体のことを**アキラル**（achiral）であるという．分子や物質で対称面の有無がわかれば，キラルかアキラルかを見分けることができる．

### キラルな分子

キラルであるために鏡像と重ね合わせることができない性質のことを**キラリティー**（chirality）とよぶ．キラリティーの概念は，分子レベルから目に見える物体のレベルまで幅広い範囲にあてはまる．ある炭素原子に結合する四つの原子または置換基がすべて異なると，その炭素原子を含む分子は基本的にキラルだ．そのような炭素原子は分子のキラリティーが生じるもととなるので，立体中心，キラル中心または不斉中心とよばれる．また，その炭素原子は**キラル炭素原子**や，**不斉炭素原子**とよばれるが，キラルなのは分子であって，炭素原子自体ではない．生物が生み出す分子や医薬品の多くはキラルで，キラルな分子を人工的に合成することは有機合成化学においてとても重要だ．

キラル中心の四つの異なる原子または原子団の空間的な配置しだいで，2種類の立体異性体がつくり出せる．そのよい例がブロモクロロフルオロメタンの立体異性体だ．ブロモクロロフルオロメタンは対称面をもたないので，鏡像と重ね合わせることができない一対の異性体として存在する（図6・3）．したがって，個々のブロモクロロフルオロメタンはキラルだ．一方，ジクロロメタン

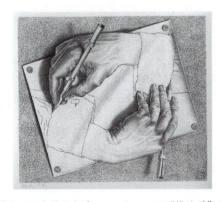

**図6・2 キラルな手** エッシャーの"描く手"は両手の関係を表す．自分の手を紙の上に置けば，同じような構図になるだろう．〔M.C. Escher's "Drawing Hands" ©2014 The M.C. Escher Company-The Netherlands. All rights reserved.〕

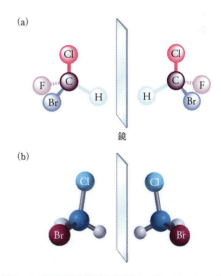

**図6・3 鏡像の関係にある分子** ブロモクロロフルオロメタンは対称面をもたないので，鏡像と重ね合わせることができない．この分子はキラルで，互いに鏡像の関係にある分子と一対の異性体として存在する．(a) 模式図，(b) 分子モデル．

とブロモクロロメタンはどちらも対称面をもつので，どちらもキラルではない（図6・4，図6・5）．

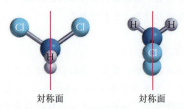

**図6・4 ジクロロメタンの対称面** ジクロロメタンには対称面が二つあり，鏡像をもとの分子と重ね合わせることができる．そのため，ジクロロメタンはアキラルな分子だ．

**図6・5 ブロモクロロメタンの対称面** ブロモクロロメタンには対称面が一つあり，鏡像をもとの分子と重ね合わせることができる．そのため，ブロモクロロメタンはアキラルな分子だ．

## 鏡像の関係にある異性体: エナンチオマー

重ね合わせることができない鏡像の関係にある二つの異性体を**鏡像異性体**または**エナンチオマー**（enantiomer）とよぶ．enantiomer という用語は，ギリシャ語の *enantios*（"反対"の意味）と *meros*（"部分"の意味）を合わせたものだ．ある分子の各炭素原子の置換基が決まればその分子がキラルかどうかを判断できるし，その分子に二つの鏡像異性体が存在するかどうかも判断できる．具体的にいうと，四つの異なる置換基をもつ炭素原子は立体中心であり，立体中心をもつ分子は基本的にキラルだ．キラルな分子には対となる鏡像異性体が存在する．たとえば，2-ブロモブタンはC2位に四つの異なる置換基（-CH$_3$, -CH$_2$CH$_3$, -Br, -H）がついているのでキラルな分子であり，鏡像異性体が存在する．対照的に，2-ブロモプロパンではC2位の炭素原子に二つのメチル基が結合していて，立体中心となる炭素原子をもたない．したがって，2-ブロモプロパンはアキラルな分子だ．

**例題6・1** フェニトインは抗けいれん薬としての活性をもつ．フェニトインの正四面体構造の炭素原子にはいくつの異なる置換基が結合しているか．対称面はあるか．また，フェニトインがキラルかアキラルかを答えよ．

フェニトイン

[解答] フェニトインには sp$^3$ 混成の炭素原子が一つしかない．その sp$^3$ 混成炭素原子には窒素原子，カルボニル炭素原子，二つのフェニル基が結合している．この炭素原子には二つのフェニル基が結合していることから，すべての置換基の種類が異なるわけではないので，この分子はアキラルになる．フェニトインは対称面をもち，対称面はこの紙面と重なる．フェニトイン分子の二つのフェニル基は対称面の上下に位置し，他の原子は対称面で二分割される．

**例題6・2** ニコチンの構造式を次に示す．ニコチン分子はキラルかアキラルかを答えよ．

ニコチン

## 鏡像異性体の性質

キラルな分子の鏡像異性体を考えるときには，両手を見て考えればよい．ピンセットと手袋を考えてみよう．ピンセットの形は左右対称なので，左右の違いはない．そのため，右手と左手のどちらでも同じように扱うことができる．手袋の場合はそうはいかない．人の手は"キラル"なので，右手用の手袋は右手にしかはまらない．目隠ししていても，手にはめてみれば右手用の手袋と左手用の手袋を簡単に区別できる．人間はキラルなので，キラルな物体を区別できるのだ．

鏡像異性体の物理的性質，たとえば，生成熱，密度，融点，沸点はどれも等しい．アキラルな環境では鏡像異性体の化学的性質は同じであり，まったく同じ反応性を示す．しかし，キラルな環境では鏡像異性体の性質に違いが生じる．細胞が関与する生命活動の多くの過程ではこの違いがとても重要になる．鏡像異性体が結合する酵

立体中心 → Br
CH$_3$CH$_2$-C-CH$_3$
       |
       H
2-ブロモブタン
（キラルな分子）

Br ← 立体中心ではない
CH$_3$-C-CH$_3$
    |
    H
2-ブロモプロパン
（アキラルな分子）

素の結合部位はキラルなので，酵素触媒のような生体分子の特定部位には一方の鏡像異性体だけが適合して結合する．このように，特定の立体異性体のみが関与することを**立体特異的**（stereospecific）であるという．

## 6・3 光 学 活 性

アキラルな環境では二つの鏡像異性体の化学的性質は同じだが，ある重要な物理的性質が異なる．鏡像異性体は面偏光に対する挙動が異なる．その違いを利用して，鏡像異性体を見分けることができる．

### 面 偏 光

光源からの光は，光の進行方向に対して直交する無数の平面内で振動する電磁波で構成されている．光が偏光フィルターを通ると，**面偏光**（plane-polarized light）という単一の平面内で振動する電磁波に変換される．この現象は日常生活にも利用されている．たとえば，サングラスによって日光を面偏光に変換して日光のまぶしさを軽減している．光はさまざまな物質の表面に反射するが，サングラスは水平方向に振動する光を軽減する．日光のもとで写真を撮ると明るい光が映り込むことがあるが，それを防ぐために光の反射を低減する偏光フィルターがついたレンズもある．

面偏光はキラルな分子と相互作用し，その相互作用は**旋光計**で測定できる（図6・6）．旋光計の原理は次のようなものだ．まず，単一の波長の光（単色光）が偏光フィルターを通過して，面偏光に変換される．面偏光が試料管中の試料溶液を通過すると，試料化合物と相互作用する．面偏光がキラルな化合物と相互作用すると，面偏光の面が回転する．ただし，アキラルな化合物を通っても面偏光の面は回転しない．面偏光が試料管を通過したのち，検出部分の偏光フィルターを通過するが，このときに検出部分を時計回りまたは反時計回りに回転させて面偏光の強度が最大となるようにする．すると，検出器が示す角度 $\alpha$ は面偏光の面の角度と一致するので，この値を読み取る．この角度は実測旋光度 $\alpha_{obs}$ とよばれる．この実測旋光度は光がキラル化合物と相互作用することで回転した角度に等しい．このように面偏光の面を回転させる化合物は**光学活性**（optically active）であるという．キラルな化合物は光学活性だ．アキラルな化合物は面偏光の面を回転させないので，**光学不活性**だ．

### 比旋光度

旋光計で観測される実測旋光度は，物質の構造や濃度に依存する．純粋なキラルな物質の光学活性は**比旋光度**として知られており，$[\alpha]_D$ という記号で表す．比旋光度の値は，1 g/mL の濃度の試料溶液を入れた 10 cm の長さの試料管を面偏光が通過したときに，面偏光の面が回転した角度で表す．比旋光度の標準的な測定は 589 nm の光を使用して 25 ℃で行われる．この波長の黄色光は D 線とよばれるナトリウムランプの輝線だ．実測旋光度 $\alpha_{obs}$，試料管の長さ $l$，濃度 $c$ を使って比旋光度 $[\alpha]_D$ を表した式を次に示す．

$$[\alpha]_D = \frac{\alpha_{obs}}{l \times c}$$

キラルな物質が面偏光の面を右方向に回転させる場合，つまり正の方向（＋）または時計回り方向に回転させる場合，その物質は右旋性〔dextrorotatory；ラテン語の *dextra*（右）に由来〕だ．反対に，キラルな物質が面偏光の面を左方向に回転させる場合，つまり負の方向（－）

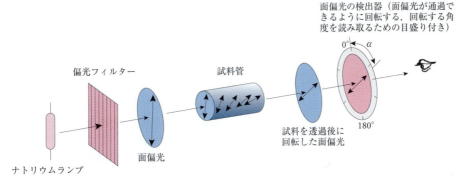

**図 6・6 旋光計の模式図** 偏光フィルターに光を通すと面偏光になる．面偏光が試料管を通ると，その中のキラルな化合物が面偏光の面を回転させる．検出器を通るときに面偏光の強度が最大になるように検出器を回転させて，その角度 $\alpha$ を読み取れば，面偏光の面の回転方向と角度が決定できる．最近の装置ではすべての動作が電子制御されているが，基本原理は同じだ．

または反時計回り方向に回転させる場合，その物質は左旋性〔levorotatory；*laevus*（左）に由来〕だ．ある物質がキラルだと，その鏡像異性体は同じ角度だけ面偏光の面を回転させるが，回転する方向は逆方向になる．一方の鏡像異性体は右旋性で，もう一方の鏡像異性体は左旋性になる．したがって，鏡像異性体は**光学異性体**（optical isomer）とよばれることもある*．

鏡像異性体を表記するときに，比旋光度の符号を括弧に入れて化合物名の最初につけることが多い．たとえば，2-ヨードブタンの一方の鏡像異性体の比旋光度 $[\alpha]_D$ は $-15.90$ で，$(-)$-2-ヨードブタンとよばれる．もう一方の鏡像異性体は $(+)$-2-ヨードブタンとなり，比旋光度 $[\alpha]_D$ は $+15.90$ だ．

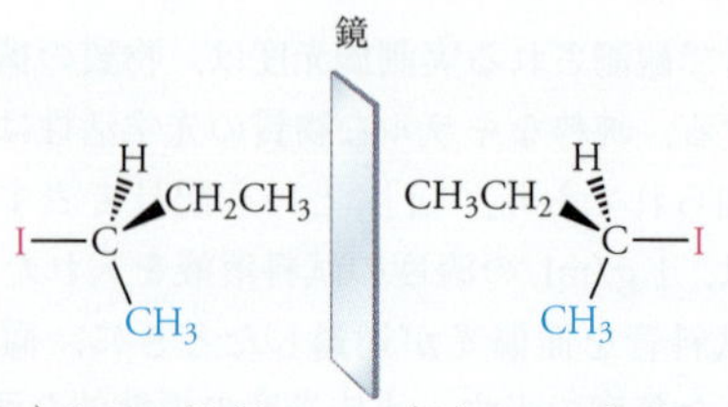

鏡像異性体のうち，$(+)$体は dextrorotatory の頭文字をとって *d* 体，$(-)$体は levorotatory の頭文字をとって *l* 体とよばれることもある．レボドパ（levodopa）という化合物（p.21）の名前は左旋性（levorotatory）であることからつけられた．L-ドーパまたは $(-)$-ドーパとよばれることもあり，比旋光度は $-13.1$ だ．表 6・1 に一般的な化合物の比旋光度を示す．

表 6・1　一般的な化合物の比旋光度

| 化合物 | $[\alpha]_D$ |
| --- | --- |
| アジドチミジン（AZT） | $+99$ |
| セフォタキシム（セファロスポリンの一種） | $+55$ |
| コレステロール | $-31.5$ |
| コカイン | $-16$ |
| コデイン | $-136$ |
| アドレナリン（エピネフリン） | $-5.0$ |
| レボドパ | $-13.1$ |
| グルタミン酸ナトリウム | $+25.5$ |
| モルヒネ | $-132$ |
| オキサシリン（ペニシリンの一種） | $+201$ |
| プロゲステロン | $+172$ |
| スクロース | $+66$ |
| テストステロン | $+109$ |

\* 訳注：IUPAC はこのよび方を推奨していない．

## 6・4　フィッシャー投影式

三次元の分子の構造を書く作業は時間がかかる．しかも，キラル中心がいくつもある化合物の場合は，構造式から立体構造を把握することは容易ではない（§6・6）．しかし，100 年以上も前にドイツの化学者エミール・フィッシャーによって考案された**フィッシャー投影式**（Fischer projection）を使えば，キラルな物質の構造式を比較的簡単に書き表すことができる．キラルな物質の立体配置をフィッシャー投影式で表すには，グリセルアルデヒドの立体配置の書き方を基準にする．

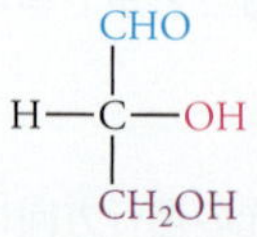

グリセルアルデヒド

グリセルアルデヒドには四つの異なる原子団が結合する炭素原子が一つあるため，鏡像異性体がある（図 6・7）．各鏡像異性体のフィッシャー投影式は，次の方法で書く．

1. 炭素鎖を縦方向に並べる．このとき，酸化の度合いが最も大きな置換基（グリセルアルデヒドでは -CHO 基）を一番上にする．
2. フィッシャー投影式では，キラル中心の炭素原子（グリセルアルデヒドでは C2 位の炭素原子）が紙面上にあるとすると，縦方向の結合は紙面の向こう側に伸び，横方向の結合は紙面の手前側に伸びていると約束する．立体配置がそうなるように，C2 位の炭素の左右に水素原子とヒドロキシ基を置く．
3. 縦方向の -CHO 基との結合が紙面の向こう側に伸びているので，-CHO 基および -CH$_2$OH 基は紙面の向こう側にあり，水素原子とヒドロキシ基は紙面の手前側にある．
4. 四つの原子団を紙面に投影して二次元で表す．その際に，キラル中心の炭素原子は書かない．炭素原子は結合の線の交点に位置する．

フィッシャー投影式は分子を二次元で表す方法だ．フィッシャー投影式では分子が平面であるように見えるので，炭素骨格を回転軸にして 180°回転してもよさそうに思えるが，はたしてそうだろうか？ 180°回転してもよいと仮定して，図 6・7 の分子 A で確かめてみよう．この操作を行うと左右の置換基が入れ替わるので，鏡像異性体のフィッシャー投影式と同じものになる．左右の置換基が入れ替わるだけでなく，もとは紙面の向こう側にあったホルミル(-CHO)基とヒドロキシメチル

## 6・5 絶対立体配置

(a) 破線-くさび形表記の構造式

[構造式 A, B: グリセルアルデヒドの鏡像異性体]

(b) [破線-くさび形表記 A, B]

鏡

(c) フィッシャー投影式

[フィッシャー投影式 A, B]

**図 6・7 グリセルアルデヒドの立体表記** (a) グリセルアルデヒドの破線-くさび形表記の構造式. (b) グリセルアルデヒドの投影式の破線-くさび形表記. (c) グリセルアルデヒドの各エナンチオマーのフィッシャー投影式. 結合の線の交点にキラル中心の炭素原子があるが, 通常はこの炭素原子は書かない. フィッシャー投影式では縦方向の線が紙面の向こう側に伸びる結合を表し, 横方向の線が紙面の手前側に伸びる結合を表す. (b)が示す構造と同じだ.

(-CH₂OH)基が紙面の手前側にくる. しかし, 鏡像異性体の分子Bのカルボニル基とヒドロキシメチル基は紙面の向こう側に位置するので, 実際は同じ位置を占めない. 二つの異なる三次元構造を一つの二次元表記方法で書くことになるため, 180°回転してもよいという仮定は明らかに間違いだ. このような誤りを避けるために, 正しい立体配置を表すフィッシャー投影式を書いたら左右をひっくり返してはならない.

フィッシャー投影式を使えば, どんな鏡像異性体の対も書くことができる. ただし, フィッシャー投影式を書くためにはキラル炭素原子の立体配置を知る必要がある. しかし, フィッシャーの時代には原子の空間的な配置を決定する方法がなかったため, 正しい立体配置(絶対立体配置)を決定できなかった. フィッシャーはグリセルアルデヒドの一方の立体配置を独断で採用した. グリセルアルデヒドの面偏光の面を時計回り方向に+13.5°回転させる右旋性(+13.5°)の鏡像異性体は, フィッシャー投影式で右にヒドロキシ基を書いて表される構造だとした. フィッシャーは, この異性体を **D-グリセルアルデヒド**(D-glyceraldehyde)とよんだ. その鏡像異性体である(-)-グリセルアルデヒドは, フィッシャー投影式で左にヒドロキシ基を書いて表される構造になり, 面偏光の面を反時計回り方向に回転させる(-13.5°). フィッシャーは, この異性体を **L-グリセルアルデヒド**とよんだ.

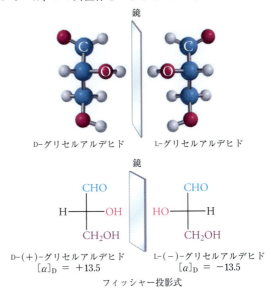

D-グリセルアルデヒド  L-グリセルアルデヒド

鏡

D-(+)-グリセルアルデヒド  L-(-)-グリセルアルデヒド
[α]_D = +13.5          [α]_D = -13.5

フィッシャー投影式

### 6・5 絶対立体配置

アミノ酸や糖質の立体中心における立体配置は, D-(+)-グリセルアルデヒドの立体配置と簡単に比較できる. しかし, クリセルアルデヒドと構造が大きく異なる化合物には, この方法は簡単には適用できない. R. S. Cahn, C. K. Ingold, V. Prelog の3人は, どのような立体中心であっても, **絶対立体配置**(absolute configuration)を定義する規則を確立した. これを**カーン-インゴールド-プレローグ順位則**(Cahn-Ingold-Prelog priority rule)とよぶ. 化合物の絶対立体配置を示すには, *R*または*S*という立体配置を示す記号を斜体で書き, 括弧でくくって化合物名の前に置く.

#### 立体配置の *R/S* 表示法: 立体配置の命名法に関するカーン-インゴールド-プレローグ順位則

絶対立体配置を示すための立体配置の命名法の *R/S* 表示法は, §4・3で導入したアルケンの幾何異性体の置換基の位置を示す方法と関係している. 立体中心の各炭素原子に結合する四つの置換基を, *R/S* 表示法では順位が高い原子から低い原子の順に並べる. 順位が最も高い置換基に番号1を, 順位が最も低い置換基に番号4をつける. 順位が最も低い置換基が立体中心の炭素原子の奥になるような視点から分子を眺める(図6・8). その場合, 残りの三つの置換基は炭素原子よりも手前側にあり, 円周上に位置する. 茎の部分を手に持って花を顔の方に向けることを思い浮かべてみれば, 順位が最も低い置換

基は茎で，他の置換基は花びらに相当する．順位を表す番号を1～3まで順にたどると，図6・8の場合は時計回りの方向になる．この時計回りになる立体配置を R で示す〔ラテン語の *rectus*(右)に由来〕．1～3まで順に数えたときに反時計回りになる場合は，その立体配置を S で示す〔ラテン語の *sinister*(左)に由来〕．R と S は斜体で書く．

扱う．三重結合の場合も同じように扱う．したがって，多重結合の順位は次のようになる．

$$-C\equiv CH > -CH=CH_2 > -CH_2CH_3$$

酸素を含む一般的な化合物の順位は次のようになる．

$$-CO_2H > -CHO > -CH_2OH$$
（カルボン酸）（アルデヒド）（アルコール）

アラニンのキラル中心には水素原子，メチル基，カルボキシ基，アミノ($-NH_2$)基という四つの異なる置換基ないし原子が結合しているが，アラニンの鏡像異性体の立体配置も R/S 表示法を使って表せる．アラニンの鏡像異性体を破線-くさび形表記で表した構造式は次のようになる．この鏡像異性体のキラル中心は S 配置だ．

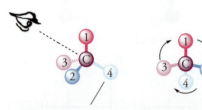

順位が最も低い原子 ／ 1～3までの順位が時計回りになる立体配置は R 配置だ

**図6・8 立体配置の命名法に関するカーン-インゴールド-プレローグ順位則** 順位が最も低い原子または置換基を視線の向こう側に置き，その原子と立体中心の炭素原子を結ぶ結合の延長線上から，キラル中心を見る．（図中の視点を表す目は，レオナルド・ダ・ヴィンチのノートに描かれていた絵を使った．）

順位が最も低い水素原子が奥になるような視点から分子を見る

立体異性体の絶対立体配置は，比旋光度の回転方向や大きさによって決まるわけではないということを思い出そう．すなわち，比旋光度が($+$)であっても，立体配置が R であるとは限らない．たとえば，(S)-2-ブタノールは右旋性で比旋光度は($+$)だ．この異性体は (S)-($+$)-2-ブタノールと表すことができる．

(S)-($+$)-2-ブタノール

## 順位則

第4章で定義した，幾何異性体の立体配置を表すための順位則は，キラル化合物の立体配置を R/S 表示法で示す命名法にも適用できる．

**1. 原子**: キラル炭素原子に結合する四つの原子の順位を，原子番号が大きい方から順につける．原子番号が小さいほど順位が低くなる．同位体の順位は質量が大きい方から順につける．たとえば，重水素($^2H$)は水素($^1H$)よりも順位が高い．

$$I > Br > Cl > F > O > N > C > {}^2H > {}^1H$$
順位が高い　　　　　　　　　　　　　　順位が低い

**2. 原子団**: キラル炭素原子に結合する原子の原子番号が同じで，順位に差がつかない場合には，その原子の次に結合する原子を比べ，規則1を適用する．その原子の次に結合する原子の中で順位が高いもの同士を順番に比べていき，原子番号に違いが出るまで続ける．この規則を使うと，アルキル基の順位は次のようになる．

$$-C(CH_3)_3 > -CH(CH_3)_2 > -CH_2CH_3 > -CH_3$$

**3. 多重結合**: 置換基が二重結合を含む場合は，同じ原子が二つ結合しているものとして扱う．すなわち，二重結合の各炭素原子には単結合が二つあるものとして

**例題6・3** 催眠鎮静薬であるエスクロルビノールの立体中心の置換基を，順位が低い方から順に示せ．

エスクロルビノール

[解答] 立体中心は三つの炭素原子と一つの酸素原子と結合している．酸素原子は炭素原子よりも原子番号が大きいので，$-OH$ 基の順位が最も高い．残りの三つの置換基の順位は次に結合する原子で決まる．どの場合も次に炭素原子が結合しているが，炭素-炭素結合の数が異なる．エチル基の順位が最も低く，次が $-CH=CHCl$ 基，

その次が -C≡CH 基という順になる．よって，立体中心の炭素原子に結合する置換基の順位は，低い方から順に次のようになる．

$$-CH_2CH_3 \rightarrow -CH=CHCl \rightarrow -C≡CH \rightarrow -OH$$

**例題 6・4** 抗けいれん薬であるバクロフェンの立体中心の置換基を，順位が高い方から順に示せ．

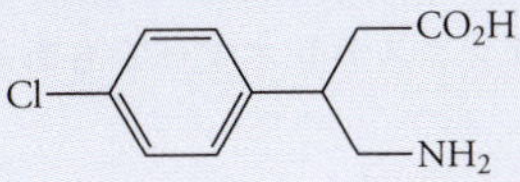

バクロフェン

**例題 6・5** ワルファリンは抗凝固薬であり，血栓塞栓症の治療に使われるだけでなく，殺鼠剤としても使われる．次に示すワルファリンの絶対立体配置を，R/S 表示法で示せ．

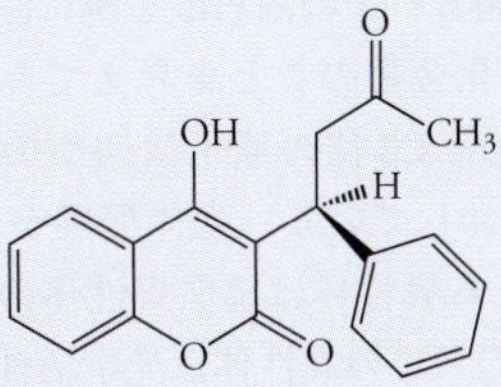

ワルファリン

[解答] ワルファリンには，四つの異なる置換基が結合する炭素原子は一つしかない．立体中心には水素原子，$-C_6H_5$基(フェニル基)，メチレン基，環状置換基が結合している．順位が最も低いのは水素原子で，残りの三つの置換基は炭素原子で立体中心に結合している．図中で 12 時の方向に位置しているメチレン基は水素原子2 個と結合しているので，水素原子の次に順位が低い．次に，フェニル基と左側の環状置換基の順位を決める．どちらの置換基も立体中心に結合している炭素原子に単結合と二重結合があり，それだけでは差がつかない．そこで，さらに次の原子を見る．フェニル基のベンゼン環では炭素原子が水素原子と結合しているが，環状置換基では水素原子の代わりに酸素原子と結合している．原子番号の違いにより，酸素原子と結合する炭素原子の順位の方が高い．したがって，環状置換基の方がフェニル基よりも順位が高く，環状置換基の順位が 1 番で，フェニル基は 2 番となる．立体中心の C-H 結合の水素原子が奥側になるような方向から見て，置換基の順位が高い方からたどると，反時計回りになる．したがって，絶対立体配置は $S$ 配置だ．

**例題 6・6** アドレナリンの絶対立体配置を，R/S 表示法で示せ．

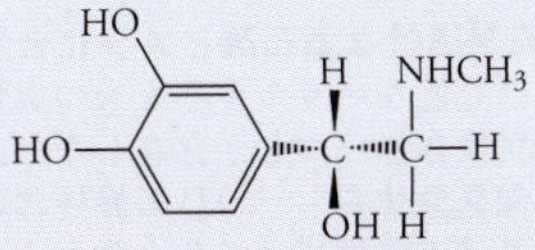

アドレナリン

## 6・6 複数の立体中心をもつ分子

複数の立体中心をもつ化合物は数多くある．たとえば，抗生物質のエリスロマイシンには立体中心が 18 個ある（図 6・9）．立体中心の炭素原子数と関連するが，一つの分子に複数の立体中心がある場合に，立体異性体の数はどれくらい多くなるだろうか？ 複数の立体中心をもつ分子のキラリティーは，立体中心が等価か非等価かによって決まる．非等価という用語は，立体中心の炭素原子に結合する置換基が同じ組合わせではないことを意味する．

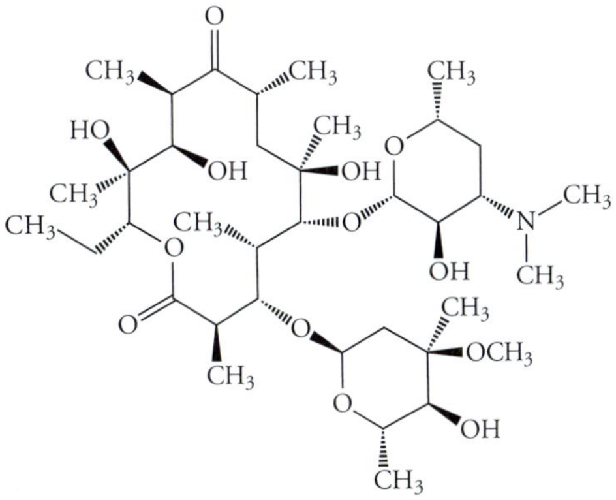

**図 6・9 キラルな抗生物質エリスロマイシン** エリスロマイシンには 18 個のキラル中心がある．各キラル中心の立体化学がくさび形の線と破線で示されている．

### 非等価な立体中心

分子内に複数の立体中心があり，それぞれが同じ置換基に結合していなければ，その立体中心は**非等価**（non-equivalent）になる．非等価な立体中心が $n$ 個あれば，立体異性体の数は $2^n$ 個になる．一般的な原理を理解するために，2,3,4-トリヒドロキシブタナールの例を見てみよう．

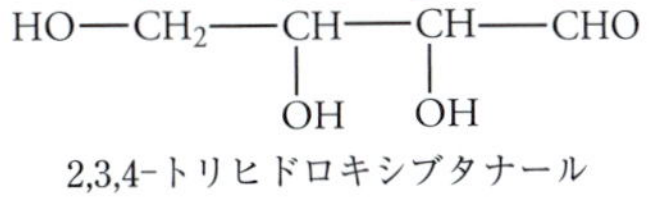

2,3,4-トリヒドロキシブタナール

C2 位と C3 位の炭素原子はキラル中心だ．したがって，C2 位と C3 位の炭素原子の立体配置は $R$ または $S$ のどちらかになる．この二つの炭素原子は同じ置換基に結合しているわけではないので非等価だ．構造式を書かなくても，$2^n$ 個の規則から四つの立体異性体が $(2R,3R)$，$(2S,3S)$，$(2R,3S)$，$(2S,3R)$ のいずれかであることがわかる．これら四つの異性体の立体配置のフィッシャー投

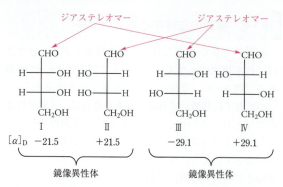

**図 6・10 鏡像異性体とジアステレオマー** 2,3,4-トリヒドロキシブタナールのように，二つのキラル中心をもつ分子には，立体異性体が四つある．互いに鏡像異性体の関係にある立体異性体が 2 組ある．

影式を図 6・10 に示す．

2,3,4-トリヒドロキシブタナールの立体異性体の関係は，重ね合わせられるかどうか，そして鏡像の関係にあるかどうかで判断できる．異性体 I と II の間に鏡を置いて考えてみよう．異性体 I と II は重ね合わせることができず互いの鏡像と一致するので，鏡像異性体の関係にある．異性体 III と IV も重ね合わせることができず互いの鏡像と一致するので，同じく鏡像異性体の関係にある．他の鏡像異性体の場合と同様に，対となる鏡像異性体は面偏光の面を互いに逆方向に同じ角度だけ回転させる．

異性体 I と IV は立体異性体の関係にあるが，鏡像異性体ではない．鏡像異性体の関係にない立体異性体の組合わせを**ジアステレオマー**（diastereomer）という．異性体 I と III，異性体 II と III，異性体 I と IV，異性体 II と IV はジアステレオマーの関係にある．鏡像異性体は化学的性質および物理的性質が同じだ．たとえば，鏡像異性体の関係にある I と II は室温でどちらも液体であり，エタノールによく溶ける．また，III と IV はどちらも 130 ℃で融解し，エタノールにはわずかしか溶けない．一方，ジアステレオマーは化学的性質も物理的性質も異なる．たとえば，ジアステレオマーの関係にある I と IV や II と III では，融点もエタノールに対する溶解度も異なる．

## ジアステレオマーの命名法

複数の立体中心をもつ化合物の名前は，それぞれの立体中心の立体配置を表さなければならない．不斉炭素原子の立体配置は，炭素鎖の位置を表す番号と R または S を並べて書き，炭素原子ごとにカンマで区切り，括弧でくくって化合物名の前に置いて表す．図 6・10 の 2,3,4-トリヒドロキシブタナールの四つの立体異性体の構造を見てみよう．各異性体の C2 位と C3 位に二つの不斉炭素原子があり，各不斉炭素原子の立体配置は R

または S で表せる．したがって，四つの立体異性体は，(2R,3R)，(2S,3S)，(2S,3R)，(2R,3S) のいずれかになる．立体配置が (2R,3R) の化合物の鏡像異性体は (2S,3S) の異性体であり，二つの立体中心の立体配置が反対になる．複数の立体中心のうちの一つだけ立体配置が違う関係にある化合物を**エピマー**（epimer）とよぶ．エピマーもジアステレオマーの一つだ（§13・2）．たとえば，立体配置が (2R,3R) である化合物は，立体配置が (2S,3R) である化合物のエピマーでありジアステレオマーでもある．

## アキラルなジアステレオマー

複数の等価な立体中心をもつアキラルな化合物のことを**メソ化合物**（meso compound）または**メソ体**とよぶ．*meso* という単語はギリシャ語で中間を表す．メソ化合物は光学不活性だ．図 6・11 の酒石酸を例に，二つの等価な立体中心をもつ化合物のことを考えてみよう．各構造において，C2 位と C3 位の原子は四つの異なる置換基ないし原子と結合している．立体配置が (2S,3S) および (2R,3R) で表される異性体は鏡像異性体の関係にある．したがって，この二つの異性体は光学活性だ．しか

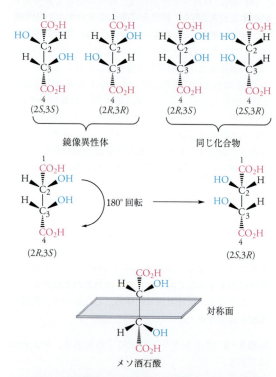

**図 6・11 光学活性な酒石酸とメソ化合物の立体配置** 酒石酸には等価なキラル中心をもつ異性体があるため，立体異性体が三つしか存在しない．そのうちの二つは鏡像異性体だ．三つ目の異性体は対称面があるために光学不活性でメソ化合物とよばれ，メソ酒石酸と表される．

し，(2*R*,3*S*) および (2*S*,3*R*) という立体配置の異性体をみると，それぞれの鏡像として書けるものの，実際には重ね合わせられる．つまり，この二つは同一の化合物だ．このことを確かめるため，(2*R*,3*S*) の異性体の構造を紙面上で180°回転させてみよう．回転後の構造は(2*S*,3*R*)の異性体と重ね合わせることができる．したがって，二つの構造は同じ化合物を表しており光学不活性だ．つまり，二つの立体中心が非等価である場合には四つの立体異性体ができるが，このように二つの立体中心が等価である場合は三つの立体異性体しかできず，しかもそのうちの一つは光学不活性だ．立体配置が (2*R*,3*S*) および (2*S*,3*R*) で表される酒石酸の構造は，二つの等価な不斉炭素原子をもつとともに，どちらも対称面をもつ．対称面をもつ化合物はアキラルであり，鏡像と重ね合わせられることを§6・2で学んだ．酒石酸の場合は対称面がC2位とC3位の間にあり，分子の上半分が下半分の鏡像になる．

**例題6・7** トレオニンはタンパク質から単離されたアミノ酸の一つである．結合を省略してトレオニンの構造式を書くと次のようになる．トレオニンのすべての立体異性体のフィッシャー投影式を書け．各異性体がもつ立体中心の立体配置が*R*か*S*かを示せ．

$$\overset{4}{C}H_3\overset{3}{C}H(OH)\overset{2}{C}H(NH_2)\overset{1}{C}O_2H$$

[解答] C2位とC3位の炭素原子は，どちらも四つの異なる置換基または原子と結合している．したがってトレオニンは二つのキラル中心をもつ．どちらのキラル中心も非等価なので，四つの立体異性体が可能だ．トレオニンのフィッシャー投影式では，縦の線の一番上にカルボキシ基を配置して書く．アミノ基とヒドロキシ基は投影式の左右どちらかになる．タンパク質から単離されたトレオニンの構造をフィッシャー投影式で表すと異性体Ⅳのようになり，その立体配置は (2*S*,3*R*) だ．異性体Ⅰは (2*R*,3*R*)，異性体Ⅱは (2*S*,3*S*)，異性体Ⅲは (2*R*,3*S*) の立体配置となる．

**例題6・8** 2,3-ジブロモブタンのすべての立体異性体のフィッシャー投影式を書け．その立体異性体の光学活性がどうなるか，またどのような関係になるかを示せ．

**例題6・9** 次に示すビタミン $K_1$ のキラル中心の数を決定し，立体異性体の数を示せ．

[解答] 二つの環には正四面体構造をとる炭素原子はないので，環内の炭素原子はキラル中心ではない．長いアルキル鎖にはメチレン基が8個含まれるが，メチレン基の各炭素原子は二つの水素原子と結合しているので，どれもキラル中心ではない．アルキル鎖の末端近くにある第三級炭素原子はメチル基が二つ結合しているので，これもキラル中心ではない．次に，アルキル鎖の中にあり，枝分かれするメチル基をもつ炭素原子について考えてみよう．左側のメチル基に結合している炭素原子は二重結合炭素であり，四つの異なる置換基に結合しているわけではないのでキラル中心ではない．一方，残りの二つのメチル基が結合している炭素原子はキラル中心だ．キラル炭素原子が2個あるので，4個の立体異性体ができる．

**例題6・10** ノートカトンはグレープフルーツ油に含まれる香りの成分だ．次に示すノートカトンの立体中心の数を決定し，立体異性体の数を示せ．

## 代謝の変化

薬物の代謝は生物の種によって違うことが多い．医薬品の試験はヒトで行う前に動物実験をするので，この事実はとても重要だ．ネズミやウサギを使う動物実験では一般的なことだが，同じ種であっても系統差がある．また，すでに確立している事実として，薬物の代謝はヒトの遺伝環境によっても違いがある．ある種の医薬品を処方する場合には，アフリカ系アメリカ人，北ヨーロッパ人，イヌイット，アジア人という人種の違いを考慮する必要がある．たとえば，結核の薬のイソニアジドを遺伝環境が違う人に処方すると，代謝の速さは異なる．イヌイットはエジプト人よりもずっと早くこの薬を代謝する．代謝にはアンドロゲンをはじめとする性ホルモンで制御される酸化過程があるため，性の違いでも薬物の代謝に差がみられる．この要素は重要なので，医薬品の試験は男性と女性の両方で行われる．男性の場合は日々の

ホルモン量の変化が比較的小さいので，女性の場合よりも代謝の研究を行いやすい．もう一つ，女性が妊娠初期であることを自覚していないことがあるので，胎児に及ぼす医薬品の影響の可能性を考慮しなければならない．

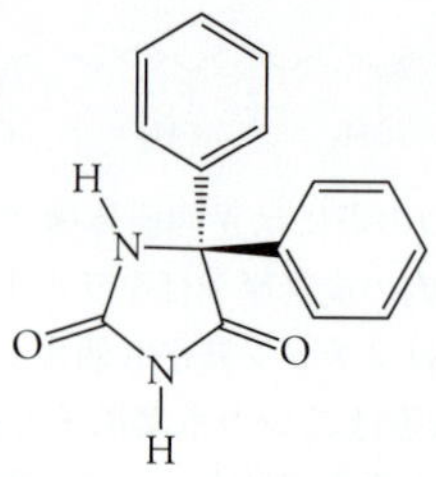

フェニトイン

抗けいれん薬のフェニトインの代謝の結果は，生物種によって大きく異なる．フェニトインはアキラルな化合物だが，代謝によってベンゼン環が酸化されてキラルなフェノール誘導体になる．ヒトがフェニトインを代謝すると，一方のベンゼン環のパラ位でヒドロキシ化が起こり，代謝生成物の立体配置は $S$ になる．一方，イヌがフェニトインを代謝すると，ヒドロキシ化はもう一方のベンゼン環のメタ位で起こり，代謝生成物の立体配置は $R$ になる．

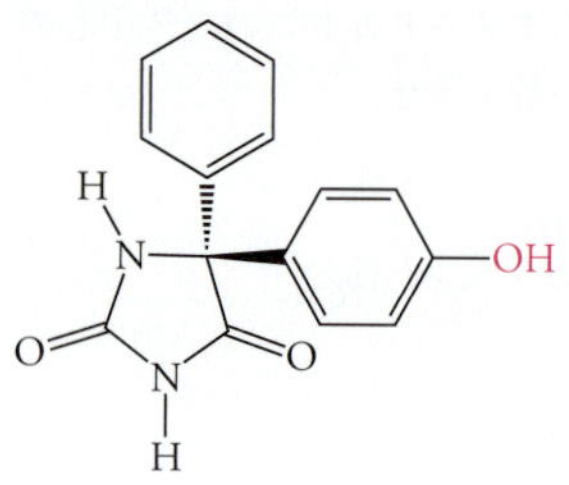

($S$)-($-$)-$p$-ヒドロキシ
フェニトイン
(ヒトによる代謝)

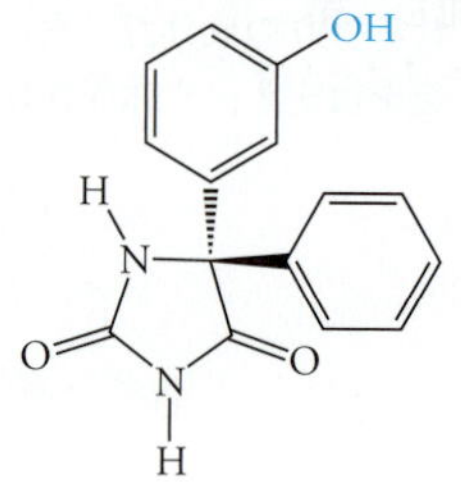

($R$)-($+$)-$m$-ヒドロキシ
フェニトイン
(イヌによる代謝)

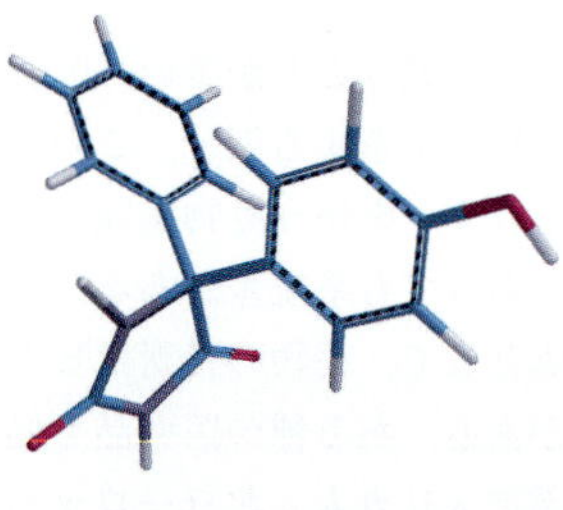

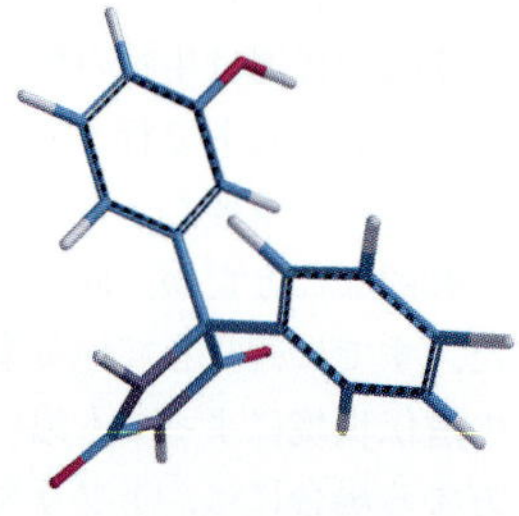

## 6・7 立体異性体の合成

アキラルな化合物がアキラルな試薬と反応して立体中心をもつ化合物を与える場合は，鏡像異性体の 50：50 の比率の混合物を与える．この混合物は**ラセミ混合物** (racemic mixture) または**ラセミ体**とよばれる．ピルビン酸を $NaBH_4$ で還元することを考えてみよう．C2 位の

カルボニル炭素原子に直接結合する原子は，平面三角形構造をとる．この反応では水素原子がカルボニル炭素原子に結合して，乳酸が生成する．水素原子はピルビン酸分子がなす平面のどちら側からでも付加することができる．そのため，正四面体構造をとる乳酸の炭素原子は，2 通りの立体配置をとりうる．

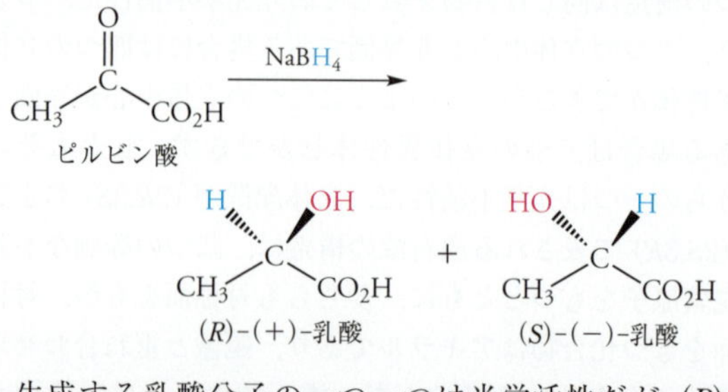

ピルビン酸 → ($R$)-($+$)-乳酸 + ($S$)-($-$)-乳酸

生成する乳酸分子の一つ一つは光学活性だが，($R$)-($+$)-乳酸と ($S$)-($-$)-乳酸が同じ数だけ生成し，($R$)-($+$)-乳酸による面偏光の面の回転が ($S$)-($-$)-乳酸による回転によって打ち消されるので，反応生成物の溶液は光学活性ではない．ここで，ラセミ混合物とメソ化合物は根本的に違うということに注意しよう．ラセミ混合物の成分は光学活性だが，メソ化合物は一つ一つがアキラルな化合物だ．アキラルな化合物からキラルな化合物を合成するには，キラルな環境のもとで反応を行わなければならない．キラルな物質の代表例として，酵素とよばれるタンパク質からなる触媒がある．肝臓酵素である乳酸脱水素酵素を使ってピルビン酸を還元すると，($S$)-($-$)-乳酸のみが選択的に得られる．この反応の還元剤はニコチンアミドアデニンジヌクレオチド (NADH) だ．

ピルビン酸 → ($S$)-($-$)-乳酸

### キラリティーと味覚・嗅覚

人間の感覚は分子の立体配置に敏感だ．リガンドとよばれる特定の小分子が感覚受容体に結合し，そこで起こる変化が味覚と嗅覚の原因となる．リガンドが感覚受容体に結合することで配座変化が起こり，その配座変化が一連の出来事をひき起こして，最終的に感覚神経を通じて脳へ神経パルスを送る．嗅覚の場合，脳は感覚神経からの入力情報をスペアミントなどの"香り"として解釈する．

立体配置が異なるジアステレオマーは特定の感覚受容体と相互作用する．たとえば，単糖の D-マンノースは立体中心にヒドロキシ基が結合しているが，その立体配置が異なる 2 種類のジアステレオマーの形で存在する．

この2種類の異性体はα体およびβ体とよばれ, α体は甘く感じられるが, β体は苦く感じられ, 味に違いがある.

α-D-マンノース
(α体のヒドロキシ基はアキシアル位)

β-D-マンノース
(β体のヒドロキシ基はエクアトリアル位)

α-D-マンノース
(ヒドロキシ基はアキシアル位)

β-D-マンノース
(ヒドロキシ基はエクアトリアル位)

感覚受容体は鏡像異性体を容易に区別する. 両手が左右の手袋とそれぞれぴったりはまるのと同様に, 反応は特異的に起こる. 感覚受容体はキラルなので, 鏡像異性体の片方だけと立体特異的に相互作用する. その結果, カルボンの二つの鏡像異性体はそれぞれ異なる香りを示す. (+)-カルボンはスペアミントの香りがする. もう一方の (−)-カルボンはライ麦パンの香りとしておなじみのキャラウェイシードの香りがする.

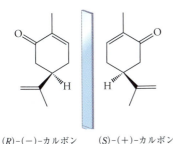

(R)-(−)-カルボン　　(S)-(+)-カルボン

**例題6・11** (R)-2-ブロモオクタンと水酸化ナトリウムの反応で (S)-2-オクタノールが得られた. この結果をふまえて, (S)-2-ブロモオクタンと水酸化ナトリウムの反応生成物を予想せよ.

[解答] (R)-2-ブロモオクタンから置換基が脱離する際に, その結合の反対側から求核剤が攻撃して, 立体配置が反転した生成物が得られる. したがって, S体でも同様の反応が起こり, 立体配置が反転した生成物である (R)-2-オクタノールが生成すると予想される.

**例題6・12** (S)-2-ブロモブタンのラジカル塩素化を行うと, 4個の炭素原子のいずれかに塩素が置換した化合物の混合物が得られる. この反応で生成する 2-ブロモ-1-クロロブタンの構造式を書け. 立体中心の立体配置を決定しR/S表示法で示せ. この生成物は光学活性か否か.

## 6・8 立体中心が生成する反応

§6・6と§6・7では, 立体中心をもたない化合物から出発して, 立体中心をもつ化合物が生成する反応について学んだ. 生成物の立体配置についてどのようなことが予想できるだろうか? アキラルな反応物から立体中心をもつ分子は生成できるが, 生体内の反応でなければ通常は二つの鏡像異性体が同じ割合で生成する.

### アルケンへのマルコフニコフ付加の立体化学

1-ブテンにHBrが付加して2-ブロモブタンを与える反応について, 生成物の立体化学を調べてみよう. すでに学んだように, この反応はマルコフニコフ則に従って進行するので, 1-ブテンのC1位の炭素にプロトンが付加し, 第二級カルボカチオンが生成する. このカルボカチオンは対称面をもつ (図6・12). そのため, このカルボカチオンはアキラルだ. 求核剤の臭化物イオンがカルボカチオンを攻撃するが, その際に平面構造をとる中間体の上と下の両方から同じ確率で攻撃できる. 臭化物イオンが上側から攻撃すれば S の立体配置の鏡像異性体が生成し, 下側から攻撃すれば R の立体配置の鏡像異性体が生成する. 結果として, 2-ブロモブタンのラセミ混合物が得られる.

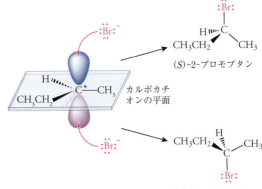

**図6・12　1-ブテンに対するHBrのマルコフニコフ付加の立体化学**　1-ブテンの二重結合にプロトンが付加して生成する第二級カルボカチオン中間体は, 対称面をもつのでアキラルだ. 臭化物イオンがカルボカチオンの上と下の両方から同じ確率で攻撃して, 2-ブロモブタンのラセミ混合物が生成する.

生化学の反応過程で触媒となる酵素は，多数の立体中心をもつキラルな物質だ．酵素があると立体中心を生成するキラルな反応環境ができるので，反応物がアキラルでも酵素触媒反応の生成物は単一の鏡像異性体ができる．たとえば，クエン酸回路でフマル酸はフマラーゼ酵素の触媒作用により水分子と反応するが，(S)-リンゴ酸だけが生成する．pH 7 でカルボン酸は解離しているので，次の反応式ではフマル酸を共役塩基であるイオンの形で示す．この酵素触媒反応ではフマル酸イオンが(S)-リンゴ酸イオンに変換される．

フマル酸イオン　　　　　　　　　(S)-リンゴ酸イオン
(フマル酸の共役塩基)　　　　　((S)-リンゴ酸の共役塩基)

この反応では一方の鏡像異性体だけしか生成しない．そして，フマラーゼ存在下ではトランス体であるフマル酸しか反応しない．シス体であるマレイン酸にフマラーゼを作用させても，水和反応生成物には変換されない．事実，シス体は酵素と結合すらしない．

## アルケンの臭素化の立体化学

臭素とアルケンの反応では，隣り合う炭素原子に二つの臭素原子が付加した化合物が生成することを思い出そう(§4・8)．たとえば，2-ブテンと臭素の反応では，2,3-ジブロモブタンが生成する．この反応では等しく置換された立体中心が二つ生成する．化合物としては 1 組の鏡像異性体と 1 個のメソ体が生成し，全部で三つの立体異性体が生成する．反応機構に基づいて考えると，どの生成物が生成すると予想できるだろうか？ 逆に，どうすれば実験結果から推定反応機構を支持できるだろうか？

付加反応生成物の立体配置は，2-ブテンの立体配置(シスまたはトランス)と，第2段階で起こるアンチ付加の立体化学によって決まる．cis-2-ブテンに臭素が付加すると(2S,3S)-ジブロモブタンと(2R,3R)-ジブロモブタンの混合物が得られる(図6・13a)．臭素がアルケンと反応すると，三員環内に臭素原子を含むカチオンであるブロモニウムイオン(bromonium ion)が中間体として生じる．臭素はもとの二重結合の上側からも下側からも求電子的に攻撃し，どちらでもブロモニウムイオンが等しい確率で生成する．ここでは上側に臭素が攻撃してできるブロモニウムイオンについて考えてみよう．下側に攻撃した場合でも，アキラルな分子なので同じ中間体がで

きる．ブロモニウムイオンができると，続いて臭化物イオンが左右どちらかの炭素原子に攻撃する．左の炭素原子に攻撃すると(2S,3S)体が生成し，右の炭素原子に攻撃すると(2R,3R)体が生成する．どちらの攻撃も同等に起こりやすいので，結果としてラセミ混合物が生成する．

次に，trans-2-ブテンからブロモニウムイオンが生成した後に，続いて臭化物イオンが求核攻撃することを考えてみよう(図6・13b)．trans-2-ブテンに対しても臭素原子は上下どちらからも攻撃するが，同じブロモニウムイオンを与える．臭化物イオンはブロモニウムイオンの左右どちらの炭素原子にも同じ確率で求核攻撃し，(2S,3R)体と(2R,3S)体をそれぞれ与える．この二つの異性体の立体配置は，対称面をもつ分子の二つの等価なキラル炭素原子の立体配置と同じだ．よって，この異性体はメソ化合物だ．

上に示した結果は実験事実と一致するので，アルケンに対する臭素の付加の反応機構が支持される．アキラル

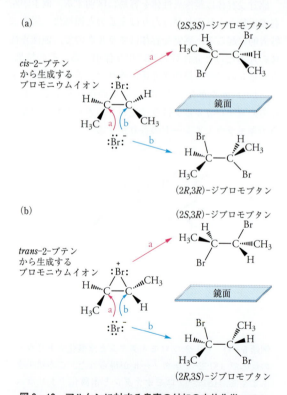

図6・13　アルケンに対する臭素の付加の立体化学　アルケンに対して臭素が付加する反応では，ブロモニウムイオン中間体が生成する．この中間体は臭化物イオンと反応するが，反応全体を通して見ると臭素がアンチ付加することとなる．臭素が付加する基質が cis-2-ブテンと trans-2-ブテンでは，反応生成物の立体化学が異なる．(a) cis-2-ブテンでは 1 対の鏡像異性体が生成する．(b) trans-2-ブテンではメソ化合物が生成する．

な反応物（この場合は cis-2-ブテンまたは trans-2-ブテン）は，常に光学不活性な生成物を与えるということがあらためて確認できた．生成物は二つの立体中心をもつが，ラセミ混合物かメソ化合物のどちらかになる．

**例題6・13** ピルビン酸に水素化ホウ素ナトリウム（NaBH$_4$）を反応させると，C2 位のカルボニル炭素原子で反応が起こり，乳酸が得られる．生成物の比旋光度がどうなるか示せ．

$$\text{ピルビン酸} \xrightarrow{\text{NaBH}_4} \text{乳酸}$$

**例題6・14** ピルビン酸を肝臓の乳酸脱水素酵素を使って還元すると，(S)-乳酸のみが生成する．この生成物のフィッシャー投影式を書け．単一の鏡像異性体が生成する理由を説明せよ．

$$\text{ピルビン酸} \xrightarrow[\text{乳酸脱水素酵素}]{\text{NADH}} (S)\text{-}(-)\text{-乳酸}$$

## 6・9 ジアステレオマーが生成する反応

前節では，アキラルな化合物から立体中心をもつ化合物が生成する反応について学んだ．その反応では一つまたは二つの立体中心が生成したが，この節ではキラルな化合物に二つ目の立体中心が生成すると何が起こるかを見てみよう．結論から先にいうと，ジアステレオマーが生成する．立体中心を一つもつ分子を $A_R$ で表し，その分子の B という部分に二つ目の立体中心が生成すると，$A_RB_R$ または $A_RB_S$ と表される分子が生成しうる．酵素反応のようなキラルな環境では，ある分子に立体中心ができる反応で単一の鏡像異性体が生成することを思い出そう．ジアステレオマーが生成する場合にも，分子内のキラルな部分が二つ目の立体中心の立体化学に対して影響するに違いない．

遷移金属触媒を使用するアルケンの水素化では，平面構造の二重結合部分が金属表面と結合する．アルケンがアキラルであれば，金属表面が分子のどちら側と結合するかは重要ではない．アルケンは上側または下側から水素化されて，水素化生成物を与える．しかし，アルケンの二重結合の近くにキラル炭素原子があれば，2 種類の生成物が可能だ．例として，(R)-1-メチル-2-メチレンシクロヘキサンの触媒的水素化について考えてみよう．

(1R,2S) と (1R,2R) の 2 種類の立体異性体が生成するが，異性体の生成比が異なる．生成物の約 70% はシス体である (1R,2S) の異性体だ．

このアルケンはキラルなので，二重結合平面の上下の立体的環境に違いがある．二重結合平面の上側にメチル基があることで，二重結合の上側から水素化される確率が低下する．立体的に空いている二重結合の下側から水素化されると，新たに生成するメチル基が上向きになり，結果としてシス体が多く生成する．立体中心があることで，二つの立体異性体は異なる比率で生成する．このように一方の立体異性体が優先して生成する反応を**立体選択的**（stereoselective）な反応とよぶ．

同様に，鏡像異性体がアキラルな試薬と反応すると，ジアステレオマーを異なる比率で与える．ジアステレオマーの比率は反応物の分子の立体中心の構造に影響されるとともに，生成物に新たにできる立体中心と元の立体中心の間の距離にも影響される．酵素触媒には多くの立体中心が存在するためにキラルな環境がつくり出され，高い立体選択性が可能となる．酵素によって触媒される反応では，通常は一つのジアステレオマーだけが生成する．

**例題6・15** 1-メチル-2-メチレンシクロヘキサンの水素化生成物の比率から考えて，1-tert-ブチル-2-メチレンシクロヘキサンの水素化生成物を予想せよ．

[**解 答**] 分子の上側に tert-ブチル基があることで，二重結合が上側から水素化される確率は低くなる．立体的に空いている二重結合の下側から水素化されると，新たに生成するメチル基は上向きになる．その結果，メチル基と tert-ブチル基が同じ上側にあるシス体が生成する．tert-ブチル基はメチル基よりも立体的に大きく，水素の接近を効果的に妨げるので，シス体とトランス体の比率は 1-メチル-2-メチレンシクロヘキサンの場合の 70:30 よりも大きくなる．

**例題6・16** (Z)-2-ブテンと m-クロロ過安息香酸（MCPBA）の反応で生成するオキシラン（エポキシド）の構造式を書け．立体中心の立体配置を決定せよ．

## 練 習 問 題

**キラリティー**

**6・1** 次のメチルヘプタンの異性体でキラル中心をもつものはどれか.
(a) 2-メチルヘプタン (b) 3-メチルヘプタン
(c) 4-メチルヘプタン

**6・2** 次のブロモヘキサンの異性体でキラル中心をもつものはどれか.
(a) 1-ブロモヘキサン (b) 2-ブロモヘキサン
(c) 3-ブロモヘキサン

**6・3** 分子式が $C_5H_{11}Cl$ である化合物でキラル中心をもつものを示せ.

**6・4** 分子式が $C_3H_6Cl_2$ である化合物でキラル中心をもつものを示せ.

**6・5** 次の化合物でキラル中心をもつものはどれか.

(a) (b) (c)

**6・6** 次の各環式化合物に含まれるキラル中心の個数を示せ.

(a) (b) (c)

**6・7** 次のバルビツール酸誘導体に含まれるキラル中心の個数を示せ.

(a) フェノバルビタール (b) セコバルビタール

(c) ヘキソバルビタール

**6・8** 次の各薬品に含まれるキラル中心の個数を示せ.
(a) イブプロフェン：鎮痛薬

(b) クロラムフェニコール：抗生物質

**6・9** 次の各組合わせを置換基の順位が低い方から順に並べよ.

(a) $-OH$, $-SH$, $-SCH_3$, $-OCH_3$
(b) $-CH_2Br$, $-CH_2Cl$, $-Cl$, $-Br$
(c) $-CH_2-CH=CH_2$, $-CH_2-O-CH_3$,
    $-CH_2-C\equiv CH$, $-C\equiv C-CH_3$
(d) $-CH_2CH_3$, $-CH_2OH$, $-CH_2CH_2Cl$, $-OCH_3$

**6・10** 次の各組合わせを置換基の順位が低い方から順に並べよ.

(a) $-O-\overset{\overset{O}{\|}}{C}-CH_3$, $-\overset{\overset{O}{\|}}{C}-CH_3$, $-\overset{\overset{O}{\|}}{C}-OH$

(b) $-O-\overset{\overset{O}{\|}}{C}-CH_3$, $-NH-\overset{\overset{O}{\|}}{C}-CH_3$, $-\overset{\overset{O}{\|}}{C}-NH_2$

(c) $-S-\overset{\overset{O}{\|}}{C}-CH_3$, $-O-\overset{\overset{O}{\|}}{C}-CH_2Br$, $-\overset{\overset{O}{\|}}{C}-Cl$

(d) $-C\equiv CH$, $-C\equiv N$, $-N\equiv C$

**6・11** 次の各薬品のキラル炭素原子を示し、その炭素の置換基を順位が低い方から順に並べよ.
(a) クロルフェネシンカルバミン酸エステル：筋弛緩剤

(b) メキシレチン：抗不整脈薬

**6・12** 次の各薬品のキラル炭素原子を示し、その炭素の置換基を順位が低い方から順に並べよ.
(a) ブロモフェニラミン：抗ヒスタミン薬

(b) フルオキセチン：抗うつ薬

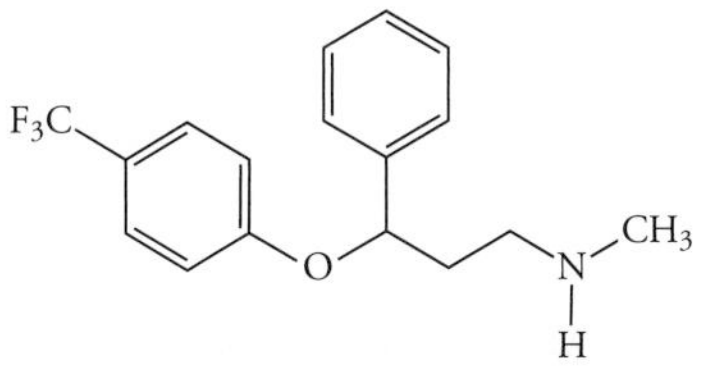

## R/S 表示法

**6・13** 次の各化合物の構造式を書け．
(a) (R)-2-クロロペンタン
(b) (R)-3-クロロ-1-ペンテン
(c) (S)-3-クロロ-2-メチルペンタン

**6・14** 次の各化合物の構造式を書け．
(a) (S)-2-ブロモ-2-フェニルブタン
(b) (S)-3-ブロモ-1-ヘキシン
(c) (R)-2-ブロモ-2-クロロブタン

**6・15** 次の各化合物の立体配置を R/S 表示法で示せ．
(a) (b) (c)

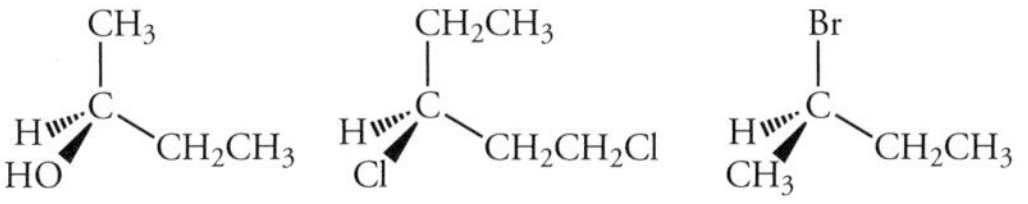

**6・16** 次の各化合物の立体配置を R/S 表示法で示せ．
(a) (b) (c)

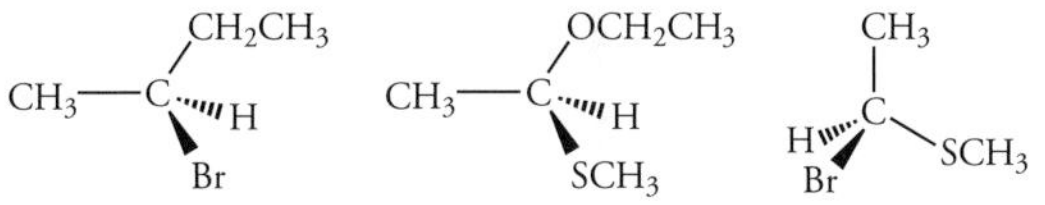

**6・17** 気管支ぜんそくの治療薬であるテルブタリンの立体配置を R/S 表示法で示せ．

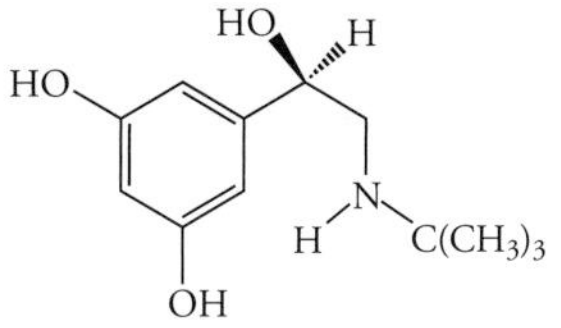

テルブタリン

**6・18** 鎮静剤のジアゼパムが代謝でヒドロキシ化されると，次の化合物が生成する．この化合物の立体配置を R/S 表示法で示せ．

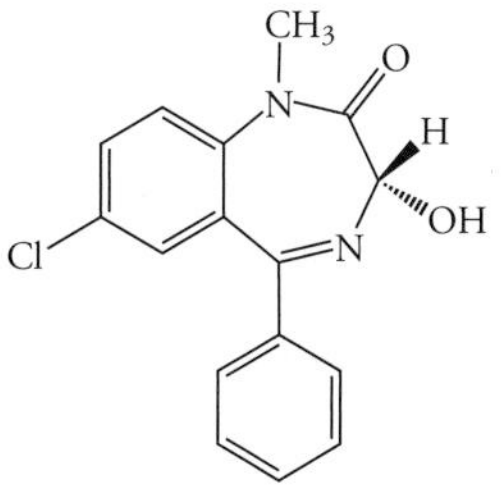

## 光学活性

**6・19** 天然に存在するグルコースの比旋光度は +53 だ．対になる鏡像異性体の比旋光度の値を示せ．

**6・20** 天然に存在するアミノ酸のトレオニンの比旋光度は +26.3 だ．対になる鏡像異性体の比旋光度の値を示せ．

**6・21** (R)-(+)-グリセルアルデヒドと (S)-(−)-乳酸の接頭語は何を表すか．

**6・22** (R)-(−)-乳酸はメタノールとの反応でメチルエステルに変換される．メチルエステルの立体配置を R/S 表示法で示せ．メチルエステルの比旋光度の符号を予想して答えよ．

**6・23** 次の四つのフィッシャー投影式と二つの比旋光度から，残りの二つの比旋光度を示せ．

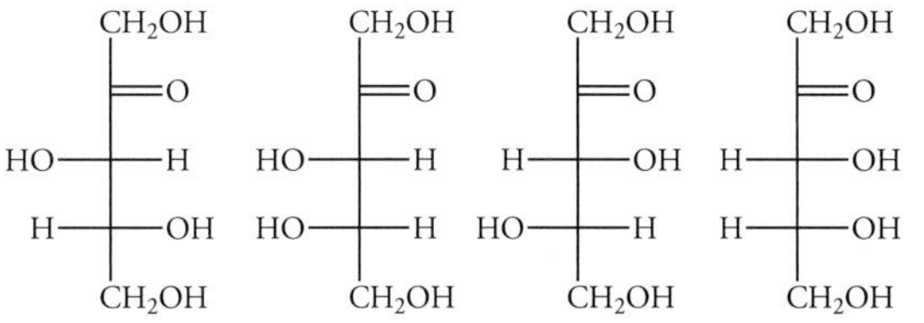

$[\alpha]_D = +19.6$                    $[\alpha]_D = -14.8$

**6・24** 次に示す糖のうち二つを選んでできるすべての組合わせについて，立体化学の関係を示せ．

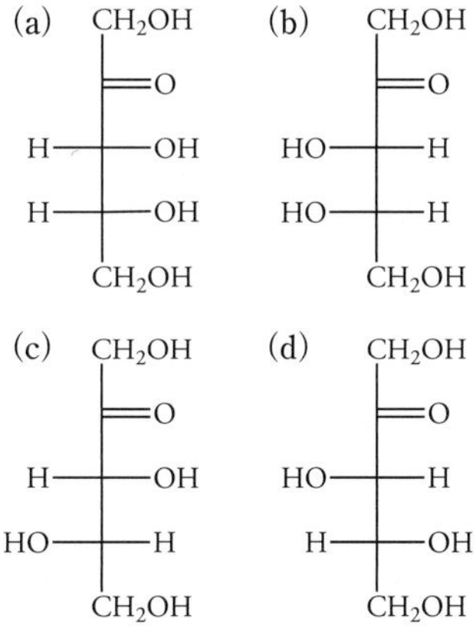

(a)   (b)

(c)   (d)

## ジアステレオマー

**6・25** コラーゲンから単離されたアミノ酸である 5-ヒドロキシリシンの立体異性体はいくつあるか．

5-ヒドロキシリシン

**6・26** 次のトリペプチドの立体異性体はいくつあるか．

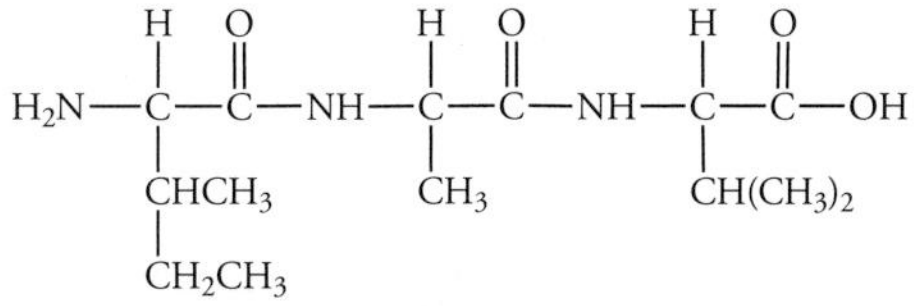

**6・27** リボースは光学活性だが，リボースを還元して得られるリビトールは光学不活性だ．なぜか．

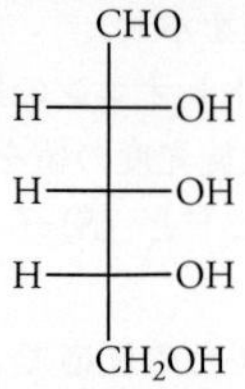

リボース:
CHO
H—OH
H—OH
H—OH
CH₂OH

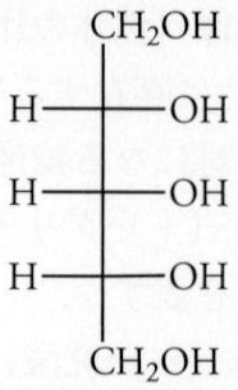

リビトール:
CH₂OH
H—OH
H—OH
H—OH
CH₂OH

**6・28** 2,3-ジクロロペンタンには四つの異性体があるが, 2,4-ジクロロペンタンには異性体が三つしかない理由を答えよ.

## 化学反応

**6・29** 1-ブテンに HBr を付加させると 2-ブロモブタンのラセミ混合物が生成する理由を説明せよ.

**6・30** アセトフェノンを NaBH₄ で還元すると, 1-フェニル-1-エタノールのラセミ混合物が生成する理由を説明せよ.

**6・31** (*R*)-3-ブロモ-1-ブテンの二重結合に HBr を付加させて生成する化合物の数を示せ. そのなかで光学活性体の構造式を書け.

**6・32** (*R*)-4-メチルシクロヘキセンの二重結合に HBr を付加させて生成する化合物の数を示せ. そのなかで光学活性体の構造式を書け.

## 生化学における立体異性体

**6・33** 砂糖として知られる D-グルコースは体内で代謝することができる. もう一方の立体異性体を食べると何が起こるか.

**6・34** カビの一種の *Penicillium glaucum* は光学活性な酒石酸の異性体の一方のみを代謝できる. このカビに酒石酸のラセミ混合物を加えると, 何が起こるかを説明せよ.

**6・35** 天然のアドレナリンは左旋性だ. 対となる鏡像異性体は, 天然のアドレナリンの約 5% しか生理活性がない. その理由を説明せよ.

**6・36** 次のヒドロキシシトロネラールの異性体はスズランの香りがするが, 鏡像異性体はミントの香りがする. その理由を説明せよ.

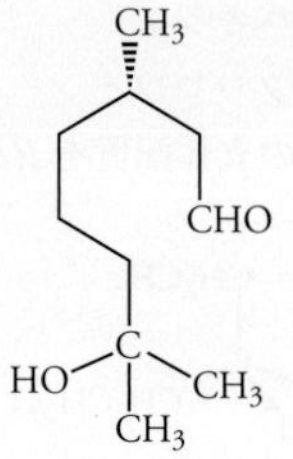

# 求核置換反応と脱離反応

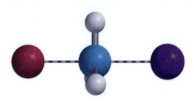

S$_N$2 反応の遷移状態

## 7・1 反応機構とハロゲン化アルキル

§1・8 では，官能基の概念と，有機分子の構造を構築する際の官能基の役割を学んだ．その後の §2・9 では，化学反応を系統的に分類するために反応機構が重要であることを学んだ．§4・9 のアルケンに対する求電子付加反応と §5・4 の芳香族化合物に対する求電子置換反応は，反応機構の例として重要だ．この章では新たに求核置換反応と脱離反応という 2 種類の反応を学ぶ．求核置換反応と脱離反応は競争して同時に起こることも多い．この二つの反応は，ハロゲン化アルキル（ハロアルカンやアルキルハライドともよぶ）やアルコールなどのさまざまな化合物で起こるが，この章では特にハロゲン化アルキルの置換反応と脱離反応に注目する．反応物の構造しだいでこれらの反応がどの程度起こりやすいか，また起こりにくいかを解説する．

### ハロゲン化アルキルの反応性

ハロゲン化アルキルは sp$^3$ 混成炭素原子にハロゲンが結合した化合物だ．ハロゲンは電気陰性度が大きいため，炭素-ハロゲン結合の炭素原子は部分的に正電荷を帯び，反対にハロゲン原子は部分的に負電荷を帯びる．

$$\overset{\delta+}{C}-X^{\delta-} \quad X = F, Cl, Br, I$$

炭素-ハロゲン結合が分極することで，ハロゲン化アルキルは二つの反応点をもつことになる．一つはハロゲンと結合する sp$^3$ 炭素原子で，電気陽性になることで求核剤と反応する．この炭素原子のように，ハロゲンなどの官能基に隣接する炭素原子を α 炭素とよぶ．そして，官能基から 2 番目に位置するもう一つ隣の炭素原子は β 炭素とよぶ．ハロゲン化アルキルのもう一つの反応点は，ハロゲンの β 炭素上にある水素原子（β 水素）だ．ハロゲンの誘起効果によって β 炭素の電子密度が低下するため，β 水素はアルカンの水素よりも酸性度が高くなる．

それでは，ハロゲン原子に結合する炭素原子と水酸化物イオンとの反応がどうなるか見てみよう．水酸化物イオンが求核剤として炭素上を攻撃して，ハロゲン化物イオンが脱離する置換反応が起これば，生成物としてアルコールが得られる．しかし，水酸化物イオンは求核剤として働くだけでなく，ハロゲンの β 炭素からプロトンを引き抜く塩基としても働く．そのため，脱離反応ではプロトン引き抜きとハロゲン化物イオンの脱離が起こり，生成物としてアルケンが得られる．

置換反応と脱離反応は一般に同時に起こり，結果的に両方の生成物の混合物が得られる．一方の反応生成物を優先的に合成する方法は，後の節で学ぶ．

## ハロゲン化アルキルの命名法

§3・10でハロゲン化アルキルのIUPAC命名規則について学んだが，低分子量のハロゲン化アルキルの日本語名は，ハロゲン化物イオンの名前の後に"化"をつけ，その後にアルキル基の名前を続けたものでもよい．英語での名前はその逆の順番になり，アルキル基の名前を先に書き，その後にハロゲン化物イオンの名前を続けたものとなる．

臭化エチル (ethyl bromide)

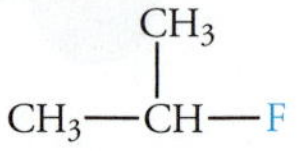

フッ化イソプロピル (isopropyl fluoride)

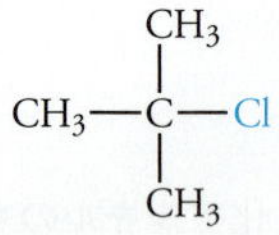

塩化 *tert*-ブチル (*tert*-butyl chloride)

ハロゲン化アリルとハロゲン化ベンジルも $sp^3$ 混成炭素原子と結合するハロゲンをもつので，他のハロゲン化アルキルと同様に命名する．

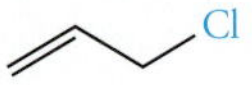

塩化アリル

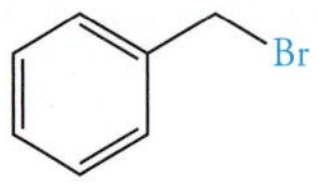

臭化ベンジル

二重結合や三重結合などの他の官能基よりも，ハロゲン原子の優先順位は低い．よって，4-クロロシクロヘキセンのシクロヘキセン環の炭素の位置番号は二重結合の位置が基準になり，それをもとに塩素が結合する炭素の位置番号が決まる．

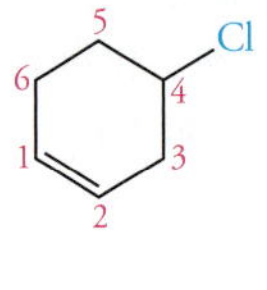

**例題 7・1** (*E*)-8-ブロモ-3,7-ジクロロ-2,6-ジメチル-1,5-オクタジエンは紅藻が産出する化合物だ．この化合物の構造式を書け．

[解答] はじめに8個の炭素原子からなる直鎖を書き，位置番号の出発点となるC1位の炭素を決める．C1-C2間とC5-C6間に二重結合を書く．

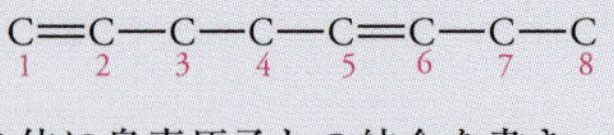

C=C-C-C-C=C-C-C
1 2 3 4 5 6 7 8

次に，C8位に臭素原子との結合を書き，C3位とC7位に塩素原子との結合を書き，C2位とC6位にメチル基との結合を書く．

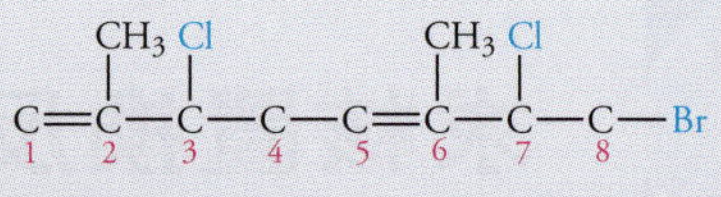

次に，C5-C6間の二重結合が *E* 体の立体配置となるように，二重結合の置換基を書き直す．C5位とC6位のどちらでも，炭素原子の主鎖骨格を構成するアルキル基の方の優先順位が高い．二重結合の反対側に炭素原子の主鎖骨格の原子を配置することで，*E* 配置となる．最後に，必要なところに水素原子を書く．

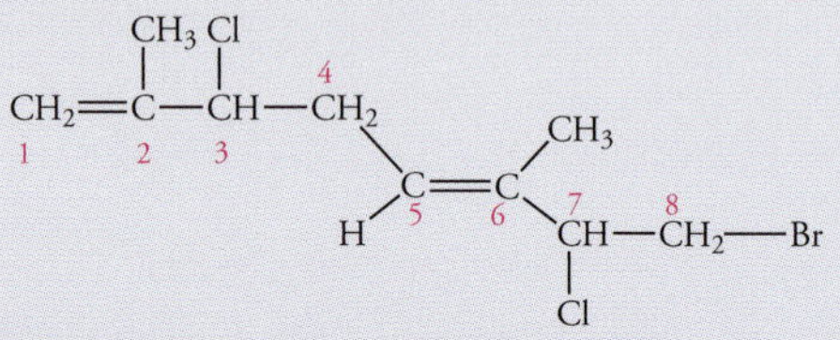

(*E*)-8-ブロモ-3,7-ジクロロ-2,6-ジメチル-1,5-オクタジエン

**例題 7・2** 次の化合物を命名せよ．

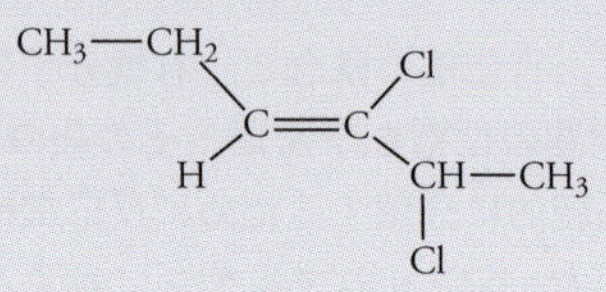

## 海洋天然物に含まれるハロゲン化物

医薬品の多くは天然物をもとに開発された．はじめは陸生植物に含まれる化合物から，そして薬物設計に有用な新規化合物を探し求めて，海洋生物の化学も研究されるようになった．海に生息する生物の多様性を考えると，有望な化合物が大量に見つかる可能性があるように思われる．陸上の植物や動物にみられる複素環は五員環や六員環を含むことが多いが，海洋天然物でも同様だ．しかし，陸上の植物や動物から得られるものとは対照的に，海洋天然物から単離される複素環はかなり高い割合でハロゲン置換されている．たとえば，バハマで採れるカイメンは一部が塩素化されたインドールやインドール由来の化合物を産出する．下に示すバトゼリンもその一つだ．

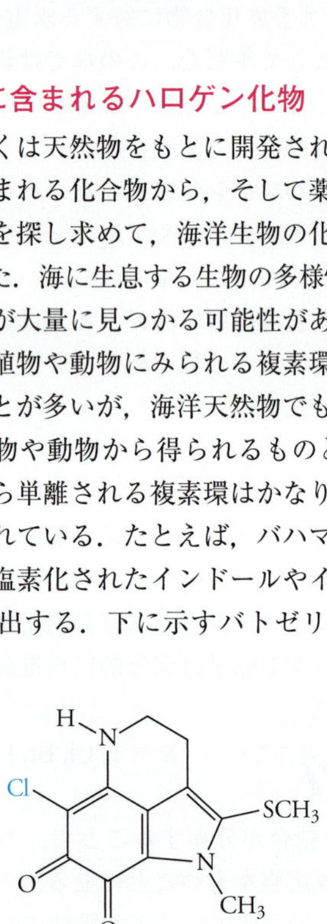

バトゼリン

ハロゲンを含む化合物（ハロゲン化物）は，藻類や軟体動物などの他の海洋生物にも多くみられる．これらの

生物が産出する化合物は珍しい構造をもち，臨床的に有用な抗菌剤，抗真菌剤，抗がん剤となるものもある．

さまざまな海洋生物がハロゲン化物を産出するのはなぜだろうか？ そして，その化合物が細胞毒性を示すことが多いのはなぜだろうか？ 海洋生物がハロゲン化物を産出するのは，どの生物も他の生物の食物となりうる海中環境で，ハロゲン化物が身を守るために使われるからだろう．珊瑚礁では限られた空間に多くの無脊椎動物が存在する．本質的に動かない生物や，ゆっくりとしか動かない生物は，捕食者を避けるための化学防御機構の一つとしてハロゲン化物を使用するようだ．事実上すべての生命体が捕食者にも餌にもなりうる環境では，化学防御機構を備えた生命体の方が生き延びるのに適している．たとえば，紅藻は捕食者を寄せつけないようにするための化学防御としてハロゲン化物を産出する．ただし，紅藻が産出する化合物では軟体動物のアメフラシを追い払うことができず，紅藻はアメフラシの餌となってしまう．

紅藻が産出するハロゲン化物

アメフラシが産出するハロゲン化物

紅藻を食べるアメフラシは貝殻をもたないため，硬い貝殻をもつ多くの軟体動物と違って，捕食者となる大きな肉食動物から身を守る術がないように思える．しかし，アメフラシは捕食した紅藻中のハロゲン化物を類似構造の化合物へと変換し，粘膜で覆って分泌する．この粘膜があることで，捕食者となる魚をハロゲン化物が寄せつけず，身を守ることができる．

## 7・2 求核置換反応

求核置換反応では求電子剤の炭素中心に対して求核剤が電子対を提供し，炭素-求核剤間に結合ができる．求核剤がハロゲン化アルキルと反応する求核置換反応では，ハロゲン化アルキルは**基質**(substrate)とよばれる．

基質とは試薬と反応する化合物のことだ．一方，求核剤は $OH^-$ のように負電荷をもつアニオンの場合もあれば，アンモニアのように電気的に中性の化合物の場合もある．この2種類の求核剤をそれぞれ $Nu:^-$ と $Nu:$ と表す．ハロゲン化アルキルとの反応で求核剤が負電荷をもつアニオンの場合は，生成物の総電荷はゼロとなり，電荷をもたない．一方，求核剤が中性化合物である場合は，生成物は正電荷をもつ．

1. $Nu:^-$ + —C—X (ハロゲン) → —C—Nu + $X^-$
   負電荷をもつ求核剤　　　　　　中性の生成物

2. $Nu:$ + —C—X (ハロゲン) → —C—$\overset{+}{Nu}$ + $X^-$
   中性の求核剤　　　　　　正電荷をもつ生成物

求核剤によって置き換わる置換基を**脱離基**(leaving group)とよぶ．もとの基質で炭素-ハロゲン結合に使われていた電子対は，反応後には脱離基に受け渡される．ヨウ化メチル(ヨードメタン)のヨウ化物イオンを臭化物イオンで置き換える求核置換反応のように，ハロゲン化アルキルは別のハロゲン化物イオン($X^-$)と反応できる．

$:Br:^-$ + H—C(H)(H)—$\ddot{I}:$ → H—C(H)(H)—$\ddot{Br}:$ + $:\ddot{I}:^-$

ハロゲン化物イオンを水酸化物イオンで置換してアルコールを与える場合も同様の反応が起こる．酸素を含む求核剤がアルコキシドイオンの場合は，生成物はエーテルになる．

H—$\ddot{O}:^-$ + H—C(H)(H)—$\ddot{Br}:$ → H—C(H)(H)—$\ddot{O}$—H + $:\ddot{Br}:^-$
アルコール

$CH_3CH_2$—$\ddot{O}:^-$ + H—C(H)(H)—$\ddot{Br}:$ →

H—C(H)(H)—$\ddot{O}$—$CH_2CH_3$ + $:\ddot{Br}:^-$
エーテル

ハロゲン化アルキルの求核置換反応は，硫化水素イオン(HS⁻)やチオラートイオン(RS⁻)のように硫黄を含む求核剤でも起こる．その場合には，アルコールとエーテルそれぞれの酸素原子を硫黄原子に置き換えた化合物であるチオールとスルフィド（チオエーテル）が生成物となる（§8・9）．

$$H-S^- + H_3C-Br \longrightarrow H-C(H_3)-S-H + Br^-$$
チオール

$$CH_3CH_2-S^- + H_3C-Br \longrightarrow CH_3CH_2-S-CH_3 + Br^-$$
スルフィド

ハロゲン化アルキルが炭素原子を含む求核剤と反応すると炭素-炭素結合ができる．その結果，直鎖の炭素原子の数が増す．シアン化物イオン（CN⁻）は炭素原子を含む求核剤で，次に示す反応でRCNとして表されるニトリルを与える．反応後は炭素原子の直鎖が一つ伸びる．それだけではなく，ニトリルはカルボン酸（第11章）や，アミン（第12章）に変換できる．

$$:N≡C:^- + H_3C-Br \longrightarrow H_3C-C≡N: + Br^-$$
ニトリル

アルキン由来の炭素原子を含む求核剤は**アセチリドイオン**（acetylide ion）とよばれる．アセチレンの共役塩基（§4・5）であるアセチリドは求核剤としてハロゲン化アルキルと反応し，アセチリドとハロゲン化アルキルの両方の炭素部分を含むアルキンを与える．

$$R-C≡C:^- + H_3C-Br \longrightarrow H_3C-C≡C-R + Br^-$$
アルキン

---

**例題7・3** 3個以下の炭素原子を含む化合物を使って，$CH_3CH_2-S-CH_2CH_2CH_3$ を合成する方法を2通り示せ．

[解 答] この化合物はスルフィドだ．スルフィドは第一級ハロゲン化アルキルとチオラートの反応で合成できる．硫黄原子には2種類の異なるアルキル基が結合している．一方のアルキル基はチオラートに含まれ，もう一方のアルキル基はハロゲン化アルキルに含まれる．よって，次の2種類の試薬の組合わせで反応を行うと目的のスルフィドが合成できる．

$$CH_3CH_2-S:^- + :Br-CH_2CH_2CH_3$$
エタンチオラート　1-ブロモプロパン
$$\longrightarrow CH_3CH_2-S-CH_2CH_2CH_3$$

$$CH_3CH_2-Br + ^-:S-CH_2CH_2CH_3$$
ブロモエタン　1-プロパンチオラート
$$\longrightarrow CH_3CH_2-S-CH_2CH_2CH_3$$

**例題7・4** 求核置換反応を使って2-ペンチンを合成する方法を2通り示せ．

## 7・3 求核性と塩基性

ハロゲン化アルキルを基質とするおもな反応には，ハロゲンと求核剤が置き換わる置換反応と，ハロゲンとβ水素が脱離してアルケンを与える脱離反応がある．どちらの反応が起こるかは，求核剤がもつ求核性と塩基性という二つの性質によって決まる．

求核剤が脱離基を置換する能力を表す尺度は，**求核性**（nucleophilicity）とよばれる．求核剤は炭素に電子対を供与するが，一方で塩基としてプロトンを引き抜くこともある．求核剤は脱離反応では塩基として働き，ハロゲンのβ炭素からプロトンを引き抜く．よって，脱離反応の起こりやすさは求核剤の塩基性によって決まる．つまり，求核性と塩基性は異なる性質を表す用語だ．求核性には基質の炭素中心での求核置換反応の"反応速度"が関係する．一方，塩基性には脱離反応で脱離するハロゲンのβ水素を求核剤が受取る酸塩基反応の"平衡定数"が関係する．

ハロゲン化物イオン同士や，酸素を含むアニオンと硫黄を含むアニオンのように，構造的または化学的に関連する一連の求核剤であっても，求核性と塩基性は必ずしも単純に関連するとは限らない．しかし，明らかにどちらも元素の周期律と関連する傾向がある．さまざまな求核剤のヨウ化メチルに対する相対反応速度を表7・1に示す．

## 同一周期元素での求核性の傾向

元素の周期表で同一周期の元素のイオン同士を比べると，求核性の大きさと塩基性の強さの順序は同じ傾向にあり，周期表の左から右に進むにつれて求核性も塩基性も弱くなる．よって，酸素原子上に負電荷をもつメトキシドイオンはフッ化物イオンよりも塩基性が強く，求核性も大きい（表7・1）．メトキシドイオンの酸素はフッ素よりも電気陰性度が小さいため，フッ化物イオンほど強固に電子を保持しようとしない．その結果，求核置換反応で酸素原子の孤立電子対は比較的容易に炭素原子に供与される．同一周期の元素のイオンでは求核性の大きさの順序は，塩基性の強さの順序と同じ傾向にある．第2周期元素の有機アニオン種とフッ化物イオンについて，塩基性と求核性の順序を次に示す．

表7・1 ヨウ化メチルに対する求核剤の相対反応速度

| 求核剤 | 相対反応速度 |
|---|---|
| $CH_3OH$ | 1 |
| $NO_3^-$ | 30 |
| $F^-$ | $5 \times 10^2$ |
| $SO_4^{2-}$ | $3 \times 10^3$ |
| $CH_3CO_2^-$ | $2 \times 10^4$ |
| $Cl^-$ | $2.5 \times 10^4$ |
| $NH_3$ | $3.2 \times 10^5$ |
| $N_3^-$ | $6 \times 10^5$ |
| $Br^-$ | $6 \times 10^5$ |
| $CH_3O^-$ | $2 \times 10^6$ |
| $I^-$ | $2.5 \times 10^7$ |
| $CH_3S^-$ | $1 \times 10^9$ |

## 同族元素での求核性の傾向

元素の周期表で同族元素を含む求核剤同士を比べると，求核性の大きさの順序と塩基性の強さの順序は反対の傾向にある．はじめにチオラートイオンとアルコキシドイオンの求核性を比較しよう．チオラートイオンはアルコキシドイオンよりも求核性が大きいが，塩基性はアルコキシドイオンよりも弱い（表7・1）．

CH₃—Ö:⁻          CH₃—S̈:⁻
アルコキシドイオン    チオラートイオン
塩基性 強 い         弱 い
求核性 小さい        大きい

同様に，ハロゲン化物イオンの求核性と塩基性を比べると，ヨウ化物イオンは塩基性が最も弱いが，逆に求核性が最も大きい．一方，フッ化物イオンは塩基性が最も強いが，求核性は最も小さい．

求核性の順序は原子の分極率を反映する．すでに学んだように，元素の周期表で下の方にある高周期の元素ほど原子半径が大きくなる．その結果，周期表で下の方にある元素ほど価電子と原子核の相互作用が弱く，分極しやすくなる．よって，ハロゲン化物イオンのなかでヨウ化物イオンは臭化物イオンよりも分極しやすく，求核性もより大きくなる．求核置換反応では求核剤の孤立電子対が求電子的な炭素原子との間に結合をつくるので，分極の変化のしやすさを表す分極率は求核置換反応の重要な要素だ．一方，塩基性はプロトンと結合する能力の尺度だが，プロトンの正電荷は中心に高密度で存在するため，塩基性は分極率の影響を受けにくい．

## 電荷が求核性に及ぼす影響

アニオンとその共役酸がどちらも求核剤として存在できる場合は，アニオンの方が求核性は大きい．つまり，アルコキシドイオンを共役酸のアルコール溶媒中で用いると，アルコキシドイオン（RO⁻）はアルコール（ROH）よりも強い求核剤として働く（表7・1）．同様に，水酸化物イオンは水よりも強い求核剤で，チオラートイオン（RS⁻）はチオール（RSH）よりも強い求核剤となる．

R—Ö:⁻          R—ÖH
アルコキシドイオン    アルコール
塩基性 強 い         弱 い
求核性 大きい        小さい

R—S̈:⁻          R—S̈H
チオラートイオン      チオール
塩基性 強 い         弱 い
求核性 大きい        小さい

## 有機硫黄化合物の生体内での置換反応

細胞内分子の多くは求核的な硫黄原子をもつ．なかでも重要な分子はスルファニル基（-SH 基）をもつグルタチオンだ．グルタチオンは酵素による触媒反応に関与し，スルファニル基は求核剤として反応する．たとえば，肝細胞で薬物が代謝されるときに生じるさまざまな有毒

な中間体に対して，グルタチオンのスルファニル基が求核剤として反応する．

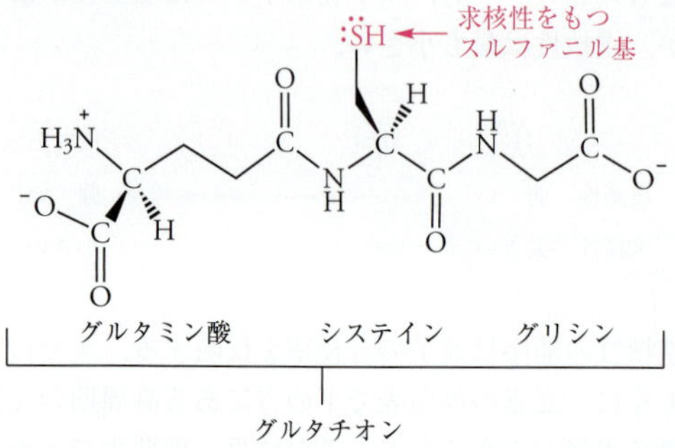

グルタチオンは GSH と表すことも多い．反応性の代謝産物に含まれる脱離基が結合した炭素に対して，グルタチオンのスルファニル基は置換反応を起こす．反応性の代謝産物のさまざまな脱離基（L という記号で表す）は強い電子求引基であり，炭素原子と結合することで炭素原子が部分的な正電荷を帯びるようになる．その結果，細胞内の高分子の求核中心（M-Nu:⁻）やグルタチオン（GSH）による求核攻撃を受けやすくなる．有毒な代謝産物（R-L）が細胞内の高分子（M-Nu:⁻）と反応するよりも先に，グルタチオンが代謝産物と反応することで細胞を防御する．

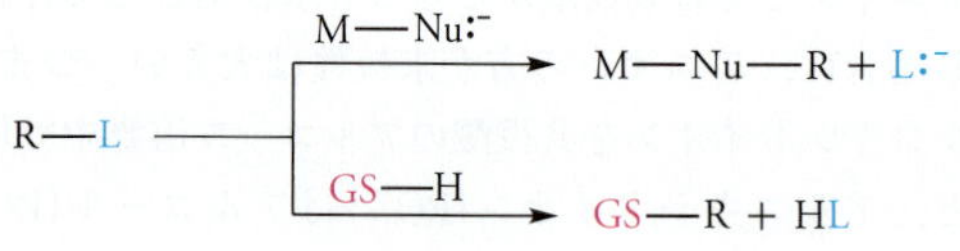

グルタチオンは薬品の代謝によって生じる有毒物質から細胞を防御するだけでなく，ハロゲン化ベンジル，ハロゲン化アリル，ハロゲン化メチルといった化学物質からも細胞をある程度防御している．しかし，生体が長期間にわたってこのような化学物質にさらされると，最終的にはグルタチオンで防御しきれなくなり，生体が損傷を受けることになる．

細胞内のメチル基転移反応において，硫黄原子は重要な役割を果たす．$S$-アデノシルメチオニン（SAM）の硫黄原子には 3 個の炭素原子が結合していて，硫黄原子が正電荷をもつイオンとなる．このようなイオンをスルホニウムイオンという．

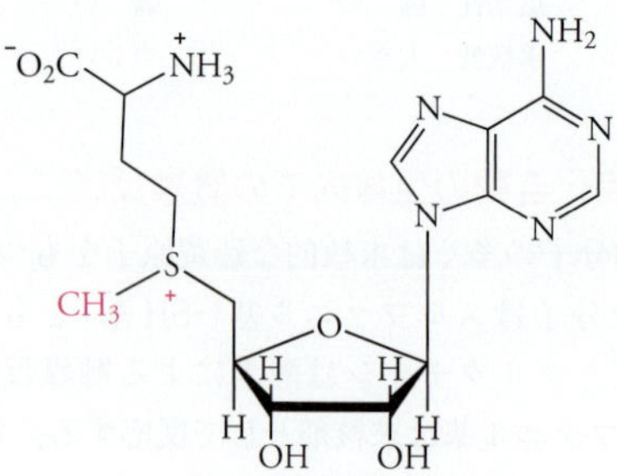

基質へのメチル基転移反応において，SAM の硫黄原子は $S$-アデノシルホモシステインという大きな脱離基の一部として働く．この求核置換反応を次の反応式に示す．一般的な求核剤は Nu:⁻ で表し，SAM は省略した形で表してある．

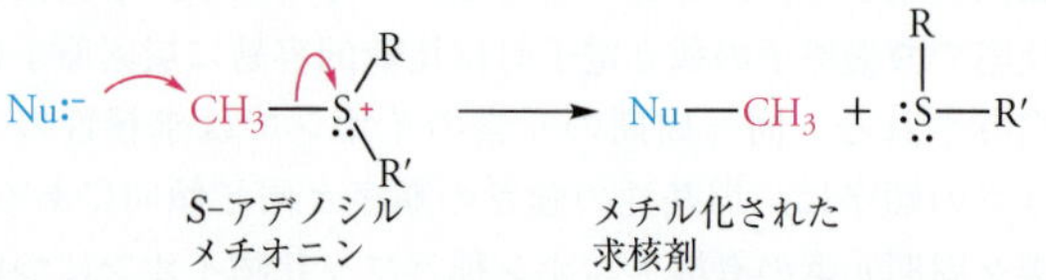

SAM から求核剤へのメチル基転移反応の例として，神経伝達物質のアドレナリンの生合成があげられる．下の式に示すように，この反応ではノルアドレナリンのアミノ基が $S$-アデノシルメチオニンのメチル基炭素を攻撃して求核置換反応が起こり，アドレナリンが生成する．

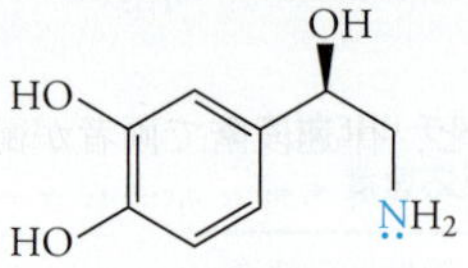

## 7・4 求核置換反応の反応機構

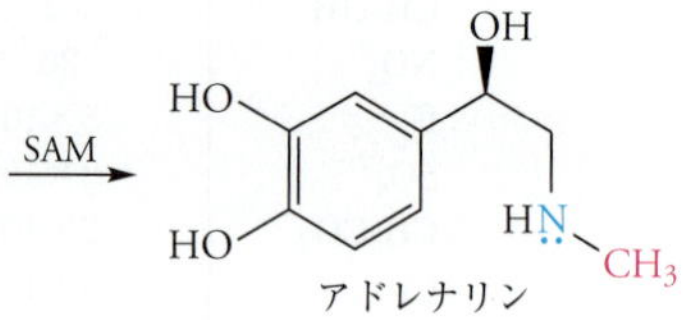

求核置換反応には $S_N2$ 反応と $S_N1$ 反応という 2 種類の反応機構がある．"$S_N$" は置換反応（substitution）と求核的（nucleophilic）の英語の頭文字を表す．数字の 2 と 1 は反応の律速段階の遷移状態に関与する反応物の数を表す．

### $S_N2$ 反応の反応機構

$S_N2$ 反応では，求核剤が基質を攻撃すると同時に脱離基（L）が脱離する．この反応は中間体を生じずに 1 段階で起こる**協奏反応**（concerted reaction）だ．この反応の遷移状態には基質と求核剤のどちらも関与する．遷移状態に 2 分子が関与するので，この反応は **2 分子反応**（bimolecular reaction）であり，$S_N2$ 反応の 2 という数字に表される．その結果，求核剤の濃度と基質の濃度の両

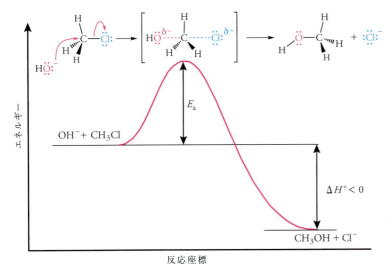

図7・1 $S_N2$ 反応と活性化エネルギー クロロメタンと水酸化物イオンの反応は1段階で進行する．

方で反応速度が決まる．基質の濃度を2倍にすれば反応速度は2倍になる．同様に，求核剤の濃度を2倍にすれば反応速度は2倍になる．反応が起こるためには反応物同士が衝突しなければならないが，求核剤と基質の一方または両方の濃度が増加すると，律速段階で両者が衝突する確率も増加するので，このような関係が成り立つ．

次に，クロロメタンの水酸化物イオンによる求核置換でメタノールと塩化物イオンが生成する反応について考えてみよう．この反応の反応座標図を図7・1に示す．この図を見るとわかるように，最もエネルギーが高い点である遷移状態にクロロメタンと水酸化物イオンの両方が関与している．この遷移状態を経由して反応が進むにつれて，炭素-酸素間の結合が生成し，炭素-塩素間の結合が切れる．$S_N2$ 反応機構でハロゲン化アルキルが反応する場合の反応速度は，第一級(1°)＞第二級(2°)≫第三級(3°)の順になる．炭素原子に置換したアルキル基の数が増えると炭素中心への求核剤の接近が妨げられ，反応速度が低下する(図7・2)．そのため，こういう傾向になる．このように反応中心の活性な炭素原子が周囲の置換基のせいで反応しにくいことを，**立体障害**(steric hindrance)という．

$S_N2$ 反応の例として，(R)-2-ブロモブタンが水酸化物イオンの求核攻撃を受けて，置換生成物の(S)-2-ブタノールができる反応がある．この反応は**立体配置の反転**(inversion of configuration)(立体反転ともいう)を伴って進行する．このように，$S_N2$ 反応では求電子剤となる基質の炭素原子に対して脱離基の背面から求核剤が接近し，それと同時に脱離基は基質の正面から脱離する．

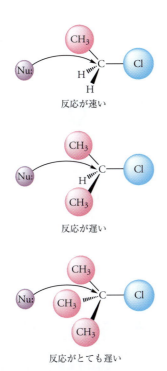

図7・2 $S_N2$ 反応での立体障害の影響 ハロゲン化アルキルの $S_N2$ 反応で炭素中心に置換するアルキル基の数が増えると求核剤の接近が妨げられ，反応が遅くなる．

## $S_N1$ 反応の反応機構

$S_N1$ 反応機構で反応は2段階で進行する．第1段階で

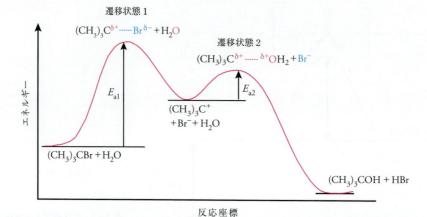

**図7・3　$S_N1$反応と活性化エネルギー**　2-ブロモ-2-メチルプロパンの反応は，カルボカチオン中間体を経由して2段階で起こる．律速段階である第1段階ではカルボカチオン中間体が生成するが，この律速段階に求核剤は影響しない．第2段階の進行は速く，カルボカチオン中間体が水などの求核剤と反応して生成物を与える．

は炭素と脱離基の間の結合が切れて，カルボカチオンが生成する．そして，ほとんどの場合に脱離基はアニオンだ．第2段階ではカルボカチオンが求核剤と反応して，置換反応生成物ができる．

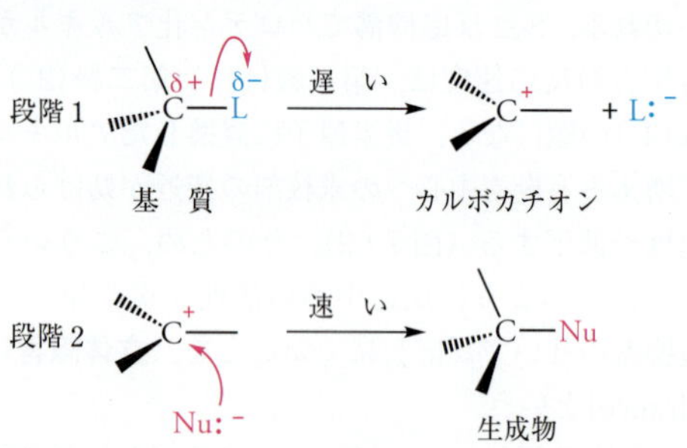

カルボカチオンが生成する段階は遅いが，次の段階は非常に速い．そのため，カルボカチオンの生成段階が反応の律速段階となる．律速段階に基質しか関与しないため，この反応の律速段階は**1分子反応**（unimolecular reaction）だ．律速段階の遷移状態に関与するのは基質だけなので，反応速度は基質の濃度によって決まり，求核剤の濃度は関係しない．

$S_N1$反応のエネルギーダイアグラムを図7・3に示す．カルボカチオン中間体の生成に必要な活性化エネルギー（$E_{a1}$）は，反応速度に反映されることになる．カルボカチオンに対して求核剤が付加する第2段階では，第1段階よりも活性化エネルギー（$E_{a2}$）がずっと小さいので，第2段階は第1段階よりもとても速く進行する．そのため，第2段階の反応速度は反応全体の反応速度に影響しない．

$S_N1$反応ではハロゲン化アルキルの炭素中心が3°>2°>1°の順に反応速度は低下する．この順番は$S_N2$反応の反応速度の順番とは逆になる．ハロゲン化アルキルの$S_N1$反応の相対的反応性は，反応途中で生成するカルボカチオン中間体の相対的安定性と一致する．第4章で学んだように，カルボカチオンの安定性は炭素中心の構造が3°>2°>1°の順に低下することを思い出そう．最も

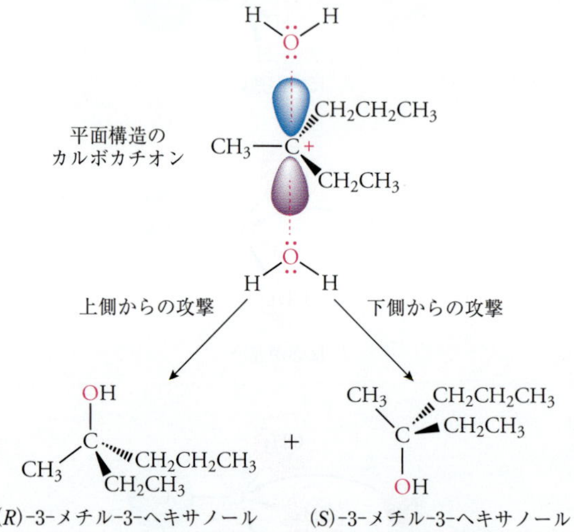

**図7・4　$S_N1$反応の立体化学**　キラルな出発物である($S$)-3-ブロモ-3-メチルヘキサンと水との反応で，はじめに第三級カルボカチオン中間体が生成する．カルボカチオン中間体は平面構造であり，上側からも下側からも水分子の攻撃を受けることができて，生成物はアルコールのラセミ混合物になる．この反応は$S_N1$反応機構で進行する．

安定な第三級カルボカチオンは，相対的に不安定な第二級カルボカチオンよりもずっと速く生成する．一方，第二級カルボカチオンは第一級カルボカチオンと比べれば相対的に安定なので，第一級カルボカチオンよりも速く生成する．また，ベンジルカチオンやアリルカチオンは第一級カルボカチオンではあるが，共鳴安定化されるためにこれらを中間体とする$S_N1$反応が進行しやすい．

炭素中心の立体配置が反転する$S_N2$反応とは対照的に，$S_N1$反応では光学活性体を基質として用いても，光学活性を示さないラセミ混合物が生成する．たとえば，($S$)-3-ブロモ-3-メチルヘキサンは水と反応して，3-メチル-3-ヘキサノールのラセミ混合物を与える．この反応は対称面をもつアキラルなカルボカチオン中間体を経由して起こる（図7・4）．カルボカチオン中間体では，対称面のどちらからも求核剤が等しく攻撃できる．そのため，生成物は鏡像異性体の等量混合物であるラセミ体となる．したがって，たとえキラルな基質であっても，$S_N1$反応が起こると光学活性（キラリティー）が失われる．

## 7・5 $S_N2$反応と$S_N1$反応

$S_N2$反応と$S_N1$反応の一般的な性質について見てきたので，次にどちらの反応が起こりやすいか考えてみよう．考慮するべき点は，1) 基質の構造，2) 求核剤の影響，3) 溶媒の影響の3点だ．

### 基質の構造

第一級ハロゲン化アルキルではほとんどの場合に$S_N2$反応が進行する．その一方で，第三級ハロゲン化アルキルでは$S_N1$反応が起こる．第二級ハロゲン化アルキルでは求核剤と溶媒の性質しだいでどちらの反応も起こりうる．

### 求核剤の影響

求核置換反応の反応機構が求核剤の性質によって決まることもある．求核剤がチオラートイオン($RS^-$)のように分極しやすい化学種の場合は，$S_N2$反応が起こりやすい．求核剤が$H_2O$や$CH_3OH$のように電荷を帯びていない中性分子の場合は，$S_N1$反応が起こりやすい．

### 溶媒の影響

これまで求核置換反応における溶媒の役割を無視してきたが，適切な溶媒を選択することで一方の反応機構を起こりやすくすることができる．第二級ハロゲン化アルキルは$S_N2$反応も$S_N1$反応もどちらの反応も起こりうるが，その場合に溶媒の極性が重要な役割を果たす．$S_N1$反応では正電荷をもつカルボカチオン中間体が生成するが，極性溶媒は無極性溶媒と比べると電荷を帯びた化学種をより安定化する．したがって，極性溶媒は$S_N1$反応の反応速度を増大する効果がある．しかも，その効果は極性溶媒が$S_N2$反応の反応速度に及ぼす効果よりもずっと大きい．

溶媒の性質は求核性にも影響する．アルコールのようにプロトン供与能をもつ溶媒は，**プロトン性溶媒**(protic solvent) とよばれる．プロトン性溶媒は求核性をもつアニオンの孤立電子対と水素結合を形成することで，アニオンと強く相互作用する．求核剤が溶媒と水素結合すると，求核性が低下して$S_N2$反応は起こりにくくなる．

プロトン供与能をもたない溶媒は**非プロトン性溶媒** (aprotic solvent) とよばれる．非プロトン性の極性溶媒の例として，$N,N$-ジメチルホルムアミド(DMF)や，ジメチルスルホキシド(DMSO)がある．

これらの非プロトン性溶媒の酸素原子の孤立電子対はカチオンを強く溶媒和するために役立つが，プロトン供与能がないために水素結合をつくれず，アニオンをほとんど溶媒和できない．たとえば，これらの溶媒はKCNのカリウムイオン($K^+$)を強く溶媒和するが，シアン化物イオン($CN^-$)をほとんど溶媒和できず，シアン化物イオンは裸のアニオンとなる．その結果，DMSO中でのシアン化物イオンの求核性はエタノール($CH_3CH_2OH$)中の場合よりも高くなる．したがって，DMSOのような非プロトン性溶媒を使うと，$S_N2$反応が起こりやすい．

**例題7・5** ブロモシクロヘキサンとメタノールの反応よりも，3-ブロモシクロヘキセンとメタノール($CH_3OH$)の反応の方が速い理由を説明せよ．

[解答] どちらの基質も第二級臭化アルキルだ. 中性の求核剤であるメタノールとの反応では, $S_N1$ 反応が起こりやすい. ブロモシクロヘキサンと 3-ブロモシクロヘキセンから生じる二つのカルボカチオン中間体はどちらも第二級カルボカチオンだが, 後者から生じるカルボカチオンは共鳴安定化されたアリル型カルボカチオンだ. そのため, 共鳴安定化によってカルボカチオンの生成速度が速くなる. 一方, ブロモシクロヘキサンではそのような安定化が起こらないので, 3-ブロモシクロヘキセンの方が速く反応する.

共鳴安定化された
アリル型カルボカチオン

**例題 7・6** 1-ヨードブタンと塩化物イオンの反応で, 溶媒としてメタノール, ホルムアミド, $N,N$-ジメチルホルムアミドを使う場合の相対反応速度はそれぞれ 1, 12, $1.2 \times 10^6$ である. メタノールとホルムアミドでは速度差が小さいのに対して, $N,N$-ジメチルホルムアミドと他の二つの溶媒では速度差が大きい理由を説明せよ.

メタノール　ホルムアミド　$N,N$-ジメチルホルムアミド

## 7・6 脱離反応の反応機構

ハロゲン化アルキルの求核置換反応が起こる場合に, 求核剤が塩基として働く脱離反応が競争して起こることを §7・1 で学んだ. 求核置換反応では求核剤が基質の炭素原子に攻撃する. 一方, ハロゲン化アルキルからの脱離反応では求核剤が塩基として働き, ハロゲンの β 炭素からプロトンを引き抜く. プロトンとハロゲンがともに脱離することで, 炭素-炭素 π 結合が生じる. 基質からプロトンとハロゲンが失われる反応のことを, **脱ハロゲン化水素** (dehydrohalogenation) とよぶ.

脱離反応は主として 2 種類の反応機構で起こり, それぞれ E1 反応と E2 反応とよぶ. E は脱離反応 (elimination) の頭文字だ. E1 反応と E2 反応は, それぞれ $S_N1$ 反応と $S_N2$ 反応と競争することがある.

### E2 反応機構

E2 反応は $S_N2$ 反応のように協奏的な反応機構だ. E2 反応機構での脱ハロゲン化水素では, 塩基 (求核剤) が脱離基の β 水素 (脱離基のハロゲンが結合する炭素原子に隣接する炭素上にある水素) をプロトンとして引き抜く. 遷移状態ではプロトンが引き抜かれると同時に脱離基も炭素原子から離れていき, 最終的に炭素-炭素二重結合が生成する.

E2 反応の遷移状態

ハロゲン化
イオン

E2 反応が起こるためには, $S_N2$ 反応機構のように反応に適した原子配置が必要となる. π 結合を生成するために最適な軌道の位置関係を考慮すると, 水素とハロゲンがアンチ配座をとることが望ましい. その配座ではプロトン引き抜きで生じる電子対が隣接する炭素を脱離基の背面から攻撃し, 脱離基を置換しているとも考えられる. そのため, $S_N2$ 反応と同様に, E2 反応の反応速度は基質の濃度と塩基の濃度の両方で決まる. 基質の濃度が 2 倍になれば, $S_N2$ 反応の場合のように反応速度は 2 倍になるので, E2 反応と $S_N2$ 反応はどちらも等しく濃度の影響を受ける. そして, この二つの反応機構は互いに競争する.

### E1 反応機構

$S_N1$ 反応は 2 段階で起こり, 反応の律速段階はカルボカチオン中間体が生成する段階であることを覚えているだろう. $S_N1$ 反応と同様に E1 反応も 2 段階で起こり, 反応の律速段階はカルボカチオン中間体が生じる段階だ. よって, E2 反応と $S_N2$ 反応が競争するように, E1 反応と $S_N1$ 反応も競争する. E1 反応の律速段階には基質だけが関与し, カルボカチオンが生成する過程は 1 分子反応だ. カルボカチオンの正電荷を帯びた炭素原子が求核剤と反応すれば, 正味の反応は置換反応となる. ただし, 求核剤が塩基として働いて, 正電荷を帯びた炭素中心に隣接する炭素上のプロトンを引き抜けば, 正味の反応は基質のハロゲン化アルキルから π 結合をもつア

ルケンが生成する反応になる．つまり，その場合は置換反応ではなく，脱離反応が起こる．

段階 1

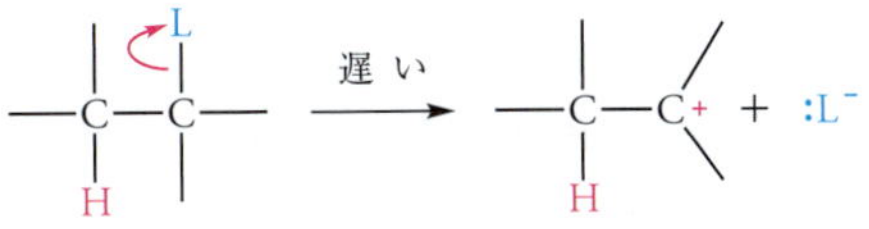

[反応機構図：C-C結合からLが脱離してカルボカチオンとなる反応（遅い）]

段階 2

[カルボカチオンが求核剤Nu:⁻と反応して，アルケン+H-Nu（速い）または置換生成物C-C-Nu（速い）を与える反応]

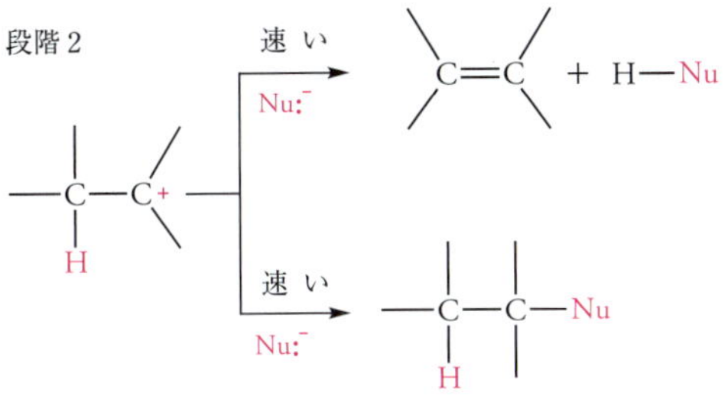

## 7・7 ハロゲン化アルキルの構造が競争反応に及ぼす影響

この節では，置換反応と脱離反応の競争で生成するさまざまな化合物について詳しく見てみよう．ハロゲン化アルキルの種類と各反応の起こりやすさの関係は，表7・2のようにまとめられる．

### 第三級ハロゲン化アルキルで競争する置換反応と脱離反応

第三級ハロゲン化アルキルでは立体障害が大きいために$S_N2$反応が起こらないので，置換反応としては$S_N1$反応のみが起こる．第三級ハロゲン化アルキルの脱離反応はE1機構とE2機構のどちらでも起こる．反応機構は求核剤の塩基性と溶媒の極性によって決まる．求核剤が弱塩基の場合は$S_N1$反応とE1反応が競争し，2種類の反応生成物の量は中間体として生成するカルボカチオンの性質で決まる．たとえば，エタノールを溶媒として2-ブロモ-2-メチルブタンの反応を行うと，生成物の64%は$S_N1$反応によるものだ．

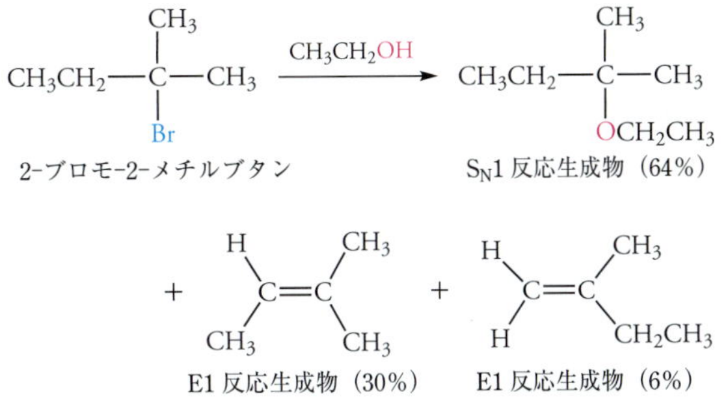

[反応式：2-ブロモ-2-メチルブタン + CH₃CH₂OH → $S_N1$反応生成物（64%）＋ E1反応生成物（30%）＋ E1反応生成物（6%）]

2-ブロモ-2-メチルブタン

しかし，溶媒を変えずに強塩基であるナトリウムエトキシドを加えて反応を行うと，E2反応が置換反応と競争するようになる．脱離反応生成物は合計で反応混合物の93%にも及び，$S_N1$反応生成物はわずか7%しかない．

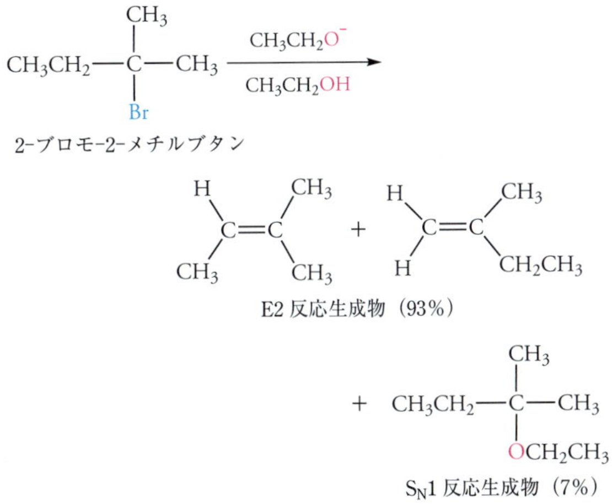

[反応式：2-ブロモ-2-メチルブタン + CH₃CH₂O⁻／CH₃CH₂OH → E2反応生成物（93%）＋ $S_N1$反応生成物（7%）]

### 第一級ハロゲン化アルキルで競争する置換反応と脱離反応

第一級ハロゲン化アルキルでは$S_N2$反応またはE2反応が起こる．第一級カルボカチオンがとても不安定であるため，$S_N1$反応やE1反応は起こらない．エタンチオラートイオン（$CH_3CH_2S^-$）のように求核性が高く，塩基性が低い試薬との反応では，$S_N2$反応のみが起こる．エタンチオラートイオンよりも求核性が低く，塩基性が高いエトキシドイオンとの反応では，おもに$S_N2$反応

表7・2 ハロゲン化アルキルが基質の置換反応と脱離反応のまとめ

| 基質の種類 | $S_N1$ | $S_N2$ | E1 | E2 |
|---|---|---|---|---|
| $RCH_2X$ | 起こらない | とても起こりやすい | 起こらない | 強塩基の使用で容易に起こる |
| $R_2CHX$ | アリル化合物とベンジル化合物で起こる | E2反応と競争して起こる | アリル化合物とベンジル化合物で起こる | 強塩基の使用で容易に起こる |
| $R_3CX$ | 極性溶媒中で容易に起こる | 起こらない | $S_N1$反応と競争して起こる | 強塩基の使用で容易に起こる |

が起こるが，脱離反応も起こる．

$$CH_3CH_2CH_2CH_2\text{—}Br \xrightarrow{CH_3CH_2\ddot{S}:^-}$$
1-ブロモブタン

$$CH_3CH_2CH_2CH_2\text{—}S\text{—}CH_2CH_3$$
S$_N$2 反応生成物（100%）

$$CH_3CH_2CH_2CH_2\text{—}Br \xrightarrow{CH_3CH_2\ddot{O}:^-}$$
1-ブロモブタン

$$CH_3CH_2CH_2CH_2\text{—}O\text{—}CH_2CH_3$$
S$_N$2 反応生成物（90%）
+
$$CH_3CH_2CH\text{=}CH_2$$
E2 反応生成物（10%）

第一級ハロゲン化アルキルに対してエトキシドイオンの代わりに tert-ブトキシドイオンを作用させると，脱離反応生成物の量が大幅に増える．tert-ブトキシドイオンはエトキシドイオンよりも塩基性が強いだけでなく，立体的にもかさ高く，立体障害が大きい．この二つの要素が組合わさることで，S$_N$2 反応機構による置換反応よりも E2 反応機構による脱離反応が優先して進行する．

$$CH_3CH_2CH_2CH_2\text{—}Br \xrightarrow{(CH_3)_3C\ddot{O}:^-}$$
1-ブロモブタン

$$CH_3CH_2CH\text{=}CH_2$$
E2 反応生成物（85%）
+
$$CH_3CH_2CH_2CH_2\text{—}O\text{—}C(CH_3)_3$$
S$_N$2 反応生成物（15%）

## 第二級ハロゲン化アルキルで競争して起こる置換反応と脱離反応

第二級ハロゲン化アルキルでは S$_N$2 反応，E2 反応，S$_N$1 反応，E1 反応のどの反応も起こる．そのため，与えられた反応条件でどの反応が進行するか予想するのは難しいこともある．しかし，チオラートイオンやシアン化物イオンのように求核性が高く，塩基性が弱い反応物の場合は，第二級ハロゲン化アルキルでは S$_N$2 反応が起こる．

$$\underset{\text{2-ブロモブタン}}{CH_3CH_2\overset{Br}{\underset{|}{C}}HCH_3} \xrightarrow{CH_3\ddot{S}:^-} \underset{\text{S}_N\text{2 反応生成物}}{CH_3CH_2\overset{SCH_3}{\underset{|}{C}}HCH_3}$$

$$\underset{\text{2-ブロモオクタン}}{CH_3(CH_2)_5\overset{Br}{\underset{|}{C}}HCH_3} \xrightarrow{:C\text{≡}N:^-} \underset{\text{S}_N\text{2 反応生成物}}{CH_3(CH_2)_5\overset{CN}{\underset{|}{C}}HCH_3}$$

一方，エタノールのように求核性も塩基性も低い反応物の場合は，第二級ハロゲン化アルキルでは S$_N$1 反応

がおもに起こり，一部で E1 反応も起こる．

$$\underset{\text{2-ブロモブタン}}{CH_3CH_2\overset{Br}{\underset{|}{C}}HCH_3} \xrightarrow{CH_3CH_2OH} \underset{\substack{\text{S}_N\text{1 反応生成物}\\(95\%)}}{CH_3CH_2\overset{OCH_2CH_3}{\underset{|}{C}}HCH_3}$$

+ $CH_3CH\text{=}CHCH_3$ + $CH_2\text{=}CHCH_2CH_3$
  E1 反応生成物　　　E1 反応生成物
  （4%）　　　　　　（1%）

この反応ではエタノールにナトリウムエトキシドを加えることで，反応生成物の収率を変えることができる．強塩基を加えることで，S$_N$1 反応生成物の収率は全体の 18% に低下し，残りはすべて E2 反応生成物となる．E2 反応生成物の 2-ブテンは，トランス体とシス体の混合物として得られる．

$$\underset{\text{2-ブロモブタン}}{CH_3CH_2\overset{Br}{\underset{|}{C}}HCH_3} \xrightarrow[CH_3CH_2OH]{CH_3CH_2O^-} \underset{\substack{\text{S}_N\text{1 反応生成物}\\(18\%)}}{CH_3CH_2\overset{OCH_2CH_3}{\underset{|}{C}}HCH_3}$$

+ $CH_3CH\text{=}CHCH_3$ + $CH_2\text{=}CHCH_2CH_3$
  E2 反応生成物　　　E2 反応生成物
  （66%）　　　　　　（16%）

**例題 7・7** 次の 2 種類のエチルイソプロピルエーテルの合成方法のうち，収率が高い方を示せ．

$$\underset{\text{エトキシド}}{CH_3CH_2\text{—}O^-} + \underset{\text{2-ブロモプロパン}}{Br\text{—}CH(CH_3)_2}$$
$$\longrightarrow CH_3CH_2\text{—}O\text{—}CH(CH_3)_2$$

$$\underset{\text{ブロモエタン}}{CH_3CH_2\text{—}Br} + \underset{\text{イソプロポキシド}}{^-O\text{—}CH(CH_3)_2}$$
$$\longrightarrow CH_3CH_2\text{—}O\text{—}CH(CH_3)_2$$

[解答] エーテルはハロゲン化アルキルにアルコキシドを作用させて S$_N$2 反応で合成できる．このエーテルは酸素原子に二つの異なるアルキル基が結合している．片方のアルキル基はアルコキシド由来で，もう片方はハロゲン化アルキル由来だ．

1 番目の反応式は第二級炭素中心に対する求核置換反応だ．この場合は求核剤が強塩基でもあるために脱離反応が競争して起こり，プロペンが副生する．一方，2 番目の反応式は第一級炭素中心に対する S$_N$2 反応で，脱離反応との競争はほとんど起こらない．したがって，目的物をより高収率で与える合成方法は，2 番目の反応だ．

**例題 7・8** アルコールを溶媒として，そのアルコールの共役塩基のアルコキシドと 1-ブロモデカンの反応を行う．アルコキシドとしてメトキシドイオンを使うと脱離反応生成物は収率 1% しか得られないが，tert-ブトキシドイオンを使うと脱離反応生成物は収率 85% で得られる．このような結果となる理由を説明せよ．

## 反応のまとめ

**1.** ハロゲン化アルキルの求核置換反応（§7·2）

$(CH_3)CH_3CH_2CHCH_2CH_2Cl + CH_3O^- \longrightarrow (CH_3)CH_3CH_2CHCH_2CH_2OCH_3$

$C_6H_5CH_2CH_2Br + CH_3CH_2S^- \longrightarrow C_6H_5CH_2CH_2SCH_2CH_3$

シクロペンチル$-CH_2CH_2Br + CN^- \longrightarrow$ シクロペンチル$-CH_2CH_2CN$

シクロペンチル$-CH_2CH_2Br + CH_3CH_2-C\equiv C^- \longrightarrow$ シクロペンチル$-CH_2CH_2-C\equiv C-CH_2CH_3$

**2.** ハロゲン化アルキルの脱ハロゲン化水素（§7·6）

シクロデシル$-Br \xrightarrow[CH_3CH_2OH]{CH_3CH_2O^-}$ シクロデセン

## 練習問題

**ハロゲン化アルキルの命名法**

**7·1** 次の化合物の IUPAC 名を答えよ．
(a) フッ化ビニル
(b) 塩化アリル
(c) 臭化プロパルギル

**7·2** 次の化合物の IUPAC 名を答えよ．
(a) $(CH_3)_3CCH_2Cl$（塩化ネオペンチル）
(b) $(CH_3)_2CHCH_2CH_2Br$（臭化イソアミル）
(c) $C_6H_5CH_2CH_2F$（フッ化フェネチル）

**7·3** 次の化合物の構造式を書け．
(a) cis-1-ブロモ-2-メチルシクロペンタン
(b) 3-クロロシクロブテン
(c) (E)-1-フルオロ-2-ブテン
(d) (Z)-1-ブロモ-1-プロペン

**7·4** 次の化合物の IUPAC 名を答えよ．

(a) 1-メチル-2-ブロモシクロヘキサン（cis）
(b) 1,3-ジブロモシクロペンタン（cis）
(c) 2-ブロモ-3-フェニルヘキサン

**求核置換反応**

**7·5** 次の試薬の組合わせで得られる生成物の構造式を書け．

(a) 1-クロロペンタンとヨウ化ナトリウム
(b) 1,3-ジブロモプロパンと過剰量のシアン化ナトリウム
(c) 1-(クロロメチル)-4-メチルベンゼンとナトリウムアセチリド
(d) 2-ブロモブタンと硫化水素ナトリウム（NaSH）

**7·6** 次の化合物を合成するために必要なハロゲン化アルキルと求核剤を示せ．
(a) $CH_3CH_2CH_2C\equiv CH$
(b) $(CH_3)_2CHCH_2CN$
(c) $CH_3CH_2SCH_2CH_3$

**7·7** アルコール（ROH）を水素化ナトリウム（NaH）と反応させるとアルコキシドイオン（RO⁻）に変換される．次の化合物を水素化ナトリウムと反応させると，分子式が $C_4H_8O$ である化合物が得られた．この化合物の構造式を示し，どのようにして生成したか説明せよ．

$HOCH_2CH_2CH_2CH_2-Br + NaH \longrightarrow C_4H_8O + H_2 + NaBr$

**7·8** 次の化合物を硫化ナトリウムと反応させると，分子式が $C_4H_8S$ である化合物が得られた．この化合物の構造式を示し，どのようにして生成したか説明せよ．

$Cl-CH_2CH_2CH_2CH_2-Cl + Na_2S \longrightarrow C_4H_8S + 2NaCl$

**基質の構造と求核置換反応の反応速度**

**7·9** 次の二つの化合物のうち，ヨウ化ナトリウムと $S_N2$ 反応で速く反応するのはどちらか示せ．
(a) 1-ブロモブタンと 2-ブロモブタン

(b) 1-クロロペンタンとクロロシクロペンタン
(c) 2-ブロモ-2-メチルペンタンと 2-ブロモ-4-メチルペンタン

**7・10** cis-1-ブロモ-4-tert-ブチルシクロヘキサンとそのトランス体では，シス体の方がより速くメタンチオラートイオン($CH_3S^-$)と反応する．その理由を説明せよ．

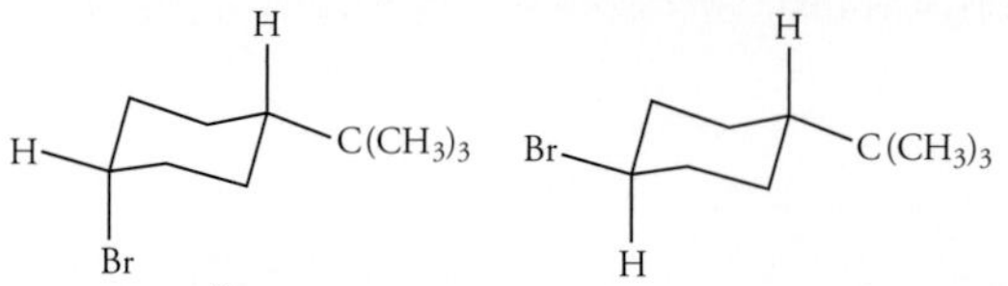

シス体　　　　　　　トランス体

**7・11** 次の二つの化合物のうち，メタノール($CH_3OH$)との $S_N1$ 反応がより速く起こるのはどちらの化合物か，理由とともに示せ．
(a) ブロモシクロヘキサンと 1-ブロモ-1-メチルシクロヘキサン
(b) ヨウ化イソプロピルとヨウ化イソブチル
(c) 3-ブロモ-1-ペンテンと 4-ブロモ-1-ペンテン

**7・12** 次の二つの化合物のうち，エタノール($CH_3CH_2OH$)との $S_N1$ 反応がより速く起こるのはどちらの化合物か，理由とともに示せ．
(a) 1-ブロモ-1-フェニルプロパンと 2-ブロモ-1-フェニルプロパン
(b) 3-クロロシクロペンテンと 4-クロロシクロペンテン
(c) (ブロモメチル)ベンゼンと 1-(ブロモメチル)-4-メチルベンゼン

**7・13** 1-(ブロモメチル)-4-メチルベンゼンは 1-(ブロモメチル)-4-ニトロベンゼンよりも速くエタノールと反応して，エーテル生成物を与える．その理由を説明せよ．

**7・14** 1-ブロモ-2,2-ジメチルプロパンは第一級ハロゲン化アルキルだ．この化合物の $S_N2$ 反応は 1-ブロモプロパンの場合よりも約 1 万倍遅い．その理由を説明せよ．

### 求核置換反応の立体化学

**7・15** (R)-2-ブロモブタンとシアン化ナトリウムの反応で得られる生成物の構造式を書け．

**7・16** cis-1-ブロモ-2-メチルシクロペンタンとメタンチオラートイオンの反応で得られる生成物の構造式を書け．

**7・17** (S)-3-ブロモ-3-メチルヘキサンとエタノール($CH_3CH_2OH$)の反応で得られる生成物の構造式を書け．

**7・18** 反応不活性な極性溶媒中で，光学活性な 2-ヨードオクタンに対してヨウ化ナトリウムを作用させると，ゆっくりとラセミ化する．その理由を説明せよ．

**7・19** 光学活性な 2-ブタノール($CH_3CH_2CH(OH)CH_3$)に対して希釈した酸を作用させると，ゆっくりとラセミ化する．その理由を説明せよ．

### 脱離反応

**7・20** 次の化合物とナトリウムメトキシド($CH_3O^-Na^+$)の E2 反応で生成するアルケンの構造式を書け．

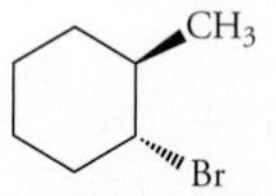

**7・21** 次の化合物の E1 反応で生成するアルケンの異性体はいくつか．そのなかで主生成物となる異性体を書け．

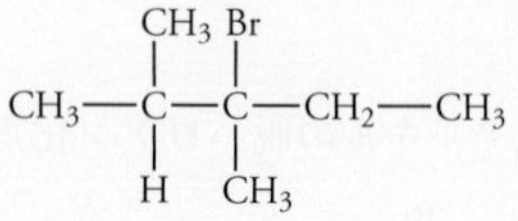

**7・22** cis-1-ブロモ-4-tert-ブチルシクロヘキサンと水酸化物イオンの脱離反応の反応速度は，trans 体の場合よりも速い．その理由を説明せよ．

**7・23** 1,2,3,4,5,6-ヘキサクロロシクロヘキサンには 8 個のジアステレオマーが存在しうる．次の異性体の E2 反応の反応速度は，他のどのジアステレオマーよりも約 1000 倍遅い．その理由を説明せよ．

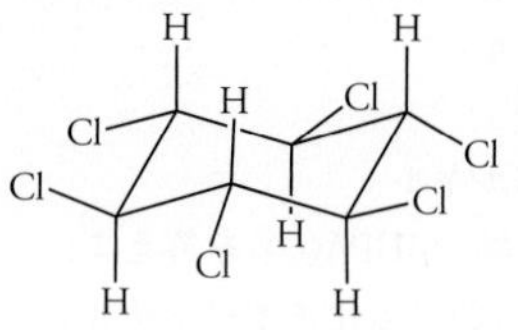

**7・24** 次の化合物から 1 当量の HBr が脱離して生成するアルケンの立体配置を示せ．

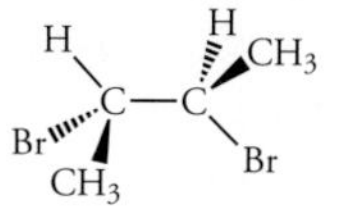

**7・25** 次の化合物から HBr が脱離すると，いくつの異性体が生成する可能性があるか．そのなかで主生成物となる異性体を示せ．

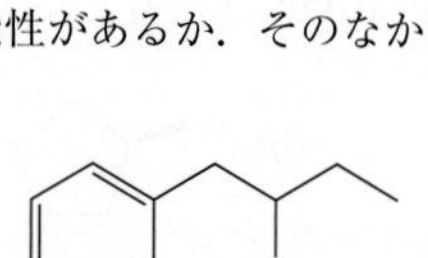

# 8 アルコールとフェノール

テルフェナジン

## 8・1 ヒドロキシ基

酸素を含む官能基をもつ化合物にはアルコール，フェノール，エーテル，アルデヒド，ケトン，カルボン酸，エステル，アミドなどがある．このうち，アルコールとフェノールはどちらもヒドロキシ基(-OH基)をもつ．

ヒドロキシ基は $sp^3$ 混成炭素原子と結合している．この化合物はアルコールだ

ヒドロキシ基は $sp^2$ 混成炭素原子と結合している．この化合物はフェノールだ

カルボン酸もヒドロキシ基をもつが，ヒドロキシ基がカルボニル炭素に結合しているため，カルボン酸の性質はアルコールやフェノールの性質とはかなり違うものとなる（第11章）．アルコールとフェノールは水分子の一つの水素原子をそれぞれアルキル基とアリール基で置き換えた形なので，水の"有機類縁体"であるとみなせる．アルコールではヒドロキシ基が $sp^3$ 混成炭素原子に結合し，フェノールでは芳香環の $sp^2$ 混成炭素原子に結合している．

### アルコールの命名法

アルコールの慣用名は，アルキル基の名前の後にアルコール(alcohol)とつけたものになる．たとえば $CH_3CH_2OH$ の慣用名はエチルアルコールで，$CH_3CH(OH)CH_3$ はイソプロピルアルコールだ．そのほかに慣用名がよく使われるアルコールとして，アリルアルコールやベンジルアルコールなどがある．

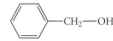

アリルアルコール　　　　ベンジルアルコール

アルコールのIUPAC系統名では，ヒドロキシ基が結合している最も長い炭素直鎖を主鎖とする．母体の名前は主鎖に対応するアルカンの接尾語の -ane の最後の -e を -ol に変えたものだ．アルコールのIUPAC命名規則は次のようになる．

1. ヒドロキシ基の位置は，ヒドロキシ基が結合する炭素原子の位置番号で表す．ヒドロキシ基を含む炭素原子の位置番号が小さくなるように番号をつけ始める末端を決め，主鎖の前にヒドロキシ基の位置番号をつける．この位置番号は接尾語 -ol の直前につけることもある．

$$\overset{4}{CH_3}-\overset{3}{CH}-\overset{2}{CH}-\overset{1}{CH_3}$$
$$\quad\quad\quad | \quad\quad |$$
$$\quad\quad CH_3 \; OH$$

3-メチル-2-ブタノール
(3-methyl-2-butanol)
[3-メチルブタン-2-オール
(3-methylbutan-2-ol)]

ヒドロキシ基が結合する最も長い炭素直鎖は，炭素原子の数が4個だ．OH基はC2位で主鎖に結合し，メチル基はC3位で主鎖に結合する．よって，この化合物の名前は3-メチル-2-ブタノール(または3-メチルブタン-2-オール)だ

2. ヒドロキシ基が環に結合している場合は，ヒドロキシ基が結合する炭素原子から位置番号をつけ始める．アルキル基などの置換基が環に結合している場合は，その炭素原子の位置番号が小さくなるような向きの回り方で位置番号をつける．ヒドロキシ基の位置番号は1であることが自明なので，化合物の名前にヒドロキシ基の位置番号1はつけない．

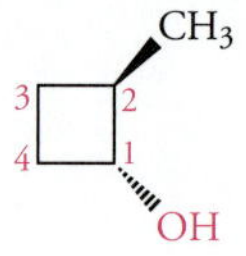

*trans*-2-メチルシクロブタノール　　3,3-ジメチルシクロヘキサノール
(*trans*-2-methylcyclobutanol)　　(3,3-dimethylcyclohexanol)

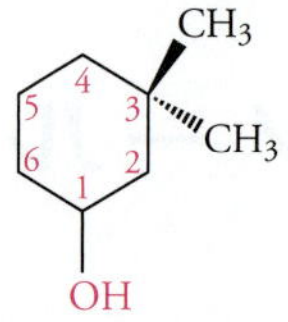

3. 複数のヒドロキシ基をもつアルコールは，ジオール，トリオール，テトラオールというように，ヒドロキシ基の個数を表す数詞を接尾語 -ol の直前につける．つまり，主鎖に対応するアルカンの接尾語の最後の -ane はそのまま残して，その後に -diol や -triol をつける．主鎖に結合するヒドロキシ基の位置は，結合する炭素原子の位置番号を主鎖の名前の直前につけて示す．

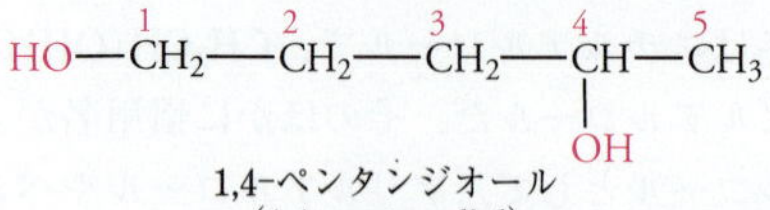

1,4-ペンタンジオール
(1,4-pentanediol)

4. ヒドロキシ基が結合する炭素直鎖が二重結合や三重結合を含む場合は，多重結合の位置よりもヒドロキシ基の位置を優先して位置番号をつける．多重結合の位置を表す位置番号は，アルケン（またはアルキン）の前につける．アルケン（またはアルキン）の後にヒドロキシ基の位置を示す位置番号をつけ，さらにその後に接尾語 -ol をつける．なお，ヒドロキシ基が一つの場合はアルケン（またはアルキン）の最後の -e をつけない．

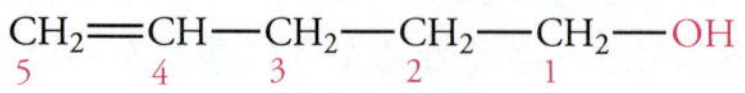

4-ペンテン-1-オール
(4-penten-1-ol)

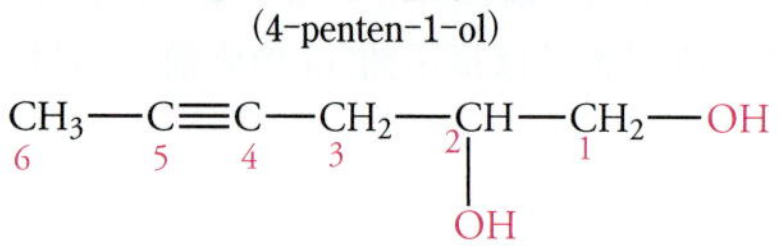

4-ヘキシン-1,2-ジオール
(4-hexyne-1,2-diol)

**例題 8・1** 広域抗生物質のクロラムフェニコールのアルコール部分はそれぞれ第何級アルコールか示せ．

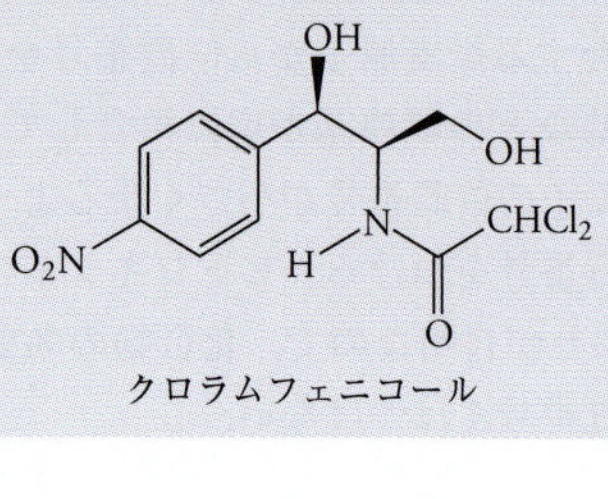

クロラムフェニコール

［解答］ はじめに，構造式の中で酸素原子の位置を把握する．5個の酸素原子は4箇所に位置している．ニトロ基の窒素原子に結合している酸素原子は2個ある．炭素原子と二重結合している酸素原子はアミドのカルボニル酸素だ．右側のヒドロキシ基が結合している炭素原子は水素原子2個と炭素原子1個と結合しているので，この部分は第一級アルコールだ．分子の中央のヒドロキシ基が結合している炭素原子はアルキル基とアリール基に結合しているので，この部分は第二級アルコールだ．

**例題 8・2** リボフラビン（ビタミン $B_2$）のアルコール部分はそれぞれ第何級アルコールか示せ．

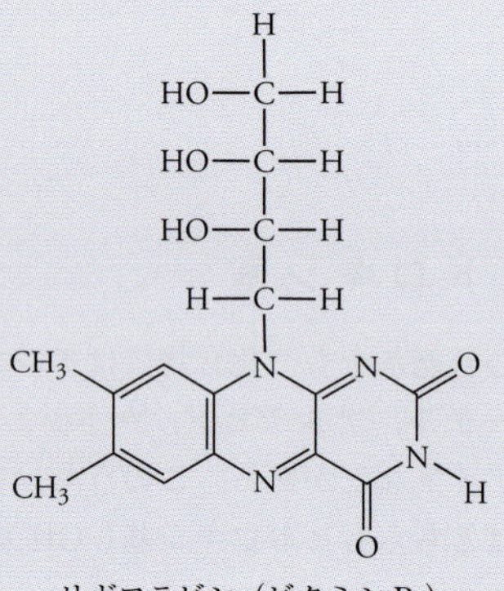

リボフラビン（ビタミン $B_2$）

**例題 8・3** エスクロルビノールという催眠鎮静薬の IUPAC 名は (*E*)-1-クロロ-3-エチル-1-ペンテン-4-イン-3-オールだ．構造式を書け．

［解答］ 1-ペンテンということから，炭素原子5個からなる主鎖で，C1位とC2位の間に二重結合がある．4-インということから，C4位とC5位の間に三重結合がある．炭素原子5個の直鎖を書いた後に片方の端から順に番号をつけ，上記の情報をもとに適切な位置に多重結合を書く．

IUPAC 名から塩素原子がC1位にあり，エチル基とヒドロキシ基がともにC3位にあるとわかる．

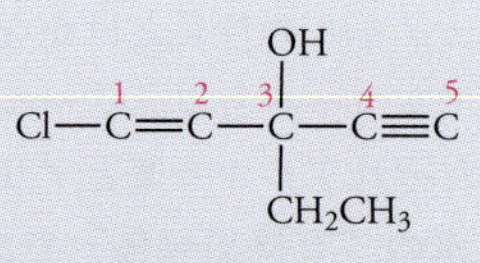

塩素原子とC3位の炭素原子を二重結合の反対側のトランス位に配置し，残りの必要な位置に水素原子を書く．

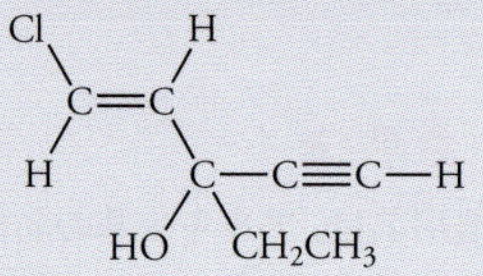

> **例題 8・4** 香水に使われるゼラニウム油に含まれるシトロネロールの IUPAC 名を答えよ．
>
> シトロネロール

## 8・2 アルコールの物理的性質

エタノールとプロパンの双極子モーメントはそれぞれ 1.69 D と 0.08 D だ．アルコールには C−O 結合と O−H 結合があり，どちらの結合も分極しているので，アルカンよりもずっと極性が高い．しかし，アルコール分子間に働く強い相互作用は水素結合によるものだ．アルコールの物理的性質に対して水素結合は多大な影響を及ぼす．

### アルコールの沸点

アルコールの沸点は，同程度の分子量をもつアルカンの沸点よりもはるかに高い．たとえば，プロパンの沸点は −42 ℃ だが，エタノールの沸点は 78 ℃ だ．この二つの化合物は同程度のロンドン力をもつ．エタノールにはヒドロキシ基があるため，双極子–双極子相互作用による引力とヒドロキシ基間の水素結合による大きな引力の両方が作用する．また，アルコールのヒドロキシ基は水素結合供与体にも水素結合受容体にもなる．その結果，水素結合したアルコール分子を引き離すためには，アルカン分子間に働く比較的弱いロンドン力を断ち切るために必要なエネルギーよりも，多大なエネルギーが必要となる．

図 8・1 に，第一級アルコールとアルカンの分子量と沸点の関係を示す．分子量が増大するにつれて，沸点を結ぶ二つの曲線が近づくようになる．分子量が大きなアルコールでも水素結合はつくれるが，分子量が増すにつれて長い炭素鎖のロンドン力の寄与がしだいに大きくなる．その結果，第一級アルコールとアルカンの沸点の差は，分子量が増大するにつれて小さくなる．

### アルコールの水溶性

低分子量のアルコールは水と混和する（表 8・1）．低分子量のアルコール分子は水と同様に大きく分極しているので，"似たもの同士はよく溶ける"という言葉の通り混和することになる．アルコール分子は単に分極しているだけでなく，ヒドロキシ基が水分子と 3 本の水素結合を形成できる．そのうち 2 本の水素結合は，水素結合受容体であるアルコール分子の酸素原子の 2 組の孤立電子対に対して，水分子が水素原子を供与してできる．残りの 1 本の水素結合は，水分子の酸素原子の孤立電子対に対して，アルコールのヒドロキシ基が水素結合供与体として水素を供与してできる．アルキル基が大きくなるにつれて，アルコール分子のアルキル鎖部分が占める割合が徐々に大きくなり，性質がアルカンに似てくる．したがって，アルコールの物理的性質に及ぼすヒドロキシ基の影響は相対的に小さくなる．それでも水分子はヒド

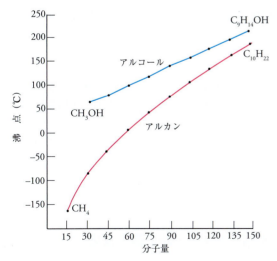

**図 8・1 第一級アルコールとアルカンの沸点の比較** アルカンとアルコールの炭素鎖の長さが増大するにつれて，沸点はともに上昇する．第一級アルコールの沸点は，同程度の分子量をもつアルカンの沸点よりも高い．炭素鎖の長さが増大するにつれて，この沸点の差は小さくなる．

**表 8・1 アルコールの沸点と溶解度**

| 化合物 | 沸点（℃） | 溶解度（g/100 mL 水） |
|---|---|---|
| メタノール | 65 | 混和 |
| エタノール | 78 | 混和 |
| 1-プロパノール | 97 | 混和 |
| 1-ブタノール | 117 | 7.9 |
| 1-ペンタノール | 137 | 2.7 |
| 1-ヘキサノール | 158 | 0.59 |
| 1-ヘプタノール | 176 | 0.09 |
| 1-オクタノール | 194 | 不溶 |
| 1-ノナノール | 213 | 不溶 |
| 1-デカノール | 229 | 不溶 |

ロキシ基と水素結合をつくれるが，長いアルキル鎖が水分子に対して疎水的に働くために，水素結合を形成しにくくなる．その結果，アルキル鎖が長くなるにつれてアルコールの水溶性は低下する．

### 溶媒としてのアルコール

エタノールは多くの有機化合物にとって優れた溶媒であり，有機化合物をよく溶かす．特に，水素結合受容体である孤立電子対をもつ有機化合物は，エタノールに対する溶解性が高い．極性有機化合物は極性溶媒であるエタノールによく溶ける．一方，無極性化合物はアルコールに少しは溶けるものの，溶解性は低い．というのも，無極性化合物をアルコールに溶かすためには，大きく広がったアルコールの水素結合ネットワークを断ち切る必要があるからだ．

## 8・3 アルコールの酸塩基反応

反応の種類や条件しだいで，水がプロトン供与体(酸)として振る舞うこともあれば，プロトン受容体(塩基)として振る舞うこともある．このように酸と塩基の両方の性質を示す化合物のことを**両性**(amphoteric)**化合物**という．アルコールも酸および塩基の両方として振る舞うことがあるため，両性化合物だ．

アルコールは水よりも弱い酸だ．エタノールの $K_a$ は $1.3 \times 10^{-16}$ ($pK_a$=15.9) で，水分子の $K_a$ は $1.8 \times 10^{-16}$ ($pK_a$=15.7) だ．一般的なアルコールの $pK_a$ 値を表8・2に示す．すでに学んだように，強い酸は $K_a$ が大きく，$pK_a$ が小さい．

$$CH_3CH_2OH + H_2O \rightleftharpoons CH_3CH_2O^- + H_3O^+$$
$$K_a = 1.3 \times 10^{-16}$$

$$H_2O + H_2O \rightleftharpoons HO^- + H_3O^+$$
$$K_a = 1.8 \times 10^{-16}$$

ヒドロキシ基が結合している炭素原子の近くに電子求引基がつくと，アルコールの酸性度は強くなる．電子求引基による誘起効果で酸素原子の電子密度が低下して，アルコールの酸素-水素結合が弱くなり，結合が切れやすくなる．また，電子求引基はアルコールの共役塩基の負電荷を安定化する．具体的な例をあげると，エタノールのC2位の水素原子を塩素原子で置き換えると，$pK_a$ が 15.9 から 14.3 まで小さくなる．つまり，$K_a$ が約40倍も大きくなり，酸性度が強くなる．エタノールのC2位の3個の水素原子をさらに電気陰性なフッ素原子にすべて置き換えた2,2,2-トリフルオロエタノールでは $pK_a$ は 12.4 まで小さくなり，酸性度は3000倍も強くなる．電子求引基である$-CF_3$基の効果は酸素原子から遠くなるほど弱まる．たとえば，4,4,4-トリフルオロブタノールの $pK_a$ は 15.4 であり，エタノールをはじめとする第一級アルコールの $pK_a$ と大差ない．

アルコールがプロトンを放出するとアルコキシドが生成する．アルコールは水よりも酸性度が弱いので，アルコキシドは水酸化物イオンよりも強い塩基となる．アルコキシドは水酸化物イオンよりも有機溶媒に対する溶解度が高いので，有機溶媒中で塩基として使用される．アルコールに対してアルカリ金属を加えることで，アルコキシドを容易に調製できる．

$$CH_3OH + Na \longrightarrow CH_3O^- + \tfrac{1}{2}H_2 + Na^+$$
メトキシドイオン

アルコールには酸素原子上に2組の孤立電子対があるので，アルコールは塩基として働く．しかし，アルコールは塩基としてはとても弱いので，プロトン化されるのは強い酸がある場合に限られる．酸HAでアルコールがプロトン化されると，共役酸である**オキソニウムイオン**(oxonium ion)が生成する．オキソニウムイオンの生成は，強酸を用いた水分子のプロトン化によるヒドロニウムイオンの生成と似ている．強酸で触媒される多くの反応において，オキソニウムイオンは反応中間体となる．

$$CH_3CH_2OH + HA \rightleftharpoons CH_3CH_2OH_2^+ + A^-$$
オキソニウムイオン

$$H_2O + HA \rightleftharpoons H_3O^+ + A^-$$
ヒドロニウムイオン

## 8・4 アルコールの置換反応

アルコールのヒドロキシ基は $S_N1$ 反応または $S_N2$ 反応によってハロゲン原子に置換できる（第7章）．たとえば，第一級アルコールを臭化水素(HBr)と反応させると臭化アルキルが得られる．同様に，第一級アルコール

表8・2　アルコールの酸性度

| アルコール | 分子式 | $K_a$ | $pK_a$ |
|---|---|---|---|
| メタノール | $CH_3OH$ | $3.2 \times 10^{-16}$ | 15.5 |
| エタノール | $CH_3CH_2OH$ | $1.3 \times 10^{-16}$ | 15.9 |
| 2-プロパノール | $(CH_3)_2CHOH$ | $1 \times 10^{-18}$ | 18.0 |
| tert-ブチルアルコール | $(CH_3)_3COH$ | $1 \times 10^{-19}$ | 19.0 |
| 2-クロロエタノール | $ClCH_2CH_2OH$ | $5 \times 10^{-15}$ | 14.3 |
| 2,2,2-トリフルオロエタノール | $CF_3CH_2OH$ | $4 \times 10^{-13}$ | 12.4 |
| 3,3,3-トリフルオロプロパノール | $CF_3CH_2CH_2OH$ | $2.5 \times 10^{-15}$ | 14.6 |
| 4,4,4-トリフルオロブタノール | $CF_3CH_2CH_2CH_2OH$ | $4 \times 10^{-16}$ | 15.4 |

に対して触媒となる $ZnCl_2$ とともに塩化水素(HCl)を反応させれば，塩化アルキルが得られる．

$$CH_3CH_2CH_2OH + HBr \longrightarrow CH_3CH_2CH_2Br + H_2O$$

$$CH_3CH_2CH_2CH_2OH + HCl \xrightarrow{ZnCl_2} CH_3CH_2CH_2CH_2Cl + H_2O$$

この二つの反応は，第二級アルコールおよび第三級アルコールを基質とする場合も進行する．ただし，反応速度はアルコールの種類によって変化し，第三級アルコール＞第二級アルコール＞第一級アルコールという順に遅くなる．

## 反応機構

アルコールの置換反応の反応機構はアルコールの種類によって決まる．第一級アルコールでは $S_N2$ 反応が進行するが，第二級アルコールおよび第三級アルコールでは $S_N1$ 反応が進行する．しかし，いずれの場合も脱離するのは水酸化物イオンではなく水分子だ．脱離する前の段階でアルコールの共役酸が生成するためには，酸触媒が必要となる．脱離によってカルボカチオン中心が生じることを考えればわかるように，負電荷をもつ水酸化物イオンが脱離基となるよりも，中性の水分子が脱離基となる方が，脱離に必要なエネルギーは少なくてすむ．

水分子は弱い塩基であるため，水分子は水酸化物イオンよりもよい脱離基だ．ルイス塩基性と脱離能は一般によい相関がある．$S_N1$ 反応と $S_N2$ 反応のいずれにおいても，弱塩基は強塩基よりもよい脱離基だ．

第一級アルコールおよび第二級アルコールは臭化水素や塩化水素と反応するが，反応は遅い．それに対して，塩化チオニルや三臭化リンなどとは容易に反応し，対応するハロゲン化アルキルを与える．しかも，副生成物は無機物であるため，反応生成物を容易に分離できる．たとえば，塩化チオニルを使う場合には，生成物である塩化アルキルは反応溶液中に残り，副生する二酸化硫黄と塩化水素は反応系中から気体として放出される．また，三臭化リンを使う場合に副生する亜リン酸は沸点が高く，しかも水溶性だ．そのため，目的生成物である臭化アルキルを蒸留するか，水の添加後にジエチルエーテルなどの有機溶媒を用いて抽出することで，反応混合物から目的物を容易に分離できる．

$$R-OH + SOCl_2 \longrightarrow R-Cl + SO_2(気体) + HCl(気体)$$

シクロペンチル-$CH_2OH + SOCl_2 \longrightarrow$ シクロペンチル-$CH_2Cl + SO_2(気体) + HCl(気体)$

$$3\,R-OH + PBr_3 \longrightarrow 3\,R-Br + H_3PO_3$$

これらの反応式を書く場合に，副生する無機物は示さず，反応の原系と生成系が釣り合わない反応式とすることが多い．その代わりに，試薬は反応の矢印の上に書かれる．

$$\underset{\text{2-ブタノール}}{CH_3CH_2\overset{OH}{C}HCH_3} \xrightarrow{SOCl_2} \underset{\text{2-クロロブタン}}{CH_3CH_2\overset{Cl}{C}HCH_3}$$

$$\underset{\text{2-オクタノール}}{CH_3(CH_2)_5\overset{OH}{C}HCH_3} \xrightarrow{PBr_3} \underset{\text{2-ブロモオクタン}}{CH_3(CH_2)_5\overset{Br}{C}HCH_3}$$

## 8・5　アルコールの脱水

アルコールから水分子を除去することを**脱水** (dehydration) 反応とよぶ．脱水反応は脱離反応の一つだ．アルコールの脱水反応を起こすためには触媒として硫酸やリン酸といった酸が必要だ．次の式に示すエタノールからエチレンが生成する反応は，アルコールの脱水反応の典型的な例だ．

脱水反応では，隣接する二つの炭素原子上にある炭素-酸素結合と炭素-水素結合はともに切断される．2-ブタノールの場合のように，脱水するヒドロキシ基と水素原子の組合わせが 2 通り以上あることも多く，その場合は複数のアルケンが混合物として生成する．

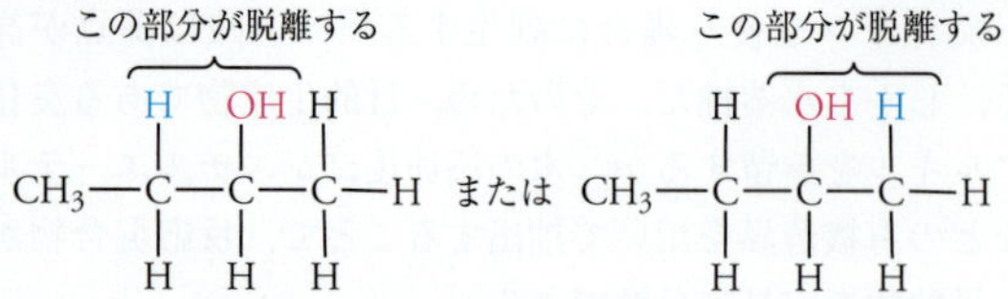

一般に，脱水反応で二つ以上の生成物ができる可能性がある場合には，二重結合に結合するアルキル基の数が多いアルケン異性体（つまり多置換アルケン）の方が高収率で生成する．この結果は，一般にアルケンの異性体では置換基の数が多いアルケンの方がより安定となることとも合致する．この場合，より安定なアルケンを**ザイツェフ生成物**（Zaitsev product）とよぶこともある（§4・11）．生成物がシス-トランス異性体の混合物となるときは，より安定なトランス体の方が多く生成する．

*cis*-2-ペンテン（25%）　　*trans*-2-ペンテン（75%）

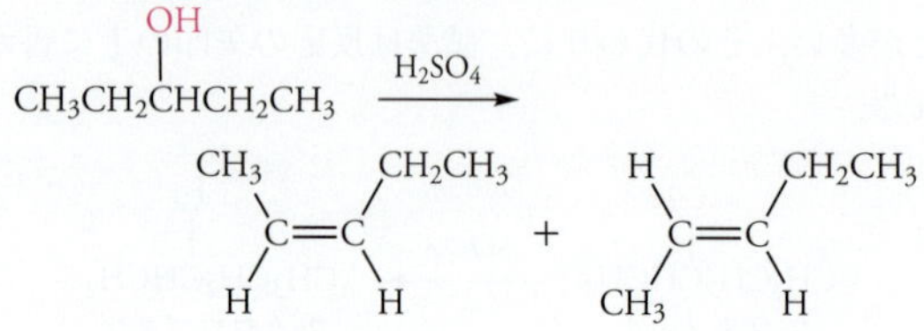

生体内の代謝過程でも脱水反応（およびその逆反応の水和反応）は起こる．高濃度の酸が共存しない 37 ℃という穏和な反応条件であるにもかかわらず，酵素で触媒されることで反応は速く進行する．その一例がクエン酸の脱水で，アコニターゼという酵素が触媒となり，*cis*-アコニット酸を与える．

クエン酸　　*cis*-アコニット酸

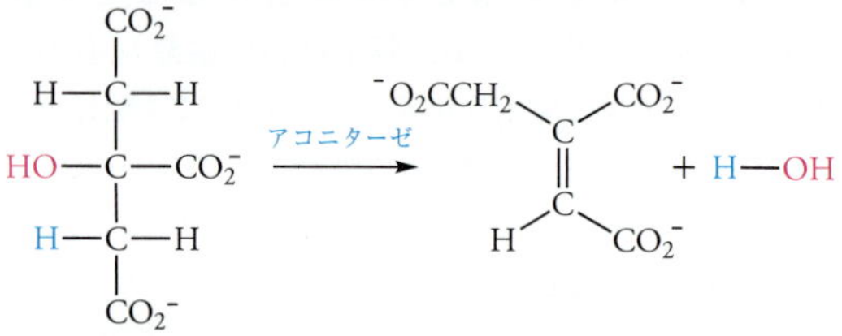

pH 7 でクエン酸は電離したトリアニオンとしておもに存在する　　pH 7 でカルボキシ基は電離する

## 反応機構

アルコールの脱水反応の機構は，アルコールの種類によって異なる．第三級アルコールの場合は酸触媒による E1 反応機構で脱水反応が進行するが，第一級アルコールの場合は E2 反応機構で進行する．いずれの場合も第一段階は酸素原子のプロトン化（酸塩基反応）であり，オキソニウムイオンが中間体として生成する．触媒の酸を HA で表すとプロトン化は次のようになる．

オキソニウムイオン

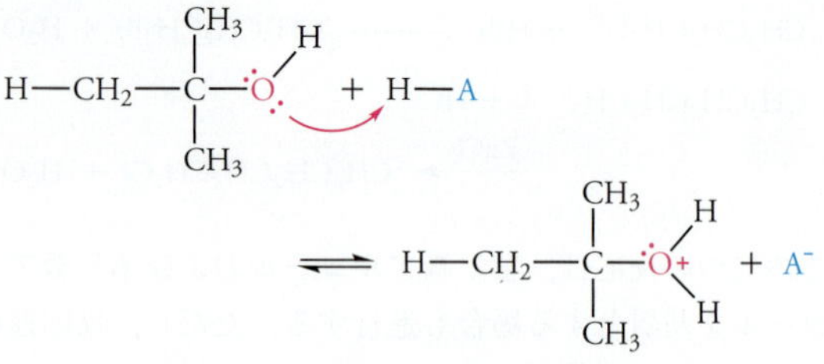

第三級アルコールの場合は，オキソニウムイオンの生成後に $S_N1$ 反応の場合と同様に水分子が脱離し，第三級カルボカチオンが生成する．ただし，求核剤がカルボカチオン中心に求核攻撃する $S_N1$ 反応とは違い，正電荷をもつ炭素の α 位からプロトンが除去されることでアルケンが生成する．

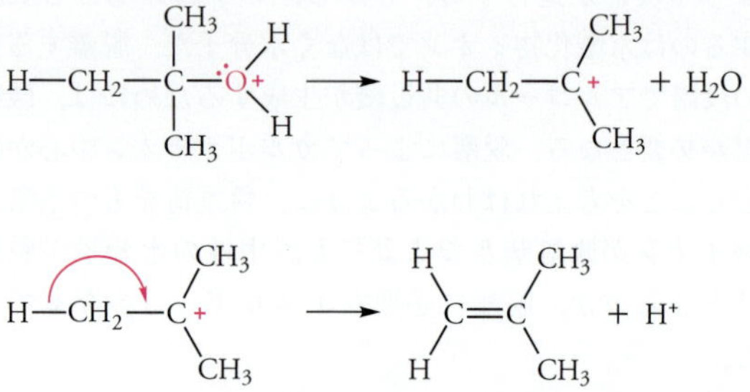

第一級アルコールの場合は E2 反応機構で脱水反応が進行する．第一段階は上の場合と同じく-OH 基のプロトン化で，オキソニウムイオンが生成する．しかし，第二段階が異なり，酸素が結合した炭素の隣接位で塩基による脱プロトン化が起こる．C−H 結合の電子対が動くことで炭素-炭素二重結合が生成し，同時に C−O 結合の電子対は酸素原子へと動いて結合が切れる．このように，第二段階では二重結合の生成と水分子の脱離が協奏的に進行する．

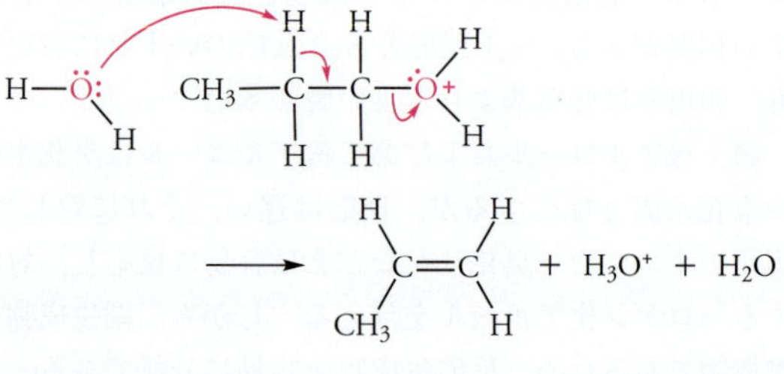

**例題 8・5**　1-メチルシクロヘキサノールの脱水反応生成物を予想せよ．

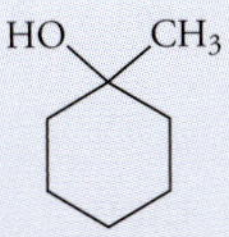

[解答] この第三級アルコールには，ヒドロキシ基が結合する第三級炭素原子の隣にC-H結合をもつ炭素原子が3個ある．脱水反応では，どの炭素原子からも脱プロトン化が起こりうる．しかし，C2位とC6位で脱プロトン化が起こると同じ生成物になることから，次の2種類の化合物のみが生成する．

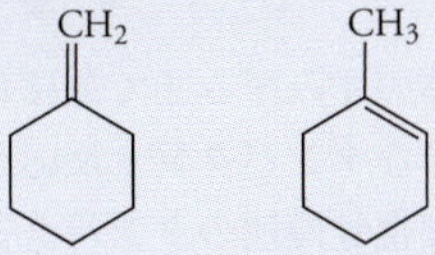

**例題 8・6** 4-メチル-2-ペンタノールの脱水反応の生成物の構造式を書け．アルケンの異性体のうち，どれが主生成物となるか示せ．

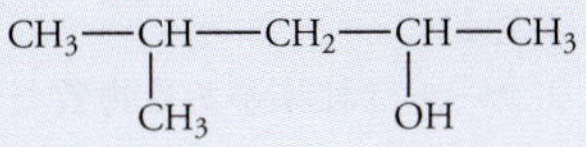

$$CH_3-CH-CH_2-CH-CH_3$$
$$\quad\quad\; |\quad\quad\quad\quad\quad |$$
$$\quad\; CH_3\quad\quad\quad\; OH$$

## 8・6 アルコールの酸化

第一級アルコールおよび第二級アルコールは，多くの酸化剤と反応して酸化される．第一級アルコール ($RCH_2OH$) は酸化によって水素原子2個が失われて，アルデヒド ($RCHO$) になる．アルデヒドはさらに酸化されてカルボン酸 ($RCO_2H$) が生成する．アルデヒドからカルボン酸への変換反応で増えた2個目の酸素はもとのアルコールに由来するのではなく，反応溶液中に含まれている試薬や溶媒や酸素分子などに由来する．次の反応式で [O] という記号は酸化反応を表している．

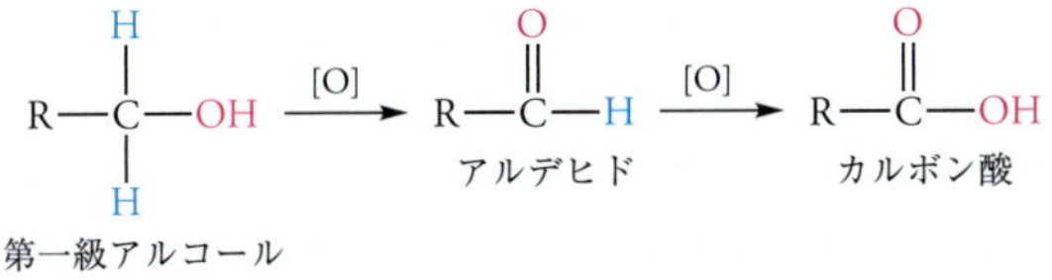

第二級アルコールは酸化されてケトンになるが，第三級アルコールは酸化剤と反応しない．

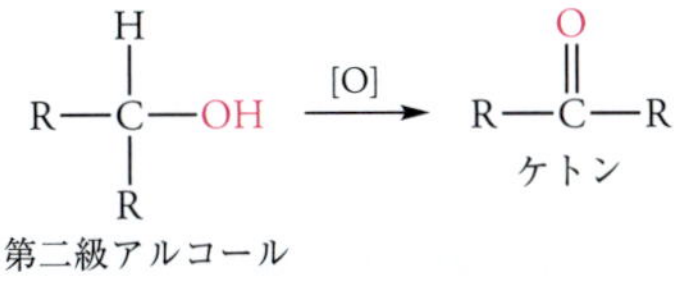

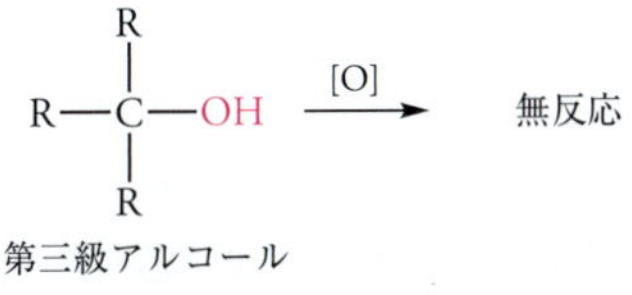

酸化クロム(VI)の希硫酸溶液であるジョーンズ試薬を使ってアセトン中で反応を行うことで，アルコールが酸化される（ジョーンズ**酸化**）．第一級アルコールはカルボン酸に酸化され，第二級アルコールはケトンに酸化される．

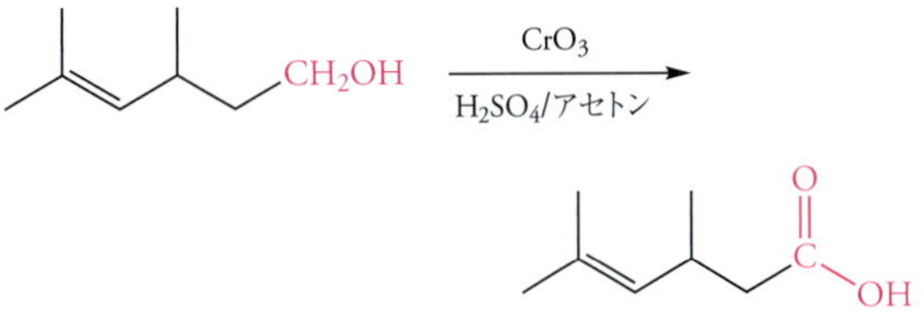

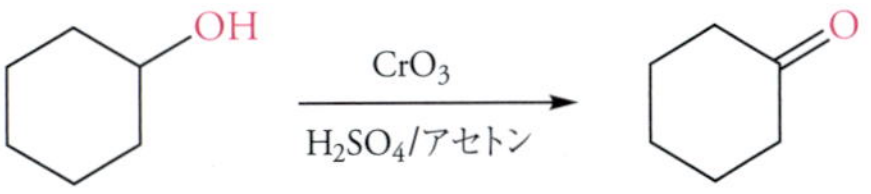

ジクロロメタン ($CH_2Cl_2$) を溶媒としてアルコールにクロロクロム酸ピリジニウム (PCC) を作用させることでも，アルコールは酸化できる．第二級アルコールはケトンへ酸化される．しかし，ジョーンズ酸化と違って，第一級アルコールの PCC 酸化ではカルボン酸まで酸化が進まず，アルデヒドが生成した時点で酸化が止まる．

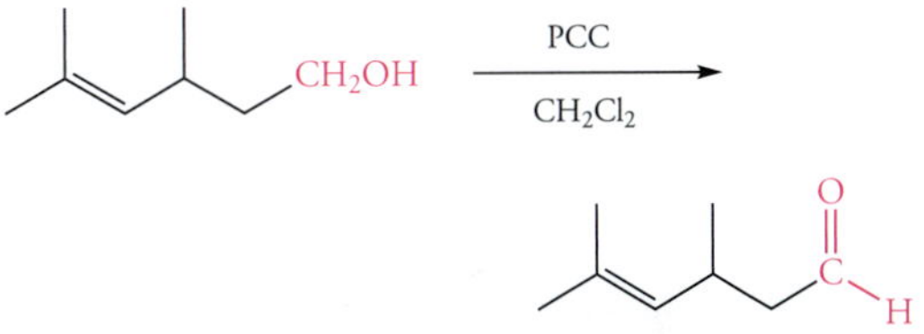

PCC の調製は酸化クロム(VI)を塩酸に溶かして，ピリジンを加えればよい．PCC を単離した後は，ジクロロメタンを溶媒として使用する．

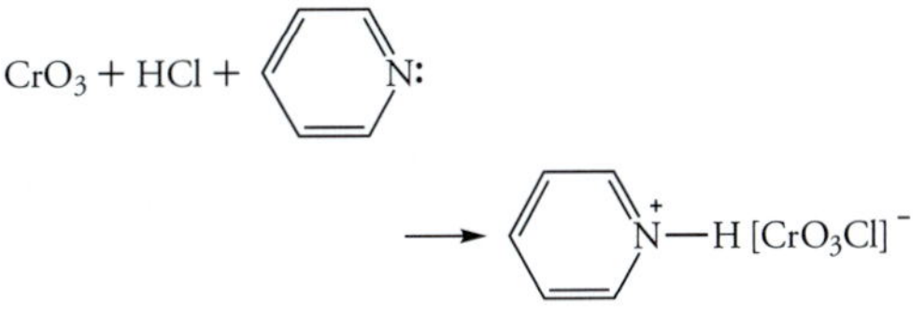

**例題 8・7** 分子式 $C_4H_{10}O$ のアルコールのうち，ジョーンズ試薬による酸化で分子式 $C_4H_8O$ のケトンを与える異性体はどれか．

[解答] $C_4H_9$ には4通りの異性体が存在するので（§3・3），アルコールの異性体も4通り存在する．n-ブ

チル基とイソブチル基がついたアルコールは第一級アルコールで，tert-ブチル基がついたアルコールは第三級アルコールだ．酸化されてケトンを与えるのは第二級アルコールだけで，4通りの異性体のうち第二級アルコールは 2-ブタノール（sec-ブチルアルコール）だけだ．よって，2-ブタノールだけがケトンを与える．

$$CH_3-\underset{\underset{H}{|}}{\overset{\overset{OH}{|}}{C}}-CH_2-CH_3 \xrightarrow[\text{アセトン}]{CrO_3 / H_2SO_4} CH_3-\overset{\overset{O}{\|}}{C}-CH_2-CH_3$$

**例題 8・8** 分子式 $C_5H_{12}O$ のアルコールのうち，PCC 酸化によって分子式 $C_5H_{10}O$ のケトンになる異性体はどれか．

## アルコールの毒性

　メタノールは毒性が高い．メタノールを 15 mL ほど飲むと失明し，30 mL ほども飲めば死に至る．メタノールの蒸気を長時間吸っても健康を害する．エタノールは単純なアルコール類のなかで最も毒性が低いものの，毒であることに変わりはない．血中アルコール濃度が高いと脳に障害を起こすので，濃度を下げるために肝臓でエタノールを酸化する必要がある．肝臓アルコール脱水素酵素(LADH)はメタノールとエタノールを酸化する．LADH が機能するためには，酸化剤として補酵素ニコチンアミドジヌクレオチド($NAD^+$)が必要だ．この補酵素は，酸化型の $NAD^+$ または還元型の NADH として存在する．$NAD^+$ があることで LADH はエタノールをアセトアルデヒドに酸化できる．ひき続きアセトアルデヒドを酸化すると，低濃度であれば無毒の酢酸になる．

$$CH_3-\underset{\underset{H}{|}}{\overset{\overset{H}{|}}{C}}-OH + NAD^+$$

$$\xrightarrow{LADH} \underset{アセトアルデヒド}{CH_3-\overset{\overset{O}{\|}}{C}-H} + NADH + H^+$$

$$CH_3-\overset{\overset{O}{\|}}{C}-H + NAD^+$$

$$\xrightarrow{LADH} \underset{酢酸}{CH_3-\overset{\overset{O}{\|}}{C}-OH} + NADH + H^+$$

　他のアルコールの酸化で生成する化合物はどれも有毒だ．LADH の触媒作用によってメタノールが酸化されるとホルムアルデヒドが生成し，さらに酸化されればギ酸が生成する．

$$H-\underset{\underset{H}{|}}{\overset{\overset{H}{|}}{C}}-OH + NAD^+ \xrightarrow{LADH} \underset{ホルムアルデヒド}{H-\overset{\overset{O}{\|}}{C}-H} + NADH + H^+$$

$$H-\overset{\overset{O}{\|}}{C}-H + NAD^+ \xrightarrow{LADH} \underset{ギ酸}{H-\overset{\overset{O}{\|}}{C}-OH} + NADH + H^+$$

　血液によって身体のすみずみまで運ばれたホルムアルデヒドは，さまざまなタンパク質と反応して生物機能を破壊する．たとえば視覚関連のタンパク質であるロドプシンに含まれるリシンというアミノ酸のアミノ基と反応する．それ以外にも，酵素をはじめとする他のタンパク質のアミノ基とも反応するため，生体の触媒機能が喪失して，生物は死に至る．

　エチレングリコールは甘味がある物質だが有毒だ．エチレングリコールを容器に入れて保管するときに密閉しないと，グリオキサールに酸化された後，腎不全を起こすシュウ酸へと最終的に酸化される．

$$\underset{\substack{エチレングリコール \\ (1,2-エタンジオール)}}{H-\underset{\underset{H}{|}}{\overset{\overset{OH}{|}}{C}}-\underset{\underset{H}{|}}{\overset{\overset{OH}{|}}{C}}-H} \xrightarrow{[O]} \underset{グリオキサール}{H-\overset{\overset{O}{\|}}{C}-\overset{\overset{O}{\|}}{C}-H}$$

$$\xrightarrow{[O]} \underset{シュウ酸}{HO-\overset{\overset{O}{\|}}{C}-\overset{\overset{O}{\|}}{C}-OH}$$

　メタノール中毒またはエチレングリコール中毒の治療法は，相当量が酸化されるよりも先にエタノールを静脈注射することだ．LADH はメタノールやエチレングリコールよりもエタノールと強く結合し，エタノールが酸化される反応速度はメタノールの場合よりも 6 倍も速い．しかも，静脈に直接注射することで，エタノールの血中濃度は高くなる．その結果，酸化されて有毒な物質になるよりも先に，メタノールやエチレングリコールは腎臓からゆっくりと排出される．

## 8・7 アルコールの合成

　アルコールを合成する方法として，これまでに以下の 2 種類の方法を学んだ．
① ハロゲン化アルキルの水酸化物イオンによる置換反応
② アルケンに対する水分子の付加反応

前者の置換反応は脱離反応と競争するため，収率は低くなる（第7章）．一方，アルケンの水和反応は可逆反応であるため，こちらの収率も少し低くなる（第4章）．

この節では，アルコールを高収率で合成するための2種類の反応を学ぶ．一つ目はカルボニル化合物の還元反応で，二つ目はアルケンの間接的な水和反応だ．この2種類の反応では，炭化水素の骨格にある官能基がヒドロキシ基へと変換される．

## カルボニル化合物の還元

ラネーニッケルとよばれる活性化した状態のニッケルや，パラジウム，白金を金属触媒として共存させて，アルデヒドやケトンのカルボニル基を約100気圧の高圧水素ガスで還元すると，アルコールを合成できる．アルデヒドは第一級アルコールを与え，ケトンは第二級アルコールを与える．次の反応式で［H］という記号は不特定の還元剤が還元することを表す．

アルデヒド　　第一級アルコール

ケトン　　第二級アルコール

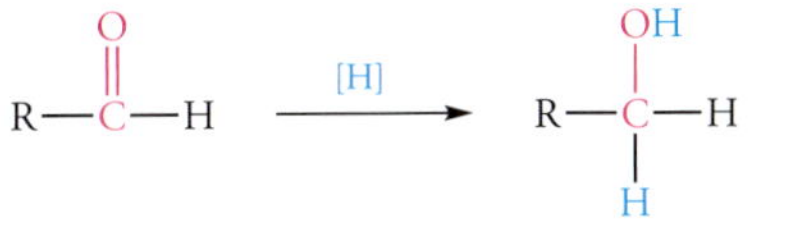

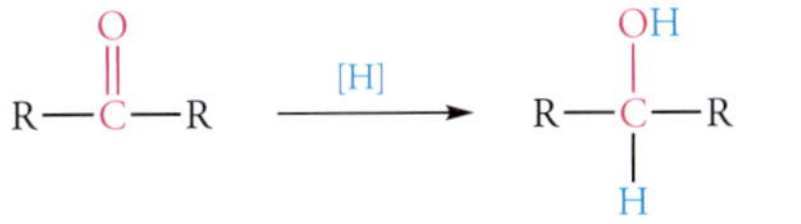

この還元反応は金属触媒表面についた水素原子がカルボニル基へと移動することで起こる．この反応の触媒はアルケンの水素化にも使用される．アルケンの水素化はカルボニルの水素化よりも反応がずっと速く，水素ガスが1気圧でも進行する．そのため，カルボニル基を還元する反応条件では，その分子に含まれる炭素-炭素二重結合はすべて還元されてしまう．

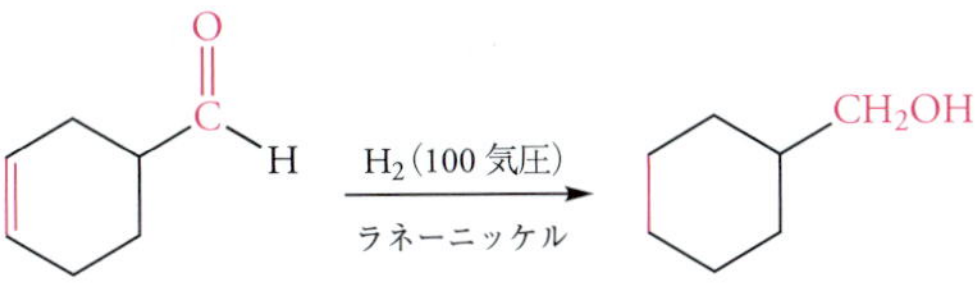

大きく分極したカルボニル基と親和性の高い還元剤を使うと，カルボニル基だけを選択的に還元してアルコールへと変換できる．カルボニル炭素は部分的な正電荷を帯びており，求核剤と反応する傾向にある．

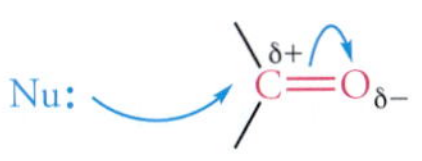

一方，アルケンの炭素-炭素二重結合は分極していないため，求核剤とは反応しない．この2種類の二重結合の反応性の違いは，水素化ホウ素ナトリウム（$NaBH_4$）や水素化アルミニウムリチウム（$LiAlH_4$）といった金属水素化物がアルケンを還元せず，カルボニル基だけを還元するという反応選択性の原因となる．

上記の二つの試薬はどちらも求核性の高いヒドリドイオン（$H^-$）源だ．水素化ホウ素ナトリウムは水素化アルミニウムリチウムよりも反応性は低いが，どちらもアルデヒドとケトンを容易に還元する．そのうえ，水素化ホウ素ナトリウムはエタノール溶媒中でも使える．

ベンズアルデヒド　　ベンジルアルコール

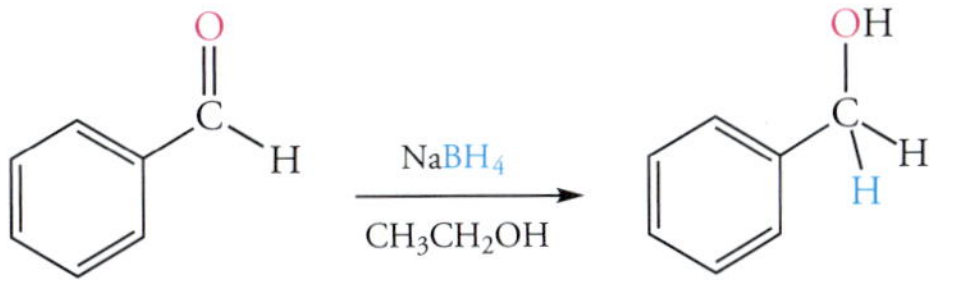

水素化ホウ素ナトリウムの還元において，テトラヒドロボラートイオン（$BH_4^-$）のヒドリドイオンはホウ素からカルボニル炭素へと移動し，カルボニル酸素はエタノールによってプロトン化される．

アルデヒド

第一級アルコール　　エトキシトリヒドロボラート

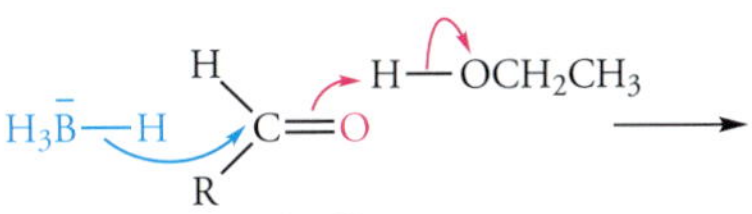

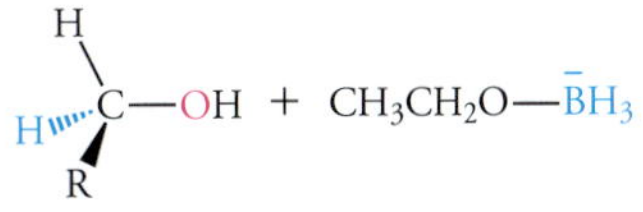

上の反応で副生するエトキシトリヒドロボラートには水素原子が3個残っていて，ひき続きヒドリド還元反応に使える．すべての水素がヒドリド還元に使用されると，ホウ素部分は最終的にテトラエトキシボラート$(CH_3CH_2O)_4B^-$になる．よって，1 molの$NaBH_4$は4 molのカルボニル化合物を還元できる．ヒドリド還元試薬の一部が未反応のまま残っていても，反応の後処理の過程で希釈した酸を加えることで試薬を不活性化できる．

カルボニル化合物の還元に水素化アルミニウムリチウムを使う場合は，ジエチルエーテルをはじめとするエーテルを溶媒として使う．水素化アルミニウムリチウムによるカルボニル基の還元反応は，$AlH_4^-$からヒドリドイオンがカルボニル炭素へと移動して進行する．カルボニル酸素はアルミニウム原子に結合してアルコキシアルミナート塩を生成する．

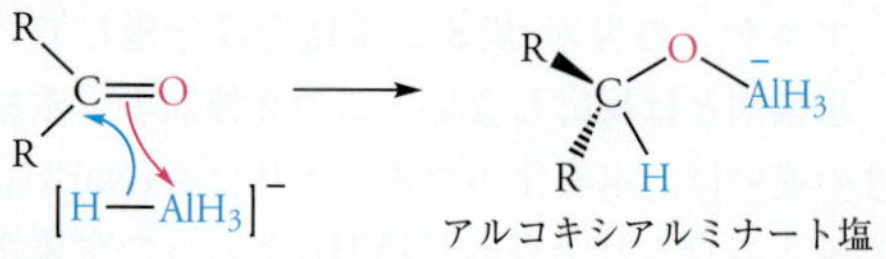

最初に生成するアルコキシアルミナートには水素原子が3個残り，ひき続きヒドリド還元反応を行える．すべての水素がケトンのヒドリド還元に使用されると，アルミニウム部分は最終的にテトラアルコキシアルミナート$(R_2CHO)_4Al^-$になる．よって，1 mol の $LiAlH_4$ は 4 mol のカルボニル化合物を還元できる．還元後に酸性水溶液を用いて処理することで，テトラアルコキシアルミナートは加水分解される．

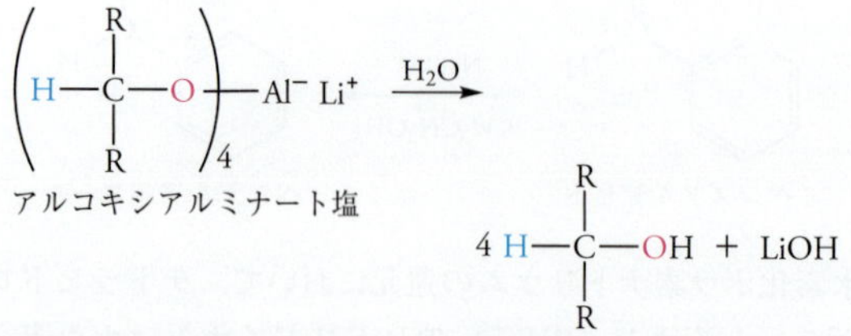

生体内の代謝において，補酵素 $NAD^+$ の還元型である NADH を使うことでカルボニル基の還元が起こる．酸化型の $NAD^+$ と還元型の NADH という補酵素の二つの状態の構造は，反応に関与しない部分を R として，次のように表せる．

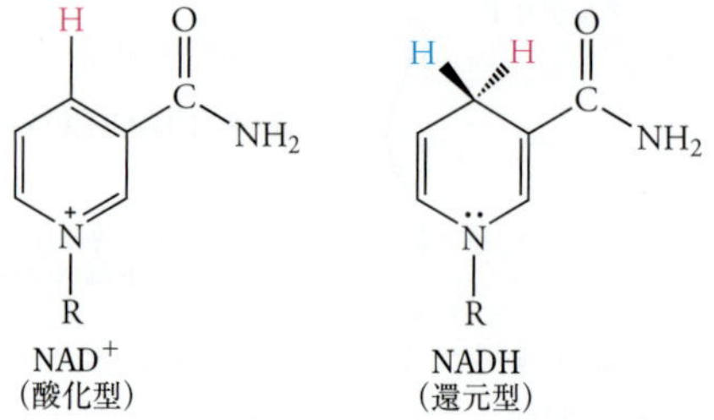

還元型の NADH は形式的にヒドリド源として振る舞い，デヒドロゲナーゼとよばれる酵素が NADH から水素原子と共有電子対をカルボニル炭素へと受け渡す．

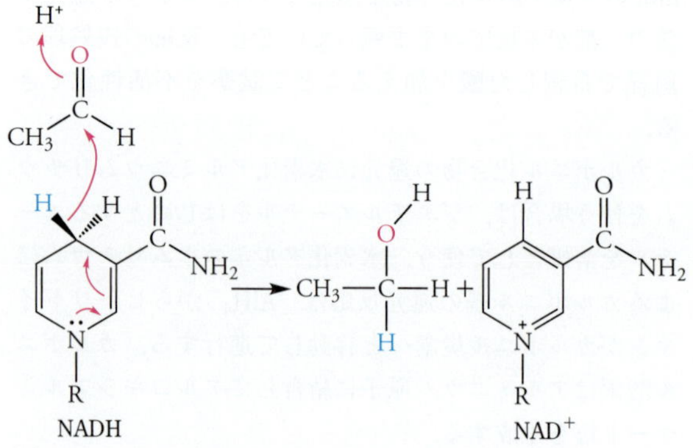

## アルケンの間接的水和

第4章では，アルケンに対する水分子の直接的な求電子付加反応でアルコールが生成することを学んだ．この節では，水分子が間接的に二重結合に付加する 2 通りの方法を学ぶ．その方法ではヒドロキシ基と水素原子の一方または両方が水以外の試薬由来であるため，間接的な水和となる．そのような方法の一つであるアルケンのオキシ水銀化-脱水銀では，アルケンと水のマルコフニコフ付加体に相当する生成物が得られる．もう一つの方法であるヒドロホウ素化-酸化では，アルケンと水の逆マルコフニコフ付加体に相当する生成物が得られる．

**オキシ水銀化-脱水銀**（oxymercuration-demercuration）では，アルケンに酢酸水銀(II) $(Hg(OAc)_2)$ を反応させた後に，水素化ホウ素ナトリウムで処理する．正味の反応結果としては，アルケンの炭素置換基がより多い方の二重結合炭素に $-OH$ 基が結合することになり，マルコフニコフ付加体が生成する．

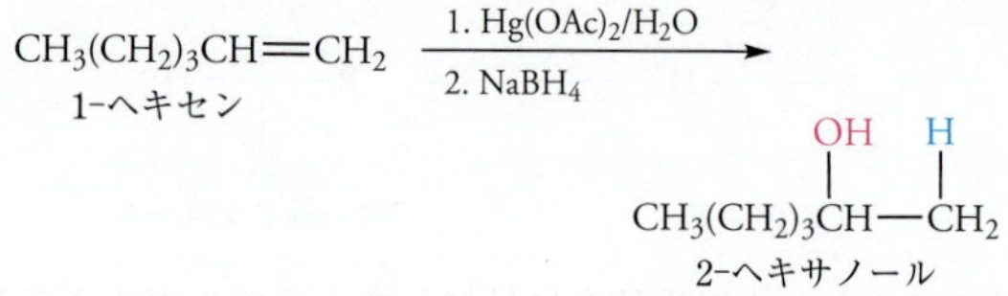

この反応の第一段階では，求電子的な $HgOAc^+$ イオンがアルケンの炭素-炭素二重結合に付加し，続いて求核性のある水分子が二重結合炭素を攻撃する．この段階の正味の結果としては，隣接する二つの炭素原子に $-HgOAc$ とヒドロキシ基がそれぞれ結合することになる．アルケンの炭素置換基が少ない方の二重結合炭素に求電子剤の $HgOAc^+$ が結合するため，第一段階目で付加反応の位置選択性がマルコフニコフ付加に決まる．

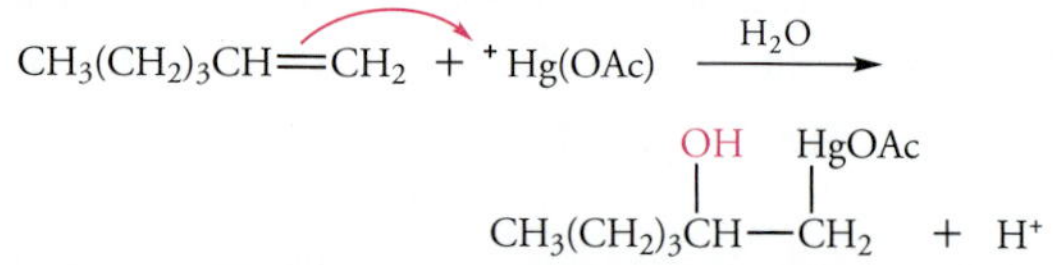

生成した有機水銀化合物を水素化ホウ素ナトリウムで還元すると，$-HgOAc$ 部分が水素原子に置き換わる．よって，アルケンのオキシ水銀化-脱水銀を行うと，アルケンの直接的な水和反応の生成物と同じ付加体が得られる．

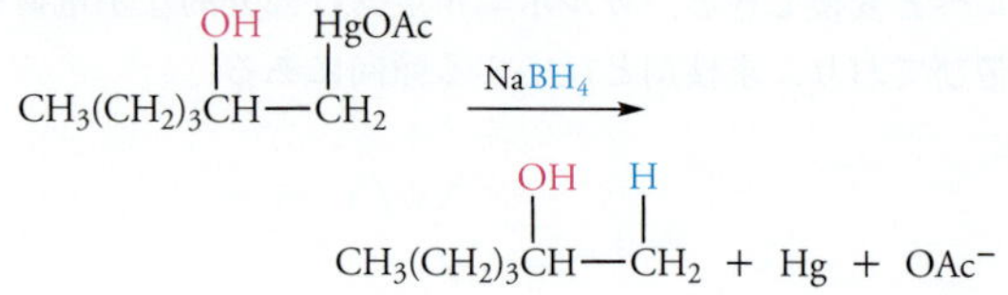

## 8・7 アルコールの合成

間接的水和のもう一つの方法であるアルケンの**ヒドロホウ素化-酸化**（hydroboration-oxidation）も，同様に2段階反応だ．この反応は，米国の化学者ブラウン（H. C. Brown）によって開発された．この反応では水を構成する元素である水素と酸素を二重結合に対して連続的に付加させて，**逆マルコフニコフ付加**に相当する生成物を得る．

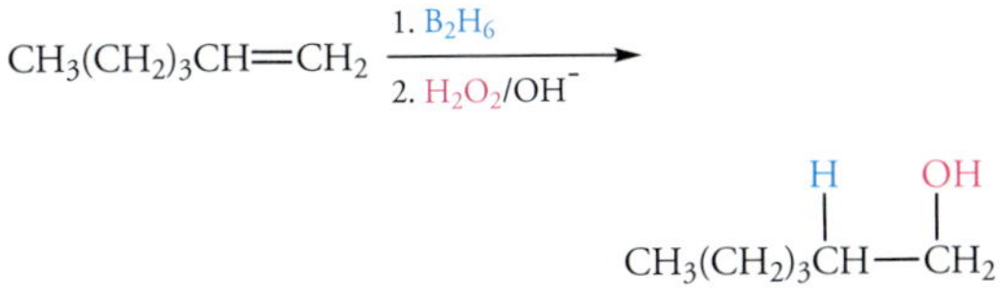

$$\text{CH}_3(\text{CH}_2)_3\text{CH}=\text{CH}_2 \xrightarrow[\text{2. H}_2\text{O}_2/\text{OH}^-]{\text{1. B}_2\text{H}_6}$$

CH₃(CH₂)₃CH(H)—CH₂(OH)
逆マルコフニコフ付加体

第一段階でアルケンにジボラン（$B_2H_6$）を作用させると，ジボランはモノマー（単量体）のボラン（$BH_3$）のように振る舞い，アルケンと反応する．このホウ素試薬は通常はジエチルエーテルやテトラヒドロフラン（第9章）のようなエーテル溶媒中で調製する．ホウ素試薬はボランとしてアルケン分子の炭素-炭素二重結合に付加する．この過程を**ヒドロホウ素化**とよぶ．ヒドロホウ素化はアルケン1分子と反応するだけでは止まらず，さらに2分子のアルケンの二重結合に付加してトリアルキルボラン（$R_3B$）を与える．

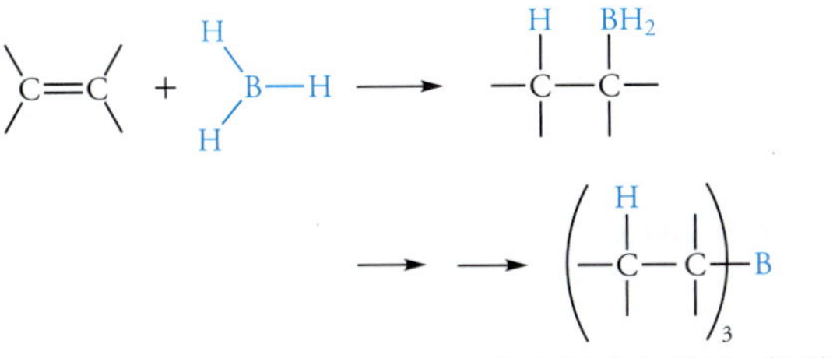

酸化の段階では，中間体のトリアルキルボランを塩基存在下で過酸化水素と処理し，有機ホウ素化合物をアルコール3分子へと変換する．

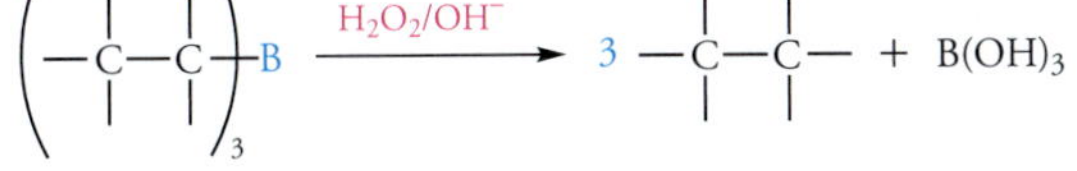

1-メチルシクロヘキセンに対してヒドロホウ素化-酸化を行うと，逆マルコフニコフ付加体が得られる．生成物ではもとのアルケンの置換基が多い方の二重結合炭素に新たに炭素-水素結合が形成され，置換基が少ない方の炭素にヒドロキシ基の酸素との結合が形成される．

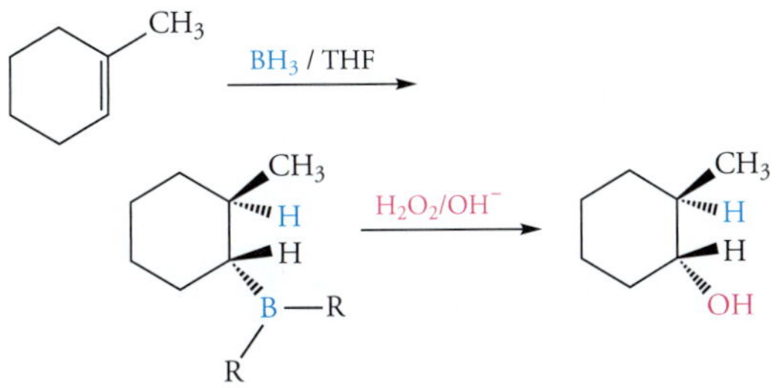

この反応は水素と酸素が二重結合の同じ側から導入される**シン付加**（syn addition）であることに注目しよう．ヒドロホウ素化は協奏的な付加反応なので，二重結合の同じ側から付加する．つまり，炭素-ホウ素結合と炭素-水素結合の生成は，ホウ素-水素結合の切断と同時に起こる．酸化の段階ではホウ素部分がヒドロキシ基になる反応が立体保持で進行する．この段階の反応機構は本書の範囲外なので省略する．

ボランがアルケンと反応するのは次の二つの性質による．第一に，ボランのホウ素原子は電子不足な化学種だ．ボランのホウ素は価電子が6個しかなく，空の2p軌道をもつため，求電子的に振る舞う．ホウ素原子はプロトンと同じように置換基が少ない方の二重結合炭素に結合する．第二に，ホウ素は水素よりも電気陽性だ．よって，ホウ素-水素結合の水素原子は局所的に負電荷を帯びることで，プロトンのようには振る舞わず，ヒドリドイオンのように振る舞う．まとめると，ボランはホウ素原子の求電子性と水素原子のヒドリド性という特徴的な二つの性質をもつことで，アルケンに対して逆マルコフニコフ付加することとなる．

**例題 8・9** 次のアルケンのオキシ水銀化-脱水銀反応の生成物は何か？ ヒドロホウ素化-酸化反応の生成物は何か？

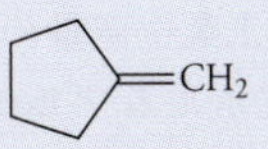

[解答] このアルケンは二置換アルケンで，二つのアルキル基は同じ炭素に結合している．置換基が少ない方の二重結合炭素は$CH_2$基の炭素で，置換基が多い方の二重結合炭素は五員環内の炭素だ．オキシ水銀化-脱水銀反応を行うと，水素原子は$CH_2$基の炭素に結合し，ヒドロキシ基は環内の炭素に結合する．つまり，生成物はこのアルケンと水のマルコフニコフ付加体と同じになる．

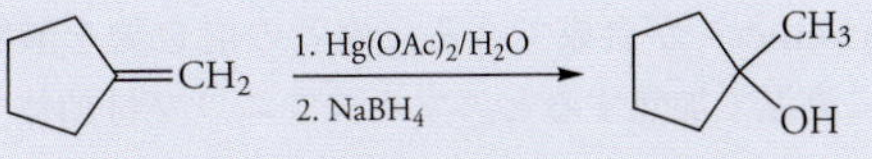

ヒドロホウ素化-酸化反応を行うと，上の場合とは逆にヒドロキシ基は $CH_2$ 基の炭素に結合し，水素原子は環内の炭素に結合する．つまり，生成物はこのアルケンと水の逆マルコフニコフ付加体と同じになる．

$$\text{cyclopentylidene-}CH_2 \xrightarrow[\text{2. } H_2O_2/OH^-]{\text{1. } B_2H_6} \text{cyclopentyl-}CH_2OH/H$$

**例題 8・10** 3,3-ジメチル-1-ブテンのオキシ水銀化-脱水銀反応の生成物と，ヒドロホウ素化-酸化反応の生成物をそれぞれ書け．

### アルコールの工業的合成

合成ガスとして知られている一酸化炭素と水素の1：2混合物の反応を使って，米国では毎年約200万トンのメタノールが生産されている．

$$CO + 2H_2 \xrightarrow[\substack{250\,℃ \\ 100\,\text{気圧}}]{\text{Cu-Zn-Cr 触媒}} CH_3OH$$

メタンと水を高温で反応させることで一酸化炭素と水素の混合気体である水性ガスが生産できるので，水素の割合を調節して反応させることにより，上の反応式のように合成ガスが生産される．

$$CH_4 + H_2O \xrightarrow[700\,℃]{\text{Ni 触媒}} CO + 3H_2$$

メタノールは溶媒として使用されるだけでなく，自動車のウインドウォッシャー液の不凍液としても使用されている．メタノールはきれいに燃焼するうえに，オクタン価が116と高いため，レーシングカーの燃料としても使用される．しかし，工業的に生産されるメタノールのほとんどは種々の化成品の原料として使用される．たとえば，メタノールの工業生産量の約50％は触媒を使った空気酸化によってホルムアルデヒドへと変換され，フェノール樹脂やプラスチックの合成に使用される．

$$2\,CH_3OH + O_2 \xrightarrow[700\,℃]{ZnO/Cr_2O_3} 2\,H_2C=O + 2\,H_2O$$

メタノールに2-メチルプロペンを反応させると，ガソリンの添加剤として使用されていたMTBE (tert-butyl methyl ether) が合成できる．両者の混合物を酸触媒とともに高温で加熱すると，マルコフニコフ付加体であるMTBEができる．MTBEをガソリンに添加すると，オクタン価が約5も上昇する．

エタノールは穀物を発酵させて得られる混合物から蒸留することで生産されてきた．しかし，現在ではエタノールの全生産量のうち，この工業的方法で生産されているのはわずか5％にすぎない．今日では，エタノールの大部分は酸触媒によるエチレンの水和反応によって生産されている．エチレンは多くの工業製品を製造する際の反応中間体でもある．

$$H_2O\text{-}H + CH_2=CH_2 \xrightarrow[300\,℃]{H_3PO_4} H_3C\text{-}CH(OH)\text{-}H$$

イソプロピルアルコールも酸触媒によるプロペンの水和反応で生産されている．イソプロピルアルコールは溶媒として使用されるだけでなく，アセトンをはじめとする他の重要な工業製品の中間体としても使用されている．

$$H_2O\text{-}H + CH_2=CH\text{-}CH_3 \xrightarrow[300\,℃]{H_3PO_4} (CH_3)_2CH\text{-}OH$$

$$(CH_3)_2CH\text{-}OH \xrightarrow[400\,℃]{ZnO} CH_3\text{-}CO\text{-}CH_3$$

酸化銀を触媒とするエチレンの直接的空気酸化によって，毎年100万トンものエチレンオキシドが生産されている．さらに酸触媒を用いた加水分解反応を行うことで，エチレングリコールが生産される．

$$CH_2=CH_2 \xrightarrow{O_2/AgO} \underset{\text{エチレンオキシド}}{\triangle} \xrightarrow{H_3O^+} \underset{\text{エチレングリコール}}{HOCH_2\text{-}CH_2OH}$$

## 8・8 フェノール

アルコールの C–O 結合を切断して置換する反応は比較的容易に行えるが，フェノールの C–O 結合を切断することはとても難しい．そのため，フェノールとアルコールでは反応性が大きく異なる．アルコールの C–O 結合を形成する炭素は $sp^3$ 混成だが，フェノールの炭素は $sp^2$ 混成であるために C–O 結合はアルコールの場合よりも短く，そして強い．その結果，フェノールでは $S_N2$ 反応も $S_N1$ 反応も起こらない．

## フェノールの酸性度

フェノールの酸性度はアルコールと比べると高い。実際, アルコールのp$K_a$値は16〜17くらいだが, フェノールの酸性度は1000万倍ほど強くてp$K_a$は10だ。ただし, それでも酸としてはとても弱い。

$$R—O—H + H_2O \rightleftharpoons R—O^- + H_3O^+ \quad pK_a=17$$

$$Ar—O—H + H_2O \rightleftharpoons Ar—O^- + H_3O^+ \quad pK_a=10$$

フェノキシドイオンはアルコキシドイオンよりも安定であるため, フェノールはシクロヘキサノールや非環式アルコールよりも酸性度が高い。シクロヘキサノールから誘導されるアルコキシドイオンでは, 負電荷がカルボニル酸素に局在化する。しかし, フェノキシドイオンの負電荷は酸素に存在するだけでなく, ベンゼン環に非局在化して共鳴安定化されている。

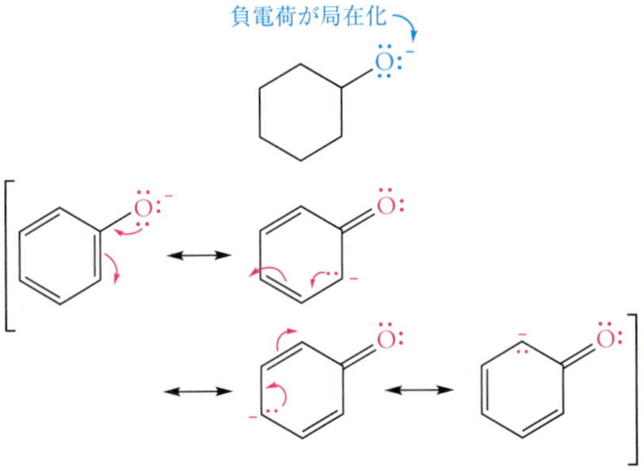

負電荷が局在化

非局在化による共鳴の極限構造

フェノールのベンゼン環に電子求引基がつくと, 酸性度はさらに高くなる。負電荷が電子求引基にも非局在化することになるため, フェノキシドイオンはさらに安定化される。逆に, ベンゼン環に電子供与基がつくと, フェノールの酸性度は低くなる。

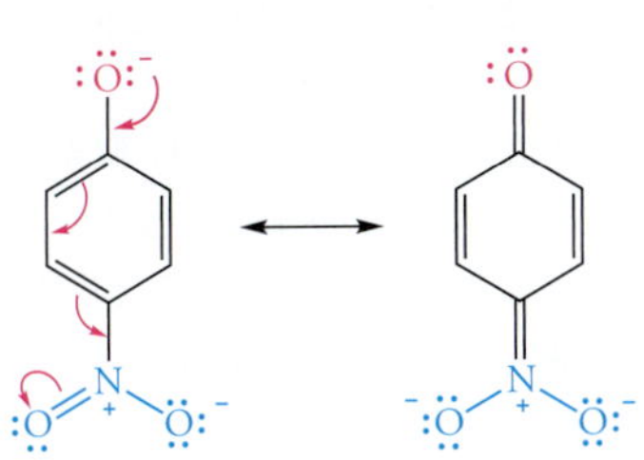

フェノールはアルコールよりも酸性度がずっと高いので, 塩基性水溶液に溶解する。しかし, フェノールの酸性度は, 炭酸水素ナトリウム水溶液と反応するほど強くない。フェノールとは対照的に, カルボン酸(p$K_a$=5)は炭酸水素ナトリウム水溶液と反応して, 炭酸ガスとカルボキシラートアニオンが生成する。

## フェノールの酸化

フェノールが酸化されると, キノンとよばれる共役1,4-ジケトンが生成する。ヒドロキシ基がベンゼンの1,4位に二つあるフェノール誘導体はヒドロキノンとよばれ, 容易に酸化される。臭化銀は光が当たると活性化され, ヒドロキノンがあると銀へと還元される。ヒドロキノンは酸化されて$p$-ベンゾキノンになる。

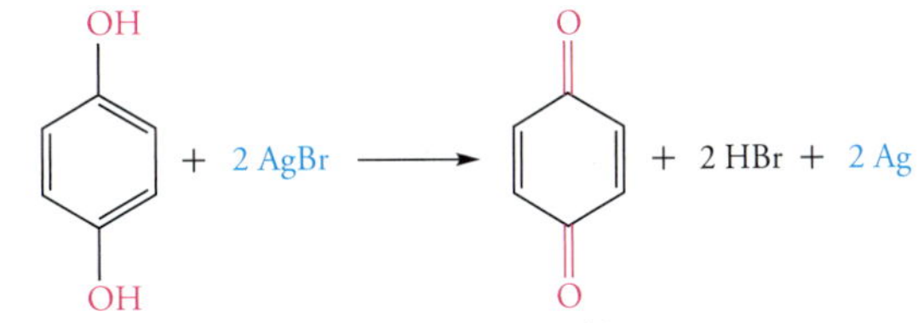

ヒドロキノン + 2 AgBr ⟶ $p$-ベンゾキノン(キノン) + 2 HBr + 2 Ag

昔のフィルム写真では, ヒドロキノンは現像液として使用されていた。写真フィルムの感光乳剤が露光すると臭化銀が活性化され, ヒドロキノンによって還元される。ヒドロキノンは, 露光していない臭化銀の塩の粒子よりも, 露光した臭化銀と速く反応する。その結果, フィルムの露光した箇所で銀が析出してネガ像ができる。ネガフィルムで何も映っていない部分は写真に被写体が写っている部分で, ネガフィルムで真っ黒の部分は写真に光が当たっている部分だ。

キノンは自然界ではありふれていて, 酸化剤として機能する。自然界ではヒドロキノン型で存在することもあり, その場合は還元剤として機能する。ユビキノンとよばれる補酵素Qの酸化型はNADHを酸化して, NAD$^+$を再生する。NAD$^+$は生体反応で一般的な酸化剤だ。次の構造式においてRで表される側鎖の置換基は, イソ

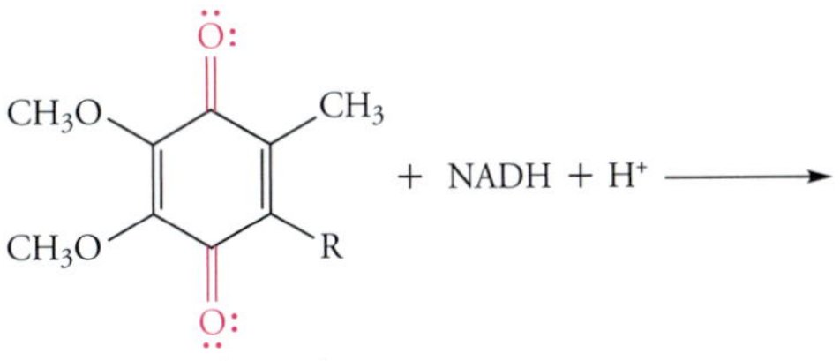

補酵素Q(酸化型) + NADH + H$^+$ ⟶

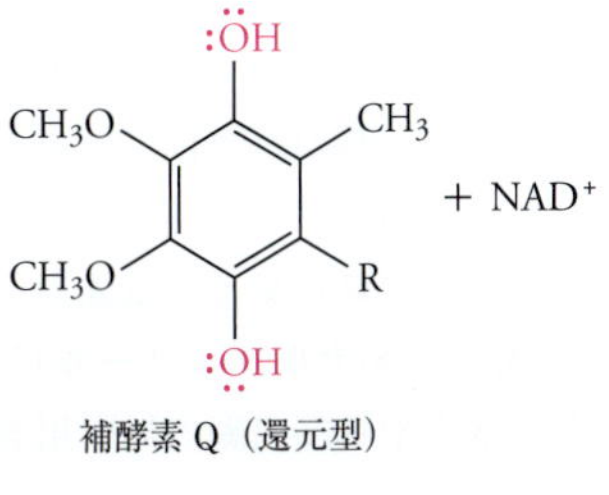

補酵素Q(還元型) + NAD$^+$

プレン単位で構成される不飽和な置換基だ．イソプレン単位からなる側鎖は生物活性に必要だが，酸化還元に関与するわけではない．

## 殺菌剤としてのフェノール

殺菌剤は消毒薬や防腐剤として分類される化合物をいう．消毒薬は医療用器具の細菌数を減らすために使用される．防腐剤も細菌の成長を抑制するが，生体組織に使われる．英国の外科医ジョゼフ・リスターは，19世紀後半に病院でフェノールそのものを手術時の消毒薬として使用した．しかし，ひどい火傷を起こすので，今日ではフェノールは消毒薬として使用されていない．かつては医療器具を消毒するためにフェノールの2％水溶液が使われていたが，フェノールよりも置換フェノールや他の化合物の方が消毒に効果的であると判明したため，この用途にも使用されなくなった．

殺菌剤の効果は**石炭酸係数**（phenol constant: **PC**）で示される．フェノールのPC値は1だ．ある殺菌剤の1％水溶液とフェノールの10％水溶液が同じ殺菌効果であれば，その殺菌剤のPC値は10ということになる．アルキル基で置換したフェノールは殺菌効果が上がる．メチル基が置換したフェノールはクレゾールとよばれ，メチル基の置換位置によってオルト体，メタ体，パラ体の異性体がある．

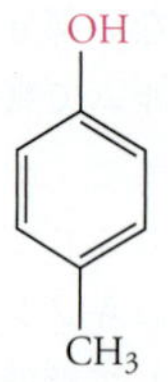

*p*-メチルフェノール
(*p*-クレゾール)

そのほかにもチモールというフェノール誘導体が虫歯の治療時の消毒に使われることがある．

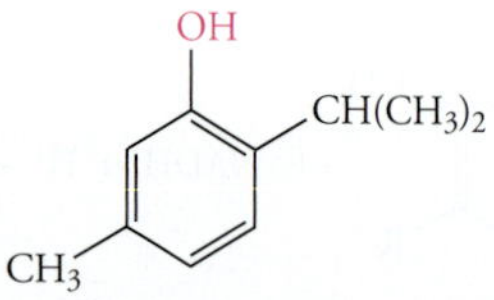

2-イソプロピル-5-メチルフェノール
(チモール)

フェノールがハロゲン化されるとPC値は増加し，特にヒドロキシ基のパラ位にハロゲンがあると増加の程度が大きい．ハロゲン化されたフェノール類の構造式を以下に示す．クロロフェンは強力な殺菌剤だ．また，4-クロロ-3,5-ジメチルフェノールはクレゾールよりも効果的で，水虫や股部白癬の局所用製剤に使われる．ヘキサクロロフェン（PC=120）は歯磨き粉，脱臭剤，石けんなどに使用されていた．しかし，幼児には有毒なので市販品には使われなくなり，手術前の手洗いに使用されるだけとなった．

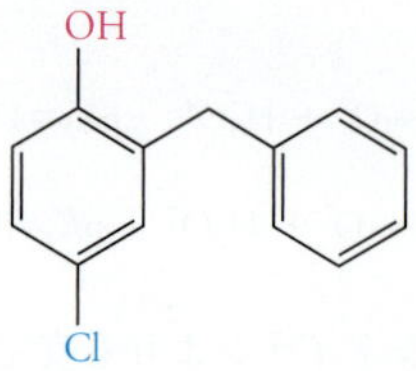

クロロフェン 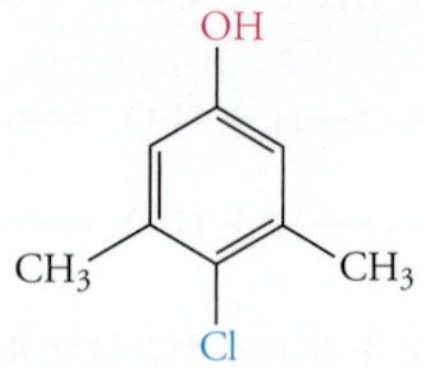　　4-クロロ-3,5-ジメチルフェノール

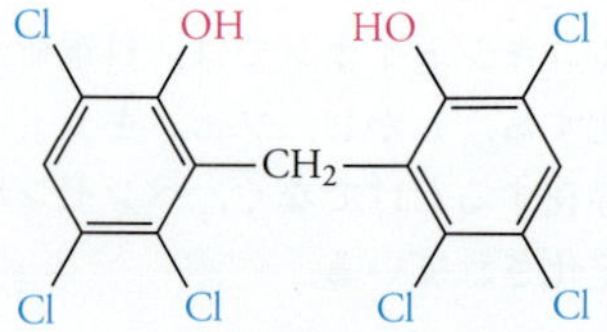

ヘキサクロロフェン

ヒドロキシ基を二つもつフェノールも殺菌剤だ．ヒドロキシ基がメタ位にある場合，特にレゾルシノールとよばれる．レゾルシノールとヘキシルレゾルシノールは強力な殺菌剤だ．レゾルシノールのPC値はわずか0.4だが，乾癬や脂漏症の治療に有効だ．フェノールの場合と同様に，レゾルシノールにアルキル基がつくとPC値が向上する．ヘキシルレゾルシノールはPC値が98にもなり，のど飴に使われる．

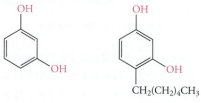

レゾルシノール　　ヘキシルレゾルシノール

生体機能は化学物質の構造の違いに対して敏感なことも多い．たとえば，次に示す1位と2位にヒドロキシ基をもつフェノール（ピロカテコール）は止血剤にも使われる．一方，3位に炭素原子15〜17個からなる不飽和炭化水素鎖Rをもつ一連の化合物はウルシに含まれていてウルシオールとよばれ，触れると皮膚がかぶれる．このように，構造の多少の違いに応じて生体反応が違うことはよくある．

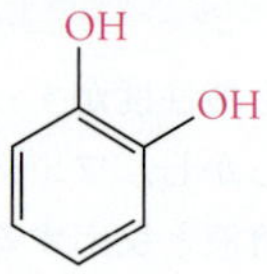

ピロカテコール 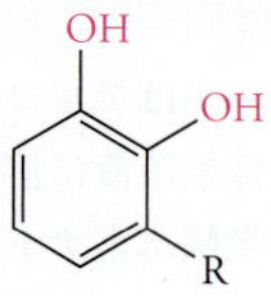　　ウルシオール

## 8・9 チオール

元素の周期表で硫黄は酸素と同じ族に位置し，アルコールと化学的に似た性質の化合物をつくる．-SH 基（スルファニル基）をもつ化合物は**チオール**(thiol)とよばれる．かつて -SH 基はメルカプト基とよばれ，チオールはメルカプタンとよばれたが，現在の IUPAC 名では使われない．チオールの命名法はアルコールの命名法と似ているが，アルカンの接尾語の -ane をすべて残し，その後に -thiol とつけるところが違う．それ以外はアルコールの -ol を -thiol に置き換えるだけでよい．

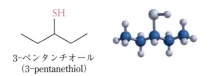

3-ペンタンチオール
(3-pentanethiol)

### チオールの性質

アルコールとチオールは多くの点で性質が似ているが，決定的な違いもある．たとえば，チオールは分子間水素結合をつくらないので，対応するアルコールよりも沸点が低い．第 2 章で学んだように酸素は水素結合をつくるので，アルコールの沸点は高い．

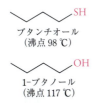

ブタンチオール
（沸点 98 ℃）

1-ブタノール
（沸点 117 ℃）

アルコールはやや甘い香りがするが，チオールは特徴的な強い悪臭がする．シマスカンクの臭いは 3-メチル-1-ブタンチオールのせいだ．人間の嗅覚は空気中の数 ppb レベルのチオールを感じることができる．チオールの悪臭には良い面もあり，天然ガスに微量のチオールを混ぜておけば，ガス漏れしてもすぐに検知できる．スカンクは捕食者から身を守るためにもっと大量のチオールを放出する．

チオールは弱い酸だが，アルコールよりも酸性度はずっと高い．

$$CH_3CH_2SH + H_2O \rightleftharpoons CH_3CH_2S^- + H_3O^+$$
$$pK_a = 11$$

$$CH_3CH_2OH + H_2O \rightleftharpoons CH_3CH_2O^- + H_3O^+$$
$$pK_a = 16$$

スルファニル基は水酸化物イオンと反応する程度の酸性があるので，チオールを水酸化ナトリウムと反応させるとチオラートイオンが生成する．チオラートイオンはよい求核剤となる．

$$R-\ddot{S}-H + NaOH \longrightarrow R-\ddot{S}:^- + Na^+ + H_2O$$
チオラート

### チオールの反応

チオールは，ハロゲン化アルキルに対する硫化水素イオン($HS^-$)の求核置換反応によって合成できる．同様に，エーテルの硫黄類縁体であるスルフィドは，ハロゲン化アルキルに対するチオラート($RS^-$)の求核置換反応によって合成できる．

$$R-Br + HS^- \longrightarrow R-S-H + Br^-$$
$$R-Br + R'-S^- \longrightarrow R-S-R' + Br^-$$
スルフィド

チオールは容易に酸化されるが，酸化されるとアルデヒドやケトンの硫黄類縁体ではなく，代わりにジスルフィドを与える．次の反応式で[O]という記号が書いてあるが，これは不特定の酸化剤がチオールを酸化することを表す．反応後は，酸化によって水素原子が取除かれたジスルフィドが生成物として得られる．

$$2\ R-S-H \xrightarrow{[O]} R-S-S-R$$
ジスルフィド

多くのタンパク質はシステインというアミノ酸を含むので，チオールの酸化によりジスルフィドが生成する反応は生化学で非常に重要な反応の一つだ．

$$2\ \underset{\text{システイン}}{\overset{CO_2^-}{\underset{CH_2-S-H}{H_3\overset{+}{N}-C-H}}}$$

$$\xrightarrow{[O]} \underset{\text{シスチン}}{\overset{CO_2^- \qquad CO_2^-}{\underset{CH_2-S-S-CH_2}{H_3\overset{+}{N}-C-H \quad H_3\overset{+}{N}-C-H}}}$$

酵素に含まれるスルファニル基が正しい生物学的挙動を示すためには，還元状態のままでいなければならないこともある．もし重要なシステインのスルファニル基が酸化されると，酵素は不活性になってしまう．酵素に含まれるスルファニル基(E-SH)が鉛や水銀の塩と反応すると酵素が不活性化されるので，生物にとって鉛や水銀の塩は非常に有毒だ．

$$2\ E-S-H + Hg^{2+} \longrightarrow E-S-Hg-S-E + 2\ H^+$$

## 反応のまとめ

**1.** アルコールからハロゲン化アルキルの合成（§8・4）

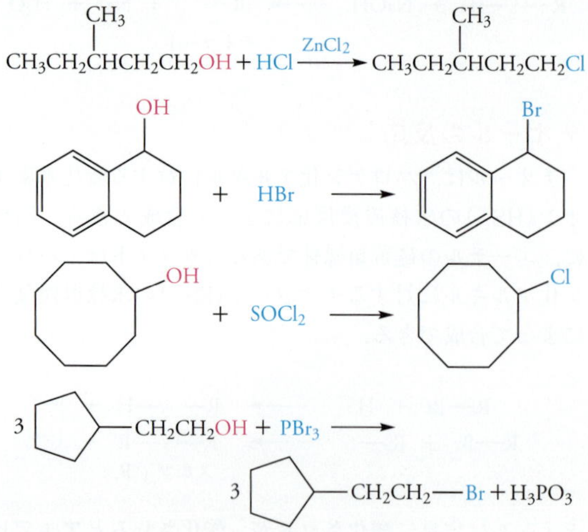

CH₃CH₂CHCH₂OH（CH₃）+ HCl →(ZnCl₂) CH₃CH₂CHCH₂Cl（CH₃）

テトラリン-OH + HBr → テトラリン-Br

シクロオクタノール + SOCl₂ → シクロオクチル-Cl

3 シクロペンチル-CH₂CH₂OH + PBr₃ → 3 シクロペンチル-CH₂CH₂-Br + H₃PO₃

**2.** アルコールの脱水（§8・5）

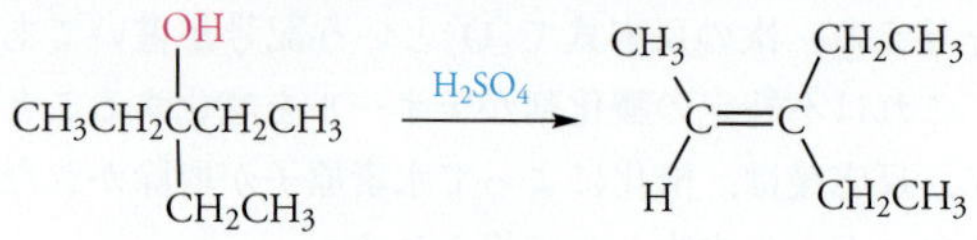

CH₃CH₂C(OH)(CH₃)CH₂CH₃ →(H₂SO₄) (CH₃)(H)C=C(CH₂CH₃)(CH₂CH₃)

**3.** アルコールの酸化

シクロペンチル-CH₂OH →(ジョーンズ試薬) シクロペンチル-CO₂H

シクロオクタノール →(PCC) シクロオクタノン

シクロペンチル-CH₂OH →(PCC) シクロペンチル-CHO

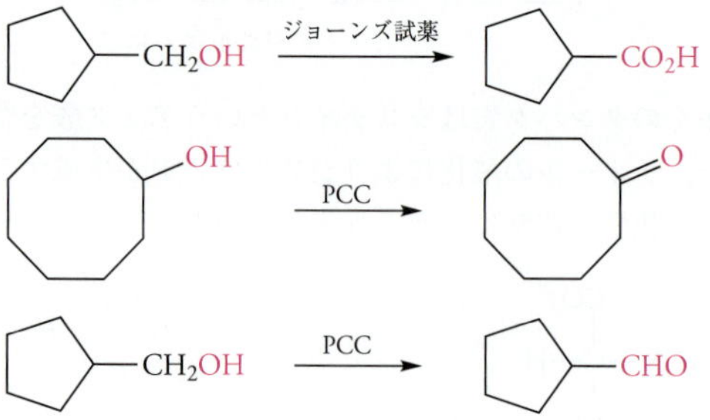

**4.** カルボニル化合物の還元によるアルコールの合成（§8・7）

シクロヘキセニル-C(=O)CH₃ →(H₂/Ni, 100気圧) シクロヘキシル-CH(OH)CH₃

フェニル-C(=O)CH₃ →(LiAlH₄) フェニル-CH(OH)CH₃

CH₃CH₂CH(CH₃)CHO →(NaBH₄ / CH₃CH₂OH) CH₃CH₂CH(CH₃)CH₂OH

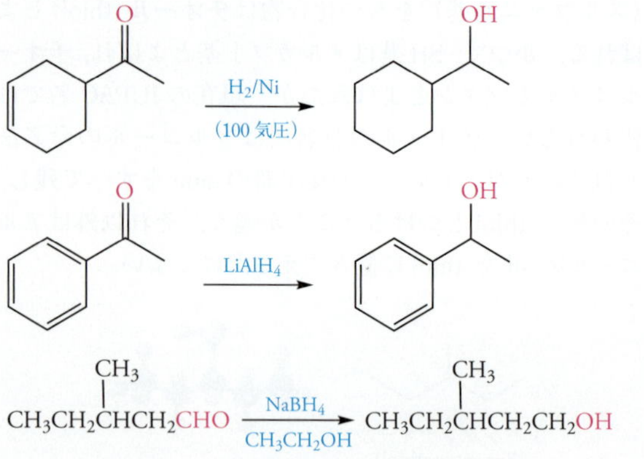

**5.** アルケンからアルコールの合成（§8・7）

シクロヘキセニル-CH=CH₂ →(1. Hg(OAc)₂/H₂O; 2. NaBH₄) シクロヘキシル-CH(OH)CH₃ 類

シクロヘキシル-CH=CH₂ →(1. B₂H₆; 2. H₂O₂/OH⁻) シクロヘキシル-CH₂CH₂OH

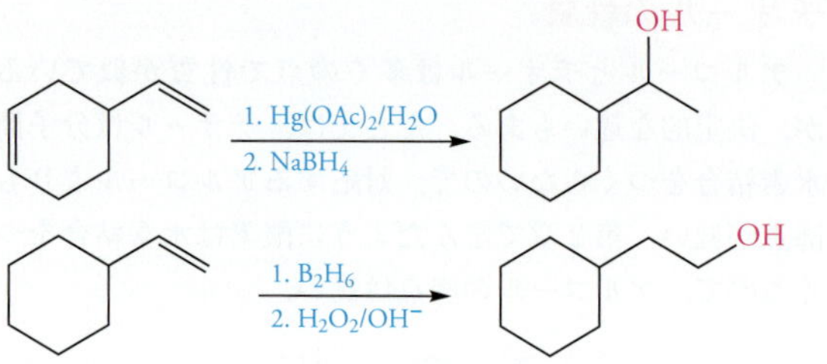

**6.** チオールからスルフィドの合成（§8・9）

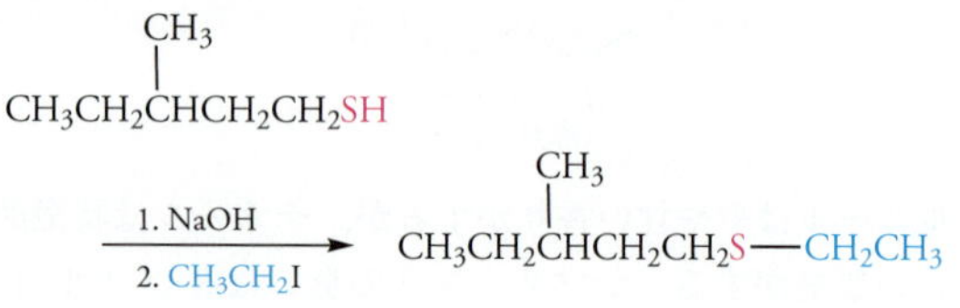

CH₃CHCH₂CH₂SH（CH₃） →(1. NaOH; 2. CH₃CH₂I) CH₃CHCH₂CH₂S-CH₂CH₃（CH₃）

## 練 習 問 題

**アルコールの命名法**

**8・1** 次の化合物の構造式を書け.
(a) 2-メチル-2-ペンタノール
(b) 2-メチル-1-ブタノール
(c) 2,3-ジメチル-1-ブタノール

**8・2** 次の化合物の構造式を書け.
(a) 2-メチル-3-ペンタノール
(b) 3-エチル-3-ペンタノール
(c) 4-メチル-2-ペンタノール

**8・3** 次の化合物の構造式を書け.
(a) 1-メチルシクロヘキサノール
(b) *trans*-2-メチルシクロヘキサノール
(c) *cis*-3-エチルシクロペンタノール

**8・4** 次の化合物の構造式を書け.
(a) 1,2-ヘキサンジオール
(b) 1,3-プロパンジオール
(c) 1,2,4-ブタントリオール

**8・5** 次の化合物の IUPAC 名を書け.

(a) [構造式: OH のある化合物] (b) [構造式: OH のある化合物]

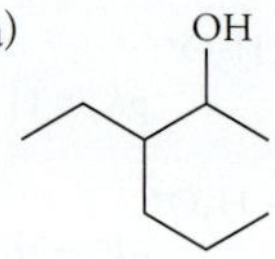

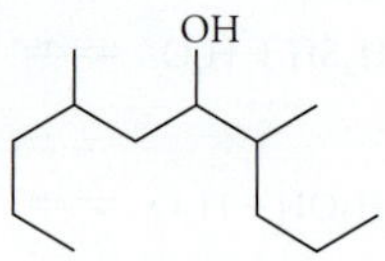

(c) [構造式: OH のある化合物]

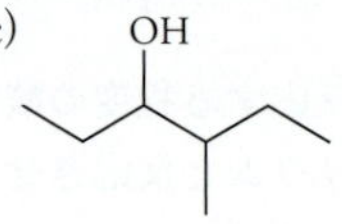

**8・6** 次の化合物の IUPAC 名を書け.

(a), 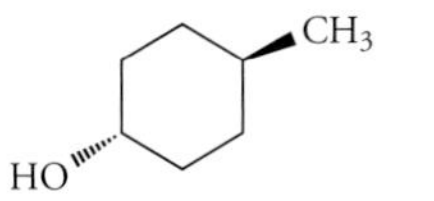 (b), 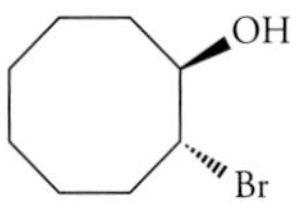 (c)

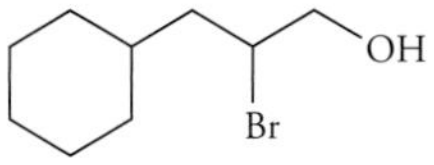

**8・7** チチュウカイミバエの性誘引物質である次の化合物の IUPAC 名を書け.

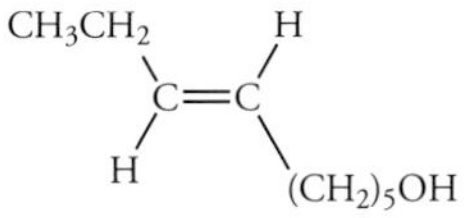

**8・8** 防蚊剤として使用される次の化合物の IUPAC 名を書け.

CH₃—CH₂—CH₂—CH—CH₂—CH₃
　　　　　　　　|　　|
　　　　　　　　OH　CH₂OH

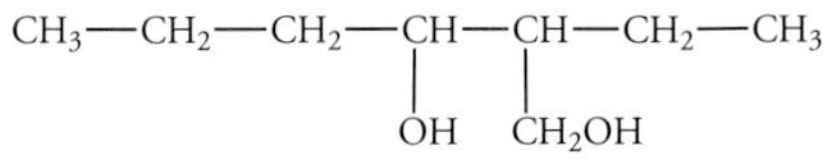

## アルコールの分類

**8・9** 次のアルコールはそれぞれ第何級アルコールか示せ.

(a) 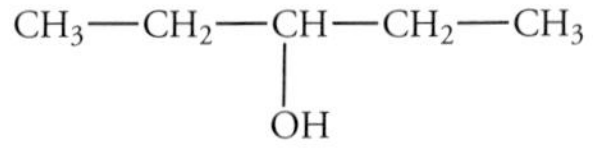 CH₃—CH₂—CH—CH₂—CH₃
　　　　　　　|
　　　　　　　OH

(b), 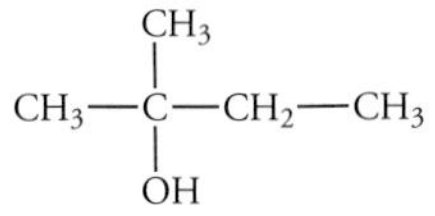 (c)

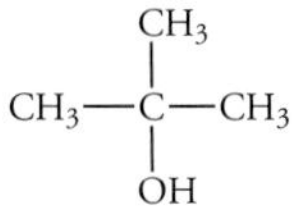

**8・10** 次のアルコールはそれぞれ第何級アルコールか示せ.

(a), 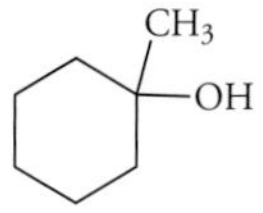 (b), 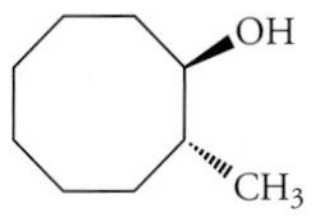 (c)

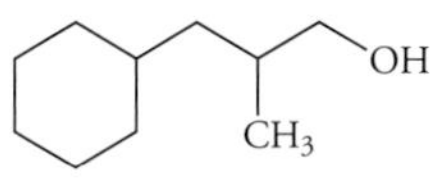

**8・11** 次のビタミンのアルコール部分はそれぞれ第何級アルコールか示せ.

(a) 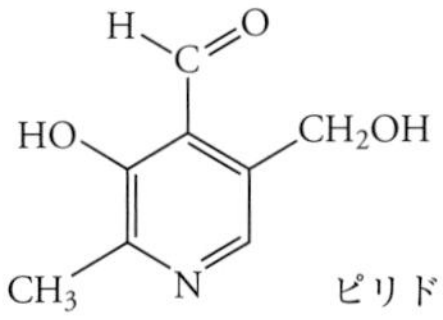 ピリドキサール（ビタミン $B_6$）

(b) 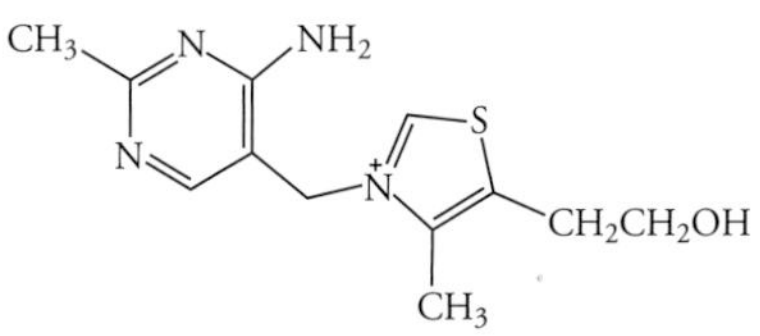 チアミン（ビタミン $B_1$）

**8・12** 次の薬品のアルコール部分はそれぞれ第何級アルコールか示せ.

(a) 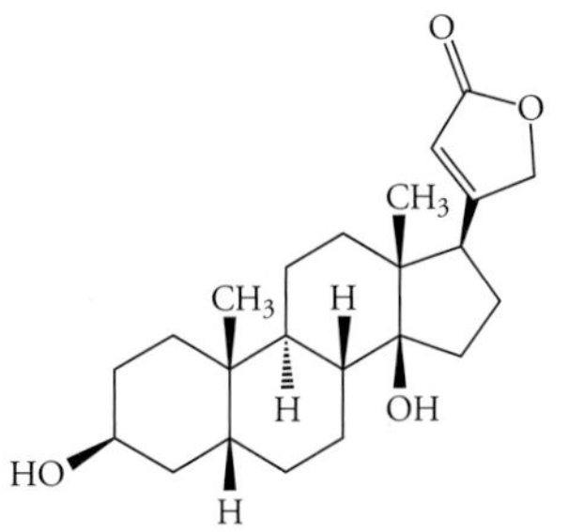 ジギトキシゲニン（強心配糖体）

(b) 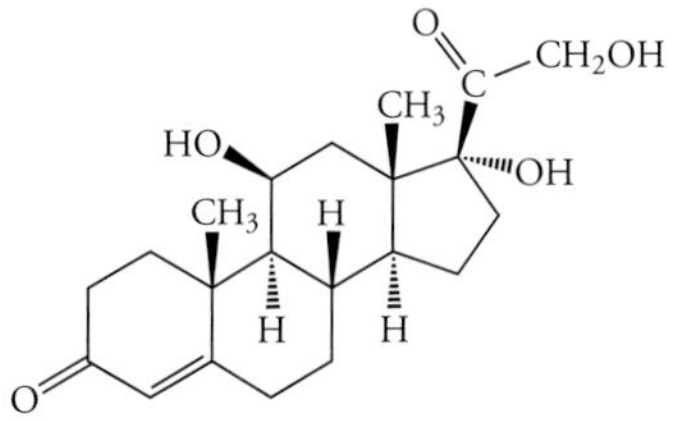 ヒドロコルチゾン（抗炎症薬）

## アルコールの物理的性質

**8・13** 1,2-ヘキサンジオールは水によく溶けるが，分子量が同程度の 1-ヘプタノールはほとんど溶けない理由を説明せよ.

**8・14** エチレングリコールの沸点は 198 ℃だが，分子量が同程度の 1-プロパノールの沸点は 97 ℃と，沸点が大きく異なる理由を説明せよ.

**8・15** 1-ブタノールの方が 1-プロパノールよりも水溶性が低い理由を説明せよ.

**8・16** 2-メチル-1-プロパノールの方が 1-ブタノールよりも水溶性が高い理由を説明せよ.

## アルコールの酸および塩基としての性質

**8・17** 静菌剤として使用される 1,1,1-トリクロロ-2-メチル-2-プロパノールと 2-メチル-1-プロパノールのどちらの $pK_a$ が大きいか？

**8・18** 表 8・2 をもとに，2-ブロモエタノールの $pK_a$ を推定せよ.

**8・19** 表 8・2 をもとに，シクロヘキサノールの $K_a$ を推定せよ.

**8・20** メトキシドイオンと tert-ブトキシドイオンのどちらの塩基性が強いか？ 理由とともに示せ.

## アルコールからハロゲン化アルキルへの変換

**8・21** 次の化合物を HBr と反応しやすい順に並べよ.

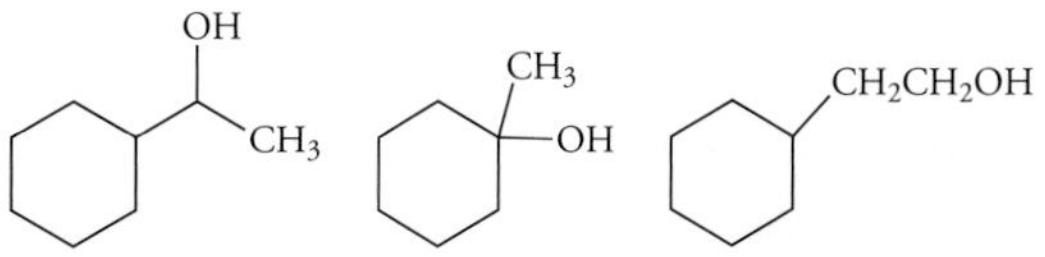

**8·22** 次の化合物を ZnCl₂ の存在下で HCl と反応しやすい順に並べよ．

CH₃—CH₂—C(CH₃)(OH)—CH₃    CH₃—CH₂—CH(CH₃)—CH₂—OH

CH₃—CH(OH)—C(H)(CH₃)—CH₃

**8·23** 次の化合物と PBr₃ の反応の生成物の構造式を書け．
(a) CH₃—C(CH₃)₂—CH₂—CH₂—OH
(b) CH₃—C(CH₃)(OH)—CH(CH₂CH₃)—CH₃
(c) CH₃—C(CH₃)(H)—CH₂—CH(OH)—CH₃

**8·24** 次の化合物と SOCl₂ の反応の生成物の構造式を書け．
(a) 1-フェニルエタノール (PhCH(OH)CH₃)
(b) シクロペンタノール
(c) 2-フェニルエタノール (PhCH₂CH₂OH)

**8·25** 3-ブテン-2-オールと HBr の反応で 3-ブロモ-1-ブテンと 1-ブロモ-2-ブテンの混合物が生成する．その理由を説明せよ．（ヒント：アリルアルコールの反応は S_N1 反応機構で進行する）

**8·26** 次の不飽和アルコール（Ⅰ）と HBr の反応速度は，飽和アルコール（Ⅱ）と HBr の反応速度よりも速い理由を説明せよ．

（Ⅰ）1-メチル-2-シクロヘキセン-1-オール　（Ⅱ）1-メチルシクロヘキサン-1-オール

### アルコールの脱水

**8·27** 次の化合物の硫酸による脱水反応生成物の構造式を書け．複数の化合物が生成する場合は，主生成物となる異性体がどれか示せ．
(a) CH₃—C(OH)(CH₃)—CH₂—CH₃
(b) CH₃CH₂—C(H)(CH₃)—CH₂CH₂OH
(c) CH₃CH₂—CH(OH)—CH₂CH₃

**8·28** 次の化合物の硫酸による脱水反応生成物の構造式を書け．複数の化合物が生成する場合は，主生成物となる異性体がどれか示せ．
(a) trans-2-メチルシクロヘキサノール
(b) 1-メチルシクロペンタノール

**8·29** 1-フェニル-2-プロパノールの酸触媒による脱水反応生成物の構造式を書け．この反応が 2-プロパノールの脱水反応よりも反応速度が速い理由を説明せよ．

**8·30** trans-2-メチルシクロペンタノールの E2 反応機構による脱水反応で，1-メチルシクロペンテンよりも 3-メチルシクロペンテンの方が多く生成する．このことから脱離反応の立体化学についてわかることを示せ．

### アルコールの酸化

**8·31** 練習問題 8·21 の各化合物のジョーンズ酸化で得られる生成物の構造式を書け．

**8·32** 練習問題 8·22 の各化合物のジョーンズ酸化で得られる生成物の構造式を書け．

**8·33** 練習問題 8·7 のチチュウカイミバエの性誘引物質の PCC 酸化で得られる生成物の構造式を書け．

**8·34** 練習問題 8·8 の防蚊剤の化合物の PCC 酸化で得られる生成物の構造式を書け．

**8·35** 練習問題 8·23 と 8·24 の化合物のうちジョーンズ酸化でケトンを与えるのはどれか示せ．

**8·36** 練習問題 8·23 と 8·24 の化合物のうちジョーンズ酸化でカルボン酸を与えるのはどれか示せ．

### アルコールの合成

**8·37** 次の化合物のオキシ水銀化-脱水銀反応の生成物の IUPAC 名を書け．
(a) cis-2-ブテン
(b) 2-メチル-2-ブテン
(c) 1-ブテン

**8·38** 練習問題 8·37 の各化合物のヒドロホウ素化-酸化反応の生成物の IUPAC 名を書け．

**8·39** 次の化合物のヒドロホウ素化-酸化反応の生成物の構造式を書け．
(a) 2-メチル-1,2,3,4,4a,5,6,7,8,8a-デカヒドロナフタレン誘導体（2-メチル-オクタヒドロナフタレン系）
(b) ビニルシクロブタン
(c) エチリデンシクロヘキサン

**8・40** 練習問題 8・39 の各化合物のオキシ水銀化-脱水銀反応の生成物の構造式を書け.

## 逐次合成

**8・41** 次の一連の反応の最終生成物の構造式を書け.

(a) 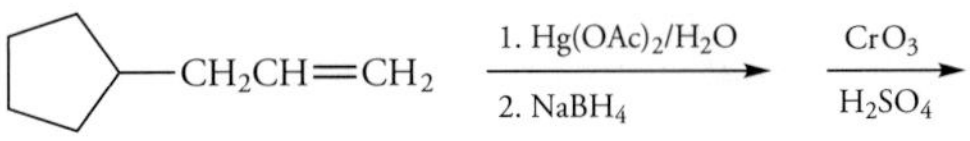 シクロペンチル-CH₂CH=CH₂  →(1. Hg(OAc)₂/H₂O  2. NaBH₄)→  →(CrO₃/H₂SO₄)→

(b) 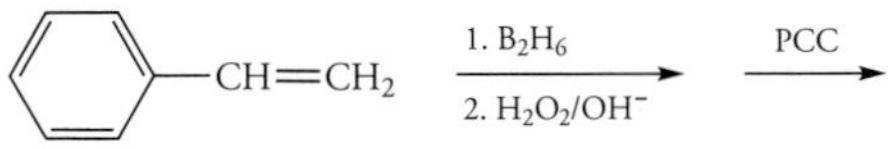 C₆H₅-CH=CH₂  →(1. B₂H₆  2. H₂O₂/OH⁻)→  →(PCC)→

(c) 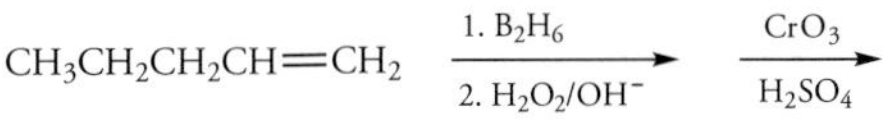 CH₃CH₂CH₂CH=CH₂  →(1. B₂H₆  2. H₂O₂/OH⁻)→  →(CrO₃/H₂SO₄)→

**8・42** 次の一連の反応の最終生成物の構造式を書け.

(a) 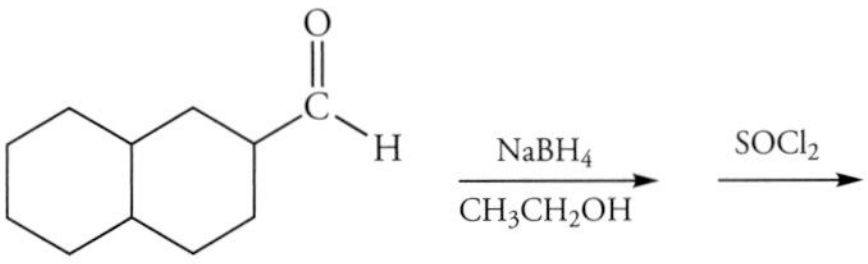 デカリン-CHO  →(NaBH₄/CH₃CH₂OH)→  →(SOCl₂)→

(b) 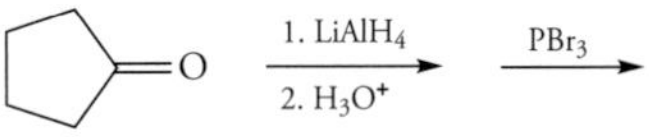 シクロペンタノン  →(1. LiAlH₄  2. H₃O⁺)→  →(PBr₃)→

(c) 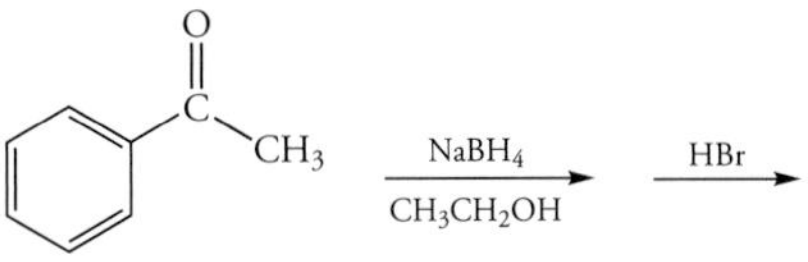 アセトフェノン  →(NaBH₄/CH₃CH₂OH)→  →(HBr)→

## フェノール

**8・43** p-ニトロフェノールがフェノールよりも高い酸性度を示す理由を説明せよ.

**8・44** p-エチルフェノキシドとp-クロロフェノキシドのどちらが強い塩基か, 理由とともに示せ.

**8・45** 次の置換ナフタレンを酸化して得られるキノンの構造式を書け.

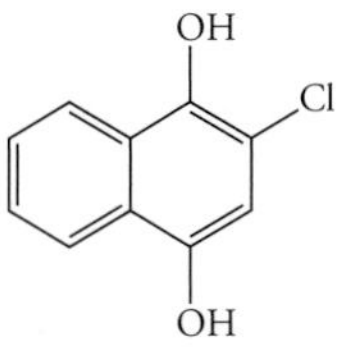

[1,4-ジヒドロキシ-2-クロロナフタレン]

**8・46** 2-メチルヒドロキノンが 2-クロロヒドロキノンよりも容易にキノンへと酸化される理由を説明せよ.

## チオール

**8・47** -SH 基をもつ分子式 $C_4H_{10}S$ の 4 個の異性体の構造式を書け.

**8・48** 分子式 $C_3H_8S$ の 3 個の異性体の構造式を書け.

**8・49** 次の化合物の構造式を書け.
(a) 1-プロパンチオール
(b) 2-メチル-3-ペンタンチオール
(c) シクロペンタンチオール

**8・50** 次の化合物の構造式を書け.
(a) 2-プロパンチオール
(b) 2-メチル-1-プロパンチオール
(c) シクロブタンチオール

**8・51** CH₃CH₂CH₂SH の水溶液に水酸化ナトリウムを加えると, 悪臭がなくなる理由を説明せよ.

**8・52** エタンチオールとジメチルスルフィドの沸点はそれぞれ 35 ℃ と 37 ℃ だ. 両者の沸点がほぼ同じである理由と, 沸点が近いことに関して重要な分子間力を説明せよ.

CH₃—CH₂—SH          CH₃—S—CH₃
エタンチオール       ジメチルスルフィド

**8・53** アカギツネの臭いマーカーである次の化合物を, チオールを使って合成する方法を 2 通り示せ.

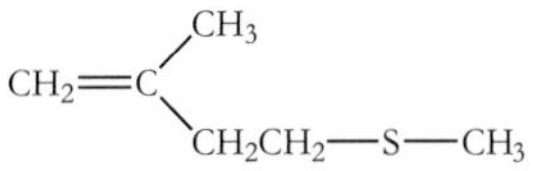

CH₂=C(CH₃)-CH₂CH₂-S-CH₃

**8・54** スカンクが防御に使う次の化合物を, 3-メチル-1-ブテンを出発物質として合成する一連の反応を示せ.

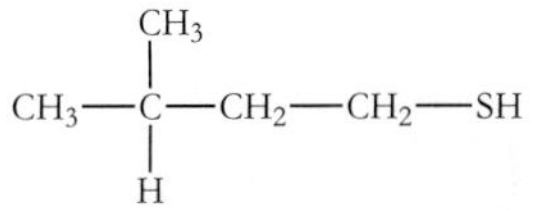

(CH₃)₂CH-CH₂-CH₂-SH

**8・55** ハムスターの雌は雄を引き寄せるためにジメチルジスルフィドを出す. この化合物はどのように生産されるか?

**8・56** ミンクは次のジスルフィドを分泌する. 1-ブロモ-3-メチルブタンを出発物質として, 実験室で次の化合物を合成する方法を示せ.

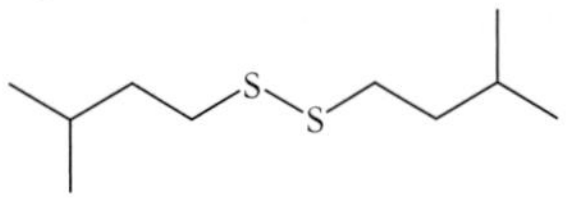

(CH₃)₂CHCH₂CH₂-S-S-CH₂CH₂CH(CH₃)₂

# エーテルとエポキシド

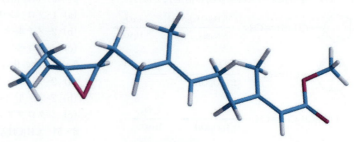

昆虫の幼若ホルモン

## 9・1 エーテルの構造

　アルコールもそうだが，エーテルは水の"いとこ"にあたる．エーテルには二つのアルキル基またはアリール基があり，どちらも同じ酸素原子に結合している．酸素の二つの置換基が同じ場合は**対称エーテル**とよび，異なる場合は**非対称エーテル**とよぶ．

CH₃CH₂—O—CH₂CH₃
ジエチルエーテル
（対称エーテル）

C₆H₅—O—C₆H₅
ジフェニルエーテル
（対称エーテル）

C₆H₅—O—CH₂CH₂CH₃
フェニルプロピルエーテル
（非対称エーテル）

　エーテルの酸素原子は sp³ 混成状態をとり，その C–O–C 結合角は正四面体の中心から頂点に伸びた線のなす角度($109.5°$)とほぼ等しい．たとえば，ジエチルエーテルの結合角は $110°$ だ（図 9・1）．酸素原子が正四面体の中心に位置すると考えると，2 本の酸素–炭素結合は二つの頂点の方を向いている．酸素原子の混成状態を考えればわかるように，sp³ 混成軌道の残りを占める 2 組の孤立電子対は，正四面体の残りの二つの頂点の方を向いている．

図 9・1　ジエチルエーテルの構造

　環状エーテルとシクロアルカンの配座もよく似ている．その類似性は両者の構造を比較してみるとよくわかる．たとえば，シクロヘキサンのエーテル類縁体であるテトラヒドロピランもいす形配座をとる．テトラヒドロピランの酸素原子は 2 組の孤立電子対をもつが，それも含めると酸素原子は正四面体構造をとる．酸素原子の孤立電子対はシクロヘキサンのアキシアル位とエクアトリアル位の二つの C–H 結合と空間的に同じ位置を占める．グルコースをはじめとする糖質の多くはテトラヒドロピランの環構造を含むため，この配座はとても重要だ（第 13 章）．

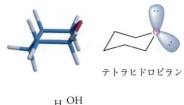

テトラヒドロピラン

α-D-グルコース

## 9・2　エーテルの命名法

### エーテルの慣用名

　単純な構造のエーテルの名前をつけるには，"アルキルアルキルエーテル"というように，酸素に結合したアルキル基（またはアリール基）の名前をアルファベット順に並べて，最後に"エーテル"とつければよい．たと

えば，n-ブチル基とメチル基が酸素に結合したエーテルはn-ブチルメチルエーテルとよばれる．なお，n-ブチル基のn-は省略されることもある．対称エーテルの場合はアルキル基の前にジ-（di-）という接頭語をつけて，同じアルキル基が二つあることを表す．たとえば，2個のイソプロピル基が酸素原子に結合したエーテルの慣用名はジイソプロピルエーテルとなる．

四員環の環状エーテルはトリメチレンオキシドだが，あまり一般的な化合物ではない．五員環の環状エーテルは芳香族化合物のフランの二重結合をすべて水素化したものに相当することから，テトラヒドロフラン（THF）という慣用名でよばれている．同様に，六員環の環状エーテルはテトラヒドロピラン（THP）という慣用名がついていて，この名前も不飽和化合物のピランと関連している．

CH₃—O—CH₂CH₂CH₂CH₃
n-ブチルメチルエーテル
(n-butyl methyl ether)

CH₃—CH(CH₃)—O—CH(CH₃)—CH₃
ジイソプロピルエーテル
(diisopropyl ether)

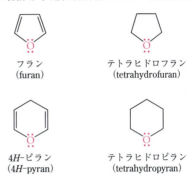

フラン (furan)
テトラヒドロフラン (tetrahydrofuran)
4H-ピラン (4H-pyran)
テトラヒドロピラン (tetrahydropyran)

### エーテルのIUPAC名

IUPAC命名規則に基づいてエーテルの名前をつけると，**アルコキシアルカン**（alkoxyalkane）になる．二つのアルキル基のうち，小さい方のアルキル基は酸素原子と合わせて**アルコキシ基**として扱う．この場合に，アルコキシ基は母体となるもう一方のアルカン主鎖またはシクロアルカン環に対する置換基として扱われる．たとえば，炭素原子5個のアルカンを主鎖として-OCH₃基を2位にもつ化合物のIUPAC名は2-メトキシペンタンとなり，-OCH₂CH₃基をもつシクロヘキサンのIUPAC名はエトキシシクロヘキサンとなる．

二重結合を含まない三員環から六員環までの環状エーテルには，それぞれオキシラン，オキセタン，オキソラン，オキサンというIUPAC名がある．各環の酸素原子の位置番号はどれも1となる．前述したように，置換基の位置番号が小さくなるように位置番号をつける．

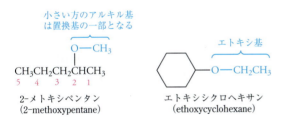

2-メトキシペンタン (2-methoxypentane)
エトキシシクロヘキサン (ethoxycyclohexane)

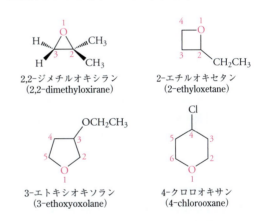

2,2-ジメチルオキシラン (2,2-dimethyloxirane)
2-エチルオキセタン (2-ethyloxetane)
3-エトキシオキソラン (3-ethyoxyoxolane)
4-クロロオキサン (4-chlorooxane)

### 環状エーテル

三員環から六員環までの環状エーテルは慣用名をもつ．環の員数にかかわらず酸素原子の位置番号が1となり，そこから出発して最初の置換基の位置番号が小さくなるような回り方で環の構成原子に番号をつける．三員環の環状エーテルは**エポキシド**（epoxide）とよばれる．エポキシドはアルケンの酸化によって生成する化合物なので，慣用名はアルケンの名前の後にオキシド（oxide）とつけたものになる．

例題9・1 次の化合物の慣用名とIUPAC名を答えよ．

［解答］非対称エーテルの慣用名は，酸素原子に結合するアルキル基またはアリール基の名前をもとに命名する．この場合はフェニル基とエチル基が結合しているので，慣用名は二つの置換基をアルファベット順に並べたエチルフェニルエーテル（ethyl phenyl ether）になる．IUPAC名をつけるには，酸素原子に結合する二つの置換基のうちの大きい方を決め，そちらを主鎖骨格として

エチレンオキシド (ethylene oxide)
シクロヘキセンオキシド (cyclohexene oxide)

## 9. エーテルとエポキシド

扱う．この場合はベンゼン環が主鎖骨格となり，エトキシ基が置換基となる．よって，IUPAC 名はエトキシベンゼンとなる．

> **例題 9・2** 次の化合物の IUPAC 名を答えよ．
> (a)　　　　　　　(b)　　　　　　(c)

きない．結果的にエーテルの沸点は分子量が同程度のアルコールよりもかなり低く，むしろ分子量が同程度のアルカンの沸点に近い．

エーテルは極性分子なので，分子量が同程度のアルカンよりも水に溶けやすい．エーテルが水に少し溶けるのは，水分子がエーテル分子の酸素の孤立電子対と水素結合を形成するからだ．ジエチルエーテルの溶解度は水 100 mL につき 7.5 g であり，水にほとんど溶けないペンタンの溶解度よりもずっと大きい．ジエチルエーテルも 1-ブタノールも水分子と水素結合を形成するので，両者の水に対する溶解度は同程度となる．

### 9・3 エーテルの物理的性質

ジエチルエーテル（単に"エーテル"とよぶことも多い）はかなり昔から性質が明らかにされ，1842 年にはすでに全身麻酔薬として使用されていた．エーテルは中枢神経系の抑制薬として機能し，蒸気を吸入することで意識を失わせる効果がある．しかし，ジエチルエーテルは引火性が高く，しかも気化しやすいことから，手術室で使用するには火災や爆発の危険性がある．ほかに，エチルビニルエーテル，ジビニルエーテル，メチルプロピルエーテルといったエーテルも麻酔薬として使用されてきたが，分子量が小さいエーテルは酸素と混合すると爆発する可能性がある．

#### 双極子モーメントと沸点

エーテルは分極した炭素-酸素結合を 2 本もち，その結合角は正四面体角とほぼ等しい．したがって，エーテルはかなり大きな双極子モーメントをもつ．エーテルの分極率はアルカンよりは高く，アルコールよりも低い（表 9・1）．

エーテルは酸素-水素結合をもたないので，水素結合供与体にはならない．そのため，アルコールとは違い，エーテル分子同士で相互に水素結合を形成することはで

#### 溶媒としてのエーテル

ジエチルエーテルをはじめとするエーテルは多くの有機化合物にとってよい溶媒となり，極性化合物と無極性化合物のどちらもよく溶かす．分子間で水素結合が網の目のように張り巡らされているアルコールとは違い，エーテルでは無極性の溶質を溶かすときに水素結合の網の目を断ち切る必要がない．そのため，無極性化合物は一般にアルコールよりもジエチルエーテルに溶けやすい．

ジエチルエーテルは双極子モーメントをもつので，極性化合物はジエチルエーテルに溶ける．特に，水素結合供与体となる官能基をもつ極性化合物は，エーテルの酸素原子の孤立電子対と水素結合を形成できるため，ジエチルエーテルに溶けやすい．

エーテルは極性溶媒だが，非プロトン性溶媒でもある．よって，グリニャール試薬のような塩基性物質は，ジエチルエーテルやテトラヒドロフラン（THF）をはじめとするエーテルと反応しない．そのため，グリニャール試薬はエーテル溶媒中で調製できる．これらのエーテル溶媒を使用すると，エーテル酸素の孤立電子対がマグネシウムイオンに配位して，グリニャール試薬を溶媒和する．

エーテル酸素の孤立電子対は $BF_3$ や $BH_3$ のような電子不足化学種を安定化する．たとえば，$BH_3$ は THF 中

**表 9・1　エーテルと関連化合物の物理的性質**

| | $CH_3-CH_2-CH_2-CH_2-CH_3$ | $CH_3-CH_2-O-CH_2-CH_3$ | $CH_3-CH_2-CH_2-CH_2-OH$ |
|---|---|---|---|
| 双極子モーメント | 0.1 D | 1.2 D | 1.7 D |
| 沸　　点 | 36 ℃ | 35 ℃ | 117 ℃ |
| 水に対する溶解度 | 0.03 g/100 mL | 7.5 g/100 mL | 7.9 g/100 mL |

で安定化されて BH₃-THF 錯体となり，アルケンのヒドロホウ素化反応で利用される（§8・7）．

BF₃-THF 錯体　　　BH₃-THF 錯体

## 9・4 グリニャール試薬とエーテル

　試薬をプロトン性溶媒に溶かそうとすると，試薬によっては溶媒が提供するプロトンと反応してしまうものがある．一例が**グリニャール試薬**（Grignard reagent）だ．そのようなときに，ジエチルエーテルやTHFをはじめとするエーテルはとても優れた溶媒だ．R–Mg–X で表されるグリニャール試薬は，エーテル中でハロゲン化アルキルやハロゲン化アリールから調製する．

$$R-X \xrightarrow[\text{エーテル}]{Mg} R-Mg-X$$

　グリニャール試薬 R–Mg–X の有機置換基 R は第一級，第二級，第三級のアルキル基，ビニル基，芳香族置換基のいずれの場合もある．ハロゲン X は Cl，Br，I のどれかだ．フッ素化合物はグリニャール試薬をつくらない．フランスの化学者ヴィクトル・グリニャールは，有機マグネシウム試薬の調製方法を開発した功績によって，1912年にノーベル賞を受賞した．
　ジエチルエーテルまたは THF の酸素原子は，グリニャール試薬のマグネシウム原子と錯体を形成する．グリニャール試薬のエーテル溶液は，有機合成においてとても有用だ．

　グリニャール試薬の炭素-マグネシウム結合は大きく分極していて，炭素は負電荷を帯び，マグネシウムは正電荷を帯びる．

　この結合の極性はハロゲン化アルキルの炭素-ハロゲン結合の極性と正反対だ．グリニャール試薬の炭素は部分的に負電荷をもち，カルボアニオンと性質が似ていて，求電子剤と反応する．グリニャール試薬は反応性がとても高く，反応後に新しく炭素-炭素結合をつくることができるので，有機合成でよく使われる．この点に関しては§10・6で詳しく学ぶ．
　アルコールや水のように酸性度が高い水素原子をもつ分子が存在すると，グリニャール試薬は速やかに反応してアルカンを与える．よって，グリニャール試薬を調製した後に水と反応させれば，ハロゲン化アルキルから2段階でアルカンへと変換できる．

$$R-X \xrightarrow[\text{エーテル}]{Mg} R-MgX \xrightarrow{H_2O} R-H$$

**例題 9・3** 1-ブテンと重水（$D_2O$）を用いて，$CH_3CH_2CHDCH_3$ を合成する方法を示せ．
　[**解答**]　グリニャール試薬 R-MgBr と重水（$D_2O$）の反応で R-D が生成する．グリニャール試薬は対応するブロモアルカン R-Br から調製できる．

$$CH_3CH_2\underset{Br}{C}HCH_3 \xrightarrow[\text{エーテル}]{Mg} CH_3CH_2\underset{MgBr}{C}HCH_3$$

$$\xrightarrow{D_2O} CH_3CH_2\underset{D}{C}HCH_3$$

　上の反応式で必要となる2-ブロモブタンは1-ブテンにHBrを付加することで合成できる．この付加反応はマルコフニコフ則に従い，HBrの水素原子は置換基が少ない方の二重結合炭素に結合する．この反応と先の反応を続けて行うことで，$CH_3CH_2CHDCH_3$ を合成できる．

$$CH_3CH_2CH=CH_2 + HBr \longrightarrow CH_3CH_2\underset{Br}{C}HCH_3$$

**例題 9・4** イソプロピルベンゼンを出発物質として，次の化合物を合成する方法を示せ．

$(CH_3)_2CH–\text{C}_6\text{H}_4–D$

## 9・5 エーテルの合成

　**ウィリアムソンのエーテル合成**（Williamson ether synthesis）または単に**ウィリアムソン合成**とよばれる

方法を使うと，エーテルが合成できる．この方法ではハロゲン化アルキルの $S_N2$ 反応が起こり，ハロゲンがアルコキシドイオンによって置換される．アルコキシドイオンの調製は，アルコールに水素化ナトリウムなどの強塩基を作用させることで行う．

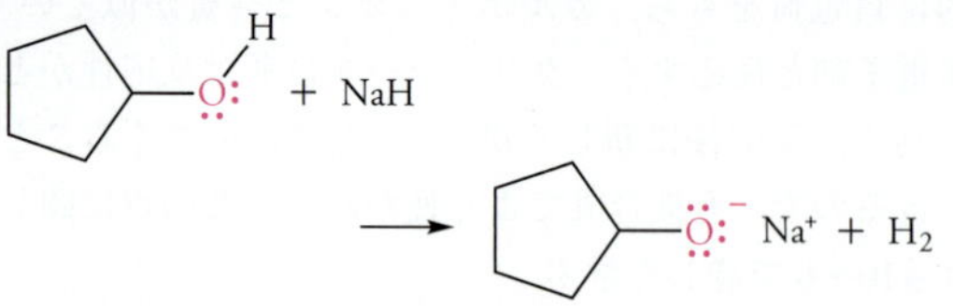

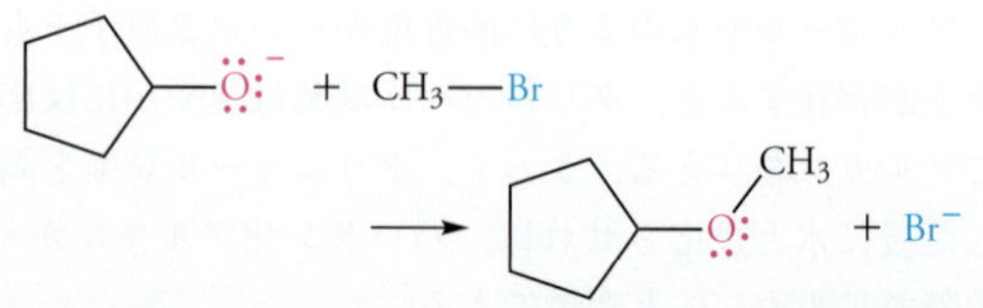

ウィリアムソン合成はハロゲン化物イオンを脱離基とする $S_N2$ 反応なので，ハロゲン化アルキルのアルキル基がメチル基または第一級アルキル基の場合に収率が最も高くなる．アルキル基が第二級アルキル基の場合には収率が低くなり，脱離反応も競争して起こる．第三級ハロゲン化アルキルの場合には，$S_N2$ 反応の代わりに脱離反応が起こるため，第三級ハロゲン化アルキルはウィリアムソン合成に使えない．よって，第一級アルキル基と第三級アルキル基をもつ非対称エーテルを合成するためには，第一級ハロゲン化アルキルと第三級アルコキシドを組合わせるとよい．たとえば，tert-ブチルメチルエーテルはナトリウム tert-ブトキシドとヨウ化メチルの反応で合成できるが，ナトリウムメトキシドと 2-ヨード-2-メチルプロパンの組合わせでは脱離反応ばかりが起こるので，目的の非対称エーテルは合成できない．

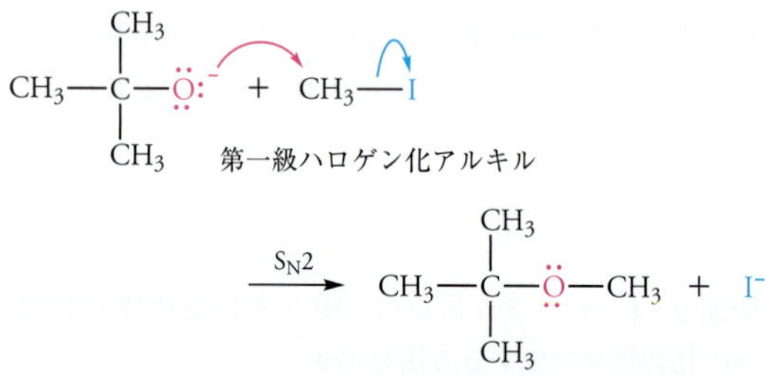

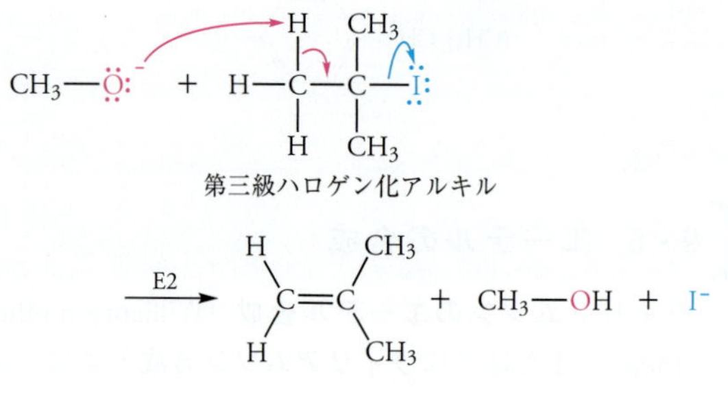

**例題 9・5** ネロリン II の商品名で知られる 2-エトキシナフタレンは，オレンジの花の香りの香水に使われる．この化合物の合成方法を考案せよ．

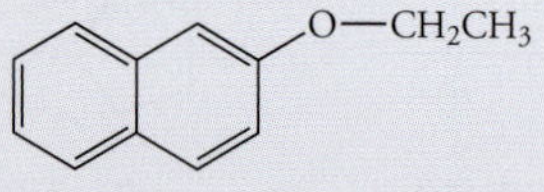

[解答] 次の 2 通りの試薬の組合わせについて考えてみよう．

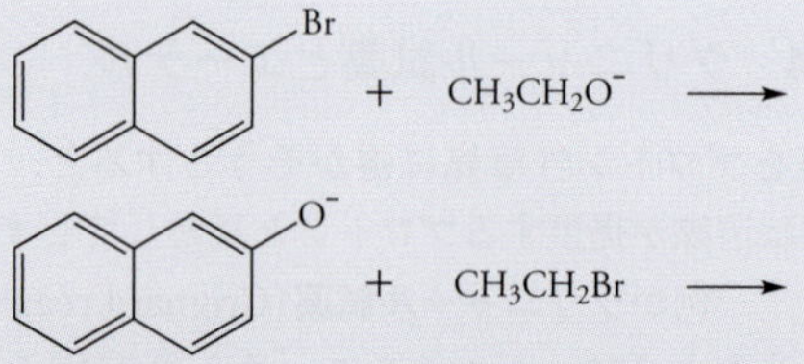

上の芳香族化合物の $sp^2$ 混成炭素上での $S_N2$ 反応は起こらないので，最初の組合わせではエーテル化合物は生成しない．一方，2 番目の組合わせで使用するブロモエタンは第一級ハロゲン化アルキルなので，ブロモエタンに対するフェノキシド型イオンの反応は容易に起こる．なお，この反応に必要な求核剤は 2-ナフトールと水素化ナトリウムの反応で調製できる．

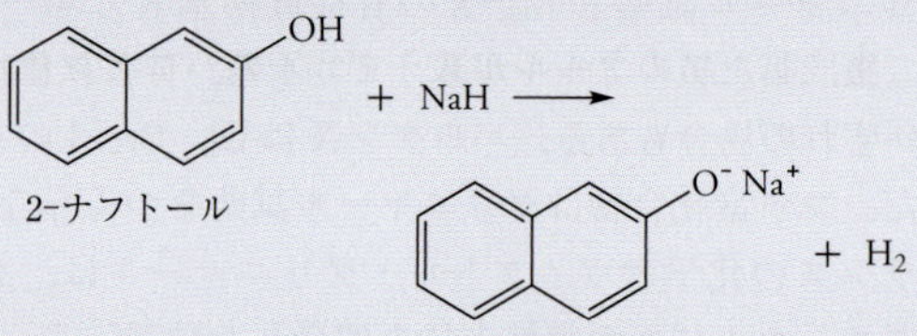

2-ナフトール

**例題 9・6** ウィリアムソン合成を使って，ベンジル tert-ブチルエーテルを合成する方法を考案せよ．

## 9・6 エーテルの反応

エーテルはとても安定な化合物で，限られた試薬としか反応しない．エーテルは塩基とは反応しないが，共役塩基が強い求核剤となる強酸とは反応する．たとえば，エーテルは HI や HBr と反応する．この反応では炭素-酸素結合の開裂が起こり，ヨウ化アルキルおよび臭化アルキルがそれぞれ生成する．

$$R-O-R' \xrightarrow{HX} R-O-H + R'-X$$

安定なカルボカチオンを生成する置換基が酸素原子に結合している場合を除き，置換基が少ない方のハロゲン化物が生成する．その場合のエーテル結合の開裂は $S_N2$ 反応であるため，ハロゲン化物イオンは立体障害が少ない方の炭素原子を攻撃する．置換基の数が多い方の炭素原子と酸素原子の結合は切れず，酸素原子が結合したま

ま残る．ハロゲン化水素のプロトンがエーテル酸素をプロトン化することで，$S_N2$ 反応の脱離基はアルコールとなり，反応が起こりやすくなる．実際，ハロゲン化物イオンの塩を加えてもエーテル結合の開裂は起こらず，ハロゲン化水素でないと反応しない．なお，tert-ブチル基などの第三級アルキル基がついたエーテルでは $S_N1$ 反応が起こり，第三級アルキル基の方でエーテル結合の開裂が起こる．

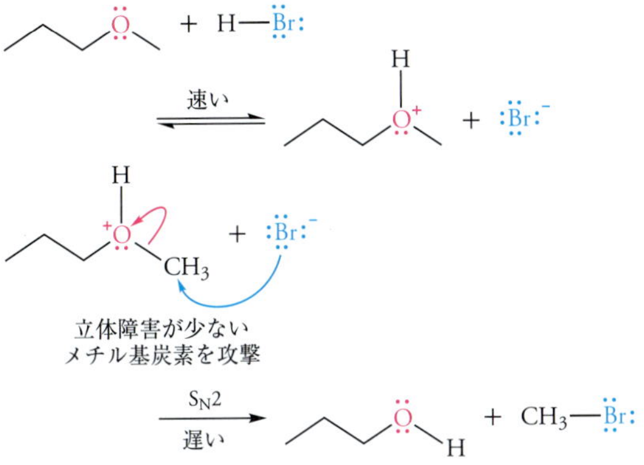

過剰量のハロゲン化水素を使う反応条件では，脱離反応で生成したアルコールがもう1分子のハロゲン化水素と反応して，ハロゲン化アルキルになる．

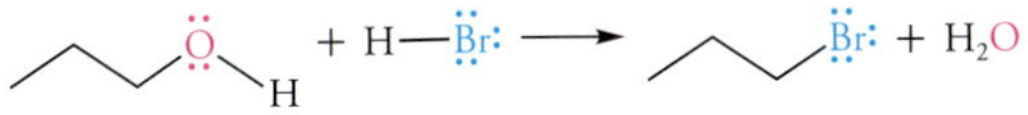

つまり，エーテルと過剰量のハロゲン化水素との反応では，エーテルに含まれる二つのアルキル基は最終的にどちらもハロゲン化アルキルに変換される．

$$R-O-R' \xrightarrow[-H_2O]{HX} R-X + R'-X$$

**例題 9・7** エーテル結合の開裂の反応機構に基づいて，フェニルプロピルエーテルと HI の反応生成物の構造式を書け．

[解答] 第一に，強酸がエーテル酸素をプロトン化してオキソニウムイオンを与える．

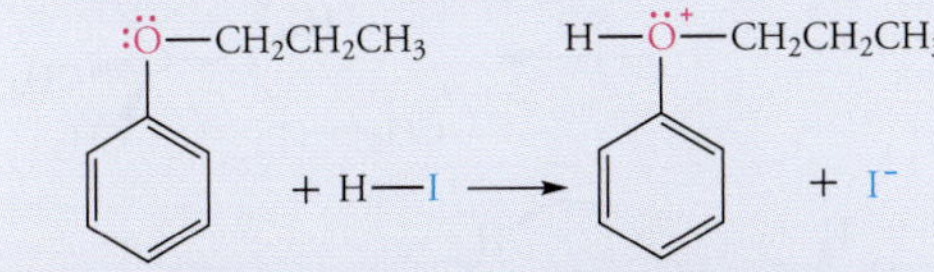

次に，ヨウ化物イオンによる求核攻撃が起こるが，反応するのは酸素と結合しているプロピル基のメチレン炭素だけだ．酸素と結合したベンゼン環の炭素上での $S_N2$ 反応は起こらない．同じ理由で，生成物のフェノールがさらに HI と反応することはない．

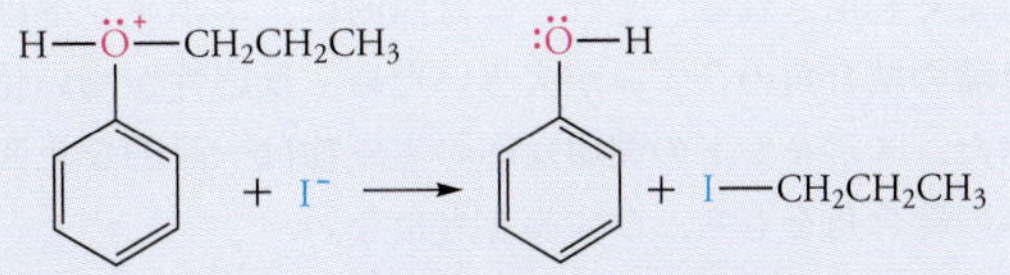

**例題 9・8** エーテル結合の開裂の反応機構に基づいて，テトラヒドロフランと HBr の反応の第一段階で生成するアルコールの構造を予想せよ．

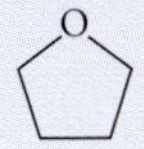

## 9・7 エポキシドの合成

環の構成原子数が4個以上の環状エーテルの合成と反応は，非環状エーテルと同じように行える．有機合成において重要な中間体である三員環の環状エーテル（§9・8）は，アルケンを過酸（$RCO_3H$）で酸化することで合成できる．工場では過酢酸（$CH_3CO_3H$）が使用されるが，実験室で少量のエポキシドを合成する場合にはメタクロロ過安息香酸（MCPBA）が使用される．

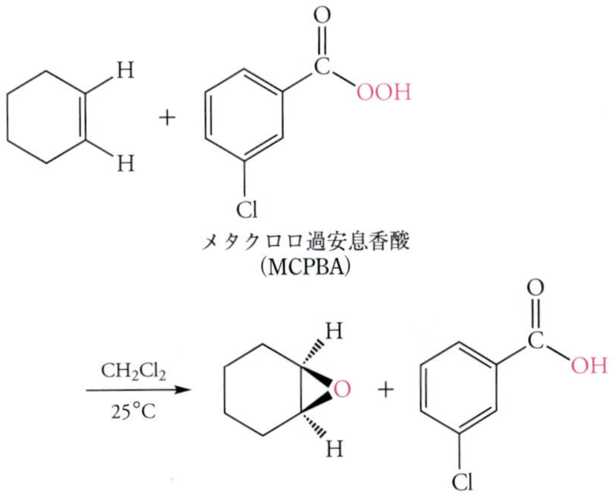

メタクロロ過安息香酸を使ったアルケンのエポキシ化ではアルケンの置換基の立体化学は保持される．すなわち，アルケンでシス配置であればエポキシドでもシス配置になり，アルケンでトランス配置であればエポキシドでもトランス配置だ．

## 9・8 エポキシドの反応

環状エーテルのテトラヒドロフランとテトラヒドロピランは非環状エーテルと同様に反応性が低く，溶媒とし

てよく利用される．それとは対照的に，エポキシドは三員環の結合角のひずみが大きいため，反応性が高い化合物だ．エポキシドの開環反応の生成物は一般的な正四面体の結合角をもち，ひずみをもたない．

## 酸触媒開環反応

エチレンオキシドと水からエチレングリコールが生成する反応について考えてみよう．

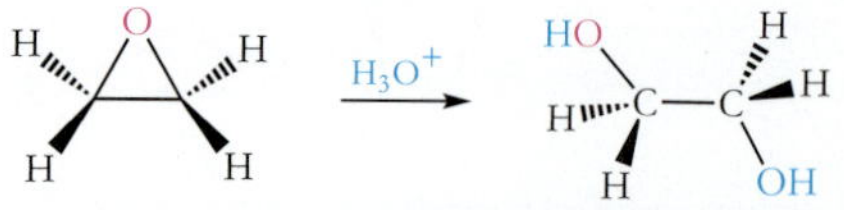

1,2-エタンジオール
(エチレングリコール)

酸触媒によるエポキシドの開環反応では，まずエポキシド酸素が酸触媒によってプロトン化される．次に，$S_N2$反応機構で開環反応が起こるが，この場合に水が求核剤で，プロトン化されたエポキシド酸素が脱離基となる．

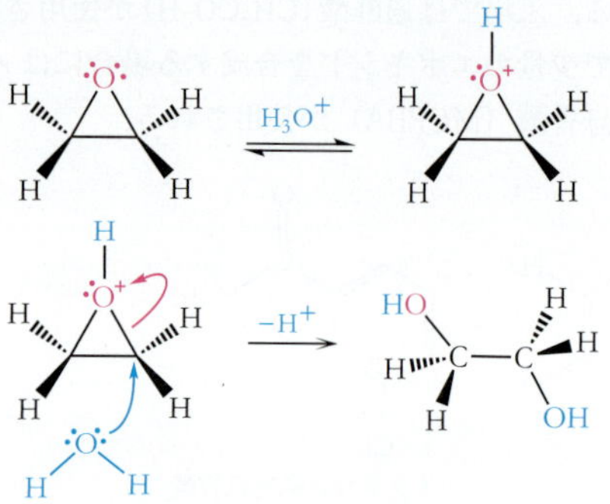

## 求核剤による開環反応

一般に，エーテルは中性や塩基性条件では求核剤と反応しない．しかし，エポキシドは環ひずみが大きいので，$OH^-$，$SH^-$，$NH_3$といった求核剤や，関連する有機化学種の$RO^-$，$RS^-$，$RNH_2$によって，三員環の炭素-酸素結合が切断される．たとえば，エチレンオキシドとアンモニアを反応させると，腐食防止剤として商業的に使用される2-アミノエタノールができる．

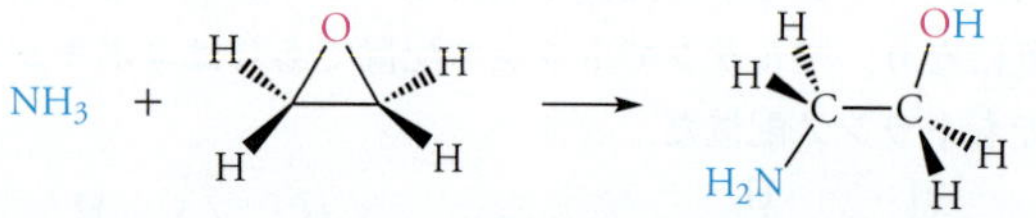

耐熱性のない器具はエチレンオキシドガスで殺菌するが，そのときにも同様の反応が起こる．器具に付着した細菌を形づくる高分子は多数の官能基を含み，求核性をもつあらゆる官能基がエポキシドと反応するので，結果的に細菌が死滅する．

エポキシドはグリニャール試薬とも反応する．反応生成物は出発物質のハロゲン化アルキルよりも炭素原子が2個増えたアルコールになる．反応の結果を次に示す．

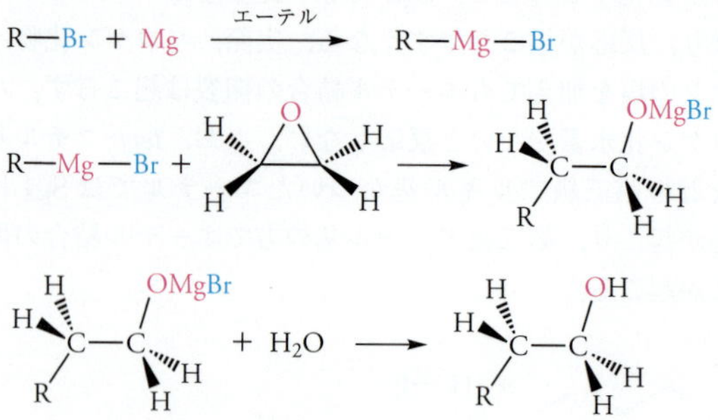

## 開環反応の選択性

非対称エポキシドの開環反応は，塩基触媒条件と酸触媒条件で異なる反応生成物を与える．次の二つの反応を例に反応機構を考えてみよう．

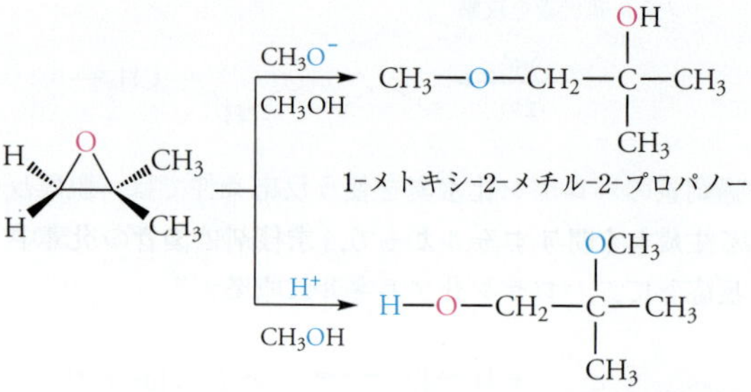

1-メトキシ-2-メチル-2-プロパノール

2-メトキシ-2-メチル-1-プロパノール

塩基性条件での求核剤による開環反応の場合は，第7章で学んだ$S_N2$反応の制御因子によって反応を制御できる．求核剤のメトキシドイオンは第三級炭素原子に攻撃するよりも，立体的に空いている第一級炭素原子に攻撃する．その結果生じるアルコキシドイオンが溶媒のメタノールからプロトンを引き抜き，求核剤のメトキシドイオンが再生する．

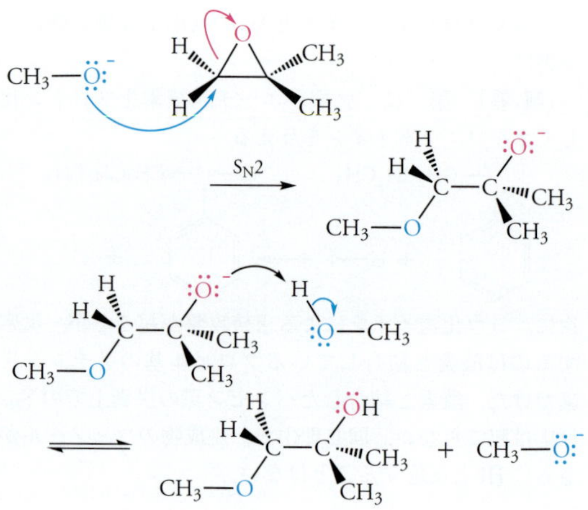

酸触媒条件では，エポキシド酸素は酸によってプロトン化される．続いてメタノールが攻撃すると，塩基性条件の場合とは違う方の炭素-酸素結合が切れる開環反応が起こる．

この酸触媒開環反応の結果は，次に示すような共鳴構造を考えることで理解できる．一般に，正電荷が第一級炭素原子にある状態よりも，第三級炭素原子にある状態の方が安定である．そのため，第一級カルボカチオンの共鳴構造よりも，第三級カルボカチオンの共鳴構造の方が反応に大きく関与する．よって，求核剤は後者の炭素中心と結合して，エポキシドが完全に開環する．

開環直後の中間体はメタノール由来のO−H結合が残ったオキソニウムイオンであり，最終生成物の共役酸に相当する．この共役酸が溶媒にプロトンを受け渡して，酸触媒条件でのエポキシドの開環反応が完結する．

**例題 9・9** ブロモエタンから調製されるグリニャール試薬と2-メチルオキシランの反応生成物を予想せよ．
　[解答]　グリニャール試薬は求核剤として働くので，ブロモエタンから調製されるグリニャール試薬はエチルアニオンとして振る舞う．2-メチルオキシランに対するエチルアニオンの求核攻撃は，第二級炭素原子よりも立体的に空いている第一級炭素原子で起こる．続いて

水処理をすると，中間体のアルコキシドの加水分解反応が起こって，2-ペンタノールが生成する．

**例題 9・10** 酸触媒条件でのスチレンオキシド（フェニルオキシラン）とメタノールの反応生成物を予想せよ．

### エポキシドの生物化学的反応

　エポキシドはアルケンや芳香族化合物の酸化反応生成物として生合成される．エポキシドを合成する際の酸素源は酸素分子だ．エポキシドは肝臓でシトクロムP450によってつくられたのち，開環反応を起こす．もしエポキシドが生体内の高分子と反応すると，重篤な結果をもたらす可能性がある．芳香族化合物からつくられたエポキシドはアレーンオキシドとよばれ，図9・2に示すように転位，水との反応，グルタチオン（GSH）との反応，高分子（MH）との反応の4種類の反応を起こす可能性が

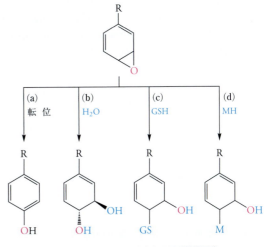

図9・2　アレーンオキシドの開環反応

ある．このうちの最後の反応以外は，生体に無害な生成物を与える．

図 9・2(a) に示すようなアレーンオキシドの転位が起こると水溶性のフェノールが生成する．生成したフェノールは硫酸エステルやグルクロン酸（§13・6）のアセタールといった極性の誘導体に変換されて，体内から容易に排出される．そのため，この反応では有毒な副生成物は体内に蓄積しない．

図 9・2(b) に示すような水によるアレーンオキシドの開環が起こると，$S_N2$ 反応によって *trans*-1,2-ジオールを与える．生成するジオールは水溶性であり，容易に体外に排出される．

ナフタレンもシトクロム P450 によってエポキシドになるが，その酸化は C2-C3 間の結合よりも C1-C2 間の結合の方で起こりやすい．

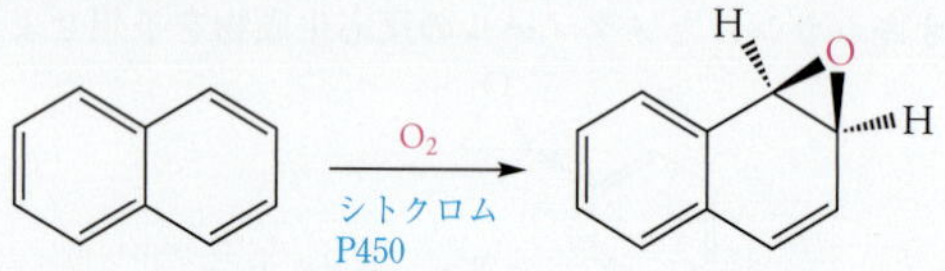

このナフタレンからできるエポキシドも開環反応を起こすが，同位体ラベル実験を行って生成したジオールを調べた結果，ベンジル位のヒドロキシ基の酸素はもとのエポキシドの酸素に由来し，もう一方の酸素は水分子に由来していることがわかった．

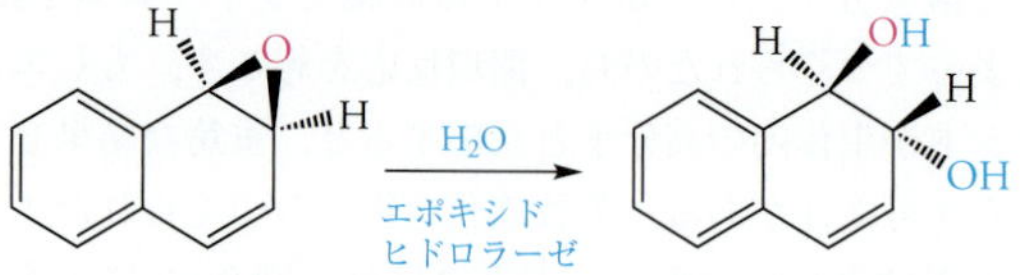

アレーンオキシドの開環反応の 3 番目の可能性はグルタチオン（GSH）との反応だ（図 9・2c）．グルタチオンは求核性のスルファニル基（-SH 基）をもつため，毒性のエポキシド代謝産物と反応する捕捉剤の役割を果たす．その場合の反応生成物は極性官能基を多くもつために水溶性であり，容易に体外に排出される．

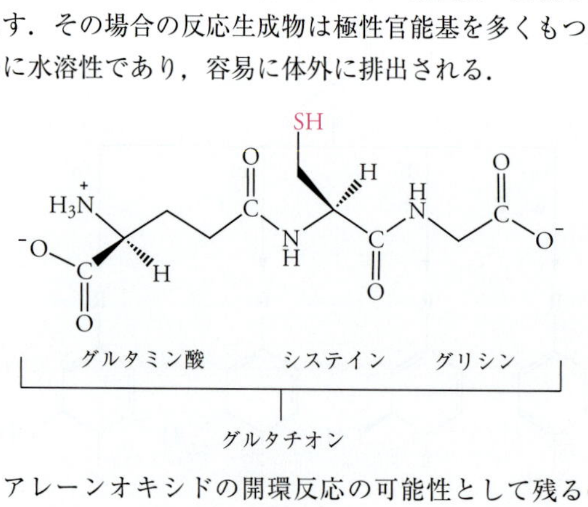

アレーンオキシドの開環反応の可能性として残るのは，ほとんどの高分子（MH）に存在する求核性官能基との反応だ（図 9・2d）．ここでいう高分子には酵素，RNA，DNA も含まれるため，生物学的機能に重大な変化をひき起こす可能性もある．特に危険なアレーンオキシドは，ベンゾ[*a*]ピレンのエポキシドだ．ベンゾ[*a*]ピレンはたばこの煙や，炭火で脂肪を焼いたときの煙に含まれる燃焼生成物だ．ベンゾ[*a*]ピレンをエポキシ化した後に開環するとジオールになり，生成物をさらにエポキシ化するとエポキシジオールになる．

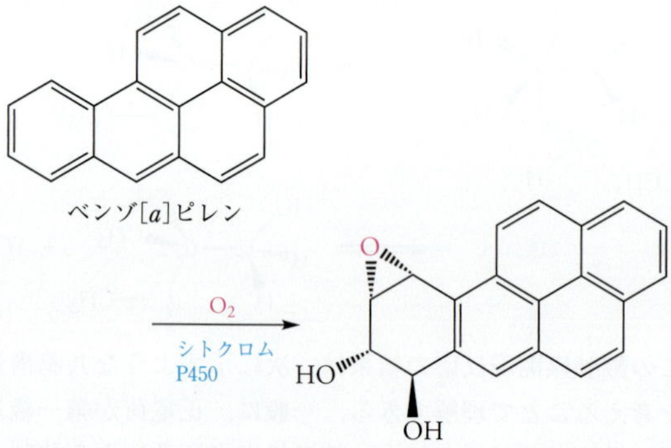

このエポキシジオールは DNA のアミノ基と反応して DNA を変化させ，変化した DNA はがんを誘発する．

アルケンのエポキシド代謝産物は，アレーンのエポキシド代謝産物よりも安定になる傾向がある．エポキシド代謝産物は水と反応して開環し，ジオールを与える．抗てんかん薬のカルバマゼピンの代謝でエポキシドが生成するが，この場合もやはり同じように反応する．エポキシドが水とグルタチオンのどちらかと反応して無害になるか，それとも高分子と反応して有害なものになるかは簡単には予想できない．しかし，相対的に安定なエポキシドは水かグルタチオンと反応して開環反応を起こす傾向にある．また，ベンゾ[*a*]ピレンのように立体障害のあるエポキシドは，高分子の求核性官能基と反応する傾向にある．

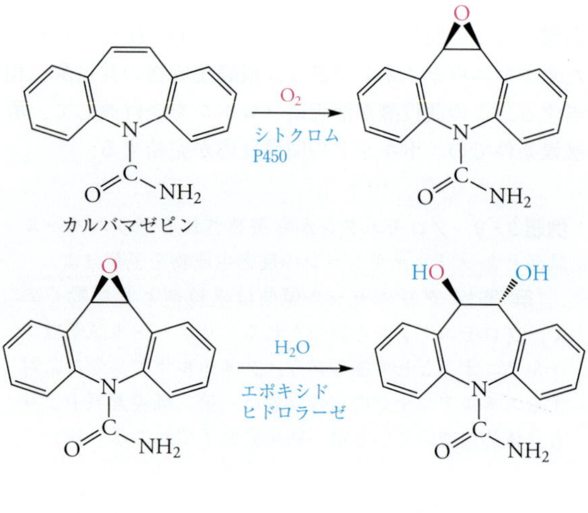

## 9・9 人工ポリエーテルと天然ポリエーテル

アレーンオキシドの場合と同様に，アルケンから生成したエポキシドもグルタチオンと反応して体内から容易に排出される水溶性の化合物を与える．アルケンから生成したエポキシドも高分子との開環反応を起こす．

### 9・9 人工ポリエーテルと天然ポリエーテル

1,2-ジメトキシエタン（DME）（別名グリム）と1,4-ジオキサンのような化合物は極性部分が2箇所あるため，極性化合物を容易に溶かす．

$$CH_3-O-CH_2CH_2-O-CH_3$$
1,2-ジメトキシエタン

1,4-ジオキサン

一つの分子にエーテル部分が複数あるポリエーテルには，カチオンを溶媒和するものがある．水溶液中に溶けているカチオンは，数個の水分子に溶媒和された構造をとる．たとえば，$Co(H_2O)_6^{2+}$ と表される化学種では $Co^{2+}$ が6個の水分子から配位を受けている．環状ポリエーテルも同様にカチオンを溶媒和できて，それによってイオン性化合物の有機溶媒に対する溶解度を向上できる．そのような環状ポリエーテルは**クラウンエーテル**（crown ether）とよばれ，環内の原子数 $x$ と酸素原子の個数 $y$ を使って $x$-クラウン-$y$ と表す．クラウンエーテルとカチオンの錯体のように，複数の配位部位で金属イオンに配位することをキレートという．図9・3に示すように，18-クラウン-6はカリウムイオンを環内の空孔に取込んでキレートを形成する．

クラウンエーテルのキレート能力は，空孔の大きさとカチオンのイオン半径の適合具合によって決まる．18-クラウン-6の空孔内の直径は，カリウムイオンの直径と同じくらいだ．クラウンエーテルではカリウムイオンに空孔の大きさが適合しているだけでなく，6個の酸素原子がカリウムイオンに効果的に配位するような配座をとる．その結果，カリウムイオンはクラウンエーテルに溶媒和される．

環状ポリエーテルおよび非環状ポリエーテルのなかには，生体膜を透過してイオン輸送することで，抗生物質として働くものがある．そのようなポリエーテルはイオンを輸送するものという意味で**イオノホア**（ionophore）とよばれる．イオノホアは正常な細胞を維持するために必要な細胞の内外の電解質のバランスを壊すことで，抗生物質として機能する．

環状エーテルのノナクチンは，細菌細胞の中から外へカリウムイオンを選択的に輸送する．ノナクチンには五員環に含まれたエーテル部分が4個あり，各部分がエステル結合でつながれている．ノナクチンがカリウムイオンと結合する強さは，ナトリウムイオンと結合する強さの約10倍もある．細胞が死なないためには細胞内のカリウムイオン濃度をナトリウムイオン濃度よりも高く維持しなければならないため，カリウムイオンを選択的に細胞外へ輸送することで細菌の細胞を死に至らしめる．

ノナクチン

(a) 18-クラウン-6

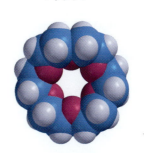

(b) 18-クラウン-6/カリウムイオン錯体

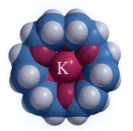

図9・3　18-クラウン-6とそのカリウム錯体の分子モデル

## 反応のまとめ

**1. エーテルの合成（§9・5）**

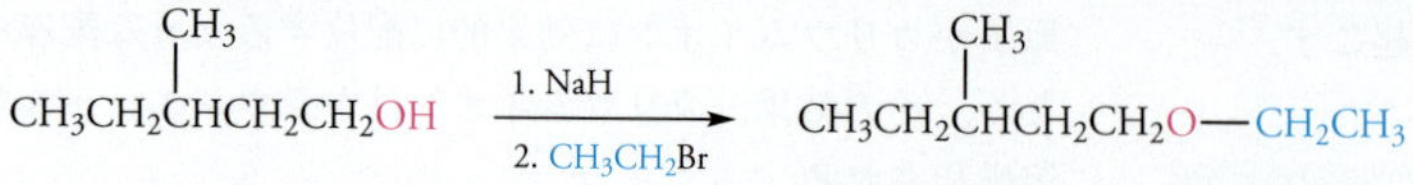

CH₃CH₂CH(CH₃)CH₂CH₂OH →(1. NaH, 2. CH₃CH₂Br)→ CH₃CH₂CH(CH₃)CH₂CH₂O—CH₂CH₃

**2. エーテル結合の開裂（§9・6）**

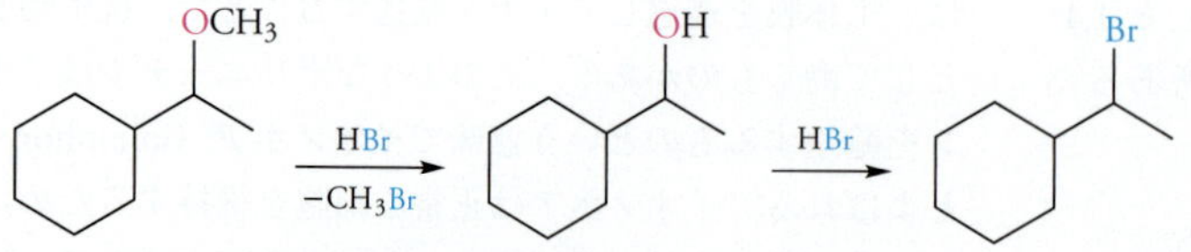

シクロヘキシル-CH(OCH₃)CH₃ →(HBr, −CH₃Br)→ シクロヘキシル-CH(OH)CH₃ →(HBr)→ シクロヘキシル-CH(Br)CH₃

**3. エポキシドの合成（§9・7）**

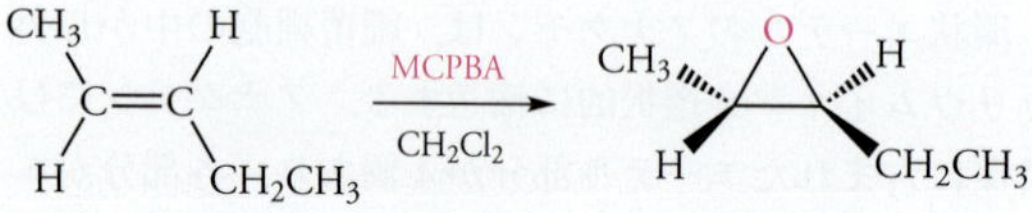

(E)-CH₃CH=CHCH₂CH₃ →(MCPBA, CH₂Cl₂)→ trans-2,3-エポキシド

**4. エポキシドの開環（§9・8）**

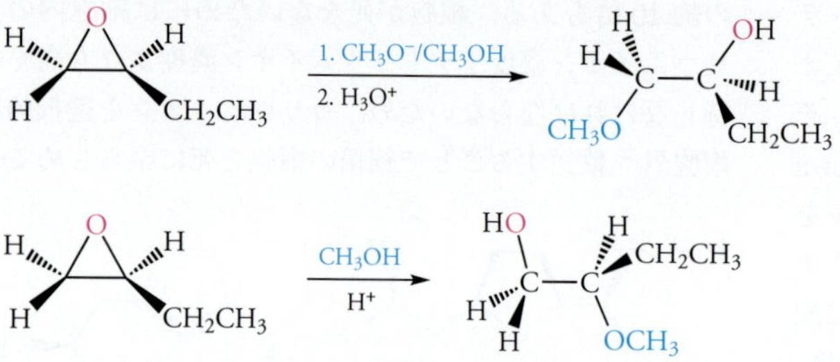

trans-エポキシド →(1. CH₃O⁻/CH₃OH, 2. H₃O⁺)→ CH₃O-CH-C(OH)(CH₂CH₃) 生成物

trans-エポキシド →(CH₃OH, H⁺)→ HO-CH-C(OCH₃)(CH₂CH₃) 生成物

## 練 習 問 題

### エーテルの異性体

**9・1** 分子式が $C_4H_{10}O$ であるエーテルの異性体の構造式をすべて書け．

**9・2** 分子式が $C_5H_{12}O$ であるメチルエーテルの異性体の構造式をすべて書け．

**9・3** 分子式が $C_3H_6O$ である飽和エーテルの構造式を書け．

**9・4** 分子式が $C_4H_8O$ である不飽和エーテルの異性体の構造式をすべて書け．

### エーテルの命名法

**9・5** 次の化合物の慣用名を答えよ．

(a) 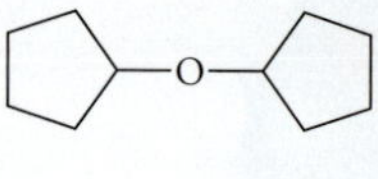 シクロペンチル—O—シクロペンチル　(b) 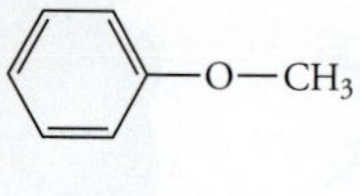 C₆H₅—O—CH₃

(c) 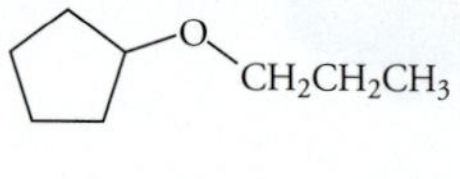 シクロペンチル—O—CH₂CH₂CH₃

**9・6** 次の化合物の慣用名を答えよ．

(a) 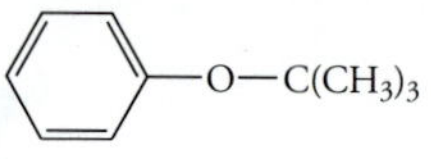 C₆H₅—O—C(CH₃)₃

(b) C₆H₅—CH₂—O—C(CH₃)₃

(c) シクロヘキシル—CH₂—O—CH=CH₂

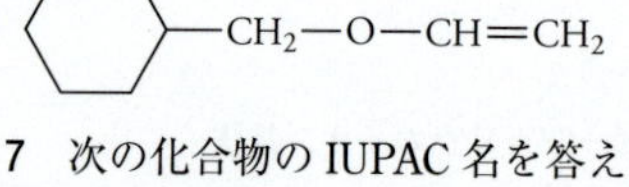

**9・7** 次の化合物の IUPAC 名を答えよ．

(a) 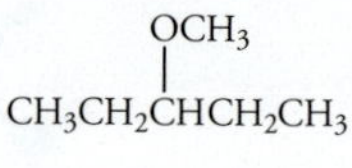 CH₃CH₂CH(OCH₃)CH₃　(b) 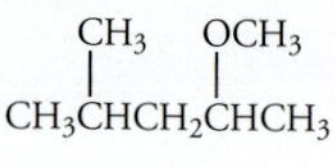 (CH₃)₂CHCH(OCH₃)CH₃

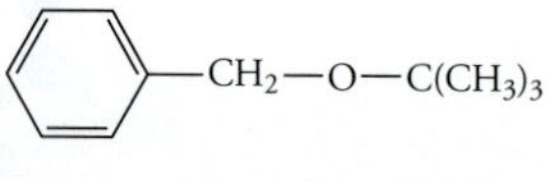

(c) 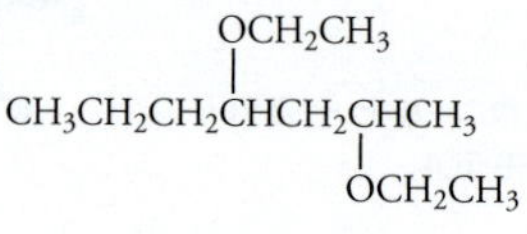 CH₃CH₂CH₂CH(OCH₂CH₃)CH(OCH₂CH₃)CH₃

## 練習問題

**9・8** 次の化合物の IUPAC 名を答えよ．

(a) CH₃CH₂CH₂CH(OCH₃)CH₃

(b) CH₃CH₂CH(OCH₃)CH(OCH₃)CH₃

(c) CH₃CH₂CH₂CH(OCH₂CH₃)CH₃

**9・9** 麻酔薬として使用される次の化合物の慣用名を答えよ．

CH₂=CH—O—CH=CH₂

**9・10** 2-クロロ-1-(ジフルオロメトキシ)-1,1,2-トリフルオロエタンとは，麻酔薬として使用されたエンフルランの IUPAC 名だ．エンフルランの構造式を書け．

### エーテルの性質

**9・11** 1,4-ジオキサンが水と混和する理由を説明せよ．

**9・12** p-エチルフェノールの水に対する溶解度は，その異性体のエトキシベンゼンの溶解度よりも高い．その理由を説明せよ．

**9・13** ジプロピルエーテルとジイソプロピルエーテルの沸点はそれぞれ 91 ℃ と 68 ℃ だ．両者の沸点の違いを説明せよ．

**9・14** 1-エトキシプロパンと 1,2-ジメトキシエタンの沸点はそれぞれ 64 ℃ と 83 ℃ だ．両者の沸点の違いを説明せよ．

**9・15** ヘプタンは濃硫酸に溶けないが，ジプロピルエーテルは濃硫酸に溶ける．その理由を説明せよ．

**9・16** 塩化アルミニウムは発熱しながらテトラヒドロピランに溶ける．その理由を説明せよ．

### グリニャール試薬

**9・17** 1-メチルシクロヘキセンを出発物質として，1-ジュウテリオ-1-メチルシクロヘキサンを合成する方法を示せ．なお，ジュウテリオは重水素が置換していることを表す．

**9・18** 重水素を含まない有機化合物を出発物質として，1,4-ジジュウテリオブタンを合成する方法を示せ．

**9・19** グリニャール試薬を調製するときの溶媒としてエタノールは使えない．その理由を説明せよ．

### エーテルの合成

**9・20** 次のエーテルの構造をふまえて，このエーテルを合成するのに最もよい試薬の組合わせは何か．

（シクロペンタン環に CH₂CH₃ と OCH₃ が同一炭素上に置換した構造）

**9・21** 次のエーテルの構造をふまえて，このエーテルを合成するのに最もよい試薬の組合わせは何か．

（シクロヘキシル-CH₂CH₂-O-シクロペンチル）

**9・22** ウィリアムソン合成を使って，局所麻酔薬のジブカインを合成する方法を示せ．

（ジブカインの構造式）

**9・23** ウィリアムソン合成を使って，抗ヒスタミン薬のジフェニルピラリンを合成する方法を示せ．合成する際にどのような問題点が考えられるか？

（ジフェニルピラリンの構造式）

**9・24** メタノールを溶媒として 1-ヘキセンと酢酸水銀を反応させた後，反応中間体を水素化ホウ素ナトリウムと反応させると，2-メトキシヘキサンが生成する．反応中間体の構造式を書け．中間体がどのように生成するか説明せよ．

**9・25** 5-クロロ-2-ペンタノールを水素化ナトリウムと反応させると，2-メチルテトラヒドロフランが生成する．このエーテルの生成機構を説明せよ．

### 逐次合成

**9・26** 次の一連の反応の最終生成物の構造式を書け．

(a) PhCH₂CH=CH₂ → (1. Hg(OAc)₂/H₂O, 2. NaBH₄) → (1. NaH, 2. CH₃Br)

(b) シクロペンチル-CH=CH₂ → (1. B₂H₆, 2. H₂O₂/OH⁻) → (1. NaH, 2. CH₃CH₂Br)

(c) シクロブチル-CH₂CH=CH₂ → (1. B₂H₆, 2. H₂O₂/OH⁻) → (1. NaH, 2. エチレンオキシド, 3. H₃O⁺)

**9・27** 次の一連の反応の最終生成物の構造式を書け．

(a) シクロペンチル-CHO → (NaBH₄, CH₃CH₂OH) → (1. NaH, 2. CH₃CH₂Br)

(b) シクロペンタノン → (1. LiAlH₄, 2. H₃O⁺) → (1. NaH, 2. CH₃Br)

(c) シクロヘキシル-C(=O)CH₃ → (NaBH₄, CH₃CH₂OH) → (1. NaH, 2. メチルオキシラン, 3. H₃O⁺)

### エーテルの反応

**9・28** 分子式が C₅H₁₂O₂ である化合物を HI と反応させると，ヨードメタン，ヨードエタン，1,2-ジヨードエタンの

混合物が得られる．この化合物の構造式を書け．

**9・29** 分子式が $C_5H_{12}O_2$ である化合物を HI と反応させると，ヨードメタンと 1,3-ジヨードプロパンの混合物が得られる．この化合物の構造式を書け．

**9・30** 分子式が $C_5H_{10}O$ である化合物を HI と反応させると，1,5-ジヨードペンタンだけが得られる．この化合物の構造式を書け．

**9・31** 分子式が $C_4H_8O_2$ である化合物を HI と反応させると，1,2-ジヨードエタンだけが得られる．この化合物の構造式を書け．

## エポキシドの合成

**9・32** 次のビシクロアルケンを MCPBA でエポキシ化すると，二つの生成物が得られる．反応生成物の構造式を両方とも書け．

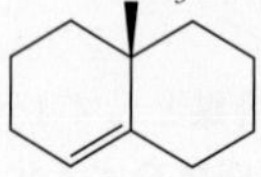

**9・33** 次の化合物はマイマイガの性誘引物質であり，MCPBA を使って合成する．その合成に必要なアルケンの構造式を書け．

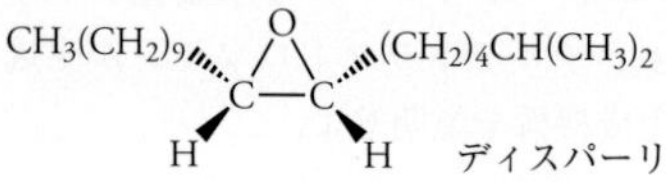

$CH_3(CH_2)_9$ — C — C — $(CH_2)_4CH(CH_3)_2$
　　　　　　 H　 H　　ディスパーリュア

## エポキシドの反応

**9・34** エチルセロソルブ($CH_3CH_2OCH_2CH_2OH$)は工業用途に使われる溶媒だ．エチレンオキシドを反応物の一つとして使って，この化合物を合成する方法を示せ．

**9・35** 2-フェニルエタノールは香料に使用される．ブロモベンゼンを出発物質として，この化合物を合成する方法を示せ．

**9・36** 酸触媒が存在する条件での 2-メチルオキシランとメタノールの反応の生成物の構造式を書け．

**9・37** エポキシドの三員環は金属水素化物を使って開環できる．シクロヘキセンオキシドと $LiAlD_4$ の反応生成物の構造式を書け．

**9・38** 2,2-ジメチルオキシランとエタンチオールの混合物に水酸化ナトリウムを反応させて得られる生成物の構造式を書け．

**9・39** エポキシドの三員環はフェノキシドイオンを使って開環できる．筋弛緩剤のメトカルバモールを合成する方法を示せ．

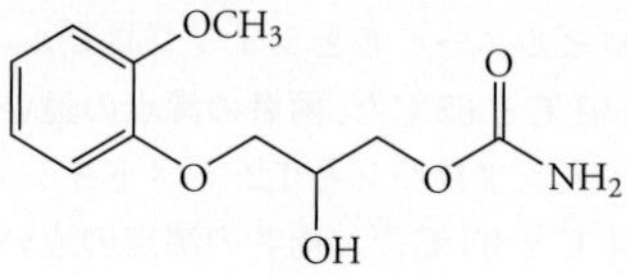

メトカルバモール

# アルデヒドとケトン

エストロン

## 10・1 カルボニル基

カルボニル基は炭素原子と酸素原子が二重結合でつながってできた官能基だ．カルボニル基を構成するこの二つの原子を，それぞれカルボニル炭素とカルボニル酸素とよぶ．カルボニル基を含む最も単純な化合物はホルムアルデヒド（$CH_2O$）だ．ホルムアルデヒドの構造式は下の図のように書けるが，反応機構を示すために必要な場合を除き，カルボニル酸素の孤立電子対は書かないことが多い．

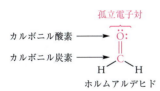

カルボニル炭素は三つの $sp^2$ 混成軌道を形成し，各軌道に電子を1個ずつ提供して3本の σ 結合をつくる．ホルムアルデヒドは同一平面上に2本の炭素–水素 σ 結合と1本の炭素–酸素 σ 結合をもち，それぞれの結合がなす角度は約 120° だ．カルボニル炭素のもう1個の価電子は 2p 軌道にあり，2p 軌道は $sp^2$ 混成軌道がつくる平面に直交する．カルボニル酸素も三つの $sp^2$ 混成軌道を形成し，6個の価電子のうちの1個は $sp^2$ 混成軌道に収容されてカルボニル炭素と σ 結合をつくる（図 10・1）．4個の価電子は他の原子との結合に使われずに残りの二つの $sp^2$ 混成軌道に収容され，2組の孤立電子対となる．孤立電子対同士がなす角度と炭素–酸素結合とのなす角度はおよそ 120° になる．酸素の残りのもう1個の価電子は 2p 軌道にあり，2p 軌道は $sp^2$ 混成軌道がつくる平面に直交する．炭素の 2p 軌道と酸素の 2p 軌道が $sp^2$ 混成軌道の平面の上下で重なることで，π 結合が形成される（図 10・1）．

ホルムアルデヒド　　　　　アセトン

アルデヒドは2種類の共鳴構造の共鳴混成体として表される．次に示す二つの共鳴構造のうち，オクテット則を満たす左側の寄与の方が重要だ．しかし，アルデヒドやケトンの反応性を説明するために，双極子となる右側の共鳴構造を書くこともある．

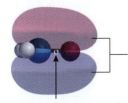

**図 10・1　ホルムアルデヒドの構造**　ホルムアルデヒドを横方向から見た図．カルボニル炭素とカルボニル酸素はどちらも $sp^2$ 混成だ．カルボニル炭素とカルボニル酸素は σ 結合と π 結合でつながっている．

この章では，カルボニル炭素が求核剤と反応することと，カルボニル酸素が求電子剤と反応することを学ぶ．

## 10. アルデヒドとケトン

### カルボニル化合物

カルボニル炭素が少なくとも1個の水素原子と結合すると，**アルデヒド**（aldehyde）になる．ホルムアルデヒドは最も単純なアルデヒドであり，カルボニル炭素に2個の水素原子が結合している．その他のアルデヒドのカルボニル炭素は水素原子1個と結合し，さらにアルキル基(-R)または芳香族のアリール基(-Ar)の炭素原子1個と結合している．カルボニル炭素周りの結合角は約120°だが，置換基と水素原子が一直線上にくるようにカルボニル炭素の左右に書くこともある．

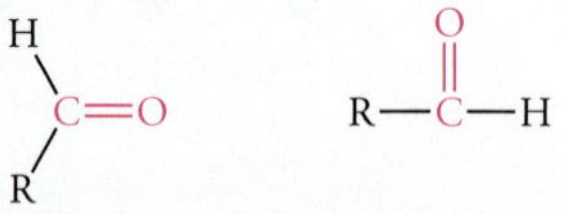

アルデヒドの一般式

**ケトン**（ketone）ではカルボニル炭素がアルキル基またはアリール基の炭素原子2個と結合している．アルデヒドの場合と同様に，カルボニル炭素周りの結合角は約120°だが，二つの置換基が一直線上にくるようにカルボニル炭素の左右に書くこともある．

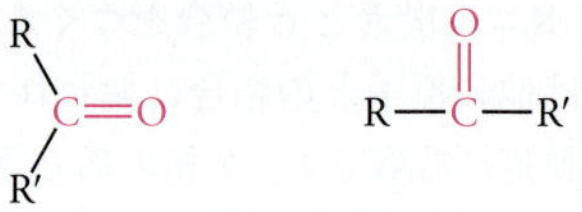

ケトンの一般式

アルデヒドの構造式を省略して書くと，RCHO または ArCHO となる．CHO と書くことで水素原子と酸素原子がともにカルボニル炭素に結合していることを表す．ケトンの構造式を省略して書くと，RCOR′ となる．CO という部分がカルボニル基を表し，その横の-R 基と-R′ 基はカルボニル炭素に結合したアルキル基を表す．

### 天然に存在するアルデヒドとケトン

生物から単離される有機化合物の多くにカルボニル基が含まれている．アルデヒドとケトンには良い香りがするものが多くあり，芳香剤，石けん，香料などの製品に使用される．たとえば，α-イオノンとジャスモンというケトンは，それぞれアイリスとジャスミンの香りのもとになる（図10・2）．香りに対して生理的にどう応答するかは，Gタンパク質共役受容体（GPCR）とよばれる神経内の膜タンパク質がケトンとどのように相互作用するかで決まる．

かつての香料製品の原料の供給源は，花や植物から抽出されるものだけだった．しかし，今日では香り成分のケトンを実験室で合成するようになり，その方がずっと経済的になった．香り成分を化学合成することで，新しい香りをもつ化合物もつくれるようになった．

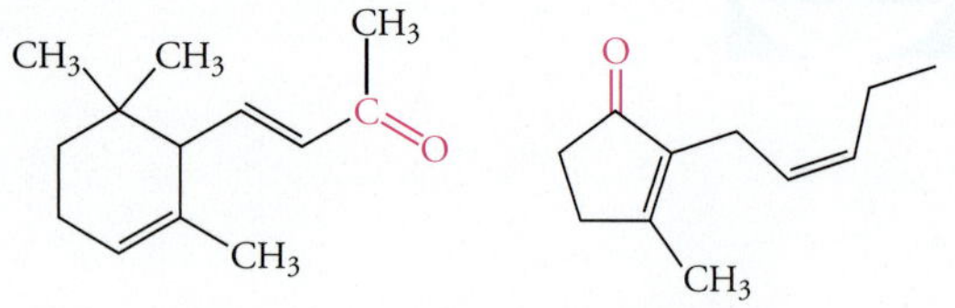

α-イオノン　　　ジャスモン

**図10・2　天然に存在するケトンの構造**

## 10・2　アルデヒドとケトンの命名法

### アルデヒドとケトンの慣用名

低分子量のアルデヒドとケトンは慣用名でよばれることが多い．アルデヒドの慣用名は，母体部分が同じ構造のカルボン酸の慣用名に由来する．

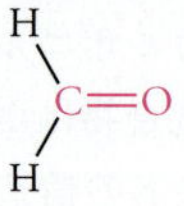

ホルムアルデヒド 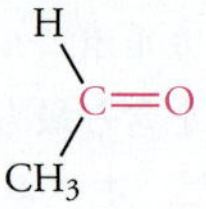　　アセトアルデヒド 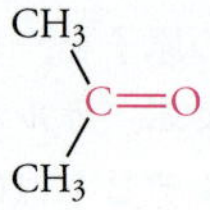　　アセトン

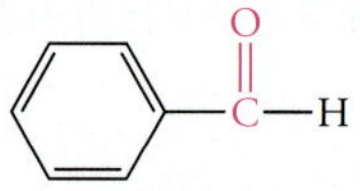

ベンズアルデヒド 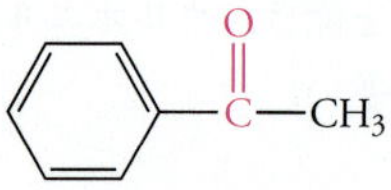　　アセトフェノン

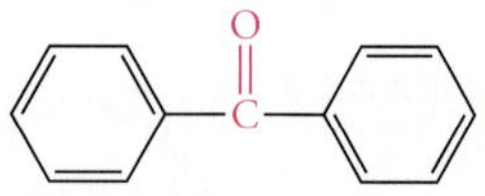

ベンゾフェノン

### アルデヒドの IUPAC 名

1. アルデヒドの IUPAC 名のつけ方は，アルコールの IUPAC 名のつけ方とほぼ同じだ．アルデヒドの構造で母体となる炭化水素の主鎖の名前の語尾の -e をアール（-al）に変える．

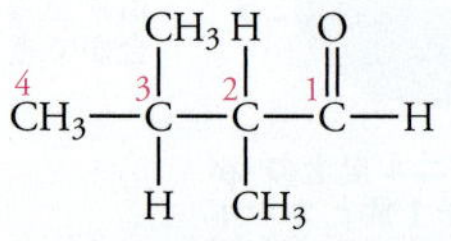

2,3-ジメチルブタナール
（2,3-ジメチル-1-ブタナールではない）

2. アルデヒドはアルキル基，ハロゲン，ヒドロキシ基，アルコキシ基よりも優先順位が高い．これらの官能基

を含む場合は，母体部分の名前の前に置換基の位置番号と名前をつけて表す．

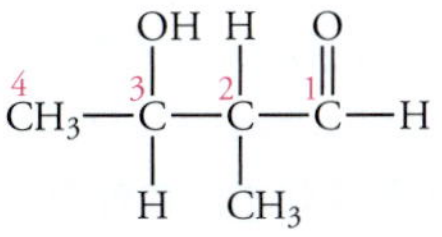

3-ヒドロキシ-2-メチルブタナール

3. アルデヒドは二重結合や三重結合よりも優先順位が高い．アルデヒドの母体となる主鎖に二重結合や三重結合が含まれる場合は，母体のアルケンやアルキンの名前の語尾の -e を接尾語 -al に変える．多重結合の位置は母体の名前の前に位置番号をつけて示す．

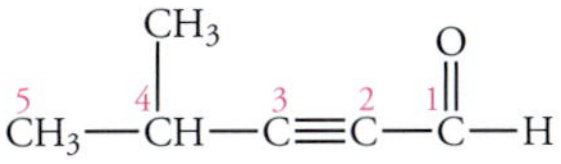

4-メチル-2-ペンチナール

4. カルボン酸はアルデヒドやケトンよりも優先順位が高い．このようにアルデヒドよりも優先順位が高い他の官能基を含む場合は，カルボニル基の位置番号をつけたうえでカルボニル基をオキソ（-oxo）という接頭語で表す．カルボニル基を含む場合の優先順位は，カルボン酸＞アルデヒド＞ケトンの順になる．

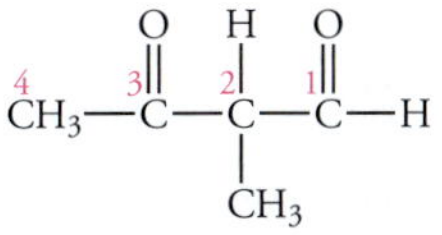

2-メチル-3-オキソブタナール

5. シクロアルカンを置換基とするアルデヒドの場合は，シクロアルカンの名前の後にカルボアルデヒド（-carbaldehyde）という接尾語をつける．

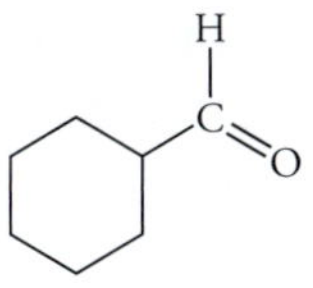

シクロヘキサンカルボアルデヒド 　　cis-2-ブロモシクロペンタンカルボアルデヒド

## ケトンの IUPAC 名

ケトンの IUPAC 名のつけ方は，アルデヒドの IUPAC 名のつけ方とほぼ同じだ．ケトンの分子構造で母体となる炭化水素の主鎖の名前で語尾の -e をオン (-one) に変える．しかし，ケトンのカルボニル基は末端の炭素にあるわけではないので，その位置を示さなくてはならない．

1. ケトンの構造の母体となる炭化水素で，主鎖の名前の語尾の -e を -one に変える．カルボニル炭素の位置番号が小さくなるように位置番号を決め，その位置番号を主鎖の前につけて示す．この位置番号は接尾語 -one の直前につけることもある．置換基の位置と名前は接頭語で示す．

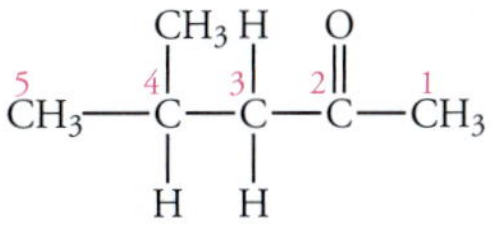

4-メチル-2-ペンタノン
(4-methyl-2-pentanone)
[4-メチルペンタン-2-オン
(4-methylpentan-2-one)]
(2-メチル-4-ペンタノンではない)

2. 環状ケトンの名前のつけ方は非環状ケトンの場合とほぼ同じだ．カルボニル炭素の位置番号を1にする．最初の置換基の位置番号が小さくなるように右回りまたは左回りで位置番号をつける．

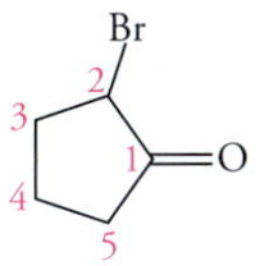

2-ブロモシクロペンタノン 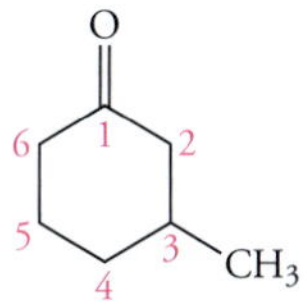　　3-メチルシクロヘキサノン

3. ケトンはハロゲン，ヒドロキシ基，アルコキシ基，多重結合よりも優先順位が高い．これらの官能基はアルデヒドの場合と同じように置換基として扱い，その位置と名前を表す接頭語をつけて示す．

**例題 10・1** 皮膚真菌症の治療薬カピリンの IUPAC 名は 1-フェニル-2,4-ヘキサジイン-1-オンだ．カピリンの構造式を書け．

［解 答］ 接尾語に 1-オンとついていて，骨格名にヘキサとついているので，炭素原子数が6個のケトンであることがわかる．そこで，6個の炭素原子からなる炭素鎖の骨格を書き，端から位置番号をつける．位置番号1の炭素原子にカルボニル酸素を書く．

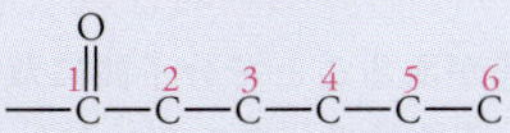

化合物名に 1-フェニルとあるので，C1 位にフェニル基を書く．フェニル基をつけたことで化合物がケトンであることがわかるだろう．カルボニル炭素が炭素鎖の末端にあるので，もしフェニル基がなければこの化合物はア

ルデヒドになってしまう．

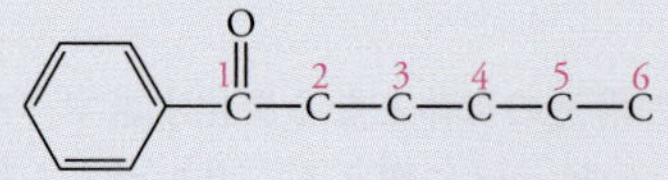

化合物名に-ジインとあるので，炭素鎖骨格に三重結合が二つあることがわかる．化合物名に 2,4-とあるので，炭素鎖の C2-C3 間と C4-C5 間に三重結合を書く．必要な水素原子をつけ足せば，構造式ができあがる．

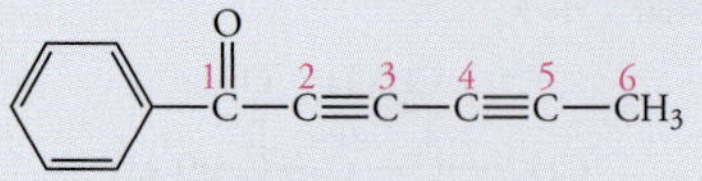

**例題 10・2** アリの警報フェロモンである次の化合物の IUPAC 名を書け．

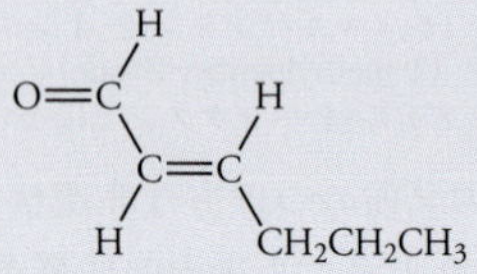

は水素結合を形成しないが，アルコールは水素結合を形成するためだ．カルボニル化合物の分子量が増すにつれて炭素鎖のロンドン力が増し，分子間で引き合う双極子-双極子相互作用は相対的に重要でなくなる．その結果，炭素鎖が長くなるにつれて，アルデヒドやケトンの物理的性質に対する炭化水素の性質の寄与が大きくなる．炭素鎖が長くなっても沸点がアルコール＞カルボニル化合物＞アルカンという順序であることに変わりはないが，しだいに沸点の差が小さくなる．

表 10・1 アルカン，アルデヒド，アルコールの物理的性質の比較

| 化合物 | 双極子モーメント | 沸点 |
|---|---|---|
| 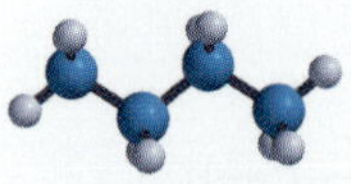 $CH_3CH_2CH_2CH_3$ ブタン | 0.05 D | −1 ℃ |
| 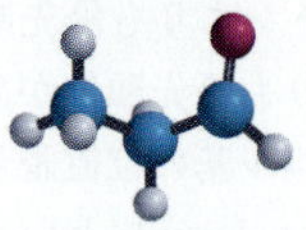 $CH_3CH_2CHO$ プロパナール | 2.52 D | 48.8 ℃ |
| 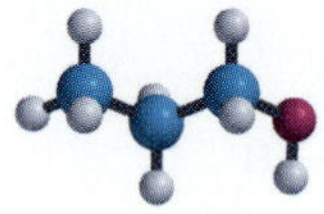 $CH_3CH_2CH_2OH$ 1-プロパノール | 1.68 D | 97.1 ℃ |

## 10・3 アルデヒドとケトンの物理的性質

酸素は炭素よりも電気陰性度が大きいので，カルボニル基の電子は酸素原子の方へと引き寄せられて，カルボニル基が分極する．カルボニル基の分極は，共鳴混成体に電荷を帯びた共鳴構造が寄与していることからも理解できる．

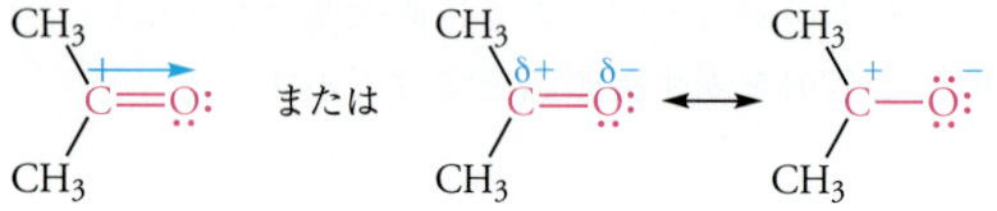

2-プロパノン (2.9 D)
(アセトン)

代表的なアルデヒドであるプロパナールの双極子モーメントは，ブタンや 1-プロパノールの双極子モーメントよりも大きい（表 10・1）．アルデヒドの双極子モーメントが大きいのは，カルボニル基の分極を反映した結果だ．

### アルデヒドとケトンの物理的性質

カルボニル基があることで分子間に双極子-双極子相互作用が働く．その結果，アルデヒドとケトンは分子量が同じ程度のアルカンよりも沸点が高くなる（表 10・1）．しかし，アルコールはカルボニル化合物より双極子モーメントが小さいにもかかわらず，アルデヒドやケトンよりもさらに沸点が高い．その理由は，カルボニル化合物

### アルデヒドとケトンの水溶性

アルデヒドとケトンは水素結合供与体になれないため，分子間で水素結合した二量体になることはできない．しかし，カルボニル酸素は孤立電子対をもつので水素結合受容体となることができる．実際，カルボニル基は水分子と水素結合を形成する．それゆえに低分子化合物であるホルムアルデヒド，アセトアルデヒド，アセトンは水と任意の割合で混ざる．

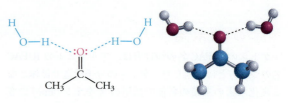

カルボニル基の酸素原子の孤立電子対が水素結合受容体となる

しかし，アルキル鎖が長くなるにつれて溶解度に対する炭化水素部分の寄与が大きくなり，カルボニル化合物の水に対する溶解度は低下する．一方，アルキル鎖が短いアセトンと2-ブタノン（メチルエチルケトンまたはMEKともよばれる）は，多くの有機反応にとって優れた溶媒だ．"似たもの同士はよく溶ける"ので，この二つの極性溶媒は極性化合物をよく溶かす．それだけでなく，アルコールやカルボン酸といったプロトン性化合物も容易に溶かす．メタノールと水素結合したアセトンの分子モデルの図からわかるように，カルボニル基はプロトン性化合物に対して水素結合受容体として機能する．そのため，プロトン性化合物はアセトンによく溶ける．

アセトンとメタノールの水素結合

## 10・4　カルボニル化合物の酸化還元反応

アルデヒドの酸化状態はアルコールとカルボン酸の中間の状態にあたる．したがって，アルデヒドのカルボニル基は還元すればアルコールになり，酸化すればカルボン酸になる．

$$\underset{\text{アルコール}}{R-\underset{\underset{H}{|}}{\overset{\overset{OH}{|}}{C}}-H} \xleftarrow{\text{還元}} \underset{\text{アルデヒド}}{R-\overset{\overset{O}{\|}}{C}-H} \xrightarrow{\text{酸化}} \underset{\text{カルボン酸}}{R-\overset{\overset{O}{\|}}{C}-OH}$$

### アルデヒドの酸化

第8章では，第一級アルコールが酸化されるとアルデヒドになり，アルデヒドは容易に酸化されてカルボン酸になることを学んだ．同じ反応条件で第二級アルコールが酸化されるとケトンになるが，ケトンはそれ以上は酸化されない．この反応性の違いを利用して，アルデヒドとケトンを見分けられる．たとえば，トレンス試薬とフェーリング液は穏やかな酸化剤であり，どちらもアルデヒドを酸化してカルボン酸に変換するものの，ケトンを酸化することはない．したがって，これらの試薬を使えばアルデヒドとケトンを簡単に判別することができる．

トレンス試薬は銀イオンとアンモニアの錯体の塩基性溶液だ．アルデヒドが入った試験管内にトレンス試薬を加えるとアルデヒドは酸化され，その一方で銀は還元されて試験管の壁面に鏡のように析出する．アルデヒドに特有のこの反応を銀鏡反応とよぶ．

$$R-\overset{\overset{O}{\|}}{C}-H + 2\,Ag(NH_3)_2^+ + 3\,OH^-$$
$$\longrightarrow R-\overset{\overset{O}{\|}}{C}-O^- + 2\,Ag(固体) + 4\,NH_3 + 2\,H_2O$$

フェーリング液は銅イオン（$Cu^{2+}$）の錯体の塩基性溶液だ．フェーリング液はアルデヒドを酸化してカルボン酸に変換し，$Cu^{2+}$は$Cu^+$に還元される．還元された$Cu^+$は赤色の酸化銅（$Cu_2O$）として沈殿する．フェーリング液は$Cu^{2+}$に特徴的な青色をしているが，酸化銅の沈殿が生成するにつれて退色する．フェーリング液は塩基性溶液なので，酸化反応で生成するカルボン酸は共役塩基の形で存在する．

$$R-\overset{\overset{O}{\|}}{C}-H + 2\,\underset{\text{青色溶液}}{Cu^{2+}} + 5\,OH^-$$
$$\longrightarrow R-\overset{\overset{O}{\|}}{C}-O^- + \underset{\text{赤色沈殿}}{Cu_2O\,(固体)} + 3\,H_2O$$

### アルデヒドとケトンの還元によるアルコールの生成

第4章では，ニッケル，パラジウム，白金などの触媒と水素ガスを用いて炭素−炭素二重結合を還元できることを学んだ．第8章では，パラジウムやラネーニッケルなどの触媒と水素ガスを用いると，アルデヒドやケトンを触媒的にアルコールへ還元できることを学んだ．しかし，アルデヒドやケトンを水素ガスで還元するためには，アルケンを還元する場合よりも激しい反応条件が必要となる．一方，水素化アルミニウムリチウム（$LiAlH_4$）と水素化ホウ素ナトリウム（$NaBH_4$）はどちらもカルボニル基を還元するが，炭素−炭素二重結合や炭素−炭素三重結合を還元できない（§8・7）．よって，これらの試薬は炭素−炭素多重結合をもつカルボニル化合物のカルボニル基を選択的に還元する反応に使用できる．

## カルボニル基からメチレン基への還元

クレメンゼン還元かウォルフ-キシュナー還元を行うと，カルボニル基をメチレン基へ直接還元できる．前者の反応は亜鉛アマルガム $Zn(Hg)$ と塩酸を使用し，後者の反応はヒドラジン $H_2NNH_2$ と塩基を使用する．

クレメンゼン還元を使うと，フリーデル-クラフツアルキル化反応で直接合成できないアルキルベンゼンを合成できる．第5章で紹介したように，フリーデル-クラフツアシル化反応の生成物であるケトンのクレメンゼン還元を行うとベンゼン環に結合したカルボニル基をメチレン基に変換できるので，アルキルベンゼンが得られる．

**例題 10・3** トレンス試薬を用いて分子式が $C_4H_8O$ であるカルボニル化合物の異性体を判別できるか示せ．

[解答] 分子式が $C_4H_8O$ であるカルボニル化合物の異性体は三つあり，二つがアルデヒドで一つがケトンだ．

二つのアルデヒドはどちらもトレンス試薬と反応し，銀鏡反応を示す．よって，この二つの異性体をトレンス試薬で判別することはできない．しかし，ケトンはトレンス試薬と反応しないので，銀鏡反応を示さなければ2-ブタノンと判別できる．

**例題 10・4** フェーリング液を用いて次の二つの異性体を判別するにはどうしたらよいか説明せよ．

**例題 10・5** 次のケトンを水素化ホウ素ナトリウムで還元すると，生成物は二つの異性体の混合物となった．生成物の構造式を書け．

[解答] ヒドリドイオンはカルボニル基の左右どちらからでも攻撃できる．左側から攻撃すればヒドロキシ基が右側（炭素-炭素二重結合を含む環と同じ側）にある異性体が生成し，右側から攻撃すればヒドロキシ基が左側にある異性体が生成する．

**例題 10・6** 次の化合物と(a)〜(c)の各試薬との反応生成物の構造式を書け．
(a) ヒドラジンと塩基
(b) パラジウムと1気圧の水素
(c) ラネーニッケルと100気圧の水素

## 10・5 カルボニル化合物の付加反応

アルデヒドとケトンは π 結合をもち，付加反応を起こす．カルボニル基の炭素-酸素結合は分極しているので，求電子的な部分と求核的な部分をあわせもつ試薬と反応する．求電子的な部分がカルボニル酸素と結合し，求核的な部分がカルボニル炭素と結合する．

カルボニル化合物と反応する試薬の多くは H–Nu と表せる．この試薬の求電子的な部分は $H^+$ で，求核的な部分は $Nu^-$ だ．付加反応は段階的な反応であり，$Nu^-$ と $H^+$ が付加する順序は，酸触媒反応であるか塩基触媒反応であるかによって決まる．

塩基触媒反応では，求核剤がカルボニル基に攻撃して四面体構造の中間体が生成した後にプロトン化が起こる．

正味の反応は，求核剤とプロトンがカルボニル基のπ結合を間に挟んで付加する反応だ．負に帯電した求核剤 Nu:⁻ は，H−Nu と OH⁻ の酸塩基反応で生成する．四面体構造の中間体の酸素原子に対して水分子がプロトンを渡すことで，塩基である OH⁻ が再生することに注意しよう．

酸触媒反応でははじめにカルボニル酸素のプロトン化が起こり，共鳴安定化されたカルボカチオン中間体が生成する．

その結果，弱い求核剤でも求核攻撃が起こるようになる．以降の反応を中間体の共鳴構造の片方を使って表すと次のようになる．中間体の炭素原子に求核剤 H−Nu が攻撃する．続いてもとの求核剤に結合していたプロトンが溶媒分子との酸塩基反応によって脱離することで，付加体が生成するとともに，反応の一段階目に必要なプロトンが再生する．

## 求核付加反応の平衡

カルボニル化合物に付加する求核剤の強弱は，反応の可逆性で分類される．不可逆的に付加する求核剤としては，水素化アルミニウムリチウムや水素化ホウ素ナトリウムのヒドリドイオン（§10・4）や，グリニャール試薬のカルボアニオン（§10・6）があげられる．これらの求核剤は弱酸の共役塩基であり，脱離基としての能力が低い．そのため，いったんカルボニル炭素に結合すると逆反応は起こりにくい．可逆的に付加する求核剤は強酸の共役塩基であり，良い脱離基となる．§10・7〜§10・9 に反応例があるので確認してみよう．可逆反応の場合，ルシャトリエの原理に基づいて反応条件を調節すれば，生成物を与える方へと平衡が移動して反応が完結する．

## アルデヒドとケトンの相対的反応性

一般に，ケトンよりもアルデヒドの方が反応性は高く，求核剤と速く反応する．この反応性の違いは電子的効果と立体的効果の両方によるものだ．

まず，電子的効果について考えよう．ケトンのカルボニル炭素には二つのアルキル基が結合している．アルキル基はカルボニル炭素に対して電子を押し出し，部分的な正電荷を安定化する．アルキル基がカルボカチオンを安定化することを思い出すと，理解しやすいだろう．一方，アルデヒドのカルボニル炭素にはアルキル基が一つしかない．よって，アルデヒドのカルボニル炭素の部分的な正電荷は，ケトンの場合よりも大きい．その結果，ケトンよりもアルデヒドの方が求核剤と速く反応する．

置換基の大きさもアルデヒドとケトンの反応性の違いに影響する．ケトンでは二つのアルキル基がカルボニル炭素に結合しているため，水素原子とアルキル基を一つずつもつアルデヒドよりも立体的に混んでいる．したがって，求核剤はアルデヒドのカルボニル炭素の方に近づきやすく，アルデヒドとの反応の方が速く進行する（図10・3）．このように電子的効果と立体的効果の両方が影響した結果，アルデヒドの方がケトンよりも反応性が高くなる．

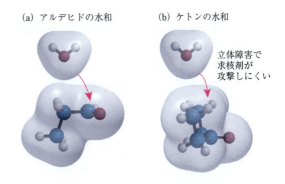

**図10・3　付加反応に及ぼす立体効果の影響**　アルデヒドのカルボニル基（a）は，ケトンのカルボニル基（b）よりも立体障害が小さい．そのため，アルデヒドの方がケトンよりも求核剤（この図の場合は水）との求核付加反応が速く進行する．

## 10・6 カルボニル化合物からの アルコールの合成

### アルデヒドおよびケトンとグリニャール試薬の反応

第9章では，ハロゲン化アルキルとマグネシウムの反応でグリニャール試薬を調製することを学んだ．

$$R-X \xrightarrow[\text{エーテル}]{Mg(固体)} R-Mg-X$$

グリニャール試薬は炭素-炭素結合をつくるために使われ，単純な分子から複雑な分子を合成するのに役立つ．グリニャール試薬はとても大きく分極した炭素-マグネシウム結合をもち，炭素原子は部分的に負電荷を帯びている．

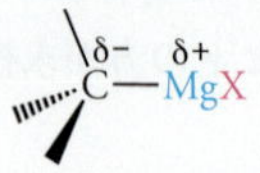

グリニャール試薬の炭素原子はカルボアニオンと似た性質を示す．グリニャール試薬は求核剤として反応して，アルデヒドやケトンの求電子的なカルボニル炭素に付加する．マグネシウムイオンは負電荷を帯びた酸素原子と塩を形成してマグネシウムアルコキシドを生成するが，これを加水分解するとアルコールになる．

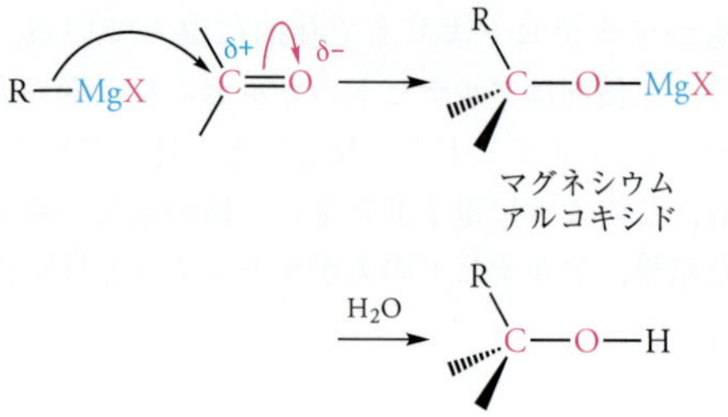

グリニャール試薬が付加するカルボニル化合物の種類に応じて第一級アルコール，第二級アルコール，第三級アルコールが生成する．第一級アルコールはグリニャール試薬とホルムアルデヒドの反応で合成できる．

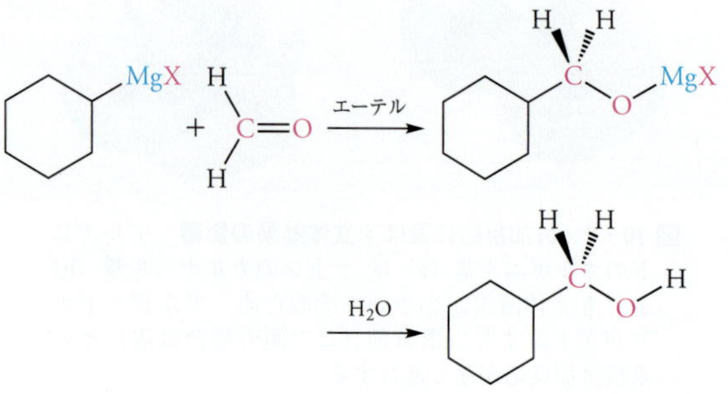

第二級アルコールはグリニャール試薬とアルデヒド (RCHO) の反応で合成できる．ヒドロキシ基と結合した炭素原子上の二つのアルキル基は，グリニャール試薬とアルデヒドに由来する．

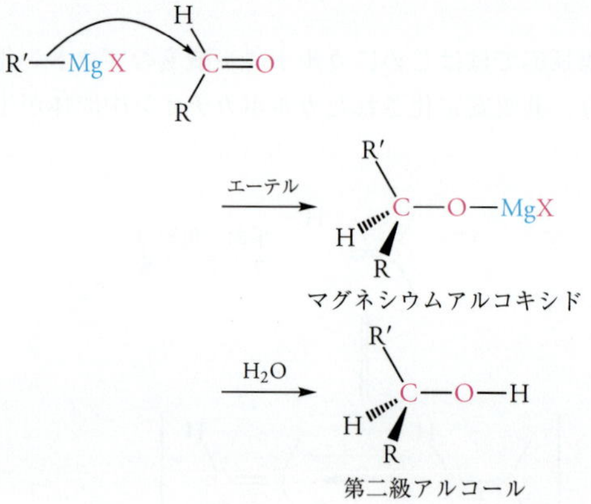

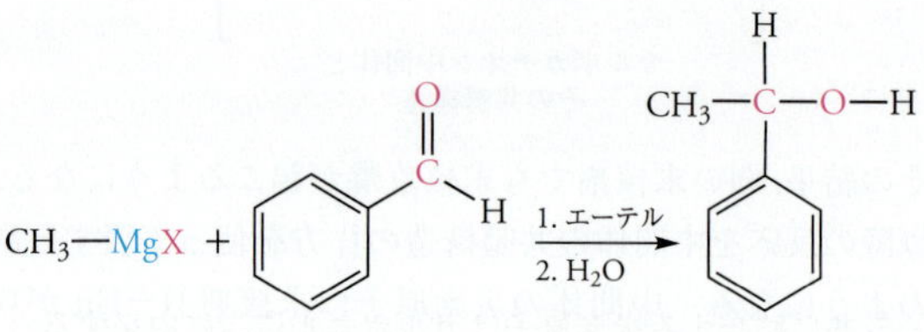

第三級アルコールはグリニャール試薬とケトンの反応で合成できる．ヒドロキシ基と結合した炭素原子上にある二つのアルキル基はケトンに由来し，もう一つはグリニャール試薬に由来する．

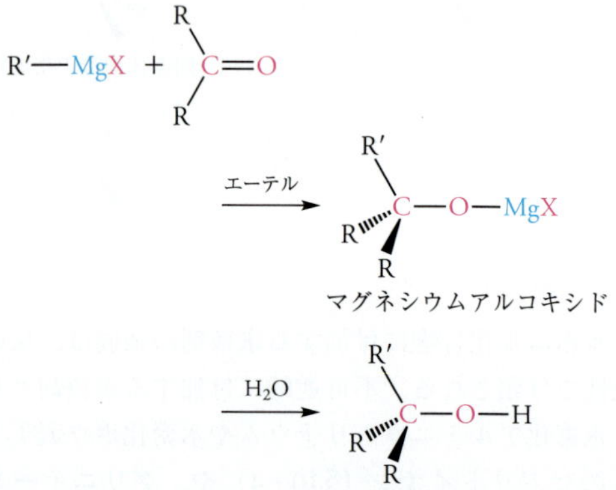

### アセチレンアルコール

アルキンの共役塩基のアニオンは，グリニャール試薬と同じようにカルボニル化合物と反応する．このアニオンは液体アンモニア中でアセチレンまたは末端アルキンとナトリウムアミドの酸塩基反応によって調製する．反

応混合物にカルボニル化合物を加えた後に酸で処理すると，アルコールが生成する．アセチレンから調製したアセチリドイオンとカルボニル化合物の反応では，アセチレンアルコールが生成する．

$$H-C\equiv C-H + NaNH_2 \longrightarrow H-C\equiv C-Na + NH_3$$

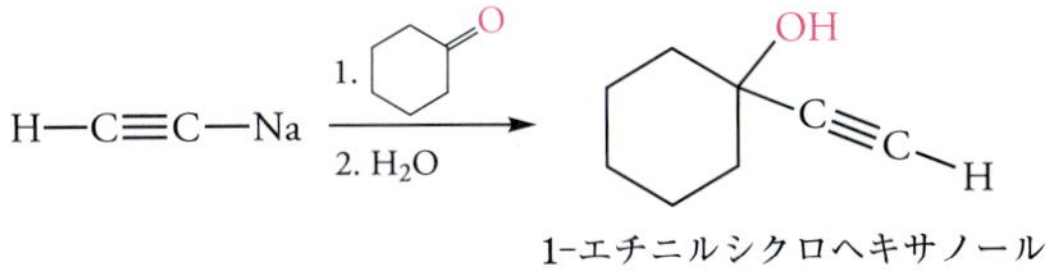

H—C≡C—Na
1.
2. H₂O
O
OH
C≡C—H
1-エチニルシクロヘキサノール

**例題 10・7** ヨーロッパキクイムシは仲間を集める集合フェロモンを産生する．集合フェロモンとなる次の化合物を，グリニャール試薬を使って合成する方法を2種類書け．

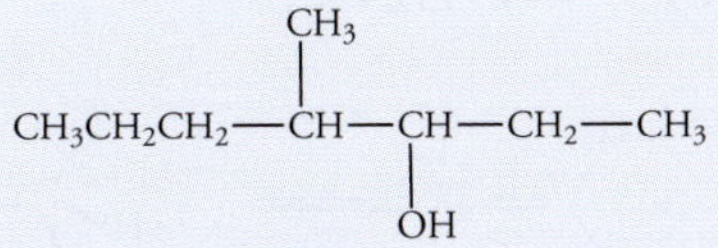

CH₃
CH₃CH₂CH₂—CH—CH—CH₂—CH₃
OH

［解 答］ この化合物は第二級アルコールなので，アルデヒドとグリニャール試薬から合成できる．ヒドロキシ基に結合する炭素原子はカルボニル炭素に由来することになる．この炭素原子に結合する二つのアルキル基の一方はアルデヒドに由来するもので，もう一方はグリニャール試薬のアルキル基だ．グリニャール試薬によって導入するのは，エチル基と1-メチルブチル基のどちらかだ．

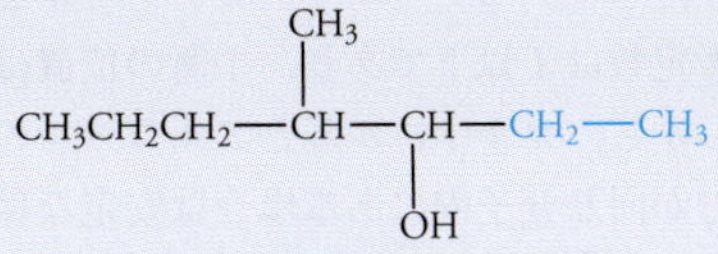

CH₃
CH₃CH₂CH₂—CH—CH—CH₂—CH₃
OH
エチル

CH₃
CH₃CH₂CH₂—CH—CH—CH₂—CH₃
OH
1-メチルブチル

グリニャール試薬としてエチルマグネシウムブロミドを使用する場合は，反応物のアルデヒドは2-メチルペンタナールだ．グリニャール試薬として1-メチルブチルマグネシウムブロミドを使用する場合は，反応物のアルデヒドはプロパナールだ．

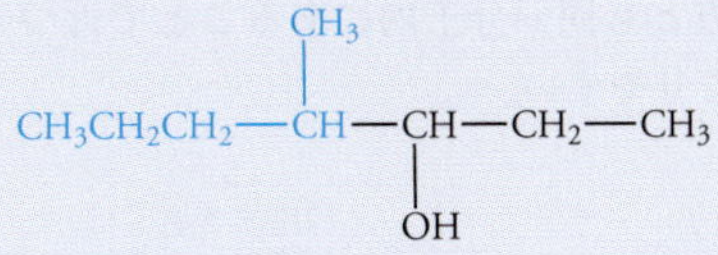

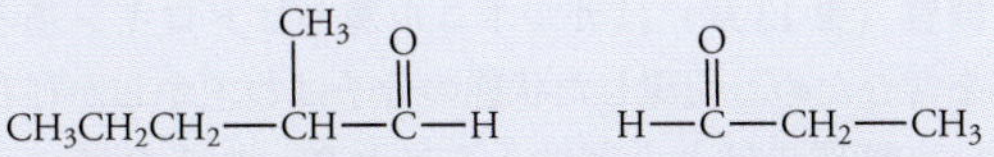

CH₃ O
CH₃CH₂CH₂—CH—C—H
O
H—C—CH₂—CH₃
2-メチルペンタナール　　プロパナール

**例題 10・8** メチルグリニャール試薬は4-*tert*-ブチルシクロヘキサノンと反応して2種類の異性体混合物を与える．生成物の構造式を書け．

## 経口避妊薬

アルキンの共役塩基とカルボニル化合物との反応は，経口避妊薬の合成に使用される．エストロゲンと総称されるエストラジオールなどの女性ホルモンは妊娠中に放出され，さらなる排卵を抑制する効果がある．経口避妊薬は妊娠と似た状態になるような効果が得られるように設計され，排卵を抑制する．

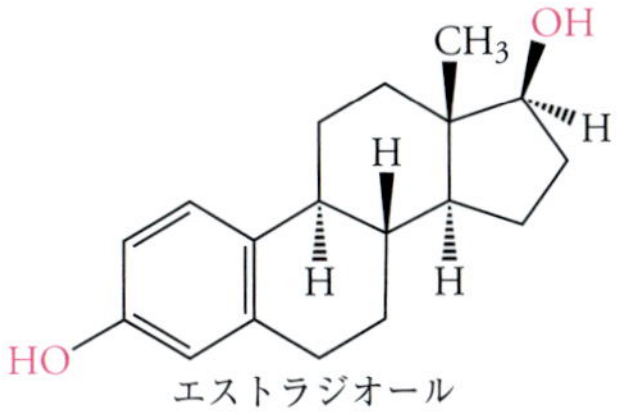

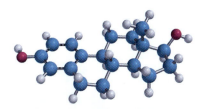

CH₃
OH
H
H
H
H
HO
エストラジオール

エストラジオールのC17位のヒドロキシ基は代謝によってただちに酸化され，エストロンが生成するため，エストラジオール自体は効果的な経口避妊薬ではない（酸化生成物のエストロンには，エストロゲン活性がほぼない）．

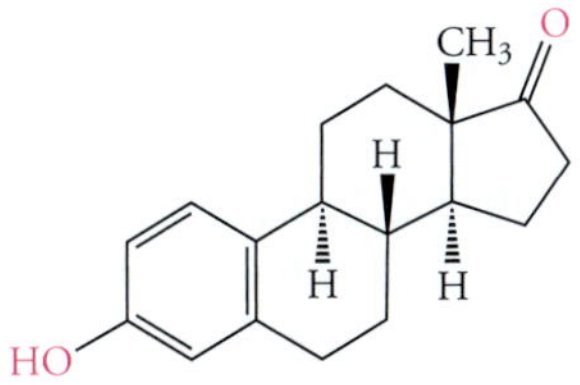

CH₃
O
H
H
H
HO
エストロン

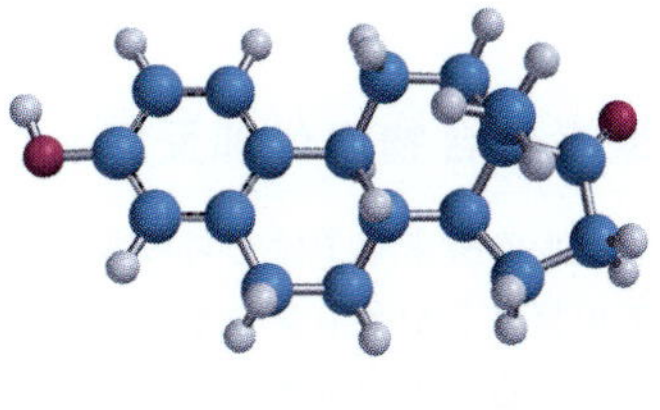

エストラジオールのホルモンの働きは五員環の上側にあるC17位のヒドロキシ基と関係している．そこで，エストラジオールと構造が似ていて，C17位の立体化学

が同じである第三級アルコールの合成が検討された．第三級アルコールであれば，代謝による酸化が進行しない．§9・4でグリニャール試薬の反応性を学んだので，第三級アルコールの合成方法としてグリニャール試薬を使うことを思いつくかもしれない．しかし，基質となるエストロンにはグリニャール試薬と反応するフェノール性ヒドロキシ基があるため，その方法は問題がある．この難問は試薬を変えることで巧みに回避された．グリニャール試薬でアルキル基を付加するのではなく，アセチレンの共役塩基であるアセチリドイオン（§4・5）を付加させて第三級アルコールを合成したのだ．アセチリドイオンはカルボニル化合物との反応でアセチレンアルコールを生じるので，ナトリウムアセチリドはエストロンと反応してエチニルエストラジオールを与える．

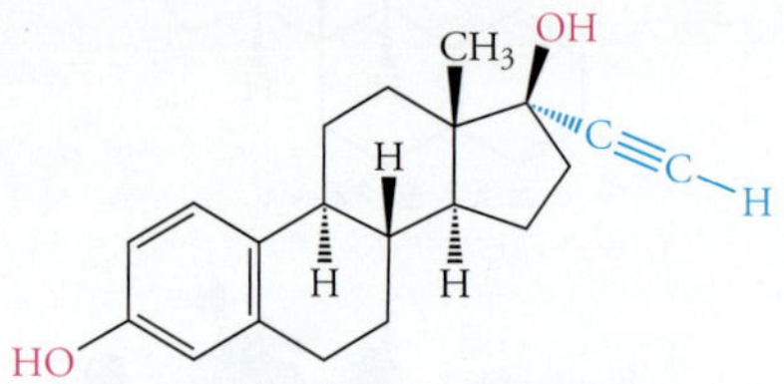

17-エチニルエストラジオール

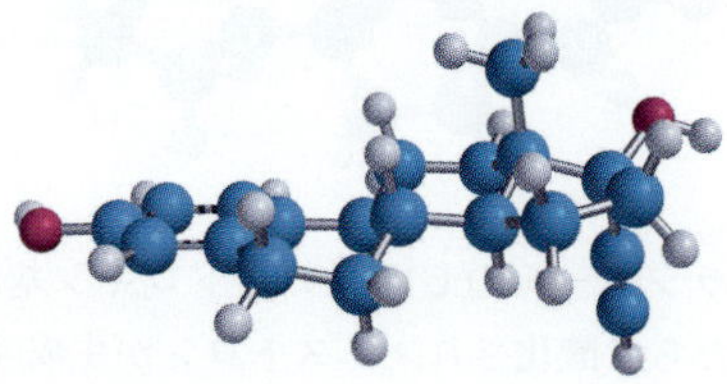

アセチリドイオンはエストロンのC17位のカルボニル炭素の上下どちら側からでも攻撃できるように見える．しかし，カルボニル基の近傍にあるメチル基が環平面の上側に出ているため，アセチリドイオンは環平面の下側からカルボニル基に接近する．その結果，生成物では環平面の上側に–OH基をもつことになる．この立体化学は，ホルモンが活性であるために必要な立体化学と一致する．そのうえ，第三級アルコールは代謝によって酸化されないので，有効な経口避妊薬になる．

## 10・7　酸素化合物の付加反応

水とアルコールの酸素原子はどちらも求核的な性質をもつので，アルデヒドやケトンのカルボニル炭素に攻撃して付加体を与える．水の付加体は水和物であり，アルコールの付加体はヘミアセタールかヘミケタールだ．水とアルコールはどちらも弱い求核剤なので，カルボニルへの付加は可逆であり，逆反応も起こる．

### 水 の 付 加

アルデヒドやケトンに水が付加すると**水和物**（hydrate）ができる．水分子のプロトンはカルボニル基の酸素原子に結合し，水酸化物イオンは炭素原子に結合する．ホルムアルデヒドは水中で99％以上が水和物として存在する．ホルムアルデヒドの水和物はホルマリンとよばれ，生物標本を保存するために使われていたが，発がん性があることがわかり，今日では使われなくなった．

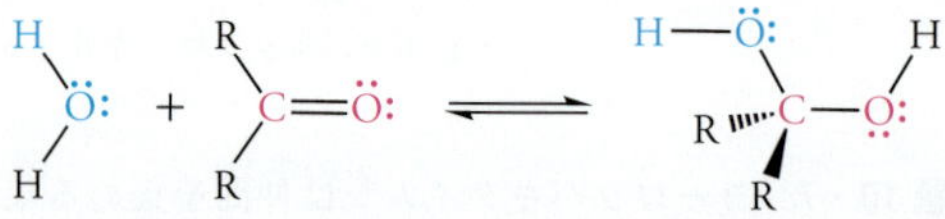

水の代わりにアルコールがアルデヒドに付加すると，ヘミアセタールが生成する．アルコールがケトンに付加するとヘミケタールが生成する．

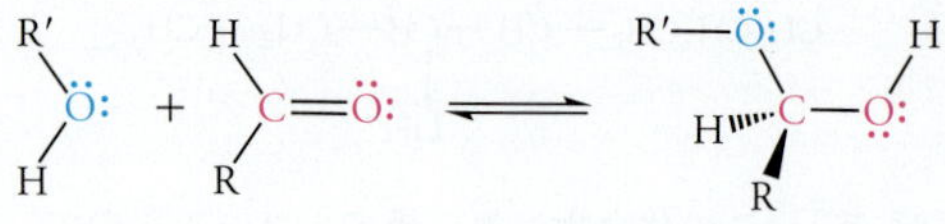

ヘミアセタール

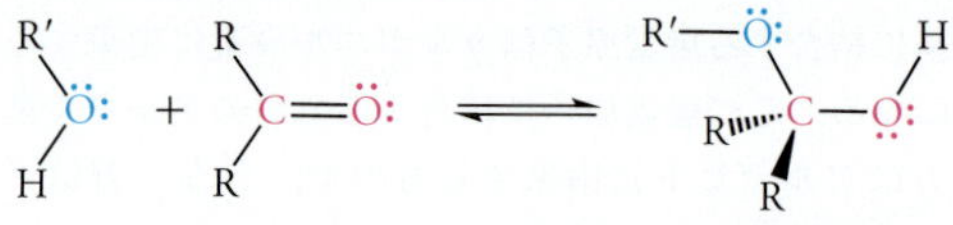

ヘミケタール

ヘミアセタールとヘミケタールは通常は不安定な化合物だ．つまり，ヘミアセタールやヘミケタールを生成する反応の平衡定数は1以下であり，平衡の位置は左に寄っている．しかし，カルボニル基とアルコールのヒドロキシ基の両方が同じ分子内にある場合は安定な環化体が生成するため，平衡定数は1よりも大きくなる．二つの官能基が両方とも同一分子内にあることで近づきやすく，環化が起こりやすい．

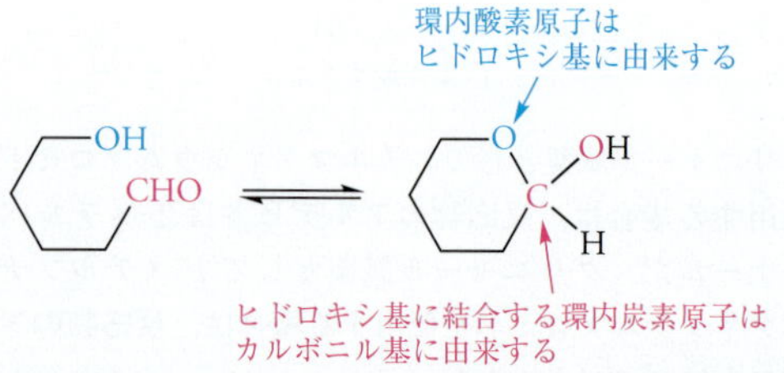

環内酸素原子はヒドロキシ基に由来する

ヒドロキシ基に結合する環内炭素原子はカルボニル基に由来する

糖質（第13章）はカルボニル基とヒドロキシ基の両方を含むため，開環した状態の分子はわずかしか存在しない．糖質のほとんどはヘミアセタールまたはヘミケタールの形で存在する．

## アルコールの付加反応の反応機構

アルデヒドやケトンに対する酸触媒条件でのアルコールの付加反応の第一段階では，電子対供与体つまりルイス塩基であるカルボニル酸素のプロトン化が起こり，共鳴安定化されたカルボカチオンが生成する．

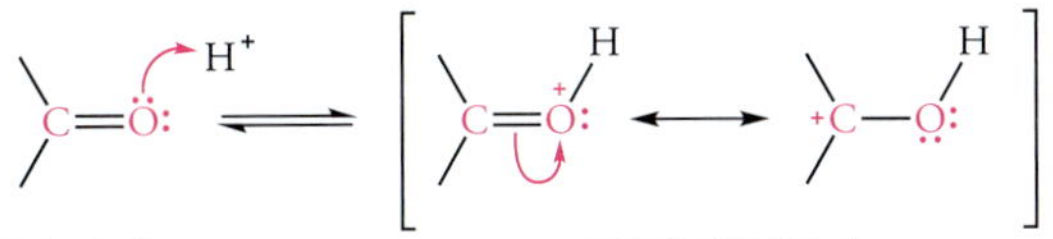

平面三角形の
カルボニル基
共鳴安定化された
カルボカチオンが生成する

続いてアルコールが付加してヘミアセタールの共役酸が生成し，そこから酸塩基反応でプロトンが移動してヘミアセタールができる．生じたプロトンは一連の反応の最初の段階で再利用できる．このようにプロトンが触媒的に働くので，この反応は酸触媒反応だ．

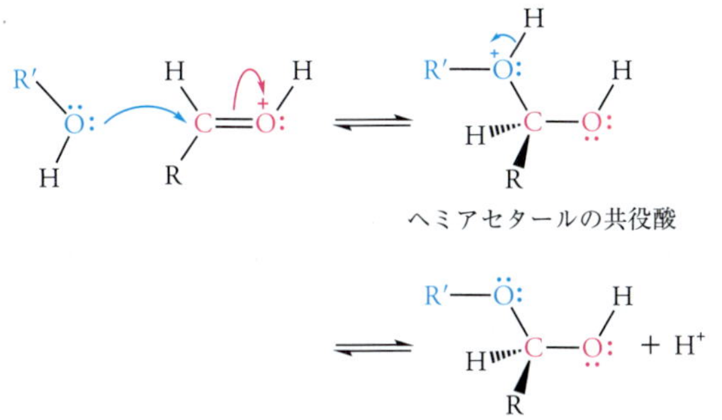

ヘミアセタールの共役酸

ヘミアセタール

## 10・8 アセタールとケタールの生成

ヘミアセタールやヘミケタールのヒドロキシ基(-OH)は，置換反応で別のアルコキシ基(-OR')に置き換えることができる．その生成物をそれぞれ**アセタール**(acetal)および**ケタール**(ketal)とよぶ．なお，以前はアセタールとケタールはこのように区別されていたが，現在はどちらもアセタールとよぶことが多い．

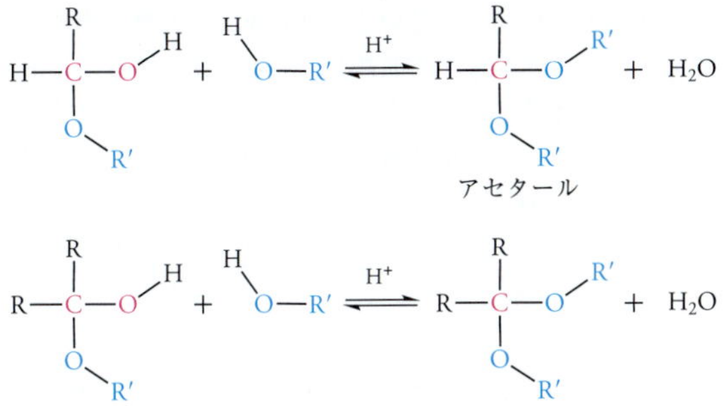

アセタール

ケタール

アセタールとケタールの両者とも1個の炭素原子に対して二つのアルコキシ基(-OR')が結合していることに注意しよう．アセタールでは中心炭素原子に対して水素原子とアルキル基が一つずつ結合しているが，ケタールではアルキル基が二つ結合している．アセタールやケタールが生成するためには，もとのカルボニル化合物1分子に対して2分子のアルコールが必要となる．

環状のヘミアセタールやヘミケタールがアルコールと反応すると，環状アセタールや環状ケタールが生成する．5-ヒドロキシペンタナールの分子内環化体である環状ヘミアセタールを例に見てみよう．環内の酸素原子は環化前の分子では5位のヒドロキシ基の酸素だった．この環状ヘミアセタールがアルコール R'-OH（下の図の場合は $CH_3OH$）と反応すると，環状アセタールが生成する．環状アセタールの-OR'基の酸素原子は，反応前はアルコール分子に含まれていたものだ．第13章で扱う糖質では，この反応がよく出てくる．

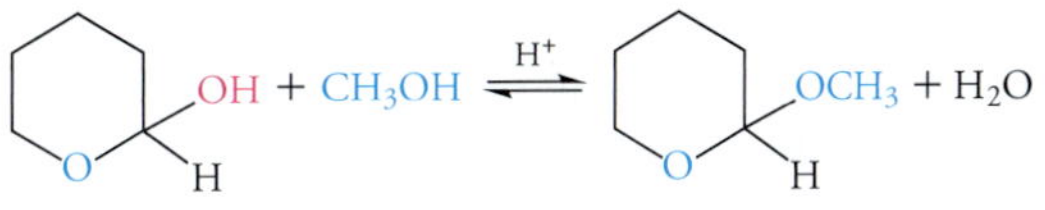

環状アセタール

## アセタールとケタールの反応性

ヘミアセタールからアセタールへの変換とヘミケタールからケタールへの変換は，酸性溶液中では可逆的に起こる．生成する水を除去するか，加えるアルコールの量を増やすことで，アセタールやケタールが生成する方向に平衡位置を移動できる．

ヘミアセタール + アルコール ⇌ アセタール + 水

アルコールの量を増やすことで
平衡を右に移動する

水を除去することで
平衡を右に移動する

この逆反応は酸触媒を使ったアセタールやケタールの加水分解反応であり，水を添加することで反応が進みやすくなる．加水分解反応でアセタールやケタールが水と反応すると，カルボニル化合物とアルコールが生成する．しかし，アセタールもケタールも中性条件や塩基性条件では水と反応しない．

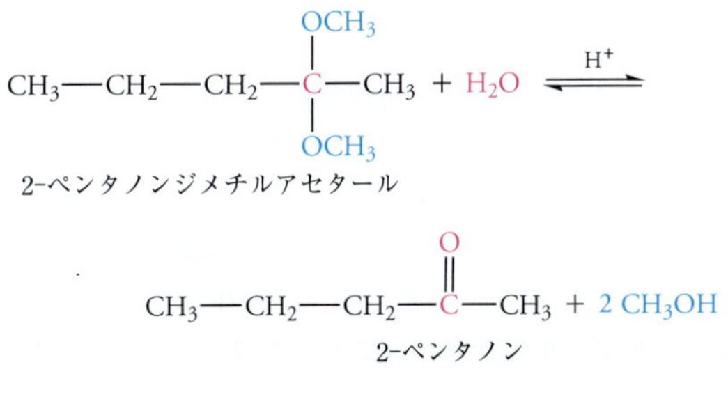

2-ペンタノンジメチルアセタール

2-ペンタノン

### アセタールとケタールの生成機構

酸触媒を使ったヘミアセタールからアセタールへの変換とヘミケタールからケタールへの変換は，四つの可逆的な反応過程を経て進行する．ヘミアセタールからアセタールへの変換反応の各段階を次に示す．

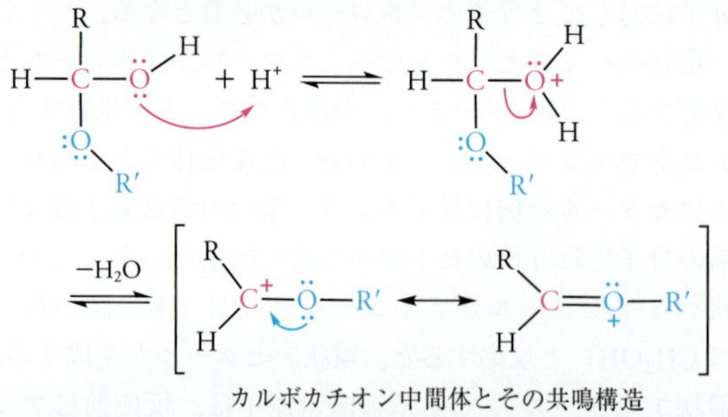

カルボカチオン中間体とその共鳴構造

第1段階ではヒドロキシ基の酸素原子がプロトン化される．第2段階では水分子が脱離し，共鳴安定化されたカルボカチオンが生成する．第3段階ではカルボカチオン（ルイス酸）にアルコール（ルイス塩基）が付加して炭素-酸素結合ができる．第4段階では酸素原子に結合しているプロトンが脱離し，アセタールが生成する．プロトンに注目すると，最初にヘミアセタールのプロトン化で反応が開始し，最後にアセタールが生成するときにプロトンが再生する．反応全体ではプロトンが触媒として機能している．

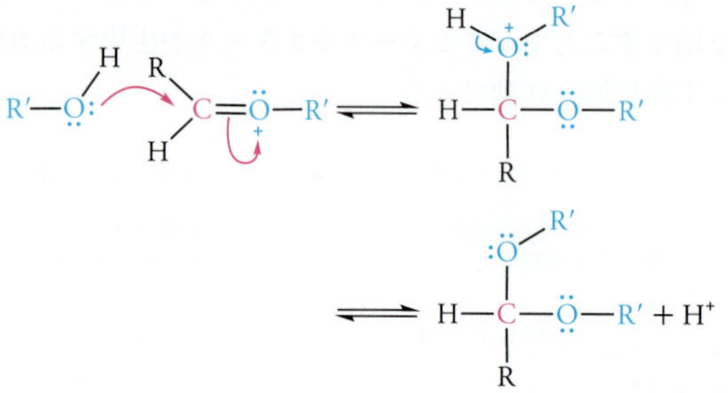

## 10・9 窒素化合物の付加反応

アルデヒドとケトンのカルボニル基は窒素を含む求核剤と反応する．したがって，アンモニア($NH_3$)や一般式$RNH_2$で表される第一級アミン（第12章）とも反応し，炭素-窒素間の二重結合をもつ化合物である**イミン** (imine) が生成する．この反応は**付加脱離反応**（addition-elimination reaction）とよばれる反応機構で進行する．付加の段階ではカルボニル酸素のプロトン化の後にアミンの窒素原子がカルボニル炭素に結合し，さらに窒素原子からプロトンが脱離する．ヘミアミナールが生成するこの段階は，カルボニル化合物に対するアルコールの付加反応と

似ている．脱離の段階では生成した付加体のヘミアミナールから水1分子が脱離して，イミンが生成する．アルデヒドやケトンと$RNH_2$（Rは任意の原子団）の反応の正味の結果は，カルボニル酸素をNR基で置き換えたことになる．

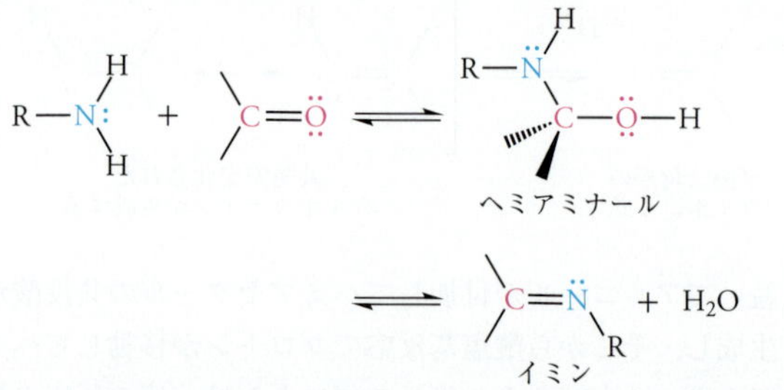

ヘミアミナール

イミン

イミンが生成するためには，生成物として水分子が放出される必要があることに注意しよう．イミンは単離できるが，水と反応すると逆反応を起こして元のカルボニル化合物と窒素化合物に戻る．したがって，イミンを単離するためには，イミンが生成したそばから反応溶液中の水を取除く必要がある．

**例題 10・9** ベンズアルデヒドとメチルアミンの反応におけるヘミアミナール中間体の構造式を書け．ヘミアミナールの脱水によって生成するイミンの構造式を書け．

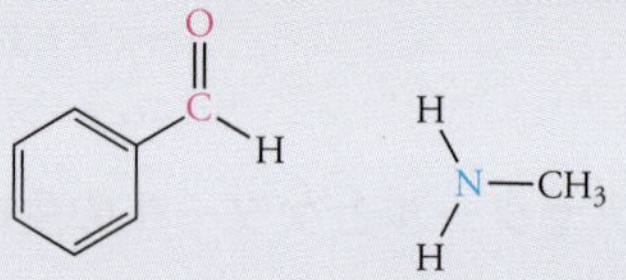

[解答] ヘミアミナール中間体はカルボニル基にアミンが付加したものだ．ベンズアルデヒドのカルボニル炭素とメチルアミンの窒素原子の間に結合を書き，窒素原子に結合する水素原子を1個取除く．カルボニル酸素と水素原子の間に結合を書き，炭素-酸素結合を単結合にすると，ヘミアミナール中間体の構造式ができあがる．

ヘミアミナール中間体の脱水反応で生成するイミンは，炭素原子に結合しているヒドロキシ基と窒素原子に結合している水素原子が脱離したものに相当する．ヒドロキシ基と水素原子を取除き，炭素-窒素間に二重結合を書くと，イミンの構造式ができあがる．

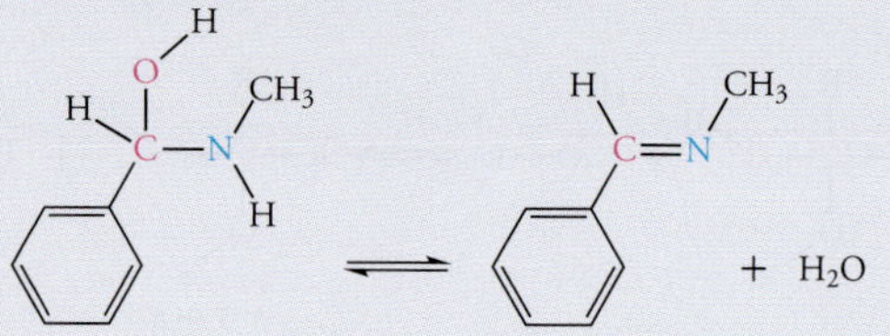

窒素原子は$sp^2$混成状態なので，シス体とトランス体の

2種類の異性体の可能性がある．上の反応式にはトランス体が示してある．メチル基とフェニル基の立体反発があるので，シス体の方が不安定だ．

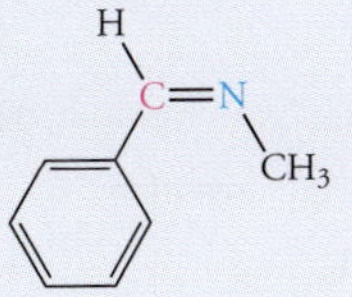

シス体

**例題 10・10** 次の化合物を合成するために必要な化合物の構造式を書け．

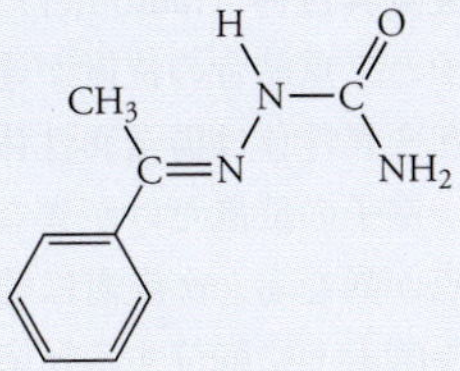

## 窒素化合物の付加反応と視覚

子どもの頃に母親から"ニンジンは身体にいい"と教わった人は多いだろう．ニンジンには β-カロテンが含まれているので，家庭で刷込まれたこの知識は正しい．β-カロテンはニンジンの色のもとになる色素で，卵の黄身やレバー，さまざまな果物や野菜にも含まれている．食事で β-カロテンを十分に摂らないと夜盲症になる．β-カロテンは共役した二重結合が連なった分子構造をしていて，二重結合はすべてトランス配置をとる．

哺乳類は β-カロテンを分解する肝臓酵素系をもち，レチナールとよばれるアルデヒド 2 分子に分解する．レチナールには二重結合それぞれにシス-トランス異性体がありうる．そのうち，すべてトランス配置の異性体と，二重結合が 1 箇所だけシス配置の 11-*cis*-レチナールという異性体が視覚に特に重要な役割を果たす．

11-*cis*-レチナールは網膜内のオプシンとよばれるタンパク質と付加反応を起こして，ロドプシンとよばれる物質を生成する．その際に，11-*cis*-レチナールのアルデヒド部分はオプシンに含まれる特定のアミン部分と反応して，イミンを生成する．11-*cis*-レチナールがイミン付加体になると，オプシンの活性部位と結合するのに適した形となる．ロドプシンは網膜内で可視光を吸収する視覚受容体だ．ロドプシンに光が当たると，もとは 11-*cis*-レチナールだった部分の二重結合がシスからトランスへと変化する．この過程を光異性化とよぶ．生成したすべてトランス配置の異性体はオプシンの結合部位に適合しなくなり，イミン部分が即座に加水分解され，レチナールがオプシンから放出される．この過程は約 1 ミリ秒という短時間に起こる．このわずかな時間内に神経インパルスが生じて脳に信号が送られ，視覚イメージに変換される．

もし 11-*cis*-レチナールがオプシンと結合できずにロドプシンが生成しないと，視覚機能が損なわれる．メタノールの酸化によって生成するホルムアルデヒドは失明をひき起こすかもしれないという話が前に出てきたが，このことと関係している．ホルムアルデヒドもオプシンの活性部位にあるアミンと反応するため，11-*cis*-レチナールと競合することになる．その結果，ロドプシンが生成しなければ，光で誘起される伝達信号は脳に届かなくなり失明する．

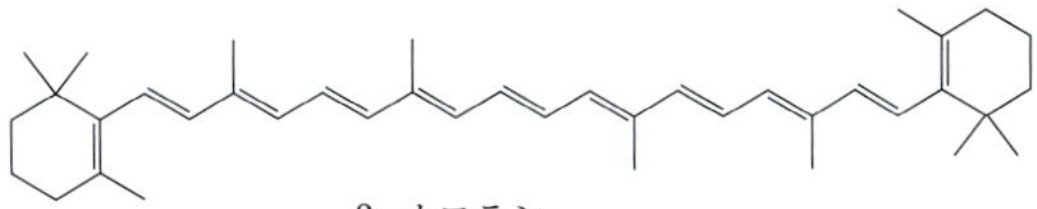

β-カロテン

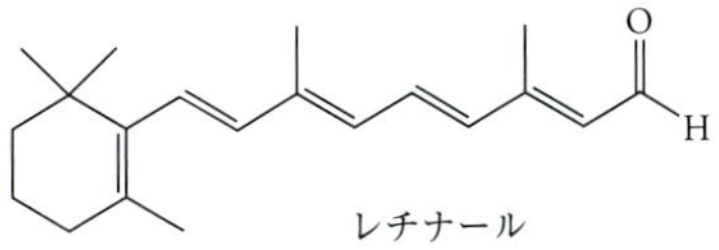

レチナール

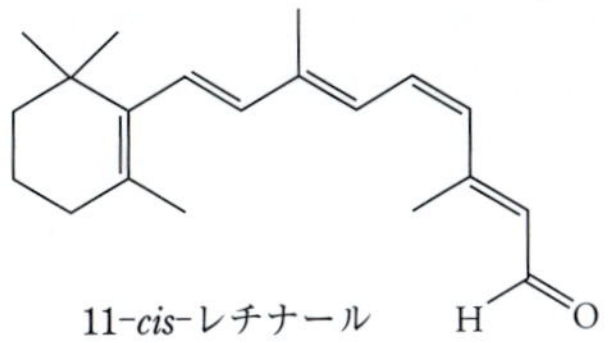

11-*cis*-レチナール

## 10・10　α 炭素の反応性

カルボニル化合物の反応部位はカルボニル基だけではない．カルボニル炭素に直接結合した炭素原子上でも，多くの重要な反応が起こる．その炭素原子のことをカルボニル基の **α 炭素** とよぶ．

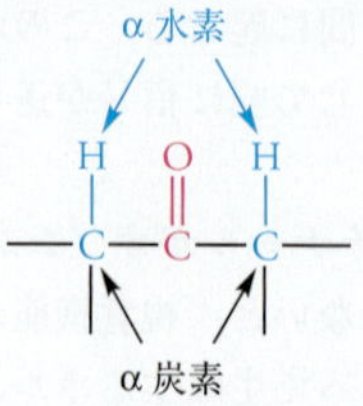

## α水素の酸性度

カルボニル炭素は部分的に正電荷をもち，誘起効果によって隣接する結合の電子を引き寄せる．その結果，α炭素の電子密度は低下し，部分的に正電荷を帯びる．α炭素に結合する水素原子を **α水素** とよぶが，カルボニル炭素とα炭素との間の結合に作用した効果が，今度はα炭素とα水素の結合に伝播する．結合部分の電子密度が低下し，結合が切れやすくなる．その結果，α水素は一般的な炭化水素のC–H結合よりも酸性度が高い．

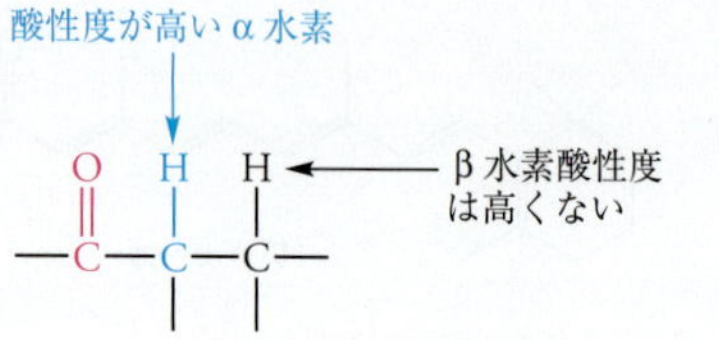

$$CH_3CH_3 + H_2O \rightleftharpoons CH_3CH_2^- + H_3O^+ \quad pK_a = 50$$

$$CH_3COCH_3 + H_2O \rightleftharpoons CH_3COCH_2^- + H_3O^+ \quad pK_a = 20$$

しかし，酸性度が$K_a$の値で$10^{30}$も違うことは，カルボニル基の誘起効果だけでは説明できない．カルボニル化合物からα水素がプロトンとして脱離すると，残るα-カルボアニオンは共鳴安定化される．共鳴構造の一方は炭素原子上に負電荷があるが，もう一方は酸素原子上に負電荷があり，**エノラートアニオン**（enolate anion）とよばれる．このようにエノラートアニオンでは負電荷が非局在化するために，エチルアニオンのような非局在化できないカルボアニオンよりもはるかに安定だ．

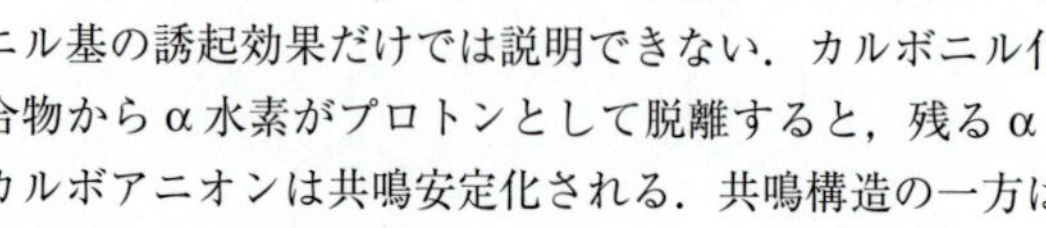

## ケト-エノール平衡

カルボニル基のα水素の酸性度が高いことで，もう一つ別の性質が生じる．アルデヒドとケトンは両方とも，**ケト形**（keto）と**エノール形**（enol）とよばれる異性体の平衡混合物として存在する．単純な構造のアルデヒドとケトンはおもにケト形として存在する．たとえば，アセトンではエノール形は0.01%以下しか存在しない．

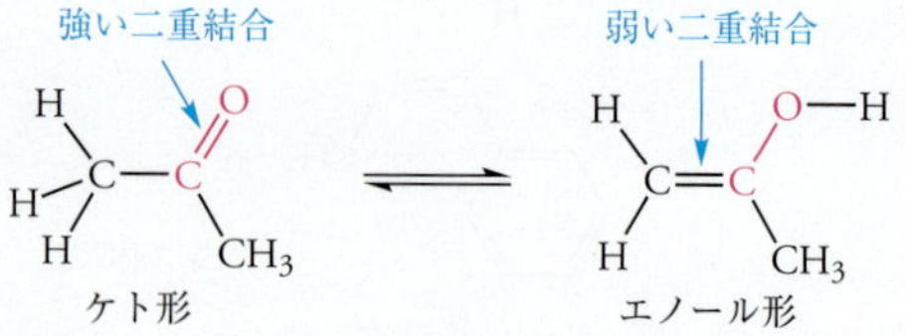

この異性化する性質を**互変異性**（tautomerism）とよび，二つの異性体を**互変異性体**（tautomer）とよぶ．互変異性体では水素原子と二重結合の位置が違うことに注意しよう．つまり，互変異性体は構造異性体であって，共鳴混成体ではない．電子の位置だけが異なるエノラートイオンとは，その点が異なる．α炭素に結合している水素原子がカルボニル酸素上に転位する反応の結果，互変異性体の平衡状態になる．ケト形の炭素-酸素二重結合がエノール形では単結合になり，ケト形の炭素-炭素単結合がエノール形では二重結合になる．

平衡状態でエノール形はわずかしか存在しないが，カルボニル化合物の多くの反応性に寄与している．糖質の化学反応および代謝において，互変異性はとても重要だ（第13章）．たとえば，糖質の代謝における中間体の一つにジヒドロキシアセトンリン酸という炭素原子3個の化合物があるが，酵素触媒反応で互変異性が関わる異性化により，炭素原子数が同じD-グリセルアルデヒド3-リン酸が生成する．この反応の第1段階の互変異性でジヒドロキシアセトンリン酸のカルボニルのα水素が移動して，エンジオール中間体が生成する．第2段階の互変異性では，ヒドロキシ基の水素原子が炭素-炭素二重結合の炭素へと移動して，D-グリセルアルデヒド3-リン酸が生じる．エンジオール中間体はジヒドロキシアセ

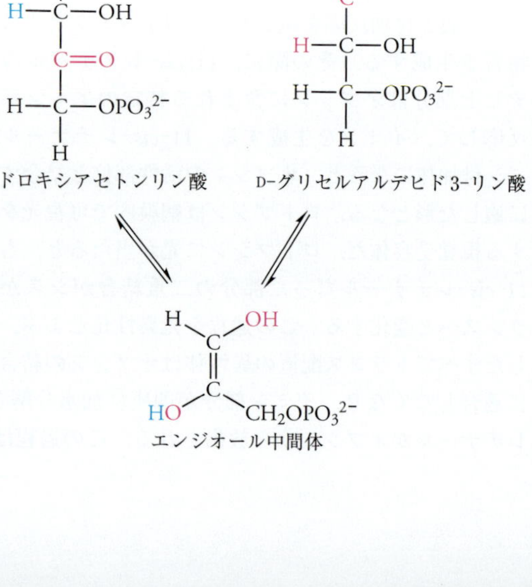

トンリン酸とD-グリセルアルデヒド3-リン酸の両方と平衡状態にあるため，このような異性化が起こる．同様の異性化反応は糖質の酵素触媒反応で多くみられる．

## 10・11 アルドール反応

**アルドール反応**（aldol reaction）とよばれる反応では，アルデヒド2分子をつなげることができる．塩基触媒条件でアルデヒド分子同士が反応し，分子内にアルデヒド部分とアルコール部分の両方をもつ**アルドール**（aldol）とよばれる化合物が生成する．生成物のアルドールは単離できるが，さらに反応すると水が脱離して，α,β-不飽和カルボニル化合物が生成する．

アルドール

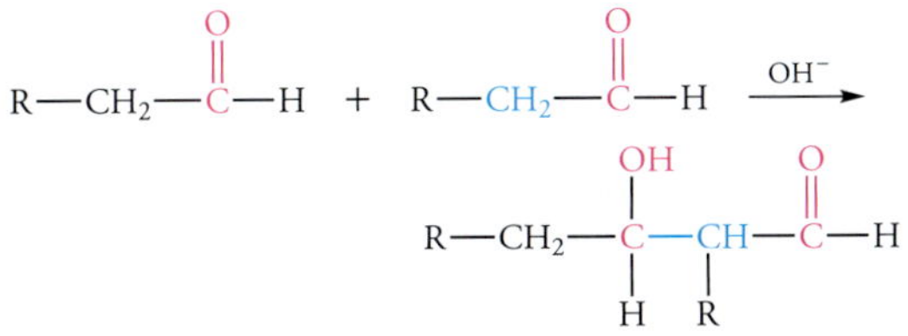

アルデヒドに水酸化ナトリウム水溶液を作用させると，アルデヒドが分子間で付加するアルドール反応が室温で起こる．アルドール反応は以下に示す3段階で進行する．

**1.** 塩基（$OH^-$）がアルデヒド分子と反応してカルボニルのα水素を引き抜き，求核的なエノラートが生成する．

エノラートアニオン

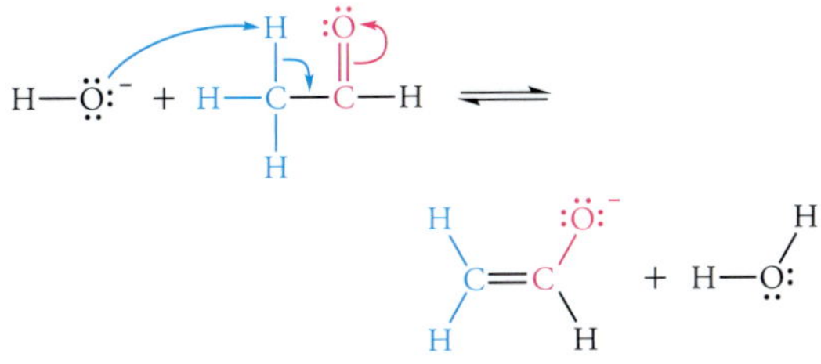

**2.** 求核的なエノラートがもう1分子のアルデヒドのカルボニル炭素と反応し，アルドールの共役塩基であるアルコキシドイオンが生成する．

アルコキシドイオン

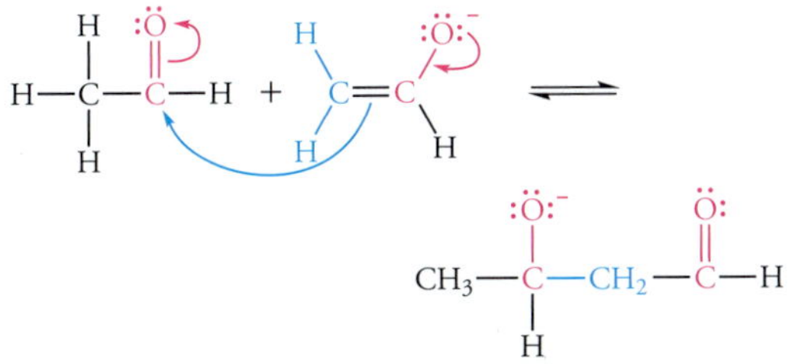

**3.** アルコキシドイオンは溶媒の水からプロトンを引き抜き，水酸化物イオンの再生を伴ってアルドールが生成する．

アルドール

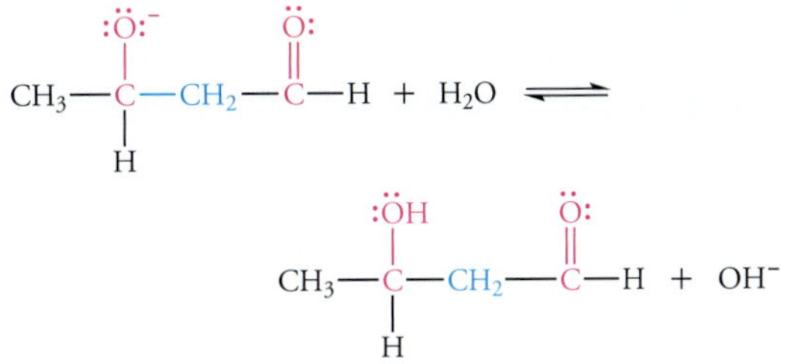

この反応条件ではカルボニル化合物はほとんどエノラートに変換されない．しかし，アルデヒドとエノラートは平衡状態にあり，反応が進んでエノラートが消費されると，アルデヒドがエノラートになる．エノラートの周りにはアルデヒドが大量にあるので，エノラートの求核的部分は求電子的なアルデヒドのカルボニル基に囲まれて反応しやすい状況にある．水酸化物イオンは触媒として機能し，その濃度は一定だ．

### アルドールの脱水反応

アルドール反応の反応混合物を塩基性条件で加熱すると，アルドールから水分子が脱離する．アルドール反応と脱水反応を合わせて**アルドール縮合**（aldol condensation）とよぶが，脱水反応を含まずにアルドールを生成する反応をそのようによぶこともある．この塩基触媒脱水反応は2段階で進行する．

**1.** 塩基がα水素を引き抜き，共鳴安定化されたエノラートアニオンが生成する．

共鳴安定化された
エノラートアニオン

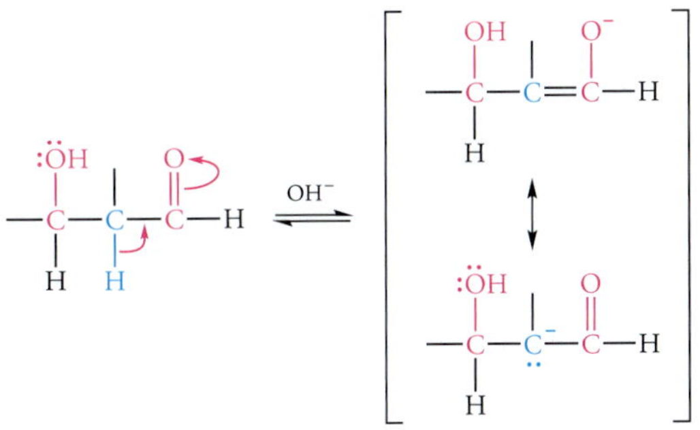

**2.** 水酸化物イオンが脱離する．

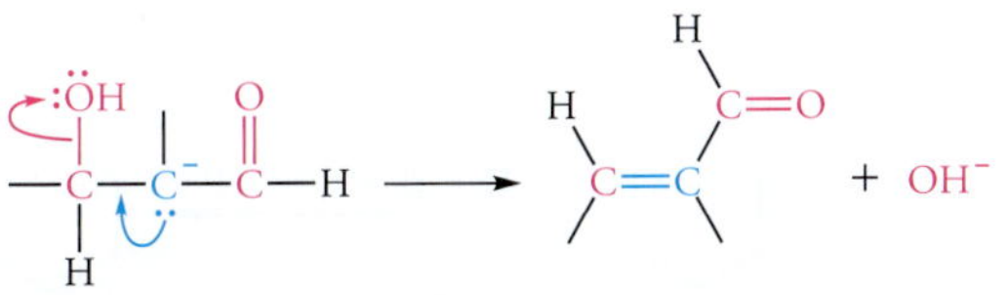

**例題 10・11** 反応機構の各段階を書かずに，プロピオンアルデヒド（プロパナール）のアルドール縮合の生成物の構造式を書け．

[解 答] アルドール縮合の生成物は α,β-不飽和アルデヒドで，プロピオンアルデヒド 2 分子から水 1 分子が脱離したものだ．はじめにカルボニル基が右側になるようにアルデヒドの構造式を書く．

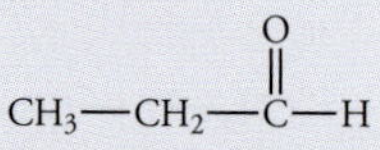

$$\text{CH}_3-\text{CH}_2-\overset{\overset{\text{O}}{\|}}{\text{C}}-\text{H}$$

次に，はじめに書いたアルデヒドのカルボニル基の近くに α 炭素がくるように，右側にもう一つアルデヒドを書く．その α 炭素から水素を二つ取除き，左側のアルデヒドからはカルボニル酸素と二重結合を取除く．右側の α 炭素と左側のメチン炭素の間に二重結合を書くと，アルドール縮合の生成物の構造式となる．

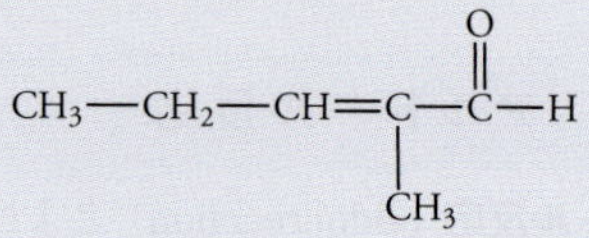

$$\text{CH}_3-\text{CH}_2-\text{CH}=\underset{\underset{\text{CH}_3}{|}}{\text{C}}-\overset{\overset{\text{O}}{\|}}{\text{C}}-\text{H}$$

**例題 10・12** 次の不飽和化合物をアルドール縮合で合成するために必要な化合物は何か？

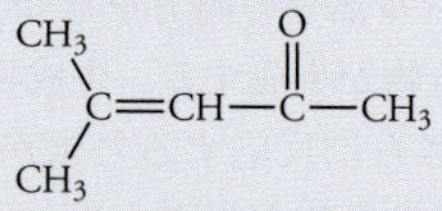

$$\underset{\underset{\text{CH}_3}{|}}{\overset{\overset{\text{CH}_3}{|}}{\text{C}}}=\text{CH}-\overset{\overset{\text{O}}{\|}}{\text{C}}-\text{CH}_3$$

---

## 反応のまとめ

**1. アルデヒドの酸化（§10・4）**

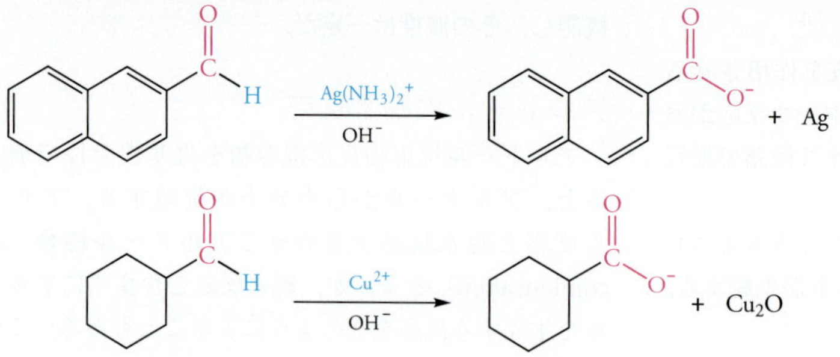

ナフタレン-2-カルボアルデヒド $\xrightarrow[\text{OH}^-]{\text{Ag(NH}_3)_2^+}$ ナフタレン-2-カルボキシラート + Ag

シクロヘキサンカルボアルデヒド $\xrightarrow[\text{OH}^-]{\text{Cu}^{2+}}$ シクロヘキサンカルボキシラート + $\text{Cu}_2\text{O}$

**2. アルデヒドの還元によるアルコールの生成（§10・4）**

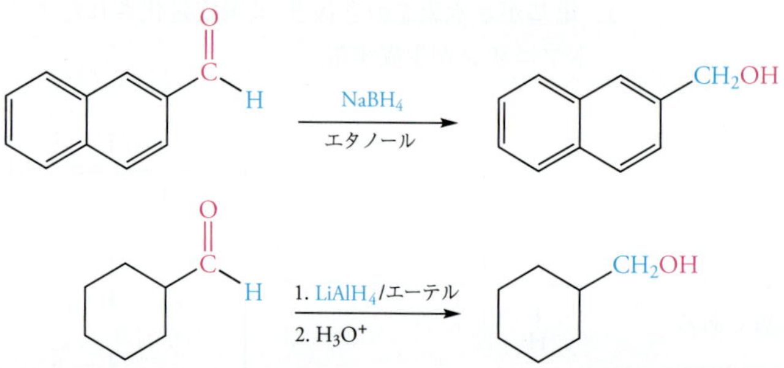

ナフタレン-2-カルボアルデヒド $\xrightarrow[\text{エタノール}]{\text{NaBH}_4}$ 2-ナフチルメタノール

シクロヘキサンカルボアルデヒド $\xrightarrow[\text{2. H}_3\text{O}^+]{\text{1. LiAlH}_4/\text{エーテル}}$ シクロヘキシルメタノール

**3. アルデヒドとケトンの還元によるメチレン基への変換（§10・4）**

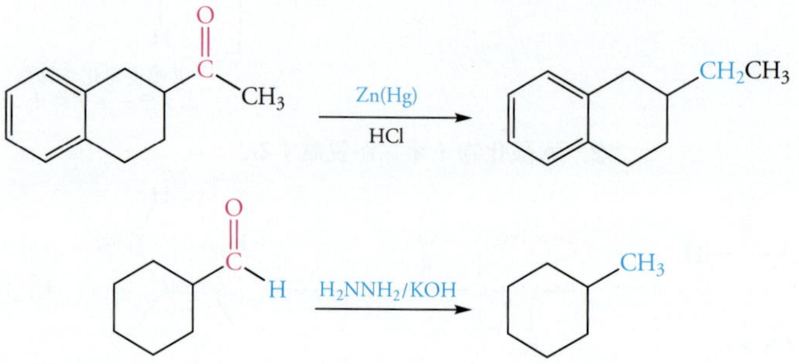

1-(テトラヒドロナフタレン-2-イル)エタノン $\xrightarrow[\text{HCl}]{\text{Zn(Hg)}}$ 2-エチルテトラヒドロナフタレン

シクロヘキサンカルボアルデヒド $\xrightarrow{\text{H}_2\text{NNH}_2/\text{KOH}}$ メチルシクロヘキサン

**4. カルボニル化合物とグリニャール試薬の反応（§10・6）**

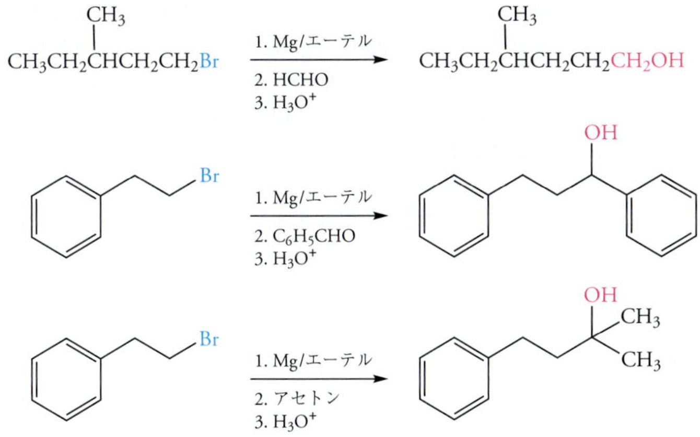

CH₃CH₂CHCH₂Br (with CH₃ branch) →(1. Mg/エーテル 2. HCHO 3. H₃O⁺)→ CH₃CH₂CHCH₂CH₂OH (with CH₃ branch)

C₆H₅CH₂CH₂Br →(1. Mg/エーテル 2. C₆H₅CHO 3. H₃O⁺)→ C₆H₅CH₂CH₂CH(OH)C₆H₅

C₆H₅CH₂CH₂Br →(1. Mg/エーテル 2. アセトン 3. H₃O⁺)→ C₆H₅CH₂CH₂C(CH₃)₂OH

**5. アセタールとケタールの生成（§10・7, 10・8）**

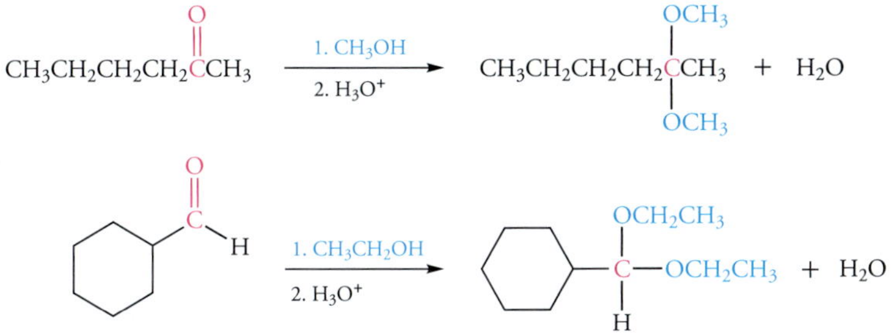

CH₃CH₂CH₂COCH₃ →(1. CH₃OH, 2. H₃O⁺)→ CH₃CH₂CH₂C(OCH₃)₂CH₃ + H₂O

シクロヘキシル-CHO →(1. CH₃CH₂OH, 2. H₃O⁺)→ シクロヘキシル-CH(OCH₂CH₃)₂ + H₂O

**6. 窒素化合物のカルボニル化合物への付加（§10・9）**

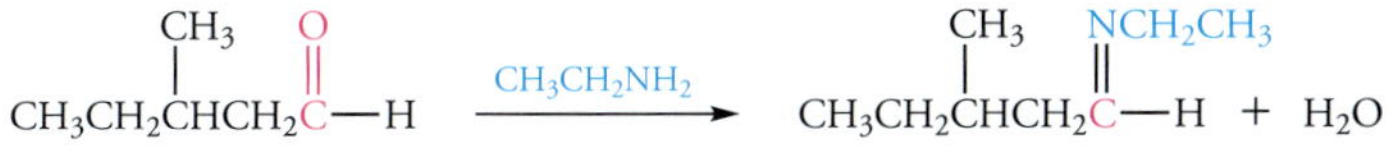

CH₃CH(CH₃)CH₂CHO + CH₃CH₂NH₂ → CH₃CH(CH₃)CH₂CH=NCH₂CH₃ + H₂O

**7. アルドール反応（§10・11）**

2 CH₃—CH₂—CHO ⇌(OH⁻) CH₃—CH₂—CH(OH)—CH(CH₃)—CHO →(−H₂O)→ CH₃CH₂—CH=C(CH₃)—CHO

3-Cl-C₆H₄-CHO + CH₃CH₂CHO ⇌(OH⁻) 3-Cl-C₆H₄-CH(OH)—CH(CH₃)—CHO

---

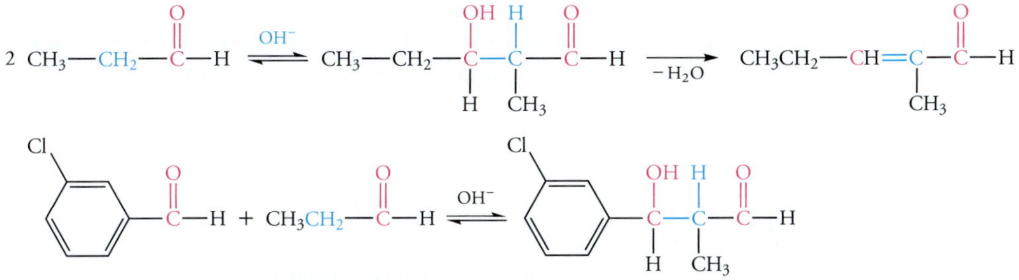

## 練 習 問 題

**アルデヒドとケトンの命名法**

**10・1** 次の化合物の構造式を書け.
(a) 2-メチルブタナール
(b) 3-エチルペンタナール
(c) 2-ブロモペンタナール

**10・2** 次の化合物の構造式を書け.
(a) 3-ブロモ-2-ペンタノン
(b) 2,4-ジメチル-3-ペンタノン
(c) 4-メチル-2-ペンタノン

**10・3** 次の化合物の IUPAC 名を答えよ.
(a) CH₃CH₂CH₂CHO
(b) 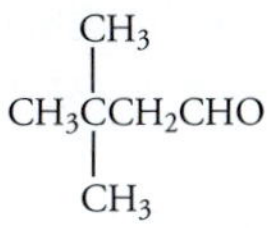 CH₃CH(CH₃)CH₂CHO
(c) 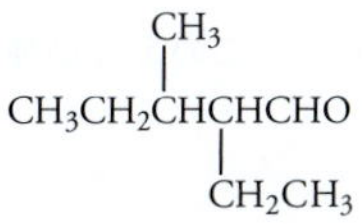 CH₃CH₂CH(CH₃)CH(CH₂CH₃)CHO

**10・4** 次の化合物の IUPAC 名を答えよ．

(a) CH₃CH₂C(O)CH₂CH₃　(b) CH₃CH(CH₃)C(O)CH₂CH₃

(c) CH₃CH(CH₃)CH₂C(O)CH₃

**10・5** 次の化合物の IUPAC 名を答えよ．

(a) ケトン構造（2-メチル基と2-エチル側鎖をもつ長鎖メチルケトン）

(b) 複数のメチル置換およびBr置換をもつアルデヒド鎖構造

**10・6** 次の化合物の IUPAC 名を答えよ．

(a) 3-メチルシクロペンタノン
(b) 2-メチルシクロヘキサノン
(c) 1-シクロヘキシル-1-ペンタノン

**10・7** 1-メチルシクロヘキセンのオゾン分解（§4・7）の生成物の構造式と化合物名を書け．

**10・8** ビタミン $K_1$ のオゾン分解の生成物の構造式を書け．キノン環の二重結合は反応しないと仮定してよい．側鎖から生成するカルボニル化合物の IUPAC 名を答えよ．

ビタミン $K_1$

### アルデヒドとケトンの物理的性質

**10・9** 1-ブテンとブタナールの双極子モーメントはそれぞれ 0.34 D と 2.52 D だ．異なる理由を説明せよ．

**10・10** アセトンとイソプロピルアルコールの双極子モーメントはそれぞれ 2.7 D と 1.7 D だ．異なる理由を説明せよ．

**10・11** ブタナールの沸点（75℃）と 2-メチルプロパナールの沸点（61℃）が異なる理由を説明せよ．

**10・12** 2-ヘプタノン，3-ヘプタノン，4-ヘプタノンの沸点はそれぞれ 151℃，147℃，144℃ だ．このような沸点の順番になる理由を説明せよ．

**10・13** ブタナールと 1-ブタノールの水に対する溶解度はそれぞれ 7 g/100 mL と 9 g/100 mL だ．その違いを説明せよ．

**10・14** ブタナールと 2-メチルプロパナールの水に対する溶解度はそれぞれ 7 g/100 mL と 11 g/100 mL だ．その違いを説明せよ．

### カルボニル化合物の酸化還元反応

**10・15** アルデヒドとフェーリング液の反応で，どのような変化が観察されるか．アルデヒドとトレンス試薬の反応で，どのような変化が観察されるか．

**10・16** 次の反応の生成物の構造式を書け．

(a) 3-メトキシ-5-ヒドロキシベンズアルデヒド + $Ag(NH_3)_2^+$ / $OH^-$/$H_2O$

(b) 3-オキソシクロヘキサンカルボアルデヒド + $Cu^{2+}$ / $OH^-$/$H_2O$

**10・17** 次の化合物と水素化アルミニウムリチウムの反応の生成物の構造式を書け．

(a) アセトフェノン
(b) シクロヘキサノン
(c) 3-シクロヘキセン-1-カルボアルデヒド

**10・18** 次の化合物と水素化ホウ素ナトリウムの反応の生成物の構造式を書け．

(a) CH₃CH(CH₃)CHO　(b) CH₃CH(CH₃)CH₂CHO　(c) CH₃C(O)CH₂CH(CH₃)CH₂CH₃

**10・19** 次の化合物を水素化ホウ素ナトリウムで還元すると 2 種類の生成物が得られる．その理由を説明せよ．

（オクタロン型構造：10-メチル-Δ¹,⁹-2-オクタロン）

### カルボニル化合物の付加反応

**10・20** ホルムアルデヒドは室内や医療用器具の殺菌に使用されていた．他のカルボニル化合物と比べて，ホルムアルデヒドを使うと効果的に殺菌できる理由を説明せよ．

**10・21** グルタルアルデヒドは殺菌消毒薬であり，オートクレーブで加熱できない医療用器具の殺菌消毒に使用される．グルタルアルデヒドが殺菌消毒作用を示す理由を説明せよ．

H-C(O)-CH₂CH₂CH₂-C(O)-H
グルタルアルデヒド

# 11 カルボン酸とエステル

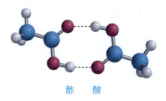
酢　酸

## 11・1　カルボン酸とアシル基

　この章ではカルボン酸とその誘導体の構造，性質，反応について学ぶ．カルボン酸とは**カルボキシ基（carboxyl group）** が飽和炭化水素，不飽和炭化水素，芳香環，複素環などに結合した化合物だ．

カルボキシ基　　　カルボン酸

ギ　酸

　カルボキシ基の炭素原子では $sp^2$ 混成軌道にある3個の価電子が3本の σ 結合の形成に使われ，その結合角はいずれもほぼ120°となる．そのうちの1本は水素原子との結合か，またはアルキル基，アリール基，複素環の炭素原子との結合となる．残りの2本の σ 結合のうち1本はヒドロキシ基の酸素原子との結合となり，もう1本はカルボニル酸素との結合となる（図11・1）．つまりカルボニル炭素の2個の価電子が酸素原子との σ 結合の形成に使われる．カルボキシ基のカルボニル炭素は 2p 軌道にも電子を1個もつので，カルボニル酸素の 2p 軌道の電子1個とともに π 結合を形成する（図11・1）．

　カルボキシ基の炭素原子を中心とする結合角はどれも約120°だが，結合角が90°と180°になるように書くこともある．紙面を節約するために，カルボキシ基を簡略化して表記することも多い．通常は孤立電子対を省略し，反応機構の説明で必要な場合以外は書かないことが多い．

R—COOH　　　R—CO₂H

カルボン酸の表記方法

### アシル基とカルボン酸誘導体

　カルボン酸に含まれる RCO という部分を**アシル基**

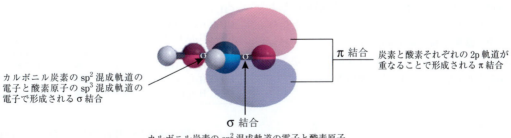

図11・1　カルボン酸のカルボニル炭素の結合　ギ酸分子を横から見た図．

(acyl group)とよぶ．一般式 RCOL で表されるカルボン酸誘導体は，カルボン酸の-OH 基の代わりに酸素を含む原子団か，窒素やハロゲンといった電気陰性度の高い原子がアシル基に結合した化合物だ．アシル基に結合した原子団 L は，**求核アシル置換反応**（nucleophilic acyl substitution）によって別の原子団に置換することができる（§11・6）．

$$CH_3-\underset{O}{\overset{\|}{C}}-L + Nu:^- \longrightarrow CH_3-\underset{O}{\overset{\|}{C}}-Nu + L:^-$$

アシル基にアルコキシ基(-OR)やアリールオキシ基(-OAr)が結合したカルボン酸誘導体は**エステル**（ester）だ．エステルはカルボン酸とアルコールの脱水縮合反応で生成する．エステルは水に対する反応性がある程度あるため，加水分解反応を起こしてカルボン酸とアルコールを与える．

$$R-\overset{O}{\overset{\|}{C}}-O-R' \quad R-\overset{O}{\overset{\|}{C}}-O-Ar \quad Ar-\overset{O}{\overset{\|}{C}}-O-Ar'$$

エステルの例（赤字で書かれているのはアシル基）

アシル基にアミノ基が結合した化合物を**アミド**（amide）とよぶ．窒素原子に結合した炭素原子の数がいくつあるかによって，アミドの種類が決まる．アミドは水に対する反応性がエステルよりもかなり低く，加水分解を起こしにくい．タンパク質が安定な構造となるのは，アミド基のおかげだ（第 14 章）．アミドの詳細に関しては第 12 章で扱う．

$$R-\overset{O}{\overset{\|}{C}}-\underset{H}{\overset{}{N}}-H \quad R-\overset{O}{\overset{\|}{C}}-\underset{H}{\overset{}{N}}-R' \quad R-\overset{O}{\overset{\|}{C}}-\underset{R''}{\overset{}{N}}-R'$$

第一級アミド　　第二級アミド　　第三級アミド

アシル基に塩素が結合した化合物のことを**酸塩化物**（acid chloride），または**塩化アシル**（acyl chloride）とよぶ．二つのアシル基が酸素原子を介してつながった化合物のことを，**酸無水物**（acid anhydride）とよぶ．どちらの化合物も反応性が高く，天然には存在しないが，実験室ではエステルやアミドの合成に使用される．

$$R-\overset{O}{\overset{\|}{C}}-Cl \quad\quad R-\overset{O}{\overset{\|}{C}}-O-\overset{O}{\overset{\|}{C}}-R$$

酸塩化物　　　　　酸無水物

アシル基と置換基が硫黄原子を介してつながった化合物は**チオエステル**（thioester）とよばれる．チオエステルは酸塩化物や酸無水物よりも反応性が低いが，ある程度の反応性はあり，生化学分野で重要なアシル基転移反応を起こす．

$$R-\overset{O}{\overset{\|}{C}}-S-R'$$

チオエステル

エステル，アミド，酸無水物，チオエステルは環構造の一部として含まれることもある．環状エステルは**ラクトン**（lactone）とよばれ，環状アミドは**ラクタム**（lactam）とよばれる．

ラクトン（環状エステル）　　ラクタム（環状アミド）

## 11・2　カルボン酸とその誘導体の命名法

### カルボン酸の慣用名

カルボン酸とエステルは天然に豊富に存在する有機化合物であり，最初に単離されたものの一つだ．古くから知られているカルボン酸やエステルは，慣用名でよばれることが多い．たとえば，ギ酸($HCO_2H$)，酢酸($CH_3CO_2H$)，安息香酸($PhCO_2H$)などは慣用名だ．表 11・1 に代表的なカルボン酸の慣用名と IUPAC 名を示す．

表 11・1　カルボン酸の名前

| 化学式 | 慣用名 | IUPAC 名 |
|---|---|---|
| $HCO_2H$ | ギ酸 | メタン酸 |
| $CH_3CO_2H$ | 酢酸 | エタン酸 |
| $CH_3CH_2CO_2H$ | プロピオン酸 | プロパン酸 |
| $CH_3(CH_2)_2CO_2H$ | 酪酸 | ブタン酸 |
| $CH_3(CH_2)_3CO_2H$ | 吉草酸 | ペンタン酸 |
| $CH_3(CH_2)_4CO_2H$ | カプロン酸 | ヘキサン酸 |
| $CH_3(CH_2)_6CO_2H$ | カプリル酸 | オクタン酸 |
| $CH_3(CH_2)_8CO_2H$ | カプリン酸 | デカン酸 |
| $CH_3(CH_2)_{10}CO_2H$ | ラウリン酸 | ドデカン酸 |
| $CH_3(CH_2)_{12}CO_2H$ | ミリスチン酸 | テトラデカン酸 |
| $CH_3(CH_2)_{14}CO_2H$ | パルミチン酸 | ヘキサデカン酸 |
| $CH_3(CH_2)_{16}CO_2H$ | ステアリン酸 | オクタデカン酸 |

カルボン酸誘導体の慣用名では，主鎖についた官能基の位置を α（アルファ），β（ベータ），γ（ガンマ），δ（デルタ），…というようにギリシャ文字で表す方法もある．

この場合，カルボキシ基(-COOH)自体にはギリシャ文字をつけない．

γ-ブロモ-β-エチル吉草酸

炭素鎖の両末端に-COOH基があるカルボン酸を，**ジカルボン酸**（dicarboxylic acid）とよぶ．ジカルボン酸の慣用名と IUPAC 名を表 11・2 に示す．

表 11・2　ジカルボン酸の名前

| 化学式 | 慣用名 | IUPAC 名 |
|---|---|---|
| $HO_2C-CO_2H$ | シュウ酸 | エタン二酸 |
| $HO_2C-CH_2-CO_2H$ | マロン酸 | プロパン二酸 |
| $HO_2C-(CH_2)_2-CO_2H$ | コハク酸 | ブタン二酸 |
| $HO_2C-(CH_2)_3-CO_2H$ | グルタル酸 | ペンタン二酸 |
| $HO_2C-(CH_2)_4-CO_2H$ | アジピン酸 | ヘキサン二酸 |

## カルボン酸の IUPAC 名

カルボン酸の IUPAC 命名規則は，アルデヒドの場合とほぼ同様だ．カルボン酸を英語で命名するには，炭素数が同じである炭化水素の語尾の -e を -oic acid に変える．日本語で命名するには，炭素数が同じである炭化水素の名前の後に"酸"とつける．命名規則におけるカルボキシ基の優先順位は，アルデヒド，ケトン，ハロゲン，ヒドロキシ，アルコキシなどの官能基よりも高い．カルボニル基を含む官能基のなかでの優先順位は，カルボン酸＞アルデヒド＞ケトンの順に低くなる．そのうちの2種類の官能基が一つの化合物に含まれる場合は，アルデヒドやケトンのカルボニル基をオキソ(oxo-)という接頭語で表す．シクロアルカンに-$CO_2H$ が結合した化合物を命名するには，シクロアルカンの名前の後にカルボン酸(-carboxylic acid)という接尾語をつける．シクロアルカンの炭素のうち，カルボキシ基に結合した炭素原子の位置番号が1となるが，化合物名にはその番号を含めない．カルボン酸の IUPAC 名の例を次に示す．

3-ヒドロキシ-2-メチルブタン酸　　2-メチル-3-オキソブタン酸

4-メチル-2-ペンチン酸　　*cis*-2-クロロシクロヘキサンカルボン酸

## カルボン酸誘導体の命名法

カルボン酸の共役塩基のアニオンを**カルボン酸イオン**（carboxylate ion）とよぶ．カルボン酸イオンの英語名は，カルボン酸の名前の語尾の -oic acid を -oate に変えたものだ．日本語名はカルボン酸の名前と同じだが，その後に"イオン"とつけて区別する（例：酢酸イオン）．

カルボン酸金属塩の英語名は，金属の名前の後にカルボン酸イオンの名前を並べたものとなる．日本語名は，カルボン酸の名前の後に金属の名前を並べたものとなる．

酢酸ナトリウム
(sodium acetate)

3-フェニルプロパン酸カリウム
[3-フェニルプロピオン酸カリウム]

エステルの英語名は，カルボキシ基の酸素原子に結合したアルキル基ないしアリール基の名前を先にして，その後にアシル基部分を含むカルボン酸イオンの名前を並べたものだ．エステルの日本語名では順序が逆になり，アシル基部分を含むカルボン酸の名前を先にして，その後にアルキル基またはアリール基の名前をつなげる．

ブタン酸エチル（ethyl butanoate）
[酪酸エチル]

3-シクロヘキシルプロパン酸プロピル
[3-シクロヘキシルプロピオン酸プロピル]

酸塩化物の英語名は，カルボン酸の語尾の -oic acid を -oyl chloride に変えたものだ．シクロアルカン誘導体の -carboxylic acid という接尾語は -carbonyl chloride に変える．酸塩化物の日本語名は，"塩化"の後に英語名から -chloride を除いた部分をカタカナ表記でつなげたものだ．他の酸ハロゲン化物も同様に命名する．

塩化シクロペンタンカルボニル
(cyclopentanecarbonyl chloride)

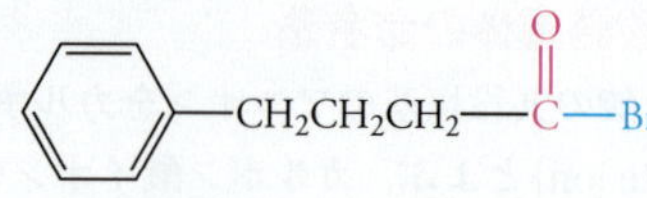

臭化 4-フェニルブタノイル

酸無水物では二つのアシル基が酸素原子を介してつながっている．2種類の違うアシル基をもつ酸無水物もあるが，一般的には二つのアシル基が同じ種類であるものが多い．その場合の英語名はカルボン酸の語尾の -oic acid を -oic anhydride に変えたもので，日本語名はカルボン酸の名前の後に"無水物"とつける．

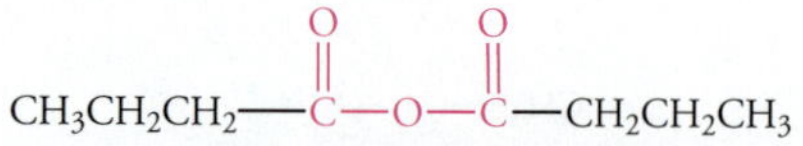

ブタン酸無水物（butanoic anhydride）
［酪酸無水物］

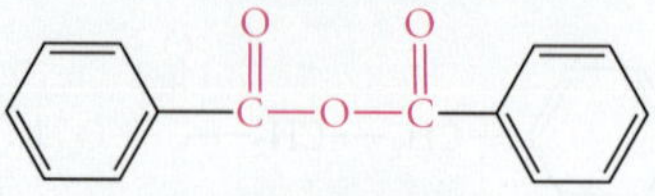

安息香酸無水物

アミドの英語名は，カルボン酸の語尾の "〜酸 (-oic acid)" を "〜アミド (-amide)" に変えたものだ．シクロアルカンにアミド官能基が結合した化合物では，シクロアルカンの名前の後の接尾語 "〜カルボン酸 (-carboxylic acid)" を "〜カルボキサミド (-carboxamide)" に変える．

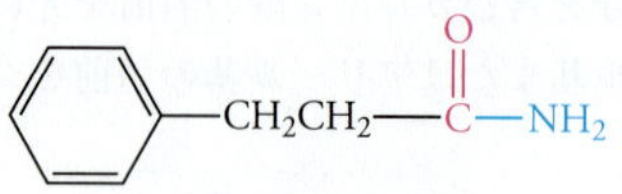

3-フェニルプロパンアミド
(3-phenylpropanamide)

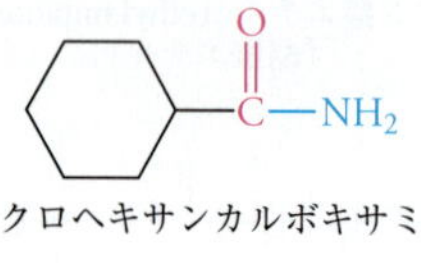

シクロヘキサンカルボキサミド

第二級アミドや第三級アミドでは，窒素原子がカルボニル炭素以外にもう1個ないし2個のアルキル基やアリール基と結合する．窒素原子に置換基が結合したアミドとアミンの命名法は，第12章で述べる．

**例題 11・1** オレイン酸は不飽和脂肪酸で，植物油にエステルとして含まれる．オレイン酸の IUPAC 名を書け．

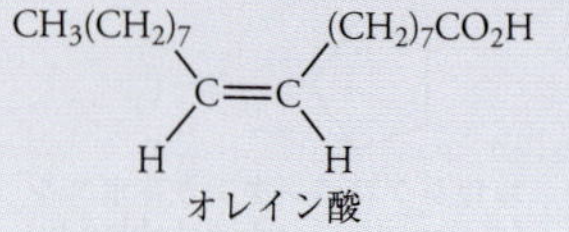

オレイン酸

［解答］ はじめに，-COOH 基を含む炭素鎖の長さを決める．オレイン酸は合計 18 個の炭素原子を含む．カルボキシ基から位置番号をつけて，二重結合は C9−C10 間にあるので，この化合物は 9-オクタデセン酸だ．二重結合の立体配置は $Z$ なので，オレイン酸の IUPAC 名は $(Z)$-9-オクタデセン酸だ．

**例題 11・2** メバロン酸はテルペン合成中間体のイソペンテニル二リン酸を生成するために必要な化合物だ．メバロン酸の IUPAC 名を書け．

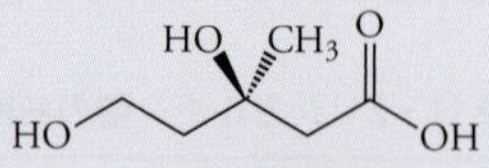

メバロン酸

**例題 11・3** クロフィブラートは血中のトリグリセリドとコレステロールの濃度を低下させる薬剤として使用されていた．クロフィブラートの IUPAC 名を書け．

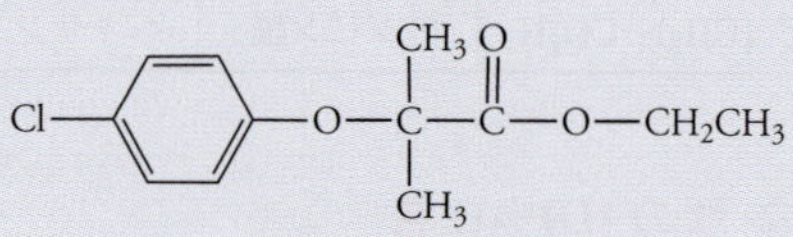

クロフィブラート

［解答］ はじめに，エステルのもととなるアルコール部分を決める．構造式の右側のアルコール部分に炭素原子が2個あるので，この化合物はエチルエステルだ．

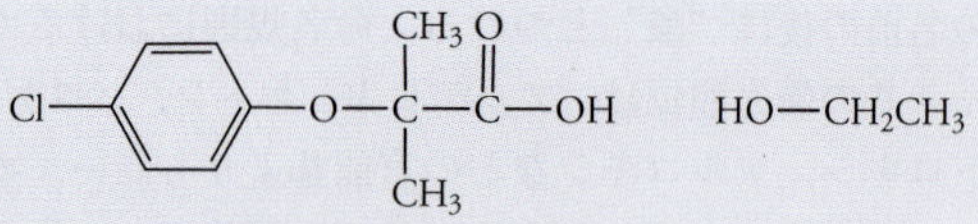

エステルのもととなるカルボン酸　　エタノール

次に，エステルのもととなるカルボン酸部分を決める．カルボン酸部分は芳香環を含む置換基とメチル基でプロパン酸の C2 位を置換したものだ．芳香環を含む置換基の酸素原子に水素原子をつけると，4-クロロフェノールになる．よって，この置換基は 4-クロロフェノキシ基だ．

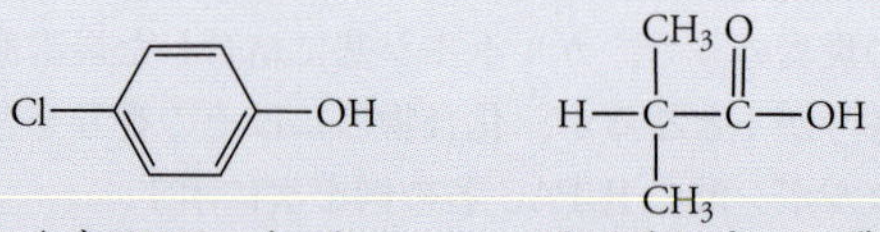

4-クロロフェノール　　2-メチルプロパン酸

カルボン酸の名前は 2-(4-クロロフェノキシ)-2-メチルプロパン酸だ．エステルなので，カルボン酸の名前の後にアルコール部分のアルキル基の名前を配置する．このエステルの IUPAC 名は，2-(4-クロロフェノキシ)-2-メチルプロパン酸エチルだ．

**例題 11・4** ギ酸イソブチルはラズベリーの香りがする化合物だ．構造式と IUPAC 名を書け．

## 11・3　カルボン酸とエステルの物理的性質

　カルボン酸とエステルでは分子間に働く相互作用が異なるため，沸点や溶解度などの物理的性質が大きく異なる．味のような生物学的性質も大きくなり，その違いはGタンパク質共役受容体とよばれる膜タンパク質の種類に依存する．しかし，本書の範囲を超える内容なのでこれ以上述べない．

### 融点，沸点，溶解度

　これまでに学んだ有機化合物の沸点と比べて，カルボン酸の沸点は高い（表11・3）．カルボン酸2分子は水素結合を介してとても強く相互作用して，二量体を形成する．分子量が同程度の他の化合物よりもカルボン酸の沸点が高い理由は，このように二量体を形成するためだ．

　低分子量のカルボン酸は，カルボキシ基が複数の水分子と水素結合を形成するため，水に溶解する．カルボン酸のヒドロキシ基の水素原子が水素結合供与体として機能するとともに，二つの酸素原子の孤立電子対が水素結合受容体として機能する．アルコールでも同じだが，カルボン酸の溶解度は炭素鎖が長くなるにつれて低下する．無極性の炭化水素鎖が長くなると，カルボン酸の物理的性質は炭化水素鎖の影響を強く受けるためだ．

　エステルは極性分子だが，エステル同士で分子間水素結合を形成しないため，エステルの沸点は同程度の分子量のカルボン酸やアルコールの沸点よりも低い．ただし，エステルの酸素原子は水分子の水素原子と水素結合を形成できるため，エステルは少しは水に溶けるし，混和するものもある．しかし，エステルには水分子の酸素原子と水素結合するような水素原子がないので，カルボン酸と比べれば水に溶けにくい．表11・4におもなエステルの物理的性質として沸点と水に対する溶解度を示す．

水素結合を介して形成した酢酸の二量体

CH₃—C(=Ö:)—Ö:—H　沸点 118.1 ℃
CH₃—C(=Ö:)—CH₃　沸点 56.5 ℃
CH₃—C(=CH₂)—CH₃　沸点 −6.9 ℃

表11・3　カルボン酸の物理的性質

| 化合物名 | 融点(℃) | 沸点(℃) | 水に対する溶解度(g/100 mL, 20 ℃) |
|---|---|---|---|
| ギ酸 HCO₂H | 8.4 | 100.8 | 混和 |
| 酢酸 CH₃CO₂H | 16.7 | 118.1 | 混和 |
| プロピオン酸 CH₃CH₂CO₂H | −21.5 | 141.2 | 混和 |
| 酪酸 CH₃(CH₂)₂CO₂H | −7.9 | 163.5 | 混和 |
| 吉草酸 CH₃(CH₂)₃CO₂H | −34.5 | 186 | 4.97 |
| ヘキサン酸 CH₃(CH₂)₄CO₂H | −3 | 205 | 0.960 |
| オクタン酸 CH₃(CH₂)₆CO₂H | 16.7 | 239.7 | 0.068 |
| デカン酸 CH₃(CH₂)₈CO₂H | 31.4 | 270 | 0.015 |
| ラウリン酸 CH₃(CH₂)₁₀CO₂H | 44 | 299 | 0.0055 |

表11・4　エステルの物理的性質

| 化合物名 | 沸点(℃) | 水に対する溶解度(g/100 mL, 20 ℃) |
|---|---|---|
| ギ酸メチル | 32 | 混和 |
| 酢酸メチル | 57 | 24.4 |
| プロピオン酸メチル | 80 | 1.8 |
| 酪酸メチル | 102 | 0.5 |
| 吉草酸メチル | 126 | 0.2 |
| ヘキサン酸メチル | 151 | 0.06 |
| ギ酸エチル | 54 | 混和 |
| 酢酸エチル | 77 | 7.4 |
| プロピオン酸エチル | 99 | 1.7 |
| 酪酸エチル | 120 | 0.5 |
| 吉草酸エチル | 145 | 0.2 |
| 酢酸プロピル | 102 | 1.9 |
| 酢酸ブチル | 125 | 1.0 |
| 安息香酸メチル | 199 | 0.1 |
| 安息香酸エチル | 213 | 0.08 |

### カルボン酸とエステルの香り

　液体のカルボン酸はツンと鼻を刺すような不快な臭いがする．たとえば，酪酸は傷んだバターやチーズの臭いがする．ヘキサン酸（カプロン酸），オクタン酸（カプリル酸），デカン酸（カプリン酸）はヤギの臭いがする（慣用名の語源の *caper* はヤギを表すラテン語）．カルボン酸とは対照的に，エステルは果物の良い香りがする．実際に，多くの果物の香りのもとはエステルだ．たとえば，酢酸エチルはパイナップルに含まれ，酢酸イソアミルはリンゴやバナナに，イソ吉草酸イソアミルはリンゴに，酢酸オクチルはオレンジに含まれる．

エステルの沸点は低いので，加工食品の製造過程で一部が放出されて減ってしまう．そこで，食品が本来もつ香りがするように，加工食品の製造過程でエステルを添加することがある．香料としてエステルが添加されていることを消費者が確認できるように，米国では製品ラベルに添加物名を記載することが法律で定められている．製品に使用されるエステルは天然の食品に含まれているものと同一である必要はないが，もちろん同じ香りや味がするものが選ばれる．価格と入手しやすさしだいでは，天然の食品に含まれていないものが選ばれることもある．表 11・5 に香料として使用されるエステルを示す．

表 11・5 香料に使用されるエステル

| 化合物名 | 化学式 | 香り |
|---|---|---|
| 酪酸メチル | $CH_3(CH_2)_2CO_2CH_3$ | リンゴ |
| 酪酸ペンチル | $CH_3(CH_2)_2CO_2(CH_2)_4CH_3$ | アンズ |
| 酢酸ペンチル | $CH_3CO_2(CH_2)_4CH_3$ | バナナ |
| 酢酸オクチル | $CH_3CO_2(CH_2)_7CH_3$ | オレンジ |
| 酪酸エチル | $CH_3(CH_2)_2CO_2CH_2CH_3$ | パイナップル |
| ギ酸エチル | $HCO_2CH_2CH_3$ | ラム酒 |

**例題 11・5** 抗生物質のクロラムフェニコールは苦味がある．パルミチン酸エステルにして水溶性を下げて懸濁液にすることで，子どもでも飲めるように改善された．この薬は経口投与されるが，腸の中の酵素によって加水分解される．次に示すエステルの構造式をもとにクロラムフェニコールの構造式を書け．

[解答] はじめにカルボニル炭素を探してエステル部分を見つける．構造式の一番下のカルボニル炭素は窒素原子と結合している．これはアミドでとても安定な結合だ．構造式の右上にあるカルボニル炭素は酸素原子と結合してエステルを形成しているが，この結合のことをエステル結合とよぶ．カルボニル基から右側の炭素鎖はカルボン酸に由来する部分で，炭素原子が全部で 16 個あるので，これはパルミチン酸エステルだ．

このエステルはクロラムフェニコールのアルコール部分がパルミチン酸と縮合してできるものなので，クロラムフェニコールの構造式は次のようになる．

**例題 11・6** フロ酸ジロキサニドがアメーバ赤痢に効くようにするためには，体内で加水分解されるようにする必要がある．この薬のカルボン酸由来の部分を示せ．

## 11・4 カルボン酸の酸性度

酢酸などのカルボン酸は弱い酸だが，アルコールやフェノールと比べればずっと強い酸だ．酢酸の酸解離定数 $K_a$ はエタノールの酸解離定数 $K_a$ よりも約 $10^{11}$ 倍大きく，比較するとかなり強い．

$$CH_3CH_2OH + H_2O \rightleftharpoons CH_3CH_2O^- + H_3O^+$$
$$K_a = 1.3 \times 10^{-16}$$

$$CH_3CO_2H + H_2O \rightleftharpoons CH_3CO_2^- + H_3O^+$$
$$K_a = 1.8 \times 10^{-5}$$

酢酸の方がはるかに強い酸性を示す理由は，共役塩基の酢酸イオンの負電荷が共鳴で安定化されるからだ．エトキシドイオン（$CH_3CH_2O^-$）では負電荷が 1 個の酸素原子に局在化するため，そのように安定化されることがない．

酢酸イオンの共鳴構造

カルボン酸の酸性の強さの原因のもう一つは誘起効果だ（§2・8）．つまり，σ 結合を介してカルボニル基に電子密度が引き寄せられ，O−H 結合の分極が増す．電子密度が減少することで O−H 結合は弱まり，イオン化できる水素原子の酸性が強くなる．

カルボニル炭素に結合したアルキル基やアリール基の誘起効果は $K_a$ に影響を及ぼす．アルキル基は水素と比べると電子供与基であり，カルボキシ基に電子密度を押

## 11・4 カルボン酸の酸性度

し出すことでカルボン酸を相対的に安定化し，共役塩基を若干不安定化する．そのため，酢酸（p$K_a$=4.74）はギ酸（p$K_a$=3.75）よりも弱い酸となる．対照的に，アリール基の sp$^2$ 混成状態の炭素原子はアルキル基と比べると電子求引性だ．そのため，安息香酸（p$K_a$=4.19）は酢酸よりも強い酸となる．

表 11・6 カルボン酸の p$K_a$ 値

| 化合物名 | 化学式 | p$K_a$ |
|---|---|---|
| ギ酸 | $HCO_2H$ | 3.75 |
| 酢酸 | $CH_3CO_2H$ | 4.74 |
| プロピオン酸 | $CH_3CH_2CO_2H$ | 4.87 |
| 酪酸 | $CH_3(CH_2)_2CO_2H$ | 4.82 |
| イソ酪酸 | $(CH_3)_2CHCO_2H$ | 4.84 |
| 吉草酸 | $CH_3(CH_2)_3CO_2H$ | 4.81 |
| ピバル酸 | $(CH_3)_3CCO_2H$ | 5.03 |
| フルオロ酢酸 | $FCH_2CO_2H$ | 2.59 |
| クロロ酢酸 | $ClCH_2CO_2H$ | 2.86 |
| ブロモ酢酸 | $BrCH_2CO_2H$ | 2.90 |
| ヨード酢酸 | $ICH_2CO_2H$ | 3.18 |
| ジクロロ酢酸 | $Cl_2CHCO_2H$ | 1.24 |
| トリクロロ酢酸 | $Cl_3CCO_2H$ | 0.64 |
| トリフルオロ酢酸 | $F_3CCO_2H$ | 0.23 |
| メトキシ酢酸 | $CH_3OCH_2CO_2H$ | 3.55 |
| シアノ酢酸 | $NCCH_2CO_2H$ | 2.46 |
| ニトロ酢酸 | $O_2NCH_2CO_2H$ | 1.72 |

カルボキシ基の炭素原子に電子求引基が結合すると，カルボン酸の酸性が強くなる．たとえば，クロロ酢酸は酢酸よりも強い酸だ．表 11・6 を見ると，電子求引基がカルボン酸の酸性に及ぼす影響がわかる．

C-Cl 結合の電子は電気陰性度が大きい塩素原子に引き寄せられ，炭素骨格から引き離される．その結果，C-O 結合の電子は炭素原子の方へ，そして O-H 結合の電子は酸素原子の方へ引き寄せられ，プロトンが放出されやすくなる．

ハロゲン原子とカルボニル基の間の距離が増すと，誘起効果は劇的に弱まる．β位やγ位にハロゲンが置換したカルボン酸の p$K_a$ 値は，無置換カルボン酸の p$K_a$ 値と同程度になる．

$CH_3CH_2CHClCO_2H$   p$K_a$ = 2.84
$CH_3CHClCH_2CO_2H$   p$K_a$ = 4.06
$ClCH_2CH_2CH_2CO_2H$   p$K_a$ = 4.52
$CH_3CH_2CH_2CO_2H$   p$K_a$ = 4.82

（酸性度が強くなる↑）

### カルボン酸塩

カルボン酸と水酸化物イオンの反応と，カルボン酸イオンとヒドロニウムイオンの反応は，混合物の中からカルボン酸を分離するという実用的な実験操作に応用できる．カルボン酸イオンはイオン性化合物なので，もとのカルボン酸よりも水によく溶ける．有機化学実験では，カルボン酸に水酸化ナトリウム水溶液を加えて水溶性の高い塩であるカルボン酸ナトリウムに変換し，他の無極性の有機化合物から分離することをよく行う．たとえば，デカノールとデカン酸の混合物を分離することを考えてみよう．デカノールは水に溶けないし，水酸化ナトリウムとも反応しない．しかし，この混合物を水酸化ナトリウム水溶液と混ぜると，デカン酸は水酸化ナトリウムと反応してデカン酸イオンになり，塩基性水溶液に溶けるようになる．一方で，デカノールは水に溶けないままだ．

$CH_3(CH_2)_8CO_2H$ + $HO^-$ ⟶ $CH_3(CH_2)_8CO_2^-$ + $H_2O$
水に不溶                        水に可溶

水に不溶のデカノールは水溶液から分液操作などで物理的に分離する．残った水溶液に塩酸を加えて中和すると，水に不溶のデカン酸が分離してくる．

$CH_3(CH_2)_8CO_2^-$ + $H_3O^+$ ⟶ $CH_3(CH_2)_8CO_2H$ + $H_2O$
水に可溶                        水に不溶

天然物から抽出したものが複雑な混合物となることはよくあるが，上の操作はそのような混合物からカルボン酸を分離するためにとても有用な方法だ．

**例題 11・7** 細胞の成長と維持に必要なエネルギーを得る代謝過程において，ピルビン酸は重要な中間体だ．ピル

ビン酸($pK_a=2.50$)がプロピオン酸($pK_a=4.87$)よりも約100倍強い酸である理由を説明せよ．

$$CH_3-\underset{ピルビン酸}{\overset{O\quad\ O}{\underset{\|\quad\ \|}{C-C}}}-O-H$$

[解答] ピルビン酸の $pK_a$ はプロピオン酸の $pK_a$ よりも小さいので，ピルビン酸の方が強い酸だ．カルボニル基は大きく分極していて，カルボニル炭素が部分的に正電荷を帯びていることを思い出そう．誘起効果によってカルボン酸の電子密度はケトンのカルボニル炭素の方へ引き寄せられ，O-H 結合の分極が増す．つまり，ピルビン酸で酸性が強くなるのは，ケトンのカルボニル炭素に結合するもう一つのカルボニル基が O-H 結合から電子密度を引き離すためだ．

$$CH_3-\overset{\delta-}{\underset{\delta+}{C}}\!\!=\!\!O\quad C\!\leftarrow\!O\!\leftarrow\!H$$

**例題 11・8** リンゴ酸とオキサロ酢酸の酸解離定数 $pK_a$ は，それぞれ 3.41 と 2.22 だ．どちらが強い酸か．各化合物の二つのカルボキシ基は，どちらの酸性が強いか．

リンゴ酸： $HO_2C-CH_2-\underset{H}{\overset{OH}{C}}-CO_2H$

オキサロ酢酸： $HO_2C-CH_2-\overset{O}{\overset{\|}{C}}-CO_2H$

## 11・5 カルボン酸の合成

これまでに学んだ数種類の酸化反応を利用すると，カルボン酸を合成できる．ジョーンズ試薬(§8・6)を使った酸化反応を行えば，アルデヒドと第一級アルコールのどちらからでもカルボン酸を合成できる．アルデヒドであればトレンス試薬やフェーリング液を使っても酸化できて，カルボン酸を合成できる(§10・4)．

$$CH_3(CH_2)_8CH_2OH \xrightarrow[H_2SO_4/アセトン]{CrO_3} CH_3(CH_2)_8CO_2H$$
1-デカノール　　　　　　　　　　　デカン酸

3-シクロヘキセンカルボアルデヒド $\xrightarrow{Cu^{2+}}$ 3-シクロヘキセンカルボン酸

アルキルベンゼンは過マンガン酸カリウムで酸化されて安息香酸になる．この反応ではベンゼン環に結合したアルキル基はすべて酸化される(§5・8)．その一例として，テトラリンの酸化でフタル酸を生成する反応を示す．

テトラリン $\xrightarrow{KMnO_4}$ フタル酸 + 2 $CO_2$

カルボン酸はハロゲン化炭化水素を出発物質とする方法でも合成できる．合成方法は2種類あり，どちらの方法でも生成物のカルボン酸は反応物から炭素原子を1個増やした(増炭した)ものとなる．

一つ目の合成方法はグリニャール試薬に変換する方法だ．グリニャール試薬(§9・4)は求核剤として働き，アルデヒドやケトンのカルボニル基と反応することを第10章で学んだ．グリニャール試薬は二酸化炭素の炭素-酸素二重結合に対しても同様に反応して，カルボン酸の共役塩基とマグネシウムの塩が生成する．その溶液に酸性の水溶液を加えて中和すれば，カルボン酸ができる．

$$R-MgBr + O=C=O \longrightarrow R-\overset{O}{\overset{\|}{C}}-O^-MgBr^+$$

$$\xrightarrow{H_3O^+} R-\overset{O}{\overset{\|}{C}}-OH$$

ハロゲン化炭化水素から出発してカルボン酸を合成するまでに，全部で3段階の反応手順が必要となる．第1段階でハロゲン化炭化水素をグリニャール試薬に変換し，第2段階でグリニャール試薬のエーテル溶液を二酸化炭素の固体(ドライアイス)に注ぎ，第3段階で反応混合物を酸性にする．反応の矢印の上下に3段階の各反応で使う試薬を書くことで，矢印を1本しか使わずに3段階の反応手順を表すことができる．

o-ブロモトルエン $\xrightarrow[\text{3. }H_3O^+]{\text{1. Mg/エーテル} \atop \text{2. }CO_2}$ o-メチル安息香酸

反応物のハロゲン化炭化水素の主鎖の炭素数を1個だけ増やしたカルボン酸のもう一つの合成方法は，シアン化物イオンによる $S_N2$ 反応(第7章)を利用するものだ．この反応で新たに炭素-炭素結合ができて，炭素-窒素三重結合をもつ**ニトリル**(nitrile)とよばれる化合物(RCN)が生成する．ニトリルは加水分解できるので，最終的に加水分解することでカルボン酸が得られる．

## 11・5 カルボン酸の合成

$$R-Br + {}^-:C\equiv N: \longrightarrow R-C\equiv N: + Br^-$$

$$R-C\equiv N: \xrightarrow{H_3O^+} R-\underset{O}{\overset{\parallel}{C}}-O-H + NH_4^+$$

$$C_6H_5-CH_2Br \xrightarrow[\text{2. }H_3O^+]{\text{1. KCN}} C_6H_5-CH_2CO_2H$$

**例題 11・9** 次の変換反応の反応手順を示せ．

$$HO-C_6H_4-CH_2Br \longrightarrow HO-C_6H_4-CH_2CO_2H$$

[解答] この化合物を合成するには，芳香族化合物の側鎖の炭素原子を1個増やす必要がある．この節で学んだ2種類の方法のどちらを選べばよいだろうか？フェノール性ヒドロキシ基には酸性プロトンがあり，グリニャール試薬を分解するため，m-ヒドロキシベンジルブロミドからはグリニャール試薬を調製できない．

そこで，出発物質とシアン化物イオンからニトリルを合成する置換反応を考えてみよう．臭化ベンジルは第一級ハロゲン化アルキルなので，$S_N2$ 反応が容易に起こる．生成したニトリルを加水分解すると，目的のカルボン酸が得られる．

$$HO-C_6H_4-CH_2Br \xrightarrow{CN^-} HO-C_6H_4-CH_2C\equiv N \xrightarrow{H_3O^+} HO-C_6H_4-CH_2CO_2H$$

**例題 11・10** 2-メチル 1-ヘプテンから 2,2-ジメチルヘプタン酸を合成する反応手順を示せ．

$$CH_3CH_2CH_2CH_2CH_2-C(CH_3)=CH_2 \longrightarrow CH_3CH_2CH_2CH_2CH_2-C(CH_3)_2-CO_2H$$

代表的なカルボン酸の一つである酢酸は，アセチレンから合成できる．アセチレンから酢酸への変換は，水和反応とその後の酸化反応の2段階で起こる．硫酸水銀(II)と硫酸を使うアセチレンの水和反応では，エノール中間体を経てアセトアルデヒドが生成する(§4・10)．酢酸コバルト(III)を触媒としてアセトアルデヒドの酸素酸化反応を行うと，酢酸が生成する．

$$H-C\equiv C-H + 2H_2O \xrightarrow[H_2SO_4]{HgSO_4} CH_3-\underset{O}{\overset{\parallel}{C}}-H$$

$$CH_3-\underset{O}{\overset{\parallel}{C}}-H \xrightarrow[Co^{3+}]{O_2} CH_3-\underset{O}{\overset{\parallel}{C}}-OH$$

化学工業では化合物を大規模で合成する方法が開発される．化学工業では低コストの原料を使い，大量のエネルギーを必要とせずに高効率で反応が進行する必要がある．先の反応式に示した酢酸の合成では反応物は比較的安価で，反応も高収率で進行するが，大量のエネルギーを必要とする．半世紀の間にエネルギーのコストが上がり，この方法は今や不経済な方法となった．

低コストの原料と少量のエネルギーでアセトアルデヒドが合成できるように，パラジウム(II)触媒と銅(II)触媒とともに分子状酸素を使い，エチレンを触媒的に酸化してアセトアルデヒドに変換する方法が考案された．エチレンは安価であり，石油や天然ガスを精製することで容易に入手可能だ．ドイツのワッカーケミー社によって1959年に開発されたこの方法は，**ワッカー法**（Wacker process）またはワッカー酸化とよばれ，アセトアルデヒドの主要な供給方法となった．

$$CH_2=CH_2 + 2O_2 \xrightarrow[Cu^{2+}]{Pd^{2+}} 2CH_3-\underset{O}{\overset{\parallel}{C}}-H$$

その後，酢酸コバルト(III)触媒と分子状酸素でアセトアルデヒドを酸化する反応が，酢酸合成に使用された．

$$CH_3-\underset{O}{\overset{\parallel}{C}}-H \xrightarrow[Co^{3+}]{O_2} CH_3-\underset{O}{\overset{\parallel}{C}}-OH$$

しかし，1973年にメタノールを一酸化炭素と反応させて酢酸をつくるモンサント法が開発されたため，この方法が市場で優位に立っていたのは15年間だけだった．酢酸の炭素–炭素結合の形成は，ロジウム(III)錯体，ヨウ化水素，水という3種類の化合物によって触媒される．

$$CH_3-OH + CO \xrightarrow[HI/H_2O]{Rh^{3+}} CH_3-\underset{O}{\overset{\parallel}{C}}-OH$$

メタノールも化学工業において重要な工業製品の一つだ．メタンと水をさまざまな触媒を使って反応させると，**水性ガス**とよばれる一酸化炭素と水素の混合ガス（モル比 1：3）が生成する．

$$CH_4 + H_2O \longrightarrow CO + 3H_2$$

反応条件を調節すれば，水性ガスの一酸化炭素と水素の混合比をモル比 1：2 にできる．このガスは**合成ガス**と

して知られていて，触媒反応によってメタノールに変換できる．

$$CO + 2H_2 \longrightarrow CH_3OH$$

つまり，水性ガスはモンサント法に必要な一酸化炭素とメタノールの両方を供給できる．その結果，天然ガスから得られるメタンと水を出発物質として，酢酸が合成できるようになった．モンサント法に必要なすべての反応過程について触媒が開発され，どの段階も高効率で経済的に進行するようになった．環境問題に対応するために，上にあげた化合物の製造方法は改良され続けている．

## 11・6 求核アシル置換反応

第10章では，アルデヒドやケトンの求核付加反応，つまり求電子性カルボニル炭素に対して求核剤が攻撃する付加反応について学んだ．この求核付加反応では，最終的に四面体構造の化合物が生成する．

同様に，酸塩化物や酸無水物などのカルボン酸誘導体のカルボニル炭素に対しても求核剤が攻撃して，四面体構造の中間体を生成する．しかし，この場合の四面体構造の中間体は不安定で，そこから脱離基が抜けて別のカルボン酸誘導体ができる．この反応過程の全体をまとめて**求核アシル置換反応**（nucleophilic acyl substitution）とよぶ．アシル基が脱離基から求核剤へと移動する反応なので，**アシル基転移**（acyl group transfer）反応ともいう．

カルボン酸誘導体と求核剤の反応ではアルデヒドやケトンの場合のような安定な四面体構造の生成物ができないが，なぜだろうか？ その理由はカルボン酸誘導体から生成する四面体構造の中間体が良い脱離基をもつためだ．酸塩化物の反応で脱離基となるのは弱塩基の塩化物イオンだ．脱離基の脱離しやすさは塩基の強さと逆の関係にあることを思い出そう．あらためてケトンから生成する反応中間体を見ると，良い脱離基をもたないことがわかる．炭化水素の共役塩基であるカルボアニオン $R^-$ は塩基性が非常に強いため，その脱離能はとても弱い．

求核アシル置換反応の反応物と生成物の量的関係（化学量論）は，ハロゲン化アルキルの $S_N2$ 反応の場合とよく似ている．しかし，似ているのはあくまでも見た目だけだ．$S_N2$ 反応は求核剤が炭素と結合して代わりに脱離基が抜ける1段階反応だが，求核アシル置換反応は2段階で反応が進行する（図11・2）．求核アシル置換反応の律速段階は，通常は求核剤がカルボニル炭素に付加して四面体構造の中間体が生成する第1段階だ．第2段階では脱離基が抜けるが，この段階は速く進行する．

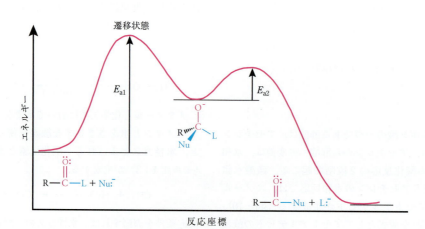

図11・2　求核アシル置換反応の反応座標図

## カルボン酸誘導体の相対的反応性

カルボン酸誘導体の反応性は，酸塩化物＞酸無水物＞エステル＝カルボン酸＞アミドの順に低下する．脱離基の脱離しやすさと塩基性に関係性があるので，この反応性の順番は脱離基の脱離しやすさと関係しているように見えるかもしれない．HClは強酸でNH₃がとても弱い酸なので，Cl⁻は弱塩基でNH₂⁻は強塩基だ．このことはCl⁻がNH₂⁻よりも良い脱離基であることを意味する．しかし，"求核アシル置換反応の律速段階は脱離基が脱離する段階ではなく，求核剤が付加する段階だ"ということに注意しよう．

反応性の順序は反応物の共鳴安定化の程度を反映している．アシル基の炭素原子に結合した原子の孤立電子対が炭素原子の方へ供与された共鳴構造では，炭素原子の部分的な正電荷が減少して求電子性が低下する．しかし，このような共鳴安定化は四面体構造の中間体では不可能だ．反応の第1段階の一般式について考えてみよう．

芳香族求電子置換反応において，酸素や窒素の第2周期の元素が共鳴によって効果的に電子供与するという置換基効果のことを思い出そう．さらにいうと，窒素原子は酸素原子よりも電気陰性度が小さいため，共鳴によって効果的に電子を供与するドナーとなる．したがって，エステルの酸素原子よりも，アミドの窒素原子の方がカルボニル基の共鳴安定化効果は大きい．また，第3周期の塩素原子は共鳴では効果的に電子供与しない．そのため，酸塩化物の塩素原子の安定化効果はそれほど大きくない．つまり，アミドでは求核剤Nu:⁻との反応の活性化エネルギー$E_{a1}$（図11・2）が相対的に大きくなり，酸塩化物では活性化エネルギーが相対的に小さくなる．その結果，反応性に差が生じる．

反応性に差があるということは，反応性が高いカルボン酸誘導体を反応性が低いカルボン酸誘導体に変換できることを意味する（図11・3）．カルボン酸誘導体の相対的反応性を知ることで，この章の反応の多くを理解することができる．一つ注意しておくべきことは，カルボン酸とエステルの両者ともカルボニル炭素に酸素原子が結合していることだ．よって，この2種類の化合物は似たような反応性を示し，平衡過程において容易に相互変換できる．この重要な反応性は，この後の章でも扱う．

## 酸塩化物

酸塩化物はカルボン酸誘導体の中で最も反応性が高い化合物だ．実験室ではカルボン酸に塩化チオニル(SOCl₂)を作用させて酸塩化物を合成する．この反応はルシャトリエの原理を利用している．カルボン酸が塩化チオニルと反応すると酸塩化物を生成するが，それ以外に副生成物としてHClとSO₂も生成する．ピリジンなどの塩基を共存させて反応を行うと，副生する塩化水素が取除か

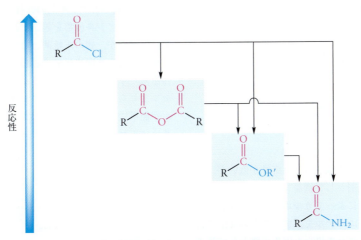

図11・3　カルボン酸誘導体の反応性　カルボン酸誘導体の反応性が高いほど，反応性が低いカルボン酸誘導体を与える求核アシル置換反応が速く進行する．

れる．副生成物の $SO_2$ は気体として反応混合物から放出される．そのため，反応は右に進む．塩化チオニルの代わりに五塩化リンを使っても同様に酸塩化物を合成できる．

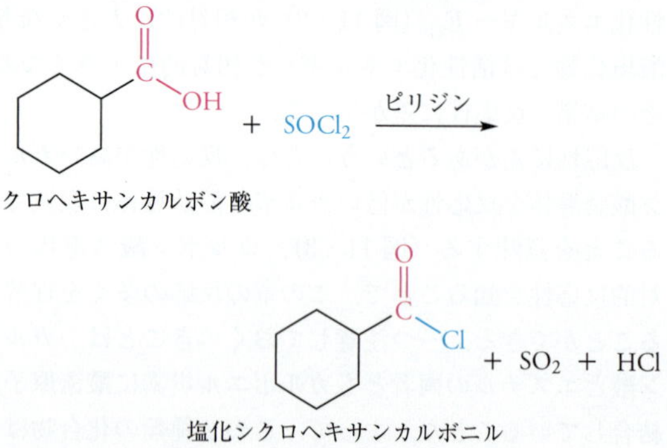

シクロヘキサンカルボン酸 + $SOCl_2$ →(ピリジン) 塩化シクロヘキサンカルボニル + $SO_2$ + $HCl$

酸塩化物はほとんどの求核剤と反応するだけでなく，空気中の湿気とも反応して加水分解される．酸塩化物とアルコールの反応ではエステルが生成する．酸塩化物とアミンを反応させれば，たやすくアミドへと変換できる．

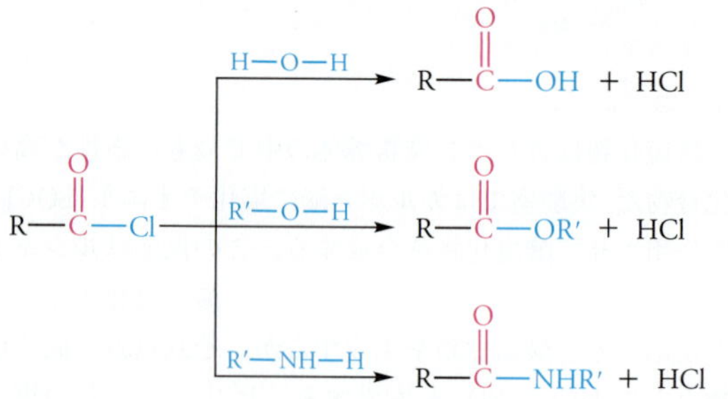

R-CO-Cl + H-O-H → R-CO-OH + HCl
R-CO-Cl + R'-O-H → R-CO-OR' + HCl
R-CO-Cl + R'-NH-H → R-CO-NHR' + HCl

カルボン酸をまず酸塩化物に変換すれば，エステルを容易に合成できる．酸塩化物はアルコールと反応してエステルを高収率で生成する．

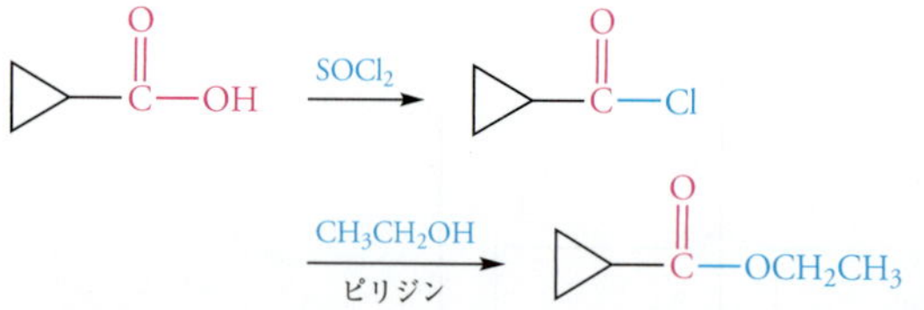

シクロプロパンカルボン酸 →($SOCl_2$) 塩化物 →($CH_3CH_2OH$, ピリジン) エチルエステル

## 酸無水物

酸無水物は酸塩化物と比較すると反応性が低いが，それでも強力なアシル化剤として機能する．酸無水物は水との反応では加水分解によってカルボン酸を生成し，アルコールとの反応ではエステルを，アミンとの反応ではアミドを生成する．いずれの場合も副生成物として等モル量のカルボン酸が生じる．

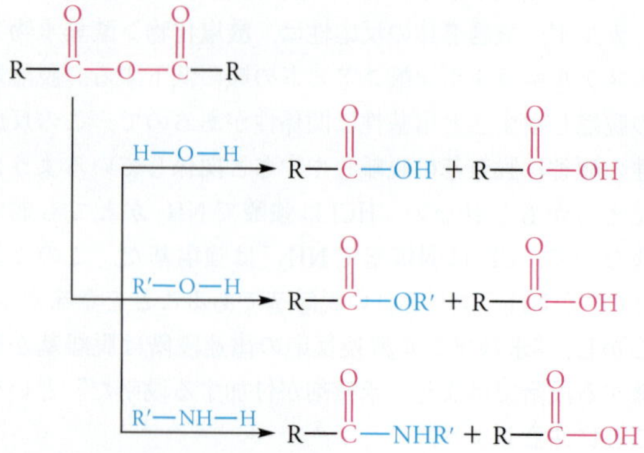

R-CO-O-CO-R + H-O-H → R-CO-OH + R-CO-OH
R-CO-O-CO-R + R'-O-H → R-CO-OR' + R-CO-OH
R-CO-O-CO-R + R'-NH-H → R-CO-NHR' + R-CO-OH

代表的な酸無水物は無水酢酸だ．無水酢酸とサリチル酸のフェノール部分の反応では，アセチルサリチル酸（別名アスピリン）というエステルが生成する．

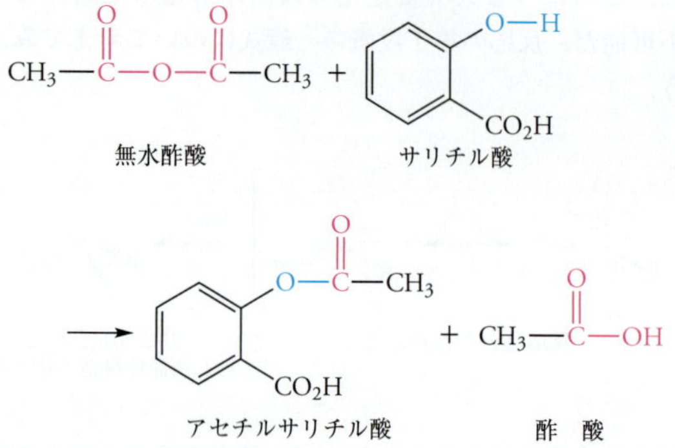

無水酢酸 + サリチル酸 → アセチルサリチル酸 + 酢酸

## 生化学におけるアシル化剤としてのチオエステル

細胞中のカルボン酸誘導体の変換は，ある分子から別の分子へアシル基が転移することで起こる．エステルは細胞中に広く分布しているが，一般に反応が遅すぎるため，他の物質へのアシル基の転移が効率的に起こらない．

細胞内でアシル転移を起こす試薬は，加水分解に対しては安定だが，他の求核剤とは生命過程を維持するために十分な反応速度で反応する必要がある．そのような条件を満たす試薬がチオエステルだ．チオエステルはエステルよりも反応性が高く，アルコールと反応してチオールが簡単に脱離する．カルボニル炭素上のスルファニル基はアルコキシ基へと置換されてエステルが生成する．

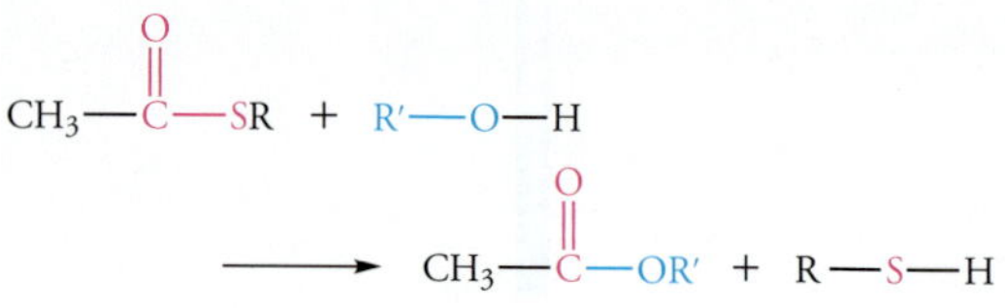

$CH_3$-CO-SR + R'-O-H → $CH_3$-CO-OR' + R-S-H

チオエステルの相対的な反応性の高さの理由は，第3周

補酵素A (CoA)

2-アミノエタンチオール　パントテン酸　　　　　　　　ADP

期元素の硫黄がカルボニル炭素に電子供与する共鳴構造をとりにくいせいで，チオエステルが十分に安定化されないからだ．チオエステルはエステルよりも不安定なので，チオエステルからアルコールへアシル基が移動する酵素触媒反応は自発的に起こる．

最も重要なチオエステルはアセチル補酵素A（アセチルCoA）だ．補酵素Aは複雑な構造をもつチオールで，省略してCoA−SHと表す．補酵素Aはアデノシン二リン酸（ADP），ビタミンB群のパントテン酸，2-アミノエタンチオールという三つの部分から構成される．アシルCoA誘導体はCoA−SHのスルファニル基がアシル基と結合したものだ．

アセチル基がCoA−SHのスルファニル基と結合した付加体がアセチル補酵素Aだ．この化合物は代謝産物の中でも特に重要で，脂肪に含まれる長鎖カルボン酸の分解や，多くのアミノ酸と糖質の代謝分解で生成する．長鎖カルボン酸の生合成において，アセチル補酵素Aは炭素原子2個のアセチル基の供給源となる．

生体内の酵素触媒反応でアセチル補酵素Aが求核剤と反応すると，新たにアセチル化合物が生成する．

$$CH_3-\underset{O}{\overset{\|}{C}}-S-CoA + HNu:$$
$$\longrightarrow CH_3-\underset{O}{\overset{\|}{C}}-Nu + CoA-S-H$$

たとえば，神経伝達物質であるアセチルコリンの生合成では，アセチル補酵素Aはヒドロキシ基を含むコリンに対してアセチル基を提供し，コリンがアセチル化されてアセチルコリンが生成する．この反応はコリンアセチルトランスフェラーゼという酵素が触媒する．

$$\underset{\text{アセチル補酵素A}}{CH_3-\underset{O}{\overset{\|}{C}}-S-CoA} + \underset{\text{コリン}}{(CH_3)_3\overset{+}{N}CH_2CH_2OH}$$

$$\underset{\text{コリンアセチルトランスフェラーゼ}}{\longrightarrow} \underset{\text{アセチルコリン}}{CH_3-\underset{O}{\overset{\|}{C}}-O-CH_2CH_2\overset{+}{N}(CH_3)_3} + CoASH$$

## 11・7　カルボン酸誘導体の還元

第10章では，アルデヒドやケトンが水素化ホウ素ナトリウムや水素化アルミニウムリチウムで還元できることを学んだ．この還元反応ではカルボニル炭素へのヒドリドイオンの求核攻撃が起こる．カルボン酸誘導体でも同様にヒドリドイオンの求核攻撃が起こるが，その後にさらに数段階の反応が起こる．この節では，エステル，カルボン酸，酸塩化物の還元について学ぶ．アミドの還元は第12章で扱う．

### エステルの還元

エステルを還元するためには強い還元剤である水素化アルミニウムリチウムが必要だ．穏やかな還元剤である水素化ホウ素ナトリウムではエステルを還元できない．水素化アルミニウムリチウムが炭素−炭素二重結合を還元できないことを思い出して，次の反応式を見てみよう．

$$\text{(シクロヘキセニル)}-\underset{O}{\overset{\|}{C}}-OCH_3 \xrightarrow[\text{2. H}_3O^+]{\text{1. LiAlH}_4} \text{(シクロヘキセニル)}-CH_2OH + CH_3OH$$

エステルの還元反応ではエステルのカルボン酸由来の部分とアルコール由来の部分がともにアルコールに変換される．エステルの還元を水素化アルミニウムリチウムで行う場合は，アルコール由来のアルキル基は低分子量であることが多い．そうすると，還元反応で生成する片方のアルコールは低分子量で水溶性となるため，カルボン酸部分から生成するアルコールを簡単に分離できる．

エステルの還元の反応機構で，最初の段階はカルボニル炭素に対する1モル当量のヒドリドイオンの求核攻撃として表せる．しかし，実際はアルミニウム原子も反応に関与していて，酸素原子と結合する．図を簡単にするために，次の反応式ではアルミニウム原子を省略してある．ヒドリドイオンがカルボニル炭素を求核攻撃して四面体構造の中間体が生成した後，アルコキシドイオンが脱離してアルデヒドが生成する．生成するアルデヒドは

もとのエステルよりも反応性が高いため，さらに速く還元される．2回目の還元でも1モル当量のヒドリドイオンが使われるので，この還元反応では合計で2モル当量のヒドリドイオンつまり0.5モル当量の水素化アルミニウムリチウムが必要となる．

### カルボン酸の還元

カルボン酸は水素化アルミニウムリチウムを使って還元できるが，穏やかな還元剤である水素化ホウ素ナトリウムでは通常還元できない．水素化アルミニウムリチウムを使うと，エステルの還元の場合のようにカルボン酸はアルコールに還元され，中間体のアルデヒドは単離できない．

水素化アルミニウムリチウムは強塩基であり，カルボン酸の酸性プロトンと反応して水素ガスが発生する．この反応には1モル当量のヒドリドイオンが使われる．その後でカルボン酸塩が還元され，その反応過程でさらに2モル当量のヒドリドイオンが必要となる．したがって，カルボン酸を還元するためには合計で3モル当量のヒドリドイオンが必要となる．

### 酸塩化物の還元

アルデヒドはエステルやカルボン酸よりも反応性が高いので，エステルやカルボン酸のヒドリド還元剤による還元ではアルデヒドが生成した段階で反応を止めることができず，アルデヒドへと変換できない．一方，酸塩化物はエステルよりもヒドリドイオンに対する反応性が高い（§11・6）．その結果，酸塩化物はエステルよりも速く還元され，アルデヒドがいったん生成する．この段階が速くなるとアルデヒドを単離できると思うかもしれないが，水素化アルミニウムリチウムはとても強い還元剤なので，生成したアルデヒドの還元反応も進行する．そのため，酸塩化物も第一級アルコールへと完全に還元される．水酸化アルミニウムリチウムよりも穏やかな還元剤である水素化リチウムトリ-*tert*-ブトキシアルミニウムを使用すると，酸塩化物との反応は進行するものの，アルデヒドとその試薬の反応はずっと遅いので，生成するアルデヒドを単離できる．

## 11・8 リン酸のエステルと無水物

リン酸，二リン酸，三リン酸は生細胞中にリン酸エステルとして存在する．アルコールがカルボン酸と反応してエステルができるのと同じように，アルコールはリン酸，二リン酸，三リン酸とも脱水縮合反応を起こしてリン酸エステルになる．

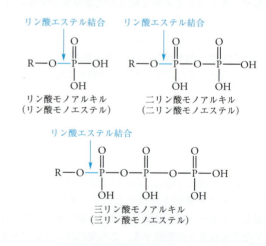

このようなリン酸のエステルは酸としても働き，生理的pHではヒドロキシ基がプロトンを放出してイオン化する．細胞中の水が多い環境にリン酸のエステルが溶解できるのはそのためだ．

二リン酸と三リン酸のエステルはリン酸が脱水縮合したリン酸無水物でもある．リン原子の間に挟まれた酸素原子は，リン酸無水物結合の一部だ．これらの化合物はカルボン酸無水物の類縁体だ．

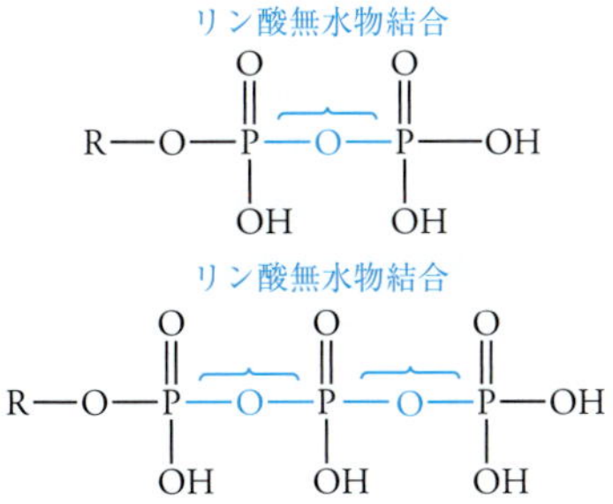

二リン酸エステルと三リン酸エステルのリン酸無水物結合は，多くの生体反応で加水分解される．アデノシンの三リン酸エステルであるアデノシン三リン酸（ATP）の末端にあるリン酸無水物結合が加水分解されると，アデノシン二リン酸（ADP）とリン酸が生成するとともに，ADP 1 分子につき 30.5 kJ/mol のエネルギーが放出される．アデノシン部分に近いリン酸無水物結合が加水分解されると，アデニル酸（アデノシンモノリン酸，AMP）と二リン酸が生成し，AMP 1 分子につき 45.6 kJ/mol のエネルギーが放出される．そのため，ATP のリン酸無水物結合は**高エネルギーリン酸結合**（high-energy phosphate bond）とよばれる．糖質，脂肪，アミノ酸が分解するとエネルギーが放出されるが，ATP はそのエネルギーの一部を貯蔵し，加水分解されるときに放出する．

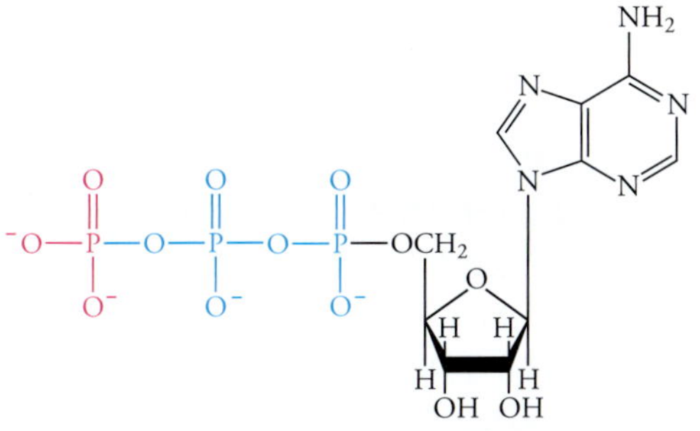

アデノシン 5′-三リン酸（ATP$^{4-}$）

酵素が触媒する多くの代謝反応で，ATP からアルコールへとリン酸部分が転移する．たとえば，グルコースの代謝過程でグルコースが ATP と反応すると，C6 位のヒドロキシ基がリン酸化されてグルコース 6-リン酸と ADP が生成する．

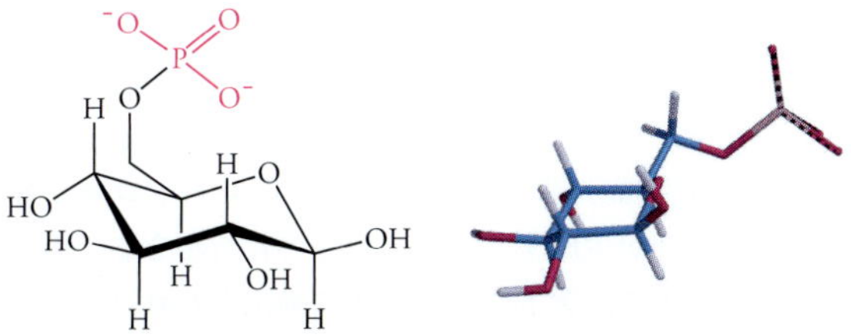

グルコース 6-リン酸

## 11・9 クライゼン縮合

アルデヒドやケトンの α 炭素に結合した水素（α 水素）は酸性（p$K_a$=20）を示す．その結果，α 炭素をもつカルボニル化合物では α 炭素がもう 1 分子と反応して，アルドールが生成する（§10・11）．

エトキシドイオンなどの塩基が存在すると，エステルも 2 分子間で反応して縮合反応が起こる．β-ケトエステルが生成するこの反応は**クライゼン縮合**（Claisen condensation）とよばれる．

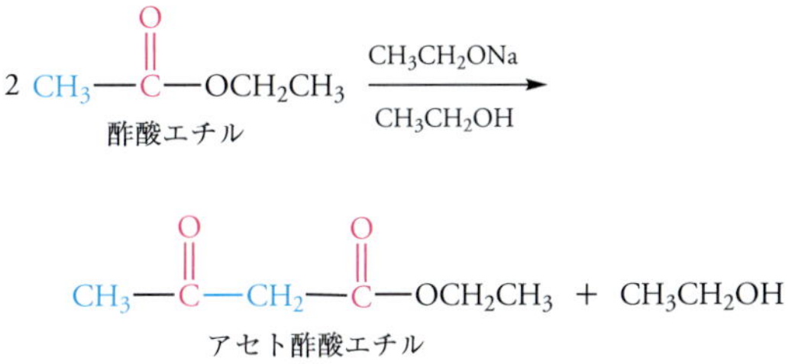

クライゼン縮合の反応機構はアルドール反応の反応機構と似ているが，二つの反応には重要な違いがある．アルドール反応では塩基は触媒量だけあればよいが，クライゼン縮合では等モル量の塩基が必要だ．この反応の途中段階には複数の平衡が存在し，その中には不利な平衡がいくつかある．酸処理する前の最終段階の平衡反応は等モル量の塩基が必要な酸塩基反応だが，その平衡反応を完全に右に移動させることで，全体として反応が進行する方が有利になる．

アルデヒドの場合と同様に，エステルも解離できる α 水素をもつ．しかし，エステルの p$K_a$ は 25 であり，アルデヒドやケトンの p$K_a$ よりも 5 くらい大きいので，酸としては約 $10^5$ 倍も弱い．エステルとナトリウムエトキシドの反応において共役塩基の α-カルボアニオンが生成するものの，エタノールの p$K_a$ は 16 なので平衡状態（平衡定数 $K=10^{-9}$）での α-カルボアニオンの存在量はごくわずかだ．

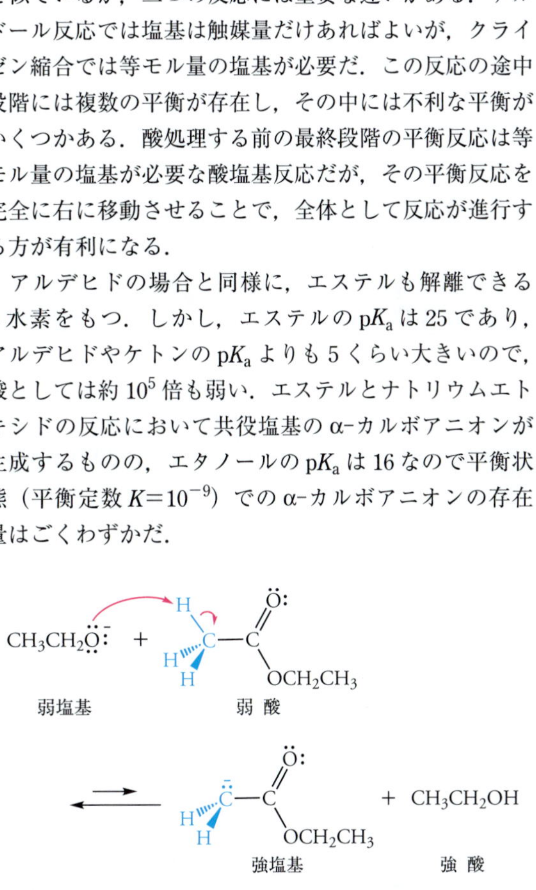

エステルの共役塩基ともう 1 分子のエステルが反応する

と，炭素-炭素結合ができて付加体が生成する．付加体はヘミアセタールの共役塩基で，その付加体からアルコキシドが脱離するとβ-ケトエステルが生成する．

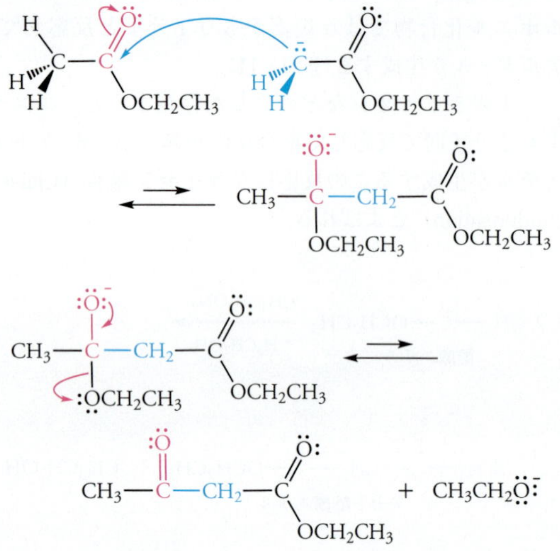

β-ケトエステルの共役塩基では負電荷が二つのカルボニル基に非局在化できるので，β-ケトエステルの酸性度は p$K_a$ で約 11 とかなり高くなる．エタノールはβ-ケトエステルよりも弱い酸なので，クライゼン縮合反応生成物はエトキシドイオンによってほぼ完全に脱プロトン化される．この最後の段階があることで，全体の平衡反応の過程が生成物を与える方向に動くことになる．

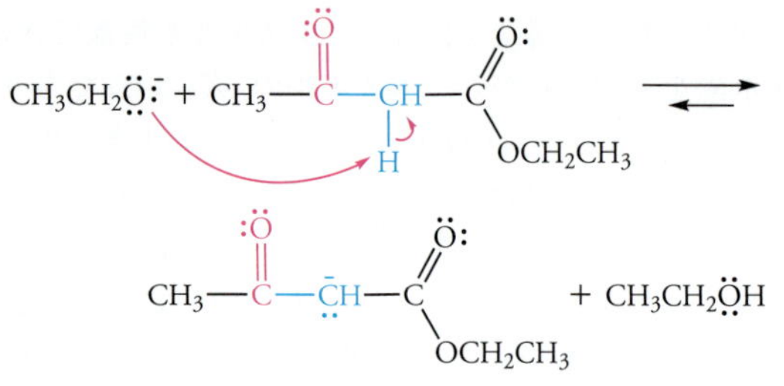

最後に反応溶液に希酸を加えると，β-ケトエステルの共役塩基が生成物へと変換される．

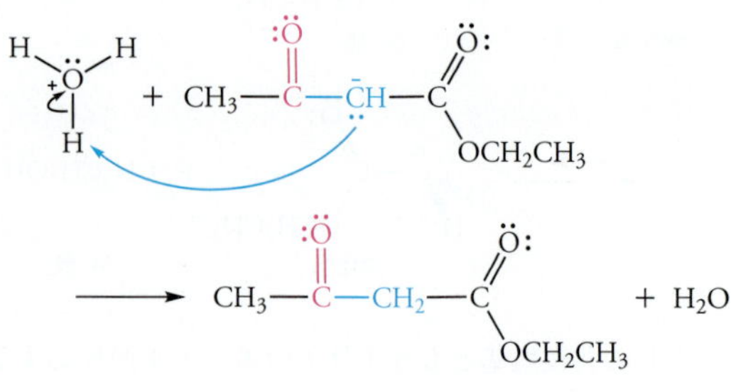

## 生化学でのチオエステルのクライゼン縮合

クエン酸回路でアセチル補酵素 A とオキサロ酢酸の反応が起こる．この反応ではチオエステルがケトンと反応する．つまり，アセチル補酵素 A のα炭素がオキサロ酢酸のケトンのカルボニル炭素と結合するアルドール反応だ．この反応でアセチル基がオキサロ酢酸へと移動した後に，続いて加水分解されてクエン酸が生成する．以下に示す反応では，カルボン酸はイオンとして示してある．

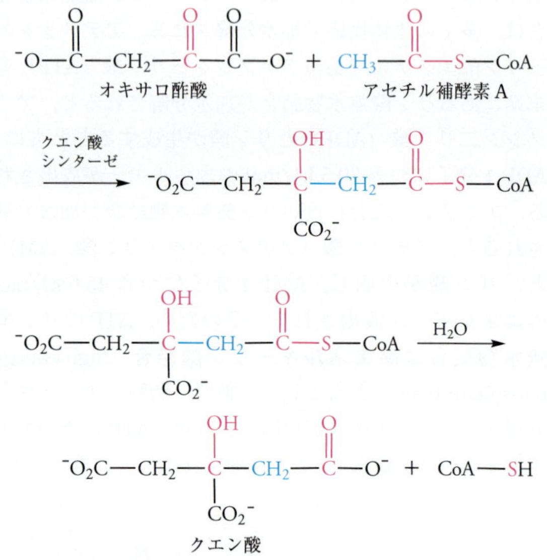

アセチル補酵素 A は脂肪酸の代謝などでつくられ，そのほとんどはオキサロ酢酸と反応してクエン酸を生成する．しかし，糖尿病などの病気になると，脂肪の代謝が糖質の代謝を上回る．つくられたアセチル補酵素 A に見合うほどのオキサロ酢酸がない場合は，アセチル補酵素 A 同士で反応し，チオエステルのクライゼン縮合が起こる．

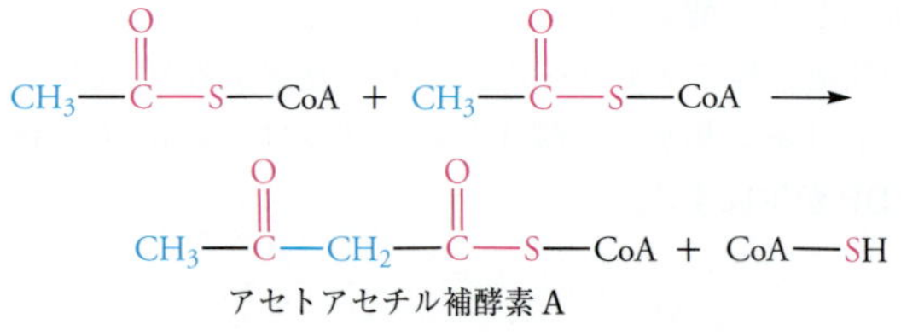

生成したβ-ケトチオエステルが加水分解されると，アセト酢酸が生成する．ひき続く反応で 3-ヒドロキシ酪酸とアセトンが生成する．この三つの化合物をまとめてケトン体とよぶ．ケトン体が尿中に検出されれば，それは糖尿病のしるしとなる．

## 反応のまとめ

**1. 酸化によるカルボン酸の合成（§11・5）**

シクロペンチル-CH$_2$CH$_2$OH →(ジョーンズ試薬) シクロペンチル-CH$_2$CO$_2$H

4-エトキシトルエン →(KMnO$_4$) 4-エトキシ安息香酸（CH$_3$ → CO$_2$H、OCH$_2$CH$_3$ はそのまま）

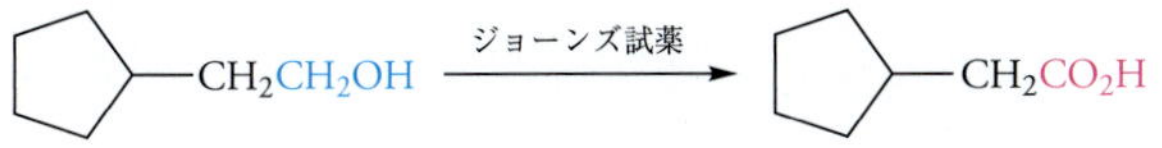

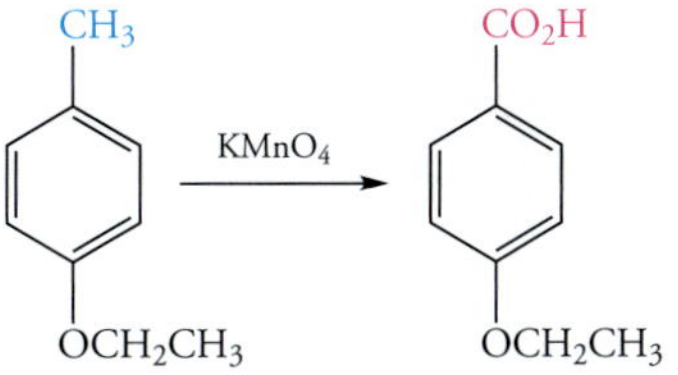

**2. ハロゲン化炭化水素を出発物質とするカルボン酸の合成（§11・5）**

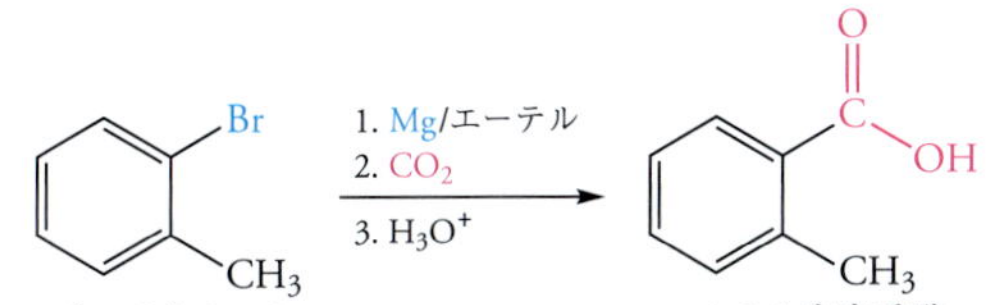

o-ブロモトルエン →(1. Mg/エーテル, 2. CO$_2$, 3. H$_3$O$^+$) o-メチル安息香酸

PhCH$_2$Br →(1. KCN, 2. H$_3$O$^+$) PhCH$_2$CO$_2$H

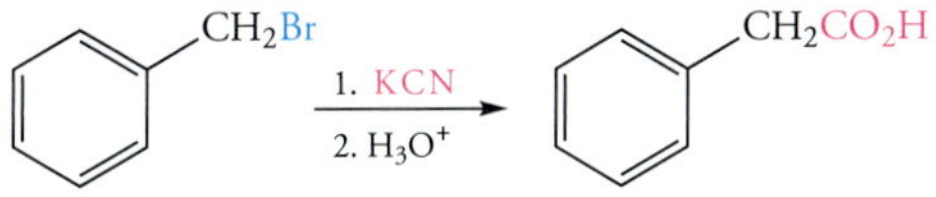

**3. 酸塩化物の合成（§11・6）**

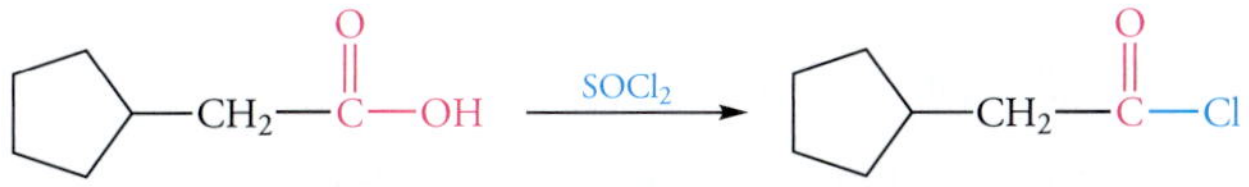

シクロペンチル-CH$_2$-C(=O)-OH →(SOCl$_2$) シクロペンチル-CH$_2$-C(=O)-Cl

**4. カルボン酸とカルボン酸誘導体の還元（§11・7）**

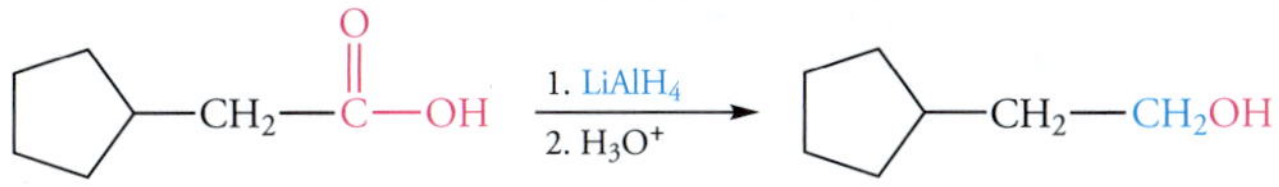

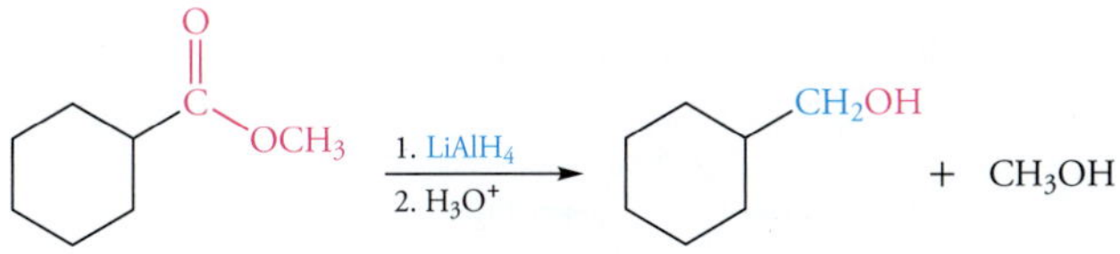

シクロペンチル-CH$_2$-C(=O)-OH →(1. LiAlH$_4$, 2. H$_3$O$^+$) シクロペンチル-CH$_2$-CH$_2$OH

シクロヘキシル-C(=O)-OCH$_3$ →(1. LiAlH$_4$, 2. H$_3$O$^+$) シクロヘキシル-CH$_2$OH + CH$_3$OH

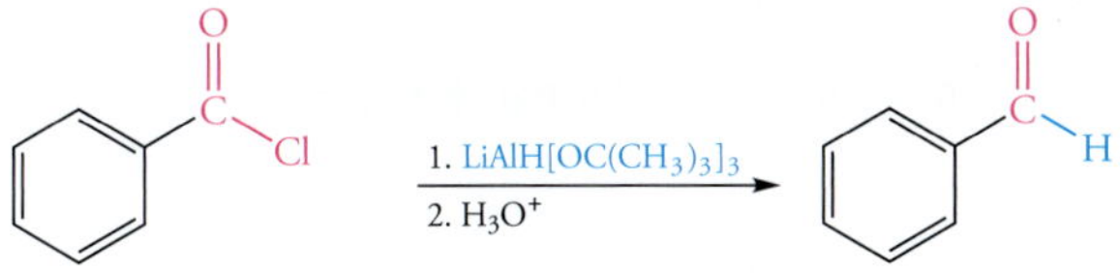

Ph-C(=O)-Cl →(1. LiAlH[OC(CH$_3$)$_3$]$_3$, 2. H$_3$O$^+$) Ph-CHO

**5. エステルの合成（§11・6）**

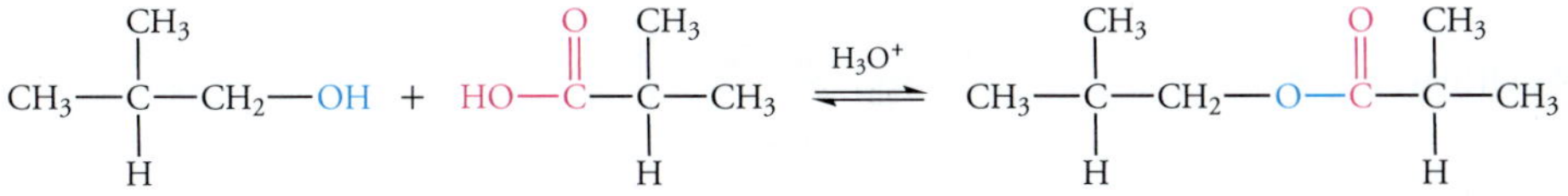

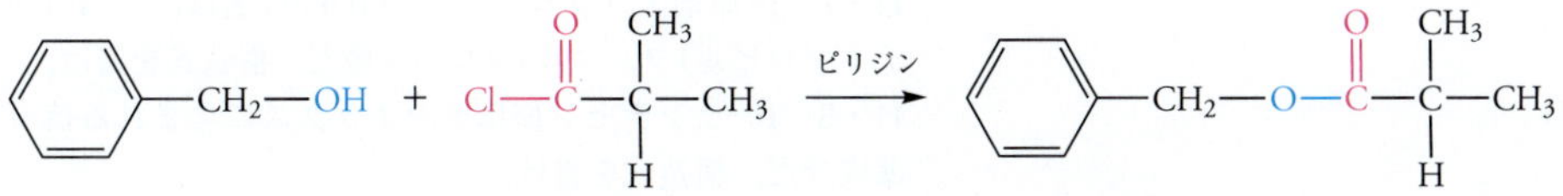

(CH$_3$)$_2$CH-CH$_2$-OH + HO-C(=O)-C(CH$_3$)$_2$H ⇌(H$_3$O$^+$) (CH$_3$)$_2$CH-CH$_2$-O-C(=O)-C(CH$_3$)$_2$H

Ph-CH$_2$-OH + Cl-C(=O)-C(CH$_3$)$_2$H →(ピリジン) Ph-CH$_2$-O-C(=O)-C(CH$_3$)$_2$H

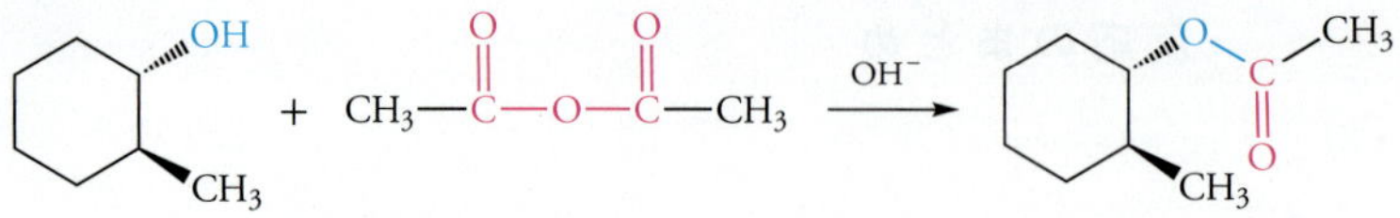

**6. エステルの加水分解（§11・6）**

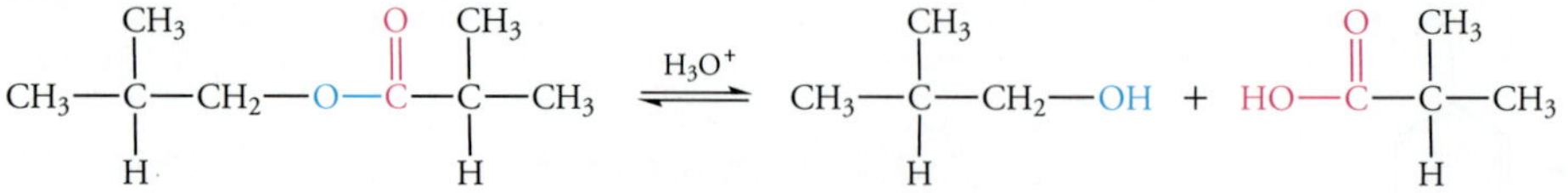

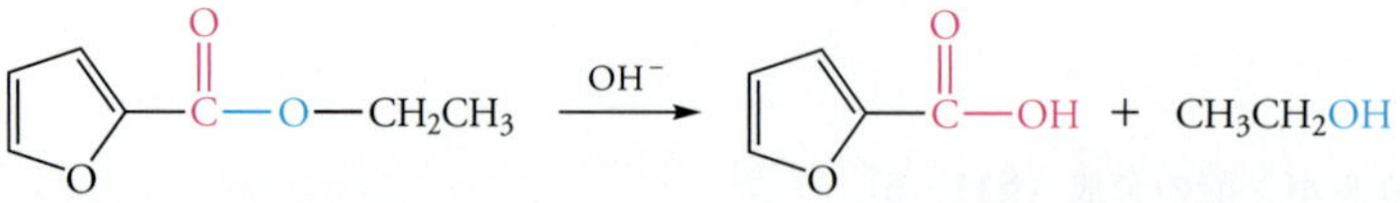

**7. クライゼン縮合（§11・9）**

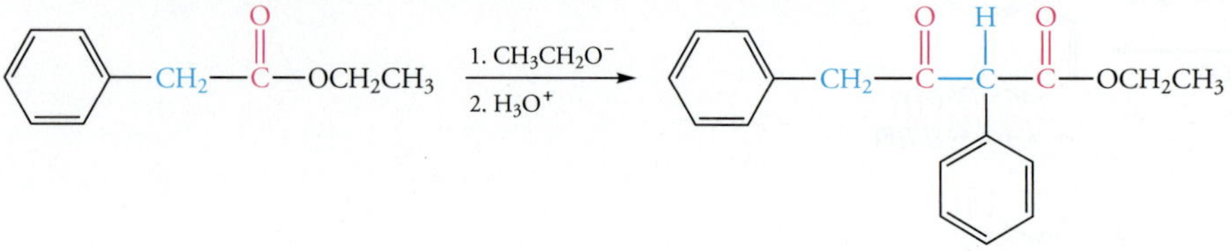

## 練 習 問 題

**命 名 法**

**11・1** 次のカルボン酸の慣用名を書け．

(a) $CH_3CH_2CO_2H$ (b) $CH_3(CH_2)_4CO_2H$

(c) $CH_3(CH_2)_{16}CO_2H$

**11・2** 次のエステルの構造式を書け．
(a) 酢酸オクチル　(b) 酪酸エチル　(c) 吉草酸プロピル

**11・3** 次のエステルの IUPAC 名を書け．

(a) 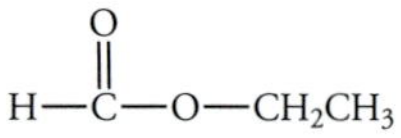 $H-\overset{\overset{O}{\|}}{C}-O-CH_2CH_3$

(b) $CH_3CH_2CH_2-\overset{\overset{O}{\|}}{C}-O-CH_3$

(c) $CH_3-\overset{\overset{O}{\|}}{C}-O-(CH_2)_7CH_3$

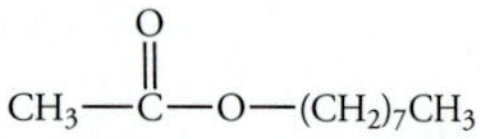

**11・4** 次のカルボン酸の IUPAC 名を書け．

(a)  $CH_3\overset{\overset{Cl}{|}}{C}HCH_2CO_2H$ (b) $Br\overset{\overset{CH_3}{|}}{C}HCO_2H$

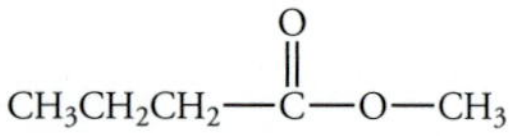

(c) $CH_3\overset{\overset{CH_3}{|}}{C}H\overset{\overset{}{}}{C}HCH_2CO_2H$
　　　　　$\overset{|}{Br}$

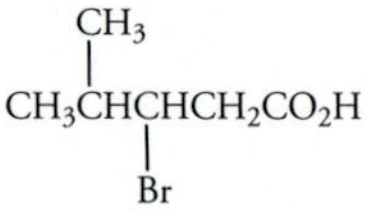

**11・5** 次のカルボン酸の IUPAC 名を書け．

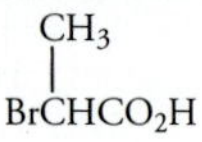

(a) 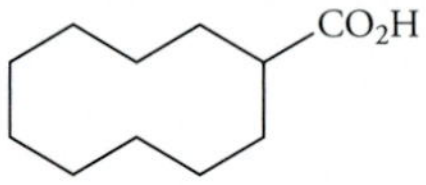 シクロヘキサン-$CO_2H$

(b) 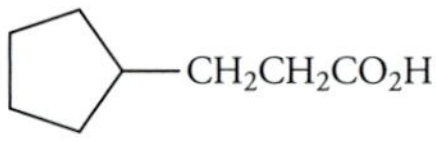 シクロペンチル-$CH_2CH_2CO_2H$

(c) 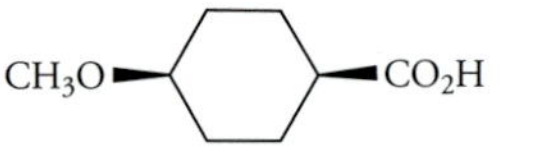 $CH_3O$-シクロヘキサン-$CO_2H$ (trans)

**11・6** 次のエステルの IUPAC 名を書け．

(a) 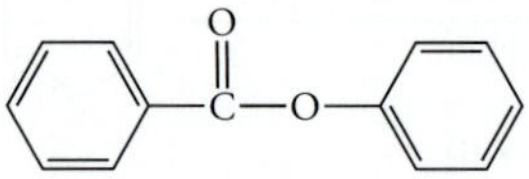 安息香酸フェニル

(b) 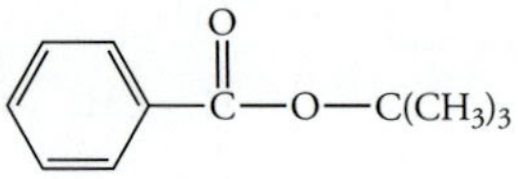 安息香酸 $-O-C(CH_3)_3$

**11・7** 鎮痛剤イブプロフェンの IUPAC 名は，2-(4-(2-メチルプロピル)フェニル)プロパン酸だ．構造式を書け．

**11・8** 10-ウンデセン酸はデセネックスに含まれる抗真菌薬成分だ．構造式を書け．

## 環状カルボン酸誘導体

**11・9** ラクトンの IUPAC 名は，母体となるカルボン酸の名前の最後の -oic acid を -olactone に変え，カルボキシ基の酸素原子が結合する炭素の位置番号をハイフンで挟んで o と lactone の間に入れたものとなる．次のラクトンの IUPAC 名を書け．

(a) 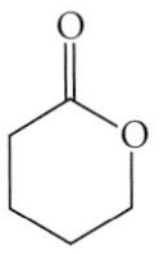 (b) 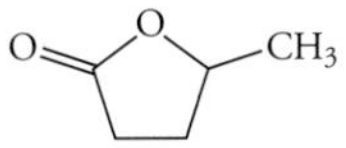 (c)

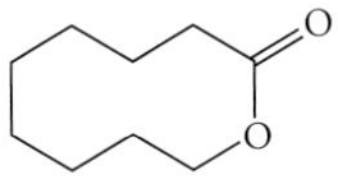

**11・10** ラクタムの IUPAC 名は，母体となるアミノ酸の名前の最後にラクタム (-lactam) とつけたものとなる．次のラクタムの構造式を書け．
(a) 3-アミノプロパン酸ラクタム
(b) 4-アミノペンタン酸ラクタム
(c) 5-アミノペンタン酸ラクタム

**11・11** 次の化合物のうち，ラクトンはどれか．

(a) 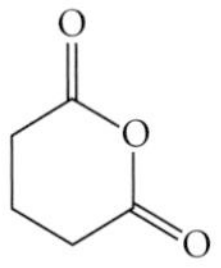 (b) 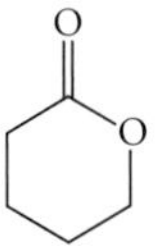 (c)

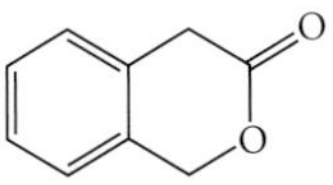

**11・12** 次の化合物のうち，ラクタムはどれか．

(a) 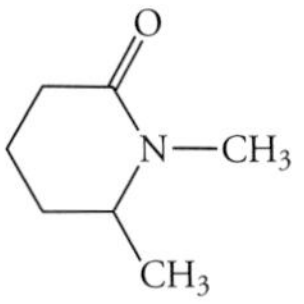 (b) 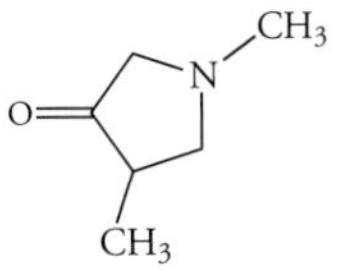 (c)

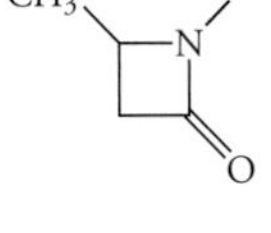

## 分子式

**11・13** 主鎖が非環状の飽和炭化水素であるカルボン酸の分子式の一般式を書け．

**11・14** 主鎖が非環状の飽和炭化水素であるジカルボン酸の分子式の一般式を書け．

**11・15** 分子式 $C_4H_8O_2$ の構造式をもつカルボン酸の異性体はいくつあるか．

**11・16** 分子式 $C_4H_8O_2$ の構造式をもつエステルの異性体はいくつあるか．

## カルボン酸の性質

**11・17** 1-ブタノールが酪酸よりも水に溶けにくい理由を示せ．

**11・18** アジピン酸がヘキサン酸よりも水に溶けやすい理由を示せ．

**11・19** デカン酸の沸点がノナン酸の沸点よりも高い理由を示せ．

**11・20** 2,2-ジメチルプロピオン酸の沸点(164 ℃)がペンタン酸の沸点(186 ℃)よりも低い理由を説明せよ．

**11・21** ペンタン酸メチルの沸点(126 ℃)と酢酸ブチルの沸点(125 ℃)が近い理由を説明せよ．

**11・22** ペンタン酸メチルの沸点(126 ℃)と 2,2-ジメチルプロピオン酸メチルの沸点(102 ℃)が大きく違う理由を説明せよ．

## カルボン酸の酸性度

**11・23** ギ酸と酢酸の $K_a$ 値はそれぞれ $1.8 \times 10^{-4}$ と $1.8 \times 10^{-5}$ だ．どちらが強い酸か？

**11・24** 酢酸の $pK_a$ 値(4.74)と安息香酸の $pK_a$ 値(4.19)が違う理由を説明せよ．

**11・25** メトキシ酢酸の $K_a$ 値は $2.7 \times 10^{-4}$ だ．酢酸の $K_a$ 値($1.8 \times 10^{-5}$)と大きく違う理由を説明せよ．

**11・26** 安息香酸の $K_a$ 値($6.3 \times 10^{-5}$)と $p$-ニトロ安息香酸の $K_a$ 値($3.8 \times 10^{-4}$)が大きく違う理由を説明せよ．

**11・27** 安息香酸の $pK_a$ 値は 4.2 だ．痛風の治療薬として使用されるプロベネシドの $pK_a$ 値は 3.4 だ．二つの値がこのように違う理由を説明せよ．

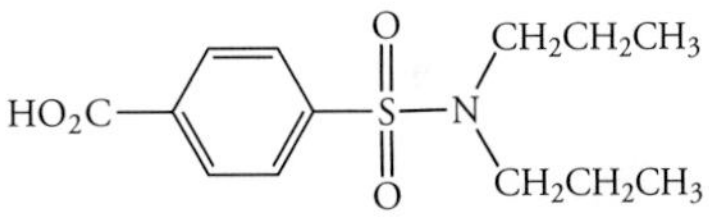

プロベネシド

**11・28** 抗炎症薬のインドメタシンの $pK_a$ 値を推定せよ．

インドメタシン

## 求核アシル置換反応

**11・29** 次の反応が起こるかどうかを考えよ．

(a) 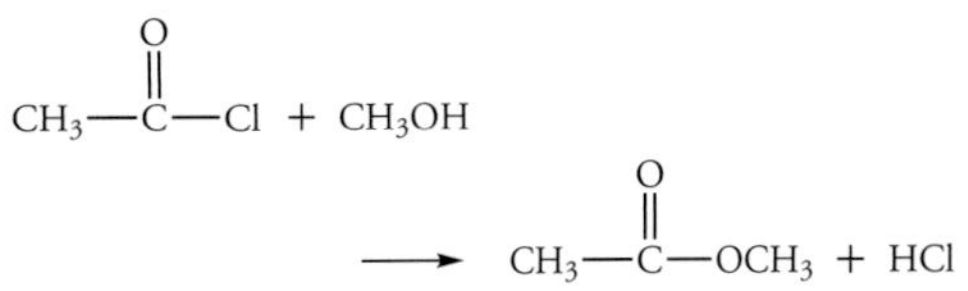 $CH_3-\overset{O}{\underset{\|}{C}}-Cl + CH_3OH$

$\longrightarrow CH_3-\overset{O}{\underset{\|}{C}}-OCH_3 + HCl$

(b) $CH_3-\overset{O}{\underset{\|}{C}}-NH_2 + CH_3OH$

$\longrightarrow CH_3-\overset{O}{\underset{\|}{C}}-OCH_3 + NH_3$

(c) $CH_3-\overset{O}{\underset{\|}{C}}-O-CH_3 + CH_3NH_2$

$\longrightarrow CH_3-\overset{O}{\underset{\|}{C}}-\overset{H}{\underset{|}{N}}-CH_3 + CH_3OH$

**11・30** 次の反応が起こるかどうかを考えよ.

(a) $CH_3-\overset{O}{\underset{\|}{C}}-O-\overset{O}{\underset{\|}{C}}-CH_3 + NH_3$

$\longrightarrow CH_3-\overset{O}{\underset{\|}{C}}-NH_2 + CH_3-\overset{O}{\underset{\|}{C}}-OH$

(b) $CH_3-\overset{O}{\underset{\|}{C}}-O-\overset{O}{\underset{\|}{C}}-CH_3 + HCl$

$\longrightarrow CH_3-\overset{O}{\underset{\|}{C}}-Cl + CH_3-\overset{O}{\underset{\|}{C}}-OH$

(c) $CH_3-\overset{O}{\underset{\|}{C}}-O-\overset{O}{\underset{\|}{C}}-CH_3 + CH_3OH$

$\longrightarrow CH_3-\overset{O}{\underset{\|}{C}}-OCH_3 + CH_3-\overset{O}{\underset{\|}{C}}-OH$

## カルボン酸誘導体の還元

**11・31** 次の反応の生成物の構造式を書け.

(a) シクロヘキシル-$\overset{O}{\underset{\|}{C}}$-Cl $\xrightarrow{\text{1. LiAlH}_4}{\text{2. H}_3\text{O}^+}$

(b) C$_6$H$_5$-$\overset{O}{\underset{\|}{C}}$-Cl $\xrightarrow{\text{1. LiAlH[OC(CH}_3)_3]_3}{\text{2. H}_3\text{O}^+}$

(c) $CH_3-\underset{\underset{H}{|}}{\overset{\overset{CH_3}{|}}{C}}-CH_2-\overset{O}{\underset{\|}{C}}-O-CH_3$ $\xrightarrow{\text{1. LiAlH}_4}{\text{2. H}_3\text{O}^+}$

**11・32** 次の反応の生成物の構造式を書け.

(a) C$_6$H$_5$-$\overset{O}{\underset{\|}{C}}$-CH$_2$-CH$_2$-$\overset{O}{\underset{\|}{C}}$-O-CH$_3$ $\xrightarrow{\text{1. LiAlH}_4}{\text{2. H}_3\text{O}^+}$

(b) δ-バレロラクトン $\xrightarrow{\text{1. LiAlH}_4}{\text{2. H}_3\text{O}^+}$

(c) C$_6$H$_5$-$\overset{O}{\underset{\|}{C}}$-CH$_2$-CH$_2$-$\overset{O}{\underset{\|}{C}}$-O-CH$_3$ $\xrightarrow{\text{NaBH}_4}{\text{CH}_3\text{CH}_2\text{OH}}$

## 化学反応

**11・33** ヘキサン酸と次の化合物の反応生成物を書け.
(a) 塩化チオニル (b) メタノール
(c) 水素化アルミニウムリチウム

**11・34** 塩化プロパノイルと次の化合物の反応生成物を書け.
(a) 1-プロパノール (b) 2-ブタンチオール
(c) ベンジルアミン (C$_6$H$_5$CH$_2$NH$_2$)

**11・35** ブタノ-4-ラクトンとメチルアミン (CH$_3$NH$_2$) の反応生成物の構造式を書け.

ブタノ-4-ラクトン

# 12 アミンとアミド

ドーパミン

## 12・1 有機窒素化合物

ここまでの章では炭素，水素，酸素からなる化合物を中心に述べてきて，硫黄や窒素を含む化合物にはあまり注目してこなかった．炭素，水素，酸素に続き，窒素は生体中で4番目に多い元素だ．窒素を含む有機化合物は生命の維持に必要で，植物や動物に広く分布している．窒素は多くのビタミンやホルモンの中にも存在する．アミノ酸やタンパク質，そしてヌクレオチドや核酸に必要不可欠で，細胞分子の多くに欠かせない．窒素を含む化合物は生体分子だけでなく，多くの重要な工業製品（たとえば，ナイロンなどの高分子や，色素，爆薬，医薬品など）にも含まれている．

五つの価電子をもつ窒素原子は，中性化合物では炭素原子や水素原子と全部で3本の共有結合をつくる．窒素原子を含む官能基には窒素原子が単結合，二重結合，三重結合をつくるものがある．

R—N̈H₂    R—C(=O)—N̈H₂    R₂C=N̈—R    R—C≡N:
アミン      アミド      イミン      ニトリル

この章ではアミンとアミドについて解説する．また，アミンやアミドの生成に必要な官能基や，反応で生成する他の官能基についても説明する．

アミンには脳や脊髄や神経系に影響するものがあり，神経伝達物質のアドレナリン，セロトニン，ドーパミンもその一例だ（図12・1）．アドレナリンはエピネフリンともよばれ，蓄えられていたグリコーゲンのグルコースへの変換を刺激する．セロトニンは睡眠を制御するホルモンで，欠乏すると抑うつの原因となる．ドーパミンの濃度が低下するとパーキンソン病になる．

**図12・1 神経伝達物質の構造**

タンパク質はα-アミノ酸という窒素を含む分子からできている．タンパク質では，α-アミノ酸のアミノ基が別のα-アミノ酸のカルボニル炭素に結合して，多数のアミノアシル基がアミド結合で連なった鎖を形成する．このアミド結合のことを特に**ペプチド結合**とよぶ．

アミノアシル基     アミド結合（ペプチド結合）

**例題12・1** 次のジアゼパムの窒素を含む官能基は何か．

[解答] この構造式で上の窒素原子はカルボニル炭素と結合しているのでアミドだ．もう一つの窒素原子は2個の炭素原子と結合していて，一方の結合は二重結合なのでイミンだ．

## 12・2 アミンとアミドの分類と構造

§1・6ではアンモニアの構造について学んだ．単純なアミンであるメチルアミン($CH_3NH_2$)は，アンモニアの水素原子をメチル基で置換したものだ．C-N-HとH-N-Hの結合角はそれぞれ112°と106°で，メチルアミンは窒素原子を頂点とする三角錐構造をしている（図12・2）．メチルアミンをはじめとしてアミンの窒素原子には四つの$sp^3$混成軌道があり，5個の価電子をもつ．VSEPR理論から予想されるように，これらの軌道は窒素原子を中心とする四面体の頂点をさす．三つの$sp^3$混成軌道には窒素原子からそれぞれ1個しか電子が提供されないため，他の原子からもう1個の電子を提供してもらい，3本の共有結合をつくる．残りの$sp^3$混成軌道は孤立電子対となる．この孤立電子対はアミンの化学的性質を決定づける重要な役割を果たすが，通常は省略して書かないことが多い．

図12・2　メチルアミンの構造

アミンは窒素原子に結合するアルキル基またはアリール基の数で分類される．アルコールの分類はヒドロキシ基が結合する炭素原子にいくつの置換基が結合しているかで決まるが，アミンは窒素原子にいくつの置換基が結合するかで決まるので注意しよう．

たとえば，tert-ブチルアルコールは-OH基に結合している炭素原子に三つのアルキル基が結合しているので第三級アルコールだ．一方，tert-ブチルアミンではtert-ブチル基が-$NH_2$基に結合しているが，窒素原子に結合している置換基は一つだけなので第一級アミンだ．

窒素を含む天然物によくみられる特徴として，アミンの窒素原子が環内に含まれることがある．窒素原子を含む最も単純な五員環と六員環はピロリジンとピペリジンだ．

アミドはカルボニル炭素とアミノ基または置換アミノ基が結合した化合物だ．窒素原子はカルボニル炭素との結合のほかに，水素原子またはアルキル基，アリール基と2本の結合をつくる．カルボニル炭素も含めて，窒素原子に結合する炭素原子の数によってアミドの種類を分類できる．

**例題 12・2** 局所麻酔薬のメピバカインは，二つの窒素原子それぞれに着目すると何という化合物に分類されるか．

アミドの構造は他のカルボニル化合物の構造と似ている．炭素原子に結合した三つの原子は同一平面上に位置する（図12・3）．アミドの窒素原子は孤立電子対をもち，カルボニル基のπ電子とともに非局在化する．最も単

純なホルムアミドをはじめとして，アミドは二つの共鳴構造で表すことができる．

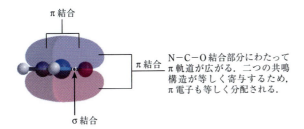
アミドの共鳴構造

共鳴構造をとることで炭素-窒素間結合は二重結合性を半分もつことになる．そのために炭素-窒素結合の回転は制限され，アミド部分は平面構造となる．

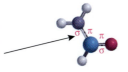

π結合

π結合 N-C-O結合部分にわたってπ軌道が広がる．二つの共鳴構造が等しく寄与するため，π電子も等しく分配される．

σ結合

カルボニル炭素の sp² 混成軌道の電子と，カルボニル酸素の sp² 混成軌道の電子は σ 結合をつくる．上の図では C-N 間 σ 結合は隠れて見えない．

**図 12・3 アミドの結合**

**例題 12・3** 麻酔性鎮痛薬のペチジンは第一級アミン，第二級アミン，第三級アミンのどれに分類されるか？

ペチジン

[解答] 窒素原子は三つの炭素原子と結合している．そのうちの二つは複素環を構成するメチレン基で，もう一つはメチル基の炭素原子だ．よってペチジンは第三級アミンだ．

**例題 12・4** 違法な覚醒剤のメタンフェタミン（通称"スピード"や"シャブ"）は第何級アミンか？

メタンフェタミン

## 12・3 アミンとアミドの命名法

アミンの多くにも慣用名がつけられている．アミンとアミドの IUPAC 命名法は互いに関連していて，アミドの窒素部位はアミンと同じようにして命名する．

### アミンの命名法

アミンの慣用名はアルキルアミン（alkylamine）だ．第一級アミンの慣用名はアミノ基（-NH₂）に結合するアルキル基の名前をつけ，その後に接尾語のアミン（-amine）とつけたものだ．英語では二つの単語を分けずに一つの単語として扱う．第二級アミンと第三級アミンでは窒素原子に結合するアルキル基をアルファベット順に並べ，その後にアミンとつける．同じアルキル基が二つ以上ある場合は，そのアルキル基の前に接頭語のジ（di-）やトリ（tri-）をつける．

シクロヘキシルアミン

エチルメチルアミン　　ジエチルアミン

複雑な構造をもつ第一級アミンでは，アミノ基は置換基として扱う．同様に，複雑な第二級アミンや第三級アミンでは，窒素を含む置換基の名前は *N*-アルキルアミノ基（-NHR）または *N*,*N*-ジアルキルアミノ基（-NRR'）になる．大文字で斜体の *N* という接頭語はアルキル基が窒素原子に結合していることを示し，主鎖に結合しているわけではないことを示す．第二級アミンや第三級アミンでは，置換基のなかで最も大きく複雑なものを母体の分子とする．

4-アミノ酪酸
[γ-アミノ酪酸]

3-(*N*,*N*-ジメチルアミノ)ヘキサン酸

第一級アミンの IUPAC 名は，アミノ基に結合する炭化水素の母体名の最後の -e を -amine に変えたものだ．第二級アミンと第三級アミンは第一級アミンの *N*-置換体として命名する．

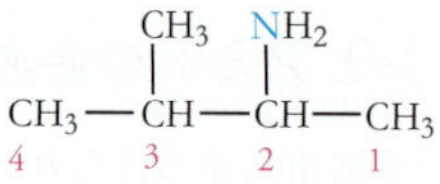

3-メチル-2-ブタンアミン

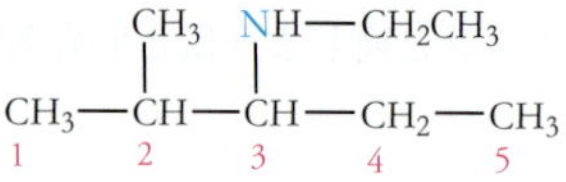

N-エチル-2-メチル-3-ペンタンアミン

## 芳香族複素環アミンの命名法

窒素原子が芳香環の一部を構成するアミンは，**芳香族複素環アミン** (heterocyclic aromatic amine) とよばれる．代表的な芳香族複素環アミンには下に示す名前がついている．窒素原子の位置番号は1だが，環内に複数の窒素原子がある場合は位置番号が小さくなるような順で番号をつける．複素環ごとに置換基の位置番号のつけ方は決まっていて，下に示した位置番号を使う．

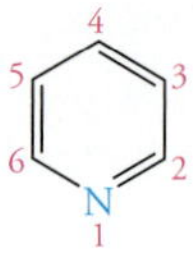

ピリジン 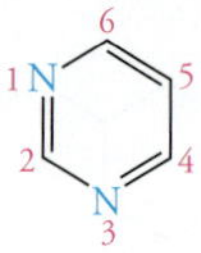　ピリミジン 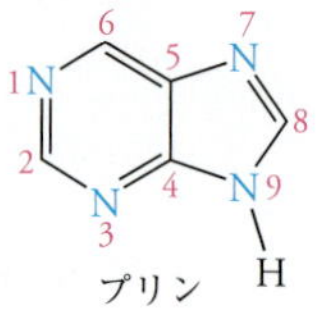　プリン

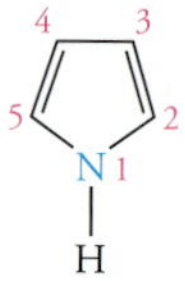

ピロール 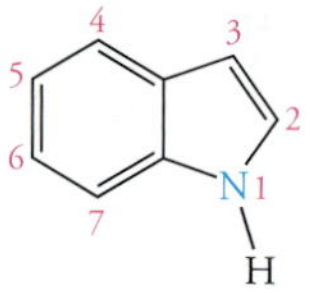　インドール

## アミドの命名法

アミドの慣用名はカルボン酸の接尾語 -ic acid または -oic acid を -amide に変えたものだ．窒素原子にさらに置換基がある場合は，接頭語 N- の後に窒素原子に結合する置換基の名前をつけ，その後にアミドのカルボン酸部分の名前をつなげる．

IUPAC 命名法では，アミドを含む最も長い炭素鎖が母体の主鎖となる．アミドの IUPAC 名は，主鎖のアルカンの語尾の -e を -amide に変えたものになる．窒素原子の置換基は，慣用名の場合と同じように表す．ただし，主鎖の置換基の位置は α や β などのギリシャ文字ではなく，位置番号で示される．

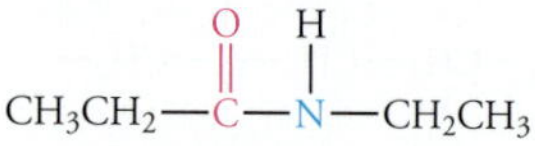

N-エチルプロパンアミド
[N-エチルプロピオンアミド]

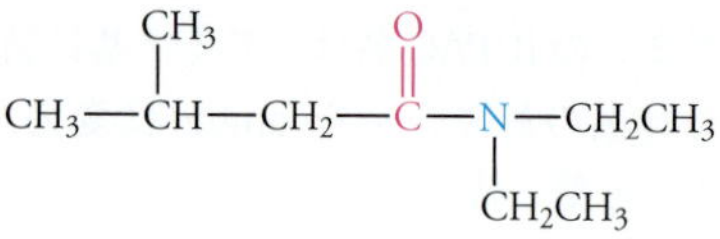

N,N-ジエチル-3-メチルブタンアミド

## アンフェタミン

窒素を含む生理活性化合物には共通の構造がいくつかある．その一つが2-フェニルエタンアミンで，中枢神経系を刺激する受容体に結合するために必要な構造だ．副腎髄質はアドレナリンとノルアドレナリンというホルモンを分泌するが，どちらも2-フェニルエタンアミンを部分構造としてもつ．アドレナリンはエピネフリンという名でも知られ，興奮状態のときに体内組織がグルコースを使えるようにする作用がある．ノルアドレナリンは筋肉の血管の緊張を保ち，血圧を調節する．

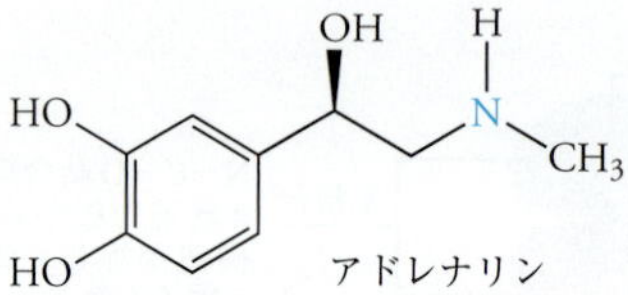

アドレナリン

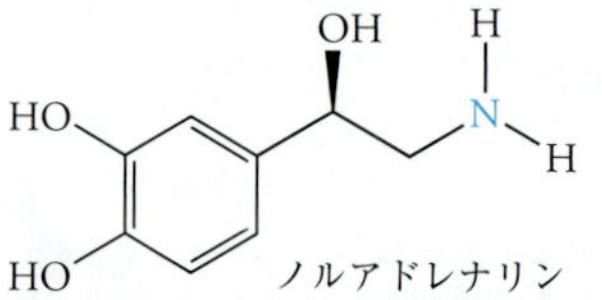

ノルアドレナリン

天然に存在するフェニルエタンアミン，アドレナリン，ノルアドレナリンの作用を模倣した"覚醒剤"として，アンフェタミンが知られている．アンフェタミン（別名ベンゼドリン）はアドレナリンと構造が似ていて，食欲をある程度抑制するとともに，大脳皮質を刺激して疲労を効果的に和らげる．そのような理由から，かつて長距離トラック運転手や疲労を和らげたい人たちがこの違法薬物を使用していた．

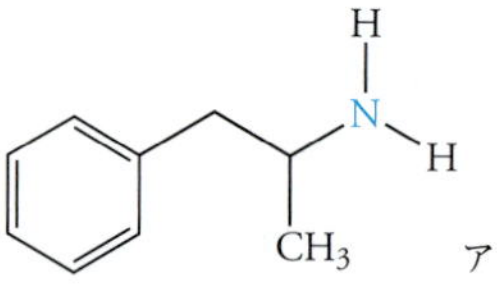

アンフェタミン

構造が似た違法薬物にメタンフェタミン（別名シャブ，スピード）と2,5-ジメトキシ-4-メチルアンフェタミン（別名STP）がある．これらの薬物は激しい生理作用と精神作用をひき起こす．薬物使用者は薬が切れるとしばしば"つぶれて"しまい，肉体的にも精神的にも疲れ果てた状態になる．

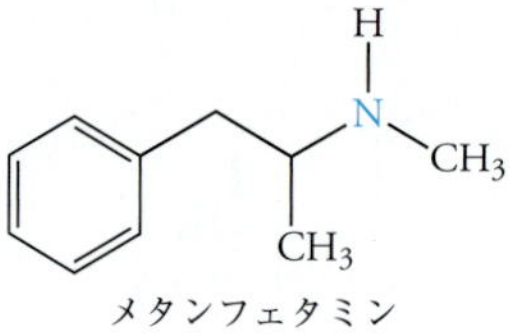

メタンフェタミン

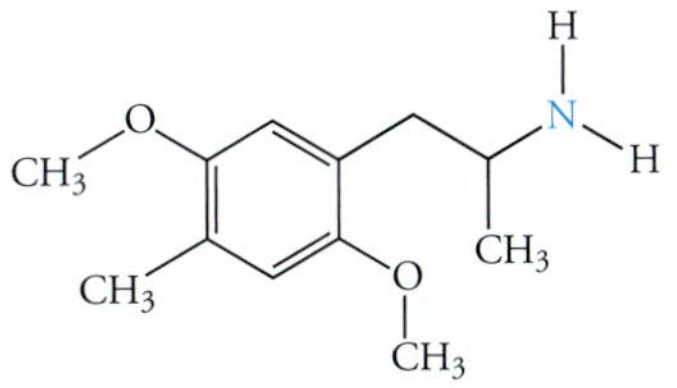

2,5-ジメトキシ-4-メチルアンフェタミン

フェニルプロパノールアミンは急激な食事制限をする人のための食欲抑制剤として使用される処方薬だ．ただし，医者はその使用を勧めていない．高血圧を患っている人の場合は，この薬は健康被害をもたらす危険性がある．若い女性では脳出血の危険性が増す．

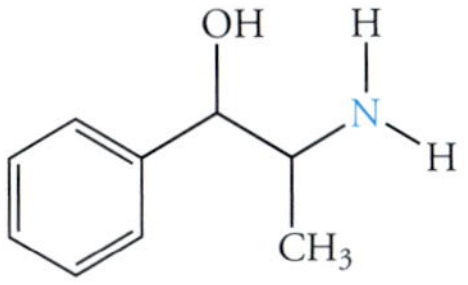

フェニルプロパノールアミン

フェネチルアミン誘導体は一般に興奮剤として作用するが，メチルフェニデート（商品名リタリン）には鎮静作用がある．この薬品は子どもの多動性障害の治療に使用されるが，その使用は物議を醸している．

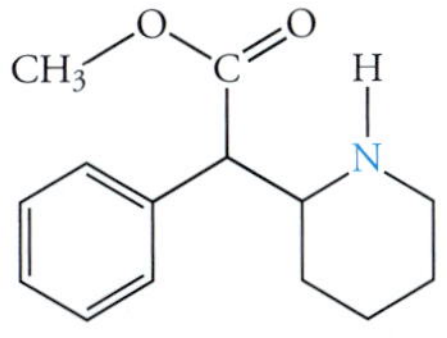

メチルフェニデート

**例題 12・5** 筋弛緩薬のバクロフェンの IUPAC 名を書け．

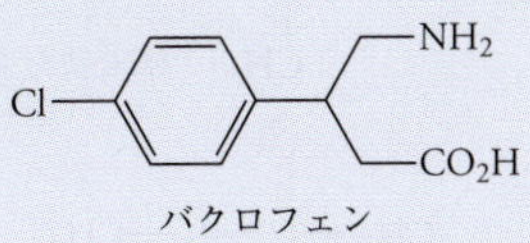

バクロフェン

[解答] バクロフェンの主鎖はブタン酸で，アミノ基とアリール基を含む．アミノ基は C4 位にある．C3 位に結合しているアリール基の名前は 4-クロロフェニル基だ．アルファベット順に置換基を並べると，4-アミノ-3-(4-クロロフェニル)ブタン酸だ．アリール基は括弧でくくる．

**例題 12・6** 2-(3,4,5-トリメトキシフェニル)エタンアミンは幻覚剤メスカリンの IUPAC 名だ．メスカリンの構造式を書け．

**例題 12・7** 2-(ジエチルアミノ)-N-(2,6-ジメチルフェニル)エタンアミドは局所麻酔薬リドカインの IUPAC 名だ．リドカインの構造式を書け．

[解答] 母体となるのは炭素原子が 2 個のエタンアミドだ．N の後の括弧でくくった部分の 2,6-ジメチルフェニル基をエタンアミドの窒素原子につける．

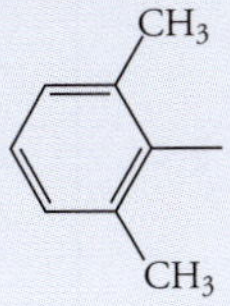

2,6-ジメチルフェニル基

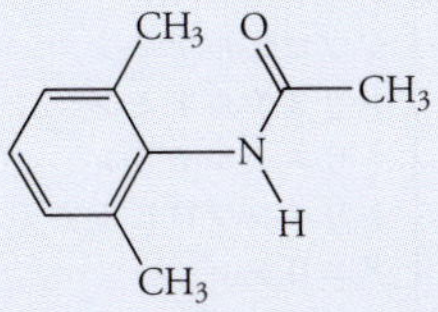

N-アリール置換エタンアミド

この化合物は C2 位にジエチルアミノ基が結合したアミンでもある．

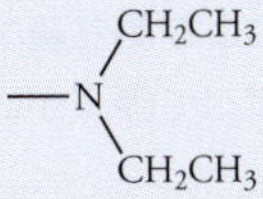

ジエチルアミノ基

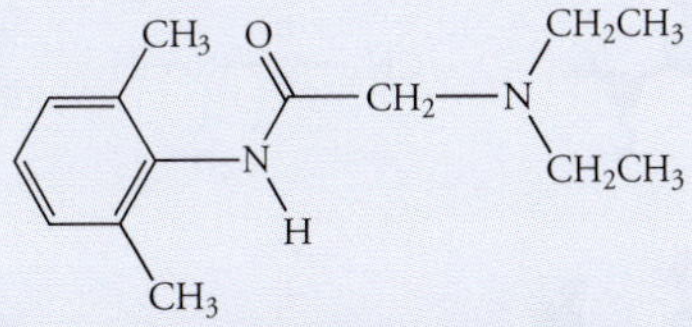

リドカイン

**例題 12・8** 防虫剤のディート（DEET）の IUPAC 名を示せ．

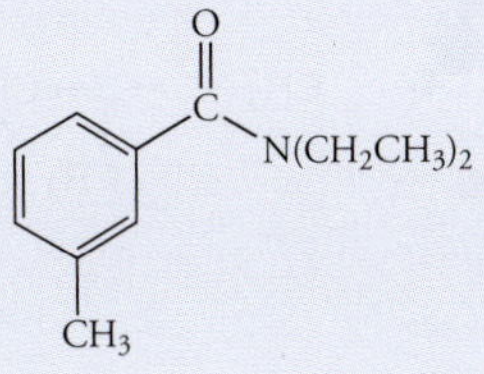

## 12・4 アミンの物理的性質

低分子量のアミンは室温で気体だが，高分子量のアミンは液体または固体だ（表 12・1）．同程度の分子量の化合物と沸点を比較すると，アミンの沸点は同程度の分子量のアルカンよりも高いが，アルコールよりは低い．

$CH_3-CH_2-CH_3$　$CH_3-CH_2-NH_2$　$CH_3-CH_2-OH$
沸点 −42 ℃　　　沸点 17 ℃　　　沸点 78 ℃

ホルムアミドは例外的に液体だが，ほとんどの第一級ア

表12・1 アミンの沸点

| アミンの種類 | 名前 | 沸点 (℃) |
|---|---|---|
| 第一級アミン | メチルアミン | −7 |
|  | エチルアミン | 17 |
|  | プロピルアミン | 48 |
|  | イソプロピルアミン | 33 |
|  | ブチルアミン | 77 |
|  | イソブチルアミン | 68 |
|  | tert-ブチルアミン | 45 |
|  | シクロヘキシルアミン | 134 |
| 第二級アミン | ジメチルアミン | 7 |
|  | エチルメチルアミン | 37 |
|  | ジエチルアミン | 56 |
|  | ジプロピルアミン | 111 |
| 第三級アミン | トリメチルアミン | 3 |
|  | トリエチルアミン | 90 |
|  | トリイソプロピルアミン | 156 |
| 芳香族アミン | アニリン | 184 |
|  | ピリジン | 116 |

もつ第一級アミンや第二級アミンと比較すると，第三級アミンの沸点は低い．

アミンはアルコールよりも沸点が低い．というのも，窒素は酸素よりも電気陰性度が小さいので，N−H結合はO−H結合よりも分極が小さい．その結果，アミンのN−H⋯N水素結合はアルコールのO−H⋯O水素結合よりも弱い．

アミドは分子間で強い水素結合をつくり，一方のアミド分子のアミド水素と別の分子のカルボニル酸素間で相互作用（C=O⋯H−N）する．この分子間水素結合が第一級アミドの融点と沸点が高いことの原因だ．一方，第三級アミドは分子間水素結合をつくれない．アミドの窒素上の水素原子をアルキル基やアリール基で置換すると分子間水素結合の数が減るので，融点も沸点も下がる．

ミドは室温で固体だ．第二級および第三級アミドはさらに低い融点を示す．アミドはすべて沸点が高い．

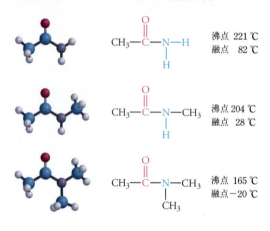

### 窒素化合物の水素結合

第一級アミンと第二級アミンは分子間水素結合を形成するため，同程度の分子量をもつ炭化水素よりも沸点が高い．

第三級アミンは窒素原子と結合する水素原子をもたず，水素結合供与体になれない．よって，同程度の分子量を

### アミンの水溶性

第一級アミンと第二級アミンは水素結合供与体としても水素結合受容体としても機能し，水分子と水素結合を形成する．炭素原子数が5以下のアミンは水と混和する．第三級アミンも窒素原子の孤立電子対が水分子に対して水素結合受容体として機能する．そのため，第三級アミンも水に溶解する．

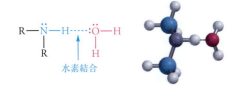

他の官能基をもつ化合物でもそうだが，アミンも分子量が増えるにつれて溶解度は低下する．分子構造においてアミンという官能基の重要性が相対的に低下するためだ．

アミドの水溶性はどうかというと，低分子量のアミドは水分子とアミド部分が水素結合をつくるため，水に溶解する．低分子量の第三級アミドもカルボニル酸素が水素結合をつくるため，やはり水に溶解する．

## アミンの臭い

アンモニアと同様に，低分子量のアミンは特有の刺激臭をもつ．高分子量のアミンは腐った魚のような臭いがする．腐った動物組織の臭いの元となる二つの成分にはプトレシンとカダベリンという慣用名がついていて，名前の由来はそれぞれ"腐敗"や"死体"という生々しい言葉だ．

$H_2NCH_2CH_2CH_2CH_2NH_2$　　　$H_2NCH_2CH_2CH_2CH_2CH_2NH_2$
　　　プトレシン　　　　　　　　　　カダベリン

## 12・5 窒素化合物の塩基性

アミンとアミドの窒素原子はどちらも孤立電子対をもつ．しかし，この2種類の化合物の反応性には大きな違いがある．この節ではこれらの窒素化合物がプロトンに電子を供与する性質，つまり化合物の塩基性について考える．§12・7ではプロトン以外の求電子剤へアミンの電子対を供与する反応について学ぶ．

$$CH_3NH_2 + H_2O \rightleftharpoons CH_3NH_3^+ + OH^-$$

$$K_b = \frac{[CH_3NH_3^+][OH^-]}{[CH_3NH_2]}$$

メチルアミンの塩基性は上の解離平衡の反応式の平衡定数 $K_b$ を使って評価できる．通常は負の常用対数である $pK_b$ を使うことが多く，$pK_b$ を**塩基解離定数**とよぶ．表12・2にアミンの塩基解離定数とアンモニウムイオンの酸解離定数を示す．すでに学んだように，アルキル基はカルボカチオンに対して電子供与基として振る舞い (§4・9)，芳香族求電子置換反応においても電子供与基として振る舞う (§5・4)．同様の効果により，脂肪族置換アミンはアンモニアよりも少し強い塩基になる．アルキル基から窒素原子へ誘起効果による電子供与が起こ

り，窒素原子からプロトンに対する電子対の供与がさらに起こりやすくする．

表 12・2　アミンの塩基解離定数とアンモニウムイオンの酸解離定数

| 化合物 | $K_b$ | $K_a$ | $pK_b$ | $pK_a$ |
|---|---|---|---|---|
| アンモニア | $1.8\times10^{-5}$ | $5.5\times10^{-10}$ | 4.74 | 9.26 |
| メチルアミン | $4.3\times10^{-4}$ | $2.3\times10^{-11}$ | 3.37 | 10.63 |
| エチルアミン | $4.8\times10^{-4}$ | $2.1\times10^{-11}$ | 3.32 | 10.68 |
| ジメチルアミン | $4.7\times10^{-4}$ | $2.1\times10^{-11}$ | 3.33 | 10.67 |
| ジエチルアミン | $3.1\times10^{-4}$ | $3.2\times10^{-11}$ | 3.51 | 10.49 |
| トリメチルアミン | $1.0\times10^{-3}$ | $1.0\times10^{-11}$ | 3.00 | 11.00 |
| シクロヘキシルアミン | $4.6\times10^{-4}$ | $2.2\times10^{-11}$ | 3.34 | 10.66 |
| アニリン | $4.3\times10^{-10}$ | $2.5\times10^{-5}$ | 9.37 | 4.63 |

芳香族置換アミンはアンモニアや脂肪族置換アミンよりもずっと弱い塩基で (表12・2)，$K_b$ は $10^{-9}$ 以下だ．たとえば，アニリンの $K_b$ はシクロヘキシルアミンの $K_b$ の $10^{-6}$ 倍しかないので，100万倍弱い塩基ということになる．芳香族置換アミンがアンモニアよりも弱い塩基である原因は，窒素原子の孤立電子対が共鳴によりベンゼン環のπ軌道に非局在化するからだ．その結果，窒素原子の孤立電子対はプロトンとの結合に十分に使われず，塩基性が弱くなる．

## 複素環アミンの塩基性

複素環アミンの塩基性は孤立電子対をもつ窒素の軌道の混成状態と非局在化の影響の両方を反映し，化合物によって大きく異なる．ピリジンはアルキルアミンよりも

相当に弱い塩基だ．ピリジンの窒素の孤立電子対は $sp^2$ 混成軌道を占め，ピペリジンのようなジアルキルアミンの窒素の $sp^3$ 混成軌道を占める孤立電子対よりも窒素原子の原子核に近い位置にある．その結果，ピリジンはアルキルアミンよりも弱い塩基（大きな $pK_b$）となる．

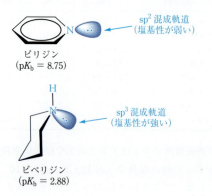

ピロールはさらに弱い塩基だ．窒素原子の孤立電子対は2本の炭素-炭素二重結合にある4個のπ電子と相互作用して非局在化し，ベンゼンと同じ芳香族6π電子系をつくる．芳香族であるためには環内に6個のπ電子を維持することが必要なので，孤立電子対は簡単にはプロトン化されない．一方，非局在化の影響を受けないピロリジンの $pK_b$ は非環式アミンとほぼ同じだ．

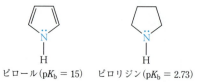

イミダゾールは多くの生体分子中にみられる芳香環だ．イミダゾールの二つの窒素原子のうちの一つはピロールと似た構造で，塩基性が非常に弱い．もう一つの窒素原子はピリジンと似ていて塩基となる．しかし，イミダゾールはピリジンの約100倍も塩基性が強い．この塩基性の差は共役酸の正電荷が共鳴安定化されることによるものだ．

セトアミド $CH_3CONH_2$ の $K_b$ は約 $10^{-15}$ だ）．塩基性が低い原因はカルボニル基にある．カルボニル基が窒素原子の電子密度を引き寄せて，アミド窒素の孤立電子対は非局在化するので，簡単にはプロトンと反応しない．アミドは分極した平面的な分子で，共鳴で安定化されている．

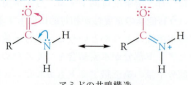

アミドの共鳴構造

### アンモニウムイオンの酸性度

アミンがプロトン化されて生成する共役酸は正電荷を帯び，アンモニウムイオンの水素を置換した構造になる．メチルアミンの共役酸であるメチルアンモニウムの酸解離定数 $K_a$ は，次の平衡反応に関する計算式で定められる．

$$CH_3NH_3^+ + H_2O \rightleftharpoons CH_3NH_2 + H_3O^+$$

$$K_a = \frac{[H_3O^+][CH_3NH_2]}{[CH_3NH_3^+]}$$

酸の強さを表す酸解離定数 $K_a$ と，その共役塩基の塩基解離定数 $K_b$ は反比例の関係にある．メチルアンモニウムイオンの $K_a$ とメチルアミンの $K_b$ をみると，反比例の関係になっていることがわかる．メチルアンモニウムイオンの $K_a$ は比較的小さいが，メチルアミンの $K_b$ は比較的大きい．$K_a$ と $K_b$ は次の式のような関係にあり，その積は水のイオン積 $K_w$ と等しい．

$$(K_a) \times (K_b) = K_w = 1 \times 10^{-14}$$

### $pK_a$ と $pK_b$

前に述べたように，アミンの塩基性は，通常は $K_b$ の負の常用対数 $pK_b$ を用いて示す．たとえば，$K_b$ が $10^{-4}$ のアミンの $pK_b$ は4だ．強塩基の $pK_b$ は小さいので，$pK_b$ の値が増加することは塩基性が弱くなることを意味する．アミンの相対的な塩基性の強さを表すために，$pK_b$ の代わりに共役酸の $pK_a$ を用いることも多い．$pK_a = -\log K_a$ であるので，共役酸・共役塩基の関係にある2種類の化学種では，$pK_a$ と $pK_b$ の和は14になる．よって，あるアミンの塩基性を表す $pK_b$ が5である場合には，その共役酸のアンモニウムイオンの酸性を表す $pK_a$ は9となる．

### アミドの塩基性

アミンとは対照的に，アミドは非常に弱い塩基だ（ア

**例題 12・9** 表12・2のデータをもとに抗ヒスタミン薬のフェニンダミンの $pK_b$ を推定せよ.

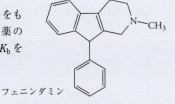
フェニンダミン

[解答] フェニンダミンは第三級アミンであり, 窒素原子の置換基はすべてアルキル基だ. よって, その $pK_b$ は単純な第三級アミンのトリメチルアミンと同じ程度の値になると推定される. 表12・2からトリメチルアミンの値を見ると3.0になる.

**例題 12・10** クロルプロマジンの二つの窒素原子のうち, 塩基性が強いのはどちらか.

クロルプロマジン

## 12・6 アンモニウム塩の溶解度

塩酸のような強酸の溶液にアミンを加えると, アミンの窒素原子がプロトン化されてアンモニウム塩ができる.

$$RNH_2 + HCl \rightleftharpoons RNH_3^+Cl^-$$

アンモニウム塩の窒素原子は正電荷をもつので, アンモニウム塩はアミンよりも水に対する溶解度が高い. このようなアミンの性質は, 製薬会社が体液に溶解する医薬品を製造するときに使用されている. アミノ基をもつ医薬品はしばしばアンモニウム塩の形で製造される. たとえば, プロカインの水に対する溶解度は 0.5 g/100 mL しかないが, アンモニウム塩にすると溶解度が 100 g/100 mL に上がる.

プロカイン

多くの薬品ではアンモニウム塩の方がアミンよりも安定で酸化されにくい. プロカインは pH 3.6 で最も安定で, pH が高くなるにつれて安定性が低下する. アンモニウム塩はアミンより融点が高いので, アミンをアンモニウム塩にすると事実上臭いはしなくなる. たとえば, エフェドリンは 34 ℃ で融解して魚のような臭いがするが, 風邪薬やアレルギー治療薬に使用される塩酸塩(エフェドリン塩酸塩)は 217 ℃ まで融解せず, 常温では臭いがしない.

アミンはアンモニウム塩に変換することで他の物質から分離できる. 1-クロロオクタンにアンモニアを作用させて 1-オクタンアミンを合成する反応で, 出発物質と生成物の混合物から生成物だけを分離して取出すことを考えてみよう. 両者とも水にほとんど溶けないが, 両者を含む溶液に対して HCl を加えると 1-オクタンアミンはアンモニウム塩に変換されて溶けるようになる. 1-クロロオクタンは変化しない.

$$CH_3(CH_2)_7NH_2 + HCl \longrightarrow CH_3(CH_2)_7NH_3^+Cl^-$$
水に不溶 　　　　　　　　　　 水に可溶

$$CH_3(CH_2)_7Cl + HCl \longrightarrow 反応しない$$
水に不溶

1-クロロオクタンは酸性水溶液から分液操作などで物理的に分離する. 酸性水溶液を水酸化ナトリウムで中和するとアンモニウム塩は再びアミンに戻る. 遊離したアミンは水溶液から物理的に分離する.

$$CH_3(CH_2)_7NH_3^+ + OH^- \longrightarrow$$
水に可溶
$$CH_3(CH_2)_7NH_2 + H_2O$$
水に不溶

アミドは水溶液中でプロトン化されるほど塩基性ではないので, 溶解度は pH に影響を受けず, 中性化合物として振る舞う.

## 12・7 アミンの求核的反応

これまでの章では, アミンの構造や性質について記述してきた. 窒素原子の孤立電子対があることでアミンは求核的になり, さまざまな反応が起こる. この節ではそれぞれの反応についてまとめる.

### アミンとカルボニル化合物の反応

第10章ではアミンとカルボニル化合物の付加脱離反応について述べた. アミンはカルボニル炭素に付加し, 四面体構造の中間体を生成する. この中間体は不安定

で，水分子が脱離してイミンを生成する．一般に，イミンはカルボニル化合物よりも不安定であるため，この反応が進行するのは反応混合物から水が取除かれる場合に限られる．ほとんどのイミンは不安定で，水溶液中ですぐに加水分解してカルボニル化合物になる．

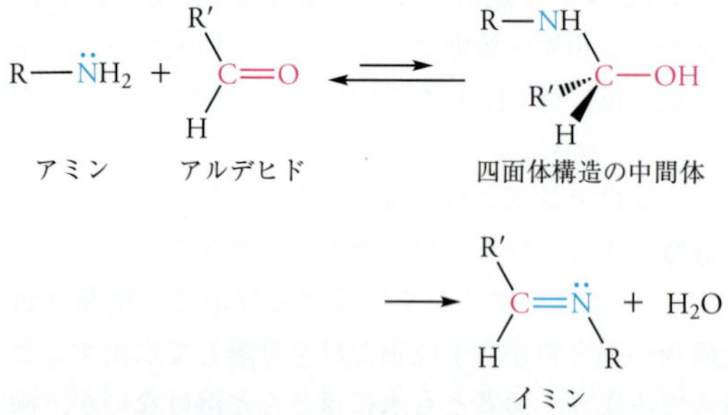

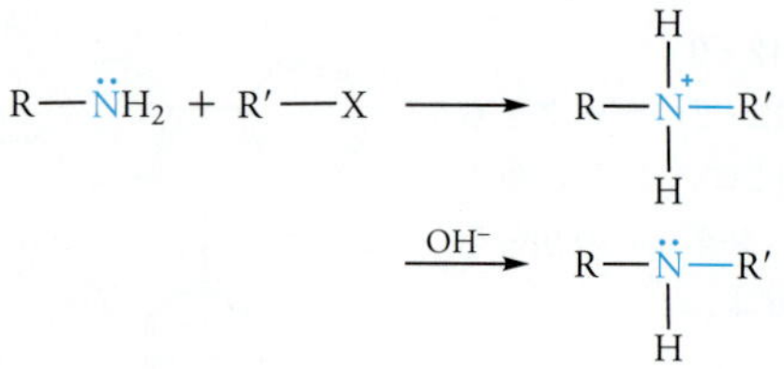

第一級ハロゲン化アルキルを用いる求核置換反応では最初に第二級アンモニウムイオンが生成する．この第二級アンモニウムイオンは反応物である第一級アミンと反応してプロトンを受け渡す．この第二級アミンが生成する反応は平衡反応だ．

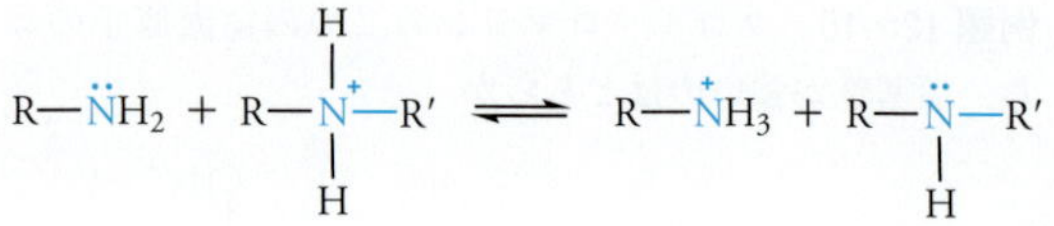

第二級アミンがさらにハロゲン化アルキルと反応し続けると，第三級アミンや第四級アンモニウム塩を与えることもある．

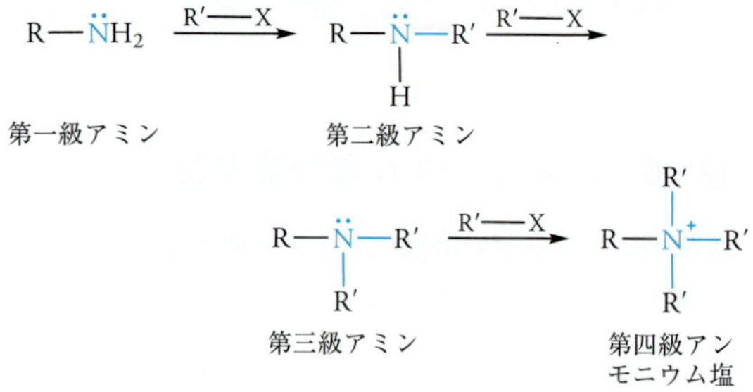

## アミンと酸塩化物の反応

第11章では，アミンと酸塩化物の反応でアミドを合成できることを学んだ．アミドはとても安定だが，原料となる酸塩化物の反応性はカルボン酸誘導体のなかでも特に高い．

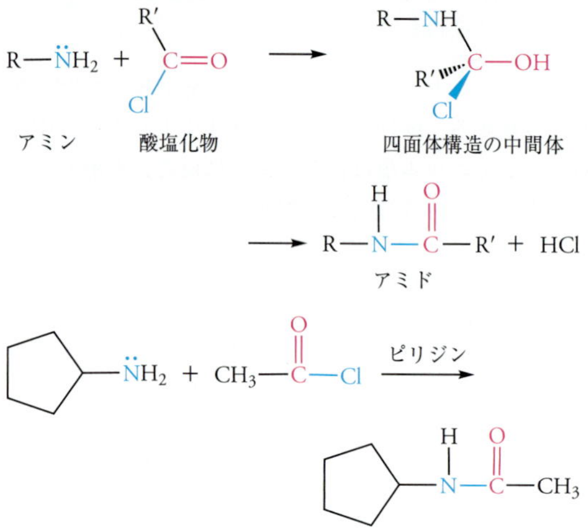

アンモニア，第一級アミン，第二級アミンだけがアミドを生成する．ピリジンはアミドをつくれないので，生成する塩化水素をピリジン塩酸塩として取除くために使用される．

**第四級アンモニウム塩**（quaternary ammonium salt）は四つのアルキル基が窒素原子に結合したアンモニウム塩だ．長い炭素鎖を含む第四級アンモニウム塩は**逆性石けん**（invert soap）として使用される．

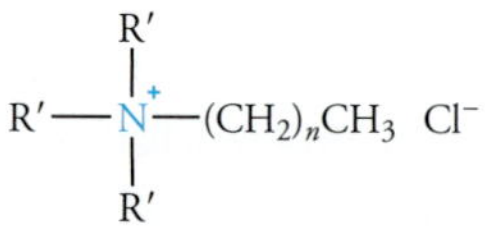

逆性石けんはミセルの極性末端が正電荷を帯びた陽イオンであるという点で，一般的な石けんや洗剤と違う．普通の石けんと同様に，長い炭化水素鎖は無極性物質と結びつき，極性部分は水に溶ける．逆性石けんは病院でよく使用される．細菌，真菌，原生動物に対して活性だが，胞子をつくる微生物には有効ではない．逆性石けんの一つとして塩化ベンザルコニウムがある．塩化ベンザルコニウムは，炭素原子数が8〜16個の長いアルキル基をもつ．

## アミンとハロゲン化アルキルの反応

第7章では，ハロゲン化アルキルの求核置換反応について学んだ．第一級および第二級ハロゲン化アルキルは求核剤と$S_N2$反応を起こす．アミンは求核剤として第一級または第二級ハロゲン化アルキルのハロゲンを置換して，第四級アンモニウム塩を生成する．ひき続き塩基によって脱プロトン化され，中和される．

ベンザルコニウムイオン

**例題 12・11** 不整脈の治療薬のフレカイニドはアミドだ。この薬を製造するために使用される化合物の構造式を書け。その反応物の組合わせで起こる副反応を書け。

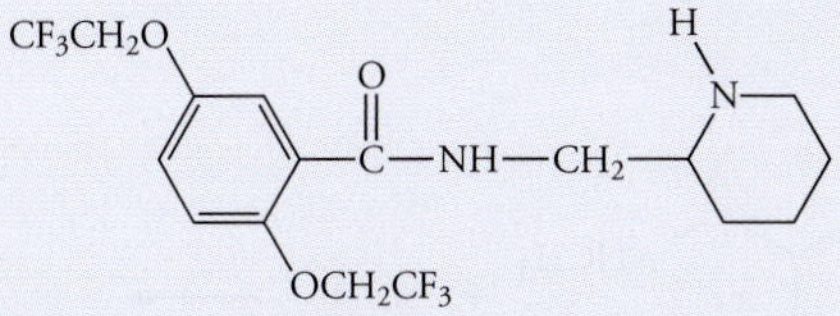

フレカイニド

[解 答] 窒素–炭素結合を切って、アミド部分を二つに分割する。窒素原子に水素をつけ、カルボニル炭素に塩素原子をつける。

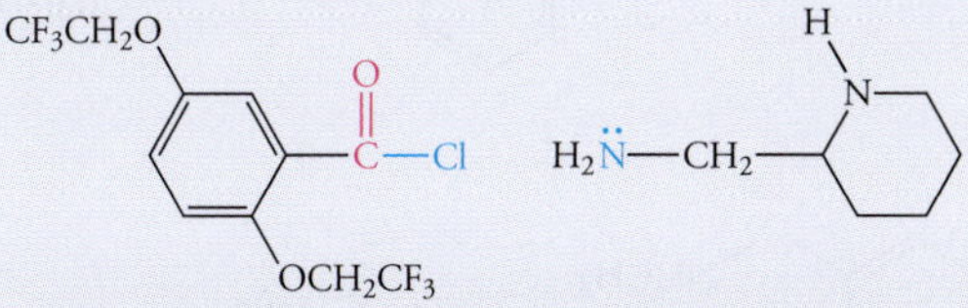

このアミンは実際にはジアミンで，分子内に第一級アミンと第二級アミンを含む。よって，ジアミンは二つの窒素原子のいずれかで酸塩化物と反応して，フレカイニドとその異性体が生成する。第二級アミンの立体障害の方が大きいため，反応性が高いのは第一級アミンの方だ。

**例題 12・12** 鎮痛剤のアセトアミノフェンはアミドだ。アセトアミノフェンを合成するために使用される化合物の構造式を書け。その反応物の組合わせで起こる副反応を書け。

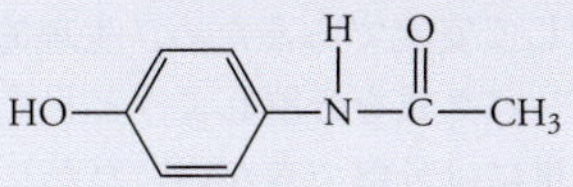

## 12・8 アミンの合成

これまでに，アミンを合成する多くの方法を学んできた。ハロゲン化アルキルをアンモニアやアミンで置換する反応以外にも，窒素官能基を含む化合物を出発物質として使用して，その官能基変換によってアミンを合成する方法がある。

### ハロゲン化アルキルによるアミンのアルキル化

§12・7ではハロゲン化アルキルに対する第一級アミンの求核置換反応について学んだ。その場合は窒素原子上のアルキル化が1段階で止まらずに次々に進行して，生成物は混合物となった。同じような反応であっても適切な反応条件を選択すれば，複数のアルキル化はいくらか抑制される。たとえば，過剰量のアンモニアを用いてハロゲン化アルキルとの反応を行うと，第一級アミンに変換される。生成物である第一級アミンの濃度よりもアンモニアの濃度の方がずっと高いと，第一級アミンが続けて反応する確率は低くなり，第一級アミンが主生成物として得られる。

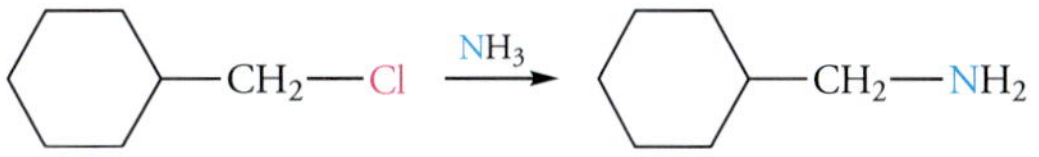

### イミンの還元

すでに学んだように，アルデヒドやケトンのカルボニル基の触媒的水素化や金属水素化物による還元ではアルコールが得られる。イミンはカルボニル化合物の窒素類縁体であるため，同様にしてイミンも還元できる。

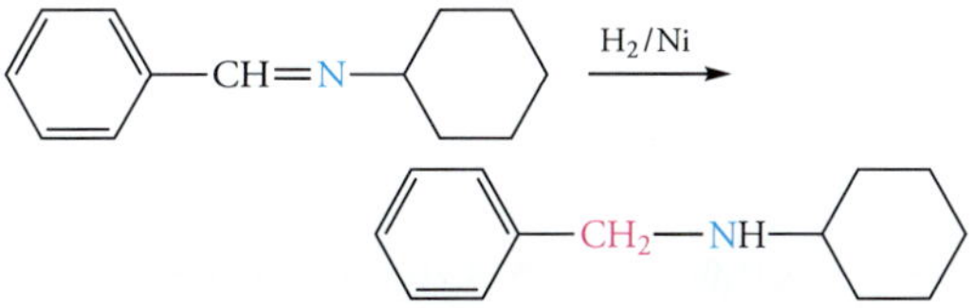

イミンは通常はカルボニル化合物から調製するが，還元のためにわざわざ単離しなくてもよい。水素ガスと金属触媒の存在下で，カルボニル化合物とアンモニアまたは適切なアミンの混合物を反応させれば，反応溶液中で生成するイミンが還元されてアミンになる。全体の反応過程は**還元的アミノ化** (reductive amination) とよばれる。

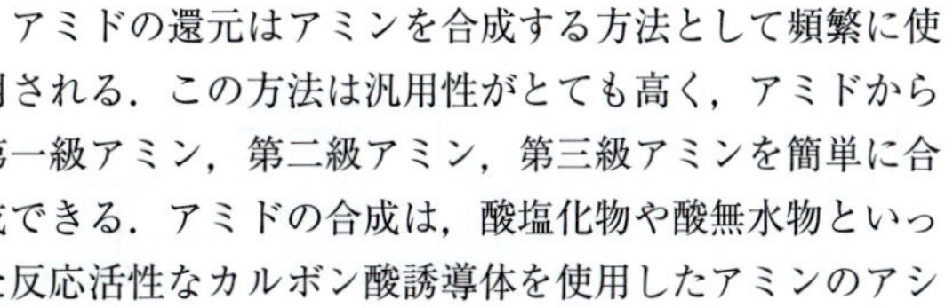

### アミドの還元

アミドの還元はアミンを合成する方法として頻繁に使用される。この方法は汎用性がとても高く，アミドから第一級アミン，第二級アミン，第三級アミンを簡単に合成できる。アミドの合成は，酸塩化物や酸無水物といった反応活性なカルボン酸誘導体を使用したアミンのアシ

ル化で行える（§11・6, §12・7）．アミドを LiAlH$_4$ で還元して，続いて反応溶液を酸で加水分解処理すればアミンが得られる．

$$R-\underset{\text{第一級アミド}}{\overset{\overset{O}{\|}}{C}}-NH_2 \xrightarrow[\text{2. H}_3O^+]{\text{1. LiAlH}_4} R-\underset{\text{第一級アミン}}{CH_2}-NH_2$$

$$R-\underset{\text{第二級アミド}}{\overset{\overset{O}{\|}}{C}}-NH-R' \xrightarrow[\text{2. H}_3O^+]{\text{1. LiAlH}_4} R-\underset{\text{第二級アミン}}{CH_2}-NH-R'$$

$$R-\underset{\text{第三級アミド}}{\overset{\overset{O}{\|}}{C}}-\underset{R'}{\overset{R''}{N}} \xrightarrow[\text{2. H}_3O^+]{\text{1. LiAlH}_4} R-\underset{\text{第三級アミン}}{CH_2}-\underset{R'}{\overset{R''}{N}}$$

### ニトリルの還元

ニトリルは第一級ハロゲン化アルキルに対してシアン化ナトリウムを直接反応させ，$S_N2$ 反応によって調製できる（§7・2）．次にニトリルを水素化アルミニウムリチウムで還元すると，第一級アミンに変換できる．

$$R-Br \xrightarrow{\text{NaCN}} R-C\equiv N$$
$$\xrightarrow[\text{2. H}_3O^+]{\text{1. LiAlH}_4} R-CH_2-NH_2$$

$$CH_3-\underset{CH_3}{\overset{CH_3}{C}}-CH_2Br \xrightarrow{\text{NaCN}} CH_3-\underset{CH_3}{\overset{CH_3}{C}}-CH_2-C\equiv N$$
$$\xrightarrow[\text{2. H}_3O^+]{\text{1. LiAlH}_4} CH_3-\underset{CH_3}{\overset{CH_3}{C}}-CH_2-CH_2-NH_2$$

### ニトロ化合物の還元

ベンゼン環にアミノ基を1段階で直接導入することはとても困難だ．しかし，2段階で導入することはできる（§5・10）．はじめにベンゼン環をニトロ化する．次に，ニトロ基をアミノ基へと還元すればよい．

$$\text{C}_6\text{H}_5\text{-C(CH}_3)_3 \xrightarrow[\text{H}_2\text{SO}_4]{\text{HNO}_3} \text{O}_2\text{N-C}_6\text{H}_4\text{-C(CH}_3)_3 \xrightarrow{\text{Sn/HCl}} \text{H}_2\text{N-C}_6\text{H}_4\text{-C(CH}_3)_3$$

## 12・9 アミドの加水分解

アミドが加水分解されると炭素–窒素結合が切れて，カルボン酸とアンモニアまたはアミンが生成する．この反応はエステルの加水分解に似ている．しかし，この2種類の化合物の加水分解には大きな違いがある．エステルの加水分解は比較的容易に起こるが，アミドは加水分解がほとんど起こらない．アミドが加水分解されるのは強酸または強塩基とともに数時間加熱した場合だけだ．アミドを塩基性条件で加水分解するとカルボン酸塩が生成し，アミド 1 mol につき塩基 1 mol が必要となる．アミドを酸性条件で加水分解するとアンモニウム塩が生成し，アミド 1 mol につき酸 1 mol が必要となる．

$$\text{C}_6\text{H}_5\text{-CO-NHCH}_3 + \text{NaOH} \longrightarrow \text{C}_6\text{H}_5\text{-COONa} + \text{CH}_3\text{NH}_2$$

$$\text{C}_6\text{H}_5\text{-CO-NHCH}_3 + \text{H}_2\text{O} + \text{HCl} \longrightarrow \text{C}_6\text{H}_5\text{-COOH} + \text{CH}_3\text{NH}_3^+\text{Cl}^-$$

タンパク質を構成するアミノ酸はアミド結合で連結しているので，アミドが加水分解に対して非常に安定であるという性質は生物学的に大変重要なことだ．アミドが加水分解に対して安定であるため，生理的 pH で体温という条件でタンパク質を分解しようとしても，酵素触媒がなければ簡単には分解できない．ただし，特定の酵素があるとアミドの加水分解はとても速く進行する．その反応については第14章で扱う．

**例題 12・13** フェナセチンの塩基条件での加水分解生成物を書け．フェナセチンはかつて鎮痛剤として使用されていたが，重度の副作用があり，現在では使用されなくなった．

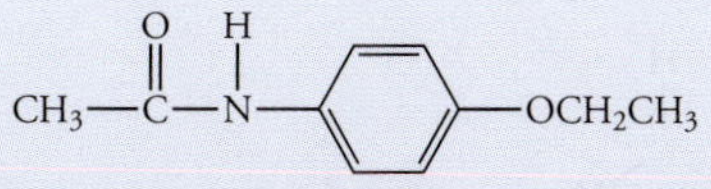

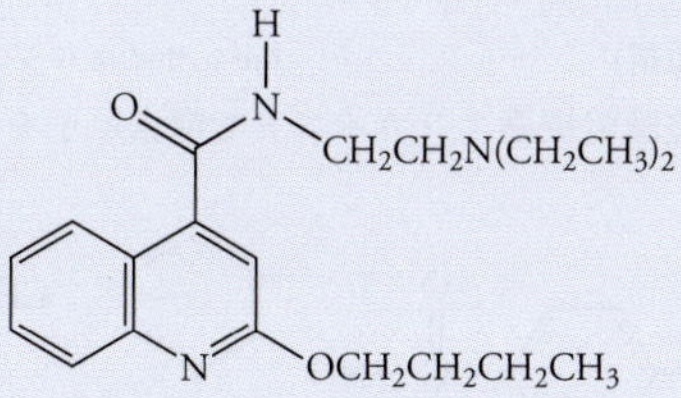

## 12・10 アミドの合成

カルボン酸をアンモニア，第一級アミン，第二級アミンと高温で加熱すると，対応するアミドが水とともに生成する．第三級アミンでは窒素原子に水素原子が結合していないので，アミドは生成しない．

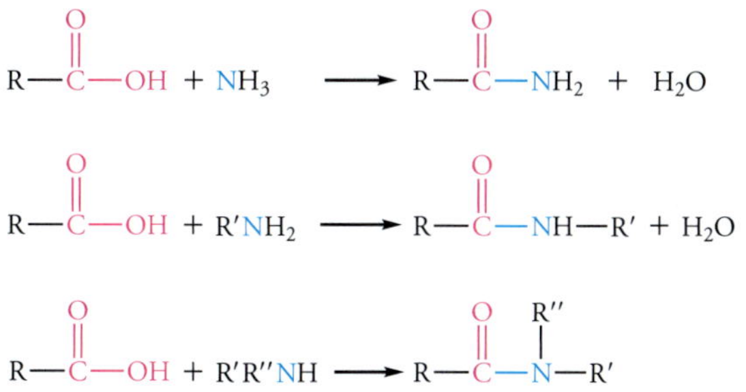

$$R-\underset{\underset{O}{\|}}{C}-OH + NH_3 \longrightarrow R-\underset{\underset{O}{\|}}{C}-NH_2 + H_2O$$

$$R-\underset{\underset{O}{\|}}{C}-OH + R'NH_2 \longrightarrow R-\underset{\underset{O}{\|}}{C}-NH-R' + H_2O$$

$$R-\underset{\underset{O}{\|}}{C}-OH + R'R''NH \longrightarrow R-\underset{\underset{O}{\|}}{C}-\underset{R'}{\overset{R''}{N}}-R'$$

この直接的な反応では加熱が必要となるので，分子内の他の官能基に高温の影響が出る恐れがある．アンモニア，第一級アミンまたは第二級アミンを酸塩化物と反応させれば，低温でアミドを合成できる．

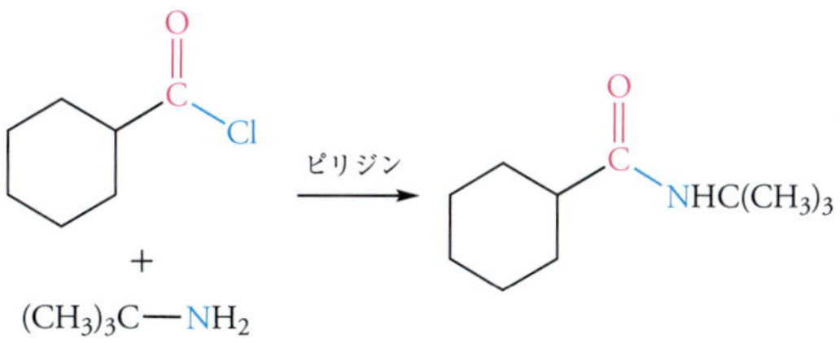

[シクロヘキサンカルボニルクロリド] + (CH₃)₃C−NH₂ →(ピリジン)→ シクロヘキサン-C(O)-NHC(CH₃)₃

---

フェナセチン

[解 答] ベンゼン環の右側の官能基はエーテルで，塩基とは反応しない（§9・6）．ベンゼン環の左側にはアミドがある．アミドの加水分解では窒素原子とカルボニル炭素原子間の結合が切れる．

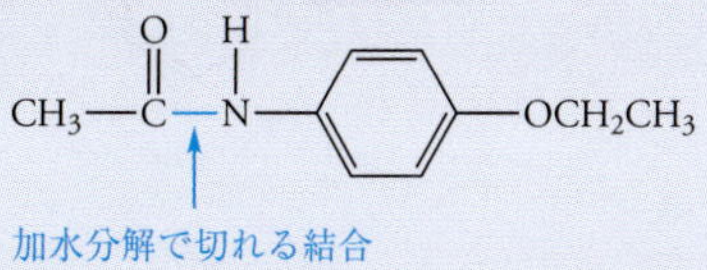

加水分解で切れる結合

塩基性条件で加水分解されるため，反応混合物中に含まれるカルボン酸部分は解離した酢酸イオンだ．アミン部分は p-エトキシアニリンだ．

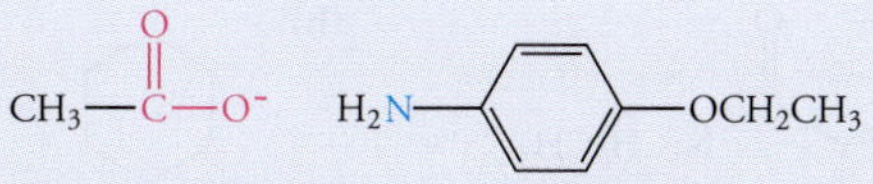

CH₃−COO⁻   H₂N−C₆H₄−OCH₂CH₃

**例題 12・14** 次のジブカインは局所麻酔薬だ．ジブカインの酸による加水分解生成物の構造式を書け．

---

## 反応のまとめ

**1.** アミンとカルボニル化合物の反応（§12・7）

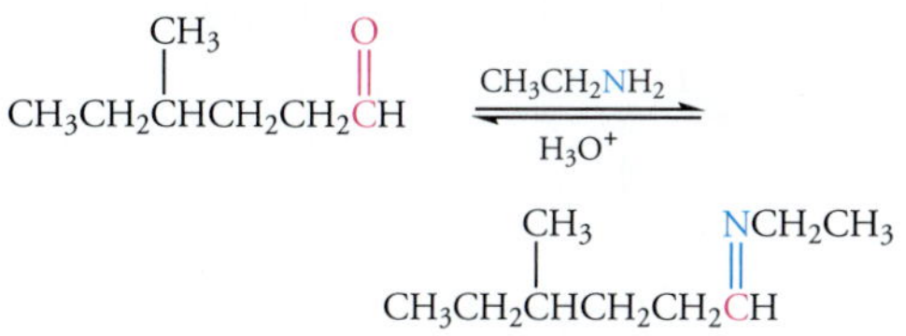

CH₃CH₂CH(CH₃)CH₂CHO + CH₃CH₂NH₂ ⇌(H₃O⁺) CH₃CH₂CH(CH₃)CH₂CH=NCH₂CH₃

**2.** アミンとカルボン酸誘導体の反応（§12・7）

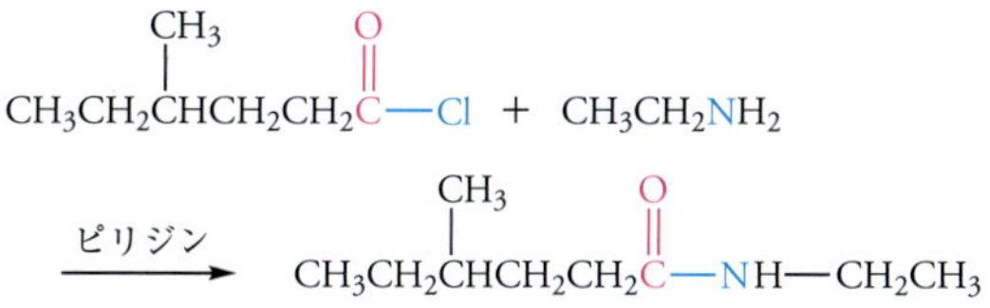

CH₃CH₂CH(CH₃)CH₂C(O)−Cl + CH₃CH₂NH₂ →(ピリジン)→ CH₃CH₂CH(CH₃)CH₂C(O)−NH−CH₂CH₃

**3.** アミンとハロゲン化アルキルの反応（§12・7，§12・8）

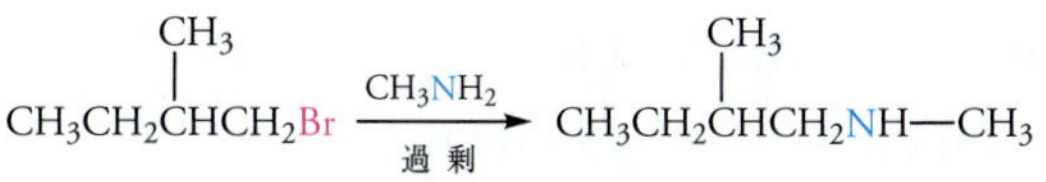

CH₃CH₂CH(CH₃)CH₂Br + CH₃NH₂（過剰）→ CH₃CH₂CH(CH₃)CH₂NH−CH₃

**4.** アミンの合成（§12・8）

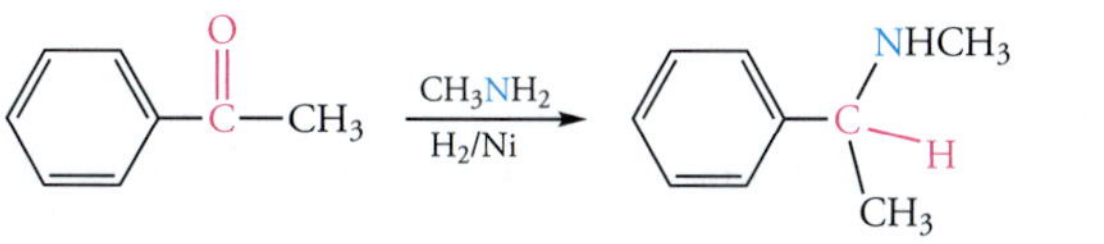

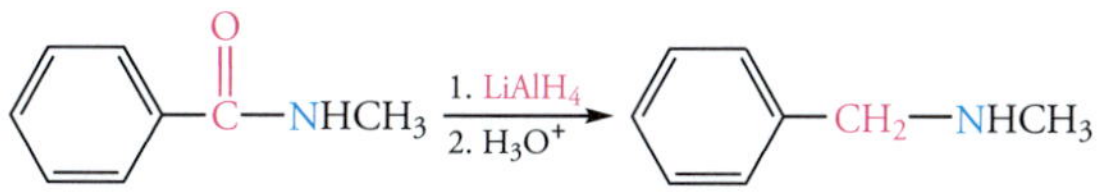

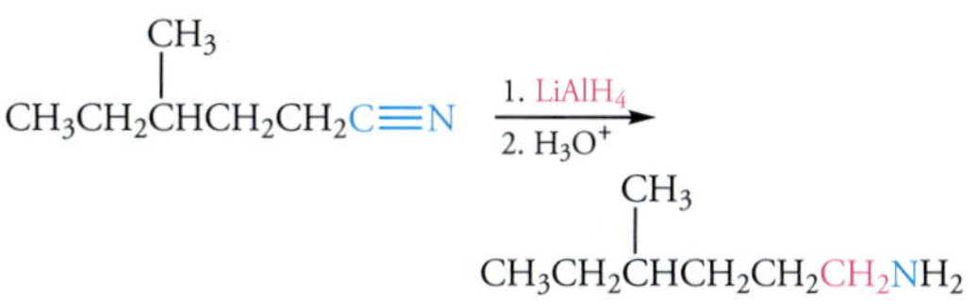

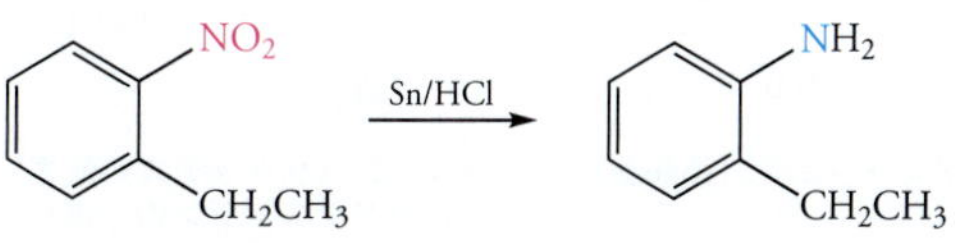

C₆H₅−C(O)−CH₃ + CH₃NH₂ →(H₂/Ni)→ C₆H₅−CH(NHCH₃)−CH₃

C₆H₅−C(O)−NHCH₃ →(1. LiAlH₄, 2. H₃O⁺)→ C₆H₅−CH₂−NHCH₃

CH₃CH₂CH(CH₃)CH₂C≡N →(1. LiAlH₄, 2. H₃O⁺)→ CH₃CH₂CH(CH₃)CH₂CH₂NH₂

o-NO₂−C₆H₄−CH₂CH₃ →(Sn/HCl)→ o-NH₂−C₆H₄−CH₂CH₃

## 5. アミドの加水分解 (§12・9)

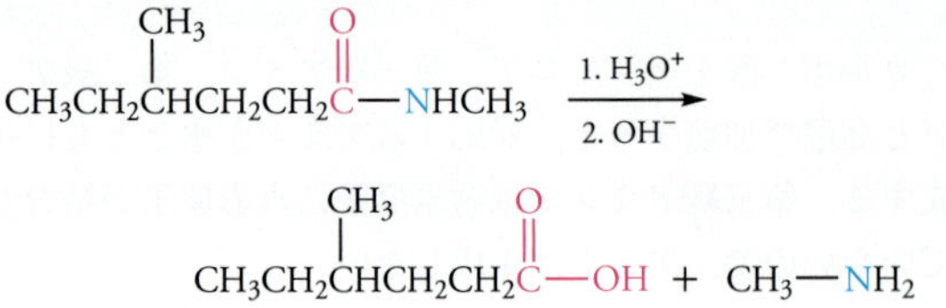

CH₃CH₂CH(CH₃)CH₂C(O)—NHCH₃ → (1. H₃O⁺, 2. OH⁻) CH₃CH₂CH(CH₃)CH₂C(O)—OH + CH₃—NH₂

## 6. アミドの合成 (§12・10)

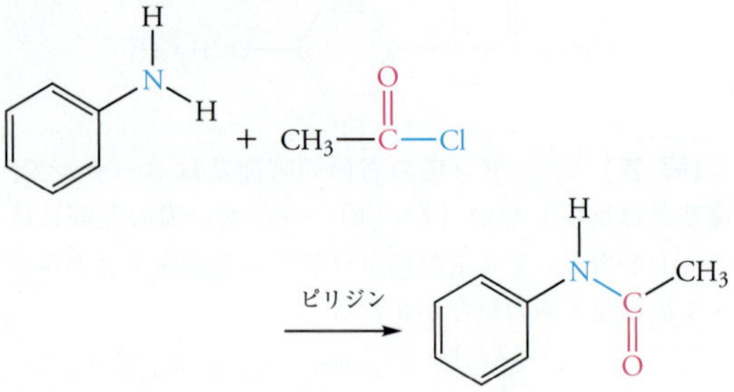

C₆H₅—NH₂ + CH₃C(O)—Cl →(ピリジン) C₆H₅—NH—C(O)CH₃

---

## 練習問題

### アミンとアミドの分類

**12・1** 次のアミンとアミドを置換基の数をもとに第何級か分類せよ．

(a) CH₃—NH—CH₂CH₃
(b) CH₃CH₂—N(CH₃)—CH₂CH₂OH
(c) 1-methyl-1-aminocyclohexane
(d) CH₃CH₂—N(H)—C(O)—cyclopentyl
(e) δ-valerolactam (2-piperidinone)
(f) C₆H₅—C(O)—NH₂ (benzamide)

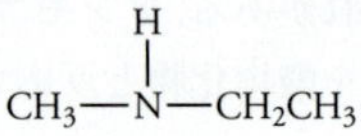

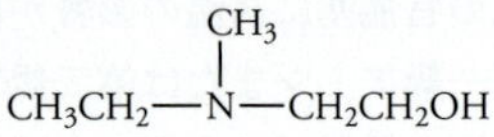

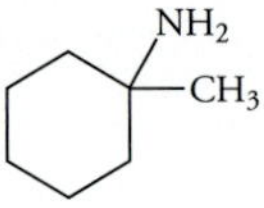

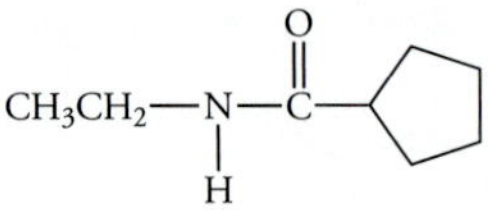

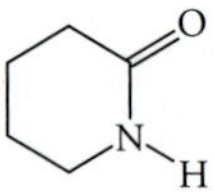

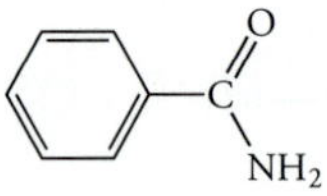

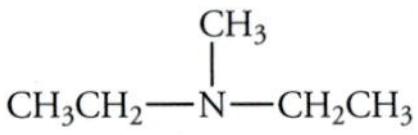

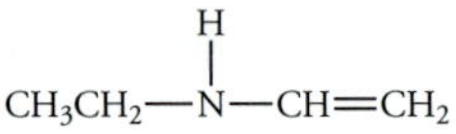

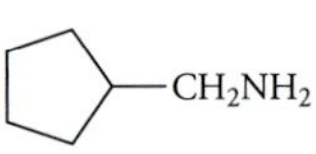

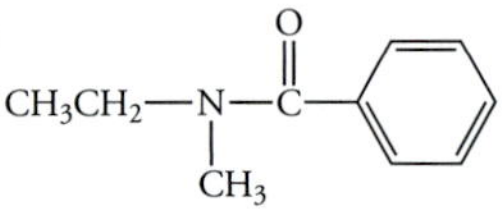

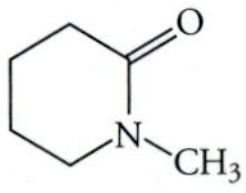

**12・2** 次のアミンとアミドを置換基の数をもとに第何級か分類せよ．

(a) CH₃CH₂—N(CH₃)—CH₂CH₃
(b) CH₃CH₂—N(H)—CH=CH₂
(c) cyclopentyl-CH₂NH₂
(d) CH₃CH₂—N(CH₃)—C(O)—C₆H₅
(e) 1-methyl-2-piperidinone
(f) C₆H₅—C(O)—NHCH₂CH₃

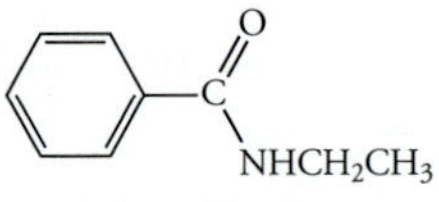

**12・3** 次の化合物で窒素原子を含む官能基は何か．

(a) アセトアミノフェン（鎮痛薬） HO—C₆H₄—NH—C(O)CH₃
(b) コニイン（ソクラテスが飲まされたドクニンジンの一部）

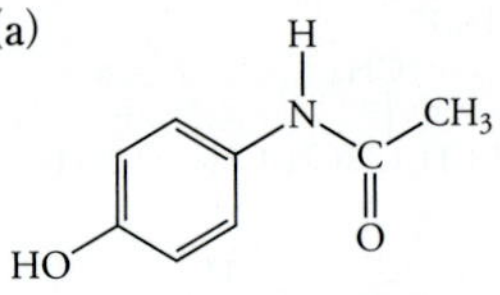

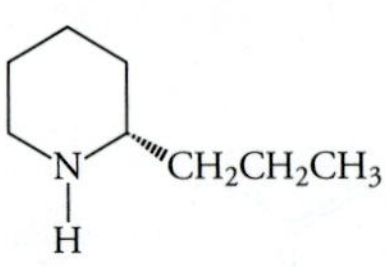

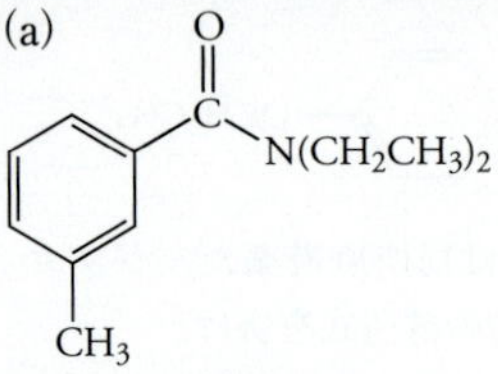

**12・4** 次の化合物で窒素原子を含む官能基は何か．

(a) DEET（防虫剤）: 3-CH₃—C₆H₄—C(O)—N(CH₂CH₃)₂
(b) フェンサイクリジン（幻覚剤）

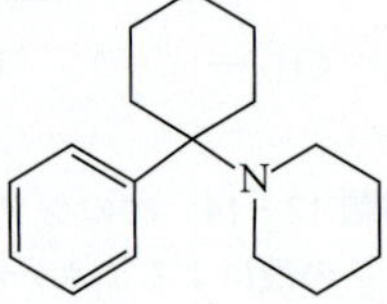

**12・5** 不整脈治療薬エンカイニドで窒素原子を含む官能基は何か．

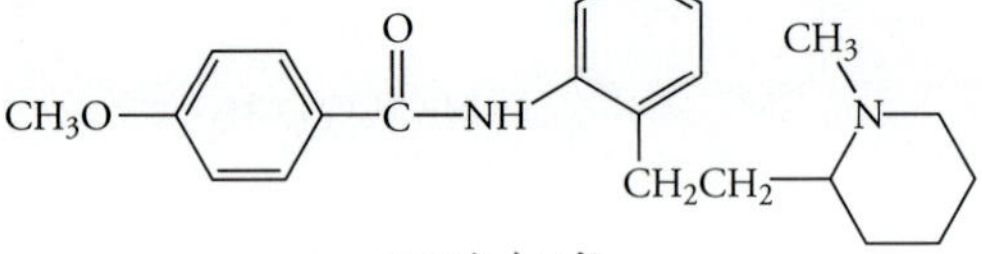

エンカイニド: CH₃O—C₆H₄—C(O)—NH—C₆H₄(CH₂CH₂—(N-methylpiperidin-2-yl))

**12・6** 降圧剤プラクトロールで窒素原子を含む官能基は何か．

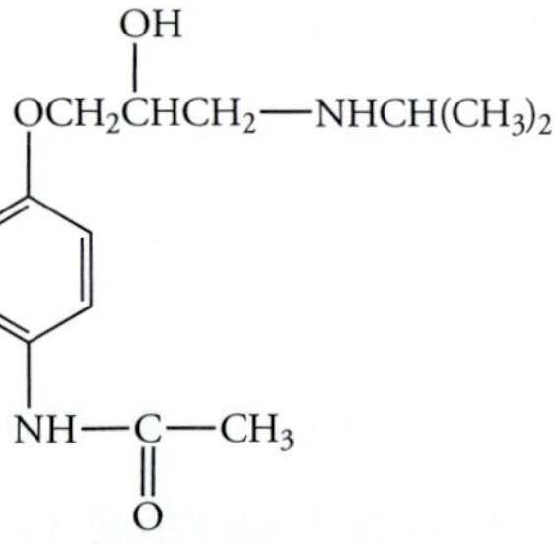

プラクトロール: (CH₃)₂CHNH—CH₂CH(OH)CH₂—O—C₆H₄—NH—C(O)CH₃

### アミンとアミドの命名法

**12・7** 次の化合物の IUPAC 名を書け．

(a) CH₃CH₂—N(CH₃)—CH₂CH₃
(b) CH₃CH₂—N(H)—CH(CH₃)CH₂CH₃

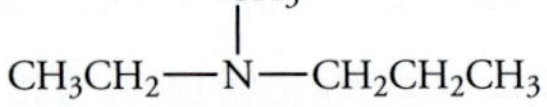

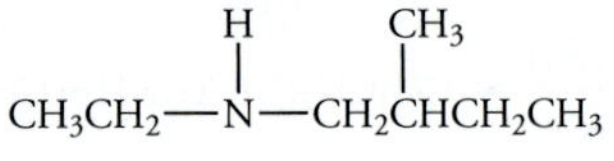

(c) [構造式: ベンズアミド N-メチル]

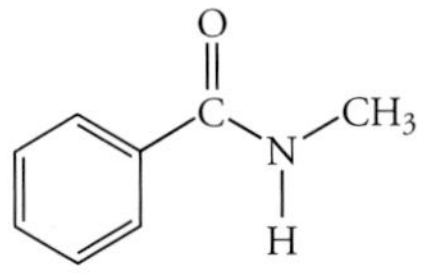

(d) [構造式: N-フェニルプロピオンアミド]

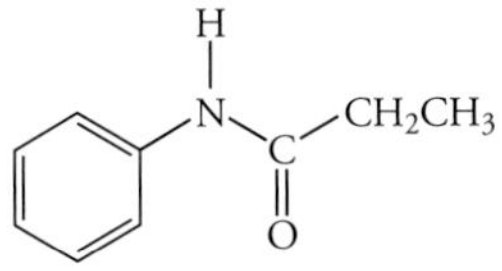

**12・8** 次の化合物の IUPAC 名を書け.

(a) CH₃−N(CH₃)−CH₂CH₂CH₂CH₃

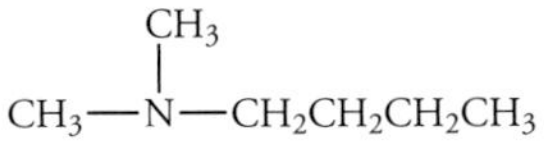

(b) CH₃CH₂−N(H)−CH₂CH(OH)CO₂H

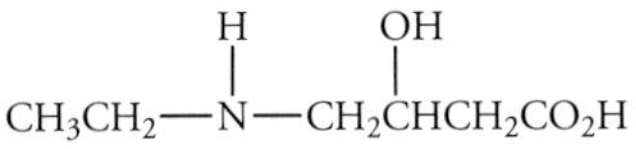

(c) [構造式: N,N-ジメチルベンズアミド]

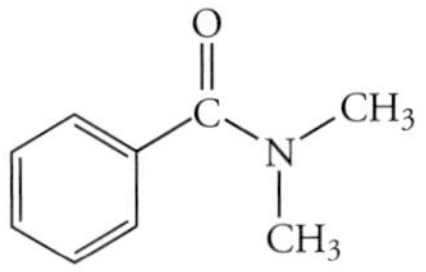

(d) [構造式: N-フェニル-N-メチルプロピオンアミド]

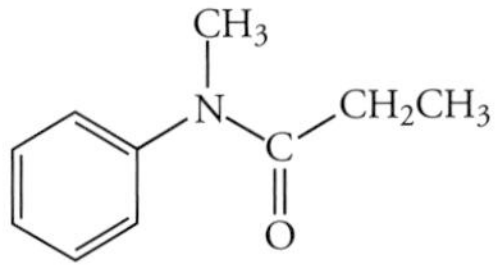

**12・9** *trans*-2-フェニルシクロプロピルアミンという名前の抗うつ薬の構造式を書け.

**12・10** 止血剤として使われるトラネキサム酸の IUPAC 名は *trans*-4-(アミノメチル)シクロヘキサンカルボン酸だ. トラネキサム酸の構造式を書け.

**12・11** 海底に潜むギボシムシが生産する次の化合物の名前を書け.

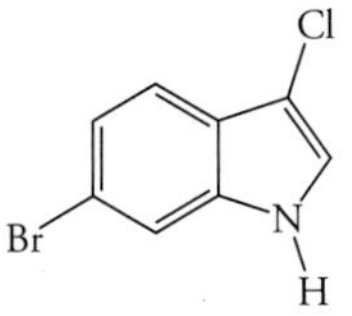

[構造式: 3-クロロ-6-ブロモインドール]

**12・12** 次の化合物の構造式を書け.

(a) 2-エチルピロール
(b) 3-ブロモピリジン
(c) 2,5-ジメチルピリミジン

## アミンの異性体

**12・13** 分子式が $C_2H_7N$ である化合物の異性体の構造式をすべて書け.

**12・14** 分子式が $C_3H_9N$ である化合物の異性体の構造式をすべて書け.

**12・15** 分子式が $C_4H_{11}N$ である第一級アミンの異性体の構造式と名前をすべて書け.

**12・16** 分子式が $C_5H_{13}N$ である第一級アミンの異性体の構造式と名前をすべて書け.

## アミンの性質

**12・17** 異性体の関係にあるプロピルアミンとトリメチルアミンの沸点はそれぞれ 48 ℃ と 3 ℃ だ. 沸点が大きく違う理由を説明せよ.

**12・18** 1,2-ジアミノエタンの沸点は 116 ℃ であり,分子量がほぼ同じであるプロピルアミンの沸点（48 ℃）よりもはるかに高い. その理由を説明せよ.

## アミンの塩基性

**12・19** シクロヘキシルアミンとトリエチルアミンの p$K_b$ はそれぞれ 3.34 と 2.99 だ. より強い塩基はどちらか.

**12・20** ジメチルアミンとジエチルアミンの $K_b$ はそれぞれ $4.7\times10^{-4}$ と $3.1\times10^{-4}$ だ. より強い塩基はどちらか.

**12・21** 表 12・2 のデータをもとに次の各分子の $K_b$ を推定せよ.

(a) [2-アミノテトラリン]  (b) [ピペリジン]

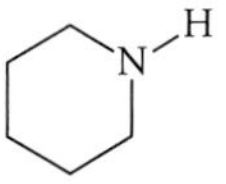

(c) [6-アミノテトラリン]

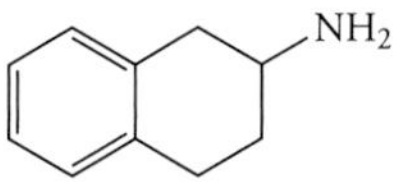

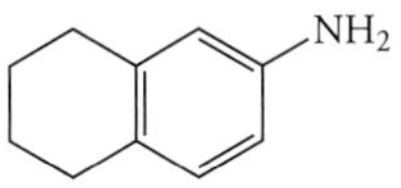

**12・22** 表 12・2 のデータをもとに次の各分子の $K_b$ を推定せよ.

(a) [N-メチル-2-アミノテトラリン]  (b) [N-メチルピペリジン]

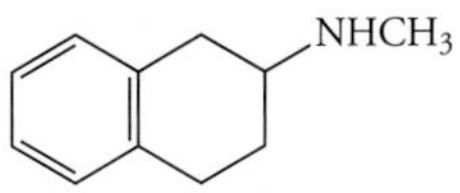

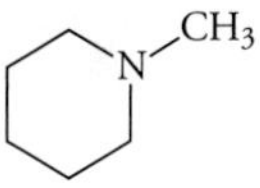

(c) [キノリジジン]

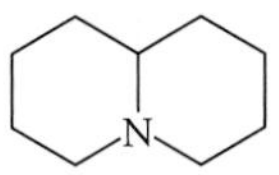

**12・23** アニリン（p$K_b$=9.4）と *p*-ニトロアニリン（p$K_b$=13.0）の p$K_b$ の違いを説明せよ.

**12・24** 次の二つの塩基のうち, p$K_b$ が大きいのはどちらか.

N≡C−CH₂CH₂NH₂         N≡C−CH₂NH₂

**12・25** フィゾスチグミンの 0.1～1.0% 溶液は, 緑内障の治療で眼圧を低下させるために使用される. この分子の三つの窒素原子を塩基性が増加する順に示せ.

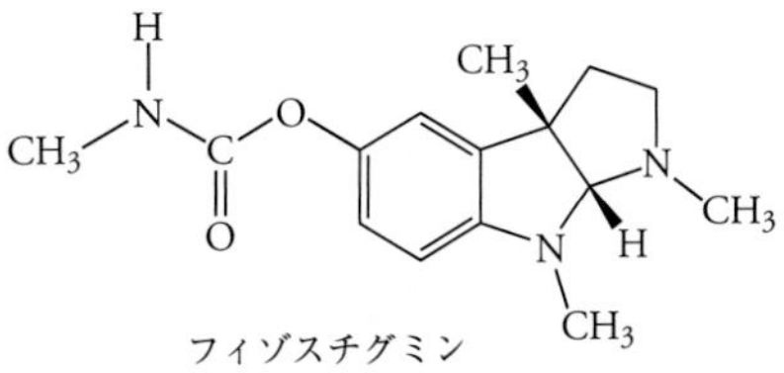

[構造式: フィゾスチグミン]

フィゾスチグミン

12・26 ジブカインは塩酸塩として投与される局所麻酔薬だ．どの窒素原子がプロトン化されるか？

ジブカイン

### アミンの反応

12・27 ベンジルメチルアミンと次の試薬の反応で得られる生成物の構造式を書け．
(a) 過剰量のヨウ化メチル
(b) 塩化アセチル
(c) ヨウ化水素

12・28 ピペリジンと次の試薬の反応で得られる生成物の構造式を書け．
(a) 臭化アリル
(b) 塩化ベンゾイル
(c) 無水酢酸

### アミンの合成

12・29 次の反応で得られる生成物の構造式を書け．

(a) $CH_3-CO-CH_2CH_2CH_3 + CH_3CH_2NH_2 \xrightarrow{H_2/Ni}$

(b) シクロペンチル-CH=N-CH$_2$-シクロペンチル $\xrightarrow{\text{1. LiAlH}_4}{\text{2. H}_3\text{O}^+}$

(c) $H_2N-CO-C_6H_4-CO-NH_2 \xrightarrow{\text{1. LiAlH}_4}{\text{2. H}_3\text{O}^+}$

12・30 次の反応で得られる生成物の構造式を書け．

(a) $CH_3-CO-CH_2CH_2CH_3 + CH_3NH_2 \xrightarrow{H_2/Ni}$

(b) $CH_3-C(=NCH_3)-CH_2CH_2CH_3 \xrightarrow{\text{1. LiAlH}_4}{\text{2. H}_3\text{O}^+}$

(c) $N\equiv C-C_6H_4-CO-NH_2 \xrightarrow{\text{1. LiAlH}_4}{\text{2. H}_3\text{O}^+}$

12・31 次の多段階反応で得られる最終生成物の構造式を書け．

(a) $CH_3(CH_2)_4CO_2H \xrightarrow[\text{ピリジン}]{\text{SOCl}_2} \xrightarrow{\text{NH}_3} \xrightarrow{\text{1. LiAlH}_4}{\text{2. H}_3\text{O}^+}$

(b) シクロプロピル-$CH_2CH_2Br \xrightarrow{CN^-} \xrightarrow{\text{1. LiAlH}_4}{\text{2. H}_3\text{O}^+}$

(c) $CH_3(CH_2)_3CO_2H \xrightarrow{\text{1. LiAlH}_4}{\text{2. H}_3\text{O}^+} \xrightarrow{PBr_3} \xrightarrow[\text{過剰}]{NH_3}$

12・32 次の多段階反応で得られる最終生成物の構造式を書け．

(a) $CH_3CH(OH)CH_2CH_2CH_3 \xrightarrow{PCC} \xrightarrow[CH_3NH_2]{H_2/Ni}$

(b) シクロペンチル-$CH_2CO_2H \xrightarrow[\text{ピリジン}]{\text{SOCl}_2} \xrightarrow{NH_3} \xrightarrow{\text{1. LiAlH}_4}{\text{2. H}_3\text{O}^+}$

(c) $HO(CH_2)_6OH \xrightarrow{HBr} \xrightarrow[\text{過剰}]{CN^-} \xrightarrow{\text{1. LiAlH}_4}{\text{2. H}_3\text{O}^+}$

12・33 安息香酸から$N$-エチルベンジルアミンを合成する多段階反応の概要を示せ．

12・34 塩化ベンジルから2-フェニルエタンアミンを合成する多段階反応の概要を示せ．

12・35 次の化合物と強酸水溶液を加熱して得られる生成物の構造式を書け．

(a) $C_6H_5-CO-NHCH_3$
(b) $CH_3CH_2-CO-N(CH_3)_2$
(c) $C_6H_5-N(H)-CO-CH_3$

12・36 次の化合物と強塩基水溶液を加熱して得られる生成物の構造式を書け．

(a) $C_6H_5-CO-NH_2$
(b) $CH_3CH_2-CO-N(CH_2CH_3)_2$
(c) $C_6H_5-N(CH_3)-CO-CH_3$

12・37 問 12・35 の各化合物を水素化アルミニウムリチウムで還元した後に，加水分解処理して得られる生成物の構造式を書け．

12・38 次の環式アミド化合物（ラクタム）を水素化アルミニウムリチウムで還元した後に，加水分解処理して得られる生成物の構造式を書け．

(a) [3,4-ジヒドロキノリン-2(1H)-オン構造]

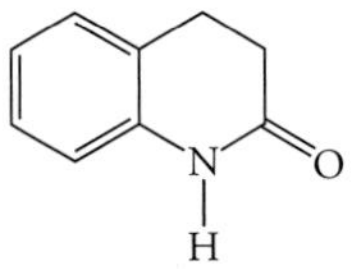

(b) [δ-バレロラクタム構造]

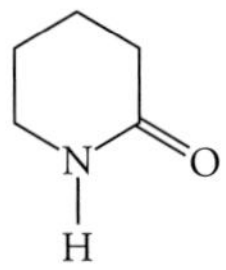

(c) [2-メチルイソインドリン-1-オン構造]

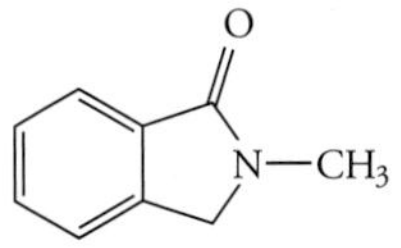

## アミドの合成

**12・39** 次の反応の生成物の構造式を書け.

(a) CH$_3$(CH$_2$)$_3$—C(=O)—Cl + CH$_3$NH$_2$ →[ピリジン]

(b) シクロヘキシル-CH$_2$—C(=O)—Br + シクロペンチル-NH$_2$ →[ピリジン]

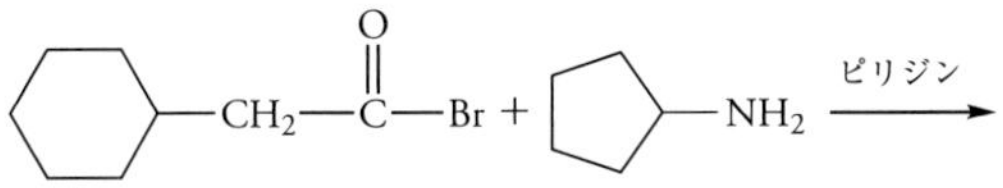

(c) シクロペンチル-CH$_2$—C(=O)—Br + NH$_3$ →

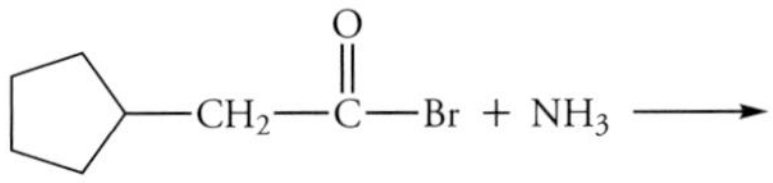

**12・40** 次の反応の生成物の構造式を書け.

(a) CH$_3$(CH$_2$)$_3$—C(=O)—OCH$_2$CH$_3$ + CH$_3$CH$_2$NH$_2$ →

(b) CH$_3$O—C$_6$H$_4$—CH$_2$—C(=O)—Cl + NH$_3$ →[ピリジン]

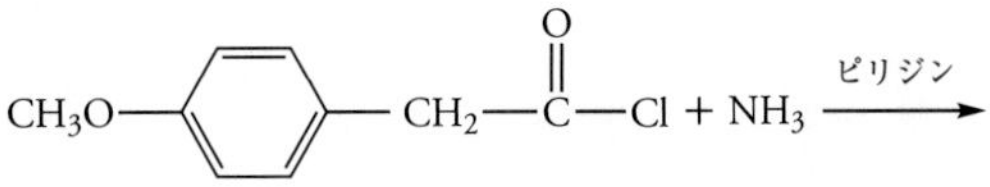

(c) シクロペンチル-CH$_2$—C(=O)—SCH$_3$ + CH$_3$NH$_2$ →

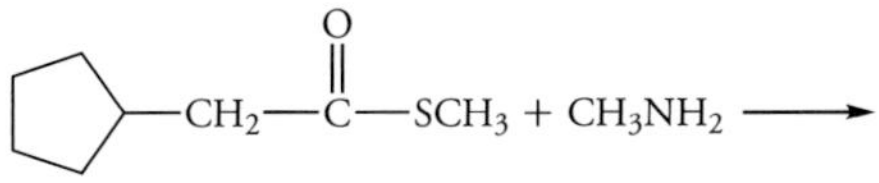

**12・41** 疥癬の治療薬であるクロタミトンの合成に使用できると考えられる二つの反応物の構造式を書け.

[クロタミトン構造式]

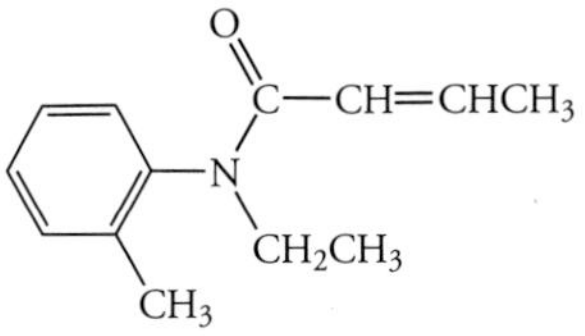

クロタミトン

**12・42** 局所麻酔薬であるブピバカインの合成に使用できると考えられる二つの反応物の構造式を書け.

[ブピバカイン構造式]

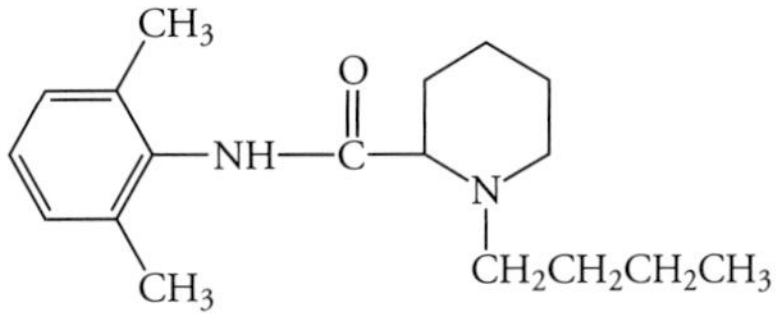

ブピバカイン

# 13 糖　　質

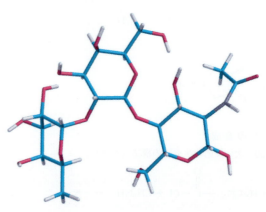

ABO 式血液型の H 抗原（O 型抗原）

## 13・1　糖質の分類

　もし植物の世界でどの分子が重要かを存在量で決めるとしたら，糖質が一番重要ということになるだろう．植物の世界で糖質は水以外で飛び抜けて多く存在する分子だ．糖質の構造は多様であり，同時に多くの重要な役割を担っている．たとえば，糖質は代謝のエネルギー源や，植物と動物の細胞の構造成分という重要な役目を果たしている．**糖質**（carbohydrate）は炭水化物ともよばれ，ポリヒドロキシアルデヒドとポリヒドロキシケトン，そして加水分解するとそのいずれかになるものをさす．糖質には炭素原子が 3 個だけの小分子から数千個の巨大高分子まであり，その構造は幅広い範囲にわたる．

　糖質を構造別に大きく分けると，単糖，オリゴ糖，多糖の 3 種類に分類される．グルコース（ブドウ糖）やフルクトース（果糖）などのように，それ以上は加水分解できない糖質を**単糖**（monosaccharide）とよぶ．

　2〜10 個程度の単糖からなる糖質を，**オリゴ糖**（oligosaccharide）とよび，いくつの単糖部分が連結しているかによって，二糖，三糖などという．オリゴ糖は 1 種類の単糖を含む場合と，2 種類以上の単糖を含む場合がある．ラクトース(別名 乳糖)という二糖はグルコースとガラクトースを 1 個ずつ含み，マルトースという二糖はグルコースだけを 2 個含んでいる．

　**多糖**（polysaccharide）とは数千個の単糖が共有結合で連結したものだ．1 種類の単糖だけを含む多糖は，**ホモ多糖**（homopolysaccharide）とよばれる．植物がつくるデンプンやセルロースはグルコースしか含まないのでホモ多糖だ．動物内にみられるグリコーゲンもグルコースしか含まないホモ多糖だ．2 種類以上の単糖を含む多糖は**ヘテロ多糖**（heteropolysaccharide）とよばれる．

　オリゴ糖や多糖に含まれる単糖はアセタールまたはケタール部分で連結されており，糖質の化学ではその結合を**グリコシド結合**（glycosidic bond）とよぶ．グリコシド結合によって単糖のアルデヒド部分かケトン部分が別の分子のヒドロキシ基と連結される．グリコシド結合を加水分解すると単糖が生成する．

　単糖の分子内で酸化状態が最も高い官能基がアルデヒドかケトンかによって，単糖はさらに細かく分類される．そのような官能基がアルデヒドである単糖は**アルドース**（aldose）とよばれ，ケトンである場合は**ケトース**（ketose）とよばれる．接尾語の -ose は糖質であることを示し，接頭語の aldo- と keto- はそれぞれアルデヒドとケトンであることを示す．アルドースとケトースの炭素原子の数は，tri-, tetr-, pent-, hex- という接頭語で示される．アルドースの位置番号はカルボニル炭素から順につける．ケトースの位置番号は炭素鎖のなかでカルボニル炭素に近い方の末端炭素から順につける．

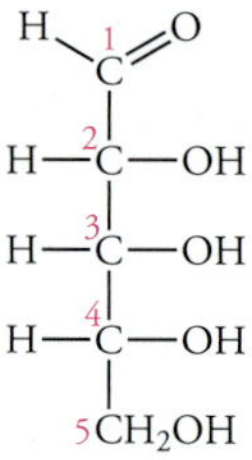

アルドペントース 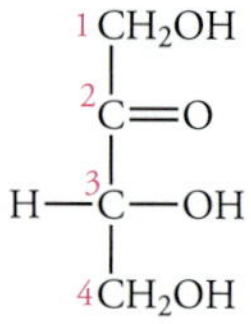　　ケトテトロース

## 13・2 糖質の立体化学

単糖の構造はフィッシャー投影式を使うと表しやすい（§6・4）．フィッシャー投影式では炭素鎖を縦方向の線で表すことを思い出そう．縦の線の一番上と一番下の置換基は紙面の奥を向いていて，横の線は紙面の手前を向いているという約束だ．最も酸化された官能基であるカルボニル基の炭素原子を一番上か，その近くに書くことが慣例となっている．アルドースのなかで最も単純な構造のグリセルアルデヒドは3個の炭素原子をもち，そのうちの1個は立体中心となる．このアルドトリオースには二つのエナンチオマーの存在が考えられる．

D-グリセルアルデヒド

フィッシャー投影式

L-グリセルアルデヒド

フィッシャー投影式

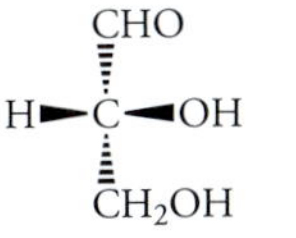

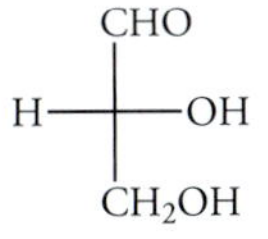

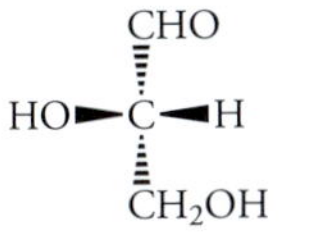

複数の立体中心がある単糖では，縦の線はすべて紙面の奥を向いていることを表す．その結果，縦に連なった結合の線と炭素原子でアルファベットの"C"という文字のように丸まった曲線ができて，炭素原子に結合した水素原子とヒドロキシ基は紙面の手前を向くことになる．

フィッシャー投影式

D-ガラクトース

フィッシャー投影式

D-フルクトース

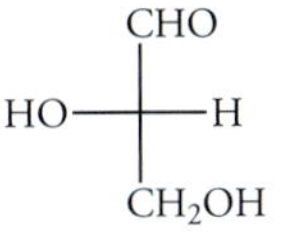

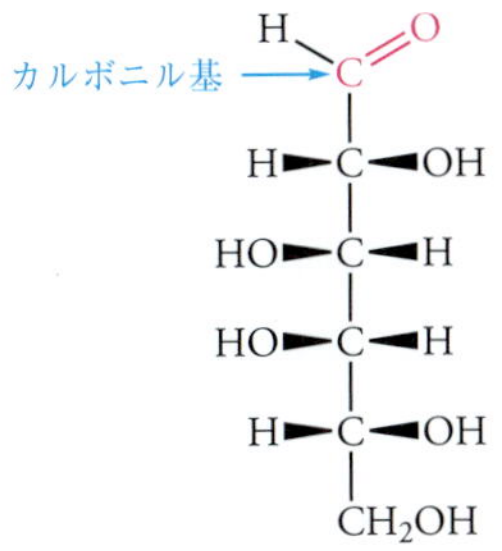

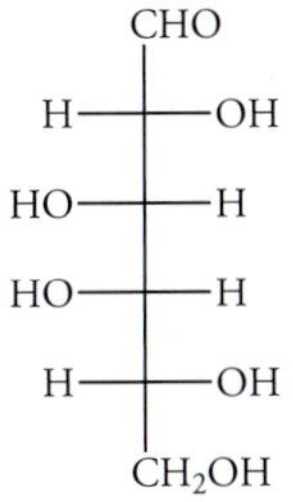

### 単糖のD体とL体の表し方

単糖の立体中心の立体化学は，*R*, *S* 表記法で表せる．しかし，19世紀後半にドイツの化学者フィッシャーが，*R*, *S* 表記法よりも優れた立体化学の表記法を開発した．糖質とアミノ酸（第14章）の立体化学の表記法として，その方法は現在も一般的に使用されている．フィッシャーの立体化学表記法では，すべての立体中心の立体配置を天然に存在するグリセルアルデヒドの立体異性体と関係づけることができる．アルドトリオースであるグリセルアルデヒドのフィッシャー投影式では，C2位のヒドロキシ基を右側に書いた場合にD体としたことを思い出そう．そのエナンチオマーはL体であり，L-グリセルアルデヒドとよばれる．L-グリセルアルデヒドのフィッシャー投影式では，C2位にあるヒドロキシ基を左側に書く．

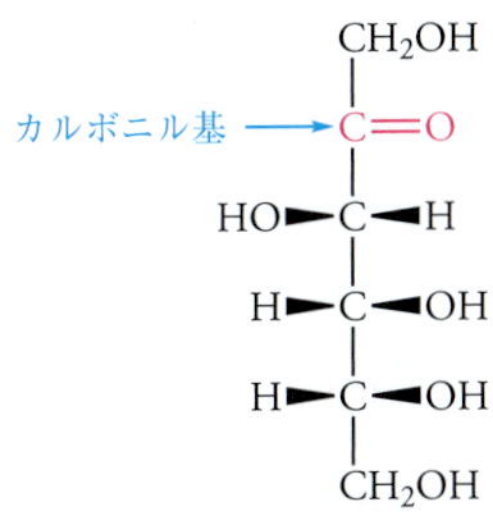

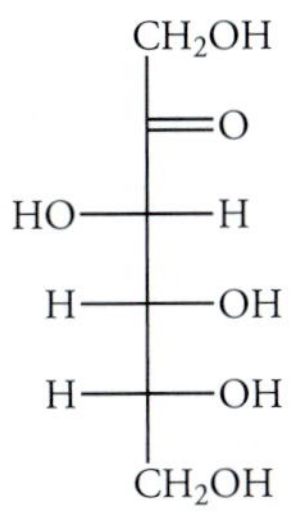

単糖は細胞内でD-グリセルアルデヒドをもとにつくられる．そのため，天然に存在するほとんどの単糖では，カルボニル炭素から最も離れた位置にある立体中心の炭素原子がD-グリセルアルデヒドと同じ立体配置をもつ．D-グリセルアルデヒドのほかにも，そのような立体配置の単糖をD体とする．たとえば，下に示すエリトロースのC3位，リボースのC4位，グルコースのC5位にあるヒドロキシ基は，フィッシャー投影式でいずれも右側にある．どれもD-アルドースだ．

D-グリセルアルデヒド

D-エリトロース

D-リボース

D-グルコース

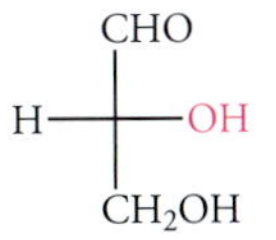

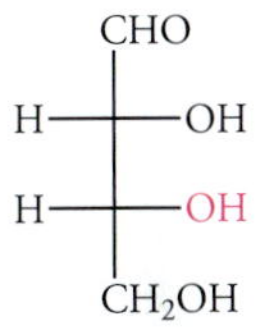

単糖のヒドロキシ基の立体配置の相互関係（相対立体配置）が決まると，化合物が同定できる．その逆も同じことで，D-リボースというように化合物が決まれば，立体中心となる炭素原子に結合したヒドロキシ基がフィッシャー投影式でどちらの側にあるかが決まる．ここでD-リボースという名前は，糖を表す接尾語の -ose 以外に二つの要素からなる．D-という部分は，アルデヒド部分から最も離れた位置にある立体中心の炭素原子の立体化

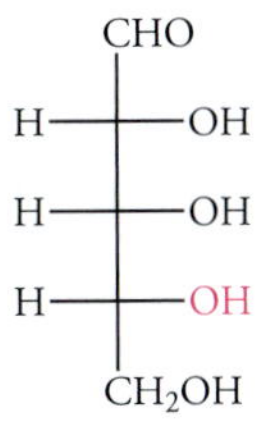

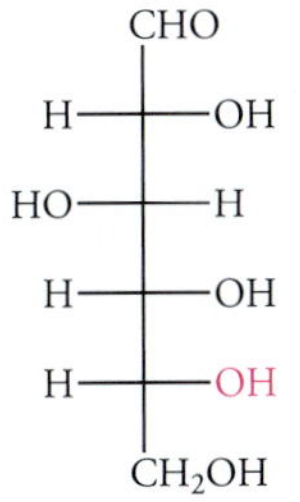

学を表す．糖の名前の接頭語は C2 位，C3 位，C4 位にある炭素 3 原子の相対立体配置を表していて，D-リボースの場合はリボ(ribo-)という接頭語でヒドロキシ基の相対的な立体配置を示している．まとめると，D-リボースという名前は，この分子のすべての立体中心の絶対立体配置を表すことになる．よって，D-リボースでは C2 位，C3 位，C4 位のヒドロキシ基はフィッシャー投影式ですべて右側にあることがわかる．エナンチオマーの L-リボースでは全体構造が D 体の鏡像になるため，C2 位，C3 位，C4 位のヒドロキシ基はフィッシャー投影式ですべて左側にある．

アルドテトロース，アルドペントース，アルドヘキソースの D 体のフィッシャー投影式を図 13・1 に示す．一番上にある D-グリセルアルデヒドがアルドースの立体化学の基準になるアルドトリオースだ．カルボニル炭素とその下の立体中心(H–C–OH)の間にもう一つ立体中心を入れると，D-アルドテトロースができる．新たにできる立体中心(H–C–OH)では -OH 基を右と左のどちらにも配置できるので，D-エリトロースと D-トレオースという 2 種類のアルドテトロースができる．アルドテトロースには非等価な立体中心が 2 箇所あるので，全部で $2^2=4$ 個の立体異性体ができる．なお，図 13・1 に示したのは D 体だけで，L-アルドテトロースは示していない．D-トレオースと L-トレオースはエナンチオマーの関係にあり，D-エリトロースと L-エリトロースも同様の関

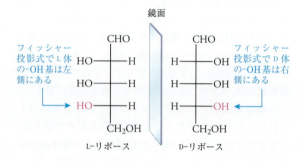

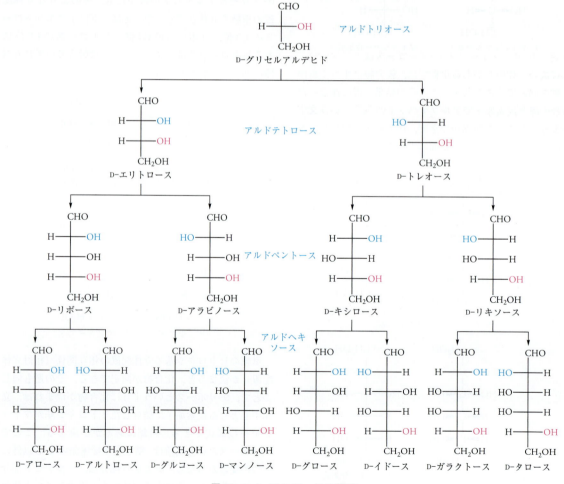

図 13・1　D-アルドースの構造

係にある．

D-エリトロースのカルボニル炭素とその下の C2 位のキラル中心の間にもう一つ立体中心（H-C-OH）を入れると，その立体中心はどちらの立体配置もとれるので，D-リボースと D-アラビノースという 2 種類の D-アルドペントースができる．同様に，D-トレオースのカルボニル炭素と C2 位のキラル中心の間に立体中心（H-C-OH）を挿入すると，D-キシロースと D-リキソースという 2 種類の D-アルドペントースができる．この操作をもう一度繰返すと，4 個の D-アルドペントースから全部で 8 個の D-アルドヘキソースができる．D-グルコースと D-ガラクトースは天然に最も多く存在し，D-マンノースと D-タロースは少量しか存在しない．他の D-アルドヘキソースはほとんど存在しない．

## エピマー

ジアステレオマーは立体異性体の一つだが，エナンチオマーとは違うことを覚えているだろう．立体中心となる炭素原子が 2 個以上あるジアステレオマーのうち，一つの立体中心の立体配置だけが違うものは**エピマー**（epimer）とよばれる．たとえば，C4 位の立体配置だけが違う D-ガラクトースと D-グルコースはエピマーの関係にある．C2 位の立体配置だけが違う D-グルコースと D-マンノースもエピマーだ．

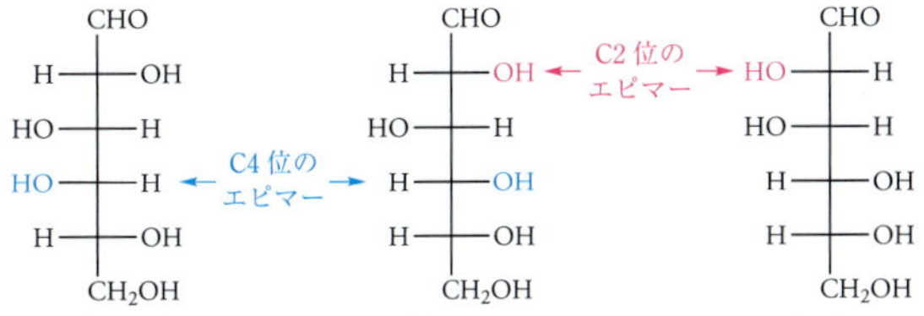

D-グルコースと D-マンノースのような C2 位のエピマー同士の相互変換には，第 10 章で学んだ互変異性が関係している．アルデヒドの α 水素が互変異性に関与し，カルボニル化合物のケト形とエノール形の平衡が生じる．

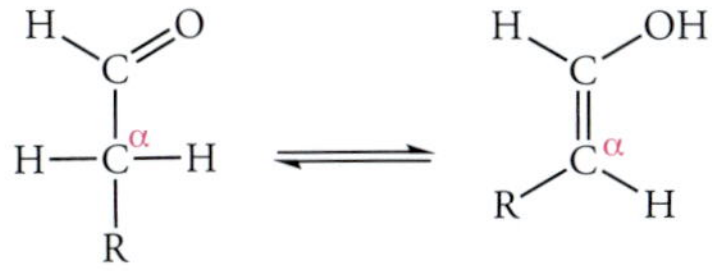

アルドースのアルデヒドの α 炭素は立体中心で，ヒドロキシ基と結合している．互変異性化が起こるとエンジオールになり，α 炭素が立体中心ではなくなる．逆反応が起こるとアルドースが再生し，α 炭素が再び立体中心になり，2 種類の立体配置のどちらかになる．2 種類の生成物は C2 位のエピマーの関係にある．

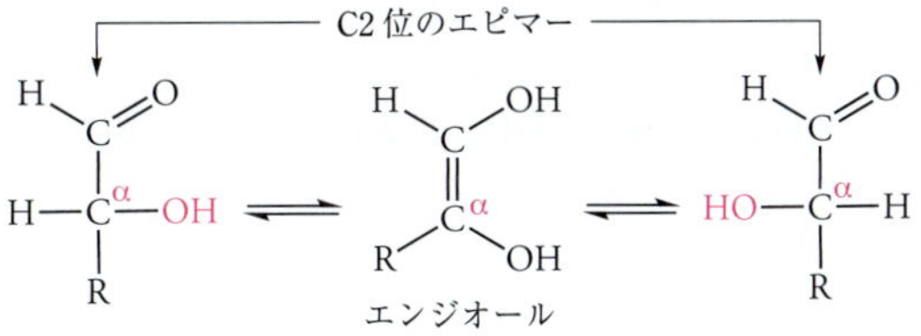

## ケトース

これまでは多くの生体内作用に重要な役割を果たすアルドースに注目してきたが，数種類のケトースも代謝において重要な役割を担っている．D 系列のケトテトロース，ケトペントース，ケトヘキソースのフィッシャー投影式を図 13・2 に示す．基準になるケトースはジヒドロキシアセトンとよばれるケトトリオースだ．ジヒドロキシアセトンのケトンのカルボニル炭素と，そこに直接結合した原子の間に立体中心（H-C-OH）を挿入することを繰返すと，新たにケトースをつくれる．

最も単純なケトースであるジヒドロキシアセトンには，立体中心となる炭素原子がない．解糖系でグルコースが代謝されると，このケトースの C3 位のヒドロキシ基がリン酸化されてリン酸エステルを生じる．なお，解糖系とは細胞内でグルコースを分解してエネルギーをつくり出す代謝過程のことだ．解糖系でグルコースはフルクトースに異性化する．解糖系以外にも，リボ核酸に必要なリボースをつくるペントースリン酸経路という重要な代謝経路がある．ケトペントースのキシルロースとリブロースはどちらもペントースリン酸経路の中間体だ．

---

**例題 13・1**　(a) と (b) および (a) と (c) はどのような立体化学の関係にあるか？

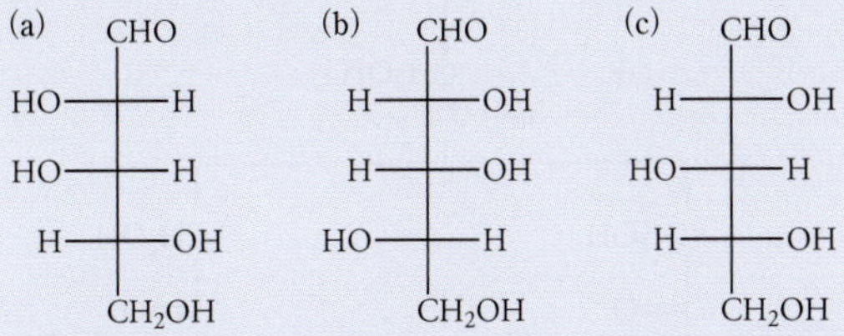

[解答]　(a) と (b) のすべての立体中心はすべて鏡像の関係にあるので，(a) と (b) はエナンチオマーだ．(a) と (c) はジアステレオマーだが，どちらも D 系列の単糖で C2 位の立体配置だけが違うので，(a) と (c) はエピマーだ．

**例題 13・2**　D-アロースと D-タロースはどのような立体化学の関係にあるか？（図 13・1 を見よ）

**例題 13・3** 抗ウイルス薬に含まれる L-アラビノースはどのような構造をしているか？

［解 答］ L-アラビノースは D-アラビノース（図 13・1）のエナンチオマーだ．よって，L 体の構造式をフィッシャー投影式で表すために，炭素鎖と平行になるように紙面の上に立てた鏡に写すことを想像してみよう．D-アラビノースで右側にあるヒドロキシ基は L-アラビノースでは左側にあり，逆の場合も同じようになる．

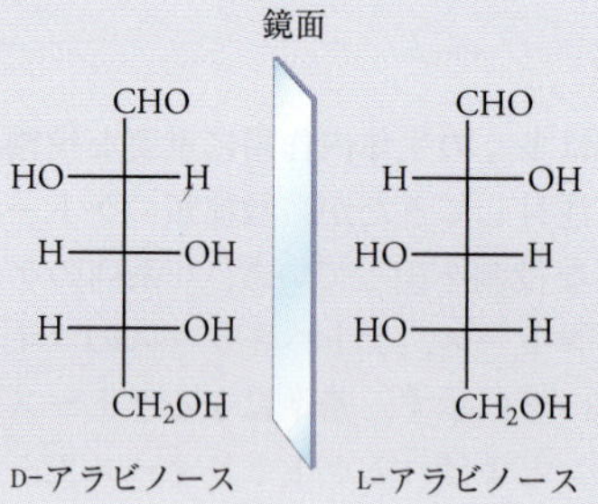

**例題 13・4** D-リブロースの C3 位のエピマーのフィッシャー投影式を書け（図 13・2 を見よ）．

## 13・3 ヘミアセタールとヘミケタール

アルデヒドとケトンはアルコールと可逆的に反応して，それぞれヘミアセタールとヘミケタールを与えることを思い出そう（§10・7）．

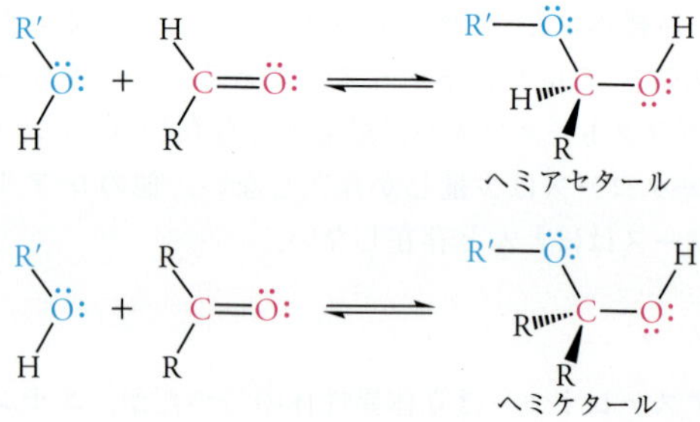

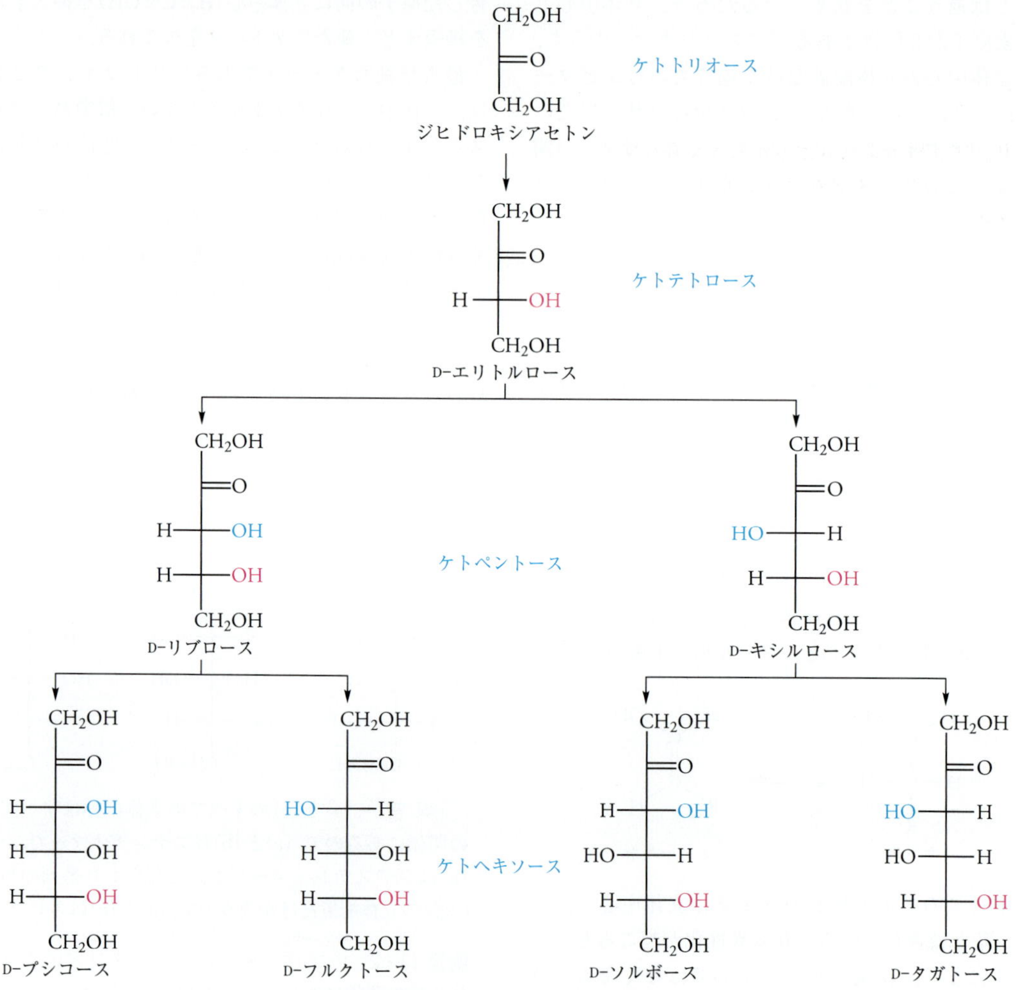

**図 13・2** D-2-ケトースの構造

ヒドロキシ基とカルボニル基が同一分子内にある場合は，分子内反応が起こって環状ヘミアセタールが生成する．五員環や六員環の環状ヘミアセタールは二つの官能基が近くにあるうえに，環構造が安定なために生成しやすい．

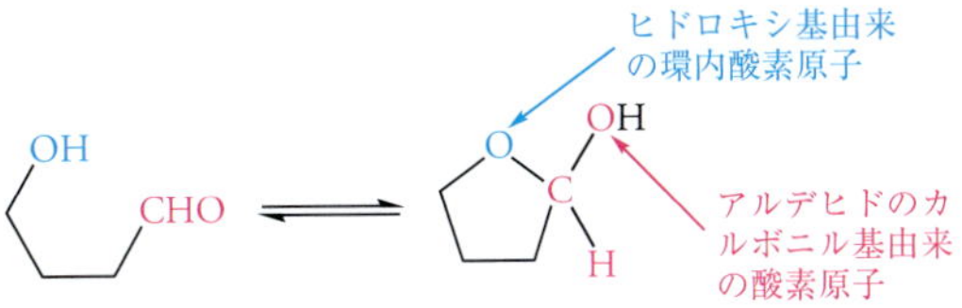

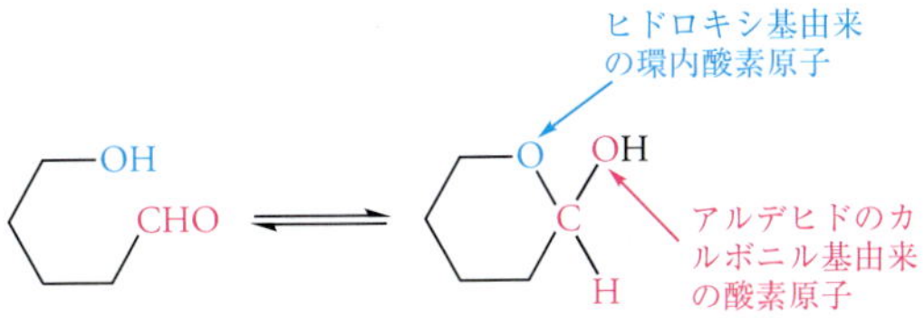

これまで述べてきたように，単糖ではアルドヘキソース，ケトヘキソース，アルドペントース，ケトペントースの環状ヘミアセタールや環状ヘミケタールがおもな構造であり，鎖状構造よりもはるかに多く存在する．五員環構造をもつ環状ヘミアセタールや環状ヘミケタールの糖を**フラノース**（furanose），六員環構造をもつ環状ヘミアセタールや環状ヘミケタールの糖を**ピラノース**（pyranose）とよぶ．これらの構造は通常は次に述べるハース投影式とよばれる平面構造で表す．

## ハース投影式

**ハース投影式**（Haworth projection）では，環状ヘミアセタールや環状ヘミケタールを横から見た平面構造で表す．紙面の手前に向かう結合はくさびで表し，紙面の奥へ向かう結合は通常の直線で表す．アルドヘキソースのピラノースではC1位のヘミアセタールの炭素原子を右に配置し，そこから順に時計回りに原子を配置する．ケトヘキソースのフラノースではC2位のヘミケタールの炭素原子を右に配置し，そこから順に時計回りに原子を配置する．

D-グルコースのフィッシャー投影式をヘミアセタール型のハース投影式に変換するには次のようにする．フィッシャー投影式でD-グルコースの直鎖は紙面の向こうへと湾曲しているが，直鎖が紙面上に寝るように右に倒し，さらに紙面上で回転させて"C"という文字の向きになるようにする．すると，フィッシャー投影式で右にあった置換基は下向きになり，左にあった置換基は上向きになる．

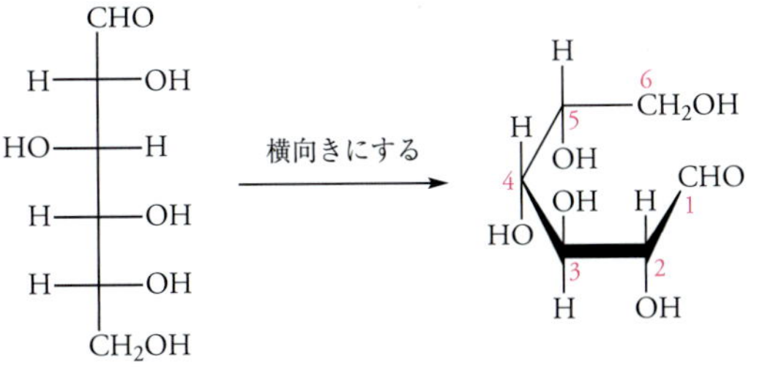

この配座では，C5位の-OH基がカルボニル炭素と環をつくれるほど近くに位置してはいない．C5位の-OH基をカルボニル炭素に近づけるために，C4-C5間の結合を回転させる．すると，-CH₂OH基が湾曲した炭素鎖からなる平面の上側を向き，C5位の水素は下側を向く．

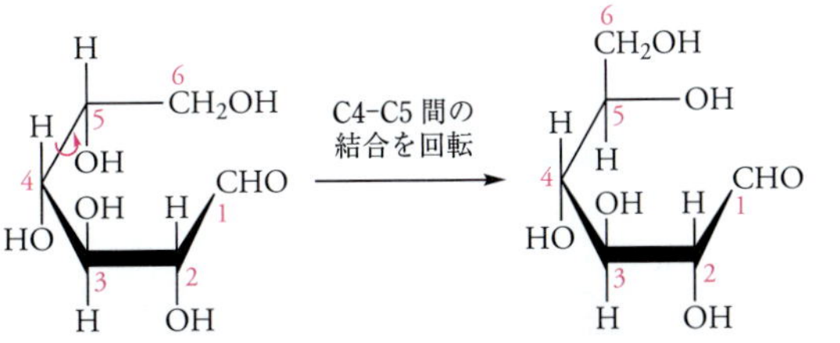

C5位の-OH基の酸素原子をカルボニル炭素に結合させ，カルボニル酸素に水素原子をつける．すると，5個の炭素原子と1個の酸素原子からなる六員環が生成する．生成した環状ヘミアセタールの炭素原子（C1）には四つの異なる原子団が結合している．よって，もとのカルボニル炭素原子は新しい立体中心となり，C1位の立体配置が異なる2種類の立体異性体ができる．D-グルコースが環化するとD-グルコピラノースができるが，環に対してヘミアセタールのヒドロキシ基が下向きのものがα-D-グルコピラノースで，上向きのものがβ-D-グルコピラノースだ．

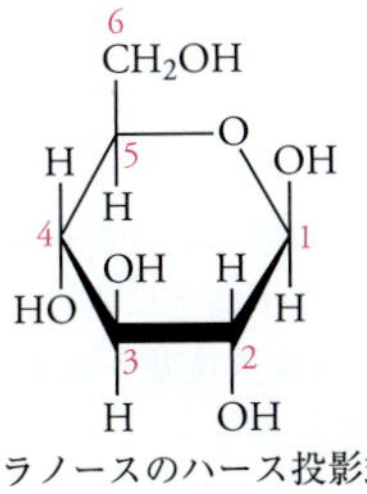

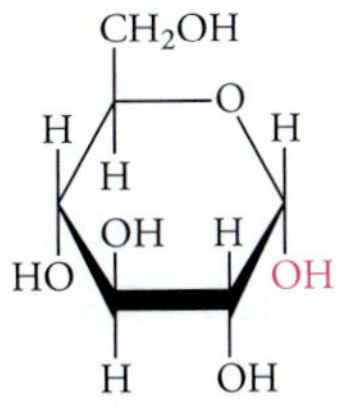

ピラノースのハース投影式　　フラノースのハース投影式　　α-D-グルコピラノース 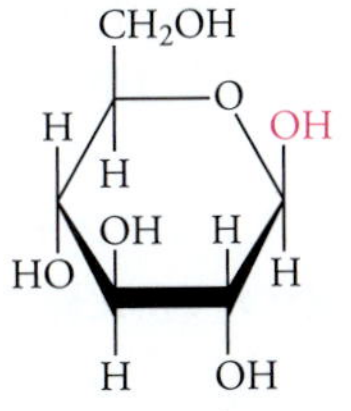　　β-D-グルコピラノース

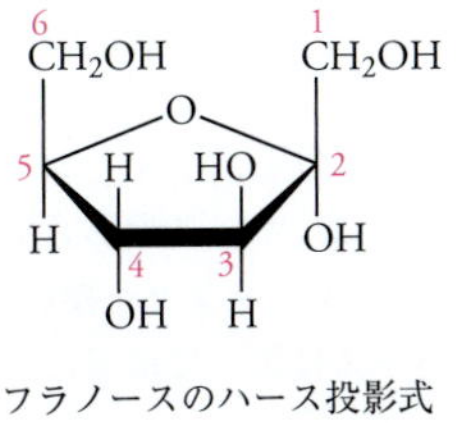

どちらの異性体でも，ハース投影式ではグルコピラノースのC6位の-CH₂OH基を上向きに書く．これはD系列の他のすべての糖質にもあてはまる．

D-グルコピラノースのα型とβ型は1箇所の立体中心で立体配置が異なるジアステレオマーだ．よって，これらはエピマーだ．ヘミアセタール中心の立体配置だけが異なる特殊なエピマーのこと**をアノマー** (anomer)とよぶ．環化によって生じるヘミアセタール中心の不斉炭素原子は，**アノマー炭素原子** (anomeric carbon atom) または単にアノマー炭素とよぶ．

ケトヘキソースであるD-フルクトースの環化体の構造を見てみよう．D-フルクトースが水溶液中で環化すると20%がα-D-フルクトフラノースとβ-D-フルクトフラノースになり，80%がα-D-フルクトピラノースとβ-D-フルクトピラノースになる．これらはいずれも異性体の関係にある．C5位の-OH基の酸素がC2位のカルボニル炭素と結合すると，4個の炭素原子と1個の酸素原子からなる五員環のフラノースができる．C6位のヒドロキシ基がC2位のカルボニル炭素と結合すると，六員環のピラノースができる．繰返しになるが，αとβはアノマー炭素の立体配置を表す．

光度は最初の +112.2 から徐々に変化し，+52.5 で平衡に達する．β-D-グルコピラノースを水に溶かしても，やはり溶液の比旋光度は最初の +18.7 から徐々に変化し，+52.5 で平衡になる．1組の単糖のアノマーの比旋光度がゆっくりと変化して平衡に至る現象は，変旋光として知られている．変旋光は溶液中で環状ヘミアセタールと鎖状構造の間の相互変換が起こることでみられる現象だ．

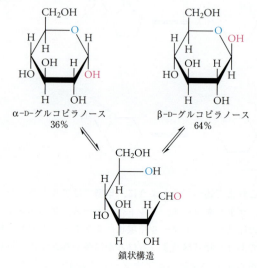

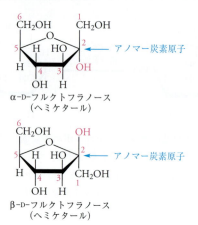

### 変旋光

鎖状の単糖が可逆的に閉環して2種類のアノマー環化体が生成することは，**変旋光** (mutarotation) として知られる現象から証明される．D-グルコースをメタノールから再結晶すると，融点が146℃のα-D-グルコピラノースが生じる．その比旋光度 $[α]_D$ は +112.2 だ．しかし，D-グルコースを酢酸から再結晶すると，融点が150℃のβ-D-グルコピラノースが生じる．この比旋光度 $[α]_D$ は +18.7 だ．ジアステレオマーは化学的性質も物理的性質も違うので，比旋光度の違い自体は驚くことではない．

α-D-グルコピラノースを水に溶かすと，溶液の比旋

**例題 13・5** D-ガラクトースのピラノース型のαアノマー，つまりα-D-ガラクトピラノースのハース投影式を書け．

[解答] はじめにフィッシャー投影式でガラクトースを書く．ピラノース型は六員環なので，5個の炭素原子と1個の酸素原子からなる六員環を書く．紙面の手前に向かう結合はくさびで表す．-CH₂OH基を環に対して上向きに書く．

次に，C2位，C3位，C4位にヒドロキシ基と水素原子をつける．フィッシャー投影式で右側にある置換基や原子は，ハース投影式では環に対して下向きに書く．反対に，フィッシャー投影式で左側にある置換基や原子は，ハース投影式では環に対して上向きに書く．

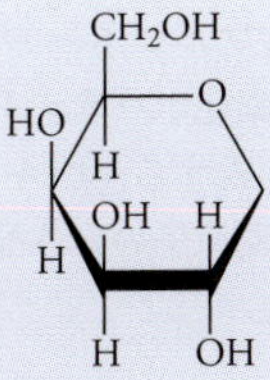

最後に，αアノマーなのでアノマー炭素原子である C1 位の炭素原子についたヒドロキシ基を環に対して下向きに書く．

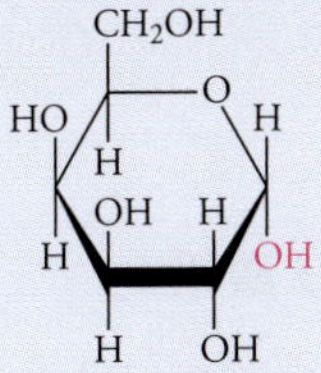

α-D-ガラクトピラノース

**例題 13・6** D-マンノースのピラノース型のβアノマー，つまりβ-D-マンノースのハース投影式を書け．

## 13・4 単糖の配座

ピラノースの六員環はシクロヘキサンのようにいす形配座（§3・6）で存在するため，ハース投影式では糖の正確な三次元構造を表せない．ハース投影式で環に対して上向きの置換基は，いす形配座でも上向きになる．しかし，環に対して上向き，下向きというのはアキシアル，エクアトリアルと対応するわけではないので，個々の炭素原子について考える必要がある．ある炭素原子で上向きの置換基がアキシアル位を占めると，隣の炭素原子で上向きの置換基はエクアトリアル位を占める．そのさらに二つ先の炭素原子も上向きの置換基がエクアトリアル位を占める．

ハース投影式からいす形配座の構造式に変換するには，二つの炭素原子を動かすだけでよい．アノマー炭素原子を環平面の下に動かし，C4 位の炭素原子を環平面の上に動かす．残りの 4 個の原子（3 個の炭素原子と 1 個の酸素原子）は動かさない．この方法でα-D-グルコピラノースとβ-D-グルコピラノースをいす形配座の構造式に変換した結果を図 13・3 に示す．構造式に水素原子とヒドロキシ基の両方を書いてもよいが，C–H 結合は省略することが多い．

ハース投影式といす形配座の構造式でヒドロキシ基の位置の変化に注意しよう．ハース投影式では環に対して上向きと下向きの両方のヒドロキシ基があったが，β-D-グルコピラノースではヒドロキシ基はすべてエクアトリアル位を占める．変旋光の実験で観察された平衡位置から判断して，このアノマーの方が安定だ．実際，β-D-

グルコピラノースは最も多く存在するアルドヘキソースであり，ヒドロキシ基がすべてエクアトリアル位にある唯一のアルドヘキソースでもある．

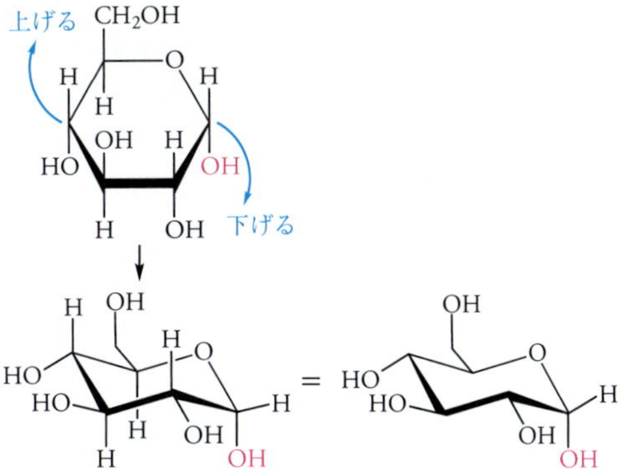

α-D-グルコピラノース

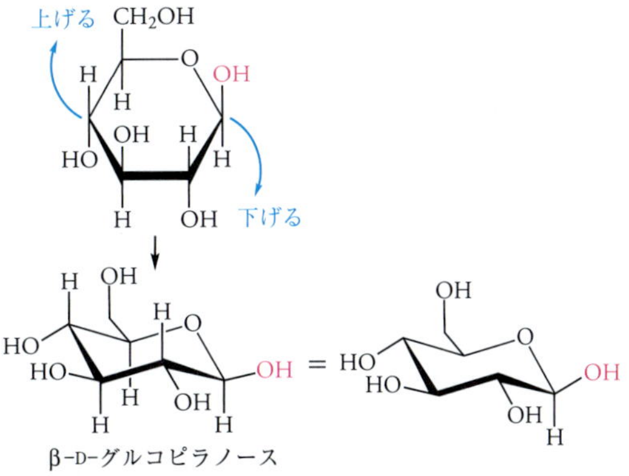

β-D-グルコピラノース

**図 13・3** ハース投影式からいす形配座の構造式への変換

**例題 13・7** D-ガラクトースのピラノース型のβアノマー，つまりβ-D-ガラクトピラノースの構造式を書け．
[解答] 鎖状構造から誘導されるハース投影式をもとにしていす形配座を書くこともできるが，もっと簡単なやり方がある．グルコースのピラノース型のβアノマーはすべてのヒドロキシ基がエクアトリアル位を占めることと，ガラクトースはグルコースの C4 位のエピマーだということを思い出せばよい．すると，β-ガラクトースの C4 位のヒドロキシ基はアキシアル位を占め，それ以外はすべてエクアトリアル位を占めることがわかる．なお，ガラクトースのピラノース型のαアノマーでは C1 位のヒドロキシ基がアキシアル位を占める．

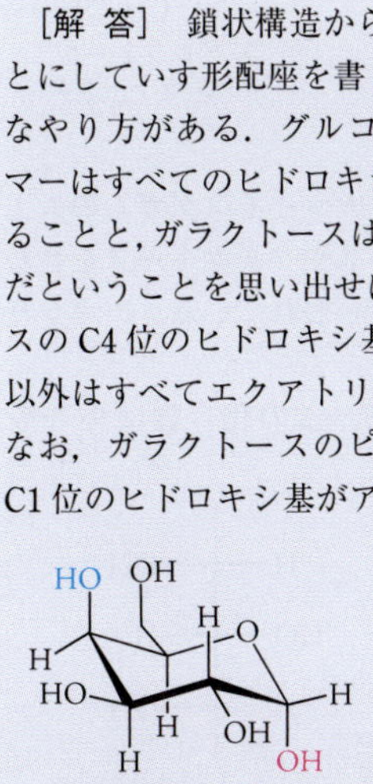

α-D-ガラクトピラノース 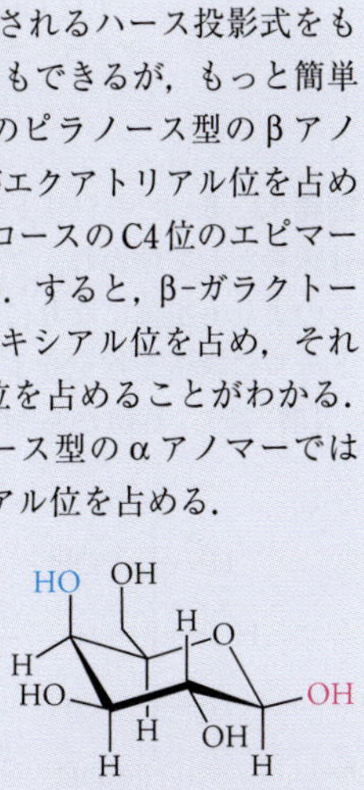　　β-D-ガラクトピラノース

## 13・5 単糖の還元

炭素原子が5個や6個の単糖は主としてヘミアセタールやヘミケタールの形で存在するが，単純なアルデヒドやケトンに特徴的な反応性を示す．そのなかの一つが還元反応だ．アルドースやケトースに水素化ホウ素ナトリウム($NaBH_4$)を作用させると還元反応が進行し，**アルジトール**（alditol）というポリオールが生成する．環状ヘミアセタールは鎖状のアルドースと平衡状態にあり，わずかしか存在しないアルデヒドを経由して還元反応が起こる．アルデヒドが還元されるにつれてヘミアセタール側からアルデヒド側に平衡が移動し，最終的にすべての単糖が還元される．D-グルコースを還元してできるアルジトールは，D-グルシトールとよばれる．D-グルシトールは果物にも含まれているが，砂糖の代用となる人工甘味料として工業生産され，ソルビトールという名称で市販されている．

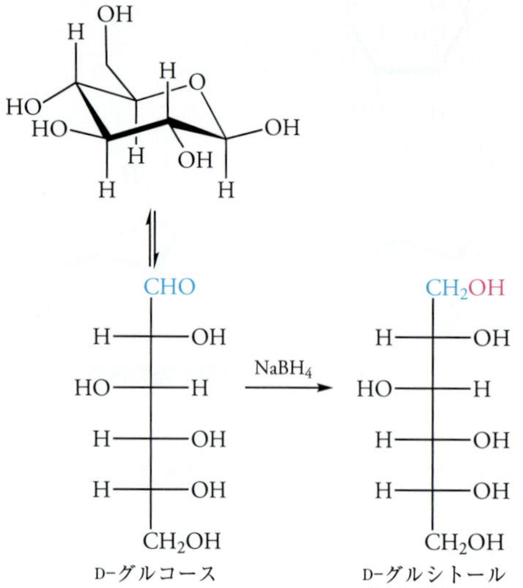


D-グルコース　　D-グルシトール（アルジトール）

**例題 13・8** D-キシリトールはチューインガムの人工甘味料として使われ，グルコースやフルクトースを含むものよりも虫歯になりにくいといわれている．D-キシリトールの構造を推定せよ．

［解 答］ 名前から判断して，この化合物はD-キシ

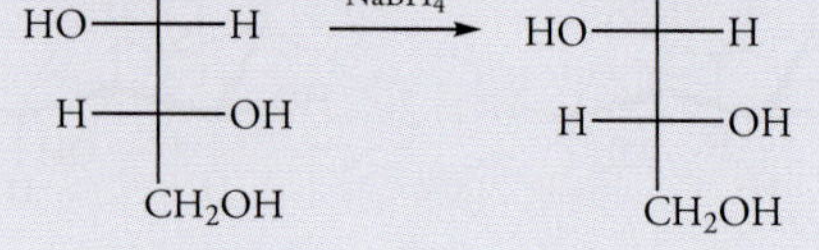


D-キシロース　　D-キシリトール

ロースから誘導されるアルジトールであると考えられる．D-キシロースを水素化ホウ素ナトリウムで還元すると，アルジトールが生成する．D-キシリトールでヒドロキシ基が結合した炭素原子の立体配置はすべてもとのD-キシロースと同じだ．

**例題 13・9** リブロース（図13・2参照）を水素化ホウ素ナトリウムで還元すると，物理的性質が違う2種類の異性体が得られた．この異性体の物理的性質が違う理由を説明せよ．

## 13・6 単糖の酸化

第10章では，アルデヒドがトレンス試薬やフェーリング液で酸化されることを学んだ．これらの試薬は環状ヘミアセタールと平衡状態にある鎖状のアルドースも酸化する．鎖状のアルドースの一部が酸化されると，その化合物の方へ平衡が移動して酸化反応が進み，最終的にアルドースはすべて酸化される．酸化によってもとのC1位のホルミル基がカルボキシ基になり，カルボン酸が生成する．このようなカルボン酸のことを**アルドン酸**（aldonic acid）とよぶ．

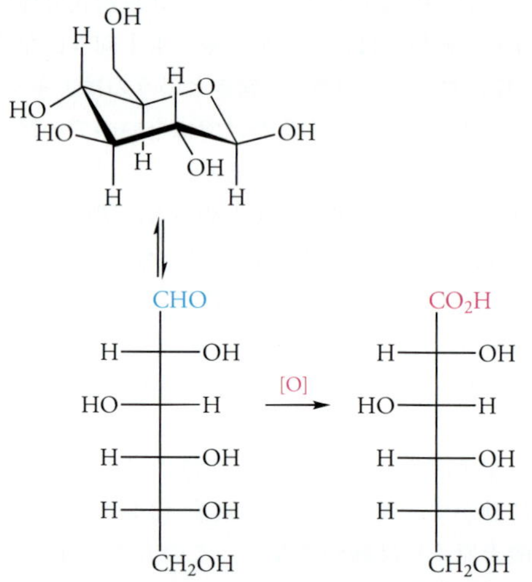


D-グルコース　　D-グルコン酸（アルドン酸）

トレンス試薬を酸化剤として単糖を酸化すると，試験管の内壁に銀鏡ができる．フェーリング液で単糖を酸化すると，$Cu_2O$ の赤い沈殿が析出して反応が起こったことがわかる．フェーリング液と反応する糖のことを**還元糖**（reducing sugar）とよぶ．糖自体は酸化されるが，使用する試薬が還元されるので“還元”という言葉が使われている．

フェーリング液はケトースも酸化する．ケトンは

フェーリング液で酸化されないので，この反応が起こるとは予想しにくい．しかし，α-ヒドロキシケトンは塩基性溶液中で互変異性化することを思い出そう．フェーリング液は塩基性なので，α-ヒドロキシケトンであるケトースの互変異性化が起こる．ケトースの互変異性体はエンジオールであり，もとのα-ヒドロキシケトンに戻るだけでなく，もう一つの互変異性体であるα-ヒドロキシアルデヒドへの異性化も起こる．

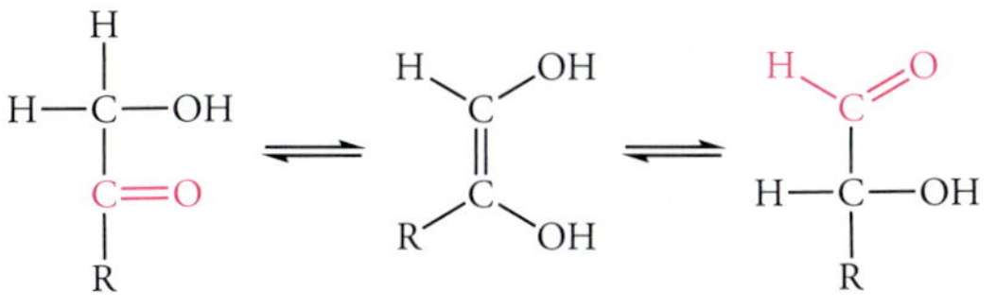

基が酸化されるが，そのときにアルデヒド部分は酸化されずに反応が進行する．その場合の生成物は**ウロン酸**（uronic acid）だ．酵素が酸化剤として使うのは，$NAD^+$と似た構造をもつ$NADP^+$（ニコチンアミドアデニンジヌクレオチドリン酸）だ．この反応の例として，D-グルコースをD-グルクロン酸に酸化する反応がある．D-グルクロン酸はヒアルロン酸の成分で，ヒアルロン酸は眼球の硝子体液をはじめとする多くの組織に含まれる多糖だ．

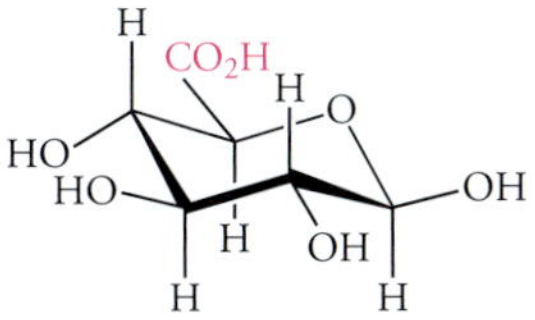

ケトース ⇌ エンジオール ⇌ アルドース

D-グルクロン酸

エンジオールのC2位のヒドロキシ基からC1位の炭素原子へ水素原子が移動すると，もとのケトースが再生する．しかし，その代わりにC1位にあるヒドロキシ基からC2位の炭素原子へ水素原子が移動すると，新たにアルドースができる．このように，塩基性溶液中ではケトースはアルドースとの平衡状態になる．アルドースがフェーリング液と反応すると，消費されたアルドースの分を補うためにケトースはアルドースになる．ルシャトリエの原理から予想されるように平衡が移動し，最終的にすべてのケトースが酸化される．

もっと強い酸化剤を使うと，アルドースのホルミル基のほかにヒドロキシ基が酸化される場合もある．たとえば，希硝酸はアルデヒドと第一級アルコールのどちらも酸化して，**アルダル酸**（aldaric acid）を与える．

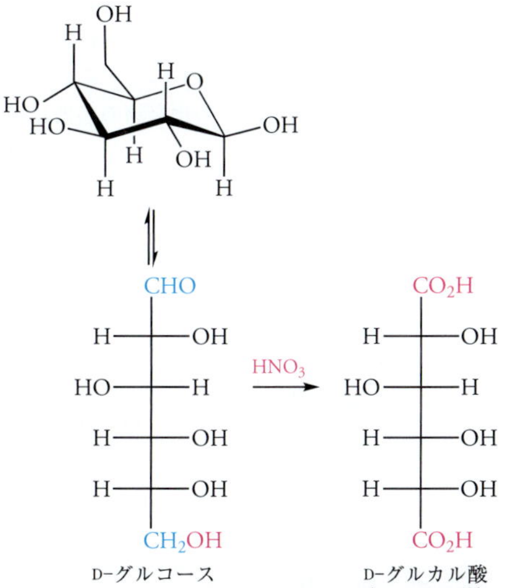

## 13・7　グリコシド

第10章では，ヘミアセタールとヘミケタールがアルコールと反応してアセタールとケタールをそれぞれ与えることを学んだ．十分な量のアルコールが存在するか，副生する水が除去されると，酸触媒によって平衡が右に移動する．

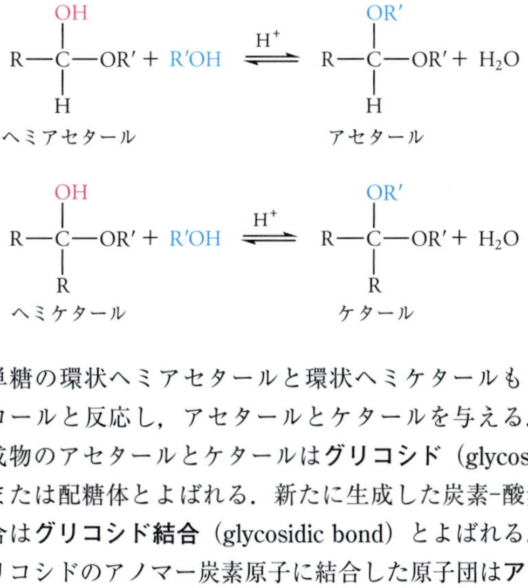

ヘミアセタール　　アセタール

ヘミケタール　　ケタール

単糖の環状ヘミアセタールと環状ヘミケタールもアルコールと反応し，アセタールとケタールを与える．生成物のアセタールとケタールは**グリコシド**（glycoside）または配糖体とよばれる．新たに生成した炭素-酸素結合は**グリコシド結合**（glycosidic bond）とよばれる．グリコシドのアノマー炭素原子に結合した原子団は**アグリコン**（aglycon）とよばれる．糖のアノマー炭素と結合するアグリコンの酸素原子は，アルコールやフェノール由来のものだ．

グリコシドの英語名は，アグリコン部分の置換基としての名前が先にきて，糖の名前の接尾語の -ose を -oside に変えたものになる．日本語名はその名前を字訳したものだ．グリコシド結合に関わる炭素原子の立体配置を表すために，糖の名前の前にα-またはβ-をつける．

D-グルコース　→（HNO₃）→　D-グルカル酸（アルダル酸）

細胞内酵素の作用ではアルドースの末端の-$CH_2OH$

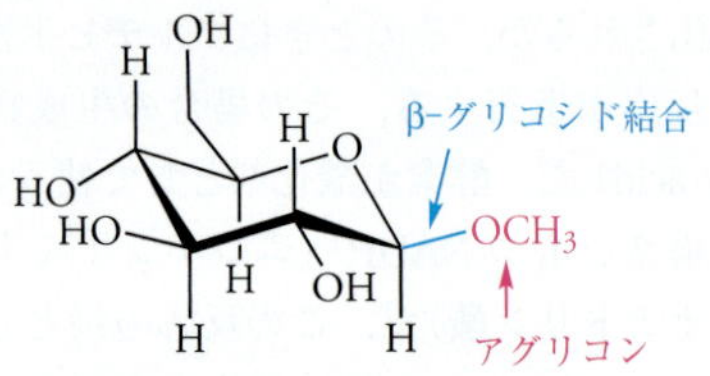

234    13. 糖　質

メチル β-D-グルコピラノシド

ヘミアセタールやヘミケタールからアセタールやケタールへの変換では，最初に–OH基のプロトン化が起こる．続いて水が脱離すると，共鳴安定化されたカルボカチオン（§10・8）が生成する．

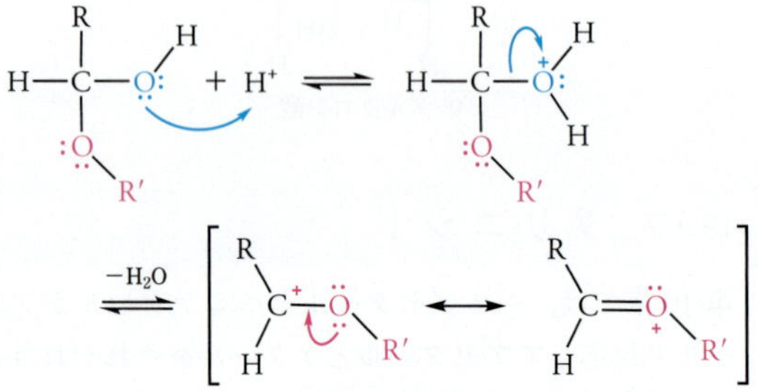

共鳴安定化されたカルボカチオン

次に，中間体のカルボカチオンに対して求核剤のアルコールが付加する．付加体からプロトンが脱離すると，アセタールやケタールが生成する．

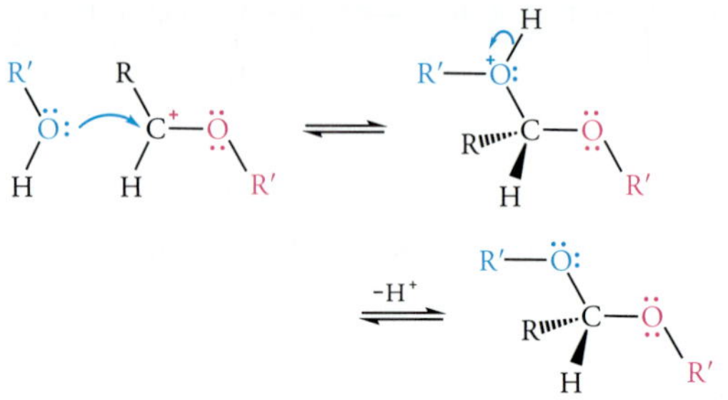

なお，単糖からカルボカチオン中間体が生じると，アルコールの付加はカルボカチオンの上下どちらからでも起こる．その結果，αアノマーとβアノマーの混合物ができる（図13・4）．グリコシドのアノマーはジアステレオマーなので，物理的性質が異なる．

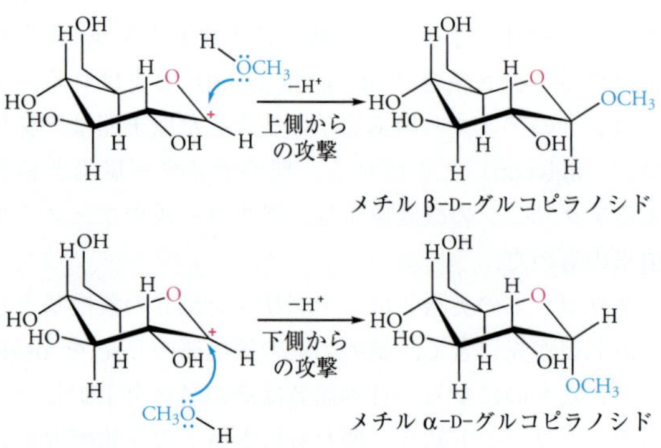

グリコシドは酸性水溶液中で加水分解されるが，中性または塩基性水溶液中では安定だ．フェーリング液は塩基性であるためグリコシドに作用させても加水分解はできず，アルデヒドは生成しない．したがって，グリコシドは還元糖ではない．

**例題 13・10**　次の分子を構成する官能基が何か示せ．この化合物の名前は何か？

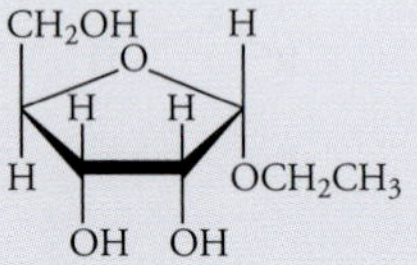

[解答]　4個の炭素原子と1個の酸素原子からなる五員環の単糖なのでフラノースだ．ヒドロキシ基があるのでアルコールでもある．右側の環内炭素原子にはアルコキシ基2個と水素原子1個が結合しているので，この部分はアセタールだ．

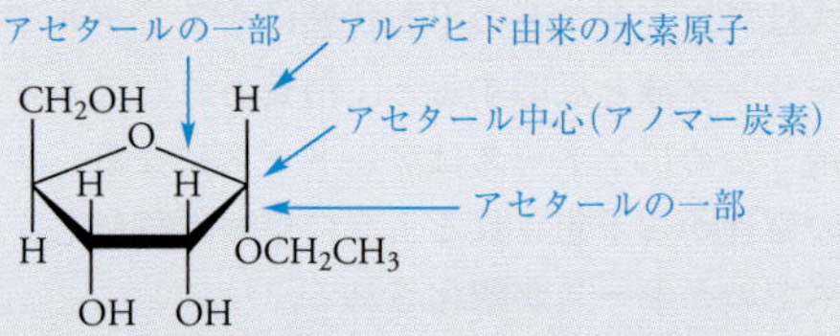

アセタール中心に結合したエトキシ基が下向きなので，このフラノースの立体配置はα体だ．このアセタールはエタノールを使って生成したものだ．ハース投影式で–CH$_2$OH基が上側を向いているのでD体のフラノースだ．ペントースの立体中心となる残り2個の炭素原子でヒドロキシ基は下側を向く．フィッシャー投影式ではヒドロキシ基を右側に書くことになるので，この化合物はリボースからできたものだ．この化合物の名前はエチル α-D-リボフラノシドだ．

**例題 13・11**　次の分子を構成する官能基が何か示せ．この物質はどの化合物から生成できるか？

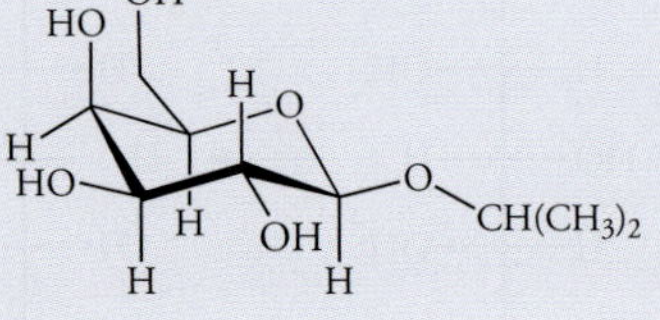

図13・4　α-グリコシドとβ-グリコシドの生成

## 13・8　二　糖　類

二糖類とは，単糖のアノマー中心と，アグリコンとな

る単糖のヒドロキシ酸素原子の間をグリコシド結合で連結した化合物だ．アルドースのヘミアセタール部分であるC1位の炭素原子と，別の単糖のC4位の炭素原子の間をつなぐグリコシド結合がよくみられる．このような結合は(1→4)グリコシド結合と表される（図13・5）．→の後の数字はアグリコンの単糖でどの位置の酸素原子がグリコシド結合に使われるのかを表す．マルトース，セロビオース，ラクトースはどれも(1→4)グリコシド結合をもつ．

原理的には単糖のどの酸素原子でも，アグリコンのグリコシド結合をつくりえる．実際に，天然に存在するアルドヘキソースを含む二糖類において(1→1)，(1→2)，(1→3)，(1→4)，(1→6)グリコシド結合のすべてが見つかっている．たとえば，スクロースはグルコースとフルクトースのアノマー炭素原子を(1→2)グリコシド結合で連結したものだ．

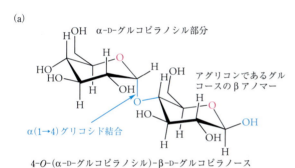

(a) 4-O-(α-D-グルコピラノシル)-β-D-グルコピラノース
（β-マルトース）

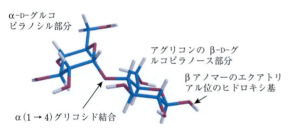

図13・5　マルトース　(a) β-マルトースの構造式，(b) β-マルトースの分子モデル．

## マルトース

マルトースでは一方のグルコースはαアノマーであり，アグリコンであるもう一つのグルコースのC4位の酸素原子とC1位でグリコシド結合を形成している．よって，マルトースはα(1→4)グリコシドだ．酵素アミラーゼによってデンプン（ホモ多糖）が加水分解されるとマルトースができる．さらにマルトースが酵素で加水分解されるとD-グルコース2分子になる．

マルトースの左側の単糖部分は，アセタール構造をとるα-D-グルコピラノシル部分だ．グリコシド結合の酸素原子はアキシアル結合で下側を向いているのでαアノマーだ．その酸素原子は，左側のアセタール部分とアグリコンのβ-D-グルコピラノースをα(1→4)グリコシド結合で連結している．グリコシド結合の酸素原子は二つの環からなる分子全体のほぼ中心にあり，アグリコンのC4位と結合している．その結果，グリコシド結合の酸素原子はマルトースの二つの環のアキシアル位とエクアトリアル位を連結する（図13・5）．

β-マルトースの別名は4-O-(α-D-グルコピラノシル)-β-D-グルコピラノースだ．この堅苦しい名前は見た目ほど悪くない．カッコ内の部分は左側のグルコース部分を示し，グリコシド結合のアセタール部分を表す．ピラノ (-pyrano) という部分から六員環構造であることがわかり，-osyl という部分からは右側のアグリコンと結合していることがわかる．接頭語の4-O-は右側のアグリコンの酸素原子の位置を示し，β-D-グルコピラノースはアグリコンの構造を示す．

アグリコンはヘミアセタールで，-OH基の向きによってαアノマーとβアノマーの2種類がある．アグリコンの構造がどちらのアノマーであるかを特定したくなければ，4-O-(α-D-グルコピラノシル)-D-グルコピラノースという名前を使う．アグリコンがヘミアセタールなので，マルトースは還元糖だ．マルトースはベネディクト液（還元糖を検出するための銅(II)イオンを含む指示薬）やフェーリング液とも反応する．

マルトースはヘミアセタールなので，アノマー中心が関与する変旋光を示す．変旋光の原因となる異性化の過程は，開環した鎖状構造を経由して進行することを思い出そう．開環して生成する鎖状構造の末端はアルデヒドなので，フェーリング液と反応する．マルトースが還元糖であるのはそのせいだ．一方，分子内にあるアセタール部分は還元性を示さないので，その部分を二糖類の"非還元性末端"とよぶ．

## セロビオース

セロビオースはD-グルコース2分子がβ(1→4)グリコシド結合で連結した二糖だ．よって，セロビオースとマルトースはグリコシド結合に関与するアノマー炭素原子の立体配置が異なる（図13・6）．

マルトースと同様に，セロビオースのアグリコンはヘミアセタール構造をとり，-OH基の向きによってαアノマーとβアノマーの2種類がある．溶液中ではこの2種類のセロビオースが平衡状態にある．よって，セロビオースは変旋光を示す還元糖だ．ヘミアセタール中心の

立体配置をグリコシド結合部分の立体配置と混同してはいけない．セロビオースのグリコシド結合部分は必ず β アノマーで，もし α アノマーであれば，それはセロビオースではなくマルトースだ．

セロビオースはセルロースが加水分解されてできる．セルロースとはグルコースがつながってできたホモ多糖であり，すべて β(1→4) グリコシド結合でつながっている．ヒトはセロビオースを加水分解できる酵素をもたない．(1→4) グリコシド結合に関わるアノマー炭素原子の立体配置の小さな違いで，化学的反応性には大きな違いが生じる．グリコシド結合はグリコシダーゼという酵素によって加水分解される．α(1→4) グリコシド結合を加水分解するグリコシダーゼは β(1→4) グリコシド結合をもつ分子を加水分解しないし，その逆も同様だ．

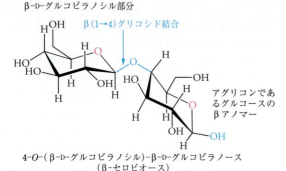

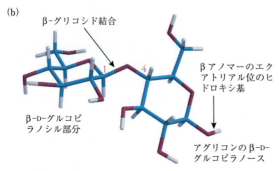

**図 13・6　セロビオース**　(a) β-セロビオースの構造式．(b) β-セロビオースの分子モデル．

## ラクトース

ラクトースはヒトやウシなど哺乳類の乳汁にさまざまな濃度で含まれる二糖で，乳糖ともいう．ラクトースの別名は 4-O-(β-D-ガラクトピラノシル)-D-グルコピラノースだ（図 13・7）．

マルトースやセロビオースと同様に，ラクトースのアグリコンはヘミアセタールで，α アノマーと β アノマー

の 2 種類がある．ラクトースの構造をセロビオースと比較してみよう．分子構造の左側の単糖では C4 位の炭素原子のアキシアル位にヒドロキシ基があるので，この単糖はグルコースの C4 位のエピマーであるガラクトースだ．右側の環に結合した酸素原子はすべてエクアトリアル位を占めるので，右側の部分はグルコースだ．ラクトースでもセロビオースでも，右側の D-グルコピラノースの環の C4 位の酸素原子と左側のアセタール中心が β-グリコシド結合で連結されている．どちらも β(1→4) グリコシド結合だ．

ラクトースの β(1→4) グリコシド結合の加水分解を触媒する β-ガラクトシダーゼ（別名 ラクターゼ）とよばれる酵素をヒトはもっている．しかし，β-ガラクトシダーゼはセロビオースの β(1→4) グリコシド結合を加水分解する触媒としては機能しない．

ラクトースはヘミアセタールで，溶液中では α アノマーと β アノマーの 2 種類の形で存在する．つまり，ラクトースは変旋光を示す還元糖だ．乳汁に含まれるラクトースの量は生物種によって異なり，牛乳には約 5%，ヒトの乳には約 7% のラクトースが含まれる．小腸にある酵素ラクターゼはラクトースをグルコースとガラクトースに加水分解する．その後，ガラクトースは酵素 UDP-ガラクターゼの触媒作用でグルコースへと異性化する．

## スクロース

二糖のなかには二つのアノマー中心を連結するグリコシド結合をもつものがある．砂糖として知られるスクロース（別名ショ糖）は二つのアノマー中心が (1→2) グリコシド結合した二糖だ（図 13・8）．

スクロースにはアセタールとケタールの両方の部分構造があるが，アルデヒドやケトンとの平衡状態にはなっていない．その結果，スクロースは変旋光を示さないし，還元糖でもない．スクロースの別名は α-D-グルコピラ

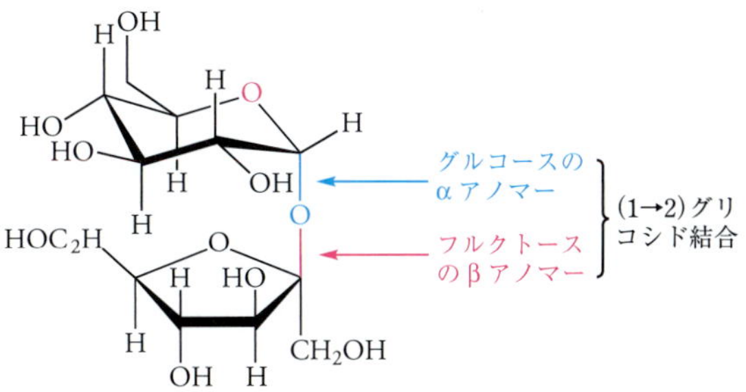

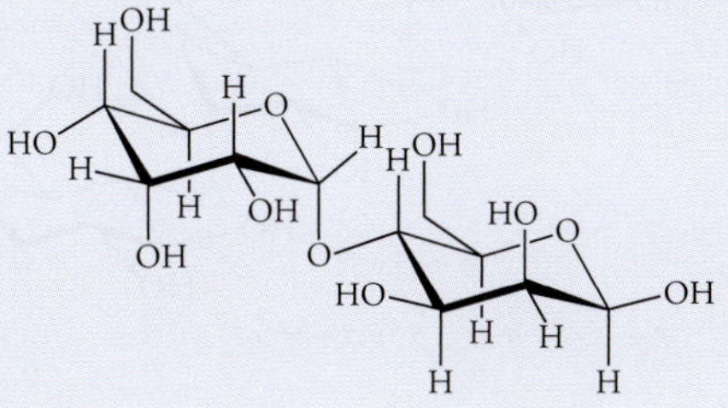

## 13・9 多糖類

多糖類とは，単糖がグリコシド結合で連結してできた高分子のことだ．ヘテロ多糖はホモ多糖よりも構造が複雑なので，この節ではホモ多糖だけを扱うことにする．

植物に含まれるデンプンやセルロースなどのホモ多糖には，グルコースのみが含まれる．デンプンの約20％は水溶性を示すアミロースで，残りの80％は水溶性を示さないアミロペクチンだ．デンプンはジャガイモ，米，小麦，穀物に含まれる．植物の種類によってデンプンに含まれるアミロースとアミロペクチンの割合が異なる．

デンプンとセルロースには構造の違いが一つあり，その違いは生物学的に重要な意味がある．デンプンはグリコシル部分が α(1→4) グリコシド結合で連結されているのに対して，セルロースはグリコシル部分が β(1→4) グリコシド結合で連結されている．デンプンは多くの動物が消化できるが，セルロースはウシなどの草食動物だけが消化できる．ウシの消化管内には β-グリコシド結合を加水分解する酵素をもつ微生物がいるため，ウシはセルロースを消化できる．シロアリもセルロースを分解できる．

セルロースは β-グルコースの鎖状高分子で，5000～10000個のグルコースが結合している（図13・9）．ある藻類は2万個以上のグルコースを含むセルロースを生産する．一方，アミロースは200～2000個の α-グルコースの鎖状高分子であり，これをおもな食物源とする動物もいる．アミロースの分子量は4万～40万にもなる．アミロペクチンもグルコースの直鎖を含む高分子という点ではアミロースと同じだが，グルコース25個程度の短い直鎖でできている．その代わり，アミロペクチンのグルコース鎖には枝分かれがたまにあり，グルコースのC6位にある酸素原子と別の直鎖のグルコースのC1位がグリコシド結合で連結されている．アミロペクチンの分子量は約100万と見積もられ，一つの直鎖の分子量が平均して3000くらいなので，アミロペクチンには300本程度のグルコース鎖がある計算になる．

グリコーゲンはアミロペクチンと構造が似ている高分子だ．ただし，グリコーゲンにはさらに多くの枝分かれがあり，アミロペクチンよりも直鎖の長さが短い．グリコーゲンの直鎖は平均して12個のグルコースからできていて，分子量は30000以上だ．グリコーゲンはグルコースを動物の体内で貯蔵するために合成される．グリコーゲンは体全体に分布しているが，その大部分は肝臓にある．平均的な大人であれば，約15時間ほど普通に生活できるだけのグルコースに相当するグリコーゲンをもっている．

α-D-グルコピラノシル-β-D-フルクトフラノシド
(スクロース)

**図13・8　スクロースの構造式**

ノシル-β-D-フルクトフラノシドだ．名前の最後が接尾語の -oside で終わることで，アグリコンのアノマー炭素原子もグリコシド結合であることを示している．そのことからもスクロースが還元糖ではないことがわかる．

**例題 13・12** 次の二糖の構造の特徴を説明し，命名せよ．

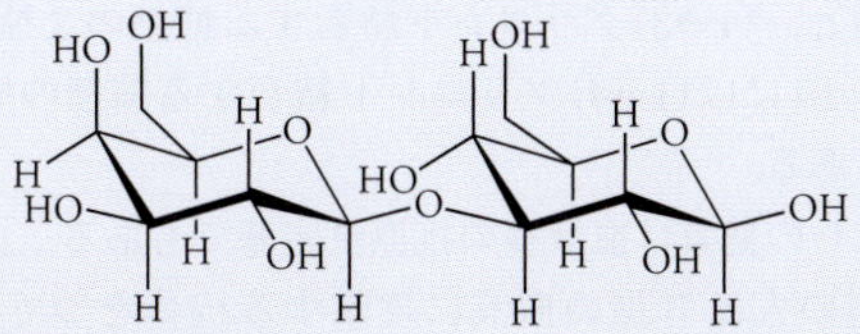

[解答] 右側にあるアグリコンの環のヘミアセタール部分のヒドロキシ基は β アノマーの立体配置をとっている．左側にある環のアセタール部分の C1 位は β アノマーで，アグリコンである右側の環の C3 位にある酸素原子とグリコシド結合している．よって，二つの環を架橋する結合は β(1→3) グリコシド結合だ．次に，二つの環を構成している単糖が何かを決める．左側の環を見ると，C4 位にあるヒドロキシ基がアキシアル位を占め，それ以外のヒドロキシ基がすべてエクアトリアル位を占めている．左側の環は β-D-ガラクトピラノースだ．右側の環はヒドロキシ基がすべてエクアトリアル位を占めているので，β-D-グルコピラノースだ．この化合物の名前は 3-O-(β-D-ガラクトピラノシル)-β-D-グルコピラノースだ．

**例題 13・13** 次の二糖の構造の特徴を説明し，命名せよ．

## ヒトの血液型

ヒトの細胞のほぼすべての表面は，細胞の種類がわかるような標識（マーカー）となる複雑な糖で覆われている．ヒトの血液細胞にはおもに A, B, O という 3 種類の血液型に分類される表面マーカーが含まれている．血液型には AB 型もあるが，割合は少ないためここでは扱わない．血液型は，赤血球膜に埋め込まれたグリコホリンとよばれるタンパク質に結合するオリゴ糖の構造の違いによって決まる．血液型を決めるオリゴ糖には，ガラクトース（Gal），*N*-アセチルガラクトサミン（GalNAc），*N*-アセチルグルコサミン（GlcNAc）といった異なるモノマー（単量体）が含まれる．

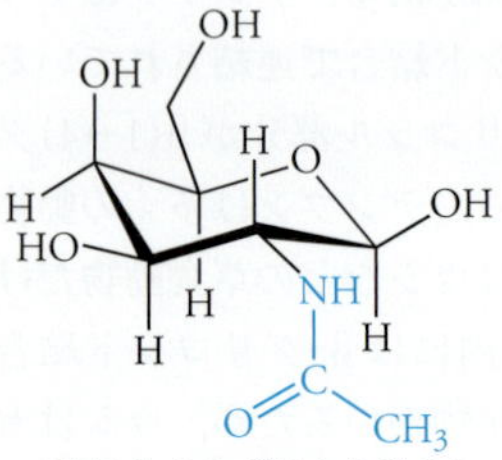


*N*-アセチルガラクトサミン
(GalNAc)

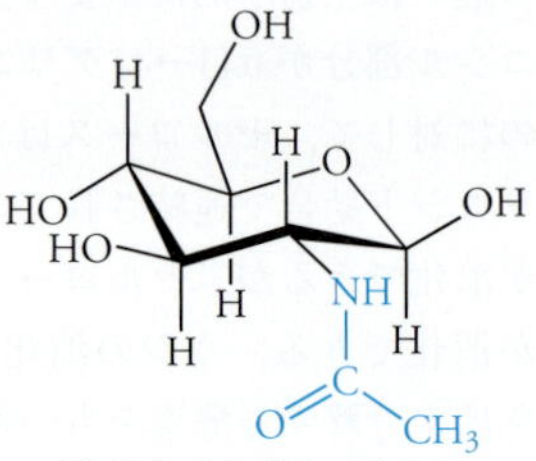


*N*-アセチルグルコサミン
(GlcNAc)

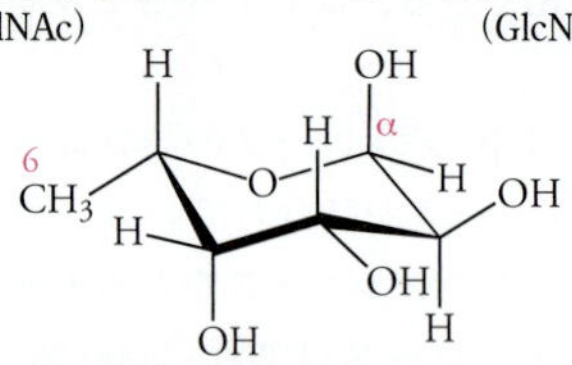


6-デオキシ-α-L-ガラクトース
(α-L-フコース)

そのほかに少し特殊な糖である 6-デオキシ-α-L-ガラクトースも含まれる．この糖は慣用名で α-L-フコースとよばれる．

血液型を A 型または B 型と決めるオリゴ糖では三糖に α-L-フコース部分が結合し，O 型と決めるオリゴ糖では二糖に α-L-フコース部分が結合している（図 13・10）．B 型と決めるオリゴ糖では構造式の左側がガラクトースで，A 型と決めるオリゴ糖では *N*-アセチルガラクトサミンなので，その部分の構造が違う．いずれも β-ガラクトース部分が α-L-フコースと(1→2)グリコシド結合している．図に示したオリゴ糖の β-*N*-アセチルグルコサミン部分は，2～50 個の単糖のオリゴ糖鎖でできたスペーサー部分と結合している．このオリゴ糖鎖はさまざまな方法でタンパク質に結合している．そのなかには，タンパク質のセリン残基のヒドロキシ基とのグリコシド結合も含まれる．

血液型を決めるオリゴ糖は，グリコシド結合の位置によってさらに 2 種類の糖鎖に分類される．糖鎖では中心の β-Gal 部分が β-GlcNAc と(1→4)グリコシド結合する糖鎖と，(1→3)グリコシド結合する糖鎖の 2 種類だ．図 13・10 には(1→4)グリコシド結合する糖鎖の構造を示してある．

これらの糖質は血液型の抗原決定基でもある．血液型が A 型の人は B 型の血液に攻撃する抗体をつくり，B 型の血液が侵入すると B 型の細胞の塊を形成する．同様に，血液型が B 型の人は A 型の血液に攻撃する抗体

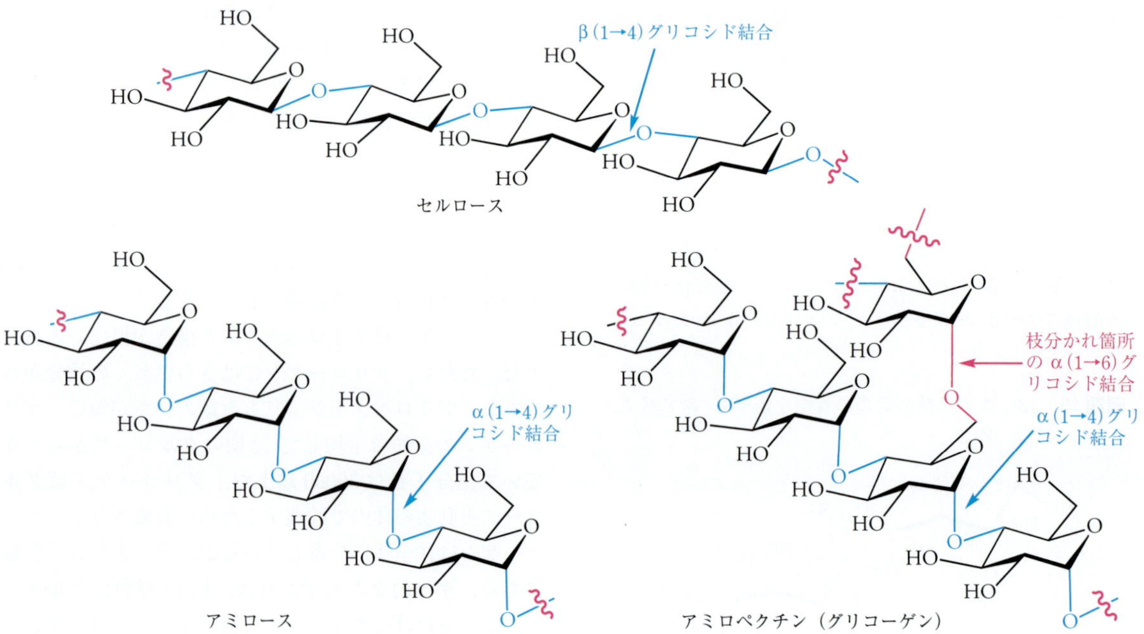


**図 13・9　多糖の構造**

をつくる．しかし，血液型がA型の人もB型の人も，O型の血液に対しては抗体をつくらない．したがって血液型がO型の人は"万能供血者"とよばれる．しかし，O型の人はA型とB型の両方の血液に対する抗体をつくるため，O型の人はどの血液でも輸血を受けつける"万能受血者"ではない．

A型

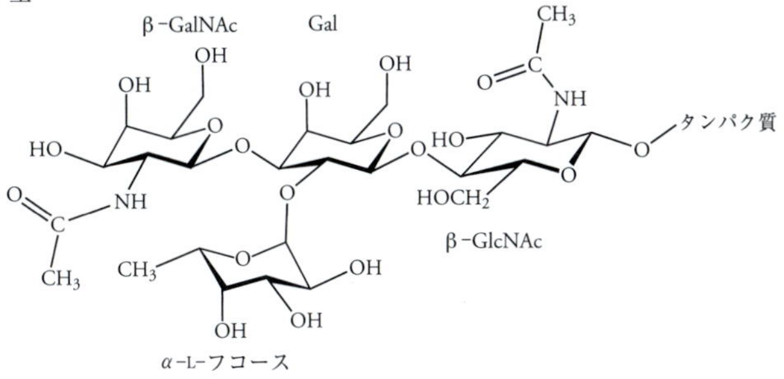

O型

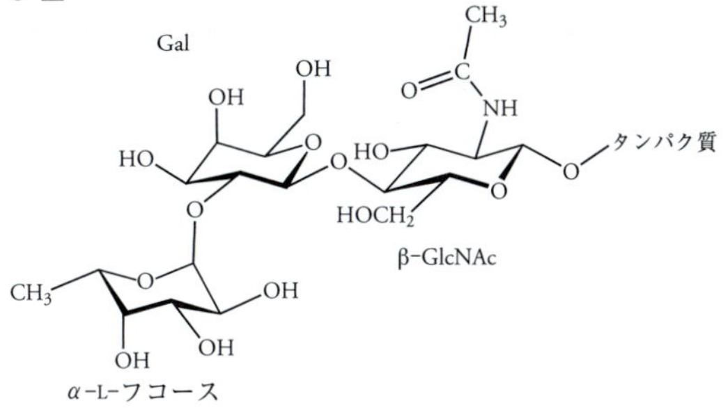

B型

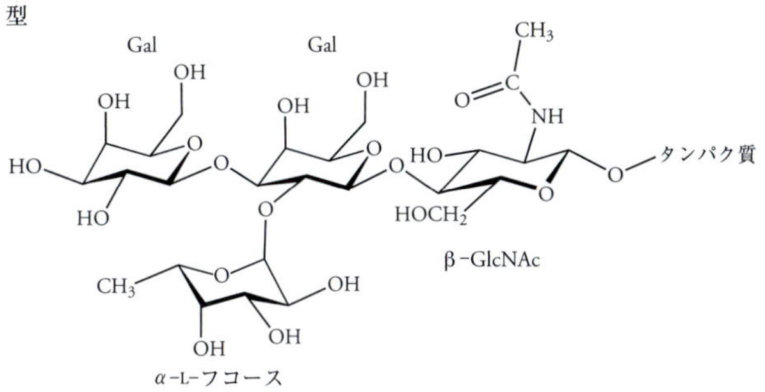

**図13・10 血液型を決めるオリゴ糖の構造** 血液型を決めるオリゴ糖にはガラクトース（Gal），β-*N*-アセチルガラクトサミン（β-GalNAc），β-*N*-アセチルグルコサミン（β-GlcNAc），α-L-フコースが含まれる．A型またはB型と決めるオリゴ糖では，α-L-フコースが三糖のβ-ガラクトース部分と(1→2)グリコシド結合でつながっている．O型と決めるオリゴ糖では，二糖のβ-ガラクトース部分とつながっている．

## 反応のまとめ

**1.** 単糖の還元（§13・5）

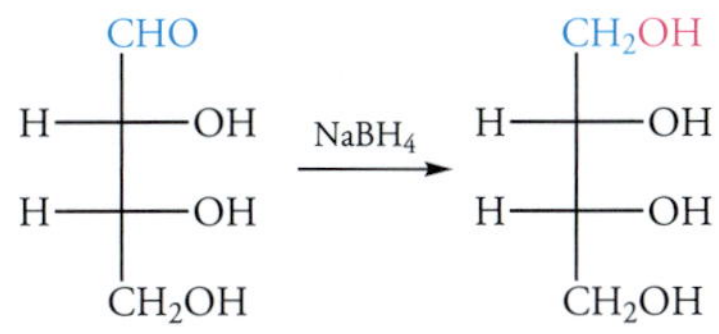

**2.** 単糖の酸化（§13・6）

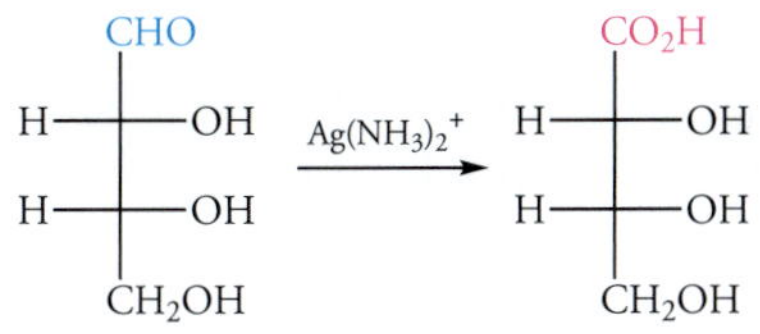

**3.** 単糖の異性化（§13・2, §13・6）

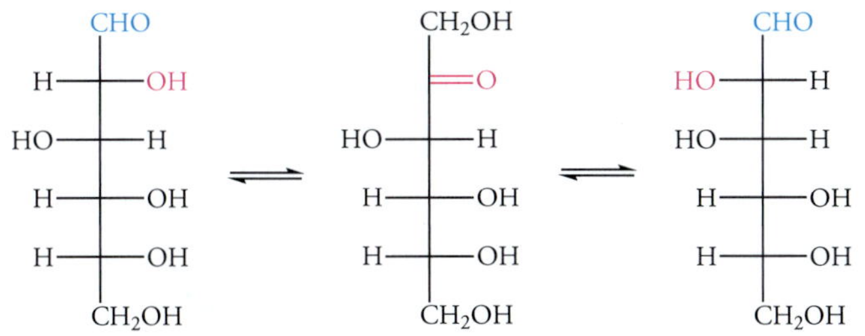

**4.** グリコシドの生成（§13・7）

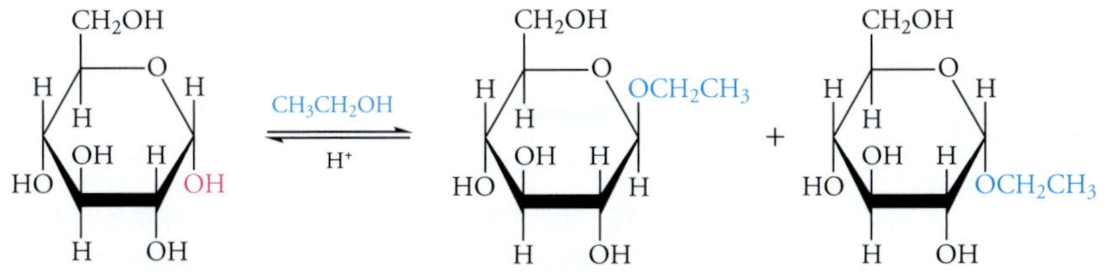

## 練習問題

### 単糖の分類

**13・1** アルドースとは何か説明せよ．ケトースとの違いは何か説明せよ．

**13・2** 単糖の D と L の文字がさす炭素原子はどれか示せ．

**13・3** 次の単糖を酸化状態が最も高い官能基をもとに分類せよ．

(a) 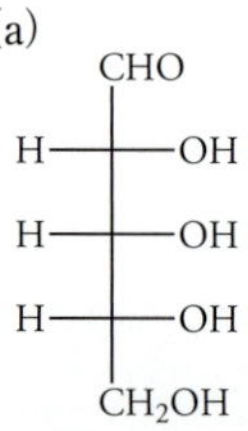
```
    CHO
H——OH
H——OH
H——OH
   CH₂OH
```
(b) 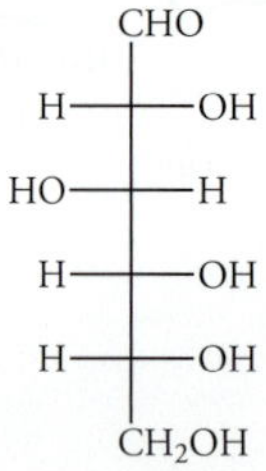
```
    CHO
H——OH
HO——H
H——OH
   CH₂OH
```
(c) 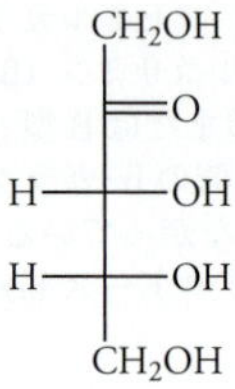
```
   CH₂OH
    ‖O
H——OH
H——OH
   CH₂OH
```
(d)
```
   CH₂OH
HO——H
HO——H
H——OH
   CH₂OH
```

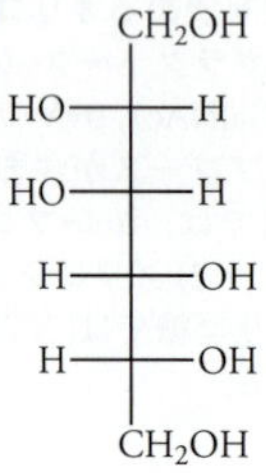

**13・4** 次の単糖を酸化状態が最も高い官能基をもとに分類せよ．

(a) 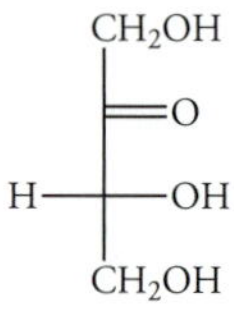
```
   CH₂OH
    ‖O
H——OH
   CH₂OH
```
(b) 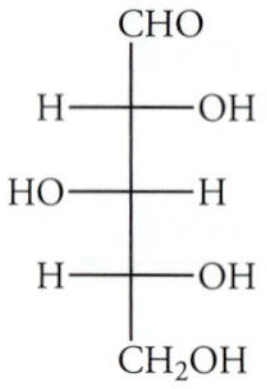
```
    CHO
H——OH
HO——H
H——OH
   CH₂OH
```
(c) 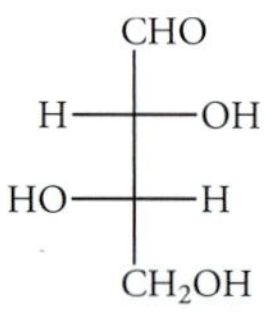
```
    CHO
H——OH
HO——H
   CH₂OH
```
(d)
```
    CHO
    ‖O
HO——H
H——OH
   CH₂OH
```

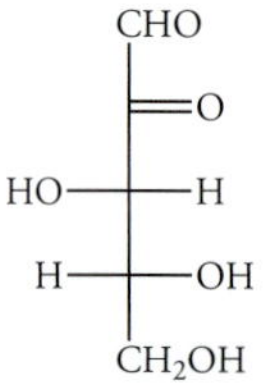

**13・5** 練習問題 13・3 の単糖を D 体と L 体に分類せよ．

**13・6** 練習問題 13・4 の単糖を D 体と L 体に分類せよ．

**13・7** C2 位にカルボニル基をもつ D-ケトペントースの異性体のフィッシャー投影式を書け．

**13・8** 3-ケトペントースの異性体のフィッシャー投影式を書け．各異性体がキラルかアキラルか示せ．

**13・9** 次の糖のフィッシャー投影式を書け．
(a) L-キシロース
(b) L-エリトロース
(c) L-ガラクトース

**13・10** 次の糖のフィッシャー投影式を書け．
(a) D-キシロース
(b) D-エリトロース
(c) D-ガラクトース

**13・11** 次の糖のフィッシャー投影式を書け．
(a) L-リボース
(b) L-トレオース
(c) L-マンノース

### ハース投影式

**13・12** 次の化合物のピラノース型のハース投影式を書け．
(a) α-D-マンノース
(b) β-D-ガラクトース
(c) α-D-グルコース
(d) α-D-ガラクトース

**13・13** 次の化合物のフラノース型のハース投影式を書け．
(a) α-D-マンノース
(b) β-D-ガラクトース
(c) α-D-グルコース
(d) α-D-ガラクトース

**13・14** 次の単糖は何か．

(a) 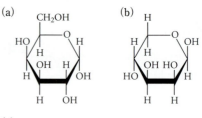 (b)

(c)

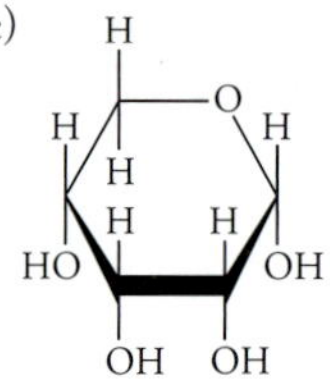

**13・15** 次の単糖は何か．

(a) 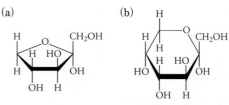 (b)

(c)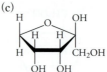

**13・16** 練習問題 13・14 の化合物の環の種類とアノマー中心の立体配置を示したうえで，化合物の名前を書け．

**13・17** 練習問題 13・15 の化合物の環の種類とアノマー中心の立体配置を示したうえで，化合物の名前を書け．

## 単糖の配座

**13・18** β-ガラクトピラノースとβ-マンノピラノースのいす形配座を書き，アキシアル位のヒドロキシ基の数を比較せよ．

**13・19** β-タロピラノースとβ-アロピラノースのいす形配座を書き，アキシアル位のヒドロキシ基の数を比較せよ．

## 変旋光

**13・20** すべてのアルドペントースは変旋光を示すか？ 理由も説明せよ．

**13・21** L-グルコースは変旋光を示すか？

**13・22** 次の化合物のうち，変旋光を示すのはどれか．

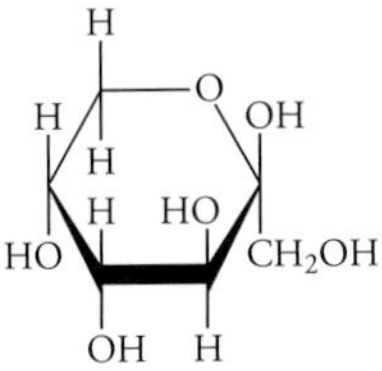

**13・23** 次の化合物のうち，変旋光を示すのはどれか．

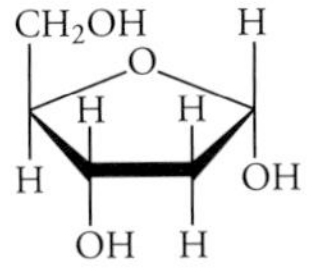

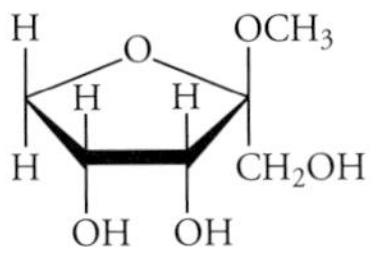

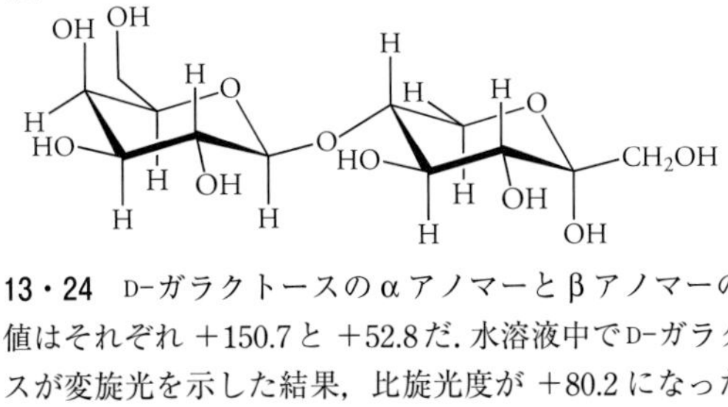

**13・24** D-ガラクトースのαアノマーとβアノマーの$[\alpha]_D$値はそれぞれ +150.7 と +52.8 だ．水溶液中で D-ガラクトースが変旋光を示した結果，比旋光度が +80.2 になった．どちらのアノマーが多く存在するか．

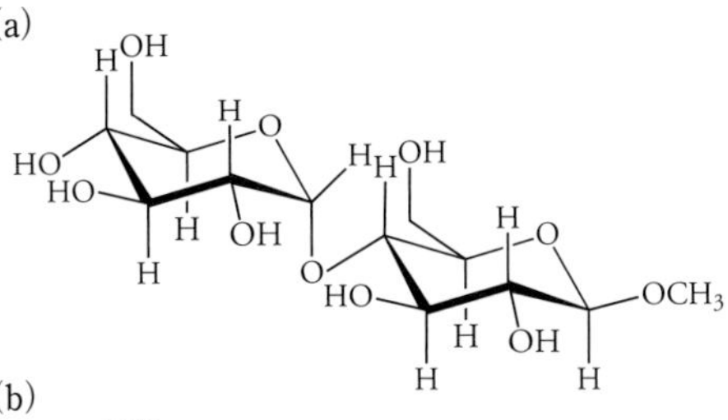

**13・25** D-マンノースのαアノマーとβアノマーの$[\alpha]_D$値はそれぞれ +29.3 と −17.0 だ．水溶液中で D-マンノースが変旋光を示した結果，比旋光度が +14.2 になった．フラノース型は（1%未満しか存在しないので）無視して，αアノマーの割合を求めよ．

## 単糖の還元

**13・26** D-エリトロースと D-トレオース由来のアルジトールのフィッシャー投影式を書け．一方の化合物は光学活性で，もう一方の化合物はメソ化合物になるが，その理由を説明せよ．

**13・27** D-ペントースのアルジトールのうち，光学活性体でないものはどれか示せ．その理由も説明せよ．

**13・28** D-フルクトースを水素化ホウ素ナトリウムで還元すると二つのアルジトールの混合物となる．その理由を説明せよ．二つの化合物の名前は何か．

**13・29** D-タガトースを水素化ホウ素ナトリウムで還元するとガラクチトールとタリトールの混合物となる．D-タガトースの構造式を書け．

## 単糖の酸化

**13・30** 次の化合物の構造式を書け．
(a) D-マンノン酸    (b) D-ガラクトン酸
(c) D-リボン酸

**13・31** 次の化合物の構造式を書け．
(a) D-アロン酸    (b) D-タロン酸
(c) キシロン酸

**13・32** D-エリトロースと D-トレオースを硝酸で酸化するとアルダル酸ができるが，一方は光学活性ではない．光学活性ではないのはどちらのアルダル酸か．

**13・33** D-アルドペントースのうち，硝酸で酸化したときに光学活性ではないアルダル酸ができるのはどれか．

## 単糖の異性化

**13・34** 塩基性溶液中で D-アロースとの平衡状態になりえるアルドースとケトースの構造式を書け．

**13・35** 塩基性溶液中で D-キシルロースとの平衡状態になりえるアルドースとケトースの構造式を書け．

## グリコシド

**13・36** マンノースのピラノース型とメタノールからできる二つのグリコシドのハース投影式を書け．

**13・37** フルクトースのフラノース型とエタノールからできる二つのグリコシドのハース投影式を書け．

**13・38** バニリンは D-グルコースとβ-グリコシドを形成する．そのグリコシドの構造式を書け．

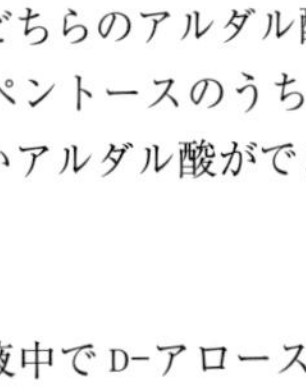

バニリン

**13・39** サリシンはヤナギの樹皮に含まれている．サリシンの加水分解で得られる生成物は何か．

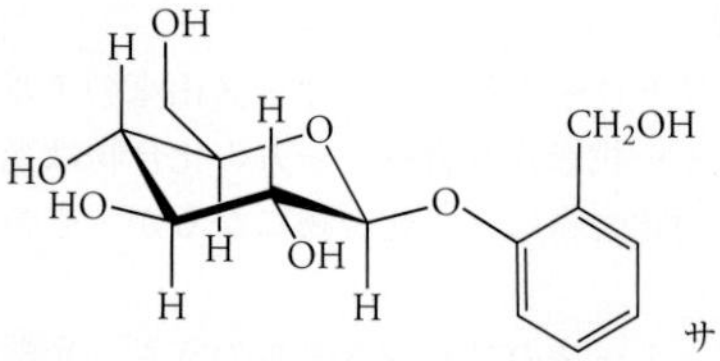

サリシン

**13・40** 次の化合物の単糖部分を同定し，グリコシド結合の種類を書け．

(a)

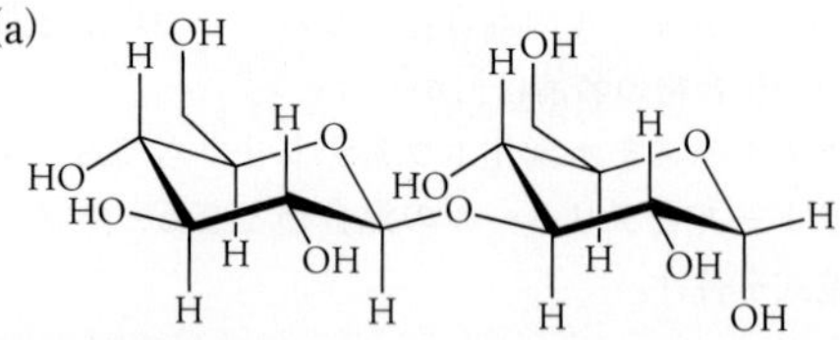

(b)

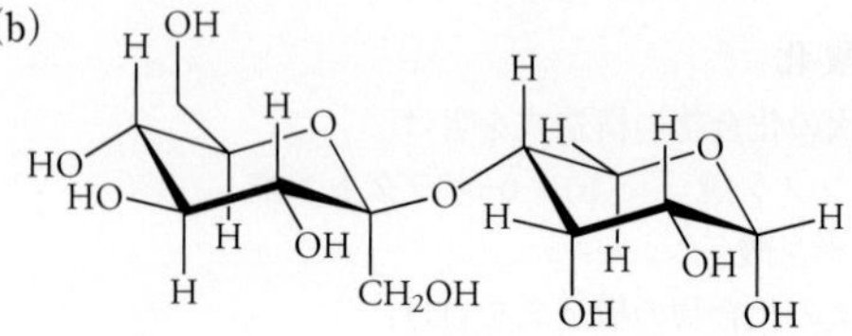

**13・41** 次の化合物の単糖部分を同定し，グリコシド結合の種類を書け．

(a)

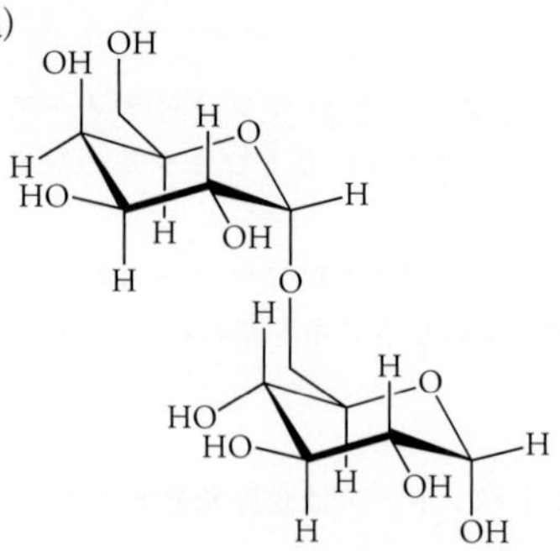

(b)

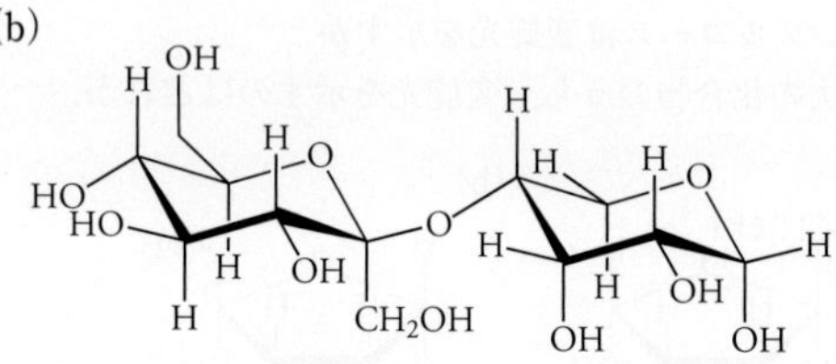

# 14 アミノ酸，ペプチド，タンパク質

ヒトミオグロビンのリボンモデル

## 14・1 タンパク質とポリペプチド

アメーバからシマウマまで，すべての有機生命体のタンパク質にはアミノ基とカルボキシ基がアミド結合で連結された α-アミノ酸が含まれている．タンパク質のアミド結合は**ペプチド結合**（peptide bond）とよばれる．

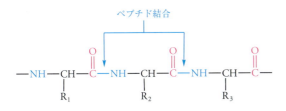

タンパク質の英語名 protein はギリシャ語で"卓越"や"1 位"を表す proteios に由来する．その名が表すとおり，タンパク質は事実上すべての細胞過程で重要な役割を果たしている．この protein という名前は 1839 年にオランダの化学者ムルデル（Gerardus Johannes Mulder）が提案したものだ．その名前がいかに予言的であったかわかる前に，ムルデルは亡くなってしまった．タンパク質が果たす機能は信じられないほど広い．たとえば，酵素とよばれるタンパク質は細胞中のほぼすべての化学反応を触媒する．タンパク質は細胞膜を通るほとんどの物質の輸送に必要とされ，さらに皮膚，血液，筋肉，毛髪，そして他の体組織の主要な構造物質でもある．抗体とよばれる免疫系のタンパク質は体内に侵入してきた有害な異物に抵抗する働きがある．

タンパク質は 20 個以上の α-アミノ酸からなる高分子だ．ものによっては 8000 個以上のアミノ酸を含むタンパク質もある．ポリペプチドは約 50 個以下のアミノ酸を含む比較的小さな分子だ．鎮痛作用や血圧調節作用といった生理作用をもつペプチドホルモンはさらに小さな分子で，わずか 9 個程度のアミノ酸しか含まない．

この章では，はじめにタンパク質から単離された 20 個のアミノ酸の構造と性質について述べる．次に，ポリペプチドとタンパク質の構造と性質について学ぶ．ポリペプチドの化学的な合成方法と構造決定のための分析方法についても述べる．

## 14・2 アミノ酸

アミノ酸はアミノ基とカルボキシ基の両方を含む化合物だ．天然には約 250 種類のアミノ酸が存在する．しかし，タンパク質中に多く存在するアミノ酸はそのうちの 20 種類だけだ（図 14・1）．細胞中のタンパク質に含まれるアミノ酸はすべて α-アミノ酸で，カルボキシ基の隣の炭素（α 炭素）にアミノ基が結合している．α-アミノ酸のフィッシャー投影式を示す．

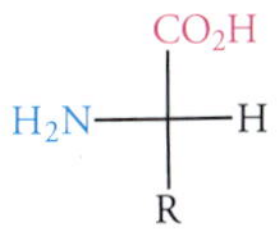

$$\begin{array}{c} CO_2H \\ H_2N - \!\!\!\!\!\!- \!\!\!\!\!\!- H \\ R \end{array}$$

α-アミノ酸

この構造で α 炭素に結合する置換基 R は**側鎖**（side chain）とよばれる．タンパク質から見つかるアミノ酸には側鎖が違う 20 種類の α-アミノ酸がある．20 種類の α-アミノ酸のうち，19 種類はキラルで，その立体配置は L 体だ．アキラルな α-アミノ酸はグリシンで，R は水素だ．

### α-アミノ酸の分類

タンパク質を構成するアミノ酸はほぼすべて第一級アミンで，例外は第二級アミンのプロリンだけだ．タンパ

ク質の構造を略記する方法として，アミノ酸には3文字表記がある（図14・1）．この3文字表記以外にアミノ酸を1文字で表記する方法もある．アミノ酸の1文字表記も図14・1に示したが，本書ではこれ以降は使わない．

アミノ酸は側鎖が中性か，塩基性か，酸性かで分類される．**中性アミノ酸**（neutral amino acid）は塩基性のア

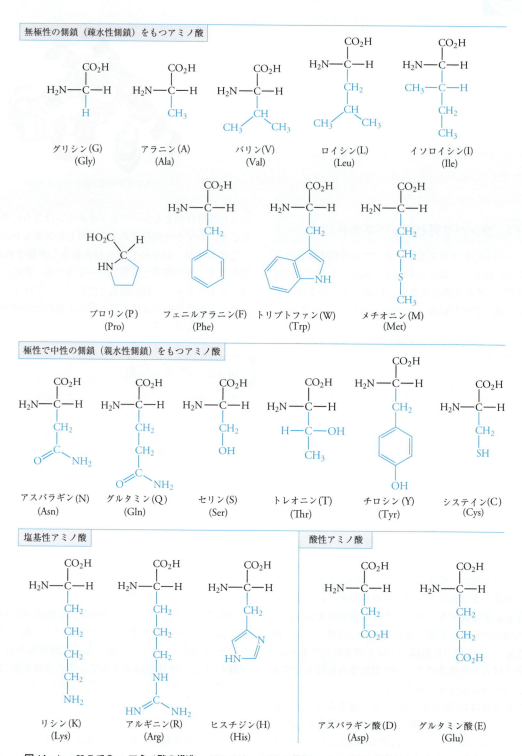

図14・1　pH 7 での α-アミノ酸の構造　pH 7 では α-アミノ基と α-カルボキシ基はどちらもイオン化する．

ミノ基と酸性のカルボキシ基を一つずつ含み，分子全体では中性だ．側鎖の極性に応じて，中性アミノ酸はさらに分類される．セリン，トレオニン，チロシンの3種類は中性アミノ酸だが，同時にアルコールでもある．フェニルアラニン，チロシン，トリプトファン，ヒスチジンの4種類は芳香環を含み，システインとメチオニンには硫黄原子がある．アスパラギンとグルタミンは側鎖にアミド結合を含む．残りの中性アミノ酸は炭化水素の側鎖をもつ．

リシン，アルギニン，ヒスチジンの3種類の**塩基性アミノ酸**（basic amino acid）は塩基性の窒素官能基を側鎖にもつ．アスパラギン酸とグルタミン酸の2種類の**酸性アミノ酸**（acidic amino acid）は側鎖にもう一つのカルボキシ基をもつ．この2種類の酸性アミノ酸と構造がよく似ていて側鎖に中性アミド部分をもつアミノ酸として，アスパラギンとグルタミンがある．

アミノ酸が水と親和的に相互作用しやすいかどうかという傾向でもアミノ酸を分類できる．極性の側鎖をもつアミノ酸を**親水性**（hydrophilic）アミノ酸，無極性の側鎖をもつアミノ酸を**疎水性**（hydrophobic）アミノ酸とよぶ．親水性は水に対して親和性を示すことを意味し，疎水性は水に対して親和性を示さないことを意味する．疎水性アミノ酸は水素結合を形成しないアルキル基または芳香族置換基をもつ．

## 14・3　α-アミノ酸の酸性と塩基性

酸性部分や塩基性部分を側鎖にもたないα-アミノ酸は正味の電荷をもたない．しかし，そのようなα-アミノ酸の性質は，電荷をもたない分子の性質よりもむしろ塩の性質に近い．アミノ酸は有機溶媒にはあまり溶けないが，同じくらいの分子量をもつ他の分子と違って，水にはある程度溶解する．分子量が同じくらいでも，アミノ酸とカルボン酸やアミンでは物質の状態に違いがみられる．たとえば，室温でエチルアミンは気体で酢酸は液体だが，対照的にグリシンは固体だ．

$$CH_3CH_2-NH_2 \quad CH_3-CO_2H$$
エチルアミン　　　　　　酢　酸
融点 −84 ℃　　　　　　融点 16 ℃

$$H_2N-CH_2-CO_2H$$
グリシン
融点 232 ℃

### α-アミノ酸の両性イオン

アミノ酸をpH 7の緩衝液に溶かすと，α-カルボキシ基からはプロトンが解離してカルボン酸イオンになり，α-アミノ基はプロトンを受取ってアンモニウムイオンになる．よって，pH 7でα-アミノ酸は負電荷と正電荷の両方をもつ分子内塩として存在する．そのため，**両性イオン**（amphoteric ion）または双性イオンとよばれることも多い．両性イオンは酸としても塩基としても機能するので，**両性物質**だ．

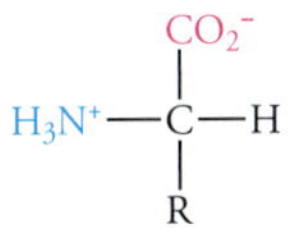

$$H_3N^+-\underset{R}{\underset{|}{C}}H-CO_2^-$$
両性イオンの構造

アミノ酸を塩基性溶液に溶かすと，カルボキシ基はカルボン酸イオンとして存在するが，アンモニウムイオンは脱プロトン化されてアミノ基として存在する．この化学種はもとのアミノ酸の共役塩基で，正味の電荷は−1だ．

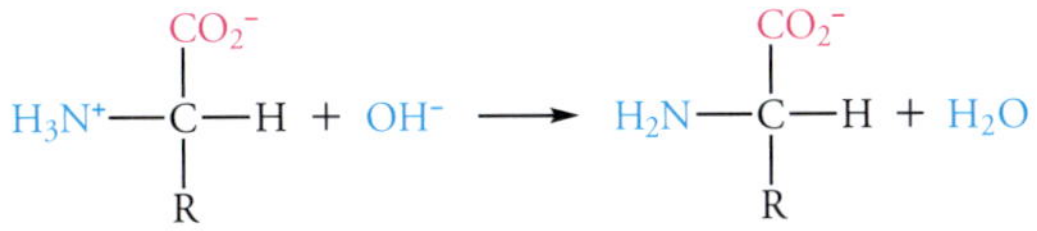

$$H_3N^+-\underset{R}{\underset{|}{C}}H-CO_2^- + OH^- \longrightarrow H_2N-\underset{R}{\underset{|}{C}}H-CO_2^- + H_2O$$
両性イオン　　　　　　　　　　共役塩基

アミノ酸を酸性溶液に溶かすと，カルボン酸イオンはプロトン化されてカルボン酸として存在し，アミノ基部分はアンモニウムイオンのままで存在する．この化学種はもとのアミノ酸の共役酸で，正味の電荷は+1だ．

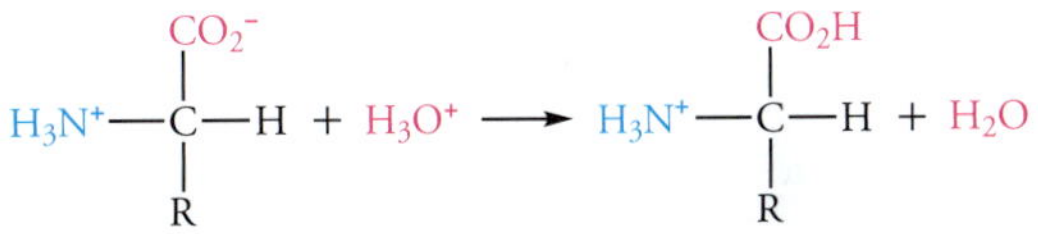

$$H_3N^+-\underset{R}{\underset{|}{C}}H-CO_2^- + H_3O^+ \longrightarrow H_3N^+-\underset{R}{\underset{|}{C}}H-CO_2H + H_2O$$
両性イオン　　　　　　　　　　共役酸

**例題 14・1**　アラニンの両性イオンと共役塩基それぞれの構造式を書け．

[**解答**]　アラニンの両性イオンの構造式は，カルボキシ基からプロトンを取除き，アミノ基の窒素原子にプロトンをつけ足したものだ．アラニンの共役塩基の構造式は，両性イオンのアンモニウムイオン部分からプロトンを取除いたものだ．共役塩基では窒素原子は中性になり，カルボン酸イオンの酸素原子は負電荷を帯びている．

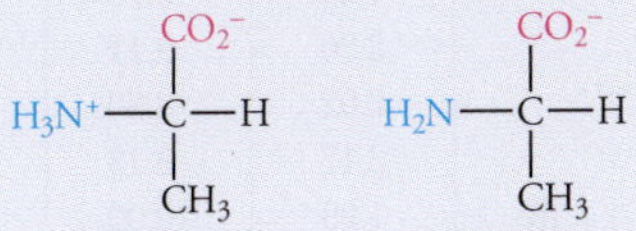

$$H_3N^+-\underset{CH_3}{\underset{|}{C}}H-CO_2^- \quad H_2N-\underset{CH_3}{\underset{|}{C}}H-CO_2^-$$
両性イオン　　　　　共役塩基

**例題 14・2**　セリンの両性イオンと共役酸それぞれの構造式を書け（セリンの構造式は図 14・1を参照）．

## α-アミノ酸の p$K_a$

α-アミノ酸の p$K_a$ は構造の違いを反映して多少異なる。グリシンの p$K_a$ は 2.35 と 9.78 だ。表 14・1 に 20 種類の α-アミノ酸すべての p$K_a$ を示す。

$$\text{グリシンの共役酸} \rightleftharpoons \text{両性イオン}$$
$$K_a = 5 \times 10^{-3}$$
$$pK_a = 2.35$$

$$\text{両性イオン} \rightleftharpoons \text{グリシンの共役塩基}$$
$$K_a = 1.6 \times 10^{-10}$$
$$pK_a = 9.78$$

アミノ酸を水に溶かすと，水溶液中でアミノ酸は平衡状態にある複数の化学種の形で存在する。溶液の pH がイオン化する官能基の p$K_a$ と同じであれば，共役酸の濃度と両性イオンの濃度は同じになる。たとえば，グリシンのカルボキシ基の p$K_a$ は 2.35 であるので，pH 2.35 の溶液では共役酸の濃度と両性イオンの濃度は等しくなる。グリシンのアンモニウムイオンの p$K_a$ は 9.78 であるので，pH 9.78 の溶液では共役塩基の濃度と両性イオンの濃度は等しくなる。pH が 2.35 ～ 9.78 の間の溶液では，グリシンはおもに両性イオンの形で存在する。

**例題 14・3** 0.1 M 塩酸溶液中で，セリンはどのようなイオンの形で存在するか示せ（表 14・1 を参照）。

[解答] 0.1 M 塩酸溶液中での pH は 1.0 だが，セリンの p$K_a$ は 2.19 と 9.44 で pH 1 よりも大きい。よって，pH 1 ではセリンは共役酸として存在する。

セリンの共役酸

**例題 14・4** 0.01 M 水酸化ナトリウム水溶液中でアラニンはどのようなイオンの形でおもに存在するか示せ（表 14・1 を参照）。

## 14・4 等 電 点

アミノ酸が電荷をもたなくなる pH のことをアミノ酸の**等電点**（isoelectric point）とよび，p$I$ と略記する。この pH では両性イオンの濃度が最大となる。等電点よりも塩基性（pH が p$I$ よりも大きい）の溶液では，アミノ酸のカルボキシ基は解離した状態の方が多く存在する。等電点よりも酸性（pH が p$I$ よりも小さい）の溶液では，アミノ酸のアミノ基はプロトン化された状態の方が多く存在する。20 種類のアミノ酸の等電点を表 14・2 に示す。中性のアミノ酸の等電点は 7 に近い。酸性のアミノ酸の等電点は 7 よりもずっと小さく，塩基性のアミノ酸の等電点は 7 よりも大きい。

表 14・1 α-アミノ酸の酸性部分と塩基性部分の p$K_a$

| α-アミノ酸 | α-$CO_2H$ | α-$NH_3^+$ | 側 鎖 |
|---|---|---|---|
| グリシン | 2.35 | 9.78 | |
| アラニン | 2.35 | 9.87 | |
| バリン | 2.29 | 9.72 | |
| ロイシン | 2.33 | 9.74 | |
| イソロイシン | 2.32 | 9.76 | |
| メチオニン | 2.17 | 9.27 | |
| プロリン | 1.95 | 10.64 | |
| フェニルアラニン | 2.58 | 9.24 | |
| トリプトファン | 2.43 | 9.44 | |
| セリン | 2.19 | 9.44 | |
| トレオニン | 2.09 | 9.10 | |
| システイン | 1.89 | 10.78 | 8.53 |
| チロシン | 2.20 | 9.11 | 10.11 |
| アスパラギン | 2.02 | 8.80 | |
| グルタミン | 2.17 | 9.13 | |
| アスパラギン酸 | 1.99 | 10.00 | 3.96 |
| グルタミン酸 | 2.13 | 9.95 | 4.32 |
| リシン | 2.16 | 9.20 | 10.80 |
| アルギニン | 1.82 | 8.99 | 12.48 |
| ヒスチジン | 1.81 | 9.15 | 6.00 |

表 14・2 アミノ酸の等電点

| アミノ酸 | p$I$ | アミノ酸 | p$I$ |
|---|---|---|---|
| グリシン | 5.97 | トレオニン | 6.16 |
| アラニン | 6.10 | システイン | 5.07 |
| バリン | 5.96 | チロシン | 5.66 |
| ロイシン | 5.98 | アスパラギン | 5.41 |
| イソロイシン | 6.02 | グルタミン | 5.65 |
| メチオニン | 5.74 | アスパラギン酸 | 2.77 |
| プロリン | 6.30 | グルタミン酸 | 3.22 |
| フェニルアラニン | 5.48 | リシン | 9.74 |
| トリプトファン | 5.89 | アルギニン | 10.76 |
| セリン | 5.68 | ヒスチジン | 7.59 |

## アミノ酸の滴定

アミノ酸のカルボキシ基とアンモニウム部分の p$K_a$

は，共役酸を塩基で滴定することで決定できる．同様にp$I$も滴定で決定できる．その例として図14・2にグリシンの滴定曲線を示す．グリシンの共役酸に塩基としてOH⁻を加えると一部が両性イオンに変換され，pHが増加する．カルボキシ基が半分カルボン酸イオンになったときのpHがp$K_1$に相当する．1当量の塩基が加えられると溶液中でアミノ酸はおもに両性イオンの形で存在する．そのときのpHがp$I$だ．さらに塩基を加えると，アミノ酸の共役塩基のα-NH$_3^+$部分の脱プロトン化が起こる．脱プロトン化が半分進行したときのpHがp$K_2$に相当する．

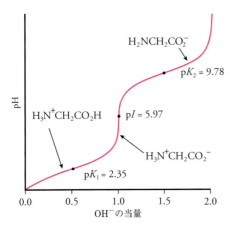

**図14・2　グリシンの滴定曲線**

### タンパク質の等電点

タンパク質はアミノ酸の組成に応じた等電点をもつ．等電点においてタンパク質は正味の電荷をもたなくなり，溶解度が最低になる．電荷を帯びることで水に溶けていたタンパク質は，等電点で沈殿する．たとえば，牛乳に含まれるカゼインというタンパク質は，pH 6.3の牛乳では全体として負電荷を帯びる．カゼインにはグルタミン酸とアスパラギン酸が多く含まれているので，カゼインの等電点は4.6と比較的小さい．牛乳を通常よりも酸性にすると，グルタミン酸とアスパラギン酸の側鎖のカルボン酸イオンがプロトン化されるので，カゼインが沈殿する．チーズづくりはカゼインのこの性質を利用している．カゼインを沈殿させるためには牛乳に酸を加えるか，酪酸をつくる細菌を加えればよい．

### 必須アミノ酸と食品タンパク質

20種類のアミノ酸のうち約10種類は，体内で十分な量が合成される．残りのアミノ酸の生合成経路はヒトには存在しないか，存在しても十分な量がつくられないので，食事で摂取する必要がある．食事で摂取しなければならないアミノ酸のことを**必須アミノ酸**（essential amino acid）とよぶ．生きていくうえではすべてのアミノ酸が必要だが，食事によって摂取することが必須であるという意味で"必須"という言葉が使われている．必須アミノ酸の種類と1日に最低限必要な摂取量を表14・3に示す．

**表14・3　必須アミノ酸と1日に必要な摂取量†**

| 必須アミノ酸 | 必要な摂取量<br>（mg/体重 kg） |
|---|---|
| ヒスチジン | 10 |
| イソロイシン | 20 |
| ロイシン | 39 |
| リシン | 30 |
| メチオニン+システイン | 15 |
| フェニルアラニン+チロシン | 25 |
| トレオニン | 15 |
| トリプトファン | 4 |
| バリン | 26 |

† 訳注：数値はFAO/WHO/UNU（2007）による．

フェニルアラニンは体内でチロシンに変換されるので，フェニルアラニンとチロシンの合計で摂取するべき量が表14・3に載っている．メチオニンとシステインも同様だ．ヒスチジンは体内で生合成されるが，身体の成長に必要な量を供給するには不十分であり，身体が成長する幼児期には食事による摂取が必須だ．成人に必要なヒスチジンの摂取量は，個人の年齢や健康状態による．体内のタンパク質を形成する過程にもアミノ酸が必要で，そのようなアミノ酸を供給するためには必須アミノ酸と非必須アミノ酸が適度に混ざった食品タンパク質を摂取しなければならない．重要なタンパク質が体内でつくられるときに必須アミノ酸が1種類でも欠けていると，そのタンパク質がつくられなくなってしまう．

食品タンパク質は生物価という百分率で示した値で評価される（表14・4）．タンパク質が主成分の食品は生物価が高い．そのような食品を食べると身体の成長に必要な量のアミノ酸がすべて摂取できる．特に全卵，全乳，

**表14・4　食品タンパク質の生物価**

| 食　品 | 生物価（%） |
|---|---|
| 全　卵 | 94 |
| 全　乳 | 84 |
| 魚 | 83 |
| 牛　肉 | 73 |
| 大　豆 | 73 |
| ジャガイモ | 67 |
| 全粒小麦粉 | 65 |
| 全粒トウモロコシ粉 | 59 |

魚は生物価が高いタンパク質源だ．植物性タンパク質の生物価は動物性タンパク質とかなり違う，生物価が比較的低い．しかし，すべての植物性タンパク質で同じアミノ酸が不足しているわけではない．コムギのタンパク質のグリアジンはリシンの含有量が少なく，トウモロコシのタンパク質のゼインはリシンとトリプトファンの含有量が少ない．したがって，トウモロコシやコムギを主食にする国では，別の食品からリシンを摂取する必要がある．

ベジタリアンは動物性タンパク質を摂らないので，食物を選ぶときにすべての必須アミノ酸を毎日摂取できるように注意しないといけない．たとえば，コムギにはリシンがあまり含まれていないが，マメにはリシンとトリプトファンが多く含まれている．その一方で，コムギにはシステインとメチオニンが多く含まれているが，この二つのアミノ酸はマメにはあまり含まれていない．マメとコムギの両方を食べれば，ベジタリアンが摂取できるタンパク質の種類や必須アミノ酸の割合が増える．

栄養士の指導を受けたわけではないのに，タンパク質を栄養源として効率的に摂取できる食事をつくり出した国や民族もある．たとえば，アメリカ先住民はトウモロコシとマメを混ぜたサッコタッシュという料理を食べてきた．アメリカ南部のコメとササゲの料理もメキシコのコーン・トルティーヤとマメの料理も，一つの料理にアミノ酸が適度なバランスで含まれている．

世界には人々の食事が1日に必要な摂取量を下回っている地域が今でもある．さまざまな理由があるが，理由の一つは収入が少ないことで，そうなるとお金がかかる動物性タンパク質の代わりに穀物や偏ったタンパク質源の食事を摂るようになる．いろいろな植物性タンパク質を摂取しないと，小さな子どもが多くの病気にかかるようになる．クワシオルコルというタンパク質欠乏症もその一つで，離乳後にデンプン中心の食事に変わると発症する．この病気の特徴は腹部の膨張と皮膚の斑点で，ひどくなると死に至る．一部の精神発達障害も栄養状態が不完全であることによるものだ．

## 14・5　ペプチド

複数のα-アミノ酸をα-アミノ基とカルボキシ基のアミド結合で連結した化合物を**ペプチド**（peptide）とよぶ．二つのアミノ酸が結合したペプチドは**ジペプチド**（dipeptide），三つのアミノ酸が結合したペプチドは**トリペプチド**（tripeptide）とよばれる．ジ(di-)，トリ(tri-)，テトラ(tetra-) という接頭語は，ペプチドに含まれるアミノ酸の数を表す．しかし数が多いもの，たとえば14個のアミノ酸を含むペプチドの場合は，テトラデカペプチドではなく14-ペプチドと表記する．数個のアミノ酸を含むペプチドは**オリゴペプチド**（oligopeptide）とよばれる．

ペプチドには二つの末端があり，アミド結合を形成していない"フリー"のα-アミノ基の終端部分を**N末端**（N-terminus），カルボキシ基の終端部分を**C末端**（C-terminus）とよぶ．ペプチドにおけるアミド結合もペプチド結合とよぶ．ペプチドを構成する個々のアミノ酸のことをアミノ酸残基とよび，N末端とC末端のアミノ酸残基をそれぞれN末端残基とC末端残基とよぶ．ペプチドの名前はN末端残基から始めてC末端残基の方へと順番につける（図14・3）．

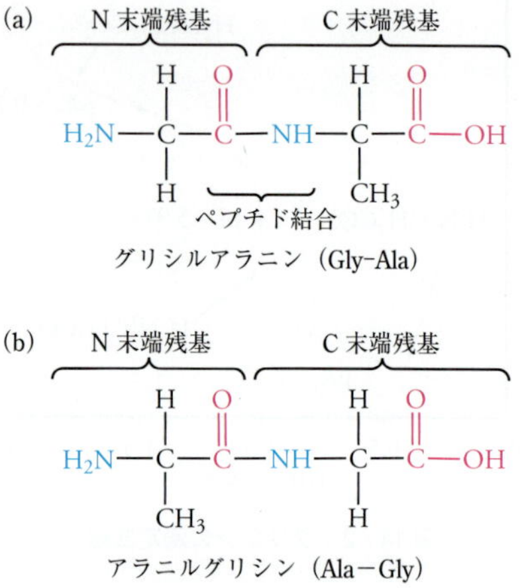

図14・3　ペプチドの命名法　(a) グリシルアラニンの構造．(b) アラニルグリシンの構造．

アラニンとセリンを含む二つのジペプチドは異性体の関係にある．アミノ酸の結合の順序を指定することの重要性を示すよい例となる．

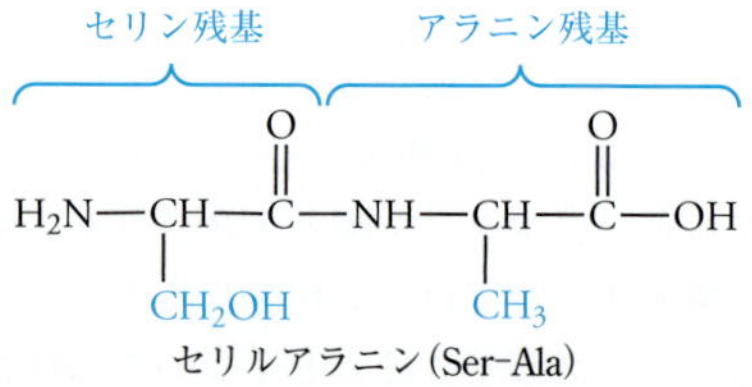

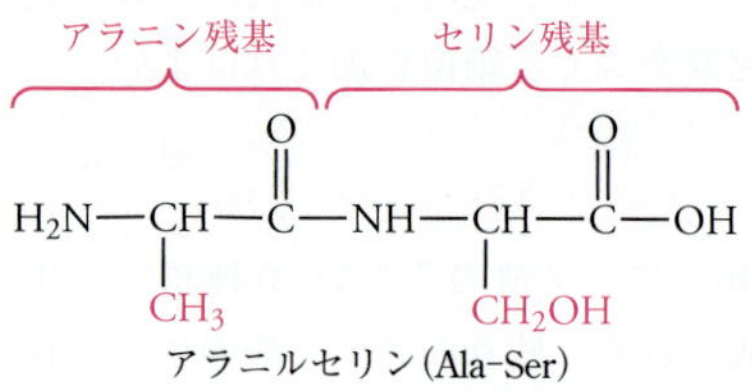

20種類のアミノ酸を使って，何種類のタンパク質を

つくることができるだろうか．$n$ 種類の異なるアミノ酸を一つずつ含むペプチドの異性体の数は $n$ の階乗（$n!$）になるので，次の式で計算できる．

$$n! = 1 \times 2 \times 3 \cdots (n-1) \times n$$

3種類の異なるアミノ酸を一つずつ含むトリペプチドでは6種類の異性体ができる可能性がある．グリシン，アラニン，バリンを含むトリペプチドの異性体は，Gly-Ala-Val, Gly-Val-Ala, Val-Ala-Gly, Val-Gly-Ala, Ala-Gly-Val, Ala-Val-Gly の6種類だ．20種類の異なるアミノ酸を一つずつ含むペプチドの異性体の数は，2,432,902,008,176,640,000 個だ．つまり，約 $2 \times 10^{18}$ もの異性体ができる．タンパク質は数百個のアミノ酸残基を含むものも珍しくないので，膨大な数の異性体が存在することになる．同種のアミノ酸を2個以上含むこともよくあるので，異性体の数はさらに多くなるが，異性体の数の可能性が天文学的数字であることに変わりはない．自然は多様性を獲得する"進化"という実験を始めたばかりだといえる．

## ペプチドの生物学的機能

細胞内には多面的な機能をもつ比較的小さなペプチドが多く含まれる．そのうちのいくつかは鎮痛作用や血圧調節作用といった生理的機能に関するホルモンで，**ペプチドホルモン**（peptide hormone）とよばれる（表 14・5）．これらのオリゴペプチドがつくられる量は少なく，少量しか分泌されない．また，分泌されたオリゴペプチドはすぐに代謝されてしまう．しかし生理作用に必要な時間はそれほど長くない．実際，14-ペプチドであるソマトスタチンはインスリン，グルカゴン，セクレチンの分泌を抑制するが，半減期は4分にも満たない．

**エンケファリン**（encephalin）は脳の特定の受容体部位に結合して鎮痛作用を示すペプチドだ．エンケファリン受容体部位はモルヒネやヘロインなどのオピエート（麻薬性アルカロイド）に対して高い親和性を示す．よって，エンケファリン受容体は一般にオピエート受容体とよばれる．エンケファリンは痛みを緩和するために普通は体内に存在し，オピエートはその構造に似せたものだ．

ペプチドは多くの体内組織でつくられる．たとえば，アンギオテンシン II は腎臓でつくられる．アンギオテンシン II は血管の収縮をひき起こし，その結果として血圧が上昇する．アンギオテンシン II は最も強力な血管収縮薬として知られているが，過剰につくられると高血圧の原因にもなる．

オキシトシンとバソプレッシンは構造がよく似たノナペプチドで，下垂体でつくられる．オキシトシンは子宮などの平滑筋の収縮をひき起こすので，陣痛促進剤や子宮収縮薬に使われる．バソプレッシンは腎臓による水分の排出を調節するホルモンの一つだ．オキシトシンとバソプレッシンの構造の違いは二つのアミノ酸だけで，どちらも環状ペプチドだ．N 末端になるはずのシステインと，その5個先にあるもう一つのシステインの間で分子内ジスルフィド結合ができて環が形成されている．どちらの化合物でも C 末端はアミドとして存在する．

表 14・5 ペプチドホルモン

| ホルモン | アミノ酸残基の数 | 機能 |
|---|---|---|
| タフトシン | 4 | 食作用の促進 |
| メチオニン-エンケファリン | 5 | 鎮痛作用 |
| アンギオテンシン II | 8 | 血管収縮，バソプレッシンの分泌の増加 |
| オキシトシン | 9 | 子宮収縮に影響 |
| バソプレッシン | 9 | 抗利尿薬 |
| ブラジキニン | 9 | 組織障害に応答して分泌 |
| ソマトスタチン | 14 | 他のホルモンの放出を抑制 |
| ガストリン | 17 | ペプシンの分泌を促進 |
| セクレチン | 27 | 膵液の分泌を促進 |
| グルカゴン | 29 | グリコーゲンからグルコースの生産を促進 |
| カルシトニン | 32 | 血中カルシウム濃度の低下 |
| リラキシン | 48 | 恥骨結合の弛緩 |
| インスリン | 51 | 血糖値に影響 |

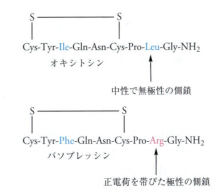

オキシトシンとバソプレッシンの構造の違いは一見小さいが，その違いが大きな影響を及ぼす．オキシトシンの3番目のアミノ酸残基はイソロイシンで，バソプレッシンの3番目のアミノ酸残基はフェニルアラニンだ．この影響は比較的小さい．しかし，オキシトシンの8番目のアミノ酸残基はイソブチル基の側鎖をもつ無極性のロイシンであるのに対して，バソプレッシンでは塩基性側鎖をもつアルギニンであり，pH 7 で正電荷をもつ．この電荷の違いのために，オキシトシンの受容体はバソプレッシンに対する親和性が低く，その逆にバソプレッシ

ンの受容体はオキシトシンに対する親和性がとても低くなっている．

**例題 14・5** (a) アラニン残基二つとグリシン残基一つからなるトリペプチドの異性体の数はいくつか示せ．
(b) アミノ酸の 3 文字表記を使ってすべての異性体の配列を書け．

**例題 14・6** タフトシンは食作用の促進と腫瘍細胞の破壊の促進という機能をもつテトラペプチドだ．
(a) タフトシンの末端アミノ酸残基はどれか．
(b) アミノ酸の 3 文字表記を使ってアミノ酸配列を書け．3 文字表記ではなくアミノ酸配列を示す名前を書け．

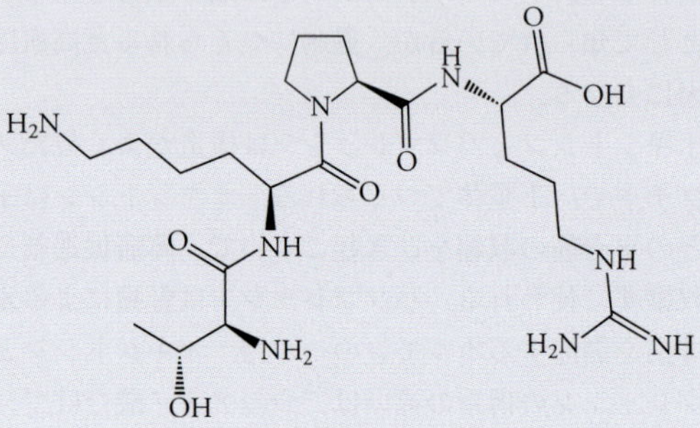

タフトシン

## 14・6 ペプチドの合成

ペプチドとポリペプチドの合成は，生化学の研究やバイオテクノロジー産業で重要だ．ペプチドを高収率で合成するために，特殊な試薬の組合わせが開発されてきた．二つのアミノ酸を単に混ぜるだけで望みのジペプチドが収率よくできるわけではなく，効率的に合成するには数段階が必要だ．2 種類のアミノ酸（たとえば Gly と Ala）を混ぜると，数種類のジペプチドの混合物となる．同じ種類のアミノ酸同士で結合すれば Gly-Gly や Ala-Ala が生成するし，違う種類のアミノ酸同士で結合すれば Gly-Ala や Ala-Gly が生成する．さらに，反応混合物中のアミノ酸は生成物のジペプチドともひき続き反応できるので，オリゴペプチドも生成する．

特定のジペプチドを合成するには，両方のアミノ酸を修飾しておく必要がある．一方のアミノ酸のアミノ基を $P_N$ という試薬で修飾して反応不活性な官能基に変換する（"保護する"という）と，ペプチド結合形成に使えるカルボキシ基が残る．もう一方のアミノ酸のカルボキシ基を $P_C$ という試薬で保護すると，ペプチド結合形成に使えるフリーのアミノ基が残る．そうすると，起こる可能性があるのは 1 種類の縮合反応だけだ．

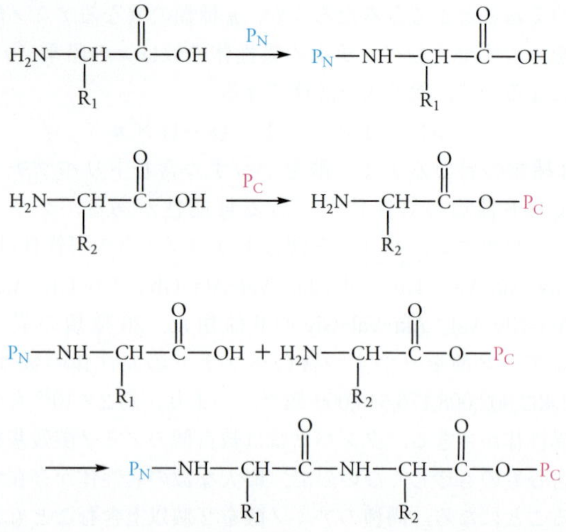

カルボキシ基はベンジル(Bn)エステルに変換して保護できる．エステルはアミドよりも水酸化物イオンなどの求核剤に対する反応性が高いので，合成が終わった後に C 末端を容易に脱保護できる．

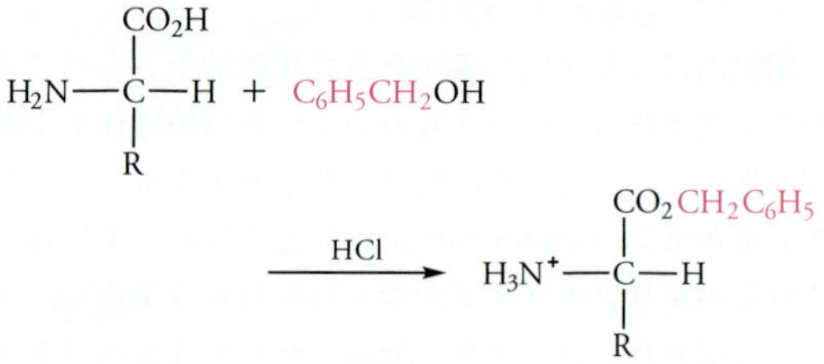

N 末端残基のアミノ基を保護するための保護基がいくつか開発されていて，その代表例が tert-ブトキシカルボニル(Boc)基だ．アミノ酸に二炭酸ジ-tert-ブチルを反応させることで，アミノ基が保護された Boc-アミノ酸が生成する．

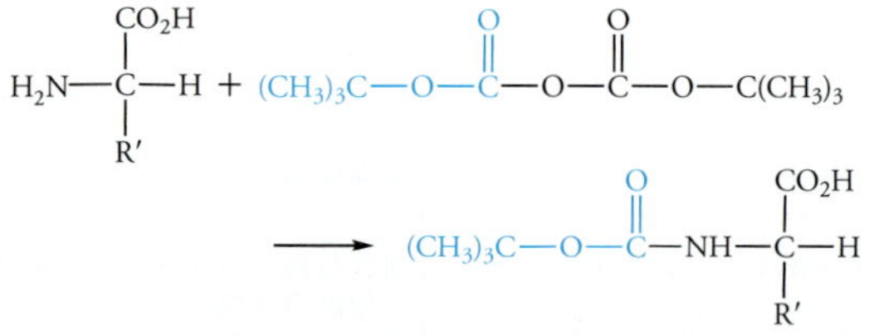

$N$-$tert$-ブトキシカルボニルアミノ酸
(Boc-アミノ酸)

Boc 基のカルボニル基は酸素原子と窒素原子の両方と結合していることに注目しよう．この官能基はカルバミン酸 tert-ブチルエステルであり，他のアミド部分やエステル部分には影響を与えずに簡単に加水分解できる．つまり，あとで簡単に外すこと（脱保護）ができる．Boc 基はトリフルオロ酢酸($CF_3CO_2H$)を使って脱保護でき，その反応条件ではペプチドのアミド結合やカルボキシ基

を保護した部分は影響を受けない．脱保護反応で副生する物質は二酸化炭素と 2-メチルプロペンであり，どちらも気体なので分離の手間がかからない．

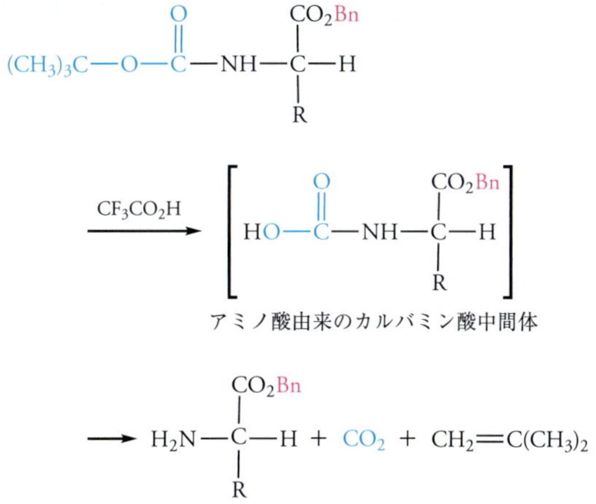

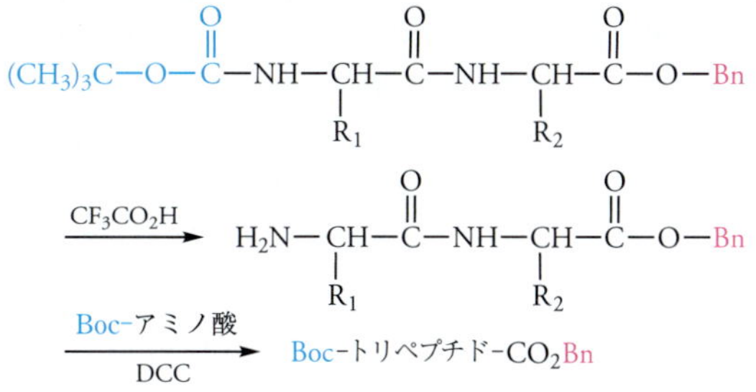

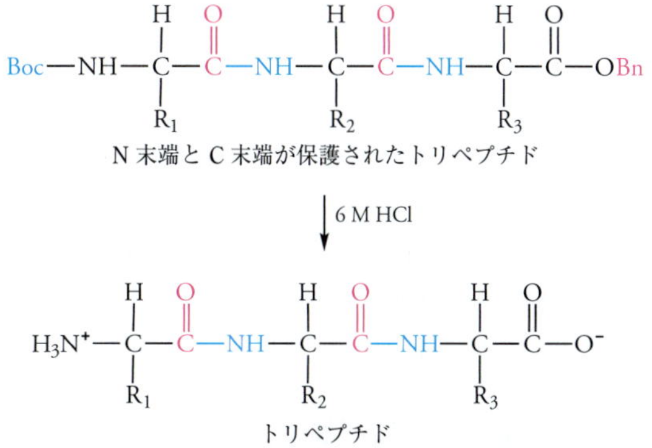

アミノ基とカルボキシ基の保護基はどちらも酸や塩基と反応しやすいものが多い．そのため，C 末端と N 末端をそれぞれ保護した 2 個のアミノ酸からペプチド結合をつくる縮合反応は，中性条件で行う必要がある．そのような条件に適した試薬として *N,N′*-ジシクロヘキシルカルボジイミド(DCC)があり，この試薬は二つのアミノ酸の脱水縮合を起こす．この反応は高収率で進行し，他の官能基の変換は起こらない．反応の副生成物は 1,3-ジシクロヘキシル尿素だ．

*N,N′*-ジシクロヘキシルカルボジイミド (DCC)　　1,3-ジシクロヘキシル尿素

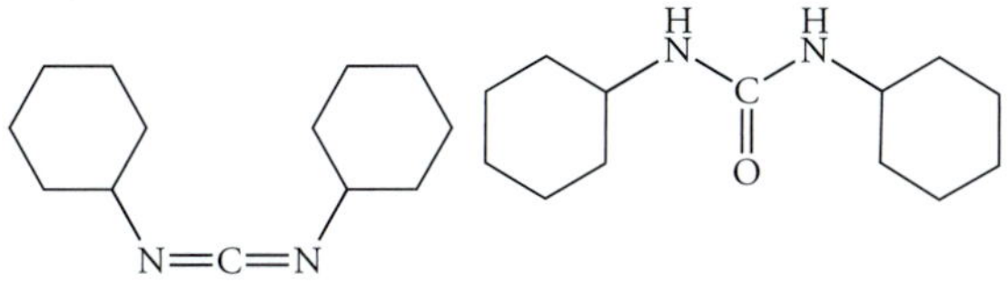

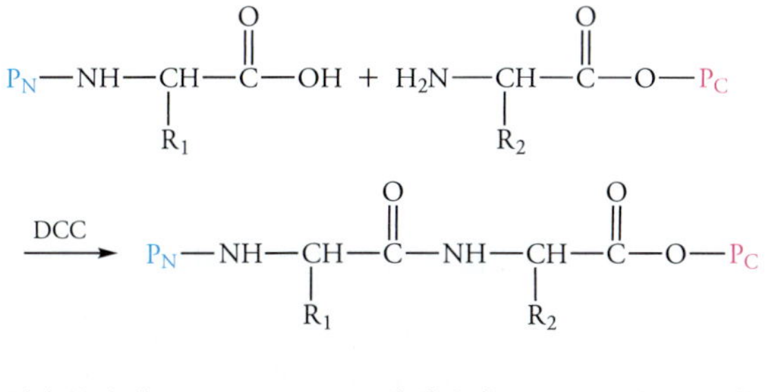

脱水縮合後にトリフルオロ酢酸を作用させると Boc 基が外れて，N 末端は保護されていないアミノ基に戻る．ジペプチドのカルボキシ基は保護されたままなので，反応できる部分はアミノ基だけだ．このようなジペプチドと Boc-アミノ酸に DCC を反応させると，N 末端と C 末端の両方を保護したトリペプチドができる．このような反応手順を適切な段階数だけ繰返すことでペプチド鎖を伸長できる．

最後に，塩酸を用いる強い脱保護条件で加水分解すればアミノ基とカルボキシ基の両方の保護基が外れ，ポリペプチドを合成できる．

## 14・7 タンパク質の構造決定

### 化学的方法によるタンパク質のアミノ酸組成の決定

かつてはアミノ酸の組成を決めることは難しく，長い時間がかかっていた．今ではアミノ酸分析計を使って自動的に分析できるし，試料もタンパク質が 10 μg ほどあれば十分だ．最近の機械ではアミノ酸が約 5 nmol でも

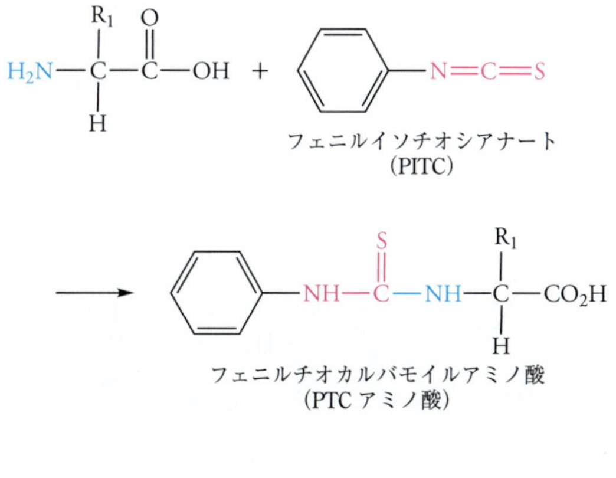

検出できる．

分析の最初の段階では，タンパク質を塩酸で加水分解する．加水分解によってばらけたアミノ酸は，フェニルイソチオシアナート（PITC）との反応によってフェニルチオカルバモイル（PTC）アミノ酸に変換される．PTCアミノ酸の混合物はクロマトグラフィーで分離され，各アミノ酸の百分率組成が自動的に決定される．

ヒトリゾチームは 130 個のアミノ酸を含む酵素だが，その組成は表 14・6 に示すように決定された．リゾチームは α-ラクトアルブミンと構造がよく似ている．リゾチームはグラム陽性菌の細胞壁を加水分解し，細菌感染に対する自然防御となる．たとえば，眼の中にあるリゾチームは眼感染症から防御している．

## 化学的な末端アミノ酸分析

ペプチドのアミノ酸配列は，エドマン（Pehr Edman）が開発した**エドマン分解**（Edman degradation）とよばれる N 末端アミノ酸を同定する方法で決定できる．エドマン分解では，はじめにポリペプチドをフェニルイソチオシアナート（エドマン試薬）と処理する．すると，N 末端アミノ酸残基と反応して N-フェニルチオカルバモイル誘導体が生成する．この PTC 誘導体は，N 末端アミノ酸残基の N–H 部分がフェニルイソチオシアナートの C=N 結合に付加して生成したものだ．その後にトリフルオロ酢酸を加えると，ポリペプチドの N 末端アミノ酸残基のペプチド結合が切断される．しかし，この反応条件でタンパク質中の他のペプチド結合は切断されない（図 14・4）．やや複雑な機構で環化反応が起こり，N 末端アミノ酸のフェニルチオヒダントイン誘導体ができる．この環にはカルボニル炭素原子，α 炭素原子，

表 14・6 ヒトリゾチームのアミノ酸組成

| アミノ酸 | アミノ酸の数 | 百分率組成 |
|---|---|---|
| Ala（アラニン） | 14 | 10.8 |
| Arg（アルギニン） | 14 | 10.8 |
| Asn（アスパラギン） | 10 | 7.7 |
| Asp（アスパラギン酸） | 8 | 6.2 |
| Cys（システイン） | 8 | 6.2 |
| Gln（グルタミン） | 6 | 4.6 |
| Glu（グルタミン酸） | 3 | 2.3 |
| Gly（グリシン） | 11 | 8.5 |
| His（ヒスチジン） | 1 | 0.8 |
| Ile（イソロイシン） | 5 | 3.8 |
| Leu（ロイシン） | 8 | 6.2 |
| Lys（リシン） | 5 | 3.8 |
| Met（メチオニン） | 2 | 1.5 |
| Phe（フェニルアラニン） | 2 | 1.5 |
| Pro（プロリン） | 2 | 1.5 |
| Ser（セリン） | 6 | 4.6 |
| Thr（トレオニン） | 5 | 3.8 |
| Trp（トリプトファン） | 5 | 3.8 |
| Tyr（チロシン） | 6 | 4.6 |
| Val（バリン） | 9 | 6.9 |

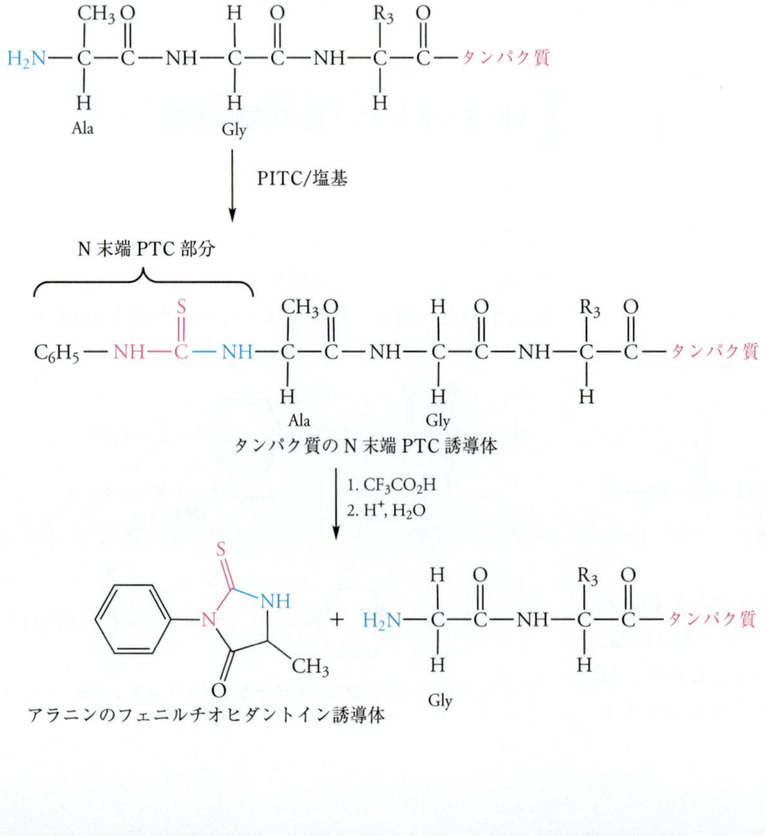

図 14・4 **エドマン分解** はじめにペプチドをフェニルイソチオシアナートと処理して，N 末端 PTC 誘導体に変換する．次に，PTC タンパク質をトリフルオロ酢酸，水と順次処理して，フェニルチオヒダントイン誘導体に変換する．この段階で N 末端アミノ酸がペプチドから切り出される．他のペプチド結合は切断されない．

アミノ基の窒素原子が含まれ，もとのアミノ酸の側鎖のR基が環内の炭素原子に結合している．生成物と既知のアミノ酸のフェニルチオヒダントイン誘導体を比較することで，もとのN末端アミノ酸残基が同定できる．自動アミノ酸配列分析装置（プロテインシークエンサー）とよばれる装置を使うことで，すべての過程を自動で行える．

エドマン分解ではタンパク質のペプチド結合が切れないので，分子のN末端からアミノ酸を切り出して同定することを繰返し行える．エドマン分解の収率は100%に近いので，ポリペプチドの30残基の配列を分析するために必要な試料は5 pmol ($5 \times 10^{-12}$ mol) あればよい．つまり，分子量が約3000にもなる30残基のポリペプチドの配列は，わずか15 ngの試料があれば決定できる．

## ポリペプチド鎖の酵素による切断

多くのタンパク質は100個以上のアミノ酸残基を含む．その配列を決定するためには，エドマン分解で分析できるような短い配列にするための反応が必要となる．トリプシンとキモトリプシンという2種類の酵素は，タンパク質やポリペプチドを分解して小さなペプチドにするために使われる．トリプシンは，アルギニンやリシンといった塩基性アミノ酸残基のC末端側でポリペプチドを切断する．キモトリプシンは，ポリペプチドの芳香族アミノ酸残基のC末端側でポリペプチドを切断する．これらの酵素反応で生成した各オリゴペプチド断片の配列は，エドマン分解で決定される．よって，最後にオリゴペプチド断片を並べ直せば全体の配列が決定できる．

## 一次構造と進化の関係

今日では，数千にも及ぶタンパク質の一次構造が知られている．多くの種に共通して存在するタンパク質の一次構造を比較すると，種の進化における関係性を解明できる．生命体が進化するときには，遺伝子が変化して遺伝的変異が起こる．タンパク質の一次構造は遺伝情報を反映するので，一次構造の違いは進化の過程における変化の記録だ．違う種のタンパク質のアミノ酸配列を比較すると，過去に対する新たな境地が開ける．ある意味では，タンパク質は生きた化石なのだ．

多くの種に共通して存在するタンパク質は，近縁種では配列がよく似ている．これらのタンパク質のアミノ酸配列の違いは，進化により種が分岐してきた様を反映している．たとえば，シトクロム $c$ はすべての好気性生物に存在する電子伝達系に含まれているので，進化の過程を調べるのに適している．

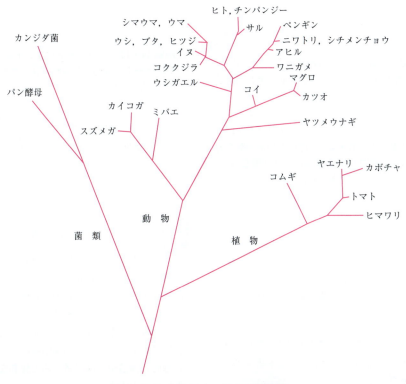

**図14・5　シトクロム $c$ による系統樹**

図14・5に進化の分岐を描いた系統樹を示す．進化を表す線が分岐するにつれて配列の違いが多くなる．近縁種間では一次構造に少ししか違いがみられず，逆に遠縁種は一次構造に多くの違いがみられる．たとえば，ヒトとチンパンジーはシトクロム $c$ の配列が同じだ．興味深いことに，カリフォルニアのコククジラとブタ，ウシ，ヒツジでシトクロム $c$ の一次構造を比較すると，その違いはわずか2アミノ酸残基しかない．このことから，クジラの祖先は現在の有蹄類に近い陸上動物であり，そこから進化したと考えられる．コククジラとヒトとではシトクロム $c$ の一次構造の違いは10アミノ酸残基で，かなり違う．

北京のアヒルとペンギンを比べるとシトクロム $c$ のアミノ酸配列の違いは3アミノ酸残基だけだが，両者の配列はウシガエルのアミノ酸配列とは11アミノ酸残基も違う．アヒルとペンギンはアミノ酸配列を見なくても明らかにウシガエルとは遠縁種だ．

ヒトとパン酵母のシトクロム $c$ のアミノ酸配列の違いは45アミノ酸残基だが，遠縁種なので特に驚くことはない．しかし，裏を返すとシトクロム $c$ の104アミノ酸残基中59アミノ酸残基は同一だ．共通する部分のアミノ酸残基はタンパク質の構造と機能に必要不可欠な配列なのだろう．

**例題 14・7** エンケファリンには2種類あるが，次のエンケファリンをキモトリプシン触媒で加水分解して得られる生成物を推定せよ．

Tyr—Gly—Gly—Phe—Leu

[解 答] キモトリプシンは，ペプチドとタンパク質に含まれる芳香族アミノ酸のC末端のペプチド結合を加水分解する触媒だ．エンケファリンにはフェニルアラニンとチロシンの両方があるので，キモトリプシンはこのペプチドを2箇所で切断する．2箇所の加水分解を分けて考えてみよう．チロシンはN末端アミノ酸なので，C末端を加水分解してカルボキシ基にすると，チロシンが遊離する．

Tyr—Gly—Gly—Phe—Leu $\xrightarrow{キモトリプシン}$ Tyr + Gly—Gly—Phe—Leu

このテトラペプチドでフェニルアラニンはC末端アミノ酸のロイシンと結合している．フェニルアラニンのC末端を加水分解してカルボキシ基にすると，ロイシンが遊離する．

Gly—Gly—Phe—Leu $\xrightarrow{キモトリプシン}$ Gly—Gly—Phe + Leu

反応生成物はチロシン，ロイシン，そしてトリペプチドのGly-Gly-Pheだ．

**例題 14・8** 次のペンタペプチドをトリプシン触媒で加水分解して得られる生成物を推定せよ．

Ala—Lys—Gly—Arg—Leu

**例題 14・9** β-エンドルフィンは31アミノ酸残基からなり，鎮痛作用のほかに成長ホルモンとプロラクチンの分泌促進効果がある．β-エンドルフィンをフェニルイソチオシアナートと処理した後にトリフルオロ酢酸で加水分解したところ，次の生成物が得られた．この情報からペプチドの構造についていえることは何か答えよ．

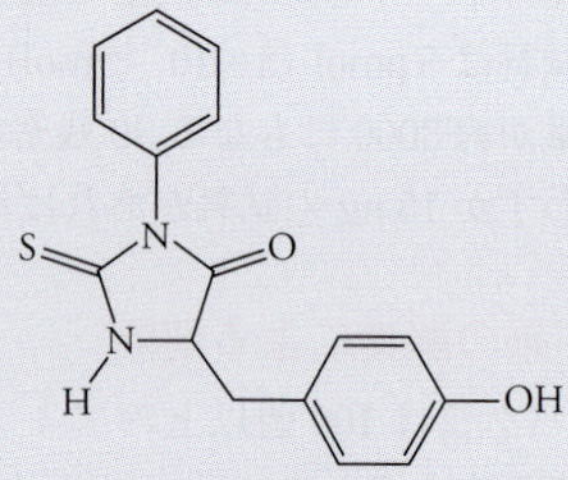

[解 答] 書かれている方法はエドマン分解の手順で，ペプチドからN末端アミノ酸が切り出される．このフェニルチオヒダントインにはベンゼン環が二つあるが，その二つを混同しないように気をつけよう．C=OとC=Sに挟まれた窒素原子に結合しているベンゼン環は，フェニルイソチオシアナート由来のフェニル基だ．もう一つの窒素原子とC=Oとの間に挟まれた炭素原子に結合した部分が，N末端アミノ酸の側鎖の置換基だ．したがって，β-エンドルフィンのN末端アミノ酸はチロシンであるといえる．

**例題 14・10** 次のテトラペプチドとフェニルイソチオシアナートの反応で得られるフェニルチオヒダントインの構造式を書け．

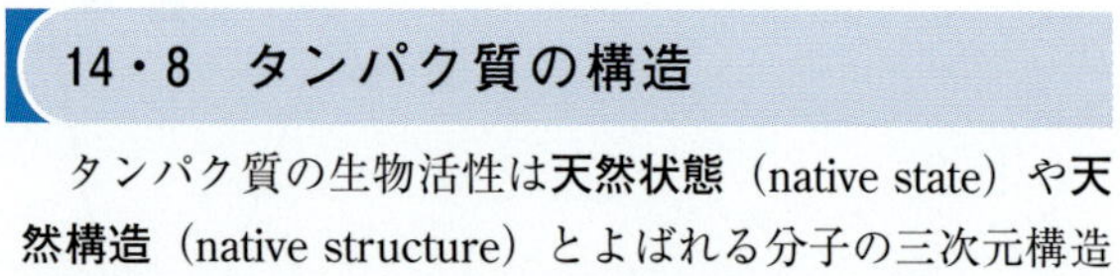

## 14・8 タンパク質の構造

タンパク質の生物活性は**天然状態**（native state）や**天然構造**（native structure）とよばれる分子の三次元構造に依存する．タンパク質の立体構造には一次構造，二次構造，三次構造，四次構造の四つの階層がある．タンパク質の機能は全体的な構造で決まるため，それぞれの階層にはいくらか恣意的な面がある．そうは言うものの，各階層の構造を分けて考えると便利なので，これから順番に見てみよう．

## 一次構造

タンパク質中のペプチド直鎖のアミノ酸配列とジスルフィド結合の位置のことを，タンパク質の**一次構造**（primary structure）とよぶ．タンパク質の一次構造を主として形成するペプチド結合はとても強固な結合だ．ペプチド結合は2種類の共鳴構造の共鳴混成体であるため，炭素-窒素結合は部分的に二重結合性をもつ．

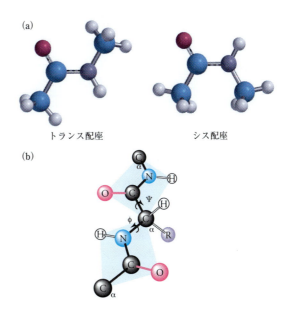

**図 14・6　ペプチド結合の構造**　(a) C−N 結合は二重結合性が半分あるために結合の回転は室温では起こらない．そのため，ペプチド結合はトランス配座とシス配座の2種類の配座をとる．(b) N−C 結合と C−C 結合の回転は室温で起こるので，ペプチドとタンパク質がとることのできる配座は非常に多い．α炭素は2組のペプチド結合平面をつなぐちょうつがいだとみなせる．2枚の名刺を角で合わせたまま回転させてみれば，二面角 φ, ψ が異なるさまざまな配座をとれることがわかるだろう．ただし，側鎖 R の立体障害のせいで特定の配座がとれない場合もある．たとえば，プロリンやトリプトファンがとりうる配座はグリシンがとりうる配座よりもずっと少ない．

ペプチド結合は二重結合性をもつことで平面になるため，2種類の配座をとる．N-メチルアセトアミドのアミド結合がトランスの配座は，立体効果のせいで反対向きのシス配座よりも安定だ（図14・6）．同様の理由で，タンパク質のアミノ酸残基も通常はトランス配座をとる．ペプチドのα炭素原子とカルボニル炭素原子の間の結合は単結合で自由回転できる．同様に，窒素原子とアミノ酸のα炭素原子の間の単結合も自由回転できる．さらに，α炭素原子と側鎖 R の間の単結合も自由回転できる．よって，タンパク質の主鎖は剛直なペプチド結合部分と自由回転できる単結合で構成されている．

二つの硫黄原子間の共有結合であるジスルフィド結合もタンパク質の一次構造の一部だとみなせる．二つのシステイン分子のスルファニル基（-SH 基）の酸化によってジスルフィド結合が形成されると，シスチンが生成する．

システイン残基は多くのタンパク質に含まれ，その多くは分子内の他のシステイン残基とジスルフィド結合でつながっている．その結果，タンパク質の配座は柔軟性が低下する．オキシトシンとバソプレッシンのペプチド鎖には分子内ジスルフィド結合がある (p.249)．ジスルフィド結合はあるポリペプチド鎖のシステイン残基と，別のポリペプチド鎖のシステイン残基をつなげることもできる．インスリンではそうなっていて，二つのポリペプチド鎖が2本のジスルフィド結合でつながっている．

## 二次構造

ポリペプチド鎖中の近い位置にあるアミノ酸残基が特定の空間配置をとり，規則的に繰返し配座をとることをタンパク質の**二次構造**（secondary structure）とよぶ．平面で剛直なペプチド部分をつなぐ結合は自由に回転できるので，二つのペプチド部分は多くの配座をとることができる．ペプチド内のある部分のアミド水素原子と別の部分のカルボニル酸素原子間の分子内水素結合は，とても多くみられる．そのような水素結合があることで，次に議論するαヘリックスとβシートとよばれる構造ができる．

と逆平行型（antiparallel）の2種類がある．ペプチド鎖のN末端からC末端へと並ぶ向きが平行型では同じ向きで（図14・8），逆平行型では反対向きになる（図14・9）．多くのタンパク質はこの3種類の二次構造をすべて含む．これらの二次構造は次に説明するタンパク質の三次構造の一部だ．

タンパク質のポリペプチド鎖がくるくると捻れてらせん状になった部分構造のことを**αヘリックス**（α-helix）とよぶ．らせんには右巻きと左巻きのどちらもありうるが，L-アミノ酸からなるタンパク質では右巻きらせんしか見つかっていない．アミノ酸のN–H部分の水素とらせんを1回転したところにあるアミノ酸のC=O部分の酸素の間にできる水素結合によって，αヘリックスは安定化されている（図14・7）．

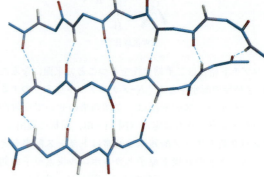

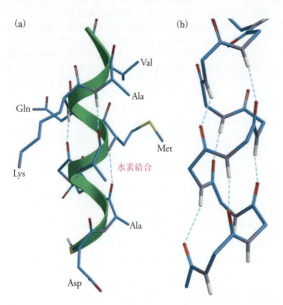

図14・8 平行型βシート

図14・7 **αヘリックスの構造** ペプチド結合のN–H部分とカルボニル酸素原子間の水素結合は，αヘリックスの軸に対してほぼ平行だ．(a) αヘリックスを見やすくするため，リボン表示した図．(b) αヘリックスの水素結合を見やすくするため，側鎖を省略して表示した図．

多くのタンパク質はポリペプチド鎖が伸びきった配座の二次構造を含む．ポリペプチド鎖が伸びきった構造（βストランド）が二つ以上並ぶと，近接した部分に水素結合が形成される．その水素結合はペプチド鎖の長い軸に対してほぼ直角であり，ペプチド鎖は並行に連結される．このようなタンパク質の二次構造のことを**βシート**（β-pleated sheet）とよぶ．βシートには**平行型**（parallel）

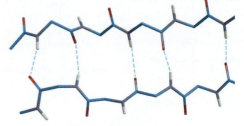

図14・9 逆平行型βシート

## 三 次 構 造

個々のタンパク質の三次元の立体構造のことを**三次構造**(tertiary structure)とよぶ．ポリペプチド鎖の離れた場所にあるアミノ酸残基は，三次構造による空間的配置によって近い位置にくる．酵素では三次構造を形成することで特定のアミノ酸が近接するようになってはじめて酵素活性が発現するものが多い．タンパク質を立体的に折りたたむ形は一次構造と二次構造によって決まり，それも含めて遠く離れていたアミノ酸同士の相互作用が可能となる．アミノ酸の間に働く引力にはイオン結合，水素結合，疎水性相互作用がある．さまざまなアミノ酸の側鎖の間で水素結合が形成され，セリン，トレオニン，チロシンの-OH基も水素結合形成に役立つ．酸性アミノ酸と塩基性アミノ酸の側鎖でも水素結合を形成できる．これらのアミノ酸では**塩橋**(salt bridge)とよばれる分子内イオン結合を形成することもある．たとえばアスパラギン酸とリシンでは側鎖のカルボン酸イオンとアンモニウムイオンの間に働くイオン性相互作用によって，ペプチド鎖の一部分が互いに引き寄せあう．この相互作用は弱く，ペプチド鎖が折りたたまれてできた水と接触しない内部の場所で起こらない限り無視できるほどだ．

タンパク質は水をはじく無極性の側鎖を多くもつ．そのような側鎖は水を避け，折りたたまれたタンパク質の内側の水と接触しない部分に密集しようとする．このように，無極性の側鎖が溶媒の水との接触を避けて集まろうとすることを**疎水性効果**(hydrophobic effect)とよぶ．タンパク質の無極性の側鎖の間に働く疎水性相互作用は，タンパク質の折りたたみ配座を維持するおもな要素の一つだ．タンパク質の疎水性部分は折りたたみ構造の内側に集まろうとする．一方，極性部分や電荷を帯びた部分は親水性部分であり，水分子と接触できる表面に位置する．

タンパク質の三次構造の例として，免疫グロブリンに対して結合部位となるGタンパク質のN末端部分の構造を図14・10に示す．この部分にはアミノ酸残基が56個あり，平行型と逆平行型のβストランドを含む．

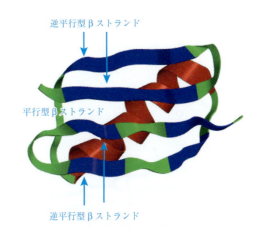

図14・10　GタンパクのN末端部分の構造

## 四 次 構 造

タンパク質の**四次構造**(quaternary structure)とは，複数のペプチド鎖やサブユニットがぎっしり詰まった配置で互いに会合した状態をさす．各サブユニットはそれ自身の一次構造，二次構造，三次構造をもつ．サブユニット同士は水素結合や無極性側鎖の間に働くファンデルワールス力によって会合している．

四次構造の空間的配置は，タンパク質が適切に機能するようになっている．そのため，サブユニットの構造や位置を入れ替えると，生物活性に大きな変化をもたらす．表14・7に四次構造をもつタンパク質の例を示す．

ヘモグロビンは2種類の異なるサブユニット2組からなり，各サブユニットは1個のヘム分子と結合する．ヘムは**補欠分子族**(prosthetic group)であり，ヘモグロビンの機能に必要とされる．ヘムの中心にある鉄(II)イ

表14・7　四次構造をもつタンパク質の例

| タンパク質 | 分子量 | サブユニット数 | 機 能 |
|---|---|---|---|
| アルコールデヒドロゲナーゼ | 80,000 | 4 | 発酵の酵素反応 |
| アルドラーゼ | 150,000 | 4 | 解糖の酵素反応 |
| フマラーゼ | 194,000 | 4 | クエン酸回路の酵素反応 |
| ヘモグロビン | 65,000 | 4 | 血中酸素運搬 |
| インスリン | 11,500 | 2 | グルコースの代謝調節ホルモン |

オンは酸素分子の結合部位だ．ヘモグロビンの各サブユニットには，ヘムと共有結合するヒスチジン残基がある（図14・11）．

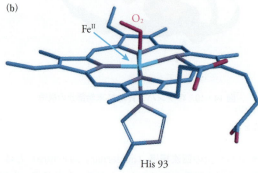

図14・11 ヘムの構造 (a) ヘムの構造式，(b) 酸素と結合したヘモグロビンのヘム部分の分子モデル．

ヘモグロビンではαとβのサブユニット二つずつが四面体型に配置される（図14・12）．これらのサブユニットは疎水性相互作用，水素結合，塩橋によって結びついている．ヘモグロビンの四つのサブユニットはばらばらに機能するのではない．一つのヘム分子が酸素分子と結合すると，周りのポリペプチド鎖の配座がわずかに変化する．タンパク質分子の空間的に離れた部分の変化によって起こる配座の変化を**アロステリック効果**（allosteric effect）とよぶ．アロステリック効果のために，他のサブユニットのヘムはそれぞれ別の酸素分子と結合しやすくなる．次の酸素原子が結合すると，別のサブユニットの結合能が上がるようにペプチド鎖の配座がさらに変化する．その結果，一つのヘムが酸素分子と結合すると，ヘモグロビンの他のすべての部分が協力するように機能し，4個の酸素分子と結合するようになる．

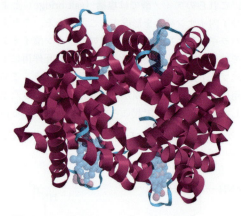

図14・12 デオキシヘモグロビンの構造 ヘモグロビンのαサブユニットとβサブユニットは互いに協力するように相互作用し，一つのヘムが酸素分子と結合すると，他のヘムもただちに酸素分子と結合する．

## 練 習 問 題

### α-アミノ酸

**14・1** D-グルタミン酸残基は細菌の細胞壁に含まれる．D-グルタミン酸のフィッシャー投影式を書け．

**14・2** グラミシジンSはD-フェニルアラニン残基を含む環状ペプチド抗生物質だ．D-フェニルアラニンのフィッシャー投影式を書け．

**14・3** 次のアミノ酸はコラーゲンに含まれている．どのアミノ酸の誘導体か．

$$H_2N-CH_2-CH-CH_2-CH_2-\underset{NH_2}{CH}-\overset{O}{\underset{}{C}}-OH$$
$$\phantom{H_2N-CH_2-}OH$$

**14・4** アリインとよばれる次の抗菌物質はニンニクに含まれている．アリインはどのアミノ酸の誘導体と考えられるか．

$$CH_2=CH-CH_2-\overset{O}{\underset{}{S}}-CH_2-\underset{NH_2}{\overset{H}{C}}-\overset{O}{\underset{}{C}}-OH$$
アリイン

### アミノ酸の酸性と塩基性

**14・5** pH 1とpH 12それぞれの場合のアラニンとグルタミン酸の構造式を書け．

**14・6** システインとバリンの両性イオンの構造式を書け．

14・7 アスパラギンの水溶液とアスパラギン酸の水溶液を判別する方法を示せ．

14・8 pH 7でリシンの構造を予想し，その理由を説明せよ．

## 等電点

14・9 次のトリペプチドの等電点を予想せよ．
(a) Ala-Val-Gly　(b) Ser-Val-Asp　(c) Lys-Ala-Val

14・10 次のトリペプチドの等電点を予想せよ．
(a) Glu-Val-Ala　(b) Arg-Val-Gly　(c) His-Ala-Val

14・11 §14・5のオキシトシンとバソプレッシンの構造から，等電点が高い方はどちらか示せ．

14・12 次に示す配列のエンケファリンの構造から等電点を予想せよ．

Tyr-Gly-Gly-Phe-Met

14・13 キモトリプシンの等電点は9.5だ．この値からアミノ酸の組成についてわかることを説明せよ．

14・14 ペプシンの等電点は1.1だ．この値からアミノ酸の組成についてわかることを説明せよ．

## ペプチド

14・15 pH 7でのアラニルセリンの構造式を書け．

14・16 グリシルセリンとセリルグリシンの違いを説明せよ．

14・17 次の構造式のトリペプチドに含まれるアミノ酸を示し，この化合物を命名せよ．

14・18 次の構造式のトリペプチドに含まれるアミノ酸を示し，この化合物を命名せよ．

14・19 甲状腺刺激ホルモン放出ホルモン(TRH)は，下垂体からのチロトロピンの分泌を促進し，甲状腺を刺激する．次のTRHの構造式を見て，通常はあまりみられない構造的特徴を示せ．

14・20 代謝産物を解毒する重要なトリペプチドであるグルタチオンは，通常はあまりみられない構造をもつ．その構造はどの部分か示せ．

グルタチオン

14・21 2個のGlyと2個のAlaから構成されるペプチドにはいくつの異性体があるか？

14・22 2個のGlyと2個のAlaと1個のLeuから構成されるペプチドにはいくつの異性体があるか？

## 加水分解と構造決定

14・23 ペプチドを部分的に加水分解するとジペプチドのみが切り出されると仮定して，ペンタペプチドのアミノ酸配列を決定するために最低で何回の加水分解を行う必要があるか示せ．

14・24 ペプチドを部分的に加水分解するとトリペプチドのみが切り出されると仮定して，オクタペプチドのアミノ酸配列を決定するために最低で何回の加水分解を行う必要があるか示せ．

14・25 テトラペプチドのタフトシンを加水分解するとPro-ArgとThr-Lysが生成する．この情報からタフトシンの構造を決定できるか？

14・26 オクタペプチドのアンギオテンシンIIを部分的に加水分解するとPro-Phe, Val-Tyr-Ile, Asp-Arg-Val, Ile-His-Proが生成した．この情報からアンギオテンシンIIのアミノ酸配列を示せ．

## 酵素による加水分解

14・27 次のトリペプチドのうち，トリプシンで加水分解されるものはどれか示せ．ペプチド結合の切断で生成する化合物を命名せよ．
(a) Arg-Gly-Tyr　(b) Glu-Asp-Gly
(c) Phe-Trp-Ser　(d) Ser-Phe-Asp

14・28 次のトリペプチドのうち，トリプシンで加水分解されるものはどれか示せ．ペプチド結合の切断で生成する化合物を命名せよ．
(a) Asp-Lys-Ser　(b) Lys-Tyr-Cys
(c) Asp-Gly-Lys　(d) Arg-Glu-Ser

14・29 練習問題14・27のトリペプチドのうち，キモトリプシンで加水分解されるものはどれか？ペプチド結合の切断で生成する化合物を命名せよ．

14・30 練習問題14・28のトリペプチドのうち，キモトリプシンで加水分解されるものはどれか？ペプチド結合の切断で生成する化合物を命名せよ．

14・31 テトラペプチドのタフトシンをトリプシンで加水分解するとPro-ArgとThr-Lysが生成する．この情報からタフトシンのアミノ酸配列を決定できるか示せ．

**14・32** ペンタペプチドのメチオニン-エンケファリンをキモトリプシンで加水分解すると Met, Tyr, Gly-Gly-Phe が生成する。この情報からメチオニン-エンケファリンのアミノ酸配列を決定できるか示せ。

**14・33** 睡眠ペプチドとして知られるノナペプチドをキモトリプシンで加水分解すると Ala-Ser-Gly-Glu と Ala-Arg-Gly-Tyr と Trp になる。睡眠ペプチドのアミノ酸配列として考えられる2種類のアミノ酸配列を書け。

**14・34** 練習問題 14・33 の睡眠ペプチドをトリプシンで加水分解すると Gly-Tyr-Ala-Ser-Gly-Glu と Trp-Ala-Arg になる。睡眠ペプチドのアミノ酸配列を書け。

### アミノ酸の末端分析

**14・35** インスリンのエドマン分解による構造決定で2種類のフェニルチオヒダントインが生成する理由を説明せよ。

**14・36** 33個のアミノ酸残基を含むペプチドであるコレシストキニンは食欲減衰に重要な役割を果たし、食事をとることでその生産が刺激される。コレシストキニンのN末端はリシンだ。このペプチドをエドマン分解して生成するフェニルチオヒダントインの構造式を書け。

**14・37** アンギオテンシンⅡをエドマン試薬と反応させると、次の化合物が生成する。この結果からわかることは何か説明せよ。

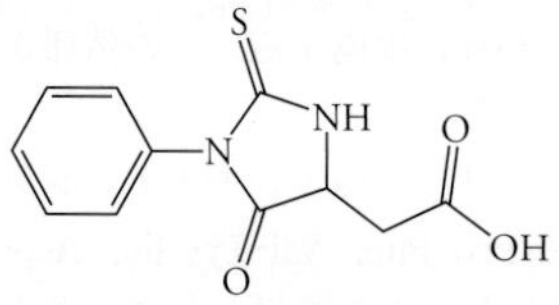

**14・38** コルチコトロピンをエドマン試薬と反応させると、次の化合物が生成する。この結果からわかることは何か説明せよ。

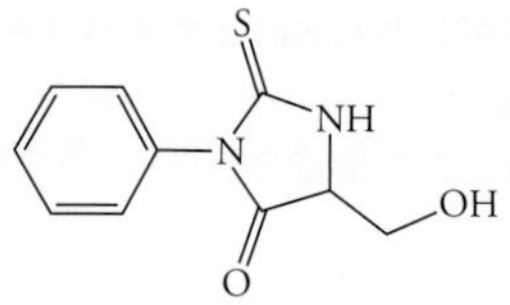

### タンパク質

**14・39** タンパク質で塩橋を生成するアミノ酸はどれか。

**14・40** 水素結合をつくる側鎖をもつアミノ酸はどれか。

**14・41** 次のアミノ酸のうち、水溶液に溶かしたときにタンパク質の内部に存在するものをすべて示せ。
(a) リシン　(b) メチオニン　(c) グルタミン

**14・42** プロリンが第二級アミンであることに注意して、プロリンが存在することでタンパク質のαヘリックスの構造が崩れる理由を説明せよ。

**14・43** バリンとグルタミン酸の構造式を吟味し、ヒトヘモグロビンのβ鎖の6番目のバリンをグルタミン酸で置き換えると、ヒトヘモグロビンの活性が影響を受ける理由を示せ。

**14・44** 次のアミノ酸のうち、水溶液に溶かしたときにタンパク質の内部に存在するものをすべて示せ。
(a) グリシン　　(b) フェニルアラニン
(c) グルタミン酸　(d) アルギニン

**14・45** 次のアミノ酸のうち、水溶液に溶かしたときにタンパク質の内部に存在するのはどれか示せ。
(a) プロリン　　(b) ロイシン
(c) グルタミン酸　(d) アスパラギン酸

**14・46** 生体膜の疎水性脂質二重膜にタンパク質が埋め込まれると、練習問題 14・44 のアミノ酸のうち、どれが脂質二重膜の内側と接触するか示せ。

# 15 合 成 高 分 子

ナイロン 66

## 15・1 天然高分子と合成高分子

　有機化学の勉強では，分子量が小さい分子（小分子）の反応，構造，物性を学ぶことに大半の時間を費やすことになり，分子量が大きな高分子にはあまり時間が割かれないことが多い．本書でも高分子を扱っている章は，この章を含めて二つの章だけだ．生体内には多糖やタンパク質（ポリペプチド）という2種類の高分子が存在するが，これらの高分子はモノマー（単量体）である小分子の縮合反応の繰返しでつくられている．

　天然の高分子は製品として売られている．たとえば，木や綿は多糖だし，羊毛と絹はタンパク質で，いずれも商業的に重要だ．しかし，商業的観点では天然高分子よりも合成高分子の方がはるかに重要だ．化学工業の発展に伴って，これまでに多数の合成高分子が開発されてきた．合成高分子は多様な性質をもつに至り，今日では広範な用途に利用されている．合成高分子は現代社会において欠かせないものとなっている．

　合成高分子は幅広い性質をもつ．たとえば，ある種の高分子は透明で，望みの形に精密成形できるので，コンタクトレンズの生産に利用される．タイヤに使われる高分子のゴムは変形できるほど軟らかく，弾力がある．衣服に使われる合成繊維は肌触りが良く，しかも色落ちしない．このように合成高分子といっても，その性質はさまざまだ．

　合成高分子の物理的性質は，繰返し単位となるモノマーの数と種類によってほとんど決まる．ただし，ロンドン分散力，双極子‐双極子相互作用，水素結合といった分子間相互作用や分子内相互作用にも大きく影響される．前の章でタンパク質や天然の高分子の性質が分子間相互作用によって決まることを学んだ．たとえば，コラーゲンのような構造タンパク質やセルロースが頑丈なのは，分子間水素結合が数多く存在するからだ．合成高分子を設計するうえでも，水素結合を組込むことは重要な指針になりうる．

## 15・2 高分子の構造と性質

　適切なモノマーを合成し，そのモノマーの重合方法を学ぶことで，有機化学者は目的に合致した高分子を合成できる．高分子中に取込まれるモノマーの数は数百から数千にもなるが，この数は高分子の性質に影響を及ぼす．ただし，どんな合成高分子でも，ある一定の数のモノマーからできているわけではない．ある数のモノマーを重合したタイミングで重合反応を停止しようとしても，実際には不可能だからだ．重合反応で得られる生成物は分子量がさまざまな高分子の混合物であり，それぞれの高分子の分子量はある範囲におさまる．したがって，実際に扱う高分子の分子量は平均分子量になる．合成高分子の平均分子量はおよそ $10^5 \sim 10^6$ のことが多い．

　高分子の弾性や形は，取込まれるモノマーの種類に大きく影響を受ける．たとえば，非環式化合物のモノマーを重合してできる高分子の方が，芳香環を含むモノマーを重合してできる高分子よりも柔軟性がある．また，主鎖が共有結合で架橋されている高分子もある（§15・7）．架橋が起こると高分子の分子量が増すうえに，より剛直な構造になる．天然高分子でも架橋は重要な意味をもち，動物繊維の羊毛（ウール）を形成するタンパク質は多数のジスルフィド結合によって架橋されている．

### 高分子に働くロンドン力

　タンパク質の場合と同様に，高分子鎖に働く分子間相

互作用と分子内相互作用は高分子の物理的性質を決めるうえでとても重要な要素となる．個々の高分子鎖の間に働くロンドン力は，折りたたみ構造やらせん構造といった高分子の構造に大きく影響する．ロンドン力は高分子鎖が互いに結びつくのに役立つ．高分子に含まれる官能基の極性が強いほど，分子間でも分子内でもロンドン力は強くなる．

ロンドン力はポリエチレンの性質に影響するが，他の相互作用は影響しない．直鎖状の高分子であるポリエチレン分子は大きなアルカンと似た性質をもつ（図 15・1）．隣り合った高分子鎖の一つ一つの水素原子間に働く引力はとても小さいが，高分子では近い距離にある水素原子が何千個もあるため，水素原子間に働く相互作用が積み重なることで，全体ではある程度大きな相互作用となる．

が低く（120 ℃），より弾性に富む物質となる．LDPE は比較的軟らかい一般消費財製品に使用される．具体的な用途にはポリ袋や漂白剤の容器などがある．そのほかにも，自動車のウィンドウォッシャー液や不凍液，エンジンオイルなどの液体を入れる容器にも LDPE が使用される．

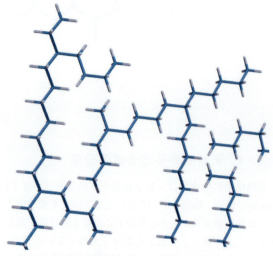

メチレン基同士の間の σ 結合は，ゴーシュ配座もアンチ配座もどちらも多く存在する

**図 15・2 低密度ポリエチレンの枝分かれ** 枝分かれがあることでアルキル鎖が密集できず，高密度ポリエチレン（HDPE）と比べて密度が低い高分子となる．

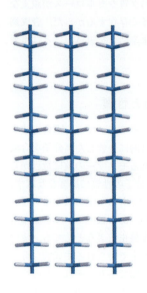

**図 15・1 ポリエチレンに働くロンドン力** すべてアンチ配座をとるアルキル鎖が密集することで，強いロンドン力が生じる．

芳香環の電子は分極しやすく，分極した電子がロンドン力をひき起こす．よって，芳香環を含む高分子では隣の高分子鎖の芳香環との間に強いロンドン力が働き，芳香環をもたない高分子よりも引張強度が高い．さらに，芳香環があると高分子鎖の柔軟性が低下し，高分子鎖の配座も制限される．一方，それとは対照的に，ポリエチレンのような $sp^3$ 混成炭素原子でできた高分子鎖は配座の自由度が高い．個々の炭素-炭素結合がアンチ配座でもゴーシュ配座でも自由にとれる．高分子鎖の配座にそれほど制限がなく，高分子鎖が自由に動けることは，高分子の性質にも反映される．

エチレンを直鎖状に重合した高分子は密度が高く，**高密度ポリエチレン**（high density polyethylene: HDPE）とよばれる．高密度ポリエチレンは高分子鎖が密集した状態で規則正しく配列するため，高い融点（135 ℃）を示す．HDPE は洗面器からテレビを置く棚まで，さまざまな用途の製品に使われる．

エチレンは主鎖から枝分かれがある状態で重合することもできる．そうしてできた高分子は**低密度ポリエチレン**（low density polyethylene: LDPE）とよばれる．LDPE は枝分かれがあることで高分子鎖がそれほど密集しないので，HDPE よりも密度が低い（図 15・2）．高分子鎖がつくる構造に隙間が多いほど密度は低く，ロンドン力も小さい．LDPE の高分子鎖の間に働く分子間相互作用は小さいので，LDPE の方が HDPE よりも融点

## 高分子に働く水素結合

前の章では，天然の高分子の性質に分子間水素結合が大きな影響を与えることを学んだ．合成高分子のなかにも，主鎖の広範囲にわたって隣の分子と分子間水素結合を形成するものがある．たとえば，ナイロン 66 やケブラーなどのポリアミドはかなり強い分子間相互作用を示すが，その要因となるのは水素結合だ．ナイロン 66 の

15・3 高分子の種類

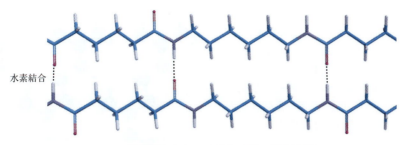

平面構造となるアミド結合の周りの剛直な配座

図15・3 **ナイロン66の分子間水素結合** すべてアンチ配座をとるナイロン66では，アミド水素とカルボニル酸素の間に分子間水素結合ができる．

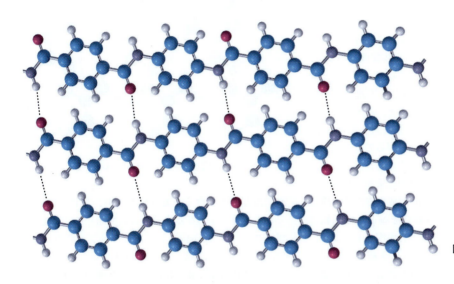

図15・4 **ケブラーの分子間水素結合**

水素結合の数は，高分子鎖の柔軟性と炭素-炭素結合の配座に影響され，すべてアンチ配座をとる場合に最大となる（図15・3）．防弾チョッキに使用されるケブラーは，さらに多くの水素結合を形成する．ケブラーには芳香環とアミド結合があることで，できる限りの水素結合を形成するような配座に固定されるからだ（図15・4）．

**例題 15・1** 3-メチル-1-ペンテンとプロペンをそれぞれ付加重合させた場合に生成する高分子の性質の違いを説明せよ．

［解 答］ プロペンの付加重合で生成する高分子では，高分子の主鎖に対して比較的小さなメチル基が結合している．一方，3-メチル-1-ペンテンの付加重合で生成する高分子では，メチル基よりも大きな sec-ブチル基が主鎖に結合している．大きな置換基が結合した主鎖は密集できず，高分子の主鎖の間に働く分子間相互作用は弱くなり，隙間の多い構造になる．そのため，3-メチル-1-ペンテンの付加重合で生成する高分子の方がより低い融点を示し，より軟らかい物質となる．

**例題 15・2** ベンゼンジカルボン酸には3種類の異性体があり，それぞれエチレングリコールと反応してポリエステルを与える．ポリエステルの主鎖が最も密集して，分子間引力が最も強いポリエステルを与える異性体はどれか．

## 15・3 高分子の種類

高分子を分類するにはいくつか方法がある．たとえば，高分子の物理的性質，重合方法，架橋や立体化学という構造的特徴によって分類できる．高分子の物理的性質に基づいて高分子を3種類に大きく分けると，エラストマー，プラスチック，合成繊維（ファイバー）に分類できる．

## エラストマー

**エラストマー**（elastomer）は変形しても元の形に戻る弾性のある物質だ．イソプレンをモノマーとする天然高分子である天然ゴムや，2-クロロ-1,3-ブタジエンの合成高分子であるネオプレンはエラストマーの代表例だ．これらのエラストマーは，炭素-炭素二重結合と2個の $sp^3$ 混成炭素部分を繰返し単位とする構造をもつ．

ポリイソプレン

エラストマーの性質は，$sp^2$ 混成炭素に結合する置換基の種類と，主鎖の二重結合周りの立体配置で決まる．エラストマーは非晶質（アモルファス）で，個々の高分子主鎖が無秩序ならせん構造を形成し，不規則に絡み合っている．エラストマーを引っ張ると，絡み合っていた高分子鎖がほどけて伸びる．引っ張る力を緩めると，元の無秩序ならせん構造に戻る．元に戻るのは，らせん構造で分子間相互作用が最大限に働くためだ．

エラストマーの個々の主鎖がどれだけ柔軟に動きやすいかは，繰返し単位に含まれる $sp^3$ 混成炭素部分の構造に依存している．この部分は σ 結合を軸として回転できるため，主鎖の動きがある程度の自由度をもつようになる．一方，繰返し単位に含まれる二重結合の π 結合は回転できないため，二重結合部分があることで主鎖が剛直になり，動きにくくなる．高分子の主鎖の二重結合の立体配置は $E$ 配置と $Z$ 配置の両方とも知られている．たとえば，天然ゴムは $Z$ 配置をとるポリイソプレンだが（図15・5），グッタペルカは $E$ 配置をとるポリイソプレンだ．この立体配置の違いは高分子の性質に反映される．天然ゴムはエラストマーだが，グッタペルカは弾性が低い．グッタペルカでは二重結合が $E$ 配置をとることで，飽和脂肪酸のようにジグザグ構造となる．飽和脂肪酸の主鎖はジグザグ構造をとることで隣り合う主鎖と重なり合い，分子間で強いロンドン力が働くことを思い出そう．グッタペルカでも同様に強いロンドン力が生じる．一方，天然ゴムの高分子主鎖は不飽和脂肪酸と同じように折れ曲がり構造となるため，高分子主鎖は密集していない．その結果，分子間で規則的な相互作用を起こしにくく，高分子鎖は互いに動くことができるので，変形できるエラストマーになる．

## プラスチック

高分子化学の分野でプラスチックという場合は，加熱

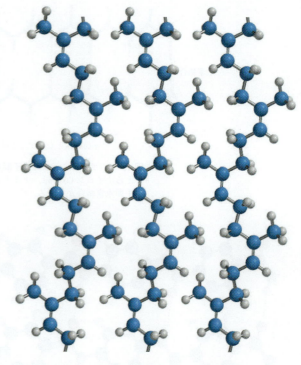

図15・5 ポリイソプレン

後に冷却すると硬くなる性質をもち，型に入れて成形できる高分子からなる物質（合成樹脂）のことをさす．プラスチック（plastic）の語源はギリシャ語の *plastikos* で，"型に入れて作る"ことを意味する．プラスチックは熱可塑性樹脂と熱硬化性樹脂の2種類に分類できる．**熱可塑性樹脂**（thermoplastic resin）は加熱すると軟らかくなる高分子をさし，加熱したときに十分な流動性があるため，型に入れて成形できる．一方，**熱硬化性樹脂**（thermosetting resin）は最初に調製した段階では成形できるが，加熱後には硬化して二度と軟らかくならない高分子をさす．熱硬化性樹脂を加熱すると，融解の代わりに分解が起こる．熱可塑性樹脂と熱硬化性樹脂の違いは架橋と関連していて，熱硬化性樹脂の高分子主鎖は不可逆的な架橋を起こすが，熱可塑性樹脂の高分子主鎖は架橋を起こさない．

熱可塑性樹脂を加熱すると高分子鎖の運動エネルギーが増加し，分子間相互作用に打ち勝って高分子鎖が動くことで融解する．ポリエチレンも熱可塑性樹脂だ．熱可塑性樹脂の炭化水素鎖の間に働くロンドン力は分子間相互作用にすぎないが，熱硬化性樹脂では高分子主鎖間のあらゆる部分で三次元的な架橋が起こり，共有結合が形成される．その結果，加熱前よりも大きな高分子ができあがる．ベークライトは熱硬化性樹脂の一つだ．ベークライトの構造を壊すには共有結合を切断するしかない

が，そうすると不可逆的に分解することになる．

### 合成繊維（ファイバー）

熱可塑性樹脂のなかには調製段階で細い糸になるものがあり，樹脂の糸を紡ぐことで天然の繊維と同じような繊維ができる．高分子の長さは短いものでも 500 nm はあり，平均分子量に換算すると $10^4$ 程度になる．繊維が適度な張力をもつためには，高分子主鎖の間に十分な分子間相互作用が働くような分子構造をもつ必要がある．

熱可塑性樹脂の繊維を調製するには 2 種類の方法がある．溶融状態で安定な熱可塑性樹脂の場合は，スピナレットという小さな穴がいくつもあいた金型を通してから冷却する．安定性が低い熱可塑性樹脂の場合は，揮発性の溶媒に溶かしてからスピナレットを通し，その後に溶媒を留去すると細い糸が沈殿する．どちらの場合も冷却した後に繊維を何度か引き伸ばす．低温で引き伸ばすと分子の向きが繊維の軸方向とそろうため，高分子に働く分子間相互作用によって繊維の張力が強くなる．

> **例題 15・3** 次の構造式で表される高分子はエラストマー，プラスチック，合成繊維の三つの内のどれか．この高分子の物理的性質を予想せよ． 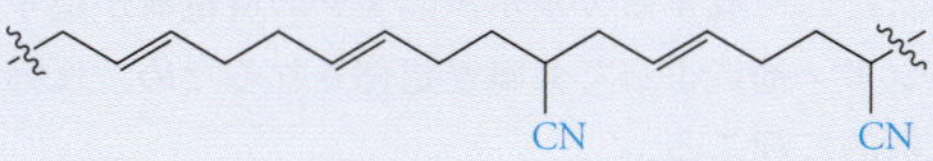
>
> ［解　答］ この高分子はエラストマーだ．二重結合の間に $sp^3$ 混成炭素があるため，エラストマーはある程度柔軟な構造となる．しかし，グッタペルカの場合と同様に二重結合が $E$ 配置をとるので，高分子主鎖が密集してしまい，エラストマーの柔軟性が低下する．
>
> **例題 15・4** （a）調理器具の柄を作るために最適なプラスチックの種類は何か．
> （b）メガネのフレームに使われやすいプラスチックの種類は何か．

## 15・4 重 合 方 法

高分子を合成方法で分けると，**付加重合体**（addition polymer）と**縮合重合体**（condensation polymer）の 2 種類に分類できる．付加重合体はアルケンやアルキンが連続して付加することで生成し，ラジカル，カチオン，アニオンのいずれかが活性種となる機構で反応が進行する．一方，縮合重合体は複数の官能基をもつモノマー同士を縮合させることで生成する．アルコールやアミンといった官能基を含むモノマーと，カルボン酸を含むモノマーを組合わせて縮合させることが多い．縮合反応では水などの分子量が小さい分子が放出される．放出される小分子を取除くことで縮合重合反応が促進されるので，小分子が気化しやすいように高温で行われることが多い．

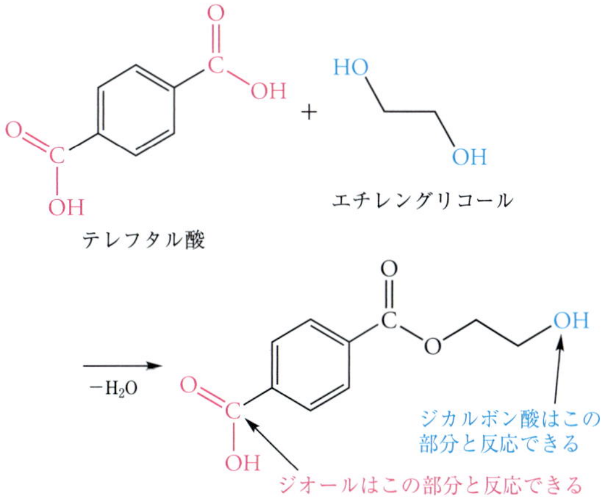

付加重合体は，**連鎖重合**（chain polymerization）で生成する高分子でもある．連鎖重合では反応の開始段階で反応活性種が生成し，活性種が反応点となってモノマーの分子に付加する反応が連続して起こることで高分子鎖ができる．最初の反応活性種としてはラジカル，カルボカチオン，カルボアニオンのいずれかが生成する．たとえば，過酸化ベンゾイルからベンゾイルラジカルが生成し，ベンゾイルラジカルがモノマーであるエチレン分子と反応することで，新たにラジカルが生成する．そのラジカルは別のエチレン分子とまた反応する．

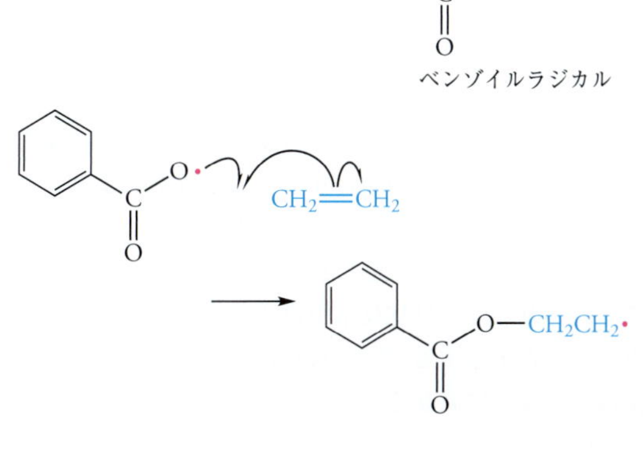

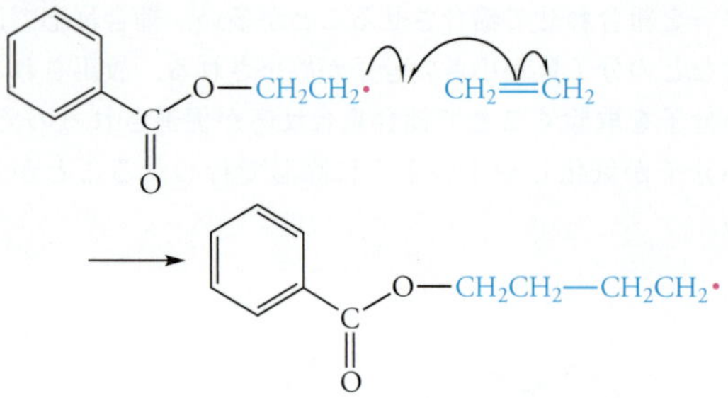

このようなモノマーへの付加が連続して起こると，活性点が常に末端にある高分子が成長する．生成する高分子の主鎖の長さは，最初に生成する反応活性種の濃度によって決まる．モノマーが反応系中に存在しても，活性点をもつ高分子と衝突しなければモノマーは反応しないまま残ることになる．

上の例ではラジカルが開始剤として使われていたが，**カチオン重合**（cationic polymerization）ではカルボカチオンが活性種となって反応が進行する．アルケンからカルボカチオンを生成するための反応開始剤として，ルイス酸が使用される．具体的には $BF_3$, $Al(CH_2CH_3)_3$, $TiCl_4$, $SnCl_4$ がルイス酸としてよく使われる．アルケンとルイス酸の反応でカルボカチオンが生成すると，さらにアルケン分子と反応して新たに別のカルボカチオンが生成する．2-メチルプロペン（イソブチレン）をモノマーとするカチオン重合を例に反応機構を考えてみよう．求電子剤として働くルイス酸を $E^+$ で表すと，カチオン重合は次のような反応式で表すことができる．

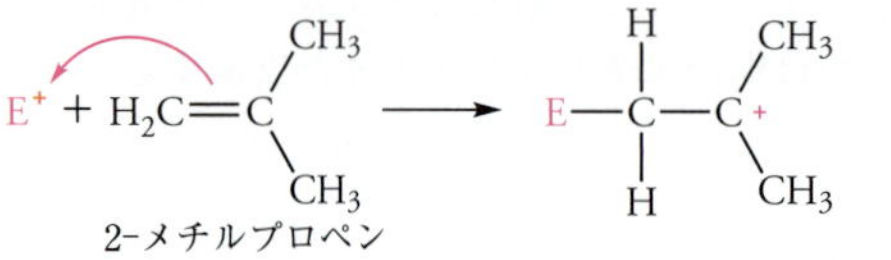

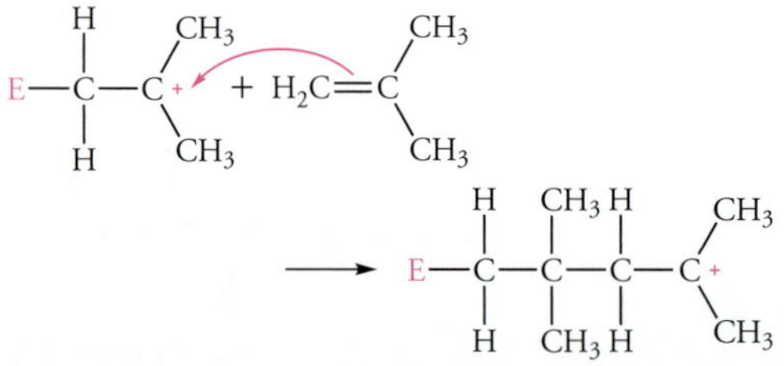

アルケンに対するルイス酸の付加では，置換基の少ない炭素原子にルイス酸が結合することに注意しよう．その後も反応は続いて起こり，生成したカルボカチオンが別のアルケンに位置選択的に付加する反応がつぎつぎに起こる．それぞれの付加反応ではより安定な第三級カルボカチオンが生成するので，最終的に生成する高分子の構造は次のように表せる．

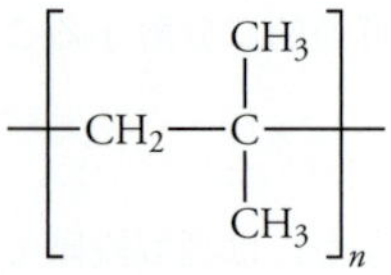

低分子量のポリイソブチレンは，潤滑油やラベル用紙の接着剤に利用される．高分子量のポリイソブチレンは，自転車やトラックのタイヤの生産に使用される．

**アニオン重合**（anionic polymerization）ではカルボアニオンを反応開始剤として反応が起こり，カルボアニオンは求核剤として働く．アクリロニトリルのアニオン重合を例に反応機構を考えてみよう．ブチルリチウムを反応開始剤として使うこととする．ブチルリチウムの炭素-リチウム結合は極性が非常に高く，リチウムと結合する炭素原子は負電荷を帯びる．次の反応ではブチル基を Bu と表す．

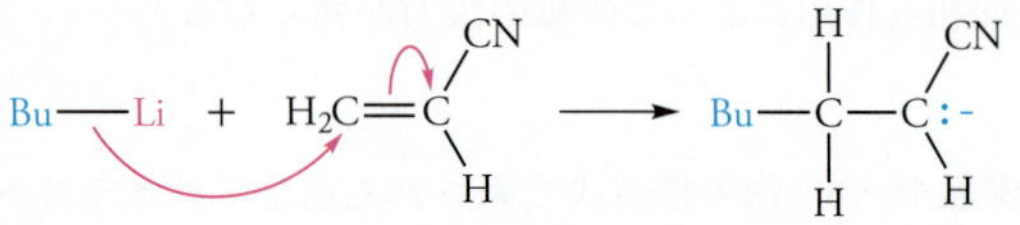

ブチルアニオンは置換基が少ない方の炭素原子に付加する．新たに生成するカルボアニオンの負電荷が電子求引基のシアノ基によって共鳴安定化されるため，反応は位置選択的に起こる．

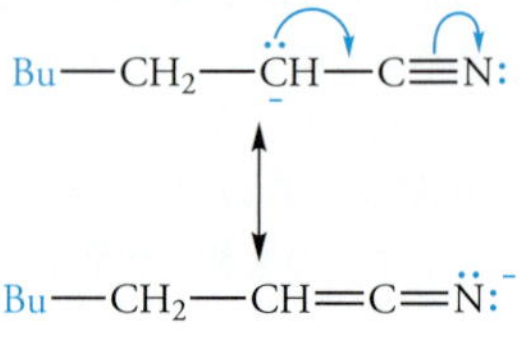

生成したカルボアニオンが新たな反応活性種となり，アクリロニトリル分子の炭素-炭素二重結合に付加する反応がつぎつぎに起こる．それぞれの付加反応では共鳴安定化されたカルボアニオンが生成する．

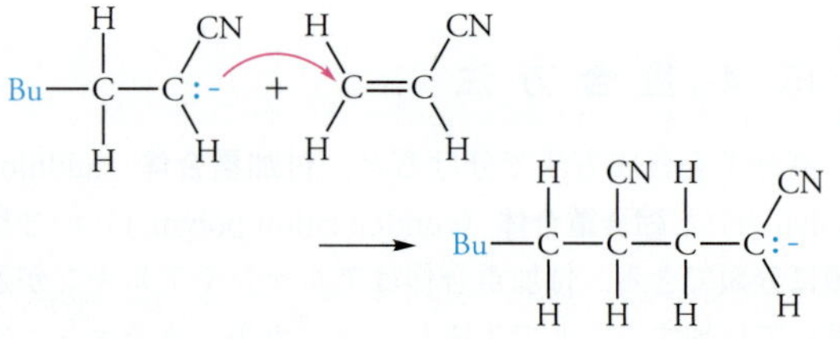

最終的に生成するポリアクリロニトリル（PAN）の構造は次のように表される．ポリアクリロニトリルを紡糸するとアクリル繊維ができる．ポリアクリロニトリルは絨毯にも使用されている．

ポリアクリロニトリル

　縮合重合体は，**逐次重合**（successive polymerization）で合成される高分子だ．逐次重合は段階重合ともいい，モノマーやオリゴマーの官能基が反応点となり，連続的，段階的に進行する重合反応だ．ジオールとジカルボン酸という2種類のモノマーの縮合反応では，各モノマーに二つある官能基のうちの一つが先に反応する．つまり，ジカルボン酸のカルボキシ基の一つがジオールのヒドロキシ基の一つと反応して，エステルが生成する．生成物のエステル分子の末端にはヒドロキシ基とカルボキシ基が一つずつあるので，モノマーがあれば生成物と縮合反応を続けられる．

テレフタル酸　　エチレングリコール

エチレングリコールはこのカルボキシ基と反応できる　　テレフタル酸はこのヒドロキシ基と反応できる

　しかし，縮合重合反応は必ずしも成長段階の高分子末端とモノマーの組合わせで起こるわけではない．反応系中に存在するモノマー同士も反応できて，新たに短い主鎖のオリゴマーができる．逐次重合反応では重合が着実に進んだ高分子量の高分子よりも，むしろ低分子量のオリゴマーが多く生成する．本当の意味での高分子が生成し始めるのは，モノマーが使われ尽くした後になる．その時点でオリゴマー同士が末端で反応すると，主鎖が大きく伸長することになる．よって，逐次重合反応が進むにつれてオリゴマーや低分子量のポリマーが一つの単位となって重合が起こり，分子量が大きな高分子を与えることになる．

## 15・5　付　加　重　合

　アルケンの付加重合は，炭素–炭素二重結合の付加がつぎつぎに起こる連鎖反応だ．付加重合では成長段階の高分子鎖の末端部分がモノマーとつぎつぎに反応し，停止段階で反応活性種がなくなるまで反応し続ける．

　ラジカルの不均化反応と二量化反応は，停止段階の代表的な反応だ．不均化反応では，ラジカル中心のα炭素上の水素が別の高分子鎖のラジカルによって引き抜かれる．そうすると一方の高分子に二重結合ができて，もう一方の高分子は飽和することになり，ラジカルは新たにできずに活性種が消滅する．その結果，次の成長段階が起こらなくなり，反応が停止する．

$$2R-(CH_2CH_2)_nCH_2CH_2\cdot$$
$$\longrightarrow R-(CH_2CH_2)_nCH=CH_2 + R-(CH_2CH_2)_nCH_2CH_2-H$$

　二量化反応ではラジカル同士が結合して，さらに長い高分子鎖ができる．この場合もラジカルが消滅して，反応が停止する．

$$2R-(CH_2CH_2)_nCH_2CH_2\cdot$$
$$\longrightarrow R-(CH_2CH_2)_nCH_2CH_2-CH_2CH_2(CH_2CH_2)_n-R$$

　成長段階で二つの高分子鎖の反応点はわずかしか存在しないので，上のような不均化反応や二量化反応が起こる確率はとても低い．一方，モノマーは連鎖反応でしだいに消費されても反応系中に比較的高濃度で存在するため，高分子鎖のラジカルとモノマーの反応の方がずっと起こりやすい．

### 高分子鎖の長さの制御

　付加重合体の平均分子量は，成長段階で起こる付加の回数によって制御できる．高分子鎖の長さは連鎖移動剤や重合禁止剤を使うことでも制御できる．

　**連鎖移動剤**（chain transfer agent）はある高分子鎖の成長を妨害し，別の高分子鎖の成長を開始することで高分子鎖の長さを制御する．連鎖移動剤としてチオールがよく使用される．

$$R-CH_2CH_2\cdot + R'-S-H$$
$$\longrightarrow R-CH_2CH_2-H + R'-S\cdot$$
成長が停止した高分子鎖

$$R'-S\cdot + CH_2=CH_2 \longrightarrow R'-S-CH_2CH_2\cdot$$
成長が開始した高分子鎖

　連鎖移動剤は水素原子を提供できて，生成したラジカルが二重結合に付加できるほど反応活性である必要がある．重合が続けばモノマーは消費され続けるが，連鎖移動反応で成長が停止した高分子鎖が多いため，生成する付加重合体の平均分子量は小さい．

　**重合防止剤**（polymerization inhibitor）は成長段階の高分子鎖のラジカル部分と反応し，反応性が低いラジカルを与えることで，ラジカル重合を抑制する．ベンゾキノンは重合防止剤としてよく使用される．

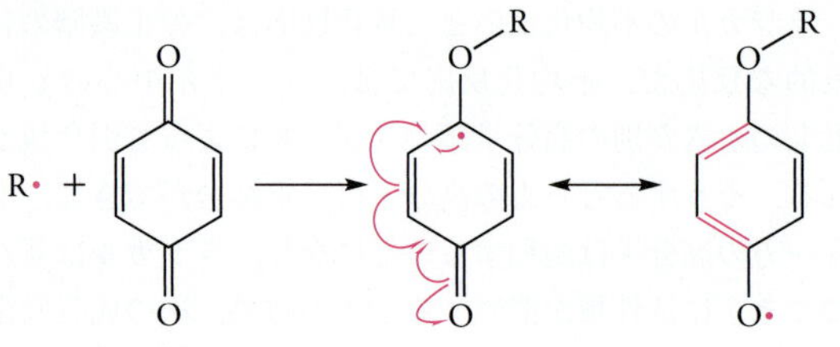

### 連鎖分岐

ラジカルを活性種とするアルケンの連鎖重合を行うと直鎖状高分子が生成すると思うかもしれないが、実際にはそうならない。アルケンの付加重合体である直鎖状高分子は、一般にカチオン重合で合成される。連鎖重合の生成物の高分子鎖には、アルキル基の分岐が数多くある。**短鎖分岐**（short chain branching）とよばれる過程でブチル基の分岐ができるため、アルキル基の分岐のなかでもブチル基の分岐をもつ高分子が最も多い。ブチル基の分岐が起こる場合には、はじめに六員環遷移状態を経由して第一級ラジカルが分子内の水素を引き抜き、第二級ラジカルが生じる。

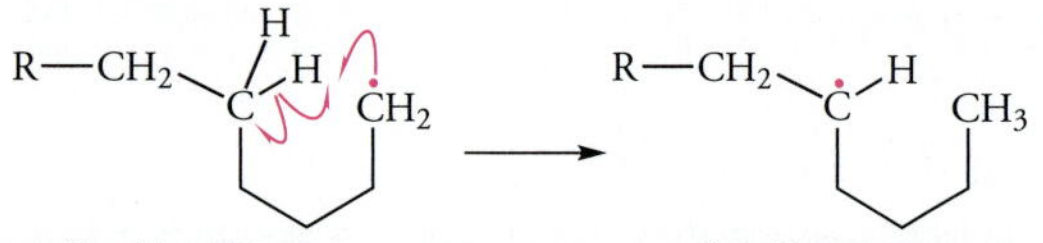

新たに生じた第二級ラジカル中心で重合反応が続いて起こり、主鎖からブチル基が分岐した高分子ができる。

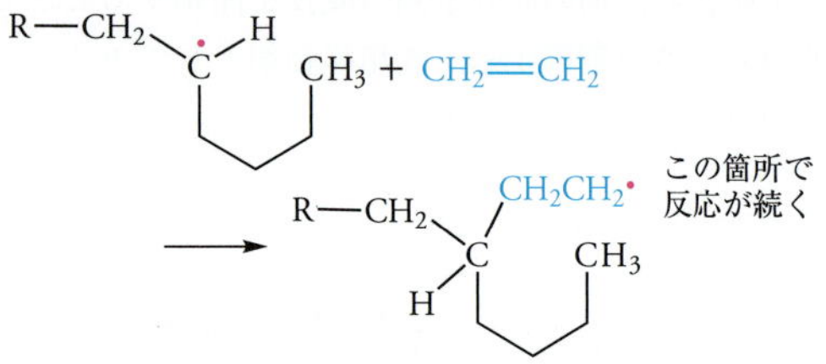

ブチル基の分岐が規則的に起こりやすい短鎖分岐に対して、**長鎖分岐**（large chain branching）は不規則に起こる。長鎖分岐が起こる場合には、はじめに高分子鎖の末端にあるラジカルが、別の高分子鎖から水素原子を引き抜く。引き抜かれる水素の位置に規則性はない。分子間水素引き抜きが起こると、引き抜いた方の高分子鎖の連鎖反応が停止し、もう一方の高分子鎖で重合反応が続くことになる。生成する分岐の長さは水素原子が引き抜かれた位置で決まる。分子内反応の方が分子間反応よりも起こりやすいので、短鎖分岐の方が長鎖分岐よりも起こりやすい。

## 15・6 アルケンの共重合

これまで見てきた付加重合体のモノマーは単一の不飽和分子であり、それが繰返し単位となって重合した単独重合体（ホモポリマー）だ。1種類のモノマーでできた単独重合体に対して、**共重合体**（コポリマー, copolymer）は高分子鎖に2種類のモノマーが組込まれた高分子だ。したがって、共重合体の合成は2種類のモノマーの混合物の反応となる。共重合にはモノマーの組合わせ方がいくつもあり、組合わせしだいで単独重合よりも多くの構造をつくることができる。また、望みどおりの物理的性質をもつ多様な物質ができる可能性がある。

2種類のモノマーがランダムに反応すると、配列に規則性がない共重合体（**ランダム共重合体**）を与える。共重合体の組成は反応条件と2種類のモノマーの濃度に依存する。

$$n\,A + n\,B \longrightarrow -A-A-B-A-B-B-B-A-A-B-$$
ランダム共重合体

ランダム共重合体になるモノマーの組合わせはそれほど多くない。さらに、通常はランダム共重合体にならないようなモノマーの組合わせが選ばれる。どういうことかと言うと、成長段階の高分子鎖の末端にAがあるときには、モノマーAではなくモノマーBと優先的に反応し、高分子鎖の末端にBがあるときにはモノマーAと優先的に反応するようなモノマーA, Bの組合わせが選ばれる。端的にいえば、高分子鎖の末端にあるモノマーは、モノマーの混合物の中から別の種類のモノマーと優先的に反応することが望ましい。そのようにして重合した高分子は**交互共重合体**（alternating copolymer）とよばれる。

$$n\,A + n\,B \longrightarrow -B-A-B-A-B-A-B-A-B-A-$$
交互共重合体

完全な交互共重合体が生成するのは難しいが、スチレンと無水マレイン酸を反応させると、ほぼ完全な交互共重合体が生成する。

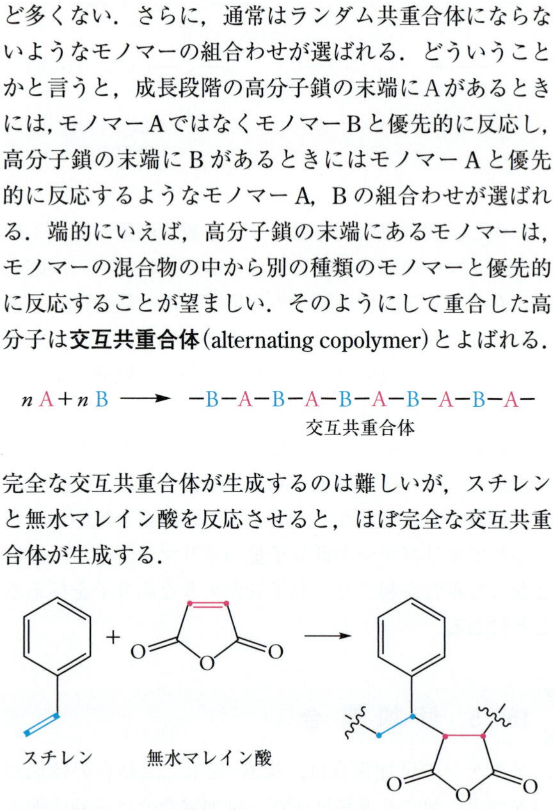

無水マレイン酸同士の反応はとても遅いので、単独重合体は生成しにくい。スチレンは容易にホモポリマーを

与えるが，成長段階で高分子の末端にあるスチレン部分は，スチレンよりも無水マレイン酸と速く反応する．スチレンが無水マレイン酸に付加するとラジカルが生成するが，そのラジカルと無水マレイン酸との反応はとても遅い．その結果，次に反応するのはスチレンになる．完全な交互共重合体を与えるモノマーがあれば再現性よく高分子を合成できるため，そのようなモノマーが望ましい．

## 15・7 架橋重合体

高分子鎖の間を原子団でつなぐことを**架橋**（cross link）とよぶ．架橋はモノマーの重合途中で起こるだけでなく，重合で高分子が生成した後に別の反応で起こることもある．

$p$-ジビニルベンゼンをスチレンと反応させると，二つのアルケン部分は別々の高分子鎖の部分構造となる可能性がある．$p$-ジビニルベンゼンの一方のアルケン部分は，スチレンが主成分である高分子鎖に成長段階で組込まれる．

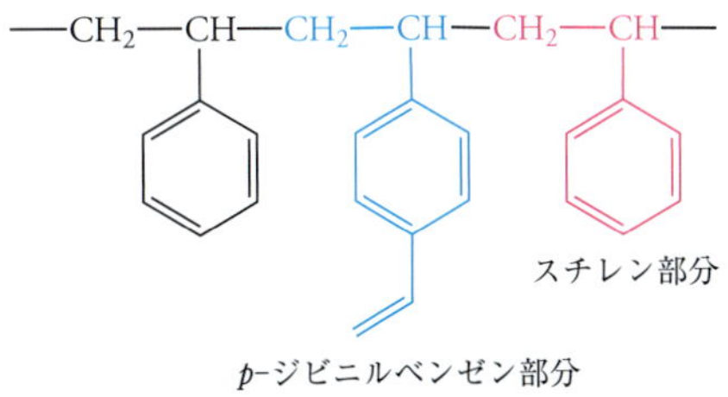

次に，別の高分子鎖の成長段階でもう一方のアルケン部分が反応して，2番目の高分子鎖ができる．よって，$p$-ジビニルベンゼンは二つの高分子鎖の部分構造となり，高分子鎖をつなぐことになる（図15・6）．このように架橋部分をもつ高分子のことを**架橋重合体**（crosslinked polymer）とよぶ．架橋の数と間隔は，二つのモノマーの量で決まる．

高分子の性質において，架橋は重要な役割を果たす．昔の天然ゴムと合成ゴムは軟らかすぎるうえに，べとつくものだったため，ゴムバンドには使えても，タイヤなどの用途には使えなかった．1839年，チャールズ・グッドイヤー（Charles Goodyear）は天然ゴムを少量の硫黄と加熱すると新しい性質をもつ物質ができることを偶然に発見した．彼はこのプロセスを**加硫**（vulcanization）とよんだ．（Vulcan とは古代ローマ神話の火の神で，スタートレックに出てくるバルカン星人のことではない）

ポリイソプレンが硫黄と反応すると，炭素と結合していた一部の水素が硫黄に置き換わり，ジスルフィド結合ができる．その結果，高分子鎖が硫黄原子で架橋されてつながる．架橋する硫黄原子は2個とは限らず，1個や3個以上の場合もある（図15・7）．架橋が増えるとより多くの高分子鎖がつながり，さらに巨大な高分子ができあがる．その結果，ある高分子鎖が別の高分子に対して動ける自由度は低下し，ゴムの硬さが増す．加硫したゴムに力を加えて変形させても，力を緩めれば元の形に戻る．高分子に対する硫黄の重量比（通常は3〜10%）を変えることで，ゴムの弾性を制御できる．加硫しない天然ゴムでは，高温で引っ張るとポリイソプレンの高分子鎖が容易にずれて動くため，ゴムを加熱すると弾力が減少してしまう．しかも，引っ張る力をゆるめても天然ゴムは元の構造に戻らないという欠点があった．これらの天然ゴムの性質の欠点は，加硫によって改善された．

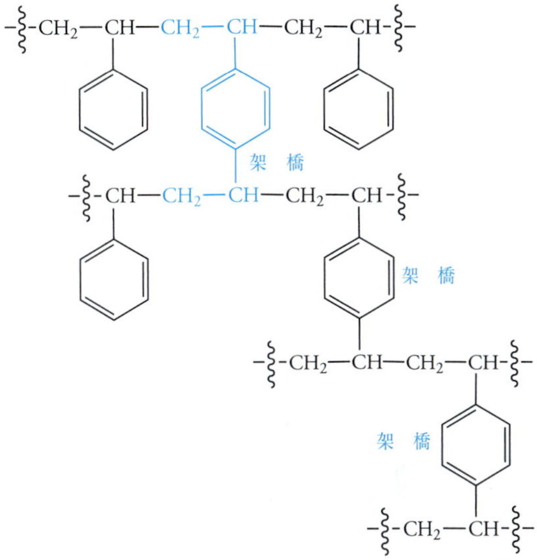

図15・6 付加重合における架橋

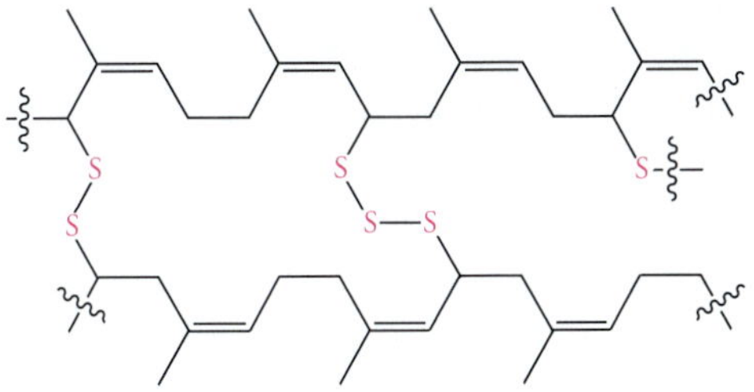

図15・7 加硫により架橋されたポリイソプレン

## 15・8 付加重合の立体化学

アルケンを付加重合すると，高分子の骨格全体に立体中心ができるものがある．立体中心の規則性（立体規則

性）は高分子の物理的性質に影響を与える．プロペンを重合してできる高分子の立体規則性について考えてみよう．メチル基が不規則に配置された高分子は**アタクチック**（atactic）構造という．ジグザグ構造の高分子鎖に対してメチル基がすべて同じ側にある高分子を**イソタクチック**（isotactic）構造といい，メチル基が規則正しく交互に並んだ高分子を**シンジオタクチック**（syndiotactic）構造という．ポリプロピレンの3種類の構造を図15・8に示す．

応させると，アルケンが触媒に配位して立体選択的に反応するようになる．触媒の構造と役割は本書の範囲外であるため，これ以上は述べない．

### ジエンポリマー

共役ジエンは1,4-付加反応で重合して付加重合体ができる．付加重合が起こるとモノマーには二重結合が一つずつ残るので，高分子主鎖の炭素原子4個につき二重結合が一つある．たとえば，天然ゴムは2-メチル-1,3-ブタジエン（イソプレン）が重合した高分子で，主鎖の炭素原子4個につき二重結合が一つある．天然ゴムではすべての二重結合が$Z$配置だ．天然ゴムは東南アジアに生育するゴムの木の樹液のラテックスから得られる．違う種類の木から得られるグッタペルカという天然樹脂は天然ゴムの異性体で，すべての二重結合が$E$配置だ．

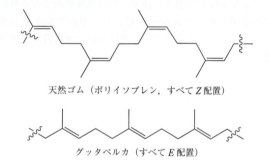

天然ゴム（ポリイソプレン，すべて$Z$配置）

グッタペルカ（すべて$E$配置）

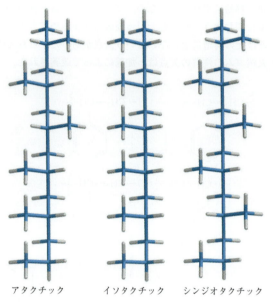

アタクチック　　イソタクチック　　シンジオタクチック

**図15・8** 高分子のアタクチック構造，イソタクチック構造，シンジオタクチック構造

高分子の立体規則性は融点と関係していて，イソタクチック構造とシンジオタクチック構造の高分子は高い融点を示す．そのため，沸騰するお湯にさらす製品にも利用できる．一方，ラジカル機構の連鎖重合で生成する高分子は，重合途中の水素引き抜きによって分岐もできるうえに，アタクチック構造であるために融点が低い．イソタクチック構造とシンジオタクチック構造をもつ高分子は，ドイツのKarl Ziegler とイタリアのGiulio Natta が設計した**チーグラー–ナッタ触媒**を使って合成される．この触媒を使うと分岐をもたない高分子を合成できる．立体規則性がある直鎖状高分子の合成方法の開発は，高分子化学に革命をもたらした．

チーグラー–ナッタ触媒は遷移金属を含む有機金属化合物だ．この触媒の調製方法はいくつかあるが，その一つはトリエチルアルミニウムと塩化チタン（III）を混合するというものだ．モノマーのアルケンを触媒とともに反

天然ゴムとグッタペルカは性質が異なる．二重結合に関する立体配置と分子量が違うことが，この2種類の高分子の性質の違いに現れている．天然ゴムの分子量は約100,000だが，グッタペルカの分子量は10,000にも満たない．天然ゴムの高分子鎖はすべて$Z$配置であるため，隣にある高分子鎖にぴったりと重なり合わずに隙間が生じる．その結果，天然ゴムは不規則に折れ曲がった構造をとる．その構造を反映して，力をかけて引っ張ると伸び，引っ張るのをやめると元の形に戻るという性質をもつ．一方，グッタペルカの二重結合部分は$E$配置で，飽和炭素原子部分はアンチ配座をとるので，高分子鎖は規則正しいジグザグ構造になる．その結果，グッタペルカは隣の高分子鎖にぴったりと重なり合うことができる．したがって，グッタペルカは結晶性が高くて硬く，弾性が低い物質だ．グッタペルカはかつてゴルフボールに使われていた．

高分子化学が始まって間もない頃，工場でイソプレンを重合して合成ゴムを調製する試みが行われた．当時は重合反応が立体特異的に進行しなかったため，その試みは失敗に終わった．しかし，現在はあらゆるチーグラー–

ナッタ触媒が入手できて，イソプレンの重合反応の立体化学を制御できるようになった．チタン触媒を使うと二重結合に対して$Z$配置をとるポリイソプレンが合成でき，バナジウム触媒を使うと$E$配置をとるポリイソプレンが合成できる．

ゴムの原料となる天然資源が採取されていたのは世界の中で一部の国や地域で，しかも戦争のような危機が起こると孤立する地域だった．そのため，米国の産業界では天然ゴムの代替となる高分子が求められ，2-クロロ-1,3-ブタジエンの重合体はその一つになると考えられていた．2-クロロ-1,3-ブタジエンはイソプレンと構造が似ていて，イソプレンのメチル基の代わりに塩素がついている．このジエンをラジカル重合すると$Z$体と$E$体の混合物となるだけでなく，1,2-付加体と1,4-付加体の混合物となる．しかし，チーグラー–ナッタ触媒を使って2-クロロ-1,3-ブタジエンを重合すると，二重結合に対して$E$配置のクロロプレンゴム（商品名 ネオプレン）だけが得られる．

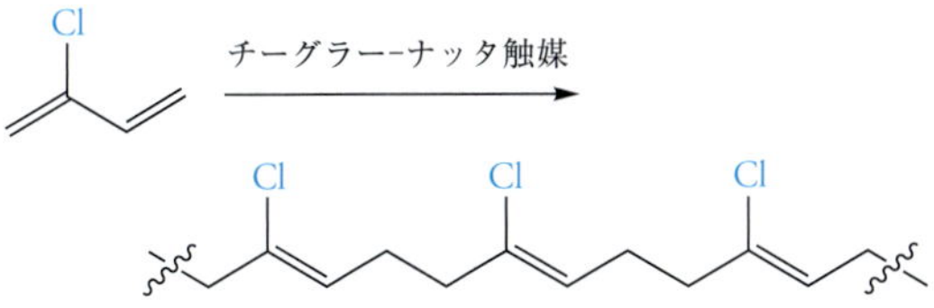

ネオプレンは酸化に対する耐久性が天然ゴムよりも高い．そのため，ガスケットや工業用ホースといった材料の製造にネオプレンが使用される．

## 15・9 縮合重合体

縮合反応とは，2種類の反応物が反応して水のような小分子とともに分子量が大きな生成物ができる反応だ．縮合反応は酸素や窒素を含む多くの官能基でみられる．縮合反応で得られる化合物には，エーテル，アセタール，エステル，イミン，アミドがある．

ここで高分子を与える縮合反応について考えてみよう．モノマーに含まれる官能基が反応するだけでは重合にならず，重合反応が起こるためにはもう一つの官能基で別の分子とつながる必要があるので，モノマーには官能基が二つ必要だ．縮合重合させるために官能基をモノマーに配置する方法は，大きく分けて2種類ある．一つは2種類の官能基を一つのモノマーに配置する方法であり，もう一つは官能基ごとに二つのモノマーに分けて配置する方法だ．前者の方法では，一つの化合物中にアミノ基とカルボキシ基のような二つの異なる官能基が含まれる．この場合，分子間でアミノ基とカルボキシ基が反応してアミドが形成されるが，生成するアミドの両端にはアミノ基とカルボキシ基が残るため，さらに反応が進行して縮合重合体が形成される．一般的な反応式を次に示す．

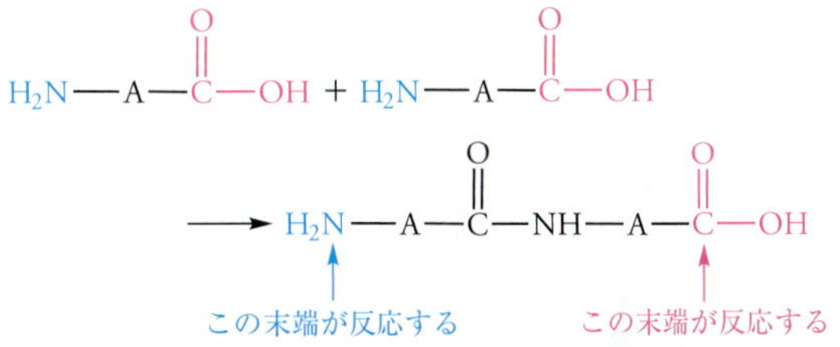

カルボキシ基の末端がモノマーのアミノ基部分とひき続き反応するか，アミノ基の末端がモノマーのカルボキシ基と反応すると，単一のモノマーの重合体であるホモポリマーができる．

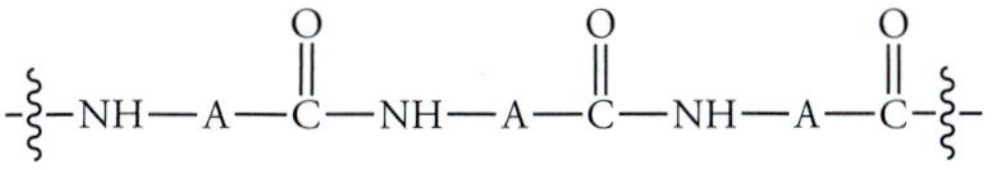

アミノ酸のホモポリマー（単独重合体）

縮合反応は2種類のモノマーの共重合でも起こる．その場合，同じ官能基を二つもつ2種類のモノマーを使うことになる．たとえば，ジカルボン酸とジオールをモノマーとして使う共重合反応があてはまる．重合反応で一方のモノマーの官能基が反応できるのは，別のモノマーの官能基だけだ．この種の共重合の一般的な反応式を次に示す．

---

**例題 15・5** 1,3-ブタジエンのラジカル重合で生成する高分子の一部は，主鎖にビニル基が結合している．その部分ができる理由を説明せよ．

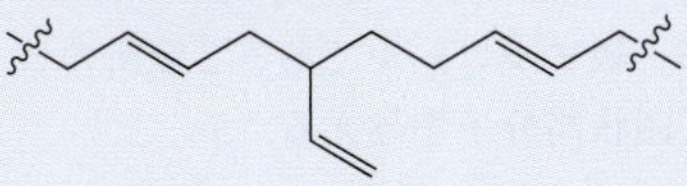

[解答] 主鎖にビニル基が結合しているということは，1,3-ブタジエンのビニル基以外の部分が主鎖に取込まれていることを意味する．したがって，アルケンの重合反応と同様に1,2-付加反応で重合したために，この部分ができた．

**例題 15・6** 天然ゴムをオゾン分解して得られる生成物の構造式を書け．グッタペルカをオゾン分解して得られる生成物の構造と違いがあるか答えよ．

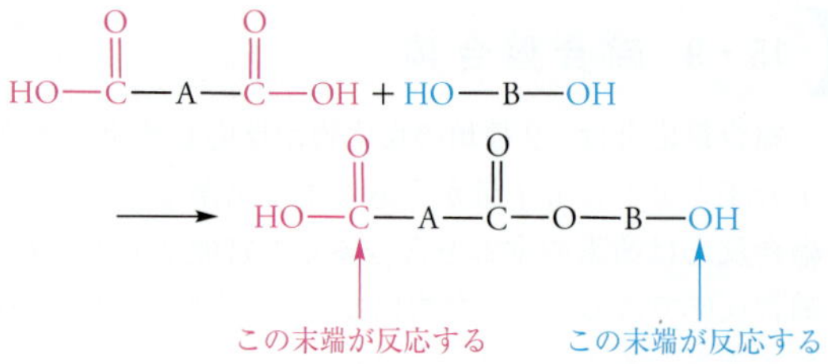

カルボキシ基の末端がジオールのモノマーのヒドロキシ基とひき続き反応するか，ヒドロキシ基の末端がジカルボン酸のモノマーのカルボキシ基と反応すると，共重合体ができる．

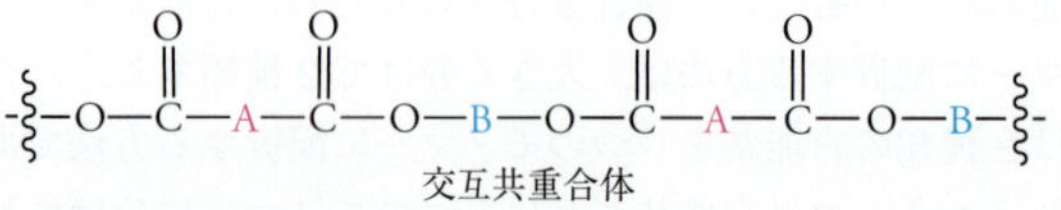

先に示したように，モノマーは二つの異なる官能基を含むことができるが，そのようなモノマーは縮重合ではあまり使われない．第一に，そのようなモノマーを合成する途中で重合が進行してしまうため，モノマーの調製が難しい．第二に，そのようなモノマーが適用できる重合反応は1種類だけになる．そのような理由から，異なる2種類のモノマーを使用して縮重合を行う方が一般的だ．各モノマーの合成は一般に直接的で，コストも比較的安価で済む．そのうえ，各モノマーは他のモノマーとの共重合にも使用できる．たとえば，ジカルボン酸はモノマーとしてどのジオールとも反応できて，多様なポリエステルが合成できる．

## 15・10 ポリエステル

米国で生産される合成繊維の約40%はポリエステルだ．ペットボトルのPETとして知られるポリエチレンテレフタラートは特に重要なポリエステルで，テレフタル酸とエチレングリコールの共重合体だ．

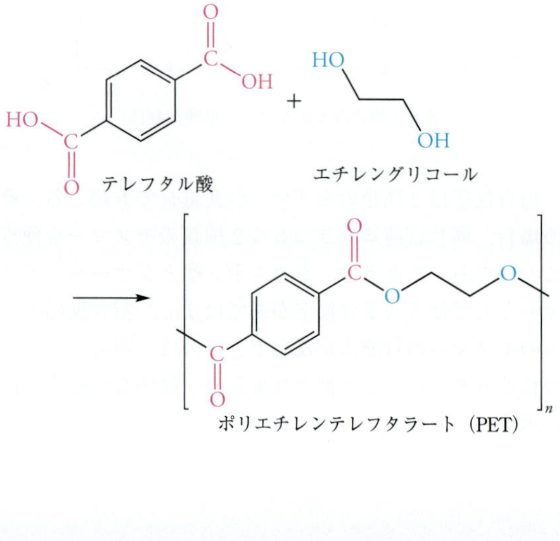

PETをはじめとするポリエステルは，エステル交換反応によって工業的に生産される．エステル交換反応とは，エステルのアルコキシ基をアルコールのアルコキシ基と交換して，別のエステルに変換する反応だ．この反応で平衡定数は1に近いが，平衡の位置は実験条件を変えることで制御できる．この場合，エチレングリコールはエステルに対する求核剤としてアルコキシ基を置換して，アルコールが脱離するとともに新たなエステル結合ができる．テレフタル酸ジメチルとエチレングリコールを150℃で反応させると，エステル結合がつぎつぎに置き換わってPETが生成する．この温度で反応物は揮発しないが，沸点が65℃である副生成物のメタノールは沸騰して気化する．そのため，メタノールが反応混合物から取除かれて，平衡が生成物側に偏ることで重合反応が進行する．

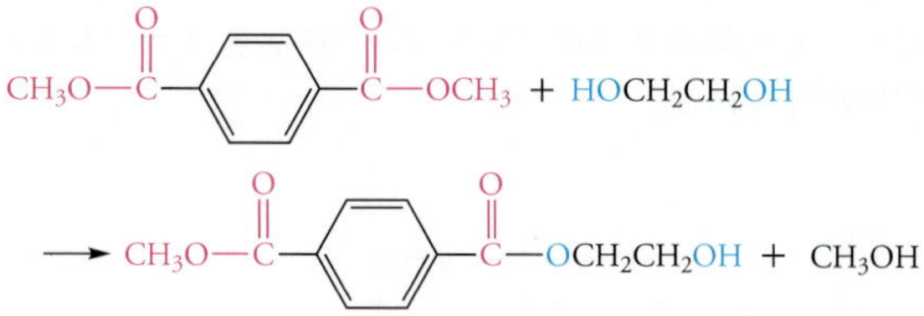

無水フタル酸や無水マレイン酸のような環状の酸無水物もグリコール（ジオール）と反応して，ポリエステルを生成する．酸無水物は二官能性分子で，グリコールと反応して直鎖状の交互共重合体を与える．

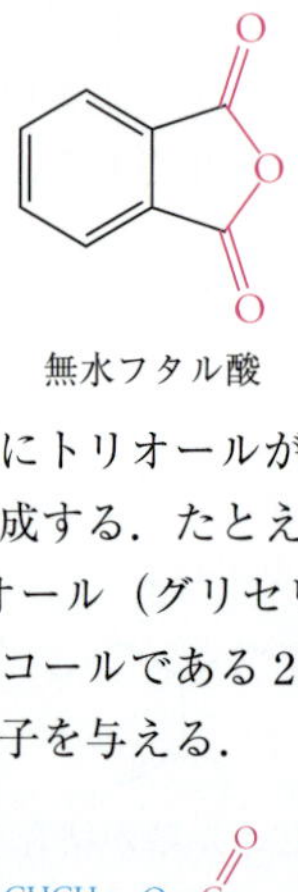

ジオールの代わりにトリオールが酸無水物と反応すると，架橋重合体が生成する．たとえば，無水フタル酸と1,2,3-プロパントリオール（グリセリン）との反応では，はじめに第一級アルコールである2箇所のヒドロキシ基と反応して鎖状高分子を与える．

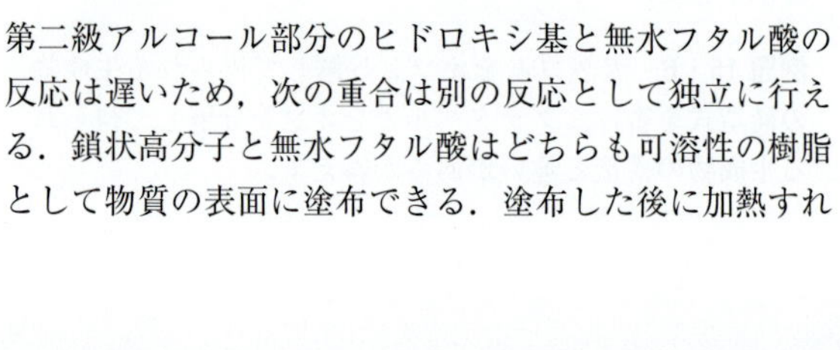

第二級アルコール部分のヒドロキシ基と無水フタル酸の反応は遅いため，次の重合は別の反応として独立に行える．鎖状高分子と無水フタル酸はどちらも可溶性の樹脂として物質の表面に塗布できる．塗布した後に加熱すれ

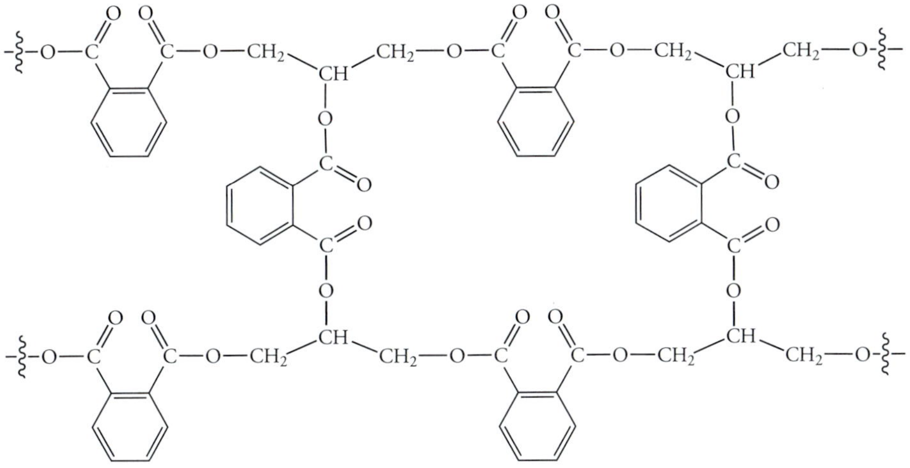

**図 15・9　縮重合体の架橋**　2 mol の 1,2,3-プロパントリオールと 3 mol の無水フタル酸の反応で，グリプタル樹脂とよばれる架橋重合体ができる．

ば，重合を起こして高分子直鎖を架橋できる．この反応で生成する架橋重合体はグリプタル樹脂とよばれ，不溶性で硬いプラスチックで熱硬化性樹脂だ（図 15・9）．

## 15・11　ポリカーボネート

炭酸エステルは炭酸（$H_2CO_3$）のエステルだ．しかし，炭酸自体が不安定なため，炭酸エステルを合成するのに炭酸とアルコールを原料として用いる方法は使えない．

炭酸　　　炭酸エステル

そのため，炭酸エステルは有毒ガスであるホスゲンとアルコールから合成される．ホスゲンには塩素原子が二つあるので，カルボニル炭素の求電子性が高い．ただし，アルコールと酸塩化物の反応の場合と同じように塩化水素が副生するので，塩基で中和する必要がある．

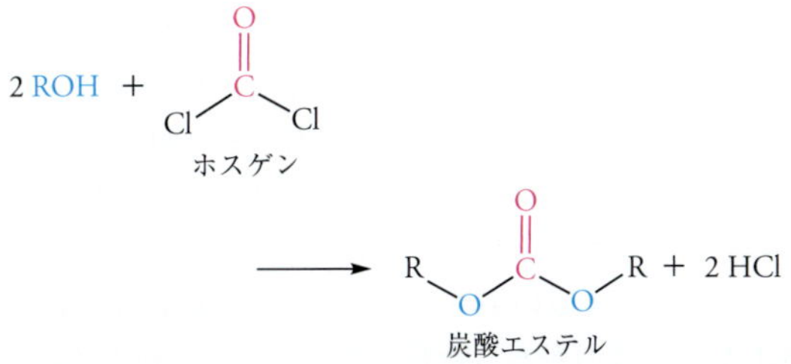

2 ROH + ホスゲン ⟶ 炭酸エステル R + 2 HCl

炭酸エステルが基本骨格の高分子であるポリカーボネートは，ジオールとホスゲンの反応で合成できるが，通常は炭酸エステルとジオールのエステル交換反応で合成する．炭酸ジエチルとビスフェノール A を反応させると，レキサンというポリカーボネート樹脂ができる．

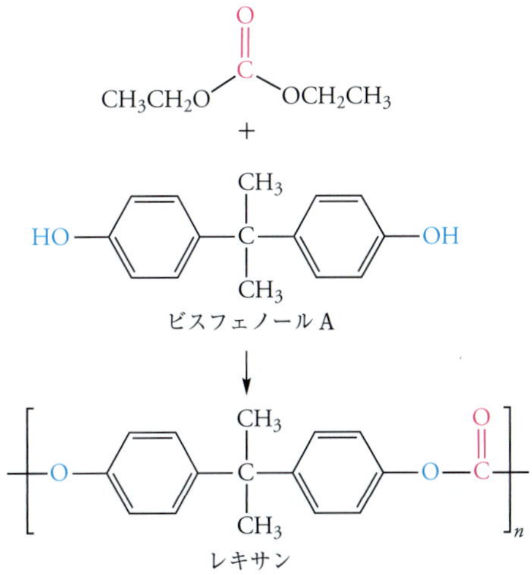

ビスフェノール A

レキサン

レキサンは衝撃強度が高く，ヘルメットや携帯電話の筐体に使われている．また，無色透明でもあるので，防弾ガラスや宇宙飛行士のヘルメットにも使用される．

## 15・12　ポリアミド

これまでに学んだように，アミドは酸塩化物とアミンから合成できる．よって，酸塩化物部分が二つあるモノマーとアミン部分が二つあるモノマーを反応させれば，ポリアミドを合成できる．しかし，酸塩化物は水をはじめとする求核剤に対する反応性が高いので，試薬が分解

しないように注意して保存する必要がある．そのため，酸塩化物は工業的用途にはあまり使われない．

アミドを合成する別の方法として，アミンとカルボン酸を直接加熱する方法がある．反応開始後にカルボン酸のアンモニウム塩ができるが，さらに加熱すると水分子を放出してアミドができる．

$$R\text{—}CO_2H + R'\text{—}NH_2 \longrightarrow [R\text{—}CO_2^-][R'\text{—}NH_3^+]$$
カルボン酸のアンモニウム塩

$$\xrightarrow{\text{加熱}} R\text{—}\underset{\underset{\text{O}}{\|}}{C}\text{—}NH\text{—}R' + H_2O$$

ポリアミドはジカルボン酸とジアミンの反応で合成できる．ジカルボン酸からジアミンへプロトンが移動して生成するジアンモニウム塩を250℃で加熱すると，水分子が放出されてポリアミドが生成する．ポリアミドのうち脂肪族骨格をもつものを総称して**ナイロン**（Nylon）とよぶ．そのなかでも，アジピン酸と1,6-ヘキサンジアミン（ヘキサメチレンジアミン）の反応で合成するポリアミドが最も有名で，ナイロン66という．アジピン酸と1,6-ヘキサンジアミンはどちらも炭素原子を6個もつ化合物だ．最初に生成するアンモニウム塩はナイロン塩とよばれる．

繰返し構造を含むナイロン6とよばれるホモポリマーが生成する．

ナイロンは合成繊維として多くの製品に使用されている．たとえば，衣類，ロープ，タイヤ，パラシュートなどに使用されているほか，衝撃強度が高くて摩耗にも強いため，ベアリングやギアにも利用できる．

## 15・13　ポリウレタン

ウレタンはカルバミン酸のエステルだ．炭酸と同じくカルバミン酸も不安定で，アンモニアと二酸化炭素に分解する．したがって，カルバミン酸のエステル化反応ではウレタンを合成できない．

しかし，窒素原子上に置換基Rがあるウレタンはイソシアナートにアルコールを加えることで合成できる．この反応はイソシアナートの炭素-窒素二重結合に対してアルコールが付加することで起こる．

ポリウレタンはジイソシアナートにジオールを反応させることで合成できる．最もよく使用されるジイソシアナートは，メチル基のオルト位とパラ位にイソシアナート基がある2,4-トルエンジイソシアナートだ．ジイソシアナートにエチレングリコールを加えると重合反応が起こり，ポリウレタンが生成する（右ページ図）．

ポリウレタンのおもな用途はウレタンフォームだ．液状の高分子にガスを吹き込んで発泡させると，高分子が冷えたときに多数の小さな穴が空いた状態で固まる．でき上がった弾力がある物質はクッションに利用される．架橋するようなモノマーを使って重合すれば，ビルの建築で断熱材に使う硬質ウレタンフォームができる．

アミンとカルボン酸の両方をもつ単一のモノマーからも，ポリアミドを合成できる．また，ラクタムとよばれる環状構造のアミド化合物もポリアミドに変換できる．ラクタムを加水分解するとアミノ酸が生成し，さらに続いて重合できる．ε-カプロラクタムを触媒量の求核剤とともに加熱すると，求核剤がカルボニル炭素原子に攻撃して開環反応が起こる．この場合の求核剤は水でよい．生成するアミノ酸のアミノ基は求核性があるため，もう一分子のラクタムと反応する．こうして生成したラクタムの二量体に含まれるアミノ基がさらにもう一分子のラクタムと反応すると，ラクタムの三量体ができる．このようにして反応がつぎつぎに起これば，炭素原子6個の

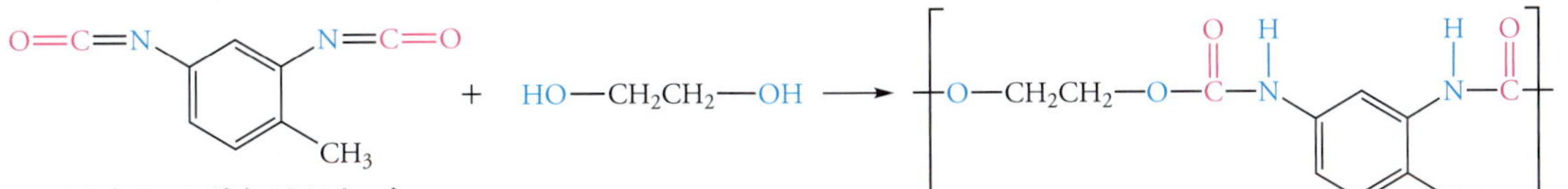

## 練習問題

(上部図: 2,4-トルエンジイソシアナート + HO—CH₂CH₂—OH → ポリウレタン)

### 高分子の性質

**15・1** 2-メチルプロペンを重合して得られる高分子が融点の低い粘着性のエラストマーである理由を説明せよ.

**15・2** 次のジアミンとアジピン酸を重合して得られる高分子とナイロン66で性質がどのように違うか説明せよ.

$$CH_3-NH-(CH_2)_6-NH-CH_3$$

**15・3** 1,2,4,5-ベンゼンテトラカルボン酸二無水物 (ピロメリット酸二無水物) がどのようにして熱硬化性ポリエステルになるか説明せよ.

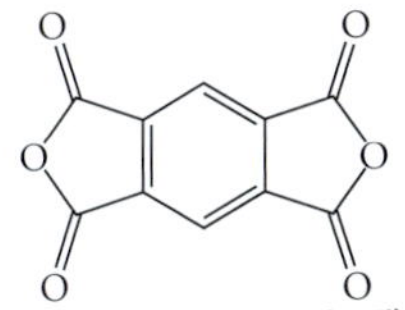

(図: 1,2,4,5-ベンゼンテトラカルボン酸二無水物)

**15・4** 1,4-ブタンジオールとテレフタル酸からできる共重合体とPETで性質がどのように違うか説明せよ.

### 付加重合体

**15・5** 酢酸ビニルはチューインガムに使われる高分子の合成に使われている. その高分子の構造式を書け.

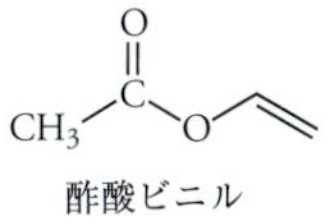

(図: 酢酸ビニル)

**15・6** ポリビニルアルコールの構造式を書け. ポリ酢酸ビニルを加水分解するとポリビニルアルコールが生成する理由を説明せよ.

**15・7** 次の高分子を合成するために必要なモノマーの構造式を書け.

$$-CFCl-CF_2-CFCl-CF_2-CFCl-CF_2-$$

**15・8** ヘキサフルオロプロペンはYitonという高分子を合成するために必要なモノマーだ. この高分子の構造式を書け.

### 連鎖反応

**15・9** ポリスチレンの合成時に短鎖分岐反応で生成する分岐部分の構造式を書け.

**15・10** ラジカル重合を起こす反応条件で1-ヘキセンを重合すると, 主鎖にメチル基が結合した高分子も生成する. その理由を説明せよ.

### 共重合体

**15・11** イソプレンと2-メチルプロペンの交互共重合体の構造式を書け.

**15・12** ヘアスプレーには次のモノマーからなる共重合体の溶液を含むものがある. その共重合体の構造式を書き, 髪のセットに使える理由を説明せよ.

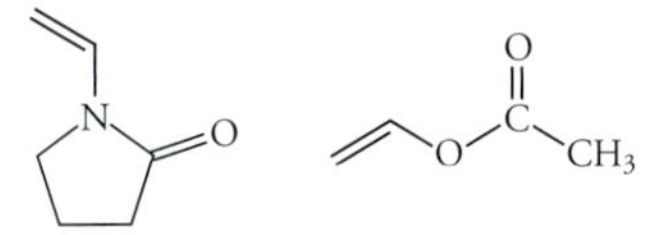

(図: 2つのモノマー構造)

**15・13** サランは塩化ビニリデンと少量の塩化ビニルからなる共重合体だ. サランの構造式を書け.

### 架橋重合体

**15・14** タイヤのゴムとゴム手袋で架橋の数はどう違うか.

**15・15** 無水マレイン酸と1,2-プロパンジオールからできるポリエステルの構造式を書け. そのポリエステルをスチレンと反応させるとどのように架橋が起こるか説明せよ.

### 重合の立体化学 (立体規則性)

**15・16** 次のアルケンのうち, 重合してイソタクチック構造またはシンジオタクチック構造になりうるものを示せ.
(a) 1-クロロエテン
(b) 1,1-ジクロロエテン
(c) 2-メチルプロペン
(d) スチレン

**15・17** シンジオタクチック構造のポリプロピレンは光学活性になるか. イソタクチック構造のポリプロピレンはどうか.

**15・18** チーグラー–ナッタ触媒を使って (S)-3-メチル-1-ペンテンの重合反応を行うと, イソタクチック構造の高分子ができる. 高分子鎖のアルキル基はどのような関係にあるか.

**15・19** バナジウム触媒を使ってエチレンと cis-2-ブテンの重合反応を行うと, シンジオタクチック構造の共重合体ができる. この共重合体の構造式を書け.

## 縮合重合体

**15・20** 次の高分子を合成するために必要なモノマーの構造式を書け．

(a), (b), 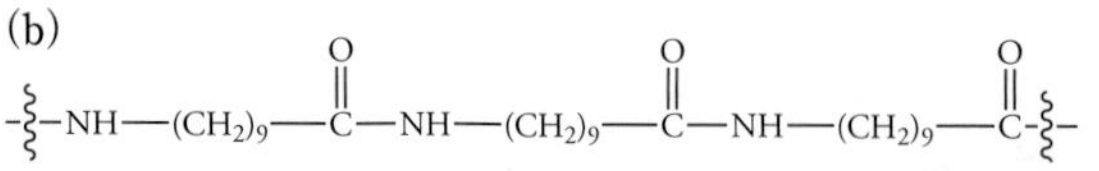 (c)

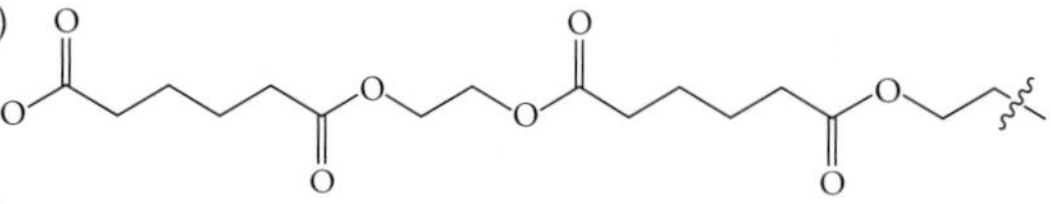

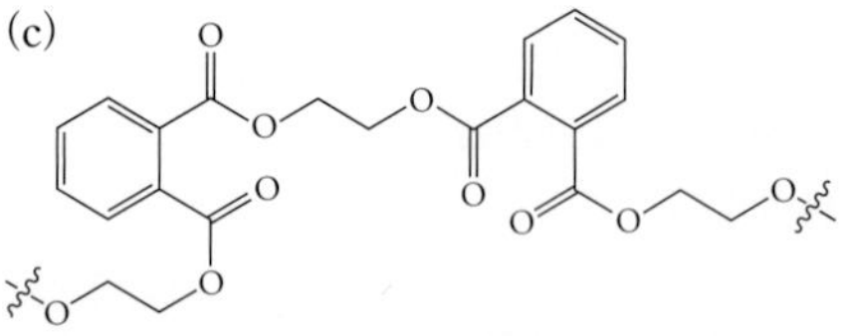

**15・21** 次の高分子を合成するために必要なモノマーの構造式を書け．

(a), (b), 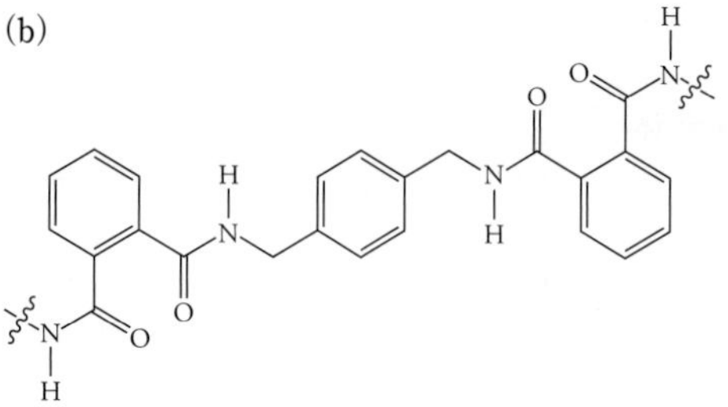 (c)

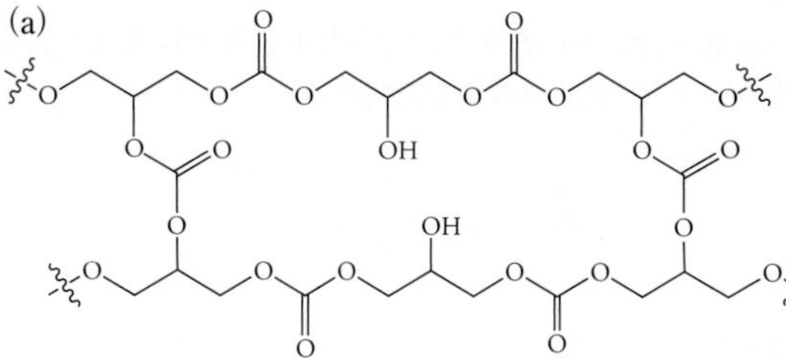

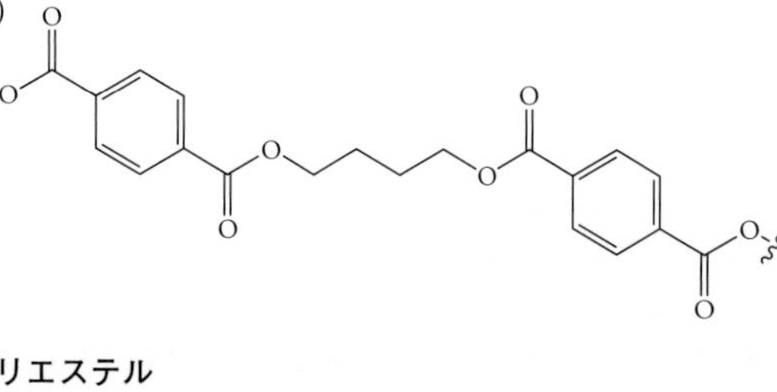

## ポリエステル

**15・22** 乳酸の単独重合体は医療用インプラント材料に使われている．その重合体の構造式を書け．

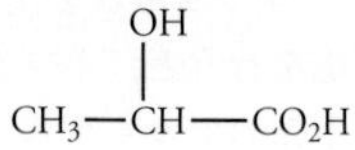

乳酸

**15・23** β-プロピオラクトンに触媒量の水酸化物イオンを作用させると重合反応が起こる．重合体の構造式を書け．重合反応がどのようにして継続するか説明せよ．

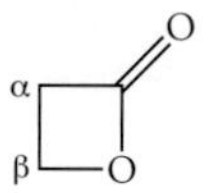

β-プロピオラクトン

**15・24** コーデルはテレフタル酸と trans-1,4-ビス(ヒドロキシメチル)シクロヘキサンからなる高分子だ．この高分子の構造式を書け．

**15・25** 次のポリエステルを合成するために必要なモノマーの構造式を書け．このポリエステルの特徴は何か．

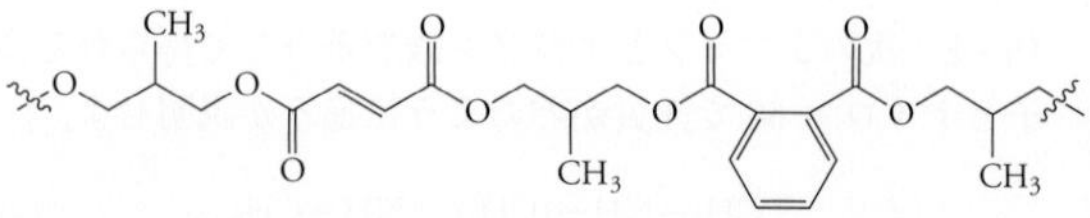

## ポリアミド

**15・26** 次の構造式はキアナというポリアミドの構造式だ．$x$ は 8, 10, 12 のどれかだ．このポリアミドを構成するモノマーの構造式を書け．$x$ が変わることでポリアミドの性質がどのように変化するか書け．

**15・27** 次の構造を繰返し単位として含むポリアミドは，あるラクタムの反応によって合成される．そのラクタムの構造式を書け．

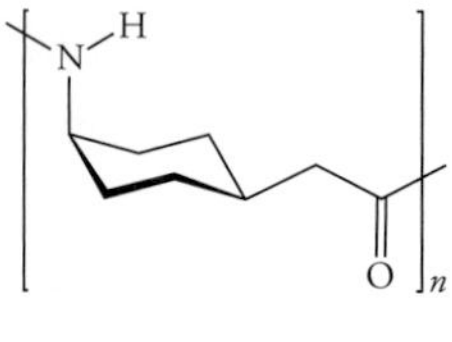

## ポリウレタン

**15・28** トルエンジイソシアナートとエチレングリコールの重合にグリセリンを加えると，より硬いウレタンフォームができる理由を説明せよ．

**15・29** テトラメチレングリコールのオリゴマーがトルエンジイソシアナートと反応するとポリウレタンができる．そのポリウレタンの構造式を書け．

テトラメチレングリコールのオリゴマー

# 16　分 光 法

回転する原子核と磁気モーメント

## 16・1　スペクトルによる構造決定

　天然物にしろ，化学反応生成物にしろ，化合物の分子構造の決定は実験化学において重要な位置を占める．構造がわからなければ，その物理的性質も化学的性質も説明できないからだ．かつては，構造不明の有機化合物に対して化学反応を行って別の化合物へと誘導し，既知化合物と関連づけることで分子構造を決定していた．複雑な有機分子の場合は，大きい分子から小さい分子へと系統的に分解する反応を用いるなど，複数段階の反応を経て得られる生成物の特徴から，各段階の反応前の化合物の構造を順にさかのぼって推定した．そのため，構造決定にはとても時間がかかっていた．たとえば，分子式 $C_5H_{10}O$ の比較的単純な化合物の構造決定を考えてみよう．分子式から考えて，エーテル，アルコール，アルデヒド，ケトンのいずれかを官能基として含む 88 個の異性体の可能性がある．官能基と炭化水素骨格を決めるためには，88 個の可能性について何通りもの反応を行わなければならない．しかも，反応ごとに試料の一部を消費してしまうため，試料を回収できないという欠点がある．

　今日では有機化合物の構造を決定するために，スペクトル測定という非破壊分析による方法が用いられている．化学反応による構造決定の方法と比較して，分光計でスペクトルを測定する分光法ではわずかな量の試料で構造決定できる．そのうえ，スペクトルの測定は短時間ですむし，測定後は試料を元の状態で回収できる．この章では，紫外分光法，赤外分光法，核磁気共鳴分光法について学ぶ．それぞれの分光法からは違う種類の情報が得られるので，複数の分光法を組合わせて構造を決定する．

　**紫外（UV）分光法**（ultraviolet spectroscopy）や**紫外可視（UV/vis）分光法**（UV/visible spectroscopy）からは化合物の π 電子系についての情報が得られ，共役化合物と非共役化合物を判別できる．一方，**赤外（IR）分光法**（infrared spectroscopy）は分子内にある官能基を決定するのに役立つ．前述した分子式が $C_5H_{10}O$ である化合物の構造決定についてもう一度考えてみよう．赤外分光法を使うと酸素を含む官能基を決定できるので，88 個の異性体のうちのある程度の可能性を排除できる．もし赤外分光法からこの化合物がケトンだとわかれば，次の三つの化合物に絞れる．

$$CH_3-CH_2-\overset{\overset{O}{\parallel}}{C}-CH_2-CH_3$$

$$CH_3-\overset{\overset{O}{\parallel}}{C}-CH_2-CH_2-CH_3$$

$$CH_3-\overset{\overset{O}{\parallel}}{C}-\underset{\underset{CH_3}{|}}{CH}-CH_3$$

この化合物（$C_5H_{10}O$）が赤外分光法からケトンであるとわかっても，構造を確定するためにはカルボニル炭素原子に結合する置換基の炭素骨格を決めなければならない．**核磁気共鳴（NMR）分光法**（nuclear magnetic resonance spectroscopy）からは化合物の炭化水素骨格に関する情報が得られる．構造的に非等価な炭素原子核や水素原子核の情報が得られるので，ケトンの構造を確定できる．UV，IR，NMR の各分光法はそれぞれ UV スペクトル，IR スペクトル，NMR スペクトルとよばれることも多い．

この章では分光法の一般論について学んだ後に，UV スペクトルと IR スペクトルについて学ぶ．その後に，$^1$H NMR スペクトルから得られる構造的に非等価な水素原子核の情報を使って，炭素原子の配列を推定する方法を学ぶ．最後に，$^{13}$C NMR スペクトルで炭素原子の構造的な違いをどのようにして調べるかを学ぶ．

## 16・2 スペクトルの原理

**分光学**（spectroscopy）とは，電磁波と分子の相互作用に関する学問だ．電磁波の種類にはX線，紫外線，可視光，赤外線，マイクロ波，ラジオ波などがあり，光速（$3 \times 10^8$ m/s）で空間を移動する波として表現される．電磁波は波長（$\lambda$，ギリシャ文字のラムダ）と振動数（$\nu$，ギリシャ文字のニュー）で規定される．波長とは1周期分の波の長さであり，谷から谷までの長さのことだ（図 16・1）．波長はメートル（m）単位で表す．振動数とは任意の点を単位時間あたり通過する波の数のことで，言い換えれば単位時間あたりに繰返す波の数のことだ．振動数はヘルツ（Hz）という単位で表す．電磁波の波長と振動数は反比例の関係にあり，光速 $c$ を使って $\lambda = c/\nu$ という式で表せる．したがって，電磁波の波長が長くなるほど，振動数は小さくなる．

電磁波のエネルギー $E$ は量子化されており，次の (16・1) 式で表される．

$$E = h\nu \tag{16・1}$$

この式の比例定数 $h$ はプランク (Planck) 定数とよばれる．この式からわかるように，電磁波のエネルギーは電磁波の振動数に比例する．波長と振動数は反比例し，$\lambda = c/\nu$ という関係にあるので，式変形して (16・2) 式のように表せる．

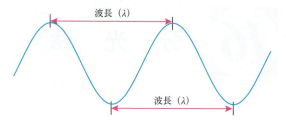

図 16・1 電磁波 電磁波の波長 $\lambda$ は繰返される波の山から山までの長さ，または谷から谷までの長さだ．

$$E = \frac{hc}{\lambda} \tag{16・2}$$

電磁波のエネルギーは波長の逆数（$1/\lambda$）にも比例する (16・3 式)．波長の逆数を**波数**（wavenumber）とよぶ．(16・1) 式と (16・3) 式を見るとわかるように，振動数は波数に比例し，$\nu = c(1/\lambda)$ という関係にある．

$$E = hc\left(\frac{1}{\lambda}\right) \tag{16・3}$$

紫外線と赤外線で振動数を比べると，紫外線の方が振動数は大きい（図 16・2）．言い換えると，紫外線の方が赤外線よりも波長は短い．電磁波のエネルギーは振動数に比例することから，紫外線の方が高いエネルギーをもつ．

分子は特定の不連続な量のエネルギーだけを吸収できる．ある分子がもつエネルギーを $E_1$ から $E_2$ へと変化させるには，その差分のエネルギー（$E_2 - E_1$）に相当する振動数ないし波長をもつ電磁波からエネルギーを吸収しなければならない．分子がエネルギーを吸収することで，電子エネルギーや振動エネルギーが変化する．たとえば，ある分子に対して紫外線を照射すると $\pi$ 結合の電子配置の変化が起こり，赤外線を照射すると結合の伸縮や結合角の変化が起こる．

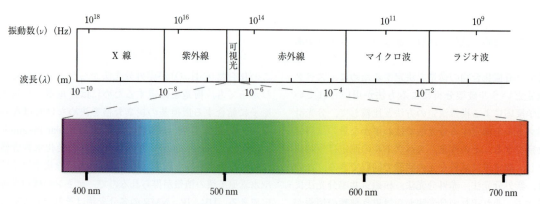

図 16・2 電磁スペクトル 電磁スペクトルとは，電磁波の振動数と波長で電磁波の領域を表したものだ．有機化合物の吸収を同定するためには，波長または波数（波長の逆数）が通常は使われる．可視光領域の拡大図とともに，可視光領域と他の領域の関係を示す．

さまざまな種類の分光法があるが，どの分光法でも光源から出た電磁波は試料を通過する．その際に試料が特定の波長の電磁波を吸収する場合もあれば，吸収しない場合もある．ほとんどの分光法では波長を系統的に変化させながら，試料に電磁波を照射する．電磁波の波長が分子のエネルギー変化に必要なエネルギー（$E_2-E_1$）と一致すると，分子はその電磁波を吸収する．どの波長の光がどれだけ吸収されたかを検出器で測定し，どの程度の強さの光が分子に吸収されて弱まるか（**吸光度**）を波長ごとに連続的に記録し，スペクトルを描く（図 16・3）．ただし，多くの場合に分子は光を吸収しないので，検出器で検出される光量はほとんどの波長で光源から出た光量と変わらない．そのような部分では横軸に対して水平で，スペクトルのベースラインになる（図 16・3）．光源から放出された光量よりも検出器に届く光量が少なくなるのは，分子が特定の波長の光を吸収する場合に限られる．元の光量と検出された光量の違いは，その波長の光の吸収として記録される．ある波長領域においてこの操作を連続的に行うことでスペクトルが得られる．

吸光度の強さは化合物の構造と溶液中の試料濃度によって決まる．良いスペクトルを得るために $10^{-5}$～$10^{-3}$ mol L$^{-1}$ の範囲の濃度が一般に使用される．よって，UV スペクトルを測定するために必要な試料の量はごくわずかでよい．

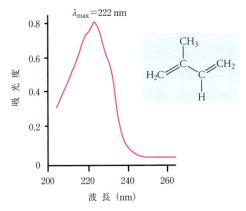

図 16・4 イソプレンの UV スペクトル メタノールに溶かしたイソプレンの UV スペクトル（極大吸収波長 $\lambda_{max}=222$ nm）．このスペクトルは共役ジエンの UV スペクトルの典型的な例だ．

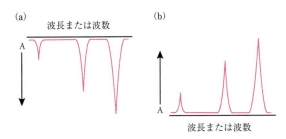

図 16・3 スペクトルの特徴 光の吸収が起こらない部分はスペクトルのベースラインになる．ベースラインは水平で，グラフの一番上か一番下にある．IR スペクトルでは(a)のようにベースラインがスペクトルの一番上にあり，吸収はベースラインから下に伸びるピークとして書かれる．NMR スペクトルでは(b)のようにベースラインがスペクトルの一番下にある．

π 共役系がエネルギーを吸収すると，π 電子が高いエネルギー準位へと移動(励起)する．共役分子の電子を励起するために必要な紫外線の波長は化合物の構造によって決まるため，UV スペクトルから共役の度合いに関する情報が得られる．化合物中に含まれる共役二重結合の数が増加するにつれて，その化合物が吸収する光の波長も長くなる．たとえば，1,3-ブタジエンの $\lambda_{max}$ は 217 nm だが，1,3,5-ヘキサトリエンと 1,3,5,7-オクタテトラエンの $\lambda_{max}$ はそれぞれ 268 nm と 304 nm だ．この結果は，共役二重結合の数が増加するにつれて，より低いエネルギーで電子を励起できるようになることを意味する．

広範囲にわたって共役した二重結合をもつ天然物は長波長の光を吸収するので，スペクトルの可視光領域（400〜800 nm）に $\lambda_{max}$ が観測される．ニンジンに含まれる β-カロテンは電磁スペクトルで青色とされる 455 nm の波長の光を吸収する．青色の光が吸収されると，ヒトの目には橙色の光として伝わる．つまり，われわれは物質に吸収された光の補色を見ているのだ．このように，化合物の色から $\lambda_{max}$ に関する定性的な情報が得られる（表 16・1）．化合物が少しでも可視光を吸収すると，色がついているように見える．紫外線領域の光だけを吸収する化合物では可視光を吸収しないため，ヒトの目には無色に見える．

## 16・3 紫外分光法

電磁スペクトルの紫外線領域は波長が 10〜400 nm の範囲のことをさす（1 nm=$10^{-9}$ m）．その中でも 200〜400 nm の近紫外線領域では共役二重結合をもつ分子がエネルギーを吸収する．σ 結合や孤立した炭素–炭素二重結合がエネルギーを吸収するためには，もっと大きな振動数の電磁波が必要となる．紫外(UV)スペクトルは単純な形をしていて，縦軸は光の吸光度を，横軸に光の波長を nm 単位で描図したものだ（図 16・4）．紫外線のピークの波長を極大吸収波長とよび，$\lambda_{max}$ と表す．

ポリエン以外の π 共役分子も紫外線を吸収する．たとえば，ベンゼンは 254 nm の光を吸収する．芳香環上の

表 16・1 物質に吸収される光の波長と補色

| 吸収される光の波長(nm)と色 | 補色 |
|---|---|
| 400 （青紫） | 黄緑 |
| 450 （青） | 橙 |
| 510 （緑） | 紫 |
| 590 （橙） | 青 |
| 640 （赤） | 青緑 |
| 730 （紫） | 緑 |

**例題 16・2** ナフタレンとアズレンはどちらも長い π 共役系をもち，異性体の関係にある．ナフタレンは無色化合物だが，アズレンは青色の化合物だ．アズレンが実際に吸収する光は何色か推定せよ．

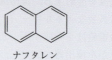
ナフタレン

アズレン

置換基は吸収波長に影響を及ぼす．他の π 共役分子でも置換基は吸収波長に影響し，ジエンやトリエンにメチル基が一つ置換するごとに極大吸収波長が約 5 nm ずつ長くなる．芳香環や π 共役分子の置換基が UV スペクトルの波長に与える影響が解明され，化合物の構造と UV スペクトルの関係がまとめられた．その結果，未知化合物の構造決定に UV スペクトルを利用できるようになった．

## 16・4 赤外分光法

分子内の原子は結合によって結びついているが，その場で静止しているわけではない．分子内の各結合は伸縮していて，分子構造に応じたさまざまな振動数で振動している．同様に，ある原子から伸びる二本の結合のなす結合角も，分子構造に応じた振動数でわずかではあるが変化する．このような結合の伸縮と結合角の変化(変角)の振動数は，電磁スペクトルの赤外線領域の光の振動数と対応する．分子内のあらゆる種類の結合と結合角は，それぞれ特定の波長の赤外線を吸収する．ごく単純な有機化合物でも赤外線領域の吸収の数はとても多い．

1-メチルシクロペンテンの IR スペクトルを図 16・5 に示す．グラフの横軸は波数で，それぞれの波数で光の透過率(%)を示すスペクトルが描かれている．赤外線領域の光の吸収は，グラフの下の方へ向かうピークに対応する．光の波長は吸収された光のエネルギーと反比例するので，低波数側（長波長側，グラフの右側）で吸収が

**例題 16・1** 2,4-ジメチル-1,3-ペンタジエンの $\lambda_{max}$ を推定せよ．

2,4-ジメチル-1,3-ペンタジエン

[解答] この化合物は共役した二つの二重結合をもつので，1,3-ブタジエンと同様に約 217 nm の波長の光を吸収するはずだ．しかし，ブタジエンの π 共役系から二つのメチル基が分岐しているうえに，C5 位炭素としてもう一つメチル基がある．メチル基が一つ置換すると極大吸収波長が 5 nm 長くなるので，この化合物は 217 + 5×3 = 232 nm の光を吸収すると予想される．

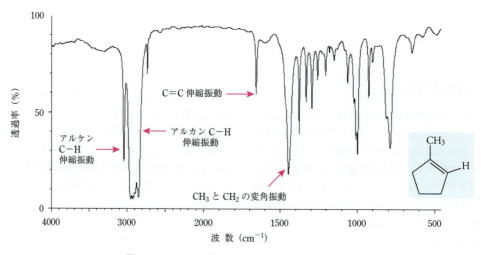

図 16・5　1-メチルシクロペンテンの IR スペクトル

起こるということは，分子の振動に必要なエネルギーが低いことを意味する．IRスペクトルを見ると吸収の波数つまり $1/\lambda$ の値もわかる．吸収された光のエネルギーは波数に比例する．高波数側（短波長側，グラフの左側）で吸収が起こるということは，分子の振動に高エネルギーが必要であることを意味する．有機分子のIRスペクトルは複雑で，ピークごとの解析はとても難しい．しかし，スペクトル全体は化合物に特有の形をしているので，IRスペクトルを使って有機化合物を同定できる．構造不明の化合物のIRスペクトルと構造既知の化合物のIRスペクトルを比較してみて，ピークの本数，波長，強度が同じであれば，二つの試料は同一の化合物と見てよい．もしも未知化合物のスペクトルに既知化合物のスペクトルとは違うピークが何本かあったら，違う化合物であるか，もしくは未知化合物に不純物が混ざっていたために余計なピークが見えているかのどちらかだ．一方，既知化合物のスペクトルに現れるピークが未知化合物のスペクトルに欠けていたら，二つの化合物は同じではなく，違う構造をしていることになる．

### 特性吸収帯

有機化合物のIRスペクトルは複雑だが，共通の官能基をもつ化合物のスペクトルには共通した特徴的な吸収がみられる．特定の結合や官能基の振動に対応する特徴的な吸収のことを官能基の**特性吸収帯**（characteristic absorption band）とよぶ．特性吸収帯の有無がわかれば，化合物の構造決定がやりやすくなる．たとえば，1-メチルシクロペンテンの $1650\ \mathrm{cm}^{-1}$ の吸収は炭素-炭素二重結合の伸縮振動によるものだ（図16・5）．炭素-炭素二重結合の吸収の正確な位置はアルケンの種類によってわずかに違うが，どれも $1630 \sim 1670\ \mathrm{cm}^{-1}$ の範囲に収まる．3-メチルシクロペンテンやシクロヘキセンといった異性体の炭素-炭素二重結合も，その領域に吸収をもつ．しかし，その他の領域ではスペクトルの形が異なり，1-メチルシクロペンテンと同一ではない．

以降の節では，数種類の特性吸収帯について学ぶ．多少の構造の違いによって生じる特性吸収帯の些細な違いは本書では議論しない．

### 炭化水素化合物の構造決定

第3章で，多重結合の有無によって，炭化水素化合物が飽和炭化水素化合物と不飽和炭化水素化合物の2種類に分類できることを学んだ．非環式飽和炭化水素化合物の分子式は $C_nH_{2n+2}$ だが，多重結合があると水素原子の数はそれより少なくなる．しかし，たとえ炭化水素化合物の水素原子の数が少なくても，多重結合を必ず含むというわけではない．1-オクテンとシクロオクタンは分子式（$C_8H_{16}$）が同じだが，1-オクテンと違ってシクロオクタンは多重結合を含まない．

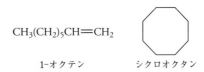

1-オクテン　　　　シクロオクタン

1-オクテンにあってシクロオクタンには欠けている構造的特徴は，炭素-炭素二重結合と炭素($sp^2$)-水素結合だ．よって，これら特徴的な結合の特性吸収帯は1-オクテンのスペクトルにはあるが，シクロオクタンのスペクトルにはない．

次に，1-オクチンとその異性体である二環式炭化水素化合物*の違いについて考えてみよう．

$$CH_3(CH_2)_5C\equiv CH$$

1-オクチン　　　　二環式炭化水素化合物

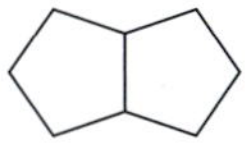

1-オクチンにあって，この二環式炭化水素化合物に欠けているものは，炭素-炭素三重結合と炭素(sp)-水素結合だ．よって，これらの結合の特性吸収は1-オクチンのスペクトルにはあるが，二環式炭化水素化合物のスペクトルにはない．炭素-水素結合が吸収する赤外線のエネルギーの高低は炭素原子の軌道の混成状態に依存する（表16・2）．炭素-水素結合の強さは $sp^3 < sp^2 < sp$ の順になる．混成軌道のs性が増すと結合電子対は炭素原子に近づいたままになり，結合が伸縮するためにより高いエネルギーが必要となる．実際に，オクタンなどの飽

表16・2　さまざまな結合の特性吸収帯

| 化合物の種類 | 結合 | 波数（$\mathrm{cm}^{-1}$） |
|---|---|---|
| アルカン | C−H | 2850〜3000 |
| アルケン | C−H | 3080〜3140 |
|  | C=C | 1630〜1670 |
| アルキン | C−H | 3300〜3320 |
|  | C≡C | 2100〜2260 |
| アルコール | O−H | 3300〜3600 |
|  | C−O | 1050〜1200 |
| エーテル | C−O | 1070〜1150 |
| アルデヒド | C=O | 1725 |
| ケトン | C=O | 1700〜1780 |

---

\* 訳注：この二環式化合物の名前はビシクロ[3.3.0]オクタンだ．角括弧内の三つの数字は分岐点となる二つの炭素原子の間に挟まれている炭素原子数を表す．

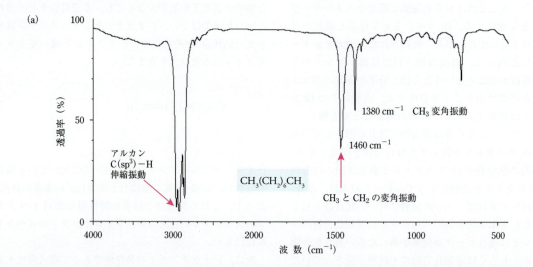
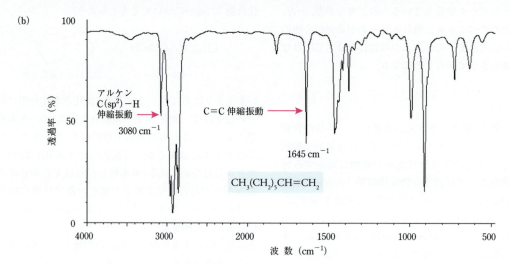
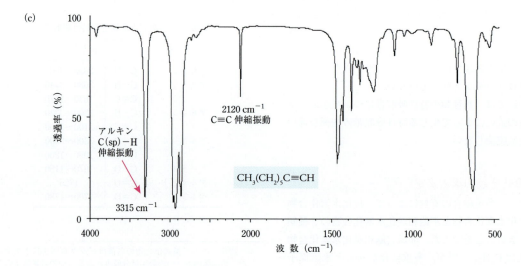

図 16・6 IR スペクトル　(a) n-オクタン，(b) 1-オクテン，(c) 1-オクチン.

和炭化水素化合物の炭素($sp^3$)-水素結合は 2850～3000 $cm^{-1}$ の領域の赤外線を吸収する一方で（図 16・6a），1-オクテンなどのアルケンの炭素($sp^2$)-水素結合は 3080～3140 $cm^{-1}$ の赤外線を吸収する（図 16・6b）．1-オクテン分子内には炭素($sp^3$)-水素結合に由来する吸収もあるが，その吸収の位置から炭素($sp^2$)-水素結合の吸収は明確に離れている．1-オクチンなどのアルキンの炭素(sp)-水素結合は 3300～3320 $cm^{-1}$ の赤外線を吸収し，さらに高波数側になる（図 16・6c）．

炭化水素化合物は炭素-炭素結合の種類でも分類できる．炭素-炭素結合の強さは単結合＜二重結合＜三重結合の順に強くなる．よって，各炭素-炭素結合の伸縮振動の吸収ピークの位置は，波数($cm^{-1}$)単位で見ると同じ順で大きくなる．飽和炭化水素化合物はいずれも多くの炭素-炭素単結合を含み，800～1000 $cm^{-1}$ の赤外線を吸収するが，吸収強度はとても弱い．不飽和炭化水素化合物に含まれる炭素-炭素単結合も同じ波数領域の光を吸収する．それ以外にも多くの結合の伸縮振動と結合角の変角振動が同じ波数領域で起こり，その吸収の強度はもっと強い．よって，この領域に吸収があっても，化合物の構造を決定するためにはあまり役立たない．さらにいえば，有機化合物に炭素-炭素単結合が含まれていることは自明なので，IRスペクトルから炭素-炭素単結合の存在が判明してもあまり意味がない．

不飽和炭化水素化合物のうち，炭素-炭素二重結合化合物は 1630～1670 $cm^{-1}$ の領域にある炭素-炭素二重結合の吸収を観測することで同定できる．この吸収の強度は二重結合に対する置換基の数が増すほど弱くなり，末端アルケンが最も強い吸収を示す．1-オクテンの二重結合の吸収は 1645 $cm^{-1}$ に観測される（図 16・6b）．

炭素-炭素三重結合の吸収は 2100～2140 $cm^{-1}$ に観測される．末端アルキンの吸収は強いが，内部（二置換）アルキンの吸収は弱い．1-オクチンの三重結合の吸収は 2120 $cm^{-1}$ に観測される（図 16・6c）．

### 酸素を含む化合物の同定

酸素を含む官能基は多く，IRスペクトルで特徴的な吸収を示す（表 16・2）．アルデヒドとケトンの特性吸収帯は 1700～1780 $cm^{-1}$ にある．カルボニル化合物の炭素-酸素二重結合が伸縮するためには，エーテルやアルコールの炭素-酸素単結合の伸縮よりも高いエネルギーが必要となる．よって，アルデヒドやケトンが吸収する赤外線は，エーテルやアルコールが吸収する赤外線（1050～1200 $cm^{-1}$）と比べて高波数になる．

IRスペクトルにおいてカルボニル基の吸収は特に強く，その吸収領域に他の主立った吸収はないので，容易に見つけられる．炭素-炭素二重結合の伸縮振動はカルボニルの伸縮振動よりも低波数にあるため，吸収が重ならない．図 16・7 にケトンのスペクトルの例として 2-ヘプタノンの IR スペクトルを示す．カルボニルの伸縮振動は 1717 $cm^{-1}$ に観測される．

カルボン酸誘導体のカルボニル基の吸収の波数は，カルボニル炭素に結合する置換基の誘起効果と共鳴効果によって決まる．これまでの章で学んだように，カルボニル基は次の二つの共鳴構造で表せる．

カルボニル基に寄与する二つの共鳴構造

単結合の伸縮振動に必要なエネルギーは，二重結合の場合よりも低いエネルギーで十分だ．そのため，分極した

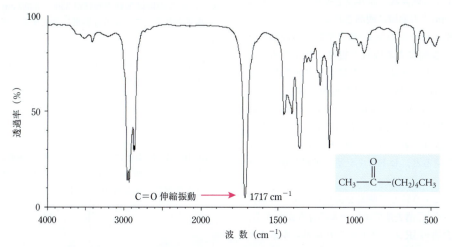

図 16・7 2-ヘプタノンの IR スペクトル

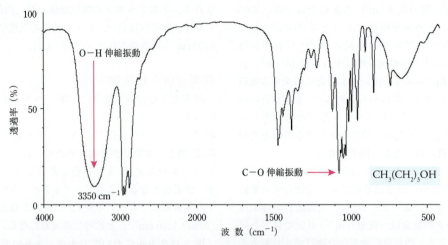

図 16・8　1-ブタノールの IR スペクトル

炭素-酸素単結合をもつ共鳴構造が置換基によって安定化されれば，赤外吸収はより低波数側で起こる．したがって，カルボニル炭素原子上の置換基が共鳴によって電子供与する置換基であれば，低波数側に吸収がシフトする．このことと関連して，§12・5 で学んだように，アミドの窒素原子はカルボニル炭素原子に効果的に電子を供与する．

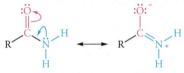

アミドに寄与する二つの共鳴構造

右側の共鳴構造の寄与によって，アミドのカルボニル基の二重結合性は低下する．その結果，アミドのカルボニル基はケトンよりも低波数の赤外線を吸収し，その吸収は 1650〜1690 cm$^{-1}$ の領域に観測される．

アルコールやエーテルの炭素-酸素単結合の伸縮振動は，他の多くの振動による吸収が複雑に重なる領域に観測される．しかし，炭素-酸素単結合の伸縮振動は炭素-炭素単結合の伸縮振動よりも吸収強度が強い．一方，酸素-水素結合の伸縮振動は 3300〜3360 cm$^{-1}$ あたりに強くブロードな吸収として観測されるので，ヒドロキシ基の存在がはっきりとわかる．図 16・8 の 1-ブタノールのスペクトルを見ると，ヒドロキシ基の吸収が確認できる．

これまで述べたようにして酸素を含む官能基の可能性を順に調べていくと，消去法でエーテルの存在がわかる．酸素を含む化合物の IR スペクトルでカルボニル基やヒドロキシ基の特性吸収が観測できなければ，その化合物はエーテルだと結論できる．

**例題 16・3**　IR スペクトルを使って次の二つの化合物を判別する方法を説明せよ．

［解答］　二つの化合物は異性体の関係にある．左側のジエン化合物は二つの二重結合の置換基が異なり，対称構造ではないので，二重結合の伸縮振動の吸収領域である 1630〜1670 cm$^{-1}$ に 2 本の吸収を示す．また，水素原子が sp$^2$ 混成炭素に結合しているので，C-H 結合の伸縮振動の吸収が 3080〜3140 cm$^{-1}$ の領域に観測される．右側の化合物はアルキンなので，2100〜2260 cm$^{-1}$ の領域に炭素-炭素三重結合の伸縮振動の吸収をもつ．また，水素原子が sp 混成炭素原子に結合しているので，C-H 結合の伸縮振動の吸収が 3300〜3320 cm$^{-1}$ の領域に観測される．このような特徴に注目することで判別できる．

**例題 16・4**　IR スペクトルを使って次の二つの化合物を判別する方法を説明せよ．

**例題 16・5**　酸塩化物のカルボニル基は 1800 cm$^{-1}$ に吸収をもつ．この吸収の位置がアルデヒドやケトンの吸収よりも高波数である理由を説明せよ．

酸塩化物

[解 答] 塩素は 3p 軌道を介した共鳴による電子供与を効果的に起こさない．また，塩素原子の電子求引性誘起効果によって，酸素原子上に電子が局在化した分極構造は不安定になる．よって，カルボニル基の共鳴構造において分極構造はそれほど重要ではなく，アルデヒドやケトンよりもカルボニル基の二重結合性が強くなる．その結果，酸塩化物のカルボニル基の赤外吸収にはアルデヒドやケトンの場合よりも高いエネルギーが必要となり，より高波数の位置で吸収が起こる．

**例題 16・6** ケトンのカルボニル基の伸縮振動はアルデヒドの場合よりも低波数側に吸収をもつ．この違いの理由を説明せよ．

## 16・5 核磁気共鳴分光法

多くの原子核はあたかも回転しているかのように振る舞う．つまり，原子核は**核スピン**（nuclear spin）をもつ．たとえば，水素 $^1$H の原子核の磁場はその軸に対して時計回りか反時計回り（別の表し方では α と β）のいずれかの方向に回転する．原子核は正電荷をもつので，原子核の回転によって磁気モーメントが生じる．よって，水素の原子核は微小な磁石となる．外部磁場（$H_0$）がかかると，原子核の磁気モーメント（$H'$）は外部磁場と同じ方向か，または反対の方向を向くことになる．両者を比べると，前者の方が磁気モーメントのエネルギーが低い状態にある．外部磁場と同じ方向の磁気モーメントをもつ水素の原子核に対して，ラジオ波の周波数領域の電磁波を照射すると，回転している原子核がエネルギーを吸収して，原子核の磁場の向きの反転が起こり，逆方向に回転するようになる（図 16・9）．よって，水素の原子核をはじめとして回転する原子核が固有のエネルギーを吸収すると，エネルギー状態が高くなる．この過程を**核磁気共鳴**（nuclear magnetic resonance: **NMR**）とよぶ．$^{12}$C 核のようにいくつかの原子核は核スピンをもたないが，その場合は NMR 分光法では検出できない．しかし，炭素の同位体の $^{13}$C 核は核スピンをもつため，NMR 分光法で検出できる（§16・7）．

NMR 分光法ではラジオ波の領域の電磁波を照射するが，照射するエネルギー自体はとても小さい．エネルギーの吸収を起こすためにどれくらいのエネルギーが必要になるかは外部磁場に依存する．外部磁場が強くなれば，二つのスピン状態間のエネルギー差が増える．NMR 測定実験では，はじめに外部磁場の強さを設定し，次にラジオ波の周波数を変化させていく．そして，水素の原子核がエネルギーを吸収してスピン反転を起こす固有の周波数を見つける．

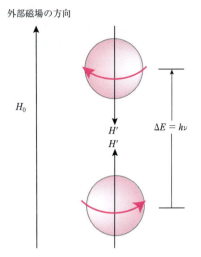

**図 16・9 原子核による電磁波の吸収** 回転する原子核の磁気モーメント（$H'$）が NMR 分光装置の磁場（$H_0$）と同じ方向の場合は，エネルギーが低い状態にある．固有の周波数を吸収すると原子核のスピンの向きが変化し，NMR 分光装置の外部磁場とは反対方向の磁気モーメントが生じる．

### 化学シフト

有機化合物の分子内には多数の水素原子があるが，水素の原子核のスピンを反転するために必要な磁場の強度は各原子でわずかに異なる．もし外部磁場の強さを同じ条件に設定した NMR 測定実験で，原子核が吸収する電磁波の周波数がすべての水素で同じならば，NMR スペクトルでは吸収が一つだけしか現れないだろう．その結果わかることは分子内に水素が含まれていることだけだ．

有機化合物中の水素原子核はスピンをもつ電子に囲まれている．水素原子核の周りに電子があることで，局所的に外部磁場とは反対方向を向く小さな磁場ができる．局所的な磁場は水素原子核の磁気的環境に影響を及ぼし，外部磁場と反対方向を向くことで，外部磁場を多少打ち消す．このことを原子核が**遮蔽**（shielding）されるという．原子核が感じる（吸収する）有効磁場（$H_{有効}$）は，外部磁場（$H_{外部}$）から電子によって生じる局所磁場（$H_{局所}$）を差し引いたものだ．

$$H_{有効} = H_{外部} - H_{局所}$$

電子のスピンで生じる局所磁場の大きさは分子内で均一ではなく，結合の性質が違うために分子内の場所によって異なる．したがって，水素原子核の遮蔽の程度はそれぞれ異なり，分子内の非等価な水素原子核はそれぞれ異なる周波数で共鳴する．ラジオ波の周波数が一定の場合

は，水素原子核の遮蔽が大きいほど，共鳴を起こすために大きな外部磁場が必要となる．

水素の原子核に作用する局所磁場の強さは，外部磁場の強さのわずか $10^{-6}$ 倍程度しかない．よって，分子内の水素原子がさまざまな異なる環境にあっても，水素原子核のスピンを反転するのに必要な磁場の違いは，わずか百万分の一（ppm）単位の値でしかない．共鳴の違いを表すために，磁場の強さの絶対値の代わりに相対的な尺度が使われる．NMR スペクトルの横軸は $\delta$ スケールで表され，$\delta$（ギリシャ文字のデルタ）単位の 1 目盛りが磁場の 1 ppm の差に相当する．水素を含む化合物の $^1$H 核の NMR スペクトルでは，テトラメチルシラン $(CH_3)_4Si$ の水素の共鳴が基準として使われる．この共鳴が $\delta$ 0.0 と表される．慣例により，テトラメチルシラン（TMS）よりも低磁場（高エネルギー）で起こる吸収のピークはテトラメチルシランの左側に書き，正の $\delta$ 値で表す．

NMR スペクトルを見ると，分子内で構造的に非等価な水素が何組あるかが一目でわかる．図 16・10 の 1,2,2-トリクロロプロパンの NMR スペクトルを見てみよう．この NMR スペクトルにはグラフの下から上向きに伸びる 2 本のピークがある．化学シフトは $\delta$ 2.23 と $\delta$ 4.04 だ．つまり，1,2,2-トリクロロプロパンには 2 種類の水素の組がある．水素の各組がそれぞれのピークに対応する．

水素の環境はさまざまであっても，ほとんどの有機化合物は $^1$H NMR スペクトルで $\delta$ 0〜10 の範囲にピークを示す．この範囲は特定の構造の性質を反映した領域に経験的に分けることができる．$sp^2$ 混成炭素に結合する水素は，$sp^3$ 混成炭素に結合する水素よりも低磁場側（スペクトルの左側，$\delta$ 値が大きい方）にピークを示す．た

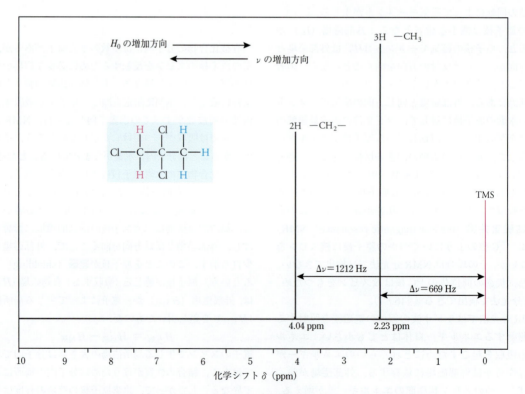

図 16・10　**1,2,2-トリクロロプロパンの $^1$H NMR スペクトル**　C3 位の炭素に結合する 3 個の等価な水素の化学シフトは 2.23 ppm だ．C1 位の炭素に結合する 2 個の等価な水素の化学シフトは 4.04 ppm だ．

とえば，sp² 混成炭素に結合する水素は δ 5.0〜6.5 の範囲にピークを示す．飽和炭素に結合した水素は，その炭素に他の置換基が結合していなければ δ 0.7〜1.7 の範囲にピークを示す．芳香環に結合した水素は，δ 6.5〜8.0 の範囲にピークを示す．sp² 混成炭素と sp³ 混成炭素のどちらに結合する水素でも，ピークの正確な位置は炭素上の置換基の数や種類に依存する．酸素，窒素，ハロゲンといった電気陰性な原子が結合した炭素上の水素は低磁場側にピークを示す．表 16・3 に一般的な有機化合物の ¹H NMR スペクトルにおける水素原子の化学シフトを示す．

る．そのため，ピークの面積比は積分値ともよばれる．各ピークの面積，つまり積分値はピークの上に重ねて書かれた階段状の曲線（積分曲線）の高さに比例する．各ピークの積分値の比は，等価な水素の数の比と一致する．よって，1,2,2-トリクロロプロパンの二つのピークの面積比は 2:3 だ（図 16・11）．水素の個数は，"2H" や "3H" のように，H の前に数字を書いて表す．

表 16・3 ¹H NMR スペクトルの化学シフト

| 部分構造式 | 化学シフト (ppm) | 部分構造式 | 化学シフト (ppm) |
|---|---|---|---|
| —CH₃ | 0.7〜1.3 | Br—C—H | 2.5〜4.0 |
| —CH₂— | 1.2〜1.4 | I—C—H | 2.0〜4.0 |
| —C—H | 1.4〜1.7 | —O—C—H | 3.3〜4.0 |
| CH₃ C=C | 1.6〜1.9 | H C=C | 5.0〜6.5 |
| O ∥ —C—CH₃ | 2.1〜2.4 | （ベンゼン環）—H | 6.5〜8.0 |
| —C≡C—H | 2.5〜2.7 | O ∥ —C—H | 9.7〜10.0 |
| Cl—C—H | 3.0〜3.4 | O ∥ —C—OH | 10.5〜13.0 |

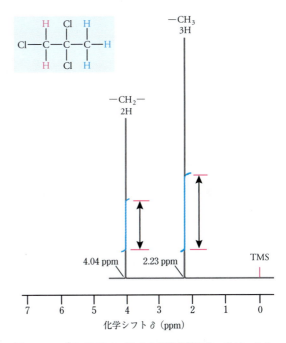

図 16・11 ¹H NMR スペクトルの積分値の比　各ピークの積分値の比は水素の数に比例する．図中の階段状の積分曲線の高さは，各ピークの面積を示す尺度となる．両方向矢印で表されるように，ピークの積分値の比は 2:3 であり，1,2,2-トリクロロプロパンの C1 位に結合する水素の数（2 個）と C3 位に結合する水素の数（3 個）の比と一致する．

## ピークの積分値

1,2,2-トリクロロプロパンの NMR スペクトルで，C1 位に結合した水素 2 個の組は δ 4.04 にピークを示し，C3 位に結合した水素 3 個の組は δ 2.23 にピークを示す．一般的に電気陰性な原子に結合した炭素に結合する水素は低磁場側（δ 値が大きい方）にピークを示すので，このように帰属できる．しかし，この帰属を確かめる方法として水素の個数を数える方法もある．それぞれのピークの面積は，各ピークに対応する水素の個数に比例する．

各ピークの相対的な面積比は，スペクトルの測定後に各ピークの面積をコンピューターで積分して求められ

**例題 16・7**　1,2-ジクロロ-2-メチルプロパンの NMR スペクトルの各ピークの化学シフトと積分値の比を予想せよ．

［解　答］　化合物の構造式を書き，非等価な水素が何組あるかを決める．

$$\text{CH}_3 \quad \text{H} \\ \text{Cl—C—C—Cl} \\ \text{CH}_3 \quad \text{H}$$

C1 位の炭素には塩素が結合し，さらに 2 個の水素が結合している．2 個の水素は等価で，化学シフトは約 4 ppm と予想される．C2 位には 2 個の等価なメチル基があり，メチル基の 6 個の水素の化学シフトはおよそ 1 ppm と予想される．水素の個数の比は 2:6 なので，4 ppm と

1 ppm に観測される二つのピークの積分値の比は 1：3 となる．

**例題 16・8** 次のケトンには非等価な水素がそれぞれ何組あるか示せ．

(a) CH₃—CH₂—C(=O)—CH₂—CH₃

(b) CH₃—C(=O)—CH₂—CH₂—CH₃

(c) CH₃—C(=O)—CH(CH₃)—CH₃

## 16・6 スピン-スピン分裂

1,2,2-トリクロロプロパンでは水素の各組が 1 本のピークと対応していた．次に，1,1,2-トリブロモ-3,3-ジメチルブタンの NMR スペクトルについて考えてみよう（図 16・12）．この化合物には 3 個の等価なメチル基があり，合計で 9 個の水素が等価だ．メチル基の水素は δ1.2 に強いピークを示す．それに対して，C1 位と C2 位の炭素にそれぞれ 1 個ずつ結合している水素は非等価だ．C1 位の炭素に電気陰性の臭素が 2 個結合していることで，同じ炭素上の水素のピークは比較的低磁場の δ6.4 で共鳴する．一方，C2 位の炭素には臭素が 1 個しか結合していないので，C2 位の炭素に結合する水素は少し高磁場の δ4.4 で共鳴する．この 2 個の水素のピークの強度と化学シフトは分子構造から推定した値とよく一致する．

1,1,2-トリブロモ-3,3-ジメチルブタンの 4.4 ppm および 6.4 ppm のシグナルはどちらも"分裂"して，それぞれ 2 本のピークになる．このように 2 本に分裂したシグナルは**二重線**（doublet）とよばれる．このような

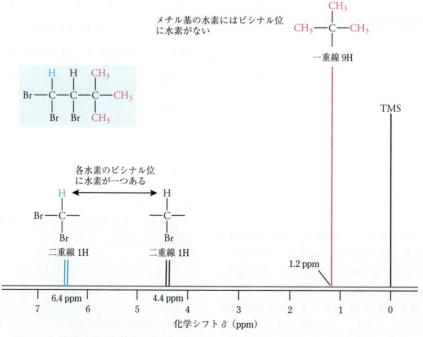

**図 16・12　1,1,2-トリブロモ-3,3-ジメチルブタンの ¹H NMR スペクトル**　各シグナルの積分値の比は低磁場側（左側）から 1：1：9 になり，1 位，2 位，3 位の各炭素原子上に存在する水素原子の個数の比と一致する．1 位と 2 位の炭素原子に結合する水素原子のそれぞれのビシナル位には，水素原子が 1 個ずつある．メチル基が結合する 3 位の炭素原子は第四級炭素であるため，メチル基の 9 個の水素原子にはビシナル位に水素原子がない．

シグナルの分裂はNMRスペクトルで一般的にみられる現象だ．3本および4本に分裂したシグナルはそれぞれ**三重線**（triplet）および**四重線**（quartet）とよばれる．分裂しない1本のピークは**一重線**（singlet）とよばれる．シグナルが何本に分裂するかは原子核の周りの環境によって決まり，そのピークの本数は分裂の**多重度**（multiplicity）とよばれる．

等価な水素のシグナルが分裂して観測される現象は**スピン-スピン分裂**（spin-spin splitting）として知られている．この現象の原因となるのは，等価な水素と非等価な水素の核スピン間の相互作用（スピン-スピン結合）だ．二つの隣接する炭素にそれぞれ結合した位置関係のことを**ビシナル**（vicinal）とよぶが，スピン-スピン分裂はビシナル位の水素をはじめとして，近い位置にある非等価な水素間で起こる．スピン-スピン分裂が起こることを水素同士が**カップリング**（coupling）するという．近くの水素原子核によって生じる小さな磁場が，それを"感じる"他の水素原子核の磁場に影響する．具体例として，1,1,2-トリブロモ-3,3-ジメチルブタンのC1位の炭素に結合する水素のスピン-スピン分裂について考えてみよう．この水素のビシナル位の水素であるC2位の水素の原子核は，時計回りか反時計回りのどちらかの向きに回転している．C2位の水素が時計回りに回転する分子と，反対に回転する分子とでは，C1位の水素の原子核が感じる有効磁場にわずかな違いがある．よって，試料中のすべての分子のC1位の水素が電磁波を吸収するためには，わずかに違う二つの外部磁場が必要となる．一般に，ビシナル位にある水素をはじめとして，近くにある水素は互いにカップリングする．もし水素Aが水素Bとカップリングしてシグナルが分裂するなら，水素Bのシグナルも水素Aによって分裂することになる．1,1,2-トリブロモ-3,3-ジメチルブタンの9個のメチル水素の場合，メチル炭素が結合する第四級炭素には水素が結合しておらず，メチル基の水素はビシナル位に水素がないのでピークが分裂しない．

ある水素のビシナル位に$n$個の等価な水素がある場合，その水素はNMRスペクトルで$(n+1)$本のピークに分裂する．図16・13に$n=1〜4$の場合の一般的なピークの分裂の様子を示す．二重線の2本のピークの面積は等しいが，その他の多重線では各ピークの面積は異なる．2個以上の等価な水素とカップリングしてできる多重線の相対的なピーク面積を理解するために，1,1,2-トリクロロエタンのNMRスペクトルについて考えてみよう（図16・14）．

$$\begin{array}{c}\text{Cl} \quad \text{H} \\ | \quad | \\ \text{Cl}-\text{C}-\text{C}-\text{Cl} \\ | \quad | \\ \text{H} \quad \text{H}\end{array}$$

1,1,2-トリクロロエタン

$δ4$あたりにある二重線は，C2位の炭素に結合する水素2個と対応するピークだ．C2位の水素はビシナル位に1個の水素があり，その原子核がαとβのどちらかの方向に回転する．その結果，C2位の水素は2種類の異なる磁場を感じる分子が存在することになり，結果として二重線を与える．次に，C1位の炭素に結合した水素が示す三重線について考えてみよう．C2位の炭素に結合した2個の水素原子核のスピンの組合わせは，αα，αβ，βα，ββの4組となる．αβとβαのスピンの組が生成する磁場は等しいので，C1位の炭素に結合した水素は1:2:1の強度比の3種類の異なる磁場を感じることとなる．実際に観測される三重線の3本のピークの面積比はこの強度比と同じになる．

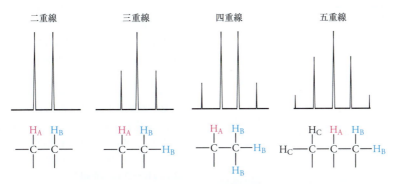

図16・13　$^1$H NMRスペクトルにおけるピークの分裂の様子　二つの隣接炭素上にそれぞれ水素$H_A$と$H_B$がある化合物のNMRスペクトルにおいて，$H_A$のピークの分裂の様子を示す．水素$H_A$の共鳴ピークの多重度は水素$H_B$と等価な水素の数で決まる．水素$H_A$のピークの分裂後の本数は，$H_B$および$H_B$と等価な水素（$H_C$）の数に1を足した数になる．

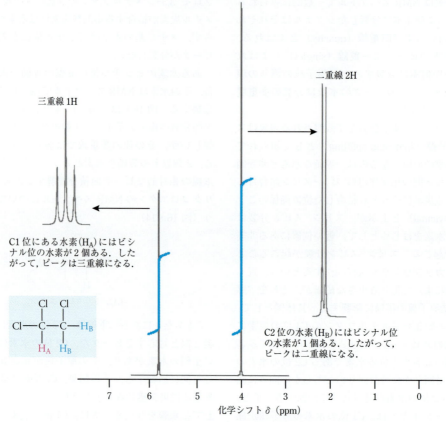

**図 16・14　1,1,2-トリクロロエタンの $^1$H NMR スペクトル**　C2 位の水素のピークの $\delta$ 4.0 の二重線と，C1 位の水素のピークの $\delta$ 5.8 の三重線を拡大図に示す．$\delta$ 4.0 のピークと $\delta$ 5.8 のピークの積分値は 2:1 の比となる．

ビシナル位にある等価な水素の数 $n$ が増えれば，核スピンの組合わせも増えることになり，ピークの本数と各ピークの面積比は表 16・4 のようになる．

**表 16・4　カップリングで分裂したピークの本数と面積比**

| ビシナル位の等価な水素の数 | ピークの本数 | 面積比 |
|---|---|---|
| 0 | 1 | 1 |
| 1 | 2 | 1:1 |
| 2 | 3 | 1:2:1 |
| 3 | 4 | 1:3:3:1 |
| 4 | 5 | 1:4:6:4:1 |
| 5 | 6 | 1:5:10:10:5:1 |
| 6 | 7 | 1:6:15:20:15:6:1 |

**例題 16・9**　2-クロロプロパンの $^1$H NMR スペクトルの特徴を説明せよ．

［解　答］　始めに 2-クロロプロパンの構造式を書き，非等価な水素が何組あるかを決める．

$$CH_3-\underset{\underset{H}{|}}{\overset{\overset{Cl}{|}}{C}}-CH_3$$
2-クロロプロパン

次に，ビシナル位にあって互いにカップリングできる水素の数を決める．C1 位と C3 位の炭素は等価で，この 2 個の炭素に結合した合計 6 個の水素も等価で，$\delta$ 1 あたりにピークを示す．C2 位の炭素には塩素が結合しているので，C2 位の炭素に結合する水素 1 個は $\delta$ 4 あたりにピークを示す．$\delta$ 1 と $\delta$ 4 のピークの面積の比は 6:1 だ．C2 位の炭素に隣接する炭素上には 6 個の水素があるので，$\delta$ 4 のピークは七重線だ．二つの等価なメチル基のビシナル位の水素は C2 位の水素 1 個だ．よって，$\delta$ 1 のピークは二重線だ．

**例題 16・10**　1,3-ジクロロプロパンの $^1$H NMR スペクトルのピークの本数，各ピークの $\delta$ 値と多重度を示せ．

## 16・7 ¹³C NMR 分光法

¹³C NMR 分光法を利用すると，炭素の周囲の構造を調べることができる．炭素が水素と結合していなければ，¹H NMR スペクトルからは炭素が存在することすらわからないので，その場合の構造決定には ¹³C NMR スペクトルが特に役立つ．¹H のように核スピンが 1/2 の同位体は簡単に NMR スペクトルが得られることが多い．なかでも ¹⁹F や ³¹P は天然存在比が 100% なので，簡単に NMR スペクトルが得られる．¹³C 同位体も核スピンが 1/2 だが天然存在比が 1% しかないので，¹⁹F や ³¹P の場合よりも検出しにくく，¹³C NMR の信号強度は弱い．

2-ブタノールを使って，¹³C 同位体が化合物中のどこにあるか考えてみよう．ほとんどの炭素は ¹²C 同位体であり，核スピンをもたない．¹³C 同位体が存在する確率は分子内のどこでも 1% で，C1 位だろうと C2 位だろうとどこでも変わらない．そのため，同一分子内に 2 個以上の ¹³C 同位体が同時に存在し，そして互いに結合している確率は非常に低い．たとえば，一つの分子の C1 位と C2 位の両方が ¹³C 同位体である確率は，たった 0.01% しかない．つまり，ある分子の ¹³C NMR スペクトルを測定するということは，一部の炭素が ¹³C 同位体で置き換わった分子の集合体の ¹³C NMR スペクトルを測定することになり，すべての炭素の位置にある個々の ¹³C 同位体から発信される信号の総和を観測するになる．したがって，分子内の炭素がすべて ¹³C 同位体である分子のスペクトルと，実際の測定で得られる ¹³C NMR スペクトルは似てはいるものの，実際の ¹³C NMR スペクトルには ¹³C 同位体間のカップリングが存在しない．

### ¹³C NMR スペクトルの特徴

有機化合物の ¹³C NMR スペクトルは，テトラメチルシランの ¹³C 核のピークを基準にして δ スケールで表す．¹³C NMR スペクトルの化学シフトは，¹H NMR スペクトルの化学シフトと多くの点で同じ傾向を示す．しかし，¹³C NMR スペクトルの化学シフトの範囲はずっと広く，200 ppm の範囲にも及ぶ（表 16・5）．よって，¹³C NMR の化学シフトは周囲の構造の変化にとても影響を受けやすい．その結果，一般的に分子内のすべての非等価な ¹³C を別個の信号として"見る"ことができる．

¹³C のピークは水素とカップリングして分裂する．しかし，プロトンデカップリングという測定方法を用いることで，水素による分裂をすべてなくすことができる．その結果，化学的に独立な個々の炭素はそれぞれ 1 本の線としてスペクトルに現れるので，¹³C NMR スペクトルは非常に単純になる．

2-ブタノールの ¹³C NMR スペクトルを図 16・15 に示す．2-ブタノールには非等価な炭素が 4 個ある．C2 位の炭素は酸素によって反遮蔽（非遮蔽ともいう）されるので，最も低磁場のピークは C2 位のメチン炭素であると帰属される．¹H NMR スペクトルの場合と同様に，水素の数が少ないメチレン基の方が，水素の数が多いメチル基よりも低磁場にピークが観測されるので，δ 32.0 のピークは C3 位のメチレン炭素であると帰属される．C4 位と C1 位はともにメチル基だが，C4 位の炭素は C2 位

**表 16・5 ¹³C NMR スペクトルの化学シフト**

| 構造式 | 化学シフト δ (ppm) | 構造式 | 化学シフト δ (ppm) |
|---|---|---|---|
| RCH₂CH₃ | 12〜15 | RCH=CH₂ | 115〜120 |
| R₂CHCH₃ | 16〜25 | RCH=CH₂ | 125〜140 |
| R₃CH | 12〜35 | R-C(=O)-OR | 170〜175 |
| R-C(=O)-CH₃ | 30 | R-C(=O)-H | 190〜200 |
| RCH₂Cl | 40〜45 | R-C(=O)-R | 205〜220 |
| RCH₂Br | 27〜35 | R-C(=O)-OH | 180 |
| RCH₂OH | 50〜65 | ベンゼン | 128 |

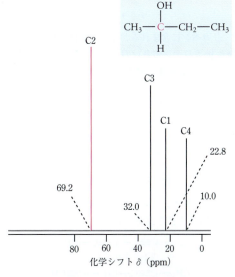

図 16・15 2-ブタノールの ¹³C NMR スペクトル

の炭素から離れているので，酸素による反遮蔽の程度が C1 位の炭素よりも小さい．したがって，δ 10.0 のピークは C4 位の炭素であると帰属され，残りの δ 22.8 のピークは C1 位の炭素であると帰属される．

> **例題 16・11** 異性体の関係にある 3-ヘプタノールと 4-ヘプタノールは，$^1$H NMR スペクトルでは簡単に判別できない．$^{13}$C NMR スペクトルを利用して，異性体の関係にあるこの二つのアルコールを判別する方法を説明せよ．
>
> ［解 答］ 始めに化合物の構造式を書き，どの炭素とどの炭素が等価か，または非等価か判別する．
>
> OH
> CH$_3$CH$_2$CH$_2$CHCH$_2$CH$_2$CH$_3$
> 4-ヘプタノール
>
> OH
> CH$_3$CH$_2$CHCH$_2$CH$_2$CH$_2$CH$_3$
> 3-ヘプタノール
>
> 4-ヘプタノールは分子が対称な構造なので，非等価な炭素は4組しかない．C1 と C7 の炭素，C2 と C6 の炭素，C3 と C5 の炭素がそれぞれ等価だ．C4 の炭素はすべての炭素と非等価だ．一方，3-ヘプタノールはすべての炭素が非等価だ．よって，二つの化合物のプロトンデカップリングした $^{13}$C NMR スペクトルのピークの本数を見れば，二つの化合物のどちらであるか判別できる．ピークの本数が4本であれば 4-ヘプタノールで，7本であれば 3-ヘプタノールだ．

> **例題 16・12** $^{13}$C NMR スペクトルを使って C$_3$H$_8$O の分子式の化合物がエーテルとアルコールのどちらか判別する方法を説明せよ．

## 練 習 問 題

### 紫外分光法

**16・1** ナフタレン，アントラセン，テトラセンの $\lambda_{max}$ の値はそれぞれ 314, 380, 480 nm だ．極大吸収波長の順がこのようになる理由を説明せよ．このうちのどの化合物に色がついて見えるか．

**16・2** リコペンに含まれる共役二重結合の数を示せ．この化合物と β-カロテンの共役の程度を比較し，その情報をもとにリコペンの色を推定せよ．

**16・3** 2,4-ヘキサジインと 1,4-ヘキサジインを UV スペクトルで判別する方法を説明せよ．

CH$_3$—C≡C—C≡C—CH$_3$
2,4-ヘキサジイン

CH$_3$—C≡C—CH$_2$—C≡CH
1,4-ヘキサジイン

**16・4** 次の二つの不飽和ケトンのうち，一方は $\lambda_{max}$=225 nm で，もう一方は $\lambda_{max}$=252 nm だ．それぞれの $\lambda_{max}$ と対応するケトンがどちらであるか示せ．

(a)　　　　　　(b)

### 赤外分光法

**16・5** 赤外分光法を使ってプロパノンと 2-プロペン-1-オールを判別する方法を説明せよ．

CH$_3$—C(=O)—CH$_3$　　CH$_2$=CH—CH$_2$OH
プロパノン　　　2-プロペン-1-オール

**16・6** 赤外分光法を使って 1-ペンチンと 2-ペンチンを判別する方法を説明せよ．

CH$_3$—CH$_2$—CH$_2$—C≡CH　　CH$_3$—C≡C—CH$_2$—CH$_3$
1-ペンチン　　　　　　　2-ペンチン

**16・7** 赤外分光法を使って次の四つの異性体を判別する方法を説明せよ．

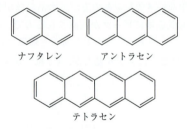

**16・8** 赤外分光法を使って次の化合物を判別する方法を説明せよ.

(a) 3-ヒドロキシアセトフェノン  (b) 3-メトキシベンズアルデヒド  (c) 3-ヒドロキシアクリロフェノン

**16・9** 分子式が $C_4H_8O_2$ である化合物の IR スペクトルは 3000〜3500 cm$^{-1}$ に強い吸収帯があり，1710 cm$^{-1}$ にも強い吸収ピークがある．次の化合物のうち，このデータと最もよく対応するものがどれか示せ．

(a) $CH_3CH_2CO_2CH_3$
(b) $CH_3CO_2CH_2CH_3$
(c) $CH_3CH_2CH_2CO_2H$

**16・10** 1-メチルシクロヘキサノールを脱水すると，異性体の関係にある 2 種類のアルケンが得られる．副生成物は主生成物よりも強い C=C 伸縮振動を示す．主生成物と副生成物の構造をそれぞれ決定せよ．

1-メチルシクロヘキサノール

## $^1$H 核磁気共鳴分光法

**16・11** 分子式が $C_3H_6Cl_2$ である化合物の NMR スペクトルは，$\delta$ 2.2 に 1 本の一重線だけを示す．この化合物の構造式を示せ．

**16・12** 分子式が $C_4H_9Br$ である化合物の NMR スペクトルは，$\delta$ 1.8 に 1 本の一重線だけを示す．この化合物の構造式を示せ．

**16・13** 分子式が $C_5H_{11}Br$ である化合物の NMR スペクトルは，$\delta$ 1.1 (9H) の一重線と $\delta$ 3.3 (2H) の一重線を示す．この化合物の構造式を示せ．

**16・14** 分子式が $C_7H_{15}Cl$ である化合物の NMR スペクトルは，$\delta$ 1.1 (9H) の一重線と $\delta$ 1.6 (6H) の一重線を示す．この化合物の構造式を示せ．

**16・15** ヨードエタンの NMR スペクトルは，$\delta$ 1.9 と $\delta$ 3.1 にピークを示す．この 2 種類のピークの積分値の比を示し，それぞれのピークの多重度を示せ．

**16・16** 1-クロロプロパンの NMR スペクトルは，$\delta$ 1.0, $\delta$ 1.8, $\delta$ 3.5 にピークを示す．この 3 種類のピークの積分値の比を示せ．各ピークの多重度も示せ．

**16・17** 分子式が $C_5H_{12}O$ であるエーテルの NMR スペクトルは，$\delta$ 1.1 と $\delta$ 3.1 に一重線を示し，そのピークの積分値の比は 3:1 となる．この化合物の構造式を示せ．

**16・18** 分子式が $C_6H_{14}O$ であるエーテルの NMR スペクトルは，$\delta$ 1.0 に二重線を示し，$\delta$ 3.6 に七重線を示す．この化合物の構造式を示せ．

**16・19** 次の二つのエステルの NMR スペクトルの違いを説明せよ．
(a) $CH_3CH_2CO_2CH_3$
(b) $CH_3CO_2CH_2CH_3$

**16・20** 分子式が $C_5H_{10}O_2$ である 2 種類のエステル A, B は異性体の関係にあり，それぞれ異なる NMR スペクトルを示す．それぞれの NMR スペクトルのデータは，次のようになる．

A: $\delta$ 1.0 (d, 6H), 1.8〜2.1 (m, 1H), 4.0 (d, 2H), 8.1 (s, 1H)
B: $\delta$ 1.2 (t, 3H), 1.4 (t, 3H), 2.5 (q, 2H), 4.1 (q, 2H)

化合物 A, B の構造式を示せ．なお，s は一重線，d は二重線，t は三重線，q は四重線，m は多重線をそれぞれ表す．

**16・21** 分子式が $C_4H_9Cl$ である化合物の構造を，次の NMR スペクトルをもとに決定せよ．

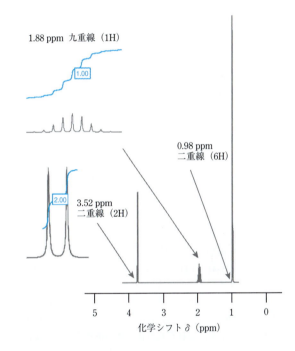

## $^{13}$C 核磁気共鳴分光法

**16・22** 次の芳香族化合物の $^{13}$C NMR スペクトルにおけるピークの本数をそれぞれ示せ．

(a) 1,2,3-トリメチルベンゼン  (b) 1,3,5-トリブロモベンゼン  (c) 4-ブロモトルエン

**16・23** 異性体の関係にある次の化合物 (a)〜(c) の $^{13}$C NMR スペクトルを測定した．ある化合物は $\delta$ 20.8, 30.7, 31.4 にピークを示し，もう一つの化合物は $\delta$ 16.0, 23.6, 31.3, 34.2 にピークを示し，さらに残る化合物は $\delta$ 23.0, 26.5, 32.9, 35.1, 44.6 にピークを示した．それぞれの $^{13}$C NMR スペク

トルと対応する化合物を選べ．

(a), (b), (c)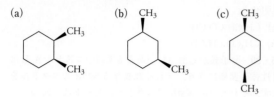

**16・24** 次の各エステルの $^{13}$C NMR スペクトルにおけるピークの本数を示せ．

(a) 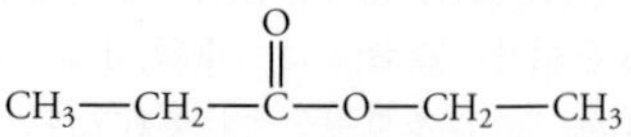 CH$_3$—CH$_2$—C(=O)—O—CH$_2$—CH$_3$

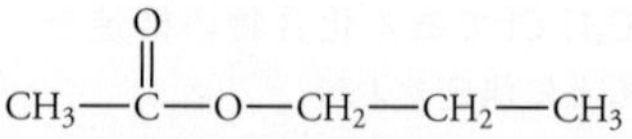

(b) CH$_3$—C(=O)—O—CH$_2$—CH$_2$—CH$_3$

(c) CH$_3$—C(=O)—O—CH(CH$_3$)—CH$_3$

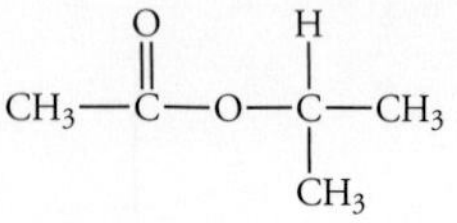

**16・25** 次の各アルコールの $^{13}$C NMR スペクトルにおけるピークの本数を示せ．

(a) 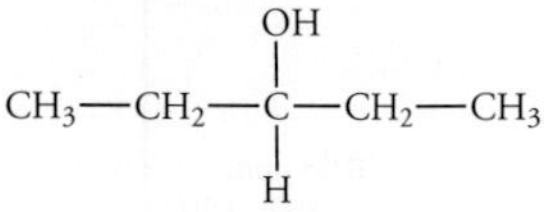 CH$_3$—CH$_2$—CH(OH)—CH$_2$—CH$_3$

(b) 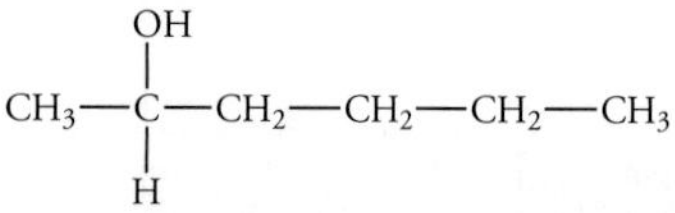 CH$_3$—CH(OH)—CH$_2$—CH$_2$—CH$_2$—CH$_3$

(c) 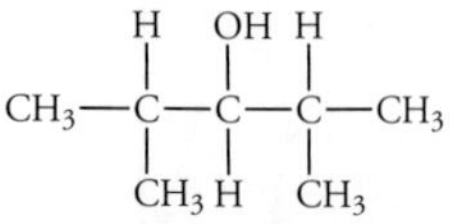 CH$_3$—CH(CH$_3$)—CH(OH)—CH(CH$_3$)—CH$_3$

**16・26** 1-メチルシクロヘキサノールを脱水すると，異性体の関係にある2種類のアルケンが得られる．一方の生成物の $^{13}$C NMR スペクトルは5本のピークを，もう一方は7本のピークを示す．それぞれの化合物の構造を決定せよ．

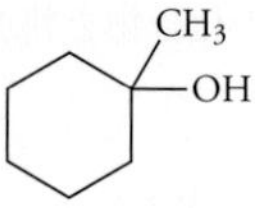

1-メチルシクロヘキサノール（構造式）

**16・27** 2-ペンチンを水和すると，異性体の関係にある2種類のケトンが得られる．一方の生成物の $^{13}$C NMR スペクトルは5本のピークを示し，もう一方は3本のピークを示す．それぞれの化合物の構造を決定せよ．

CH$_3$—C≡C—CH$_2$—CH$_3$
2-ペンチン

**16・28** 分子式が $C_4H_6$ である炭化水素化合物について，プロトンデカップリングをせずに測定した $^{13}$C NMR スペクトルは $\delta$ 30.2 に三重線を示し，$\delta$ 1.36 に二重線を示す．この化合物の構造式を示せ．

**16・29** 分子式が $C_6H_{14}$ である炭化水素化合物について，プロトンデカップリングをせずに測定した $^{13}$C NMR スペクトルは $\delta$ 19.1 に四重線を示し，$\delta$ 33.9 に二重線を示す．この化合物の構造式を示せ．

**16・30** 3-メチルペンタンと2,2-ジメチルブタンの $^{13}$C NMR スペクトルはどちらも4本のピークを示し，ピークの化学シフトも似た値となる．$^1$H NMR スペクトルの多重度をもとに二つの化合物を判別する方法を説明せよ．

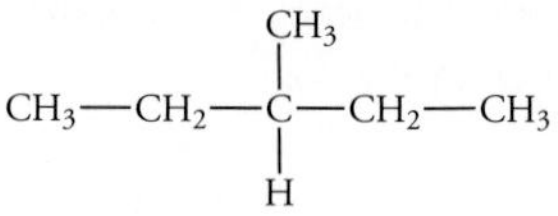

3-メチルペンタン 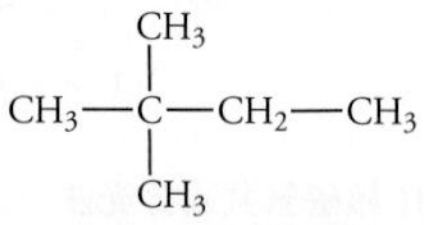　　2,2-ジメチルブタン

**16・31** 1-ブタノールと2-ブタノールの $^{13}$C NMR スペクトルはどちらも4本のピークを示し，ピークの化学シフトも似た値となる．$^1$H NMR スペクトルの多重度をもとに二つの化合物を判別する方法を説明せよ．

CH$_3$—CH$_2$—CH$_2$—CH$_2$OH　　CH$_3$—CH$_2$—CH(OH)—CH$_3$
1-ブタノール　　2-ブタノール

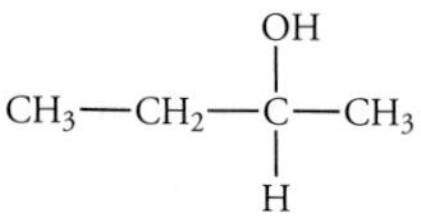

# 例題の解答

## 1. 有機化合物の構造

**例題 1・2**

$$:\!\ddot{\text{O}}\!-\!\ddot{\text{N}}\!=\!\ddot{\text{O}}: \longleftrightarrow :\ddot{\text{O}}\!=\!\ddot{\text{N}}\!-\!\ddot{\text{O}}:^-$$

**例題 1・4** 例題 1・2 の解答の共鳴構造の一つを使って考えると，中心の窒素原子の孤立電子対，N–O 単結合，N=O 二重結合が最も遠く離れた配置になる．その結果，窒素原子を中心とする折れ線形構造になる．

$$:\ddot{\text{O}}\!-\!\overset{\ddot{\text{N}}}{}\!=\!\ddot{\text{O}}:^-$$

**例題 1・6** C–H 結合と N–H 結合があることは理解したうえで，C–C 結合だけを書く．

$$\text{H}_2\text{N}-\text{CH}_2-\text{CH}_2-\text{CH}_2-\text{CH}_2-\text{CH}_2-\text{CH}_2-\text{NH}_2$$

C–C 結合があることは理解したうえで，上の構造式から C–C 結合を省く．

$$\text{H}_2\text{NCH}_2\text{CH}_2\text{CH}_2\text{CH}_2\text{CH}_2\text{CH}_2\text{NH}_2$$

上の構造式をさらに縮めて，次の簡略化した構造式が書ける．

$$\text{H}_2\text{N(CH}_2)_6\text{NH}_2$$

なお，一番上に書かれた構造式からメチレン基の炭素と水素の元素記号を省くと，次のように線結合構造式が書ける．

**例題 1・8** 何も省略せずに構造式を書くと，炭素原子が 10 個，水素原子が 9 個，窒素原子が 1 個，酸素原子が 2 個あることがわかる．インドール-3-酢酸の分子式は $\text{C}_{10}\text{H}_9\text{NO}_2$ だ．

**例題 1・10** この二つの化合物は異性体だ．どちらの化合物もカルボニル基をもつが，左の化合物はケトンで，右の化合物はアルデヒドだ．

## 2. 有機化合物の性質

**例題 2・2** 極性が高い方の化合物: $\text{CHCl}_3$

極性の強さからは $\text{CHCl}_3$ の方が沸点は高いと推定される．しかし，実際は $\text{CCl}_4$ の沸点(77 ℃)の方が $\text{CHCl}_3$ の沸点(62 ℃)よりも高いので矛盾する．$\text{CCl}_4$ の方が分子量が大きく，ロンドン力が強いことが，矛盾が生じる原因だ．

**例題 2・4** 硫黄の電気陰性度は大きくないため，チオールの S–H 結合の分極は小さく，分子間で水素結合をつくらない．二つの分子は分子量が同じで，どちらも水素結合をつくらないことが，二つの化合物の沸点が非常に近い理由だ．

**例題 2・6** 正電荷を帯びた $\text{Br}^+$ がルイス酸で，π 電子を提供するエチレンがルイス塩基だ．

**例題 2・8** 反応物にはヒドロキシ基が 2 個あり，左側は酸化されてカルボニル基となり，右側は還元されてメチル基となる．分子全体で見ると，酸化でも還元でもない反応だ．

**例題 2・10** 反応後にはアルケンの二重結合が単結合になり，炭素-酸素単結合がカルボニル基の炭素-酸素二重結合になっている．結合が再構成されて異性体に変化しているので，この反応は転位反応だ．

**例題 2・12** ニトロ基は水素原子よりもかなり電子求引性が強いことと，ニトロメタンの解離で生じるアニオンが共鳴安定化されることが，ニトロメタンの方の酸性が強い理由だ．

$$\text{CH}_2^-\!-\!\overset{+}{\text{N}}\!\!\begin{smallmatrix}\ddot{\text{O}}:\\ \ddot{\text{O}}:^-\end{smallmatrix} \longleftrightarrow \text{CH}_2\!=\!\overset{+}{\text{N}}\!\!\begin{smallmatrix}\ddot{\text{O}}:^-\\ \ddot{\text{O}}:^-\end{smallmatrix}$$

## 3. アルカンとシクロアルカン

**例題 3・2** 中心の炭素原子は第四級で，残りの 4 個の炭素原子は第一級だ．

**例題 3・4** 母体の直鎖の炭素原子の数は 6 個なので，母体名はヘキサンだ．左の末端から始めると最初の分枝点は直鎖の 2 番目にあり，右の末端から始めると最初の分枝点は直鎖の 3 番目にあるので，左から位置番号をつける．最初の分枝点である 2 番目の位置に，メチル基が 2 個あり，さらに 4 番目の位置にメチル基がもう 1 個ある．したがって，この化合物の名前は 2,2,4-トリメチルヘキサンだ．

**例題 3・7** $\text{C}_{10}\text{H}_{20}\text{O}$

**例題 3・9** ブレビコミンは二つのアルキル基を置換基としてもつ．メチル基は橋頭位にあるため，この位置について幾何異性体は存在しない．しかし，エチル基は同じ炭素原子上の水素と入れ替えて，次のような幾何異性体ができる．

ブレビコミンの幾何異性体

例題 3・11 (a) イソブチルシクロペンタン．(別解) (2-メチルプロピル)シクロペンタン
(b) 1-シクロブチル-3-メチルペンタン．(別解) (3-メチルペンチル)シクロブタン
(c) cis-1-ブロモ-5-メチルシクロデカン

例題 3・13 モノクロロ体：1 種類，ジクロロ体：5 種類 (ただし，鏡像異性体を区別すると 6 種類)．

## 4. アルケンとアルキン

例題 4・2 炭素原子の数 $n=40$ なので，鎖状の飽和炭化水素であれば水素原子の数は $2n+2=82$ だ．環と二重結合が一つあるごとに水素原子の数が 2 個減るので，水素原子の数は次のようになる．

[水素原子の数] $=82-2×(環の数)-2×(二重結合の数)$
$=82-(2×2)-(2×11)=56$

分子式は $C_{40}H_{56}$ だ．

例題 4・4 三重結合の二つの炭素原子がどちらもメチレン基に結合しているので，トレモリンは二置換アルキンだ．

例題 4・6 二つの二重結合は異なる置換基をもち，それぞれシス配置およびトランス配置をとる．したがって，四つのシス-トランス異性体が存在しうる．そのなかで問題に書いてある構造が天然に存在する異性体．ボンビコールのIUPAC 名は $(10E,12Z)$-ヘキサデカ-10,12-ジエン-1-オールだ．

例題 4・8 各炭素原子で優先順位が高い置換基が二重結合の同じ側にあるのでタモキシフェンは Z 体だ．

例題 4・10 (a) 5-メチル-1,3-シクロヘキサジエン

(b) 3-メチル-1,4-シクロヘキサジエン

例題 4・12

$(3E,11E)$-1,3,11-トリデカトリエン-5,7,9-トリイン

例題 4・14

例題 4・16 液体アンモニア中でアルキンに対して金属ナトリウムを作用させることで，トランス二重結合をつくれる．原料のアルキンの名前は 11-テトラデシン-1-オールだ．

$CH_3CH_2$—C≡C—$(CH_2)_{10}OH$
11-テトラデシン-1-オール

$\xrightarrow{Na/NH_3(液体)}$

$(E)$-11-テトラデセン-1-オール

例題 4・18 HCl の付加反応では，直接結合する水素原子の数が多い炭素原子の方に水素原子が付加する．

例題 4・20 水和反応では，直接結合する水素原子の数が多い炭素原子の方に水素原子が付加する．

## 5. 芳香族化合物

例題 5・2 1,2-ベンズアントラセンの分子式は $C_{18}H_{12}$ だ．$(4n+2)$ の $n=4$ の場合になるので，ヒュッケル則を満たす芳香族化合物だ．

例題 5・4 アデニンの環内の窒素原子では，水素と結合していない三つの窒素原子の孤立電子対が $sp^2$ 混成軌道にある．水素と結合している環内窒素原子が芳香族 $\pi$ 電子系に寄与する電子の数は 2 個．環内の他の三つの窒素原子は各 1 個．

プリン環の外側を向く孤立電子対は $\pi$ 電子系に含まれず，p 軌道の電子 1 個が芳香環の $10\pi$ 電子系に含まれる．

この孤立電子対は芳香環の $10\pi$ 電子系に含まれる．

アデニン
(6-アミノプリン)

例題 5・6 母体名はアニリンになるので，化合物の名前は 2,6-ジメチルアニリンとなる．

例題 5・8 ピリジン環の 4 位にベンジル基があるので，化合物の名前は 4-ベンジルピリジンとなる．

例題 5・10 化合物(a), (b)にはどちらも電子供与基があるため，芳香族求電子置換反応はベンゼンよりも速く進む．

例題 5・12 電子求引基であるカルボニル基がベンゼン環に結合して不活性化している．不活性化基はメタ配向性なので，生成物は $m$-ブロモ安息香酸エチルだ．

例題 5・14 このジカルボン酸を与えるのは，ベンゼン環のオルト位にアルキル基が結合した化合物だ．分子式が $C_{10}H_{14}$ であるのは，1,2-ジエチルベンゼン，1-メチル-2-プ

ロピルベンゼン，1-イソプロピル-2-メチルベンゼンの三つだ．

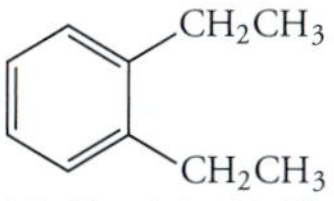

1,2-ジエチルベンゼン

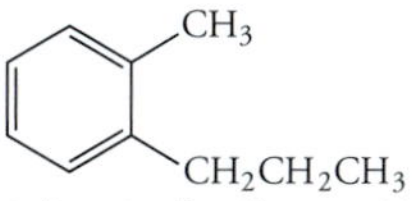

1-メチル-2-プロピルベンゼン 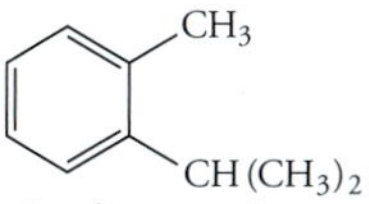　1-イソプロピル-2-メチルベンゼン

**例題 5・16**　$p$-ニトロ安息香酸の二つの置換基はどちらもメタ配向基だが，互いにパラ位に置換している．はじめにベンゼンのフリーデル-クラフツアルキル化反応を行ってトルエンを合成することで，この配向性の問題を回避できる．トルエンをニトロ化して，$p$-ニトロトルエンができる．$p$-ニトロトルエンを過マンガン酸カリウムで酸化すると，目的化合物ができる．なお，爆発性化合物である 2,4,6-トリニトロトルエン(TNT)が生成してしまうので，トルエンのニトロ化反応は長い時間行ってはいけない．

## 6. 立 体 化 学

**例題 6・2**　ニコチンにはキラル炭素原子が一つだけあり，キラルな化合物だ．ニコチンは次に示す二つの鏡像異性体の一方として存在する．右の方が天然に存在する鏡像異性体で，生物活性をもつ．

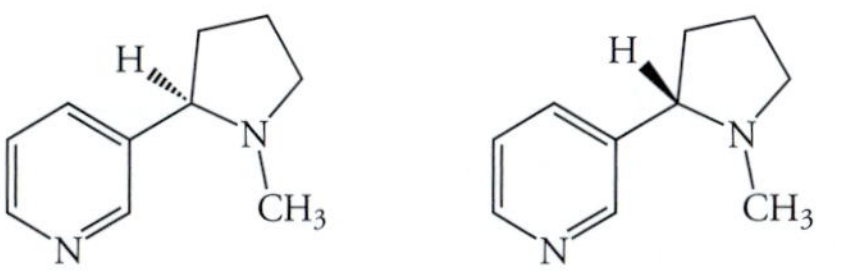

ニコチン

**例題 6・4**　立体中心に結合する置換基の順位を次に示す．

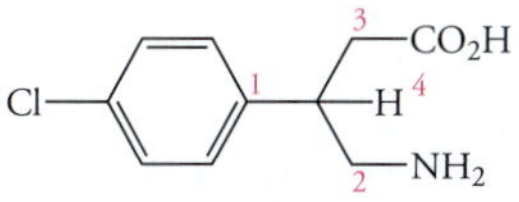

バクロフェン

**例題 6・6**　立体中心に結合する置換基の順位を下に示す．フェニル基の順位はアミノメチル基の順位よりも低い．アドレナリンの立体配置は $R$ だ．

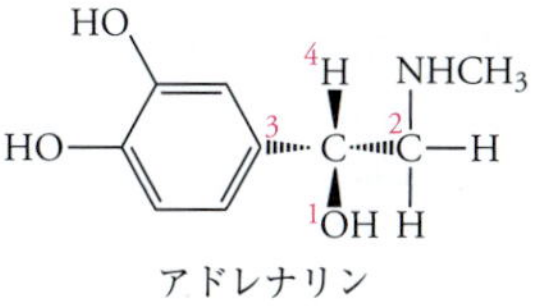

アドレナリン

**例題 6・8**　2,3-ジブロモブタンの立体異性体のフィッシャー投影式は次のようになる．このうち(2$S$,3$R$)と(2$R$,3$S$)の異性体はメソ化合物だ．メソ化合物は対称面をもち，光学不活性だ．(2$R$,3$R$)と(2$S$,3$S$)の異性体は鏡像異性体であり，比旋光度の大きさは同じだが，符号は逆になる．

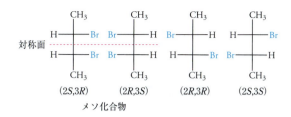

メソ化合物

**例題 6・10**　ノートカトンは三つの非等価な立体中心をもつ．したがって，可能な立体異性体は 8 個だ．天然に存在するノートカトンの構造式を下に記す．

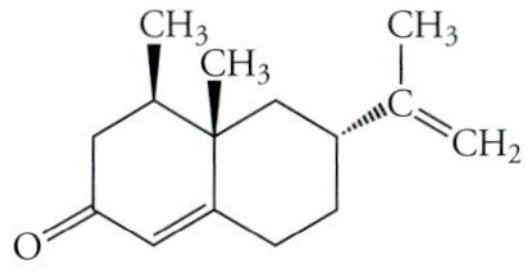

(+)-ノートカトン

**例題 6・12**　2-ブロモ-1-クロロブタンを与えるラジカル塩素化反応は C1 位だけが関与し，C2 位の立体化学は変化しない．立体中心は C2 位の炭素原子だけだ．したがって，単一の立体異性体だけが生成するが，クロロ基がつくことで置換基の順位が変化して，生成物の立体配置は $R$ となる．この化合物は光学活性だ．

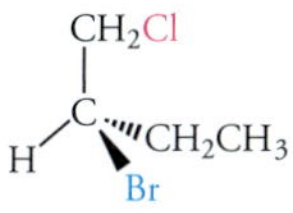

**例題 6・13**　ピルビン酸のカルボニル炭素原子は sp$^2$ 混成で平面だ．水素化ホウ素ナトリウムは平面の上下のどちらからでも同じ確率で攻撃できる．したがって，光学不活性なラセミ混合物が生成する．比旋光度は 0 になる．

**例題 6・14**　乳酸脱水素酵素の活性部位はキラルで，平面状の基質であるピルビン酸は一方向からしか結合できない．ヒドリドイオンが移動する反応は一方向からしか起こらない．その結果，片方の鏡像異性体だけが生成する．

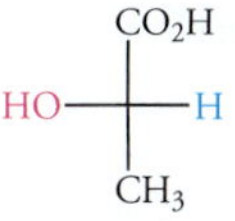

($S$)-(−)-乳酸

**例題 6・16**　エポキシドの生成は立体配置が保持されたまま進行する．立体中心の立体配置は次の図のようになる．生成物には対称面があるので，光学不活性なメソ化合物が生成する．

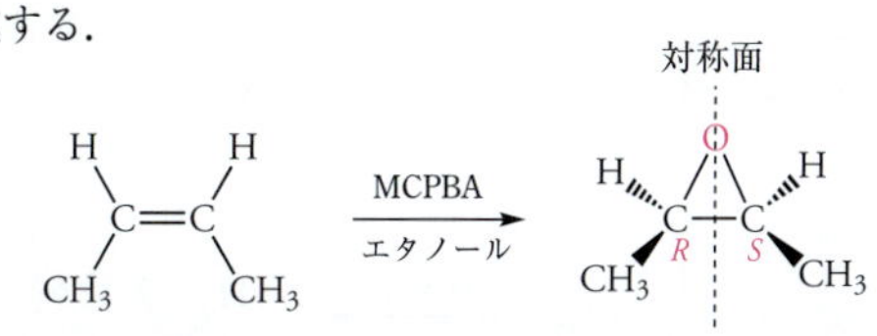

## 7. 求核置換反応と脱離反応

**例題 7・2**　($Z$)-2,3-ジクロロ-3-ヘキセン．塩素は-CHClCH$_3$

よりも優先順位が高いことに注意する.

**例題 7・4** 2-ペンチンを合成する方法は次の 2 通り.

CH₃—C≡CH  $\xrightarrow[\text{2. CH}_3\text{CH}_2\text{Br}]{\text{1. NaNH}_2/\text{NH}_3}$  $\overset{1}{\text{CH}_3}-\overset{2}{\text{C}}\equiv\overset{3}{\text{C}}-\overset{4}{\text{CH}_2}\overset{5}{\text{CH}_3}$

CH₃CH₂—C≡CH  $\xrightarrow[\text{2. CH}_3\text{Br}]{\text{1. NaNH}_2/\text{NH}_3}$  $\overset{5}{\text{CH}_3}\overset{4}{\text{CH}_2}-\overset{3}{\text{C}}\equiv\overset{2}{\text{C}}-\overset{1}{\text{CH}_3}$

**例題 7・6** N,N-ジメチルホルムアミドは非プロトン性の極性溶媒で,メタノールとホルムアミドはどちらもプロトン性の極性溶媒だ.この反応は $S_N2$ 反応で,$S_N2$ 反応は非プロトン性溶媒中で起こりやすいため,N,N-ジメチルホルムアミドと他の二つの溶媒の速度差が大きくなる.

**例題 7・8** 1-ブロモデカンは第一級ハロゲン化アルキルなので,メトキシドイオンと $S_N2$ 反応機構で反応する.しかし,立体的にかさ高い tert-ブトキシドイオンは立体障害が大きいうえに塩基性も強いため,臭化物イオンを置換せず,代わりに β 水素を引き抜く.そのため,E2 反応がおもに起こる.

## 8. アルコールとフェノール

**例題 8・2** 構造式の一番上のアルコール部分は第一級アルコールで,それ以外の二つのアルコール部分は第二級アルコールだ.

**例題 8・4** シトロネロールはアルコールとアルケン部分を含む.IUPAC の命名規則では位置番号をつける際にアルコールの方が優先するので,IUPAC 名は 3,7-ジメチル-6-オクテン-1-オールだ.この化合物はテルペンだ.S 体の構造式を下に示す.

(S)-3,7-ジメチル-6-オクテン-1-オール
[(−)-シトロネロール]

**例題 8・6** C2 位のヒドロキシ基とともに C1 位または C3 位のプロトンが抜けると,脱水反応が進行する.C3 位のプロトンが抜ける脱水反応の方がより安定な二置換アルケンを与える.4-メチル-2-ペンテンのシス-トランス異性体のうち,トランス体の方がより安定で主生成物になる.

trans-4-メチル-2-ペンテン

**例題 8・8** PCC と反応してケトン($C_5H_{10}O$)を与えるアルコール($C_5H_{12}O$)の異性体は次の三つだ.

CH₃CH₂CH₂—CH(OH)—CH₃  $\xrightarrow{\text{PCC}}$  CH₃CH₂CH₂—CO—CH₃

CH₃CH₂—CH(OH)—CH₂CH₃  $\xrightarrow{\text{PCC}}$  CH₃CH₂—CO—CH₂CH₃

(CH₃)₂CH—CH(OH)—CH₃  $\xrightarrow{\text{PCC}}$  (CH₃)₂CH—CO—CH₃

**例題 8・10** 3,3-ジメチル-1-ブテンのオキシ水銀化-脱水銀反応の生成物は,次の式に示すように,3,3-ジメチル-2-ブタノールだ.

3,3-ジメチル-1-ブテン $\xrightarrow[\text{2. NaBH}_4]{\text{1. Hg(OAc)}_2/\text{THF}}$ 3,3-ジメチル-2-ブタノール(マルコフニコフ付加体)

ヒドロホウ素化-酸化反応の生成物は,次の式に示すように,3,3-ジメチル-1-ブタノールだ.

3,3-ジメチル-1-ブテン $\xrightarrow[\text{2. H}_2\text{O}_2/\text{OH}^-]{\text{1. B}_2\text{H}_6}$ 3,3-ジメチル-1-ブタノール(逆マルコフニコフ付加体)

## 9. エーテルとエポキシド

**例題 9・2** (a) エトキシシクロペンタン.(b) trans-1,3-ジメトキシシクロヘキサン.(c) cis-1,3-ジエトキシシクロペンタン.

**例題 9・4**

(CH₃)₂CH—C₆H₅ $\xrightarrow{\text{Br}_2/\text{FeBr}_3}$ (CH₃)₂CH—C₆H₄—Br

$\xrightarrow[\text{2. D}_2\text{O}]{\text{1. Mg/エーテル}}$ (CH₃)₂CH—C₆H₄—D

例題 9・6

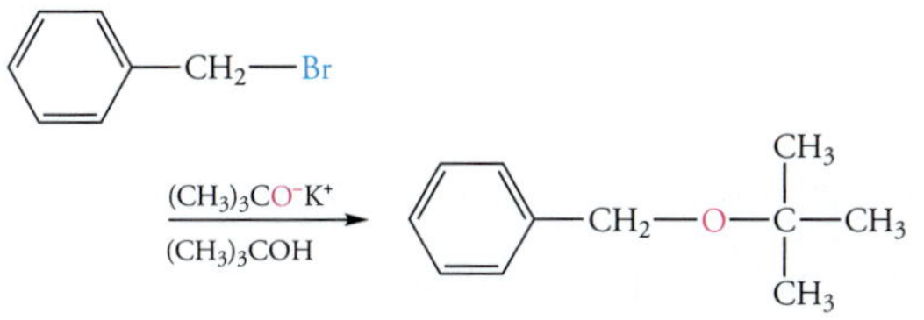

例題 9・8 エーテル酸素がプロトン化され，続いてオキソニウムイオン中間体が臭化物イオンと反応して開環する．酸素と結合した炭素に対して臭化物イオンが求核攻撃して，4-ブロモ-1-ブタノールが生成する．

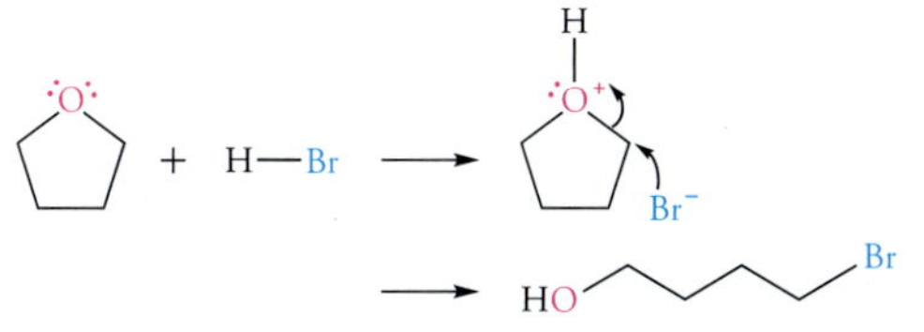

例題 9・10 スチレンオキシドの酸素がプロトン化され，続いてフェニル基と結合した炭素にメタノールが求核攻撃する．脱プロトン化が起こり，2-メトキシ-2-フェニル-1-エタノールが生成する．

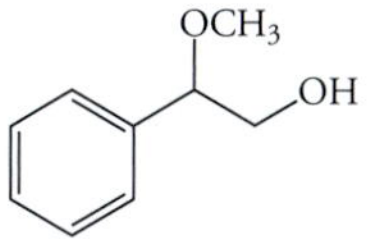

### ■ 10. アルデヒドとケトン

例題 10・2 (E)-2-ヘキセナール．アルデヒド炭素の位置番号は 1 と決まっているので，化合物名には含めない．

例題 10・4 フェーリング液はケトンとは反応しないが，アルデヒドとは反応してカルボン酸に変換する．フェーリング液と加熱して赤色沈殿が生成すればアルデヒドなので，3-フェニルプロピオンアルデヒドだと判別できる．赤色沈殿が生成しなければ，フェニルアセトンだ．

例題 10・6
(a)  (b)  (c)

例題 10・8 グリニャール試薬がカルボニル基に対して下側から攻撃したものと，上側から攻撃したものの 2 種類の異性体ができる．どちらの異性体でも，4-tert-ブチル基はエクアトリアル位にある．

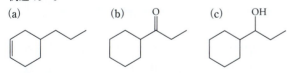

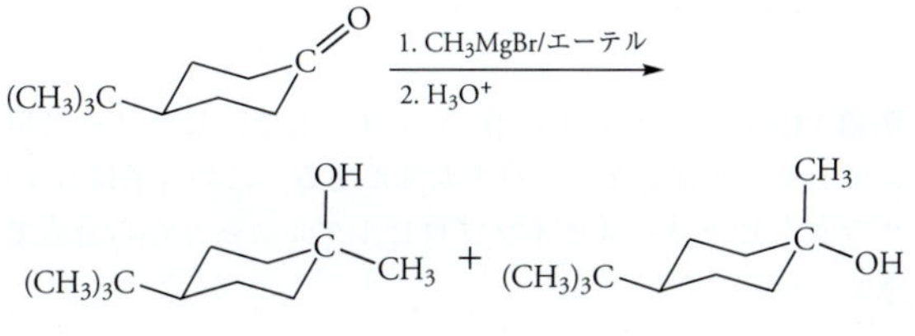

例題 10・10 炭素–窒素二重結合を脱水反応で形成するので，次の二つの化合物が出発物質として必要だ．

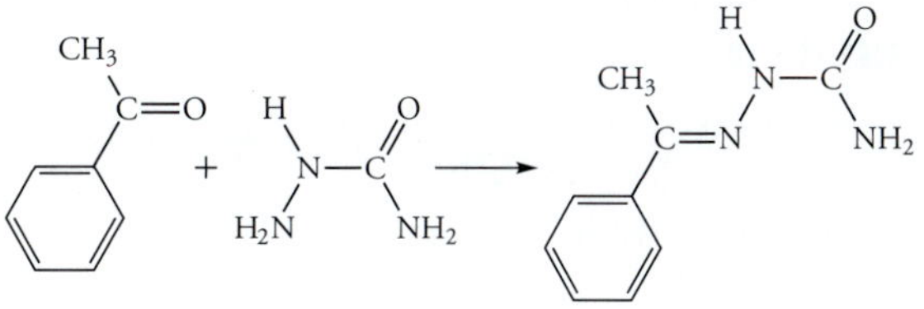

例題 10・12 この化合物はアセトンのアルドール反応とひき続く脱水反応を行うことで合成できる．必要な化合物はアセトンとナトリウムエトキシドなどの塩基だ．

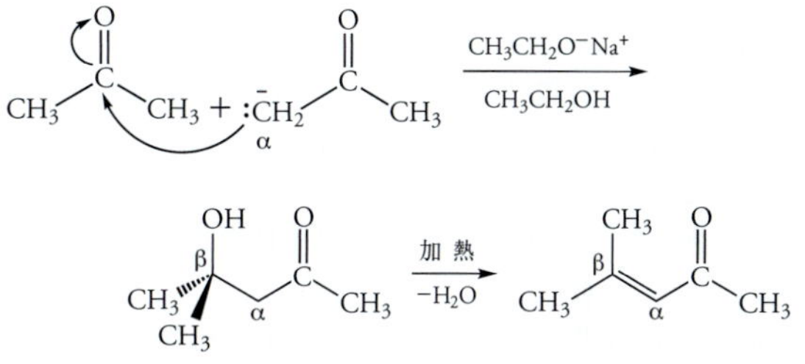

### ■ 11. カルボン酸とエステル

例題 11・2 (R)-3,5-ジヒドロキシ-3-メチルペンタン酸

例題 11・4 メタン酸 2-メチルプロピル（ギ酸 2-メチルプロピル）

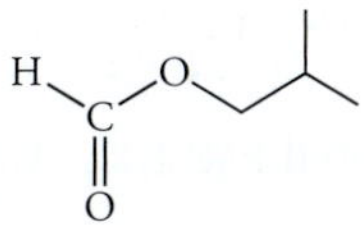

例題 11・6 フロ酸ジロキサニドのカルボン酸由来の部分は，次の式に示すように 2-フロ酸（2-フランカルボン酸）だ．

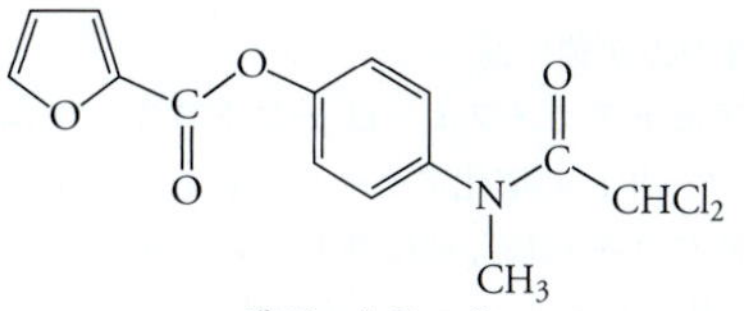

例題 11・8 $pK_a$ がより小さなオキサロ酢酸の方が強い酸だ．カルボニル基の方がヒドロキシ基よりも電子求引性であるため，オキサロ酢酸の方が強い酸となる．

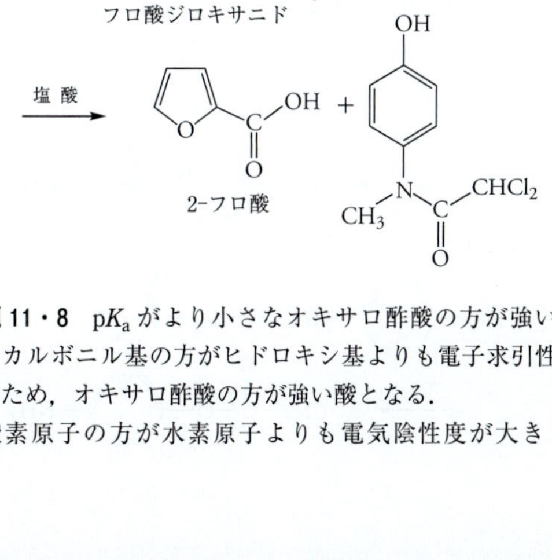

酸素原子の方が水素原子よりも電気陰性度が大きく，

CH(OH)基やカルボニル基と比べてメチレン基の電子求引性は弱くなるため，どちらの化合物も右側にあるカルボキシ基の方の酸性度が高い．

**例題 11・10**

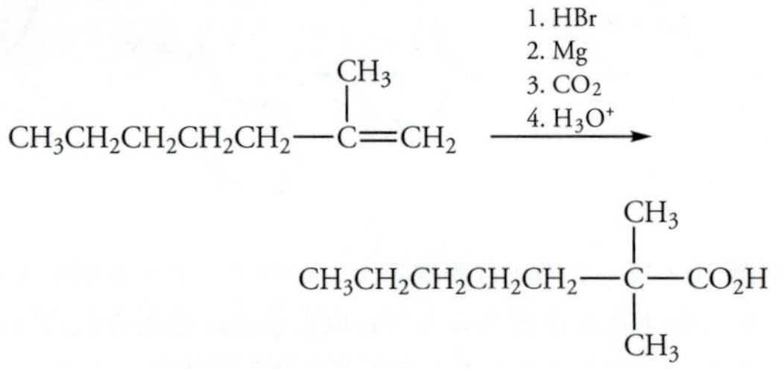

CH$_3$CH$_2$CH$_2$CH$_2$C(CH$_3$)=CH$_2$ →(1. HBr, 2. Mg, 3. CO$_2$, 4. H$_3$O$^+$)→ CH$_3$CH$_2$CH$_2$CH$_2$C(CH$_3$)$_2$CO$_2$H

## 12. アミンとアミド

**例題 12・2** 六員環（ピペリジン）の窒素原子は3個の炭素原子と結合しているので，この部分に着目すると第三級アミンだ．もう一方の窒素原子はベンゼン環とカルボニル基に結合しているので，この部分に着目すると第二級アミドだ．

**例題 12・4** 窒素原子は2個の炭素原子と結合しているので，第二級アミンだ．

**例題 12・6**

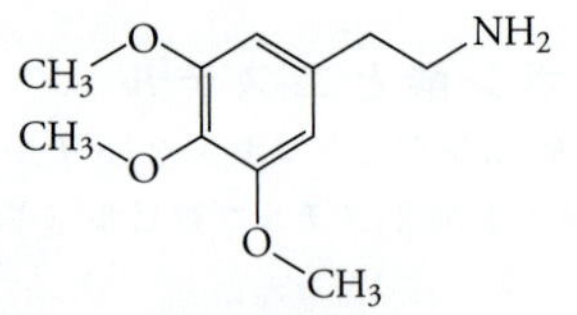

2-(3,4,5-トリメトキシフェニル)エタンアミン
[メスカリン]

**例題 12・8** DEET の IUPAC 名は，$N,N$-ジエチル-3-メチルベンズアミドだ．

**例題 12・10** 二つの窒素原子はどちらも第三級アミンだが，環内窒素原子の孤立電子対はベンゼン環の π 軌道に非局在化できる．そのため，右上のトリアルキルアミンの窒素原子の塩基性の方が強い．

**例題 12・12** アセトアミノフェンは $p$-ヒドロキシアニリン（$p$-アミノフェノール）の塩化アセチルによるアセチル化で合成できる．ヒドロキシ基も求核剤となるため，ヒドロキシ基がアセチル化されたエステルが副生する．

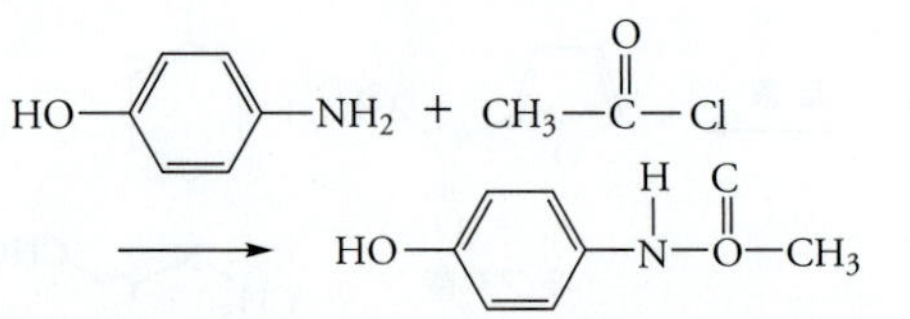

HO-C$_6$H$_4$-NH$_2$ + CH$_3$-C(=O)-Cl → HO-C$_6$H$_4$-N(H)-C(=O)-CH$_3$

または

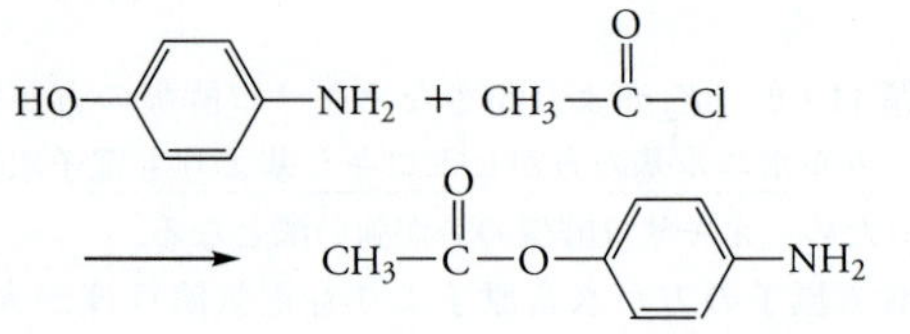

HO-C$_6$H$_4$-NH$_2$ + CH$_3$-C(=O)-Cl → CH$_3$-C(=O)-O-C$_6$H$_4$-NH$_2$

**例題 12・14**

[キノリン-4-カルボキサミド誘導体] →(塩酸)→ [キノリニウム-4-カルボン酸] + H$_3$N$^+$CH$_2$CH$_2$N$^+$H(CH$_2$CH$_3$)$_2$ 2Cl$^-$

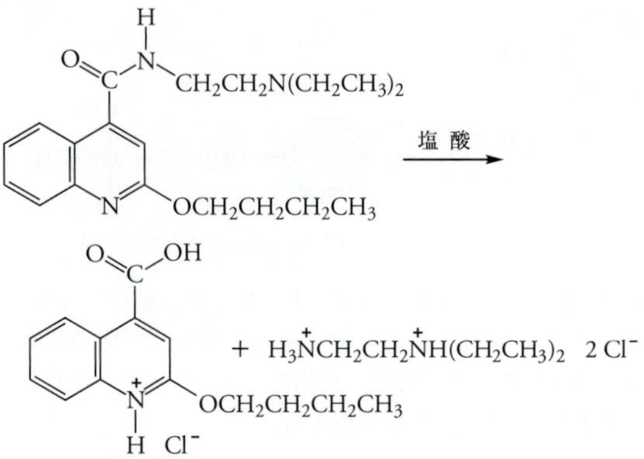

## 13. 糖 質

**例題 13・2** D-アロースと D-タロースでは C2 位，C3 位，C4 位の立体化学が違うので，両者はジアステレオマーの関係にある．

**例題 13・4**

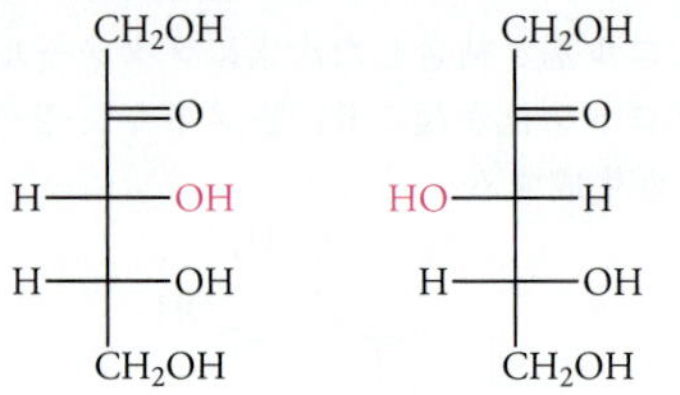

D-リブロース， D-キシルロース

**例題 13・6**

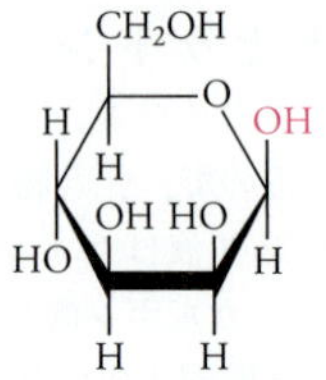

β-D-マンノピラノース

**例題 13・9** 還元反応の二つの生成物はジアステレオマーの関係にあるので，性質は異なる．D-アラビトールは光学活性だが，リビトールはメソ化合物で光学不活性だ．

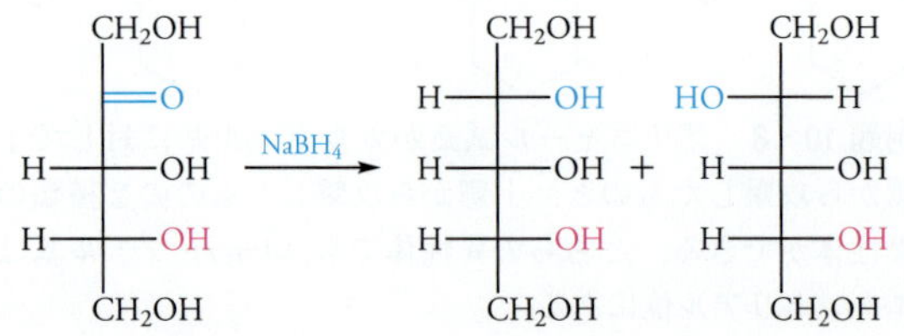

D-リブロース →(NaBH$_4$)→ リビトール + D-アラビトール

**例題 13・11** この分子は β-グリコシドで，ピラノース環にアセタール部分とヒドロキシ基がある．この分子は β-D-ガラクトピラノースとイソプロピルアルコールから合成できる．

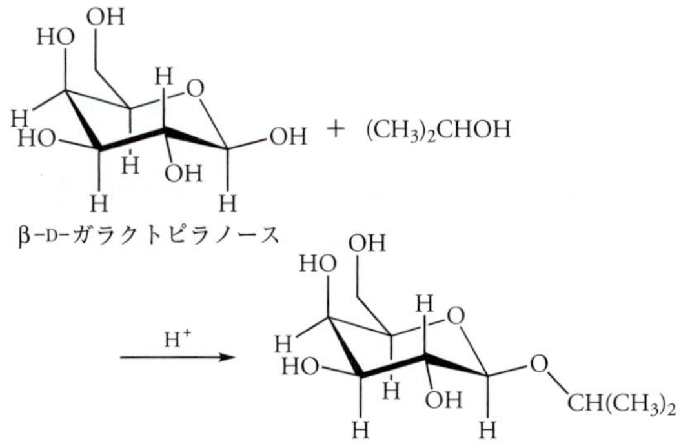

例題の解答

β-D-ガラクトピラノース + (CH₃)₂CHOH

$\xrightarrow{H^+}$ イソプロピル β-D-ガラクトピラノシド

**例題 13・13** 右側にあるアグリコンの六員環のヘミアセタール部分のヒドロキシ基は，β アノマーの立体配置だ．左側にある六員環のアセタール部分の C1 位は α アノマーの立体配置で，アグリコンである右側の六員環の C4 位にある酸素原子とグリコシド結合している．よって，架橋部分は α(1→4) グリコシド結合だ．左側の環を見ると，C2 位と C4 位のヒドロキシ基はエクアトリアル位を占めていて，C3 位はアキシアル位を占めている．D-グルコースの C3 位のエピマーは D-アロースであるので，左側の環は α-D-アロピラノースだ．右側の環は β-D-マンノピラノースだ．この化合物の名前は，4-O-(α-D-アロピラノシル)-β-D-マンノピラノースだ．

## 14. アミノ酸，ペプチド，タンパク質

**例題 14・2**

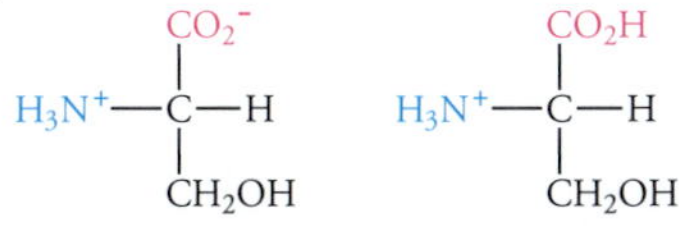

セリンの両性イオン　　セリンの共役酸

**例題 14・4**

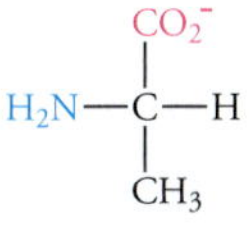

アラニンの共役塩基

**例題 14・5** (a) アラニン残基二つとグリシン残基一つを含むトリペプチドには 3 種類の異性体が考えられる．
(b) 3 種類のトリペプチド異性体は次に示すとおり．

Ala-Ala-Gly
Ala-Gly-Ala
Gly-Ala-Ala

**例題 14・6** (a) タフトシンの N 末端残基はトレオニンで，C 末端残基はアルギニンだ．
(b) タフトシンのアミノ酸配列は 3 文字表記で Thr-Lys-Pro-Arg だ．完全な名前ではトレオニルリシルプロリルアルギニンだ．

**例題 14・8** トリプシンはタンパク質に含まれる塩基性アミノ酸の C 末端側を加水分解する．このペンタペプチドのトリプシン触媒での加水分解生成物は，Ala-Lys, Gly-Arg, Leu だ．

**例題 14・10** このペプチドの N 末端残基はセリンだ．エドマン分解すると次のフェニルチオヒダントインが生成する．

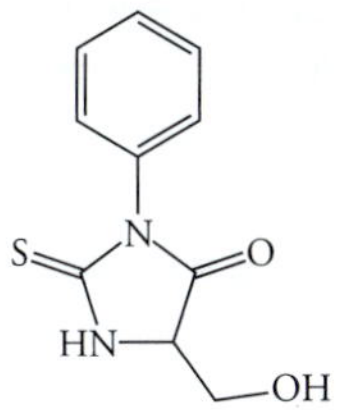

## 15. 合成高分子

**例題 15・2** パラ体．パラ体のテレフタル酸からできる高分子は最も折れ曲がりが小さい．したがって，この高分子が最も密集して強い分子間引力が生じる．

**例題 15・4** (a) 熱硬化性樹脂．(b) 熱可塑性樹脂．

**例題 15・6** 天然ゴムのオゾン分解とグッタペルカのオゾン分解は，どちらも次に示す生成物を与える．

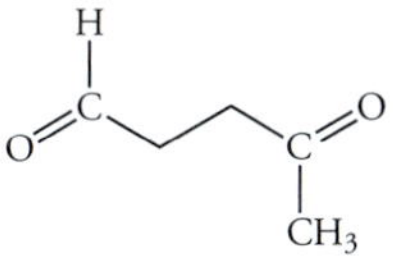

## 16. 分光法

**例題 16・2** アズレンは青色なので，実際に吸収する光は青色の補色である橙色だ．

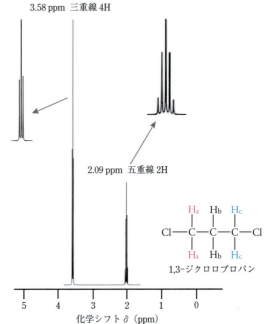

【例題 16・10 の NMR スペクトル】
3.58 ppm 三重線 4H
2.09 ppm 五重線 2H

1,3-ジクロロプロパン

化学シフト δ (ppm)

**例題 16・4** 左側のアルコール化合物は IR スペクトルにおいて 3300〜3600 cm$^{-1}$ に強い O−H 吸収を示すが，右側のエーテル化合物はその領域に吸収がない．その領域の吸収の有無で判別する．

**例題 16・6** ケトンにはアルキル基が二つあり，分極した共鳴構造をより安定化する．その寄与が増えることで，ケトンのカルボニル基の単結合性が増す．その結果，カルボニル基の伸縮振動に必要なエネルギーは小さくてすみ，アルデヒドの場合よりも低波数側で吸収が起こる．

**例題 16・8** (a) 2, (b) 4, (c) 3

**例題 16・10** 1,3-ジクロロプロパンの NMR スペクトルを前ページに示す．$H_a$ および $H_c$ と書かれた水素は等価であり，これらの水素のビシナル位には 2 個の水素($H_b$)がある．そのため，$H_a$ および $H_c$ は同じ位置に三重線として観測され，その積分値は 4H 分になる．$H_a$ および $H_c$ が結合する炭素には電気陰性な塩素が結合しているので，化学シフト $\delta$ は約 3.6 ppm に観測される．一方，$H_b$ と書かれた水素は 4 個の水素とカップリングするので五重線になり，その積分値は 2H 分になる．化学シフト $\delta$ は約 2.1 ppm に観測される．

**例題 16・12** エーテルでは 2 個の炭素が酸素と結合するため，比較的低磁場に 2 本のピークを示す．一方，アルコールでは酸素と結合する炭素は 1 個しかないため，低磁場には 1 本のピークしか現れない．

# 索　引

## あ

IR スペクトル　280
IUPAC　18, 45
アキシアル　52
アキラル　107
アグリコン　233
アシル化剤　198
アシル基　187
アシル基転移　196
アセタール
　──の生成　179
　──の反応性　179
アセチリドアニオン　70
アセチリドイオン　126
アセチル補酵素 A　199
アセチレン　12, 64
　──の水和反応　195
アセチレンアルコール　176
アタクチック構造　270
アニオン重合　266
アノマー　230
アノマー炭素原子　230
アミド　12, 13, 188
　──の塩基性　214
　──の加水分解　218
　──の還元　217
　──の共鳴構造　209
　──の結合　209
　──の合成　219
　──の構造　208
　──の生成　216
　──の沸点　212
　──の分類　208
　──の命名法　210
　──の融点　212
アミド結合　207
アミノ酸　243
　──の滴定　246
　──の等電点　246
　──の分類　243
α-アミノ酸　207, 243
　──の塩基性　245
　──の酸性　245
アミノ酸組成　251
アミロース　237
アミロペクチン　237
アミン　12, 13, 207
　──とカルボニル化合物との反応　215

　──と酸塩化物との反応　216
　──とハロゲン化アルキルとの反応
　　　　　　　　　　　　　　　216
　──のアルキル化　217
　──の塩基性　213
　──の求核的反応　215
　──の合成　217
　──の構造　208
　──の水溶性　212
　──の臭い　213
　──の沸点　212
　──の物理的性質　211
　──の分類　208
　──の命名法　209
アリルアルコール　137
アリルカチオン　78
アリール基　90
アリル酸化　79
R/S 表示法　111
アルカン　43
　──の塩素化　56
　──の酸化　55
　──の配座　47
　──のハロゲン化　55
　──の物理的性質　54
　──の命名法　45
アルキル基　44, 45
アルキン　12, 63, 64
　──の合成　76
　──の酸性度　70
　──の水素化　71
　──の物理的性質　64
　──の命名法　69
アルケン　12, 63
　──の間接的水和　146
　──の合成　76
　──の酸性度　70
　──のジヒドロキシ化　72
　──の臭素化　118
　──の水素化　70
　──の物理的性質　64
　──の命名法　68
アルコキシアルカン　157
アルコキシ基　157
アルコキシド　140
アルコール　12, 13
　──の工業的合成　148
　──の合成　144, 176
　──の酸塩基反応　140
　──の酸化　143
　──の水溶性　139

　──の脱水　76, 141
　──の置換反応　140
　──の毒性　144
　──の付加反応　179
　──の沸点　139
　──の物理的性質　139
　──の命名法　137
　アルデヒドの還元による──の生成
　　　　　　　　　　　　　　　173
　ケトンの還元による──の生成　173
アルジトール　232
アルダル酸　233
アルデヒド　12, 13, 170
　──の慣用名　170
　──の酸化　173
　──の水溶性　172
　──の物理的性質　172
　──の命名法　170
アルドース　224
アルドール　183
　──の脱水反応　183
アルドール縮合　183
アルドール反応　183
アルドン酸　232
α ヘリックス　256
アレーン　90
アレーンオキシド　96, 163
アロステリック効果　258
アンチ配座　49
アンフェタミン　210
アンモニウムイオン
　──の酸解離定数　213
　──の酸性度　214
アンモニウム塩
　──の溶解度　215

## い

イオノホア　165
イオン結合　3
いす形配座　52, 156, 231
異性体　17
E,Z 命名法　67
イソタクチック構造　270
イソプレン単位　79
イソプロピル基　47
位置異性体　18
一重線　289
1 分子反応　130

# 索 引

## E1 反応　132
E1 反応機構　132
E2 反応　132
E2 反応機構　132
イミン　13, 180
　　——の還元　217
　　——の生成　216
陰イオン　3

## う

ウィリアムソン合成　159
ウィリアムソンのエーテル合成　159
ウォルフ–キシュナー還元　174
ウレタン　274
ウロン酸　233

## え

エクアトリアル　52
$S_N1$ 反応　129, 131
　　——の立体化学　130
$S_N2$ 反応　128, 131
s 軌道　2
エステル　12, 188
　　——の香り　191
　　——の還元　199
　　——の物理的性質　191
sp 混成軌道　11
$sp^2$ 混成軌道　10
$sp^3$ 混成軌道　10
エタノール　140
エチレン　12, 63
エチレンオキシド　148
エチレングリコール　144, 148
エチン→アセチレン
HDPE (高密度ポリエチレン)　262
エーテル　12, 13, 156
　　——の合成　159
　　——の構造　156
　　——の双極子モーメント　158
　　——の反応　160
　　——の沸点　158
　　——の物理的性質　158
　　——の命名法　156
エテン→エチレン
エドマン分解　252
エナンチオマー　108
$NAD^+$　29, 144, 146
NADH　29, 144, 146
NMR (核磁気共鳴)　285
NMR スペクトル　285
　　$^1$H NMR ——　286
　　$^{13}$C NMR ——　291
NMR 分光法　227
　　$^{13}$C NMR ——　291
N 末端　248
エネルギーダイアグラム　38

エノラートアニオン　182
エノール　76
エノール形　182
エピマー　227
FAD　29
$FADH_2$　29
f 軌道　2
エポキシ化　161
エポキシド　157, 161
　　——の合成　161
　　——の生物化学的反応　163
　　——の反応　161
MCPBA (メタクロロ過安息香酸)　161
MTBE　148
エラストマー　264
LADH (肝臓アルコール脱水素酵素)　144
LDPE (低密度ポリエチレン)　262
塩化アシル　188
塩　基　27, 132
塩基解離定数　33
　　アミンの——　213
塩基性　126
　　アミドの——　214
　　α-アミノ酸の——　245
　　アミンの——　213
　　複素環アミンの——　213
塩基性アミノ酸　245
塩　橋　257
塩素化　91

## お

オキシ水銀化　146
オキソニウムイオン　140, 142
オクタン価　55
オクテット則　3
オゾン層破壊　57
オゾン分解　72
オリゴ糖　224
オリゴペプチド　248
オルト　89
オルト-パラ配向性　93

## か

開環反応
　　——の選択性　162
　　求核剤による——　162
開始段階　56
回転異性体　48
海洋天然物　124
化学シフト　285
化学反応　27
化学平衡　31
化学量論　196
架　橋　269
架橋化合物　49
架橋重合体　269
核磁気共鳴→NMR

核スピン　285
重なり形配座　48
加水分解反応　31
カチオン重合　266
活性化エネルギー　37, 129, 130
活性化基　93
カップリング　289
価電子　2
加　硫　269
カルボアニオン　35, 70
カルボカチオン　35, 130, 132
カルボキシ基　187
カルボニル化合物　170
　　——の還元　145
　　——の求核付加反応　175
　　——の付加反応　174
カルボニル基　13, 169
　　——の吸収　283
カルボニル酸素　13, 169
カルボニル炭素　13, 169
カルボン酸　12, 13, 187
　　——の還元　200
　　——の慣用名　188
　　——の合成　194
　　——の酸性度　192
　　——の沸点　191
　　——の物理的性質　191
　　——の命名法　188
　　——の溶解度　191
カルボン酸塩　193
カルボン酸誘導体　188
　　——の還元　199
　　——の反応性　197
　　——の命名法　189
カーン-インゴルド-プレローグ順位則　111
還　元　28, 100
　　アミドの——　217
　　イミンの——　217
　　エステルの——　199
　　カルボニル化合物の——　145
　　カルボニル基からメチレン基への——　174
　　カルボン酸の——　200
　　カルボン酸誘導体の——　199
　　酸塩化物の——　200
　　単糖の——　232
　　ニトリルの——　218
　　ニトロ化合物の——　218
　　ニトロ基の——　100
還元剤　28
還元的アミノ化　217
還元糖　232
環状エーテル　157
肝臓アルコール脱水素酵素 (LADH)　144
官能基　13
官能基異性体　17
官能基変換　99
　　アシル基からアルキル基への——　100
慣用名　19
　　アルデヒドの——　170

カルボン酸の—— 188
　　ケトンの—— 170

## き

幾何異性 50
幾何異性体 50, 65
　　——の命名法 66
基 質 125, 131
軌 道
　　——の混成 9
キノン 149
逆性石けん 216
逆平行型βシート 256
逆マルコフニコフ付加 147
逆マルコフニコフ付加体 146
求核アシル置換反応 188, 196
求核剤 36, 74, 125, 131
求核性 126
求核置換反応 36, 125
　　ハロゲン化アルキルの—— 133
求核的反応
　　アミンの—— 215
求核付加反応
　　カルボニル化合物の—— 175
吸光度 279
求電子剤 36, 74
求電子的共役付加反応 78
球棒モデル 15
共重合 271
共重合体 268
鏡像異性体 108
協奏反応 35, 128
共 鳴 7
共鳴安定化 7, 34
共鳴効果 95
　　芳香族置換基の—— 95
共鳴構造 7
共鳴混成体 7
共役塩基 27
共役酸 27
共役ジエン 63, 78
共有結合 4
共有電子 4
共有電子対 4
極限構造 7
局在化 6
極性共有結合 5
キラリティー 107
キラル 107
キラル炭素原子 107
キラル中心 106, 107
均一開裂 35

## く

空間充填モデル 15

くさび形の結合 15
クライゼン縮合 201
　　チオエステルの—— 202
18-クラウン-6 165
クラウンエーテル 165
グリコーゲン 237
グリコシド 233
グリコシド結合 224, 233
D-グリセルアルデヒド 111
L-グリセルアルデヒド 111
グリニャール試薬 159, 176, 194
　　——とアルデヒドとの反応 176
　　——とケトンとの反応 176
グルタチオン 127, 164
クレゾール 150
クレメンゼン還元 93, 174
クロロクロム酸ピリジニウム (PCC) 143
クロロフルオロカーボン (CFC) 57

## け

形式電荷 6
$K_{ep}$ 32
$K_a$ 33
ケクレ構造 87
ケタール
　　——の生成 179
　　——の反応性 179
血液型 238
結合長 11
ケト形 182
ケトース 224, 227
ケトン 12, 13, 170
　　——の慣用名 170
　　——の水溶性 172
　　——の物理的性質 172
　　——の命名法 170
$K_b$ 33
原子価 4
原子価殻 2
原子価殻電子対反発理論 8
原子核 1
原子軌道 1
原子半径 3
原子番号 1

## こ

光異性化 181
高エネルギーリン酸結合 201
光学異性体 110
光学活性 109
光学不活性 109
交互共重合体 268, 272
合 成
　　アミドの—— 219
　　アミンの—— 217

　　アルキンの—— 76
　　アルケンの—— 76
　　アルコールの—— 144, 176
　　エーテルの—— 159
　　エポキシドの—— 161
　　カルボン酸の—— 194
　　置換芳香族化合物の—— 101
　　ペプチドの—— 250
合成ガス 148, 195
合成高分子 261
合成繊維 265
酵 素 253
構造異性体 17
構造式 14
高密度ポリエチレン (HDPE) 262
国際純正・応用化学連合 18, 45
ゴーシュ配座 49
骨格異性体 17
互変異性 182
互変異性体 182
コポリマー 268
孤立電子対 4
混 成 7
混和性 26

## さ

ザイツェフ生成物 142
ザイツェフ則 77, 142
殺菌剤 150
酸 27
酸塩化物 188, 197
　　——の還元 200
酸塩基反応 27, 32
酸 化 28
　　アルカンの—— 55
　　アルコールの—— 143
　　アルデヒドの—— 173
　　側鎖の—— 99
　　単糖の—— 232
　　フェノールの—— 149
酸解離定数 33
　　アンモニウムイオンの—— 213
酸化還元反応 28
酸化剤 28
酸化反応 55
三重結合 4
三重線 289
酸触媒開環反応 162
酸性アミノ酸 245
酸性度 34
　　アルキンの—— 70
　　アルケンの—— 70
　　アンモニウムイオンの—— 214
　　カルボン酸の—— 192
　　α水素の—— 182
　　フェノールの—— 149
ザンドマイヤー反応 100

索 引

酸無水物 188, 198

## し

1,3-ジアキシアル相互作用 53
ジアステレオマー 114, 119
　——の命名法 114
ジアゾ化 100
ジエチルエーテル 156
CFC (クロロフルオロカーボン) 57
ジエン 63, 78
ジエンポリマー 270
1,4-ジオキサン 165
紫外可視 (UV/vis) 分光法 277
紫外 (UV) スペクトル 279
紫外 (UV) 分光法 277, 279
σ 結合 9
シクロアルカン 43, 49
　——の配座 51
　——の命名法 50
シクロヘキサン 52
　——の環反転 52
$^{13}$C NMR スペクトル 291
$^{13}$C NMR 分光法 291
四重線 289
シス (cis) 体 50, 65
シス-トランス異性 50
シス-トランス異性体 50, 65
ジスルフィド 151
ジスルフィド結合 249, 255
シトクロム P450 163
ジペプチド 248
ジボラン ($B_2H_6$) 147
C 末端 248
ジメチルスルホキシド 131
$N,N$-ジメチルホルムアミド 131
1,2-ジメトキシエタン (DME) 165
遮蔽 285
周期 1
周期表 1
重合防止剤 267
重合方法 265
臭素化 91
縮環化合物 49
縮合重合 271
縮合重合体 265, 271
縮合反応 31
主量子数 2
順位則 67, 112
脂溶性 30
脂溶性ビタミン 26
触媒 37
　——の働き 38
食品タンパク質 247
ジョーンズ酸化 143
ジョーンズ試薬 143
シンジオタクチック構造 270
伸縮振動 283
親水性アミノ酸 245

振動数 278
シン付加 147
親油性 30

## す

水性ガス 195
α 水素 182
β 水素 132
水素化 70
水素化アルミニウムリチウム (LiAlH$_4$) 145, 173
水素化ホウ素ナトリウム (NaBH$_4$) 145, 173
水素結合 25, 139, 262
　窒素化合物の—— 212
水溶性ビタミン 26
水和 75
水和反応 178
　アセチレンの—— 195
水和物 178
スクロース 236
ステロイド 53
スピロ環化合物 49
スピン 2
　電子の—— 2
スピン-スピン結合 289
スピン-スピン分裂 288, 289
スペクトル 277
スルファニル基 127, 151
スルフィド 12, 13, 126
スルホニウムイオン 128
スルホン化 92

## せ

生成
　アセタールの—— 179
　アミドの—— 216
　アルコールの—— 173
　イミンの—— 216
　ケタールの—— 179
　第四級アンモニウム塩の—— 216
成長段階 56
生物価 247
生命の力 1
赤外 (IR) 分光法 277, 280
石炭酸係数 (PC) 150
積分値 287
絶対立体配置 111
接頭語 19, 45
接尾語 19, 45
セロビオース 235
遷移状態 37, 128
線結合構造式 14
旋光計 109

## そ

双極子 5
双極子-双極子相互作用 23
双極子モーメント 5
　エーテルの—— 158
増炭 194
族 1
側鎖 99, 243
　——の酸化 99
　——の反応 99
疎水性アミノ酸 245
疎水性効果 257
疎水性相互作用 257

## た

第一級アミド 208
第一級アミン 208
第一級炭素 44
第三級アミド 208
第三級アミン 208
第三級炭素 44
代謝
　薬物の—— 115
対称な試薬 73
第二級アミド 208
第二級アミン 208
第二級炭素 44
第四級アンモニウム塩 216
　——の生成 216
第四級炭素 44
多重度 289
脱水 76
　アルコールの—— 76
脱水反応 141
　アルドールの—— 183
脱ハロゲン化水素 77, 132
脱保護 250
脱離基 125
脱離反応 30, 133
　——の反応機構 132
　ハロゲン化アルキルの—— 133, 134
多糖 224
多糖類 237
多不飽和 65
多不飽和油 65
段階重合 267
炭化水素 43
短鎖分岐 268
炭酸エステル 273
炭水化物 224
α 炭素 181
炭素環化合物 43
炭素-炭素三重結合 63
炭素-炭素二重結合 63
炭素ラジカル 35

単糖　224
　　——の還元　232
　　——の酸化　232
　　——のD体とL体　225
　　——の配座　231
単独重合体　271
タンパク質　207, 243
　　——の一次構造　253, 255
　　——の構造　254
　　——の構造決定　251
　　——の三次構造　257
　　——の等電点　247
　　——の二次構造　255
　　——の四次構造　257
単量体→モノマー

## ち

チオエステル　188, 198
チオエーテル　126
チオラートイオン　151
チオール　13, 151
　　——の性質　151
　　——の反応　151
　　——の命名法　151
置換基効果　93
置換反応　31, 133
　　ハロゲン化アルキルの——　133, 134
置換芳香族化合物
　　——の合成　101
逐次重合　267
チーグラー–ナッタ触媒　270
中性アミノ酸　244
中性子　1
長鎖分岐　268
直鎖アルカン　43
直鎖アルキル基　47

## て

THF →テトラヒドロフラン
THP →テトラヒドロピラン
d 軌道　2
停止段階　56
低密度ポリエチレン (LDPE)　262
テトラヒドロピラン (THP)　156, 157
テトラヒドロフラン (THF)　157
テルペン　79
転位反応　31
電気陰性度　3
電子殻　2
電子求引基　94
電子求引性誘起効果　34
電子供与基　94
電磁スペクトル　278
電子配置　2
天然構造　254

天然ゴム　264
天然状態　254

## と

糖質　224
　　——の立体化学　225
等電点　246
　　アミノ酸の——　246
　　タンパク質の——　247
特性吸収帯　281
トランス (trans) 体　50, 65
トリペプチド　248
トレンス試薬　173

## な 行

ナイロン　274
二環式化合物　50
ニコチンアミドアデニンジヌクレオチド
　　　　　　　　　　　　→ $NAD^+$
ニコチンアミドアデニンジヌクレオチド
　　　　（還元型）→ NADH
二重結合　4
二重線　288
二糖類　234
ニトリル　13, 194
　　——の還元　218
ニトロ化　91
ニトロ化合物
　　——の還元　218
ニトロ基
　　——の還元　100
2 分子反応　128
ニューマン投影式　48
二量化反応　267
ねじれ形配座　48
熱可塑性樹脂　264
熱硬化性樹脂　264

## は

$\pi$ 結合　11
配向性　96
　　芳香環置換基の——　93
配座　47
　　アルカンの——　47
　　シクロアルカンの——　51
　　単糖の——　231
配座異性体　48
配座解析　48
波　数　278
ハース投影式　229
　　環状ヘミアセタールの——　229
　　環状ヘミケタールの——　229

破線の結合　15
波　長　278
パラ　89
ハロアルカン→ハロゲン化アルキル
ハロゲン　13
　　——の付加　73
ハロゲン化アルキル　12, 13, 123
　　——の求核置換反応　133
　　——の脱離反応　133, 134
　　——の置換反応　133, 134
　　——の反応性　123
　　——の物理的性質　56
　　——の命名法　58, 124
ハロゲン化水素　34
　　——の付加　74
ハロゲン化物　13
反応機構　27, 35
　　求核置換反応の——　128
　　脱離反応の——　132
反応座標図　38
反応速度　36
反応速度論　27, 37

## ひ

Boc ($tert$-ブトキシカルボニル)　250
Boc-アミノ酸　250
非環式化合物　43
p 軌道　2
非共役ジエン　78
非共有電子対　4
非局在化　7, 87
$pK_a$　33
　　アミンの——　214
$pK_b$　33
　　アミンの——　214
非混和性　26
PC (石炭酸係数)　150
PCC (クロロクロム酸ピリジニウム)　143
PCC 酸化　143
ビシナル　78, 289
比旋光度　109, 110
非対称な試薬　73
ビタミン　26
必須アミノ酸　247
非等価　113
ヒドロキシ基　13, 137
ヒドロキノン　149
ヒドロホウ素化　147
非プロトン性溶媒　131
ヒュッケル則　88
ピラノース　229
$4H$-ピラン　157

## ふ

ファイバー　265

VSEPER 理論　8
フィッシャー投影式　110, 225
フェニル基　90
フェノール　148
　——の酸化　149
　——の酸性度　149
フェーリング液　173
フェロモン　16
付加重合　267
付加重合体　265
付加脱離反応　180
不活性化基　93
付加反応　30
　アルキンに対する——　73
　アルケンに対する——　73
　アルコールの——　179
　カルボニル化合物の——　174
1,4-付加反応　78
不均一開裂　35
不均化反応　267
副　殻　2
複素環アミン
　——の塩基性　213
複素環化合物　43
不斉炭素原子　107
不斉中心　106, 107
$n$-ブチル基　47
$sec$-ブチル基　47
$tert$-ブチル基　47
沸　点
　アミドの——　212
　アミンの——　212
　アルコールの——　139
　エーテルの——　158
　カルボン酸の——　191
$tert$-ブトキシカルボニル (Boc)　250
不飽和　63
不飽和炭化水素　43, 63
プラスチック　264
フラノース　229
フラビンアデニンジヌクレオチド
　　　　　　　　　　　→ FAD
フラビンアデニンジヌクレオチド
　　　　　（還元型）→ FADH
フラン　157
フリーデル-クラフツアシル化　92
フリーデル-クラフツアルキル化　92
ブレンステッド-ローリーの酸塩基理論
　　　　　　　　　　　　　27
$^1$H NMR スペクトル　286
$^1$H NMR 分光法　291
プロトン性溶媒　131
ブロモニウムイオン　118
フロン　57
分極率　24
分光学　278
分光法　277
分枝アルカン　43
分子構造　9
分枝点　43
分子の形　8

分子モデル　15

## へ

平　衡　32
　ケト形とエノール形の——　227
平行型 β シート　256
平衡定数　31, 32
β シート　256
β ストランド　256
ヘテロ原子　43
ヘテロ多糖　224
ペプチド　248
　——の合成　250
　——の命名法　248
ペプチド結合　207, 243
ペプチドホルモン　243, 249
ヘミアセタール　178, 228
ヘミアミナール　180
ヘミケタール　178, 228
変角振動　283
ベンジルアルコール　137
ベンジルカチオン　99
ベンジル基　90
ベンゼン　86
変旋光　230
$p$-ベンゾキノン　149

## ほ

芳香族　86
芳香族化合物　86
　——の命名法　89
芳香族求電子置換反応　91
　——の置換基効果　93
芳香族性　86
芳香族炭化水素　12, 63
芳香族複素環アミン　210
　——の命名法　210
飽和炭化水素　43
補欠分子族　257
保　護　250
補酵素　29
補　色　279
母　体　19
ホモ多糖　224
ホモポリマー　271
ボラン (BH$_3$)　147
ポリアミド　273
ポリウレタン　274
ポリエステル　272
ポリエチレン　262
ポリエーテル　165
ポリカーボネート　273
ホルムアルデヒド　144

## ま, む

巻矢印　7, 27
末端アミノ酸分析　252
マルコフニコフ則　74
マルコフニコフ付加
　アルケンへの——　117
マルトース　235

無機化合物　1
無水物　200

## め, も

命名法　18
　アミドの——　210
　アミンの——　209, 210
　アルカンの——　45
　アルキンの——　68
　アルケンの——　68
　アルコールの——　137
　アルデヒドの——　170
　エーテルの——　156
　カルボン酸の——　188
　カルボン酸誘導体の——　189
　幾何異性体の——　66
　ケトンの——　170
　ジアステレオマーの——　114
　シクロアルカンの——　50
　チオールの——　151
　ハロゲン化アルキルの——　58, 124
　ペプチドの——　248
　芳香族化合物の——　89
　芳香族複素環アミンの——　210
メソ化合物　114
メソ体　114
メタ　89
メタクロロ過安息香酸 (MCPBA)　161
メタノール　148
メタ配向性　94
メチレン基　14
メルカプタン　151
面偏光　109

モノマー (単量体)　261
モンサント法　195

## ゆ

有機硫黄化合物　127
有機化学　1
有機化合物　1
誘起効果　34, 94
　芳香族置換基の——　94
誘起双極子　24

有機窒素化合物　207
融　点
　　アミドの──　212

## よ

陽イオン　3
溶解度　26
　　カルボン酸の──　191
陽　子　1
溶　媒　131, 140, 158

## ら

ラクタム　188
ラクトース　236
ラクトン　188
ラジカル　57
ラジカル置換反応　36
ラセミ混合物　116, 131
ラセミ体　116, 131
ラネーニッケル　145
ランダム共重合体　268

## り，る

律速段階　35, 128
立体異性体　106
立体規則性　270
立体障害　77, 129
立体選択的　119
立体中心　106, 107, 113, 117
立体特異的　109
立体配置　106
　　──の反転　129
立体反転　129
両性イオン　245
両性化合物　140

リン酸　200
　　──のエステル　200
　　──の無水物　200
リンドラー触媒　71

ルイス塩基　28
ルイス構造式　4
ルイス酸　28
ルシャトリエの原理　32

## れ～わ

レゾルシノール　150
連鎖移動剤　267
連鎖重合　265
連鎖反応　267

ロンドン力　24, 262

ワッカー法　195

狩野直和
1971年 東京都に生まれる
1993年 東京大学理学部 卒
1998年 東京大学大学院理学系研究科博士課程 修了
現 東京大学大学院理学系研究科 准教授
専門 典型元素化学
博士(理学)

第1版 第1刷 2017年9月26日 発行

ウレット・ローン 基本有機化学

© 2017

訳　者　　狩　野　直　和
発 行 者　　小　澤　美 奈 子
発　行　　株式会社 東京化学同人
東京都文京区千石3丁目36-7 (〒112-0011)
電話 (03) 3946-5311・FAX (03) 3946-5317
URL: http://www.tkd-pbl.com/

印刷・製本　新日本印刷株式会社

ISBN978-4-8079-0911-7
Printed in Japan
無断転載および複製物 (コピー, 電子データなど) の配布, 配信を禁じます.